建筑工程计价

（第 4 版）

主　编　张建平
副主编　严　伟　蒲爱华

重庆大学出版社

内 容 提 要

本教材分为上、下两篇，上篇是工程计价基础，主要内容包括工程造价的概念和构成、工程计价的概念及分类，定额及单位估价表的编制原理及应用，投资估算、设计概算、施工图预算、工程结算等工程计价方法。下篇是工程计价实务，从建筑面积到建筑及装饰工程每一分部，遵循“读图→列项→算量→套价→计费”的“五步骤法”，对如何进行计量与计价，如何编制单位估价表，如何编制工程量清单，如何编制综合单价分析表，如何编制招标控制价都有详尽的介绍。

本教材可作为高等学校土木工程、工程造价、工程管理专业开设“建筑工程计价”或“工程估价”的主要教材，也可以作为从事工程造价管理的工程技术人员的自学教材和参考书。

图书在版编目(CIP)数据

建筑工程计价/张建平主编. —4 版.—重庆：
重庆大学出版社，2014.6(2017.7 重印)
高等学校土木工程本科规划教材
ISBN 978-7-5624-3372-9

Ⅰ.①建…　Ⅱ.①张…　Ⅲ.①建筑工程—工程造价—
高等学校—教材　Ⅳ.①TU723.3

中国版本图书馆 CIP 数据核字(2011)第 091443 号

建筑工程计价
(第 4 版)
主　编　张建平
副主编　严　伟　蒲爱华
策划编辑　周　立
责任编辑：周　立　　版式设计：周　立
责任校对：贾　梅　　责任印制：赵　晟
*
重庆大学出版社出版发行
出版人：易树平
社址：重庆市沙坪坝区大学城西路 21 号
邮编：401331
电话：(023) 88617190　88617185(中小学)
传真：(023) 88617186　88617166
网址：http://www.cqup.com.cn
邮箱：fxk@cqup.com.cn (营销中心)
全国新华书店经销
重庆升光电力印务有限公司印刷
*
开本：787mm×1092mm　1/16　印张：30　字数：749 千
2014 年 6 月第 4 版　　2017 年 7 月第 12 次印刷
印数：41 001—43 000
ISBN 978-7-5624-3372-9　定价：56.00 元

土木工程专业本科系列教材
编审委员会

第4版前言

《建筑工程计价》第4版与时俱进，按照中华人民共和国住房和城乡建设部《建设工程工程量清单计价规范（GB 50500—2013）》和《房屋建筑与装饰工程工程量计算规范（GB 50854—2013）》及《关于印发〈建筑安装工程费用组成项目〉的通知》（建标［2013］44号文）重新编写，使其能满足读者现在的需要。

本书在第3版基础上调整的内容有：上篇保留第1、2章，第1章重新梳理工程造价、工程计价等基本概念，第2章按照"建标［2013］44号文"重写工程造价的费用组成。原第3章工程造价计价依据的内容分别编入投资估算、设计概算、施工图预算各章中。原第4章工程造价计算方法分别形成新的第3章投资估算、第4章设计概算、第5章施工图预算、第6章工程结算，内容有许多充实。取消了原第5章工程造价过程管理，其内容分别进到相应各章中。下篇重编为第7～26章，各章清单分项、清单计量内容全部更新。

本书由张建平主编，严伟、蒲爱华副主编。

编写分工是：张建平策划全书并编写第1章、第5章、第8章、第9章、第10章、第14章、第15章、第17章、第18章、第21章、第22章、第23章、第24章、第25章，严伟绘制全书插图并编写第12章，第13章，蒲爱华编写第2章、第4章，张普伟编写第6章、第7章，刘亚丽编写第19章、第20章，张宇帆编写第11章，褚真升编写第26章，王青薇编写第3章，冯剑编写第16章，最后由张建平统稿。

本教材可作为高等学校土木工程、工程造价、工程管理专业开设《建筑工程计价》或《建筑工程概预算》的主要教材，也可以作为从事工程造价管理的工程技术人员极有实用价值的自学教材和参考书，为了方便读者学习该门课程，本教材有配套的《建筑工程计价习题精解》一书。

本教材在修编过程中，参考了新近出版的有关著作和教材，并得到了参编院校教务、教材部门的大力支持，谨此一并致谢。

书中难免有不足与错误，恳请读者给予批评指正，并对读者一直以来的关心支持表示衷心感谢。

编　者

2014 年 4 月

第3版前言

本书原名为《工程概预算》，于 2001 年 11 月出版。2005 年 8 月根据需要修订第 2 版，更名为《建筑工程计价》。

2003 年 7 月 1 日以后，随着《建设工程工程量清单计价规范（GB 50500—2003）》的正式实施，出现了“定额计价”与“清单计价”两种计价模式并存并逐步推行工程量清单计价的格局，使用“工程概预算”一词来命名本教材已不再适宜，这是本教材更名和修订第 2 版的主要原因。

第 3 版与时俱进，按照《建设工程工程量清单计价规范（GB 50500—2008）》重新编写，使其能满足读者现在的需要。

作者始终认为：学习工程计价说难并不难，关键要得法，要学以致用、能解决实际问题。作者在长期的教学实践中，深感教材作为知识载体的重要，特别是一本简明实用，通俗易懂的教材，将对在校大学生以及校园外的其他初学者学习工程计价起到事半功倍的作用。

与当今流传的大多数同类教材不同，作者站在初学者的角度，从“学以致用”出发来组织教材内容：首先，初学者应了解什么是工程计价，怎样进行工程计价；其次，初学者应全面了解工程造价的概念，组成内容，计算方法；再次，初学者应较为深刻地学习理解定额原理，因为定额是工程计价的重要依据，而定额原理是理解预算定额、单位估价表以及工程计价的基础；最后，按预算定额的分部顺序，学会如何正确地进行“列项、计量、套价、计费”。这样一种编排，实现了从宏观到中观再到微观的学习认识过程，对初学者十分有利，这是本教材的特色之一。

本书是重庆大学出版社组织编写的，面向 21 世纪土木工程专业本科系列教材之一。进入 21 世纪，土木工程专业已向着“宽口径、厚基础”的方向发展，为适应这一转变，本教材编入了大量翔实而具体的工程实例，课内学时可长可短，全由授课教师掌握，这是本教材的特色之二。

工程计价或者仍称之为工程概预算，总体上讲是一门实用技术。作为教材，一本介绍当今普遍受欢迎的实用技术的教材，它的读者不应局限于校园内的学生，而应面向大众，面向一切希望通过学习以获得一技之长的人们。本教材力求做到通俗易懂、图文并茂、方便自学，这是本教材的特色之三。

我国幅员辽阔，作为预算编制依据的定额及工程量计算规则，各地区在具体规定上总有差异，面对我国加入WTO的实际，内部堡垒应该打破，全国应该是一个统一的大市场。鉴于此，本教材编写的主要依据是建设部发布的《全国统一建筑工程基础定额》《全国统一建筑工程预算工程量计算规则》以及《建设工程工程量清单计价规范（GB 50500—2008）》，这是本教材的特色之四。

工程计价的最终目的是要算出一项建设工程的建造价格，因此，"计量为计价服务，计量与计价相结合"是一个基本的教学原则。为方便教学，本教材分为上、下两篇，上篇是"工程计价基础篇"，主要内容包括工程造价的构成、定额及单位估价表的编制原理及其应用，工程计价方法及其过程管理要点。下篇是"工程计价实务篇"，从建筑面积计算到建筑工程每一分部的具体计算，每一章对应一个分部工程，按照"读图→列项→计量→套价→计费"的"五大步骤"，将计量与计价进行到底，并对如何体现"价变量不变"的原则，如何依据定额消耗量结合不同地区的人材机单价编制单位估价表作了灵活处理，这是本教材的特色之五。

书本由张建平主编，蒲爱华、严伟副主编。具体分工是：张建平策划全书内容并编写第1章、第4章、第6章、第8章、第20章、第21章、第22章、第23章，严伟策划绘制全书插图并编写第11章、第12章，蒲爱华编写第2章、第3章，张宇帆编写第7章、第24章、第25章，王青薇编写第9章、第10章，刘亚丽编写第17章、第18章、第19章，杨硕编写第13章、第14章、第15章、第16章，李波编写第5章，最后由张建平统稿完成。

本教材可作为高等学校土木工程、工程造价、工程管理专业开设《建筑工程概预算》或《建筑工程计价》的主要教材，也可以作为从事工程造价管理的工程技术人员极有实用价值的自学教材和参考书。

本书在修编过程中，参考了新近出版的有关著作和教材，并得到了重庆大学出版社，参编院校教务、教材部门的大力支持，谨此一并致谢。

书中的不足与错误在所难免，恳请读者给予批评指正，并对读者一直以来的关心支持表示衷心感谢。

编　者

2011年1月

第2版前言

本教材原名为《工程概预算》，于 2001 年 11 月出版，至 2004 年 2 月共印刷 3 次计 15 000 册，现根据需要修订后再版，更名为《建筑工程计价》。

2003 年 7 月 1 日以后，随着《建设工程工程量清单计价规范（GB 50500—2003）》的正式实施，出现了“定额计价”与“清单计价”两种模式并存并逐步推行工程量清单计价的格局，使用“工程概预算”一词来命名本教材已不再适宜，必须与时俱进，这是本教材更名的主要原因。

修订后的新版教材较原版教材在内容组成上有很大变化，去掉了安装工程预算简介和公路工程预算简介这两章，原建设工程定额一章更改为工程造价计价依据，新增工程造价计算方法和计算机辅助工程计价两章。新版教材基本上是按照《建设工程工程量清单计价规范（GB 50500—2003）》和建设部建标[2003]206 号文“关于印发《建筑安装工程费用项目组成》的通知”重新编写，使其能满足读者现在的需要。

新版教材由张建平主编，蒲爱华、严伟为副主编。具体分工是：张建平策划全书并编写第 1 章，合编第 5 章、第 6 章，蒲爱华编写第 2 章、第 3 章、第 4 章，严伟策划并绘制全书插图，胡志慧合编第 5 章 5.3 节，殷石瑞合编第 5 章 5.4 节，刘晓林合编第 5 章 5.5 节，黄小明合编第 5 章 5.6 节，刘万勇合编第 5 章 5.8、5.13 节，杨松亮合编第 6 章，褚真升编写第 7 章，最后由主编统稿完成。

本书可作为高等学校土木工程、工程管理专业开设《建筑工程概预算》或《建筑工程计价》的主要教材，也可以作为从事工程造价管理的工程技术人员极有实用价值的参考书。

本书在修编过程中，参考了新近出版的有关著作和教材，并得到了参编院校教务、教材部门的大力支持，谨此一并致谢。书中的不足与错误在所难免，敬请读者给予批评指正，并对读者的关心支持表示衷心感谢。

编 者

2005 年 1 月

第1版前言

学习工程概预算，说难并不难，关键要得法，要学以致用、能解决问题。作者在长期的教学实践中，深感教材作为知识载体的重要性。特别是一本简明实用、通俗易懂的教材，将对在校学生及社会上其他初学者起到事半功倍的作用。

与当今流传的大多数同类教材不同，作者站在初学者的角度，从“学什么”“怎样学”出发来组织教材内容：

首先，初学者应了解什么是概预算，怎样编制概预算；

其次，初学者应全面了解工程造价的概念，组成内容，计算方法；

再次，初学者应较为深刻地学习理解定额原理，因为定额是编制预算的重要依据，而定额原理是理解概预算定额、预算基价以及工程造价的基础；

最后，按一般预算定额的分部（章节）顺序，学会如何正确计算工程量，套价并计算直接工程费。

这样一种编排，实现了从宏观到中观再到微观的认识过程，对初学者十分有利，这是本教材的特色之一。

本教材是由重庆大学出版社组织编写的，面向21世纪土木工程专业本科系列教材之一。进入21世纪，土木工程专业已不在是过去单一化的工业与民用建筑专业，而向着“宽口径、厚基础”的方向发展，为适应这一转变，本教材在以土建工程为主的同时，编入了安装工程和公路工程的内容，这是本教材的特色之二。

工程概预算，总体上讲是一门实用技术，作为教材——一本介绍当今普遍受欢迎的实用技术的教材，它的读者不应仅限于校园内的学生，而应面向大众，面向一切希望通过学习以提高自身素质的人们，本教材力求做到通俗易懂、图文并茂、方便自学，这是本教材的特色之三。

我国幅员辽阔，作为预算编制依据的定额及下程量计算规则，各个省区在具体规定上总有差异，面对我国加入WTO的实际,"内部堡垒"应该打破,全国应该是一个统一的大市场。鉴于此,本教材编写的主要依据是建设部发布的《全国统一建筑工程基础定额(土建)》《全国统一建筑工程预算工程量计算规则(土建部分)》《全国统一安装工程预算定额》和交通部发布的《公路工程概算定额》《公路工程预算定额》。这是本教材的特色之四。

本教材一共有7章。第1章为概预算常识,第2章为工程造价与费用计算,第3章为建设工程定额,这3部分是基础,是通用知识;第4章为工程量计算与定额应用,第5章为土建工程预算示例,这两章是本教材篇幅最大,内容最为丰富的部分,编有大量的实例;第6章为安装工程预算简介,第7章为公路工程预算简介,为本教材的扩展内容。使用本教材时,应结合各种现行地方定额(或预算基价)来学习。基础部分必须全部学习,而后面部分学习内容可多可少,关键要能"举一反三""融会贯通"。

本书可作为高等学校土木工程、工程管理专业开设《工程概预算》的主要教材,也可以作为从事工程造价管理的工程技术人员和广大的概预算赤字人员极有实用价值的参考书。

本书由张建平主编,具体分工是:张建平编写第1、2、3、5章;卢勇琴编写第4章4.1~4.5节并为第5章提供了样图;蔡义泉编写第4章4.6~4.10节;谷铁汗编写第4章4.19~4.15节;朱景伟编写第4章4.16~4.18及第6章;吴培关编写第7章;最后由张建平统稿。在本书编写过程中,孙晔为插图绘制、修改提供了帮助。

本书在编撰过程中,参考了新近出版的有关著作和教材,特别是选用了一些插图,并得到了参编院校教务、教材部门的大力支持,谨此一并致谢。

本书是所有主参编人员教学经验的总结,我们的良好愿望,是为我国的工程建设事业尽一份力,但由于现阶段我国在工程造价确定与控制方面的理论与实践还不完善,加之我们对有些问题的认识还有待提高,书中不足与错误在所难免,敬请读者批评指正,待再版时修改完善。

编　者

2001年4月

目录

上篇　工程计价基础

下篇 工程计价实务

上篇
工程计价基础

为适应于土木工程或工程造价、工程管理不同专业教学的需要，本教材分为上、下两篇。

上篇为计价基础篇，主要内容有：第 1 章工程计价概论、第 2 章工程造价构成、第 3 章投资估算、第 4 章设计概算、第 5 章施工图预算、第 6 章工程结算。

本篇可作为工程造价、工程管理专业开设“工程估价基础”课程的教材使用。

土木工程专业若开设 48 学时以下的“建筑工程预算”课程，重点是第 2 章和第 5 章。

第 1 章 工程计价概论

本章作为开篇,是本课程的导论,介绍工程造价的含义、特点、作用;工程计价的含义、特点、分类及建设项目的分解等基本问题。

1.1 工程造价

1.1.1 工程造价的含义

工程造价的直意就是工程的建造价格。在实际使用中,工程造价有如下两种含义:

(1)建设投资费用

即指广义的工程造价。从投资者或业主的角度来定义,工程造价是指有计划地建设某项工程,预期开支或实际开支的全部固定资产投资的费用。投资者选定一个投资项目,为了获得预期的效益,就要通过项目评估进行决策,然后进行设计招标、工程招标,直至竣工验收等一系列投资管理活动。在投资活动中所支付的全部费用形成了固定资产,所有这些开支就构成了工程造价。

根据国家发改委和建设部发布的《建设项目经济评价方法与参数(第三版)》(发改投资[2006] 1325 号文)的规定,建设投资包括工程费用、工程建设其他费用和预备费三部分。工程费用是指建设期内直接用于工程建造、设备购置及其安装的建设投资,可以分为建筑安装工程费和设备及工器具购置费;工程建设其他费用是指建设期发生的与土地使用权取得、整个工程项目建设以及未来生产经营有关的构成建设投资但不包括在工程费用中的费用;预备费是在建设期内为各种不可预见因素的变化而预留的可能增加的费用,包括基本预备费和价差预备费。

(2)工程建造价格

即指狭义的工程造价。从承包商、供应商、设计市场供给主体来定义,工程造价是指为建设某项工程,预计或实际在土地市场、设备市场、技术劳务市场、承包市场等交易活动中所形成的建筑安装工程费,是建设投资费用的组成部分之一。

工程造价的两种含义是对客观存在的概括。它们既共生于一个统一体,又相互区别。最主要的区别在于需求主体和供给主体在市场追求的经济利益不同,因而管理的性质和管理目标不同。站在投资者或业主的角度,降低工程造价是始终如一的追求。站在承包商角度,他们关注利润或者高额利润,会去追求较高的工程造价。不同的管理目标,反映他们不同的经济利益,但他们都要受那些支配价格运动的经济规律的影响和调节,他们之间的矛盾是市场的竞争机制和利益风险机制的必然反映。

1.1.2 工程造价的特点

1)大额性

任何一项建设工程,不仅实物形态庞大,而且造价高昂,需 万、几千万甚至上亿的资金。工程造价的大额性关系到多方面的经济利益,同 经济产生重大影响。

2)单个性

任何一项建设工程都有特殊的用途,其功能、用途各 得每一项工程的结构、造型、平面布置、设备配置和内外装饰都有不同的要求。工程 实物形态的个别差异决定了工程造价的单个性。

3)动态性

任何一项建设工程从决策到竣工交付使用,都会有一个较长的建设周期,在这一期间中如工程变更、材料价格波动、费率变动都会引起工程造价的变动,直至竣工决算后才能最终确定工程的实际造价。建设周期长,资金的时间价值突出,这体现了工程造价的动态性。

4)层次性

一项建设工程往往含有多个单项工程,一个单项工程又是由多个单位工程组成,与此相适应,工程造价也存在三个对应层次,即建设项目总造价、单项工程造价和单位工程造价,这就是工程造价的层次性。

5)兼容性

一项建设工程往往包含有许多的工程内容,不同工程内容的组合、兼容就能适应不同的工程要求。工程造价是由多种费用以及不同工程内容的费用组合而成,具有很强的兼容性。

1.1.3 工程造价的作用

①是项目决策的依据;

②是制定投资计划和控制投资的依据;

③是筹集建设资金的依据;

④是评价投资效果的重要指标。

1.2 工程计价

1.2.1 工程计价的含义

工程计价是指对工程建设项目及其对象,即各种建筑物和构筑物建造费用的计算,也就是工程造价的计算。工程计价过程包括工程概预算、工程结算和竣工决算。

工程概预算(也称之为工程估价)是指工程建设项目在开工前,对所需的各种人力、物力资源及其资金的预先计算。其目的在于有效地确定和控制建设项目的投资,进行人力、物力、财力的准备,以保证工程项目的顺利进行。

工程结算和竣工决算是指工程建设项目在完工后,站在承包商或投资者或业主角度,对所消耗的各种人力、物力资源及资金的实际计算。

1.2.2 工程计价的特点

工程建设是一项特殊的生产活动,它有别于一般的工农业生产,具有周期长、消耗大、涉及面广、协作性强、建设地点固定、水文地质条件各异、生产过程单一、不能批量生产等特点。因此,工程建设的产品也就有了不同于一般的工农业产品的计价特点。

(1)单件性计价

每个建设产品都为特定的用途而建造,在结构、造型、材料选用、内部装饰、体积和面积等方面都会有所不同。建筑物要有个性,不能千篇一律,只能单独设计、单独建造。由于建造地点的地质情况不同,建造时人工材料的价格变动,使用者不同的功能要求,最终导致工程造价的千差万别。因此,建设产品的造价既不能像工业产品那样按品种、规格成批定价,也不能由国家、地方、企业规定统一的价格,只能是单件计价,只能由企业根据现时情况自主报价,由市场竞争形成价格。

(2)多次性计价

建设产品的生产过程是一个周期长、规模大、消耗多、造价高的投资生产活动,必须按照规定的建设程序分阶段进行。工程造价多次性计价的特点,表现在建设程序的每个阶段,都有相对应的计价活动,以便有效地确定与控制工程造价。同时,由于工程建设过程是一个由粗到细、由浅入深的渐进过程,工程造价的多次性计价也就成为了一个对工程投资逐步细化、具体、最后接近实际的过程。工程造价多次性计价与基本建设程序展开过程的关系如图1.1所示。

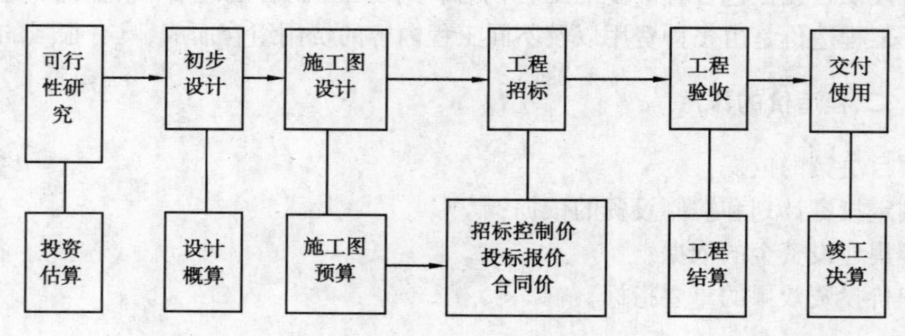

图1.1 多次性计价与基本建设程序的关系示意图

(3)组合性计价

每一工程项目都可以按照建设项目→单项工程→单位工程→分部工程→分项工程的层次分解,然后再按相反的秩序组合计价。工程计价的最小单元是分项工程或构配件,而工程计价的基本对象是单位工程,如建筑工程、装饰装修工程、安装工程、市政工程、公路工程等。每一个单位工程都应编制独立的工程造价文件,它是由若干个分项工程的造价组合而成的。

单项工程的造价由若干个单位工程的造价汇总而成，建设项目的造价由若干个单项工程的造价汇总而成。

1.2.3　工程计价的分类

(1)根据建设程序进展阶段不同的分类

1)投资估算

投资估算是指在编制建设项目建议书和可行性研究阶段，对建设项目总投资的粗略估算，作为建设项目决策时一项重要的参考性经济指标，投资估算是判断项目可行性的重要依据之一；作为工程造价的目标限额，投资估算用于控制初步设计概算和整个工程的造价；投资估算也是编制投资计划、资金筹措和申请贷款的依据。

2)设计概算

设计概算是指在工程项目的初步设计阶段，根据初步设计文件和图纸、概算定额或概算指标及有关取费规定，对工程项目从筹建到竣工所应发生费用的概略计算。它是国家确定和控制基本建设投资额、编制基本建设计划、选择最优设计方案、推行限额设计的重要依据，也是计算工程设计收费、编制施工图预算、确定工程项目总承包合同价的主要依据。当工程项目采用三阶段设计时，在扩大初步设计(也称技术设计)阶段，随着设计内容的深化，应对初步设计的概算进行修正，称为修正概算。经过批准的设计总概算是建设项目造价控制的最高限额。

3)施工图预算

施工图预算是指在工程项目的施工图设计完成后，根据施工图纸和设计说明、预算定额或单位估价表、各种费用取费标准等，对工程项目应发生费用的较详细的计算。它是确定单位工程预算造价的依据；是确定工程招标控制价(或称拦标价)、投标报价、承包合同价的依据；是建设单位与施工单位拨付工程进度款和办理竣工结算的依据；也是施工企业编制施工组织设计、进行成本核算不可缺少的依据。

4)施工预算

施工预算是指由施工单位在中标后的开工准备阶段，根据施工定额(或企业定额)编制的内部预算。它是施工单位编制施工作业进度计划，实行定额管理、班组成本核算的依据；也是进行“两算对比”(即施工图预算与施工预算对比)的重要依据；是施工企业有效控制施工成本，提高企业经济效益的手段之一。

5)工程结算

工程结算是指在工程建设的收尾阶段，由施工单位根据影响工程造价的设计变更、工程量增减、项目增减、设备和材料价差，在承包合同约定的调整范围内，对合同价进行必要修正后形成的造价。经建设单位认可的工程结算是拨付和结清工程款的重要依据。工程结算价是该结算工程的实际建造价格。

6)竣工决算

竣工决算是指在建设项目通过竣工验收交付使用后，由建设单位编制的反映整个建设项目从筹建到竣工所发生全部费用的决算价格，竣工决算应包括建设项目产成品的造价、设备和工器具购置费用和工程建设的其他费用。它应当反映工程项目建成后交付使用的固定资产及流动资金的详细情况和实际价值，是建设项目的实际投资总额，可作为财产交接、考核交付使用的财产成本，以及使用部门建立财产明细账和登记新增固定资产价值的依据。

上述计价过程中，工程估价（含投资估算、设计概算、施工图预算、施工预算）是在工程开工前进行的，而工程结算和竣工决算是在工程完工后进行的，它们之间存在的差异，如表1.1所示。

表1.1　不同阶段的工程计价差异对比

类别	编制阶段	编制单位	编制依据	用　途
投资估算	可行性研究	工程咨询机构	投资估算指标	投资决策
设计概算	初步设计或扩大初步设计	设计单位	概算定额或概算指标	控制投资及工程造价
施工图预算	工程招投标	工程造价咨询机构和施工单位	预算定额和清单计价规范等	招标控制价、投标报价、工程合同价
施工预算	施工阶段	施工单位	施工定额或企业定额	企业内部成本核算与控制
工程结算	竣工验收后交付使用前	施工单位	合同价、设计及施工变更资料	确定工程项目建造价格
竣工决算	竣工验收并交付使用后	建设单位	预算定额、工程建设其他费用定额、竣工结算资料	确定工程项目实际投资

(2)根据编制对象不同的分类

1)单位工程概预算

单位工程概预算，是指根据设计文件和图纸、结合施工方案和现场条件计算的工程量、概（预）算定额以及其他各项费用取费标准编制的，用于确定单位工程造价的文件。

2)工程建设其他费用概预算

工程建设其他费用概预算，是指根据有关规定应在建设投资中计取的，除建筑安装工程费用、设备购置费用、工器具及生产工具购置费、预备费以外的一切费用。工程建设其他费用概预算以独立的项目列入单项工程综合概预算和或建设项目总概算中。

3)单项工程综合概预算

单项工程综合概预算，是由组成该单项工程的各个单位工程概预算汇编而成的，用于确定单项工程（建筑单体）工程造价的综合性文件。

4)建设项目总概预算

建设项目总概预算，是由组成该建设项目的各个单项工程综合概预算、设备购置费用、工器具及生产工具购置费、预备费及工程建设其他费用概预算汇编而成的，用于确定建设项目从筹建到竣工验收全部建设费用的综合性文件。

根据对象不同划分的概预算，其相互关系如图1.2所示。

(3)根据单位工程专业分工不同的分类

①建筑工程概预算，含土建工程及装饰工程；

②装饰工程概预算，专指二次装饰装修工程；

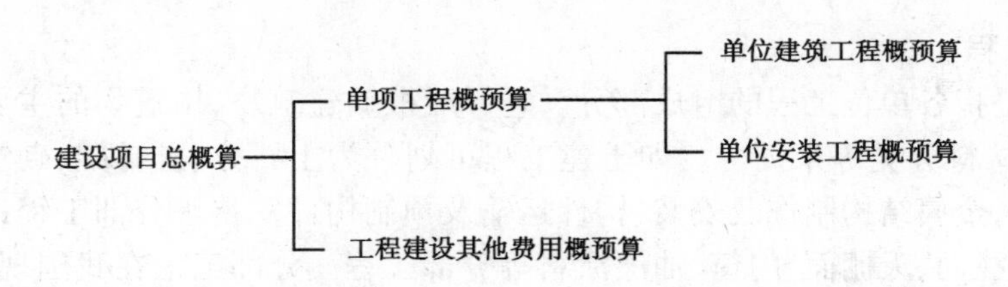

图1.2 根据对象不同划分的概预算相互关系图

③安装工程概预算,含建筑电气照明、给排水、暖气空调等设备安装工程;

④市政工程概预算;

⑤仿古及园林建筑工程概预算;

⑥修缮工程概预算;

⑦煤气管网工程概预算;

⑧抗震加固工程概预算。

1.2.4 建设项目的分解

任何一项建设工程,就其投资构成或物质形态而言,是由众多部分组成的复杂而又有机结合的总体,相互存在许多外部和内在的联系。要对一项建设工程的投资耗费计量与计价,就必须对建设项目进行科学合理的分解,使之划分为若干简单、便于计算的部分或单元。另外,建设项目根据其产品生产的工艺流程和建筑物、构筑物不同的使用功能,按照设计规范要求也必须对建设项目进行必要而科学的分解,使设计符合工艺流程及使用功能的客观要求。

根据我国现行有关规定,一个建设项目一般可以分解为若干的单项工程,并往下细分为单位工程、分部工程、分项工程等项目。

(1)建设项目

建设项目是指在一个总体设计或初步设计的范围内,由一个或若干个单项工程组成的,经济上实行统一核算,行政上有独立机构或组织形式,实行统一管理的基本建设单位。一般以一个行政上独立的企事业单位作为一个建设项目,如一家工厂,一所学校等,并以该单位名称命名建设项目。

(2)单项工程

单项工程是指具有单独的设计文件,建成后能够独立发挥生产能力和使用效益的工程。单项工程又称为工程项目,它是建设项目的组成部分。

工业建设项目的单项工程,一般是指能够生产出设计所规定的主要产品的车间或生产线,以及其他辅助或附属工程。如某机械厂的一个铸造车间或装配车间等。

民用建设项目的单项工程,一般是指能够独立发挥设计规定的使用功能和使用效益的各种建筑单体或独立工程。如某大学的一栋教学楼,或实验楼、图书馆等。

(3)单位工程

单位工程是指具有单独的设计文件,独立的施工条件,但建成后不能够独立发挥生产能力和使用效益的工程。单位工程是单项工程的组成部分,如:房屋建筑单体中的一般土建工程、装饰装修工程、给排水工程、电气照明工程、弱电工程、采暖通风空调工程以及煤气管道工程、园林绿化工程等均可以独立作为单位工程。

(4)分部工程

分部工程是指各单位工程的组成部分。它一般根据建筑物、构筑物的主要部位、结构形式、工种内容、材料分类等来划分。如土建工程可划分为土石方、桩基础、砌筑、混凝土及钢筋、屋面及防水、金属结构制作及安装、构件运输及预制构件安装等分部工程;装饰工程可划分为楼地面、墙柱面、天棚面、门窗、油漆涂料等分部工程。分部工程在我国现行预算定额中一般表现为"章"。

(5)分项工程

分项工程是指各分部工程的组成部分。它是工程计价的基本要素和概预算最基本的计量单元,是通过较为简单的施工过程就可以生产出来的建筑产品或构配件。如砌筑分部中的砖基础、一砖墙、砖柱等;混凝土及钢筋分部中的现浇混凝土基础、梁、板、柱以及钢筋制安等。在编制概预算时,各分项工程的费用由直接用于施工过程耗费的人工费、材料费、机具使用费所组成。

下面以某大学作为建设项目,来说明项目的分解过程,如图1.3所示。

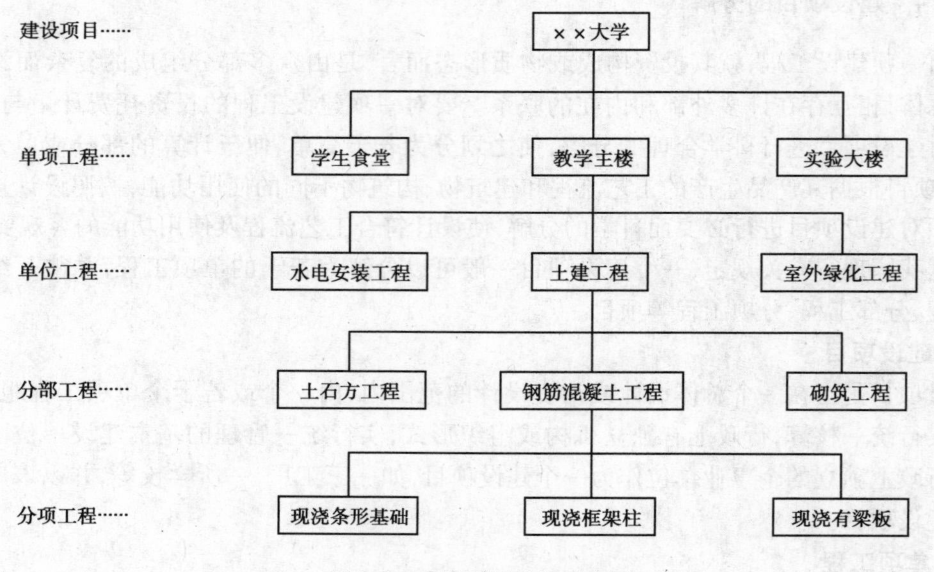

图1.3 建设项目分解示意图

习题1

1.1 如何理解工程造价的含义?

1.2 如何理解工程计价的含义?

1.3 工程计价有哪些特点?

1.4 工程计价有哪些环节?各起什么作用?

第2章 工程造价构成

工程造价是本课程的主要研究对象,工程计价的目的就是要合理、有效的确定工程造价。本章介绍工程造价的构成及费用计算的一般方法。

2.1 工程造价构成

工程造价包含工程项目按照确定的建设内容、建设规模、建设标准、功能和使用要求建成并验收合格交付使用所需的全部费用。

按照国家发改委和建设部发布的《建设项目经济评价方法与参数(第三版)》(发改投资[2006] 1325号文)的规定,我国现行工程造价的构成主要内容为:设备及工、器具购置费用、建筑安装工程费用、工程建设其他费用、预备费、建设期利息、固定资产投资方向调节税。如图2.1所示。

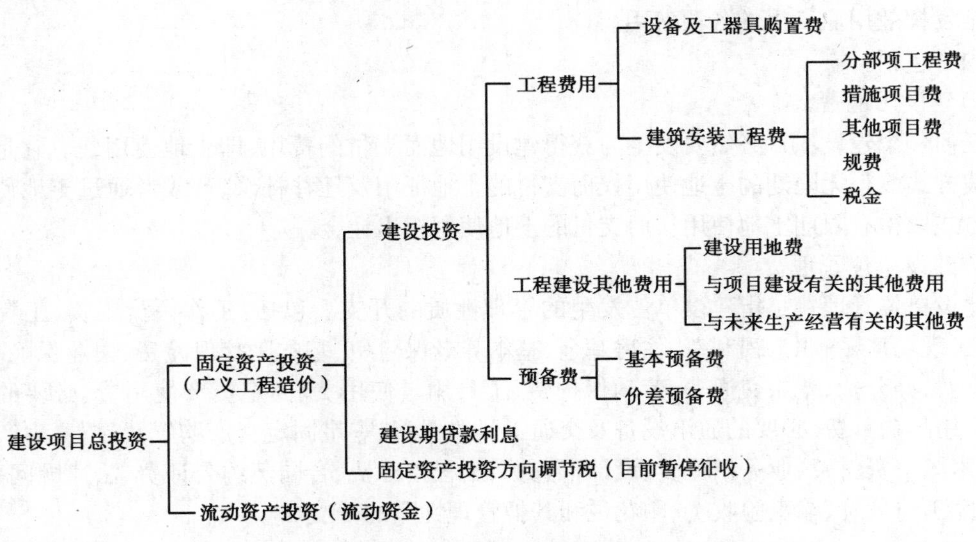

图2.1　我国现行建设投资费用构成

(1)设备及工、器具购置费用

设备及工、器具购置费用由设备购置费和工具器具及生产家具购置费组成。在生产性工程建设中,设备及工具器具购置费用占工程造价比重的增大,意味着生产技术的进步和资本有机构成的提高。

1)设备购置费

设备购置费是指为建设项目购置或自制的达到固定资产标准的各种国产或进口设备的购置费用。它由设备原价和设备运杂费构成。

①设备原价。是指国产设备或进口设备的原价。国产设备原价一般是指设备制造厂家的交货价,或订货合同价。一般根据生产厂家或供应商的询价、报价、合同价确定,或采用一定的方法计算确定。国产设备原价一般分为国产标准设备原价和国产非标准设备原价两种。进口设备原价是指进口设备的抵岸价,即抵达买方边境口岸或边境车站,并且交完关税等税费后形成的价格。进口设备的抵岸价一般包括以下费用:货价、国际运费、运输保险费、银行财务费、外贸手续费、关税、增值税、消费税、海关监管手续费、车辆购置附加费等费用。

②设备运杂费。设备运杂费通常由运输装卸费、包装费、采购及仓库保管费等费用构成。

2)工具器具及生产家具购置费

工具、器具及生产家具购置费是指新建或扩建项目初步设计规定的,保证初期正常生产必须购置的没有达到固定资产标准的设备、仪器、工卡模具、器具、生产家具和备品备件等的购置费用。

(2)建筑安装工程费用

建筑安装工程费用是指工程建造的费用,由人工费、材料费(包含工程设备,下同)、施工机具使用费、企业管理费、利润、规费和税金组成(具体内容详见2.2节)。

(3)工程建设其他费用

工程建设其他费用,是指从工程筹建起到工程竣工验收交付使用止的整个建设期间,除建筑安装工程费用和设备及工器具购置费用以外,为保证工程建设顺利完成和交付使用后能够正常发挥效用而发生的各项费用。

内容包括:

1)建设用地费

任何一个建设项目必然要发生为获得建设用地而支付的费用,即土地使用费。它是指通过划拨方式取得无限期的土地使用权而支付的土地征用及迁移补偿费;或者通过土地使用权出让方式取得有限期土地使用权而支付的土地使用权出让金。

2)建设单位管理费

建设单位管理费是指建设单位发生的管理性质的开支。包括:工作人员工资、工资性补贴、施工现场津贴、职工福利费、住房基金、基本养老保险费、基本医疗保险费、失业保险费、工伤保险费,办公费、差旅交通费、劳动保护费、工具用具使用费、固定资产使用费、必要的办公及生活用品购置费、必要的通讯设备及交通工具购置费、零星固定资产购置费、招募生产工人费、技术图书资料费、业务招待费、设计审查费、工程招标费、合同契约公证费、法律顾问费、咨询费、完工清理费、竣工验收费、印花税和其他管理性质的开支。

3)工程监理费

工程监理费是指建设单位委托工程监理单位对工程实施监理工作所需费用。

4)可行性研究费

可行性研究费是指在工程项目投资决策阶段,依据调研报告对有关建设方案、技术方案或生产经营方案进行的技术经济论证,以及编制、评审可行性研究报告所需的费用。

5)研究试验费

研究试验费是指为建设项目提供和验证设计数据、资料等所进行的必要的研究试验及相关规定在建设过程中必须进行试验、验证所需的费用。

6)勘察设计费

勘察设计费是指为对工程项目进行工程水文地质勘察、工程设计所发生的费用。包括:工程勘察费、初步设计费(基础设计费)、施工图设计费(详细设计费)、设计模型制作费。

7)环境影响评价费

环境影响评价费是指按照《中华人民共和国环境保护法》《中华人民共和国环境影响评价法》等规定,在工程项目投资决策过程中,对其进行环境污染或影响评价所需的费用。

8)劳动安全卫生评价费

劳动安全卫生评价费是指按照劳动部《建设项目(工程)劳动安全卫生监察规定》和《建设项目(工程)劳动安全卫生预评价管理办法》的规定,在工程项目投资决策过程中,为编制劳动安全卫生预评价报告所需的费用。

9)场地准备及临时设施费

建设项目场地准备费是指为使工程项目的建设场地达到开工条件,由建设单位组织进行的场地平整等准备工作而发生的费用。

建设单位临时设施费是指建设单位为满足工程项目建设、生活、办公的需要,用于临时设施建设、维修、租赁、使用所发生或摊销的费用。

10)引进技术和引进设备其他费

引进技术及引进设备其他费是指引进技术及设备发生的但未计入设备购置费中的费用。包括:引进项目图纸资料翻译复制费、备品备件测绘费,出国人员费用,来华人员费用、银行担保及承诺费。

11)工程保险费

工程保险费是指为转移工程项目建设的意外风险,在建设期内对建筑工程、安装工程、机械设备和人身安全进行投保而发生的费用。

12)特殊设备安全监督检验费

特殊设备安全监督检验费是指安全监督部门对在施工现场组装的锅炉及压力容器,压力管道、消防设备、燃气设备、电梯等特殊设备和设施实施安全检验收取的费用。

13)市政公用设施费

市政公用设施费是指使用市政公用设施的工程项目,按照项目所在地省级人民政府有关规定建设或缴纳的市政公用设施建设配套费用,以及绿化工程补偿费用。

14)联合试运转费

联合试运转费是指新建或新增加生产能力的工程项目,在交付生产前按照设计文件规定的工程质量标准和技术要求,对整个生产线或生产装置进行负荷联合试运转发生的费用(试运转支出大于收入的差额部分）。费用内容包括：试运转所需的原料、燃料、动力消耗、低值易耗品、其他物料消耗、工具用具使用费、机械使用费、保险金、施工单位参加试运转人员工资及专家指导费等。

15）生产准备及开办费

生产准备费及开办费是指在建设期间，建设单位为保证项目正常生产而发生的人员培训费、提前进厂费以及投产使用必备的办公、生活家具用具及工器具等的购置费用。

16）办公和生活家具购置费

办公和生活家具购置费是指为保证新建、改建、扩建项目初期正常生产、使用和管理所必须购置的办公和生活家具、用具的费用。

（4）预备费

按我国现行规定，预备费包括基本预备费、价差预备费或调整预备费。

1）基本预备费

基本预备费是指针对项目实施过程中可能发生难以预料的支出而事先预留的费用，又称工程建设不可预见费。费用内容包括：

①在批准的初步设计范围内，技术设计、施工图设计及施工过程中所增加的工程费用；设计变更、工程变更、材料代用、局部地基处理等增加的费用；

②一般自然灾害造成的损失和预防自然灾害所采取的措施费用；

③竣工验收时为鉴定工程质量对隐蔽工程进行必要的挖掘和修复费用；

④超规超限设备运输增加的费用。

2）价差预备费

价差预备费是指为在建设期内利率、汇率或价格等因素的变化而预留的可能增加的费用。费用内容包括：人工、设备、材料、施工机械的价差费，建筑安装工程费及工程建设其他费用调整，利率、汇率调整等增加的费用。

（5）建设期利息

建设期贷款利息是指在建设期内发生的为工程项目筹措资金的融资费用及债务资金利息。

（6）固定资产投资方向调节税

固定资产投资方向调节税，是为了贯彻国家产业政策，控制投资规模，引导投资方向，调整投资结构，加强重点建设，促进国民经济持续、稳定、协调发展，对在我国境内进行固定资产投资的单位和个人征收的固定资产投资方向调节税（简称投调税）。

2.2 建筑安装工程费用组成

根据国家住房和城乡建设部、财政部“关于印发《建筑安装工程费用项目组成》的通知（建标[2013]44号文）的规定，我国现行建筑安装工程费用项目组成如图2.2所示。

建筑安装工程费用包含内容如表2.1所示。

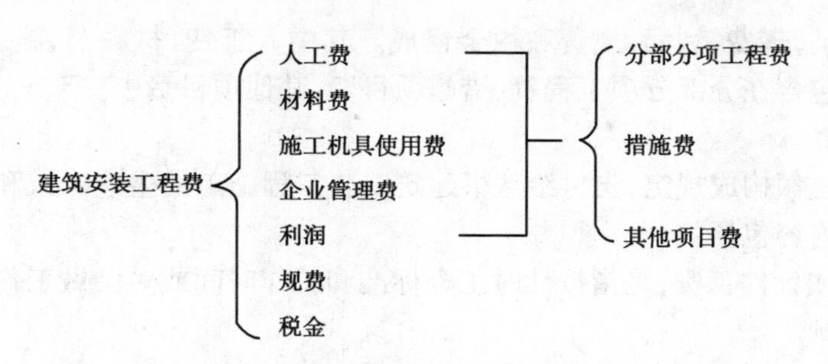

图 2.2　建筑安装工程费用组成

表 2.1　建筑安装工程费用构成明细表

费用项目		费用组成明细
按费用构成要素划分	人工费	计时工资或计件工资、奖金、津贴补贴、加班加点工资、特殊情况下支付的工资
	材料费	材料原价、运杂费、运输损耗费、采购及保管费、工程设备费
	施工机具使用费	折旧费、大修理费、经常修理费、安拆费及场外运费、人工费、燃料动力费、税费
	企业管理费	管理人员工资、办公费、差旅交通费、固定资产使用费、工具用具使用费、劳动保险费、工会经费、职工教育经费、财产保险费、财务费、税金、其他等
	利润	施工企业完成所承包工程获得的盈利
	规费	工程排污费、社会保障费(养老保险费、失业保险费、医疗保险费)、住房公积金、危险作业意外伤害保险
	税金	营业税、城市建设维护税、教育费附加、地方教育附加
按造价形成划分	分部分项工程费	1. 专业工程:是指按现行国家计量规范划分的房屋建筑与装饰工程、仿古建筑工程、通用安装工程、市政工程、园林绿化工程、矿山工程、构筑物工程、城市轨道交通工程、爆破工程等各类工程 2. 分部分项工程:指按现行国家计量规范对各专业工程划分的项目。如房屋建筑与装饰工程划分的土石方工程、地基处理与桩基工程、砌筑工程、钢筋及钢筋混凝土工程等
	措施项目费	环境保护费、文明施工费、安全施工费、临时设施费、夜间施工增加费、二次搬运费、大型机械设备进出场及安拆费、混凝土及钢筋混凝土模板及支架费、脚手架费、已完工程及设备保护费、施工排水及降水费用、其他措施费等
	其他项目费	暂列金额、计日工、总承包服务费
	规费	工程排污费、社会保障费(养老保险费、失业保险费、医疗保险费)、住房公积金、危险作业意外伤害保险
	税金	营业税、城市建设维护税、教育费附加、地方教育附加

2.2.1　按费用构成要素划分

建筑安装工程费按照费用构成要素划分:由人工费、材料(包含工程设备,下同)费、施工机具使用费、企业管理费、利润、规费和税金组成。其中人工费、材料费、施工机具使用费、企业管理费和利润包含在分部分项工程费、措施项目费、其他项目费中。

(1)人工费

是指按工资总额构成规定,支付给从事建筑安装工程施工的生产工人和附属生产单位工人的各项费用。内容包括:

1)计时工资或计件工资:是指按计时工资标准和工作时间或对已做工作按计件单价支付给个人的劳动报酬。

2)奖金:是指对超额劳动和增收节支支付给个人的劳动报酬。如节约奖、劳动竞赛奖等。

3)津贴补贴:是指为了补偿职工特殊或额外的劳动消耗和因其他特殊原因支付给个人的津贴,以及为了保证职工工资水平不受物价影响支付给个人的物价补贴。如流动施工津贴、特殊地区施工津贴、高温(寒)作业临时津贴、高空津贴等。

4)加班加点工资:是指按规定支付的在法定节假日工作的加班工资和在法定日工作时间外延时工作的加点工资。

5)特殊情况下支付的工资:是指根据国家法律、法规和政策规定,因病、工伤、产假、计划生育假、婚丧假、事假、探亲假、定期休假、停工学习、执行国家或社会义务等原因按计时工资标准或计时工资标准的一定比例支付的工资。

(2)材料费

是指施工过程中耗费的原材料、辅助材料、构配件、零件、半成品或成品、工程设备的费用。内容包括:

1)材料原价:是指材料、工程设备的出厂价格或商家供应价格。

2)运杂费:是指材料、工程设备自来源地运至工地仓库或指定堆放地点所发生的全部费用。

3)运输损耗费:是指材料在运输装卸过程中不可避免的损耗。

4)采购及保管费:是指为组织采购、供应和保管材料、工程设备的过程中所需要的各项费用。包括采购费、仓储费、工地保管费、仓储损耗。

5)工程设备:是指构成或计划构成永久工程一部分的机电设备、金属结构设备、仪器装置及其他类似的设备和装置。

(3)施工机具使用费

是指施工作业所发生的施工机械、仪器仪表使用费或其租赁费。施工机具使用费由以下费用组成:

1)折旧费:指施工机械在规定的使用年限内,陆续收回其原值的费用。

2)大修理费:指施工机械按规定的大修理间隔台班进行必要的大修理,以恢复其正常功能所需的费用。

3)经常修理费:指施工机械除大修理以外的各级保养和临时故障排除所需的费用。包括为保障机械正常运转所需替换设备与随机配备工具附具的摊销和维护费用,机械运转中日常保养所需润滑与擦拭的材料费用及机械停滞期间的维护和保养费用等。

4)安拆费及场外运费:安拆费指施工机械(大型机械除外)在现场进行安装与拆卸所需的人工、材料、机械和试运转费用以及机械辅助设施的折旧、搭设、拆除等费用;场外运费指施工机械整体或分体自停放地点运至施工现场或由一施工地点运至另一施工地点的运输、装卸、辅助材料及架线等费用。

5)人工费:指机上司机(司炉)和其他操作人员的人工费。

6)燃料动力费:指施工机械在运转作业中所消耗的各种燃料及水、电等。

7)税费:指施工机械按照国家规定应缴纳的车船使用税、保险费及年检费等。

(4)企业管理费

管理费是指建筑安装企业组织施工生产和经营管理所需的费用。内容包括:

1)管理人员工资:是指按规定支付给管理人员的计时工资、奖金、津贴补贴、加班加点工资及特殊情况下支付的工资等;

2)办公费:是指企业管理办公用的文具、纸张、账表、印刷、邮电、书报、办公软件、现场监控、会议、水电、烧水和集体取暖以及降温(包括现场临时宿舍取暖以及降温)等费用;

3)差旅交通费:是指职工因公出差、调动工作的差旅费、住勤补助费,市内交通费和误餐补助费,职工探亲路费,劳动力招募费,职工退休、退职一次性路费,工伤人员就医路费,工地转移费以及管理部门使用的交通工具的油料、燃料等费用;

4)固定资产使用费:是指管理和试验部门及附属生产单位使用的属于固定资产的房屋、设备、仪器等的折旧、大修、维修或租赁费;

5)工具用具使用费:是指企业施工生产和管理使用的不属于固定资产的工具、器具、家具、交通工具和检验、试验、测绘、消防用具等的购置、维修和摊销费;

6)劳动保险和职工福利费:是指由企业支付的职工退职金、按规定支付给离休干部的经费,集体福利费、夏季防暑降温、冬季取暖补贴、上下班交通补贴等;

7)劳动保护费:是企业按规定发放的劳动保护用品的支出。如工作服、手套、防暑降温饮料以及在有碍身体健康的环境中施工的保健费用等;

8)检验试验费:是指施工企业按照有关标准规定,对建筑以及材料、构件和建筑安装物进行一般鉴定、检查所发生的费用,包括自设试验室进行试验所耗用的材料等费用。不包括新结构、新材料的试验费,对构件做破坏性试验及其他特殊要求检验试验的费用和建设单位委托检测机构进行检测的费用,对此类检测发生的费用,由建设单位在工程建设其他费用中列支。但对施工企业提供的具有合格证明的材料进行检测不合格的,该检测费用由施工企业支付;

9)工会经费:是指企业按《工会法》规定的全部职工工资总额比例计提的工会经费;

10)职工教育经费:是指按职工工资总额的规定比例计提,企业为职工进行专业技术和职业技能培训,专业技术人员继续教育、职工职业技能鉴定、职业资格认定以及根据需要对职工进行各类文化教育所发生的费用;

11)财产保险费:是指施工管理用财产、车辆等的保险费用;

12)财务费:是指企业为施工生产筹集资金或提供预付款担保、履约担保、职工工资支付担保等所发生的各种费用;

13)税金:是指企业按规定缴纳的房产税、车船使用税、土地使用税、印花税等;

14)其他:包括技术转让费、技术开发费、投标费、业务招待费、绿化费、广告费、公证费、法律顾问费、审计费、咨询费、保险费等。

(5)利润

利润是指施工企业完成所承包工程获得的盈利。

(6)规费

是指按国家法律、法规规定,由省级政府和省级有关权力部门规定必须缴纳或计取的费用。包括:

1)社会保险费

①养老保险费:是指企业按照规定标准为职工缴纳的基本养老保险费。

②失业保险费:是指企业按照规定标准为职工缴纳的失业保险费。

③医疗保险费:是指企业按照规定标准为职工缴纳的基本医疗保险费。

④生育保险费:是指企业按照规定标准为职工缴纳的生育保险费。

⑤工伤保险费:是指企业按照规定标准为职工缴纳的工伤保险费。

2)住房公积金:是指企业按规定标准为职工缴纳的住房公积金。

3)工程排污费:是指按规定缴纳的施工现场工程排污费。

4)其他应列而未列入的规费,按实际发生计取。

(7)税金

税金是指国家税法规定的应计入建筑安装工程造价内的营业税、城市维护建设税、教育费附加以及地方教育附加。

2.2.2 按造价形成划分

建筑安装工程费按照工程造价形成由分部分项工程费、措施项目费、其他项目费、规费、税金组成,分部分项工程费、措施项目费、其他项目费均包含人工费、材料费、施工机具使用费、企业管理费和利润。

(1)分部分项工程费

是指各专业工程的分部分项工程应予列支的各项费用。

1)专业工程:是指按现行国家计量规范划分的房屋建筑与装饰工程、仿古建筑工程、通用安装工程、市政工程、园林绿化工程、矿山工程、构筑物工程、城市轨道交通工程、爆破工程等各类工程。

2)分部分项工程:指按现行国家计量规范对各专业工程划分的项目。如房屋建筑与装饰工程划分的土石方工程、地基处理与桩基工程、砌筑工程、钢筋及钢筋混凝土工程等。

各类专业工程的分部分项工程划分见现行国家或行业计量规范。

(2)措施项目费

是指为完成建设工程施工,发生于该工程施工前和施工过程中的技术、生活、安全、环境保护等方面的费用。内容包括:

1)安全文明施工费。

①环境保护费:是指施工现场为达到环保部门要求所需要的各项费用。

②文明施工费:是指施工现场文明施工所需要的各项费用。

③安全施工费:是指施工现场安全施工所需要的各项费用。

④临时设施费:是指施工企业为进行建设工程施工所必须搭设的生活和生产用的临时建筑物、构筑物和其他临时设施费用。包括临时设施的搭设、维修、拆除、清理费或摊销费等。

2)夜间施工增加费:是指因夜间施工所发生的夜班补助费、夜间施工降效、夜间施工照明设备摊销及照明用电等费用。

3）二次搬运费：是指因施工场地条件限制而发生的材料、构配件、半成品等一次运输不能到达堆放地点，必须进行二次或多次搬运所发生的费用。

4）冬雨季施工增加费：是指在冬季或雨季施工需增加的临时设施、防滑、排除雨雪，人工及施工机械效率降低等费用。

5）已完工程及设备保护费：是指竣工验收前，对已完工程及设备采取的必要保护措施所发生的费用。

6）工程定位复测费：是指工程施工过程中进行全部施工测量放线和复测工作的费用。

7）特殊地区施工增加费：是指工程在沙漠或其边缘地区、高海拔、高寒、原始森林等特殊地区施工增加的费用。

8）大型机械设备进出场及安拆费：是指机械整体或分体自停放场地运至施工现场或由一个施工地点运至另一个施工地点，所发生的机械进出场运输及转移费用及机械在施工现场进行安装、拆卸所需的人工费、材料费、机械费、试运转费和安装所需的辅助设施的费用。

9）脚手架工程费：是指施工需要的各种脚手架搭、拆、运输费用以及脚手架购置费的摊销（或租赁）费用。

10）措施项目及其包含的内容详见各类专业工程的现行国家或行业计量规范。

（3）其他项目费

1）暂列金额：是指建设单位在工程量清单中暂定并包括在工程合同价款中的一笔款项。用于施工合同签订时尚未确定或者不可预见的所需材料、工程设备、服务的采购，施工中可能发生的工程变更、合同约定调整因素出现时的工程价款调整以及发生的索赔、现场签证确认等的费用。

2）计日工：是指在施工过程中，施工企业完成建设单位提出的施工图纸以外的零星项目或工作所需的费用。

3）总承包服务费：是指总承包人为配合、协调建设单位进行的专业工程发包，对建设单位自行采购的材料、工程设备等进行保管以及施工现场管理、竣工资料汇总整理等服务所需的费用。

（4）规费

是指按国家法律、法规规定，由省级政府和省级有关权力部门规定必须缴纳或计取的费用。包括：

1）社会保险费。

①养老保险费：是指企业按照规定标准为职工缴纳的基本养老保险费。

②失业保险费：是指企业按照规定标准为职工缴纳的失业保险费。

③医疗保险费：是指企业按照规定标准为职工缴纳的基本医疗保险费。

④生育保险费：是指企业按照规定标准为职工缴纳的生育保险费。

⑤工伤保险费：是指企业按照规定标准为职工缴纳的工伤保险费。

2）住房公积金：是指企业按规定标准为职工缴纳的住房公积金。

3）工程排污费：是指按规定缴纳的施工现场工程排污费。

4）其他应列而未列入的规费，按实际发生计取。

（5）税金

税金是指国家税法规定的应计入建筑安装工程造价内的营业税、城市维护建设税、教育费附加以及地方教育附加。

2.3 工程费用计算方法

本节介绍的是建标[2013]44号文中推荐的工程费用参考计算方法，实际工程计价时，应根据当地建设行政主管部门的规定计算。

2.3.1 建筑安装工程费用参考计算方法

(1)各费用构成要素参考计算方法

1)人工费

公式1：

$$人工费 = \sum(工日消耗量 \times 日工资单价) \tag{2.1}$$

$$日工资单价 = \frac{生产工人平均月工资(计时、计件) + 平均月(奖金 + 津贴补贴 + 特殊情况下支付的工资)}{年平均每月法定工作日}$$

注：公式1主要适用于施工企业投标报价时自主确定人工费，也是工程造价管理机构编制计价定额确定定额人工单价或发布人工成本信息的参考依据。

公式2：

$$人工费 = \sum(工程工日消耗量 \times 日工资单价) \tag{2.2}$$

日工资单价是指施工企业平均技术熟练程度的生产工人在每工作日(国家法定工作时间内)按规定从事施工作业应得的日工资总额。

工程造价管理机构确定日工资单价应通过市场调查、根据工程项目的技术要求，参考实物工程量人工单价综合分析确定，最低日工资单价不得低于工程所在地人力资源和社会保障部门所发布的最低工资标准的：普工1.3倍、一般技工2倍、高级技工3倍。

工程计价定额不可只列一个综合工日单价，应根据工程项目技术要求和工种差别适当划分多种日人工单价，确保各分部工程人工费的合理构成。

注：公式2适用于工程造价管理机构编制计价定额时确定定额人工费，是施工企业投标报价的参考依据。

2)材料费

①材料费

$$材料费 = \sum(材料消耗量 \times 材料单价) \tag{2.3}$$

$$材料单价 = (材料原价 + 运杂费) \times [1 + 运输损耗率(\%)] \times [1 + 采购保管费率(\%)]$$

②工程设备费

$$工程设备费 = \sum(工程设备量 \times 工程设备单价) \tag{2.4}$$

$$工程设备单价 = (设备原价 + 运杂费) \times [1 + 采购保管费率(\%)]$$

3)施工机具使用费

①施工机械使用费

$$施工机械使用费 = \sum(施工机械台班消耗量 \times 机械台班单价) \tag{2.5}$$

机械台班单价 = 台班折旧费 + 台班大修费 + 台班经常修理费 + 台班安拆费及场外运费 + 台班人工费 + 台班燃料动力费 + 台班车船税费

注:工程造价管理机构在确定计价定额中的施工机械使用费时,应根据《建筑施工机械台班费用计算规则》结合市场调查编制施工机械台班单价。施工企业可以参考工程造价管理机构发布的台班单价,自主确定施工机械使用费的报价,如租赁施工机械,公式为:

施工机械使用费 = $\sum$(施工机械台班消耗量 × 机械台班租赁单价)。

②仪器仪表使用费

$$\text{仪器仪表使用费} = \text{工程使用的仪器仪表摊销费} + \text{维修费} \tag{2.6}$$

4)企业管理费费率

①以分部分项工程费为计算基础

$$\text{企业管理费费率}(\%) = \frac{\text{生产工人年平均管理费}}{\text{年有效施工天数} \times \text{人工单价}} \times \text{人工费占分部分项工程费比例}(\%) \tag{2.7}$$

②以人工费和机械费合计为计算基础

$$\text{企业管理费费率}(\%) = \frac{\text{生产工人年平均管理费}}{\text{年有效施工天数} \times (\text{人工单价} + \text{每一工日机械使用费})} \times 100\% \tag{2.8}$$

③以人工费为计算基础

$$\text{企业管理费费率}(\%) = \frac{\text{生产工人年平均管理费}}{\text{年有效施工天数} \times \text{人工单价}} \times 100\% \tag{2.9}$$

注:上述公式适用于施工企业投标报价时自主确定管理费,是工程造价管理机构编制计价定额确定企业管理费的参考依据。

工程造价管理机构在确定计价定额中企业管理费时,应以定额人工费或(定额人工费 + 定额机械费)作为计算基数,其费率根据历年工程造价积累的资料,辅以调查数据确定,列入分部分项工程和措施项目中。

5)利润

①施工企业根据企业自身需求并结合建筑市场实际自主确定,列入报价中。

②工程造价管理机构在确定计价定额中利润时,应以定额人工费或(定额人工费 + 定额机械费)作为计算基数,其费率根据历年工程造价积累的资料,并结合建筑市场实际确定,以单位(单项)工程测算,利润在税前建筑安装工程费的比重可按不低于5%且不高于7%的费率计算。利润应列入分部分项工程和措施项目中。

6)规费

①社会保险费和住房公积金

社会保险费和住房公积金应以定额人工费为计算基础,根据工程所在地省、自治区、直辖市或行业建设主管部门规定费率计算。

$$\text{社会保险费和住房公积金} = \sum(\text{工程定额人工费} \times \text{社会保险费和住房公积金费率}) \tag{2.10}$$

式中:社会保险费和住房公积金费率可以每万元发承包价的生产工人人工费和管理人员工资含量与工程所在地规定的缴纳标准综合分析取定。

②工程排污费

工程排污费等其他应列而未列入的规费应按工程所在地环境保护等部门规定的标准缴纳,按实计取列入。

7)税金

税金计算公式:

$$税金 = 税前造价 \times 综合税率(\%) \tag{2.11}$$

综合税率:

①纳税地点在市区的企业

$$综合税率 = \frac{1}{1 - 3\% - (3\% \times 7\%) - (3\% \times 3\%) - (3\% \times 2\%)} - 1 \tag{2.12}$$

②纳税地点在县城、镇的企业

$$综合税率 = \frac{1}{1 - 3\% - (3\% \times 5\%) - (3\% \times 3\%) - (3\% \times 2\%)} - 1 \tag{2.13}$$

③纳税地点不在市区、县城、镇的企业

$$综合税率 = \frac{1}{1 - 3\% - (3\% \times 1\%) - (3\% \times 3\%) - (3\% \times 2\%)} - 1 \tag{2.14}$$

④实行营业税改增值税的,按纳税地点现行税率计算。

(2)建筑安装工程计价参考公式

1)分部分项工程费

$$分部分项工程费 = \sum(分部分项工程量 \times 综合单价) \tag{2.15}$$

式中:综合单价包括人工费、材料费、施工机具使用费、企业管理费和利润以及一定范围的风险费用(下同)。

2)措施项目费

①国家计量规范规定应予计量的措施项目,其计算公式为:

$$措施项目费 = \sum(措施项目工程量 \times 综合单价) \tag{2.16}$$

②国家计量规范规定不宜计量的措施项目计算方法为:

A. 安全文明施工费

$$安全文明施工费 = 计算基数 \times 安全文明施工费费率(\%) \tag{2.17}$$

计算基数应为定额基价(定额分部分项工程费+定额中可以计量的措施项目费)、定额人工费或(定额人工费+定额机械费),其费率由工程造价管理机构根据各专业工程的特点综合确定。

B. 夜间施工增加费

$$夜间施工增加费 = 计算基数 \times 夜间施工增加费费率(\%) \tag{2.18}$$

C. 二次搬运费

$$二次搬运费 = 计算基数 \times 二次搬运费费率(\%) \tag{2.19}$$

D. 冬雨季施工增加费

$$冬雨季施工增加费 = 计算基数 \times 冬雨季施工增加费费率(\%) \tag{2.20}$$

E. 已完工程及设备保护费

$$已完工程及设备保护费 = 计算基数 \times 已完工程及设备保护费费率(\%) \tag{2.21}$$

上述A~E项措施项目的计费基数应为定额人工费或(定额人工费+定额机械费),其费率由工程造价管理机构根据各专业工程特点和调查资料综合分析后确定。

3)其他项目费

①暂列金额由建设单位根据工程特点,按有关计价规定估算,施工过程中由建设单位掌握使用、扣除合同价款调整后如有余额,归建设单位。

②计日工由建设单位和施工企业按施工过程中的签证计价。

③总承包服务费由建设单位在招标控制价中根据总包服务范围和有关计价规定编制,施工企业投标时自主报价,施工过程中按签约合同价执行。

4)规费和税金

建设单位和施工企业均应按照省、自治区、直辖市或行业建设主管部门发布标准计算规费和税金,不得作为竞争性费用。

(3)相关问题的说明

①各专业工程计价定额的编制及其计价程序,均按本通知实施。

②各专业工程计价定额的使用周期原则上为5年。

③工程造价管理机构在定额使用周期内,应及时发布人工、材料、机械台班价格信息,实行工程造价动态管理,如遇国家法律、法规、规章或相关政策变化以及建筑市场物价波动较大时,应适时调整定额人工费、定额机械费以及定额基价或规费费率,使建筑安装工程费能反映建筑市场实际。

④建设单位在编制招标控制价时,应按照各专业工程的计量规范和计价定额以及工程造价信息编制。

⑤施工企业在使用计价定额时除不可竞争费用外,其余仅作参考,由施工企业投标时自主报价。

2.3.2　设备及工器具购置费计算方法

设备购置费等于设备原价和设备运杂费的总和,计算表达式为:

$$设备购置费 = 设备原价 + 设备运杂费 \tag{2.22}$$

(1)设备原价

1)国产设备原价

国产设备原价一般指的是设备制造厂的交货价,或订货合同价。一般根据生产厂或供应商的询价、报价、合同价确定或采用一定的方法确定。

2)进口设备原价

进口设备原价是指进口设备的抵岸价,即抵达买方边境港口或边境车站,且交完关税等税费后形成的价格。

$$\begin{aligned}进口设备抵岸价 = &货价 + 国际运费 + 运输保险费 + 银行财务费 + 外贸手续费 \\ &+关税 + 增值税 + 消费税 + 车辆购置附加费\end{aligned} \tag{2.23}$$

①货价:一般指装运港船上的交货价(FOB)。进口设备货价按有关生产厂商询价、报价、订货合同价计算。

②国际运费:指从装运港(站)到达我国抵达港(站)的运费。

$$国际运费(海、陆、空) = 原币货价(FOB) \times 运费率 \tag{2.24}$$

$$国际运费(海、陆、空) = 运量 \times 单位运价 \tag{2.25}$$

③运输保险费

$$运输保险费 = [原币货价(FOB) + 国际运费] \div [1 - 保险费率] \times 保险费率 \quad (2.26)$$

④银行财务费:一般指中国银行手续费。

$$银行手续费 = 人民币货价(FOB) \times 银行财务费率 \quad (2.27)$$

⑤外贸手续费:指对外经济贸易部规定的外贸手续费率计取的费用。

$$外贸手续费 = (货价 + 国际运费 + 运输保险费) \times 外贸手续费率 \quad (2.28)$$

⑥关税:由海关对进出国境或关境的货物和物品征收的一种税。

$$关税 = 到岸价格(CIF) \times 进口关税税率 \quad (2.29)$$

注:到岸价格(CIF)包括:离岸价格(FOB)、国际运费、运输保险费等费用。

⑦消费税:仅对部分进口设备(如轿车、摩托车等)征收的一种税种。

$$应纳消费税额 = (到岸价 + 关税) \div (1 - 消费税税率) \times 消费税税率 \quad (2.30)$$

⑧进口环节增值税:是对从事进口贸易的单位和个人,在进口商品报关进口后征收的税种。

$$进口环节增值税额 = [离岸价格(FOB) + 国际运费 + 运输保险费 + 关税 + 消费税] \times 增值税税率 \quad (2.31)$$

⑨车辆购置税:进口车辆需缴进口车辆购置税。

$$进口车辆购置税 = (到岸价 + 关税 + 消费税) \times 车辆购置附加费率 \quad (2.32)$$

(2)设备运杂费

设备运杂费的计算方法有两种:

方法一:以设备原价为计算基数乘以设备运杂费率。

$$设备运杂费 = 设备原价 \times 设备运杂费率 \quad (2.33)$$

方法二:分项进行计算,具体内容如下:

1)运输费和装卸费

运输、装卸等费的确定,应根据材料的来源地、运输里程、运输方法、并根据国家有关部门或地方政府交通运输管理部门规定的运价标准分别计算。

2)包装费

包装费是指为了便于设备运输和保护设备进行包装所发生和需要的一切费用。包括水运、陆运的支撑、篷布、包装带、包装箱、绑扎等费用。材料运到现场或使用后,要对包装材料进行回收,回收价值冲减设备购置费。

3)采购及保管费

指采购、验收、保管和收发设备所发生的各种费用。

$$设备采购及保管费用 = (设备原价 + 运输、装卸费 + 包装费) \times 采保费率 \quad (2.34)$$

(3)工器具及生产家具购置费的计算

$$工器具及生产家具购置费 = 设备购置费 \times 工器具及生产家具购置费率 \quad (2.35)$$

2.3.3 工程建设其他费用计算方法

(1)土地使用费

1)土地征用及迁移补偿费

土地征用及迁移补偿费,依据《中华人民共和国土地管理法》的规定计算。

2)土地使用权出让金

土地使用权出让金,依据《中华人民共和国城镇国有土地使用权出让和转让暂行条例》的规定计算。

(2)建设单位管理费

$$建设单位管理费 = (设备及工器具购置费 + 建筑安装工程费用) \times 建设单位管理费率 \tag{2.36}$$

(3)工程监理费

工程监理费应按照国家发改委、建设部联合发布的《关于建设监理费计取规定》(发改价格[2007]670号文件)计算。

(4)可行性研究费

可行性研究费应参照国家计委《关于建设项目前期工作咨询费计取规定》(计投资[1999]1283号文件)计算。

(5)研究试验费

研究试验费按照设计单位根据本工程项目的需要提出的研究试验内容和要求计算。

(6)勘察设计费

勘察设计费按国家计委、建设部《关于勘察、设计费计取规定》(计价格[2002]10号文件)计取。

(7)环境影响评价费

环境影响评价费应参照《关于规范环境影响咨询收费有关问题的通知》(计价格[2002]125号文件)计算。

(8)场地准备及临时设施费

$$场地准备及临时设施费 = 工程费用 \times 费率 + 拆除清理费 \tag{2.37}$$

(9)引进技术和引进设备其他费用

1)出国人员费用:根据设计规定的出国培训和工作的人数、时间及派往国家,按财政部、外交部规定的临时出国人员费用开支标准及中国民用航空公司现行国际航线票价等进行计算。

2)来华费用:按每人每月费用指标计算。

3)技术引进费:根据合同或协议的价格计算。

4)担保费:按有关金融机构规定的担保费率计算。

(10)工程保险费

工程保险费根据不同的工程类别,分别以其建筑安装工程费乘以建筑安装工程保险费率来计算。

(11)联合试运转费

联合试运转费一般根据不同性质的项目按需要试运转车间的工艺设备购置费的百分比计算。

(12)生产准备费

生产准备费一般根据需要培训和提前进厂人员的人数及培训时间,按生产准备费指标进行估算。

(13)基本预备计算

$$\text{基本预备费} = (\text{设备及工器具购置费} + \text{建筑安装工程费} + \text{工程建设其他费}) \times \text{基本预备费率} \tag{2.38}$$

(14)价差预备费

价差预备费的测算方法，一般根据国家规定的投资综合价格指数，按估算年份价格水平的投资额为基数，采用复利方法计算。计算公式为：

$$PF = \sum_{t=1}^{n} I_t[(1+f)^m(1+f)^{0.5}(1+f)^{t-1} - 1] \tag{2.39}$$

式中 PF——价差预备费；

n——建设期年份数；

I_t——估算静态投资中第 t 年的投入的工程费用；

f——年涨价率；

m——建设前期年限(从编制估算到开工建设，单位：年)；

t——施工年度。

(15)建设期利息

当总贷款额是分年均衡发放时，建设期利息的计算可按当年借款在年中支用考虑，即当年贷款按半年计息，上年贷款按全年计息。

$$q_j = (P_{j-1} + \frac{1}{2}A_j) \times i \tag{2.40}$$

式中 q_j——建设期第 j 年应计利息；

P_{j-1}——建设期第 $(j-1)$ 年末贷款累计金额与利息累计金额之和；

A_j——建设期第 j 年贷款金额；

i——年利率。

(16)固定资产投资方向调节税

固定资产投资方向调节税的计算公式为：

$$\text{固定资产投资方向调节税} = \text{实际完成投资额} \times \text{税率} \tag{2.41}$$

①实际完成投资额包括：设备及工器具购置费、建筑安装工程费、工程建设其他费及预备费。

②税率：根据国家产业政策和项目经济规模实行差别税率，税率分别为：0%，5%，10%，15%，30%五个档次。

习题 2

2.1 我国现行工程造价的组成内容是什么？

2.2 按费用构成要素划分的建筑安装工程费由哪些费用构成？

2.3 按造价形成划分的建筑安装工程费由哪些费用构成？

2.4 分部分项工程费由哪些费用构成？

2.5 措施项目费由哪些费用构成？

2.6　企业管理费由哪些费用构成？

2.7　规费由哪些费用构成？

2.8　税金由哪些费用构成？

2.9　如何区别建设单位临时设施费和施工单位临时设施费？

2.10　如何区别检验试验费和研究试验费？

2.11　如何区别大型施工机械与中、小型施工机械的进出场费及安拆费的归属？

2.12　从某国进口设备，质量1 000 t，装运港船上交货价为400万美元，工程建设项目位于国内某省会城市。如果国际运费标准为300美元/t，海上运输保险费率为3‰，银行财务费率为5‰，外贸手续费率为1.5%，关税税率为22%，增值税税率为17%，消费税税率为10%，银行外汇牌价为1美元=6.3元人民币，请对该进口设备的原价进行估算。

2.13　某市建筑工程公司承建某县政府办公楼，工程不含税造价为1 000万元，求该工程应缴纳的营业税、城市维护建设税、教育费附加和地方教育附加分别是多少？

2.14　某新建项目，建设期为3年，分年均衡进行贷款，第一年贷款300万元，第二年贷款600万元，第三年贷款400万元，年利率12%，建设期内只计息不支付，试计算建设期利息。

第3章 投资估算

投资估算是在编制项目建议书和可行性研究阶段，对建设项目总投资的粗略估算，作为建设项目投资决策时一项重要的参考性经济指标，投资估算是判断项目可行性的重要依据之一；作为工程造价的目标限额，投资估算是控制初步设计概算和整个工程造价的目标限额；投资估算也是作为编制投资计划、资金筹措和申请贷款的依据。

3.1 投资估算概述

3.1.1 投资估算的概念

投资估算是指建设项目在整个投资决策过程中，依据已有的资料，运用一定的方法和手段，对拟建项目全部投资费用进行的预测和估算。

与投资决策过程中的各个工作阶段相对应，投资估算也按相应阶段进行编制。

3.1.2 投资估算的划分

投资估算贯穿于整个建设项目投资决策过程中，由于投资决策过程可划分为项目规划阶段、项目建议书阶段、初步可行性阶段和详细可行性阶段，因此投资估算工作也可划分为相应的四个阶段。不同阶段所具备的条件和掌握的资料不同，对投资估算的要求也各不相同，因此投资估算的准确程度在不同阶段也不尽相同，每个阶段投资估算所起的作用也不一样。投资估算各阶段划分如表3.1所示。

表3.1 投资估算的阶段划分

序号	投资估算各阶段划分	投资估算误差幅度	各阶段投资估算的作用
1	项目规划阶段投资估算	> ±30%	按照建设项目规划的要求和内容，粗略估算建设项目所需要的投资额
2	项目建议书阶段投资估算	±30%以内	判断一个项目是否需要进行下一步阶段的工作
3	初步可行性阶段投资估算	±20%以内	确定是否进行详细可行性研究
4	详细可行性阶段投资估算	±10%以内	作为对可行性研究结果进行最后评价的依据。该阶段经批准的投资估算作为该项目的投资限额

3.1.3 投资估算的作用

投资估算是项目建议书和可行性研究报告的重要组成部分,是项目决策的重要依据之一。其准确性直接影响到项目的决策、建设工程规模、投资效果等诸多方面。因此,全面准确地估算建设项目的工程造价,是可行性研究乃至整个决策阶段造价管理的重要任务。投资估算作用如下:

1)项目建议书阶段的投资估算,是项目主管部门审批项目建议书的依据之一,并对项目的规划、规模起参考作用。

2)项目可行性研究阶段的投资估算是项目投资决策的重要依据,也是研究、分析和计算项目投资经济效果的重要条件。当可行性研究报告被批准之后,其投资估算额就作为设计任务书中下达的投资限额,即作为建设项目投资的最高限额,不得随意突破。

3)项目投资估算对工程设计概算起控制作用,设计概算不得突破经有关部门批准的投资估算,并应控制在投资估算额以内。

4)项目投资估算可作为项目资金筹措及制定建设贷款计划的依据,建设单位可根据批准的项目投资估算额,进行资金筹措和向银行申请贷款。

5)项目投资估算是核算建设项目固定资产投资需要额和编制固定资产投资计划的重要依据。

6)项目投资估算是进行工程设计招标、优选设计方案的依据之一。它也是实行工程限额设计的依据。

3.1.4 投资估算编制内容和深度

(1)投资估算的编制内容

根据国家规定,从满足建设项目投资设计和投资规模的角度,建设项目投资估算包括固定资产投资估算和流动资金估算两部分。

固定资产投资估算的内容按照费用的性质划分,包括建筑安装工程费、设备及工器具购置费、工程建设其他费用、基本预备费、价差预备费、建设期贷款利息、固定资产投资方向调节税等。固定资产投资可分为静态部分和动态部分。涨价预备费、建设期贷款利息和固定资产投资方向调节税构成动态投资部分,其余部分为静态投资部分。

流动资金是指生产经营性项目投产后,用于购买原材料、燃料、支付工资及其他经营费用等所需的周转资金。

建设项目投资估算构成如图3.1所示。

一份完整的投资估算文件,应包括投资估算编制说明和投资估算总表。

其中投资估算编制说明应包括:

①工程概况;

②编制原则;

③编制依据;

④编制方法;

⑤投资分析——应列出按投资构成划分、按设计专业划分或按生产用途划分的三项投资百分比分析表,主要技术经济指标,如单位产品投资指标等,并与已建成或正在建设的类似项

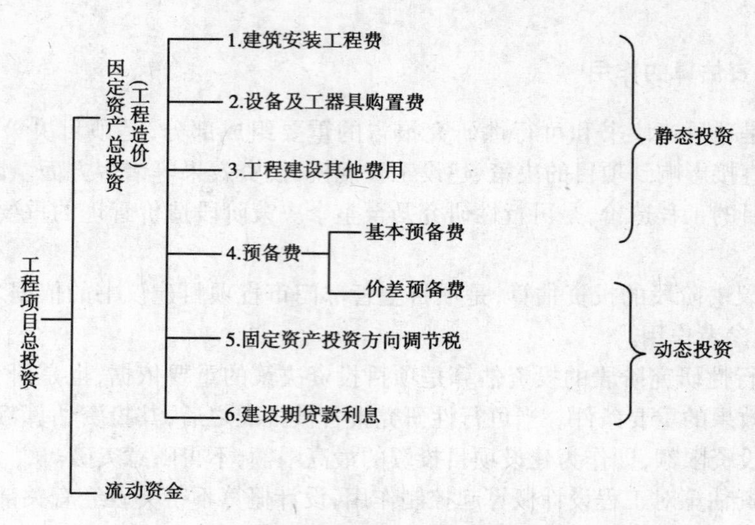

图3.1　建设项目投资估算构成图

目投资做比较分析,并论述其产生差异的原因;

⑥存在问题及改进意见。

投资估算总表是投资估算文件的核心内容,它主要包括建设项目总投资的构成。对于整体性民用工程项目或全厂性工业项目,如住宅小区、机关、学校、医院等,应包括厂(院)区红线以内的主要生产项目、附属项目、室外工程的竖向布置土石方、道路、围墙大门、室外综合管网、构筑物和厂区(庭院)的建筑小区、绿化等工程,还应包括厂区外专用的供水、供电、公路、铁路等工程费用以及为工程建设所发生的其他费用,即从筹建到竣工验收交付使用的全部费用。建设项目投资估算总表如表3.2所示。

表3.2　建设项目投资估算总表　　单位:万元、万美元

序号	工程或费用名称	投资价值						占固定资产投资的比例/%	备注
		建筑工程	设备购置	安装工程	其他费用	合计	其中外币		
1	工程费用								
	主要生产项目								
	…								
	其他附属项目								
	……								
	……								
	工程费用合计								
2	工程建设其他费用								
	……								
3	预备费用								
3.1	基本预备费								
3.2	价差预备费								
4	建设期利息								
5	固定资产投资方向调节税								
6	流动资金								
7	建设投资合计(1+2+3+4+5+6)								

注:工程或费用名称,可根据本部门的要求分项列出。

(2)投资估算的编制深度

投资估算编制,应与项目建议书和可行性研究报告的编写深度相适应。

1)对项目建议书阶段,应编制建设项目总估算书,它包括建安工程费的单项工程投资估算、工程建设其他费用估算、预备费的基本预备费和价差预备费估算、投资方向调节税及建设期贷款利息的估算。

2)对可行性研究报告阶段,应编制出建设项目总估算书、单项工程投资估算。主要工程项目应分别编制每个单位工程的投资估算;对于附属项目和次要项目可简化编制一个单项工程的投资估算(其中包括土建、水、暖、通、电等);对于其他费用也应按单项费用编制;预备费应分别列出基本预备费和价差预备费;对于应缴投资方向调节税的建设项目,还应计算投资方向调节税及建设期贷款利息。

3.1.5　投资估算编制依据及步骤

(1)投资估算依据

1)主管机构发布的建设工程造价费用构成、估算指标、各类工程造价指数及计算方法,以及其他有关计算工程造价的文件。

2)主管机构发布的工程建设其他费用计算办法和费用标准,以及政府部门发布的物价指数。

3)拟建项目的项目特征及工程量,它包括拟建项目的类型、规模、建设地点、时间、总体建筑结构、施工方案、主要设备类型、建设标准等。

(2)投资估算步骤

1)分别估算各单项工程所需的建筑工程费、设备及工器具购置费、安装工程费;

2)在汇总各单项工程费用的基础上,估算工程建设其他费用和基本预备费;

3)估算价差预备费和建设期贷款利息;

4)估算流动资金;

5)汇总得到建设项目总投资估算。

3.2　投资估算编制

编制投资估算首先应分清项目的类型;然后根据该类项目的投资构成列出项目费用名称;进而依据有关规定、数据资料选用一定的估算方法,对各项费用进行估算。具体估算时,一般可分为静态、动态及铺底流动资金三部分的估算。

3.2.1　静态投资的估算

静态投资是建设项目投资估算的基础,所以必须全面、准确地进行分析计算,既要避免少算漏算,又要防止高估冒算,力求切合实际。又因民用建设项目与工业生产项目的出发点及具体方法不同而有显著的区别,一般情况下,工业生产项目的投资估算从设备费用入手,而民用建设项目则往往从建筑工程投资估算入手。

(1)生产能力指数法

根据已建成的、性质类似的建设项目(或生产装置)投资额和生产能力,以及拟建项目(或生产装置)的生产能力,估算同类而不同生产规模的项目投资或其设备投资。计算公式为:

$$C_2 = C_1\left(\frac{Q_2}{Q_1}\right)^n f \tag{3.1}$$

式中 C_1——已建类似项目的静态投资额;

C_2——拟建项目静态投资额;

Q_1——已建类似项目的生产能力;

Q_2——拟建项目的生产能力;

f——不同时期、不同地点的定额、单价、费用变更等的综合调整系数;

n——生产规模指数,$0 \leqslant n \leqslant 1$。

若已建类似项目或装置的规模和拟建项目或装置的规模相差不大,生产规模比值在0.5~2之间,则指数 n 的取值近似为1。

若已建类似项目或装置与拟建项目或装置的规模相差不大于50倍,且拟建项目的扩大仅靠增大设备规格来达到时,则 n 取值在0.6~0.7之间;若是靠增加相同规格设备的数量达到时,则 n 的取值在0.8~0.9之间。

采用这种方法,计算简单,速度快;但要求类似工程的资料可靠,条件基本相同,否则误差就会增大。

例3.1 已知建设年产300 kt乙烯装置的投资额为60 000万元,试估算建设年产700 kt乙烯装置的投资额(生产规模指数为 $n=0.6, f=1.2$)。

解 $C_2 = C_1\left(\frac{Q_2}{Q_1}\right)^n f = 60\,000 \times \left(\frac{70}{30}\right)^{0.6} \times 1.2$ 万元 $= 119\,706.73$ 万元

例3.2 已知建设日产10 t氢氰酸装置的投资额为18 000万元,试估算建设日产30 t氢氰酸装置的投资额(生产规模指数为 $n=0.25, f=1$)。

解 $C_2 = C_1\left(\frac{Q_2}{Q_1}\right)^n f = 18\,000 \times \left(\frac{30}{10}\right)^{0.25} \times 1$ 万元 $= 31\,869.52$ 万元

例3.3 若将设计中化工生产系统的生产能力在原有基础上增加一倍,投资额大约增加多少?

解 对于一般未确指的化工生产系统,可按 $n=0.6$ 估计投资额。因此:

$$\frac{C_2}{C_1} = \left(\frac{Q_2}{Q_1}\right)^n = \left(\frac{2}{1}\right)^{0.6} = 1.5$$

计算结果表明,生产能力增加一倍,投资额大约增加50%。

例3.4 若将设计中化工生产系统的生产能力提高两倍,投资额大约增加多少($n=0.6$, $f=1$)?

解 $\frac{C_2}{C_1} = \left(\frac{Q_2}{Q_1}\right)^n = \left(\frac{3}{1}\right)^{0.6} = 1.9$

计算结果表明,生产能力提高两倍,投资额大约增加90%。

在生产能力指数法中不仅应考卷到建设期内定额、单价和费用变更(即价差)的调整系数,同时还应考虑建设期内价差的年增长指数,则可按下列公式计算:

$$C_2 = C_1\left(\frac{Q_2}{Q_1}\right)^n \times F_1 \times F_2$$

$$F_1 = (1 + f_1)^m$$

$$F_2 = (1 + f_2)^{\frac{N}{2}}$$

式中　F_1——同类型企业总投资修正系数(就是把采用的同类型企业总投资指标调整到编制年度的价格水平);

f_1——指标编制年度到使用年度间的价差年平均增长指数;

m——指标编制年度至本工程投资编制年度差(年);

F_2——建设期价差调整系数;

f_2——建设期价差年增长指数;

N——工程建设工期(年),其余符号同上。

例3.5　已知某铜冶炼厂年产25 000 t,2006年建成,总投资为9 500万美元。计划2008年开始拟建同类生产工艺流程的铜冶炼厂,年产22 500 t,工程建设工期三年,于2011年建成,根据已公布的2006~2008年基建设备和材料价格年平均增长指数为5%,预测建设期三年的设备和材料价格年平均增长指数为4%,运用生产能力指数法估算拟建项目的总投资额。

解　已知:C_1 = 9 500万美元,Q_1 = 25 000 t/年,Q_1 = 22 500 t/年,f_1 = 5%,m = 2年,f_2 = 4%,n = 3年。

按照上述公式可估算出拟建项目投资额为:

$$C_2 = 95\ 000 \times \left(\frac{22\ 500}{25\ 000}\right)^{0.6} \times (1 + 5\%)^2 \times (1 + 4\%)^{\frac{3}{2}} = 10\ 427.92(\text{万美元})$$

(2)比例估算法

比例估算法是将项目的固定资产投资分为设备投资、建筑物与构筑物投资、其他投资三部分。先估算出设备的投资额,然后再按一定比例估算出建筑物与构筑物的投资及其他投资,最后将三部分投资加在一起计算。

1)设备投资估算。设备投资按其出厂价格加上运输费、安装费等,其估算公式如下:

$$K_1 = \sum_{i=1}^{n} Q_i \times P_i \times (1 + L_i) \tag{3.2}$$

式中　K_1——设备的投资估算值;

Q_i——第i种设备所需数量;

P_i——第i种设备的出厂价格;

L_i——同类项目同类设备的运输费率;

n——所需设备的种数。

2)建筑物与构筑物投资估算。

公式如下:

$$K_2 = K_1 \times L_b \tag{3.3}$$

式中　K_2——建筑物与构筑物的投资估算值;

L_b——同类项目中建筑物与构筑物投资占设备投资的比例,露天工程取0.1~0.2,室内工程取0.6~1.0。

3)其他投资估算。

公式如下:

$$K_3 = K_1 \times L_w \tag{3.4}$$

式中 K_3——其他投资的估算值;

L_w——同类项目其他投资占设备投资的比例。

则项目固定资产投资总额的估算值 K 的计算公式如下:

$$K = (K_1 + K_2 + K_3) \times (1 + S\%)$$

式中 $S\%$——考虑不可预见因素而设定的费用系数,一般为10%~15%。

(3)系数估算法

系数估算法也称因子估算法。它是以拟建项目的主体工程费或主要设备购置费为基数,以其他工程费与主体工程费或主要设备购置费的百分比为系数,依此估算拟建项目静态投资的方法。在我国国内常用的方法是设备系数法和主体专业系数法,世界银行项目投资估算常用的方法是朗格系数法。

1)设备系数法

以拟建项目的设备购置费为基数,根据已建成的同类项目的建筑安装费和其他工程费等占设备价值的百分比,求出拟建项目的建筑安装费及其他工程费,再加上拟建项目的其他费用,其总和即为项目的静态投资。

公式如下:

$$C = E(1 + f_1P_1 + f_2P_2 + f_3P_3) + I \tag{3.5}$$

式中 C——拟建项目的静态投资额;

E——拟建项目根据当时当地价格计算的设备购置费;

P_1、P_2、P_3——已建项目中建筑安装工程费及其他工程费用与设备购置费的比例;

f_1、f_2、f_3——由于时间地点因素引起的定额、价格、费用标准等变化的综合调整系数;

I——拟建项目的其他费用。

2)主体专业系数法

以拟建项目中的最主要、投资比重较大并与生产规模直接相关的工艺设备的投资(包括运杂费及安装费)为基数,根据同类型的已建项目的有关统计资料,计算出拟建项目的各专业工程(总图、土建、暖通、给排水、管道、电气及电信、自控及其他工程费用等)占工艺设备投资的百分比,据以求出各专业的投资,然后把各部分投资费用(包括工艺设备费)相加求和,再加上工程其他有关费用,即为项目的总费用。

公式如下:

$$C = E'(1 + f_1P_1' + f_2P_2' + f_3P_3' + \cdots) + I \tag{3.6}$$

式中 C——拟建项目的静态投资额;

E'——拟建项目根据当时当地价格计算的设备购置费;

$P_1'P_2'P_3'$——拟建项目中各专业工程费用占工艺设备费用的百分比;

I——拟建项目的其他费用。

3)朗格系数法

这种方法是以设备费购置费为基数,乘以适当系数来推算项目的静态投资。基本公式如下:

$$D = C(1 + \sum K_i)K_C \tag{3.7}$$

式中 D——拟建项目的静态投资额；

C——拟建项目根据当时当地价格计算的设备购置费；

K_i——管线、仪表、建筑物等项费用的估算系数；

K_C——管理费、合同费、应急费等间接费的总估算系数。

静态投资与设备购置费之比为朗格系数 K_L。即：

$$K_L = (1 + \sum K_i)K_C \tag{3.8}$$

这种方法比较简单，但没有考虑设备规格、材质的差异，所以精确度不高。

(4)指标估算法

对于房屋、建筑物可根据有关部门编制的各种具体的投资估算指标，进行单位工程投资的估算。投资估算指标的表示形式较多，可用元/m、元/m^2、元/m^3、元/t、元/kV·A 等单位来表示。利用这些投资估算指标，乘以所需的长度、面积、体积、重量、容量等，就可以求出相应的土建工程、给排水土程、照明工程、采暖工程、变配电工程等各种单位工程的投资额。在此基础上，可汇总成某一单项工程的投资额，再估算工程建设其他费用等，即求得投资总额。

在实际工作中，要根据国家有关规定、投资主管部门或地区主管部门颁布的估算指标，结合工程的具体情况编制。若套用的指标与具体工程之间的标准或条件有差异时，应加以必要的换算或调整；使用的指标单位应密切结合每个单位工程的特点，能正确反映其设计参数。

指标估算法简便易行，但由于项目相关数据的确定性较差，投资估算的精度较低。

例3.6 某水电站装机总容量1 800 MW，年发电量88.48亿kW·h，电站枢纽由拦河重力坝、溢流坝、引水隧洞、压力管道、地下厂房、主变洞室及尾水调压井等水工建筑物组成。

根据相关资料计算出：

1)该工程的总估算表，如表3.3所示。

表3.3 总估算表

单位：万元

编号	工程或费用名称	建安工程费	设备购置费	其他费用	合计	占投资额/%
	第一部分 建筑工程	**265 241**			**265 241**	**43.26**
一	挡水工程	128 548			128 548	
二	防空洞工程	4 015			4 015	
三	引水工程	14 935			149 35	
四	发电厂工程	57 770			57 770	
五	升压变电站工程	5 250			5 250	
六	过水筏道工程	15 000			15 000	
七	水库防渗处理	2 064			2 064	
八	交通工程	2 3391			23 391	
九	房屋建筑	1 638			1 638	
十	其他工程	12 631			12 631	

续表

编号	工程或费用名称	建安工程费	设备购置费	其他费用	合计	占投资额/%
	第二部分　机电设备及安装工程	**22 175**	**127 323**		**149 498**	**24.38**
一	主要机电设备及安装工程	13 320	86 364		99 684	
二	其他机电设备及安装工程	8 855	13 891		22 746	
三	设备储备贷款利息		27 068		27 068	
	第三部分　金属结构设备及安装工程	**16 155**	**22 310**		**38 465**	**6.27**
一	泄洪工程	675	3 745		4 420	
二	引水工程	14 624	3 490		18 114	
三	发电厂工程	426	1 732		2 158	
四	过水筏道工程	430	8 600		9 030	
五	设备储备贷款利息		4 743		4 743	
	第四部分　临时工程	**101 389**			**101 389**	**16.54**
一	导流工程	45 049			45 049	
二	交通工程	12 166			12 166	
三	场外供电线路工程	1 200			1 200	
四	缆机平台	550			550	
五	房屋建筑工程	15 578			15 578	
六	其他临时工程	26 846			26 846	
	第五部分　水库淹没处理补偿费			**1 442**	**1 442**	**0.24**
一	农村移民安置迁建费			1 389	1 389	
二	城镇迁建补偿费					
三	专业项目恢复改建费			31	31	
四	库底清理费			21	21	
五	防护工程费					
六	环境影响补偿费					
	第六部分　其他费用			**57 138**	**57 138**	**9.32**
一	建设管理费			6 602	6 602	
二	生产准备费			2 277	2 277	
三	科研勘设费			20 499	20 499	
四	其他费用			27 760	27 760	
	一至六部分合计 613 174	100.00				

续表

编号	工程或费用名称	建安工程费	设备购置费	其他费用	合计	占投资额/%
	编制期价差 137 991					
	基本预备费 90 140					
	静态总投资 841 304					
	建设期价差预备费 298 796					
	建设期还贷利息 640 597					
	总投资 1 780 697					
	开工至第一台机组发电期内静态投资 763 843					
	开工至第一台机组发电期内总投资 1 306 424					

2）该工程的建筑工程估算表（只列出部分），如表 3.4 所示。

表 3.4　建筑工程估算表

编号	工程或费用名称	单位	数　量	综合单价/元	合价/万元
	第一部分　建筑工程 265 241.29				
一	挡水工程 128 547.60				
1	覆盖层开挖	m^3	601 800	24.52	1 475.61
2	土石方开挖	m^3	2 034 000	53.81	10 944.95
3	挖石方洞	m^3	2 800	168.41	47.15
4	常态混凝土	m^3	1 193 600	395.88	47 252.24
5	碾压混凝土	m^3	1 750 000	263.84	46 172.00
6	固结灌浆	m^3	107 000	314.52	3 365.58
7	帷幕灌浆	m^3	43 800	518.77	2 272.21
8	钢筋制安	t	23 232	5 702.81	13 248.77
9	锚杆 L=5 m,Φ25	根	5 395	214.39	127.24
10	排水孔	m	14 500	132.38	191.95
11	其他工程	m^3	2 943 600	11.72	3 449.90
二	防空洞工程 4 014.54				
1	土石方开挖	m^3	36 800	45.10	165.97
2	挖石方洞	m^3	52 200	144.09	752.15
3	常态混凝土	m^3	52 500	516.28	2 710.47
4	回填灌浆	m^3	4 200	93.74	39.37
5	钢筋制安	t	505	5 702.81	287.99

续表

编号	工程或费用名称	单位	数 量	综合单价/元	合价/万元
6	其他工程	m^3	52 500	11.16	58.59
三	引水工程 14 934.78				
1	土石方开挖	m^3	263 000	60.74	1 334.46
2	挖石方洞	m^3	175 000	183.84	3 217.20
3	常态混凝土	m^3	197 000	444.60	8 758.62
4	隧洞回填灌浆	m^3	25 500	87.52	223.18
5	压力钢筋回填灌浆	m^3	5 700	81.27	46.32
6	固结灌浆	m^3	7 500	164.63	123.47
7	钢筋制安	t	1 774	5 702.81	1 011.68
8	其他工程	m^3	197 000	11.16	219.85
四	……				

总之,静态投资的估算并没有固定的公式,在实际工作中,只要有了项目组成部分费用数据,就可考虑用各种适合的方法来估算。需要指出的是,这里所说的虽然是静态投资,但它也是有一定时间性的,应该统一按某一确定的时间来计算,特别是对编制时间距开工时间较远的项目,一定要以开工前一年为基准年,以这一年的价格为依据计算,按照近年的价格指数将编制年的静态投资进行适当地调整,否则就会失去基准作用,影响投资估算的准确性。

3.2.2 动态投资的估算

动态投资估算主要包括由价格变动可能增加的投资额,即价差预备费、建设期利息和投资方向调节税。对于涉外项目还应考虑汇率的变化对投资的影响。

动态投资的估算应以基准年静态投资的资金使用计划为基础来计算以上各种变动因素,而不是以编制年的静态投资为基础计算。

(1)价差预备费的估算

价差预备费是指从估算年到项目建成期间内,预留的因物价上涨而引起的投资费用增加额。

价差预备费的估算方法,一般根据国家规定的投资综合价格指数,按估算年份价格水平的投资额为基数,采用复利方法计算,有两种计算方法。

1)第一种方法。当投资估算的年份与项目开工年份是在同一年时,则按下式估算:

$$PF = \sum_{t=1}^{n} I_t[(1+f)^t - 1] \tag{3.9}$$

式中 PF——价差预备费;

I_t——估算静态投资中第 t 年的投入的工程费用;

n——建设期年份数;

f——年涨价率;

t——施工年度。

上式中的估算静态投资中第 t 年的投入的工程费用 I_t 可由建设项目资金来源与使用计划表中得出，年涨价率可根据工程造价指数信息的累积分析得出。

例3.7 某项目的静态投资为42 280万元，项目计划当年开工建设，项目建设期为3年，3年的投资分年使用比例为第一年20%，第二年55%，第三年25%，建设期内年涨价率为6%，估计该项目建设期的价差预备费。

解 第一年投入的工程费用：

$$I_1 = 42\,280 \times 20\% = 8\,456 \text{ 万元}$$

第一年价差预备费：

$$PF_1 = I_1[(1+f)-1] = 8\,456 \times [(1+6\%)-1] = 507.36 \text{ 万元}$$

第二年投入的工程费用：

$$I_2 = 42\,280 \times 55\% = 23\,254 \text{ 万元}$$

第二年价差预备费：

$$PF_2 = I_2[(1+f)^2-1] = 23\,254 \times [(1+6\%)^2-1] = 2\,874.2 \text{ 万元}$$

第三年投入的工程费用：

$$I_3 = 42\,280 \times 25\% = 10\,570 \text{ 万元}$$

第三年价差预备费：

$$PF_3 = I_3[(1+f)^3-1] = 10\,570 \times [(1+6\%)^3-1] = 2\,019.04 \text{ 万元}$$

所以，建设期的价差预备费为：

$$PF = PF_1 + PF_2 + PF_3 = 507.36 + 2\,874.2 + 2\,019.04 = 5\,400.60 \text{ 万元}$$

2）第二种方法。当投资估算的年份与项目开工年份相隔一年以上的项目，则按下式估算，计算公式为：

$$PF = \sum_{t=1}^{n} I_t[(1+f)^m(1+f)^{0.5}(1+f)^{t-1}-1] \tag{3.10}$$

式中 PF——价差预备费；

n——建设期年份数；

I_t——估算静态投资中第 t 年的投入的工程费用；

f——年涨价率；

m——建设前期年限（从编制估算到开工建设，单位：年）；

t——施工年度。

例3.8 某项目的静态投资为3 600万元，按项目进度计划，项目建设期为3年，2011年进行项目投资估算，2013年开始建设。三年的投资分年使用比例为第一年20%，第二年55%，第三年25%，建设期内年涨价率为6%，估算该项目建设期的价差预备费。

解 该项目从编制估算到开工建设相差2年，则有 $m=2$ 年，应使用公式（3.10）计算。

$$\text{第一年完成投资} = 3\,600 \times 20\% = 720 \text{ 万元}$$

第一年投资的价差预备费：

$$PF_1 = 720 \times [(1+6\%)^2(1+6\%)^{0.5}-1] = 720 \times 0.157 = 113.04 \text{ 万元}$$

$$\text{第二年完成投资} = 3\,600 \times 55\% = 1\,980 \text{ 万元}$$

第二年投资的价差预备费：

$$PF_2 = 1\,980 \times [(1+6\%)^2(1+6\%)^{0.5}(1+6\%)-1] = 1\,980 \times 0.226 = 447.48 \text{ 万元}$$

第三年完成投资 = 3 600 × 25% = 900 万元

第三年投资的价差预备费：

$$PF_3 = 900 \times [(1+6\%)^2(1+6\%)^{0.5}(1+6\%)^2-1] = 900 \times 0.30 = 270.00 \text{ 万元}$$

因此，建设期的涨价预备费为：

113.04 + 447.48 + 270.00 = 830.52 万元

(2)建设期利息估算

建设期利息，是指建设期内发生为工程项目筹措资金的融资费用及债务资金利息。

利息计算中采用的利率，应为有效利率。有效利率与名义利率的换算公式为：

$$i_{有效} = \left(1+\frac{r}{m}\right)^m - 1 \tag{3.11}$$

式中 $i_{有效}$—— 有效年利率；

r——名义年利率；

m——每年计息次数。

例 3.9 设名义年利率 $r=10\%$，求年、半年、季度、月度、日的有效年利率。

解 计算过程及结果如表 3.5 所示。

表 3.5 有效年利率计算表

名义年利率	计息期	年计息次数 m	计息期利率 I	有效年利率 $i_{有效}$
10%	年	1	10%	10%
	半年	2	5%	10.25%
	季度	4	2.5%	10.38%
	月度	12	0.833%	10.46%
	日	365	0.027 4%	10.51%

* $I = r/m$。

建设期利息包括向国内银行和其他非银行金融机构贷款、出口信贷、外国政府贷款、国际商业银行贷款以及在境内外发行的债券等在建设期内应偿还的借款利息。借款利息在建设期内只计不还。一般对国内借款的建设期利息有两种计算方法。

1)第一种方法。由独家投资对于贷款总额每年一次性贷出(如年初)且利率固定的贷款，按下式计算：

$$F = P \times (1+i)^n \tag{3.12}$$

$$q = F - P = P[(1+i)^n - 1] \tag{3.13}$$

式中 F——建设期贷款的本利和；

P——年初一次性贷款金额；

q——贷款利息；

i——贷款年利率；

n ——贷款期限。

例3.10 某新建项目,建设期为三年,每年年初贷款分别为300万元、600万元和400万元,年利率为12%,用复利法计算第三年末需支付的贷款利息。

解 $q = =300\left[(1+0.12)^3-1\right]+600\left[(1+0.12)^2-1\right]+400\left[(1+0.12)^1-1\right]$

$=121.48+152.64+48$

$=322.22$ 万元 $=322.22$ 万元

2)第二种方法。当贷款是分年度均衡发放时,建设期贷款利息的计算可按当年贷款在年中支用考虑,即为当年贷款按半年计息,上年贷款按全年计息,还款当年按年末还款,按全年计息。计算公式为:

$$\text{本年应计利息} = \left(\text{年初借款累计} + \frac{1}{2} \times \text{当年贷款额}\right) \times \text{年有效利率} \tag{3.14}$$

$$q_j = \left(P_{j-1} + \frac{1}{2}A_j\right) \cdot i \tag{3.15}$$

式中 q_j——建设期第j年应计利息;

P_{j-1}——建设期第$(j-1)$年末累计贷款本金与利息之和;

A_j——建设期第j年贷款金额;

i——年利率。

例3.11 某工程项目估算的静态投资为31 240万元,根据项目实施进度规划,项目建设期为3年,3年的投资分年使用比例分别为30%、50%、20%,其中各年投资中贷款比例为年投资的20%,预计建设期中3年的贷款利率分别为5%、6%、6.5%,试求该项目建设期内的贷款利息。

解 第一年利息 $=\left(0+31\ 240\times30\%\times20\%\times\frac{1}{2}\right)\times5\% =46.86$ 万元

第二年利息 $=\left(31\ 240\times30\%\times20\%+46.86+31\ 240\times50\%\times20\%\times\frac{1}{2}\right)\times6\%$

$=187.44$ 万元

第三年利息 $=\left(31\ 240\times80\%\times20\%+46.86+187.44+31\ 240\times20\%\times20\%\times\frac{1}{2}\right)\times$

$6.5\%=380.74$ 万元

建设期贷款利息合计为

$$46.86+187.44+380.74=615.04 \text{ 万元}$$

国外借款的利息计算中,还应包括国外贷款银行根据贷款协议向借款方以年利率的方式收取的手续费、管理费和承诺费;以及国内代理机构经国家主管部门批准的,以年利率的方式向贷款方收取的转贷费、担保费和管理费等资金成本费用。为简化计算,可采用适当提高利率的方法进行处理和计算。

(3)固定资产投资方向调节税

固定资产投资方向调节税按照《中华人民共和国固定资产投资方向调节税暂行条例》、国家计委、国家税务局计投资[1991]1045号文《关于实施〈中华人民共和国固定资产投资方向调节税暂行条例〉的若干补充规定》及国家税务局国税发[1991]113号文颁发的《中华人民共和国固定资产投资方向调节税暂行条例实施细则》的规定计算。

1)固定资产投资方向调节税计算公式

①基本建设项目的固定资产投资方向调节税应按下列公式计算为

$$固定资产投资方向调节税 = (工程费用 + 其他费用 + 预备费) \times 固定资产投资方向调节税税率 \quad (3.16)$$

②技术改造项目的固定资产投资方向调节税应按下列公式计算:

$$固定资产投资方向调节税 = [建筑工程费 + (其他费用 + 预备费) \times 建筑工程费 / 工程费用] \times 固定资产投资方向调节税税率 \quad (3.17)$$

2)税率

固定资产投资方向调节税的税率,根据国家产业政策和项目经济规模实行差别税率,税率为0%、5%、10%、15%、30%五个档次。

差别税率按两大类设计,一是基本建设项目的固定资产投资,设计了四档税率,即为0%、5%、15%、30%;二是更新改造项目投资,设计了两档税率,即为0%、10%。对单位修建、购买一般性住宅商品房投资,实行5%的底税率。而对高标准住宅和楼堂馆所的投资课以重税30%。

3)计税依据

投资方向调节税以固定资产投资项目实际完成投资额为计税依据。实际完成投资额包括:建筑安装工程费、设备及工器具购置费、工程建设其他费及预备费。但更新改造项目是以建筑工程实际完成投资额为计税依据。

3.2.3 铺底流动资金估算

铺底流动资金是保证项目投产后,能正常生产经营所需要的最基本的周转资金数额。铺底流动资金是项目总投资中流动资金的一部分,在项目决策阶段,这部分资金就要求落实。铺底流动资金的计算公式为:

$$铺底流动资金 = 流动资金 \times 30\% \quad (3.18)$$

该部分的流动资金是指项目建成后,为保证项目正常生产或服务运营所必需的周转资金。它的估算对于项目规模不大且同类资料齐全的可采用分项估算法,其中包括劳动工资、原材料、燃料动力等部分;对于大项目及设计深度浅的项目可采用指标估算法。一般有以下几种方法:

(1)扩大指标估算法

1)按产值(或销售收入)资金率估算

一般加工工业项目大多采用产值(或销售收入)资金率进行估算。

$$流动资金额 = 年产值(年销售收入额) \times 产值(销售收入)资金率 \quad (3.19)$$

例3.12 已知某项目的年产值为2 500万元,其类似企业百元产值的流动资金占用率为20%,则该项目的流动资金应为:

$$2\ 500 \times 20\% = 500 万元$$

2)按经营成本(或总成本)资金率估算

由于经营成本(或总成本)是一项综合性指标,能反映项目的物资消耗、生产技术和经营管理水平以及自然资源条件的差异等实际状况,一些采掘工业项目常采用经营成本(或总成本）资金率估算流动资金。

$$\text{流动资金额} = \text{年经营成本（年总成本）} \times \text{经营成本（总成本）资金率} \tag{3.20}$$

例3.13 某企业年经营成本为4 000万元，经营成本资金率取35%，则该企业的流动资金额为：

$$4\ 000 \times 35\% = 1\ 400\ \text{万元}$$

3）按固定资产价值资金率估算

有些项目如火电厂可按固定资产价值资金率估算流动资金。

$$\text{流动资金额} = \text{固定资产价值总额} \times \text{固定资产价值资金率} \tag{3.21}$$

固定资产价值资金率是流动资金占固定资产价值总额的百分比。如化工项目流动资金约占固定资产投资的15%～20%，一般工业项目流动资金约占固定资产投资的5%～12%。

4）按单位产量资金率估算

有些项目如煤矿，按吨煤资金率估算流动资金。

$$\text{流动资金额} = \text{年生产能力} \times \text{单位产量资金率} \tag{3.22}$$

（2）分项详细估算法

分项详细估算法是根据周转额与周转速度之间的关系，对构成流动资金的各项流动资产和流动负债分别进行估算。在可行性研究中，为简化计算，仅对存货、现金、应收账款和应付账款四项内容进行估算，计算公式为

$$\text{流动资金} = \text{流动资产} - \text{流动负债} \tag{3.23}$$

其中：

$$\text{流动资产} = \text{现金} + \text{存货} + \text{应收账款} \tag{3.24}$$

$$\text{流动负债} = \text{应付账款} \tag{3.25}$$

式中的现金、存货、应收账款、应付账款的计算分别如下所述：

1）现金的估算

$$\text{现金} = \frac{\text{年工资} + \text{年福利费} + \text{年其他费}}{\text{年现金周转次数}} \tag{3.26}$$

其中：年其他费＝制造费用＋管理费用＋营业费用－（前3项中所含的工资及福利费、折旧费、维简费、摊销费、修理费）

2）存货的估算

$$\text{存货} = \text{外购原材料、燃料} + \text{在产品} + \text{产成品} \tag{3.27}$$

其中：

$$\text{外购原材料、燃料} = \frac{\text{年外购材料燃料费用}}{\text{年原材料、燃料周转次数}}$$

$$\text{在产品占用资产} = \frac{\text{年外购原材料、燃料费} + \text{年工资福利费} + \text{年修理费} + \text{年其他费用}}{\text{年在产品周转次数}}$$

$$\text{产成品占用资金} = \frac{\text{年经营成本}}{\text{年产成品周转次数}}$$

3）应收账款的估算

$$\text{应收账款} = \frac{\text{年销售收入}}{\text{年应收账款周转次数}} \tag{3.28}$$

4）流动负债的估算

$$\text{流动负债} = \text{应付账款} = \frac{\text{年外购原材料} + \text{年外购燃料动力费}}{\text{年周转次数}} \tag{3.29}$$

其中,周转次数是指流动资金的各个构成项目在一年内完成多少个生产过程,用一年天数(通常按360天计算)除以流动资金的最低周转天数计算。

(3)流动资金估算应注意以下问题

1)在采用分项详细估算法时,需要分别确定现金、应收账款、存货和应付账款的最低周转天数。在确定周转天数时要根据实际情况,并考虑一定的保险系数。对于存货中的外购原材料、燃料要根据不同品种和来源,考虑运输方式和运输距离等因素确定。

2)不同生产负荷下的流动资金是按照相应负荷时的各项费用金额和给定的公式计算出来的,而不能按100%负荷下的流动资金乘以负荷百分数求得。

3)流动资金属于长期性(永久性)资金,流动资金的筹措可通过长期负债和资本金(权益融资)方式解决。流动资金借款部分的利息应计入财务费用。项目计算期末应收回全部流动资金。

3.2.4 投资估算编制案例

例3.14 东海大学教师住宅小区投资估算。

项目地址:东海大学(某省会城市)校区附近,土地面积约38.4亩(25 600 m^2)。

工程概况:8栋12层小高层住宅楼,初级装修,框架结构,地质条件较好,采用人工挖孔桩基础,无地下室,场地平坦,交通便利,现场施工条件良好。

总建筑面积:64 000 m^2;

容积率:2.5;

绿化率:>35%;

工期:两年。

解

(1)建筑安装工程费估算

根据拟建工程的结构特点及装饰标准,结合本地区工程造价资料及市场状况,按指标估算法估算如下:

1)主要建筑物建安工程费

包括拟建住宅楼的土建、给水排水、电气照明等单位工程建筑安装费用,按每平方米1 020元计,其估算额为:

$$1\ 020 \times 64\ 000 = 6\ 528 \text{ 万元}$$

2)室外工程费

包括道路、绿化景观、围墙、排污管、各种管沟工程以及水、电、天然气等配套工程费用,按每平方米200元计,其估算额为:

$$200 \times 64\ 000 = 1\ 280 \text{ 万元}$$

建筑安装工程费合计:(6 528 + 1 280)万元 = 7 808 万元

(2)设备及工器具购置费(含设备安装工程费)估算

包括电梯(广州奥梯斯)、泵房变频设备等购置及安装费用。按每平方米120元计,其估算额为:

$$120 \times 64\ 000 = 768 \text{ 万元}$$

(3)工程建设其他费用估算

根据相关的政策和法规,结合本地区工程造价资料及市场状况,按指标估算法估算如下。

1)土地使用费

包括土地出让金、城市建设配套费、拆迁安置补偿费、手续费及税金等费用。本建设项目计划用地38.4亩,按当地包干价每亩80万元计,其估算额为:

$$38.4 \times 80 = 3\ 072\text{ 万元}$$

2)勘察设计费

按每平方米40元计,其估算额为:

$$40 \times 64\ 000 = 256\text{ 万元}$$

3)建设单位临时设施费

暂按40万元计算。

4)工程监理、招投标代理等费用

按照建筑安装工程费的1.5%计,其估算额为:

$$7\ 808 \times 1.5\% = 117.12\text{ 万元}$$

5)市政设施配套费、工程建设报建、质量监督等手续费

该部分属于政策性费用,应按当地政府有关收费标准计算。本项目按每平米58元计算,其估算额为:

$$58 \times 64\ 000 = 371.2\text{ 万元}$$

6)白蚁防治、水电增容等费用

按当地有关收费标准计算。本项目按每平米60元计算,其估算额为:

$$60 \times 64\ 000 = 384\text{ 万元}$$

7)人防易地建设费

该工程未建防空地下室,按当地政府有关收费标准计算。本项目按照地面以上建筑面积的3%和1 500元/平方米标准减半(集资建房)交纳人防易地建设费,其估算额为:

$$1\ 500 \times 0.5 \times 64\ 000 \times 3\% = 144\text{ 万元}$$

工程建设其他费用合计:

$$3\ 072 + 256 + 40 + 117.12 + 371.2 + 384 + 144 = 4\ 384.32\text{ 万元}$$

(4)预备费用估算

预备费用包括基本预备费、价差预备费,按照建筑安装工程费、设备及工器具购置费和工程建设其他费用之和的3%计算,其估算额:

$$(7\ 808 + 768 + 4\ 384.32) \times 3\% = 388.91\text{ 万元}$$

(5)建设期利息估算

1)贷款利息

本项目需贷款5 000万元,贷款期限定为2年。根据项目实施进度规划,项目建设期为2年,其投资分年使用比例分别为60%、40%,预计贷款利率为6%,贷款利息估算额为:

$$\text{第一年利息} = (0 + 5\ 000 \times 60\% \times 0.5) \times 6\% = 90\text{ 万元}$$

$$\text{第二年利息} = (5000 \times 60\% + 90 + 5000 \times 40\% \times 0.5) \times 6\% = 245.4\text{ 万元}$$

建设期贷款利息合计为:　$90 + 245.4 = 335.4$ 万元

2)融资成本

融资成本按照贷款利息的10%计算,其估算额为:

$$335.4 \times 10\% = 33.54 \text{ 万元}$$

筹资费用小计:335.4 +33.54 =368.94 万元

(6)固定资产投资方向调节税估算

此项费用暂停征收,暂不估算。

投资费用总额为:7 808 +768 +4 384.32 +388.91 +368.94 =13 718.17 万元

单方造价:$\frac{137\ 181\ 700}{64\ 000} = 2\ 143.46$(元/m²)

投资费用估算汇总见表3.6。

表3.6 东海大学教师住宅小区投资费用估算表

序号	项目或费用名称	投资金额/万元	备 注
一	**建筑安装工程费**	**7 808**	
1	主要建筑物建安工程费	6 528	
2	室外工程费	1 280	
二	**设备及工器具购置费(包括设备安装工程费)**	**768**	
三	**工程建设其他费用**	**4 384.32**	
1	土地使用费	3 072	
2	勘察设计费	256	
3	建设单位临时设施费	40	
4	工程监理、招投标代理等费用	117.12	
5	城市基础设施配套费、工程建设报建、质量监督等手续费	371.2	
6	白蚁防治、水电增容等费用	384	
7	人防易地建设费	144	
四	**预备费用**	**388.91**	
五	**贷款利息**	**368.94**	
1	贷款利息	335.4	
2	融资成本	33.54	
六	**固定资产投资方向调节税**	**不计**	**暂停征收**
合计	**该项目投资费用估算总额**	**13 718.17**	
单方造价:13 718.17 万元 ÷6.4 万 m² =2 143.46 元/m²			

例3.15 云南省在投资估算编制时,适用于当地的工程建设其他费用计算办法和费用标准如表3.7所示。

表3.7 云南省关于工程建设其他费用计算办法的相关规定

序号	费用名称	计算方法				政策依据
		工程总概算(万元)	费率(%)	算例(单位:万元)		
				工程总概算	建设单位管理费	
1	建设单位管理费	1 000以下	1.5	1 000	1 000×1.5% =15	财建[2002]394号文件《关于建设单位管理费计取规定》
		1 001-5 000	1.2	5 000	15+(5 000-1 000)×1.2=63	
		5 001-10 000	1.0	10 000	63+(10 000-5 000)×1.0% =113	
		10 001-50 000	0.8	50 000	113+(50 000-10 000)×0.8% =433	
		50 001-100 000	0.5	100 000	433+(100 000-50 000)×0.5% =683	
		100 001-200 000	0.2	200 000	683+(200 000-100 000)×0.2% =883	
		200 000以上	0.1	280 000	883+(280 000-200 000)×0.1% =963	
2	勘察设计费	按照差额定率分档累进方式计算				国家计委、建设部计价格[2002]10号文件《关于勘察、设计费计取规定》
3	施工图纸审查费	以设计合同所载的勘察设计费为基数按工程概算价(M)分段乘费率计收,分段费率如下: M<500万元,最高不超过14% 500≤M<1 000万元,最高不超过12% 1 000≤M<5 000万元,最高不超过10% 5 000≤M<10 000万元,最高不超过9% 10 000≤M<30 000万元,最高不超过8% 30 000≤M<80 000万元,最高不超过7% 80 000≤M<200 000万元,最高不超过6% 200 000≤M,最高不超过5%				云发改价格[2008]1176号文件《关于施工图纸审查费计取规定》

续表

<table>
<tr><th>序号</th><th>费用名称</th><th colspan="6">计算方法</th><th>政策依据</th></tr>
<tr><td rowspan="18">4</td><td rowspan="18">建设监理费</td><td colspan="2">序　号</td><td colspan="2">计费额(万元)</td><td colspan="2">收费基价(万元)</td><td rowspan="18">国家发改委、建设部发改价格[2007]670号文件《关于建设监理费计取规定》</td></tr>
<tr><td colspan="2">1</td><td colspan="2">500</td><td colspan="2">16.5</td></tr>
<tr><td colspan="2">2</td><td colspan="2">1 000</td><td colspan="2">30.1</td></tr>
<tr><td colspan="2">3</td><td colspan="2">3 000</td><td colspan="2">78.1</td></tr>
<tr><td colspan="2">4</td><td colspan="2">5 000</td><td colspan="2">120.8</td></tr>
<tr><td colspan="2">5</td><td colspan="2">8 000</td><td colspan="2">181.0</td></tr>
<tr><td colspan="2">6</td><td colspan="2">10 000</td><td colspan="2">218.6</td></tr>
<tr><td colspan="2">7</td><td colspan="2">20 000</td><td colspan="2">393.4</td></tr>
<tr><td colspan="2">8</td><td colspan="2">40 000</td><td colspan="2">708.2</td></tr>
<tr><td colspan="2">9</td><td colspan="2">60 000</td><td colspan="2">991.4</td></tr>
<tr><td colspan="2">10</td><td colspan="2">80 000</td><td colspan="2">1 255.8</td></tr>
<tr><td colspan="2">11</td><td colspan="2">100 000</td><td colspan="2">1 507.0</td></tr>
<tr><td colspan="2">12</td><td colspan="2">200 000</td><td colspan="2">2 714.5</td></tr>
<tr><td colspan="2">13</td><td colspan="2">400 000</td><td colspan="2">4 882.6</td></tr>
<tr><td colspan="2">14</td><td colspan="2">600 000</td><td colspan="2">6 835.6</td></tr>
<tr><td colspan="2">15</td><td colspan="2">800 000</td><td colspan="2">8 658.4</td></tr>
<tr><td colspan="2">16</td><td colspan="2">1 000 000</td><td colspan="2">10 390.1</td></tr>
<tr><td colspan="6">注:计费额大于1 000 000万元的,以计费额乘以1.039%的收费率计算</td></tr>
<tr><td rowspan="5">5</td><td rowspan="5">建设项目前期工作咨询费</td><td>估算投资额(万元)</td><td>3千万~1亿元</td><td>1亿元~5亿元</td><td>5亿元~10亿元</td><td>10亿元~50亿元</td><td>50亿元以上</td><td rowspan="5">国家计委计价格[1999]1283号文件《关于建设项目前期工作咨询费计取规定》</td></tr>
<tr><td>1. 编制项目建设书</td><td>6~14</td><td>14~37</td><td>37~55</td><td>55~100</td><td>100~125</td></tr>
<tr><td>2. 编制可行性研究报告</td><td>12~28</td><td>28~75</td><td>75~110</td><td>110~200</td><td>200~250</td></tr>
<tr><td>3. 评估项目建设书</td><td>4~8</td><td>8~12</td><td>12~15</td><td>15~17</td><td>17~20</td></tr>
<tr><td>4. 评估可行性研究报告</td><td>5~10</td><td>10~15</td><td>15~20</td><td>20~25</td><td>25~35</td></tr>
</table>

续表

<table>
<tr><th>序号</th><th>费用名称</th><th colspan="7">计算方法</th><th>政策依据</th></tr>
<tr><td rowspan="8">6</td><td rowspan="8">工程招投标代理费</td><td colspan="3">中标金额(万元)</td><td colspan="4">工程招标代理费率</td><td rowspan="8">国家计委[2002]1980号文件《关于工程招投标代理</td></tr>
<tr><td colspan="3">100 以下</td><td colspan="4">1.0 %</td></tr>
<tr><td colspan="3">100 ~ 500</td><td colspan="4">0.7 %</td></tr>
<tr><td colspan="3">500 ~ 1 000</td><td colspan="4">0.55 %</td></tr>
<tr><td colspan="3">1 000 ~ 5 000</td><td colspan="4">0.35 %</td></tr>
<tr><td colspan="3">5 000 ~ 10 000</td><td colspan="4">0.2 %</td></tr>
<tr><td colspan="3">10 000 ~ 100 000</td><td colspan="4">0.05 %</td></tr>
<tr><td colspan="3">100 000 以上</td><td colspan="4">0.01 %</td></tr>
<tr><td rowspan="5">7</td><td rowspan="5">环评费</td><td>估算投资额</td><td>0.3 以下</td><td>0.3 ~ 2</td><td>2 ~ 10</td><td>10 ~ 50</td><td>50 ~ 100</td><td>100 以上</td><td rowspan="5">云南省环保局[2002]125号文件《关于环评费计取规定》</td></tr>
<tr><td>编制环境影响报告书(含大纲)</td><td>5 ~ 6</td><td>6 ~ 15</td><td>15 ~ 35</td><td>35 ~ 75</td><td>75 ~ 110</td><td>110 以上</td></tr>
<tr><td>编制环境影响报告表</td><td>1 ~ 2</td><td>2 ~ 4</td><td>4 ~ 7</td><td colspan="3">7 以上</td></tr>
<tr><td>评估环境影响报告书(含大纲)</td><td>0.8 ~ 1.5</td><td>1.5 ~ 3</td><td>3.7</td><td>7 ~ 9</td><td>9 ~ 13</td><td>13 以上</td></tr>
<tr><td>评估环境影响报告表</td><td>0.5 ~ 0.8</td><td>0.8 ~ 1.5</td><td>1.5 ~ 2</td><td colspan="3">2 以上</td></tr>
<tr><td>8</td><td>城市基础设施配套</td><td colspan="7">1)容积率大于 2 的普通商品房按建筑面积 80 元/m² 征收
2)容积率大于 1 小于 2(含 2)的普通商品房按建筑面积 120 元/m² 征收
3)容积率小于 1(含 1)的普通商品房按建筑面积 240 元/m² 征收
4)商业、商务等非住宅按建筑面积 160 元/m² 征收
5)工业及其他用房按建筑面积 80 元/m² 征收</td><td>云南省发改委、云南省财政厅批复的云发改价格[2009] 550号文件《关于城市基础设施配套费计取规定》</td></tr>
<tr><td>9</td><td>建设工程造价咨询服务费</td><td colspan="7">按照差额定率分档累进方式计算,详见表 3.8 所示</td><td>云价综合[2012]66 号文件《云南省物价局关于调整建设工程造价咨询服务收费标准的通知》</td></tr>
</table>

表 3.8　云南省建设工程造价咨询服务收费基准费率表

序号	咨询项目名称		收费基数(X)	分档累计划分标准(万元)							备　注
				X≤ 200	200 < X≤ 500	500 < X≤ 2 000	2 000 < X≤ 5 000	5 000 < X≤ 10 000	10 000 < X≤ 50 000	X > 50 000	
1	投资估算编制或审核		建设项目编制成果金额	1‰	0.9‰	0.8‰	0.6‰	0.4‰	0.2‰	0.1‰	
2	设计概算编制或审核			2‰	1.8‰	1.6‰	1.5‰	1.0‰	0.8‰	0.5‰	
3	工程预算编制或审核		单独出具编制成果的造价金额	3.5‰	3.2‰	3.0‰	2.2‰	2.0‰	1.8‰	1.5‰	
4	招标工程量清单编制或审核		拦标价金额	3.5‰	3.3‰	3.0‰	2.5‰	2.0‰	1.5‰	1.0‰	
5	工程量清单计价文件编制或审核			2‰	1.8‰	1.6‰	1.5‰	1.4‰	1.2‰	1.0‰	
6	工程结算编制		单独出具编制成果的造价金额	4‰	3.5‰	3‰	2.8‰	2.5‰	2.3‰	1.8‰	
7	竣工决算编审			2‰	1.5‰	1.2‰	1.1‰	1.0‰	0.8‰	0.61‰	
8	工程结算审核	基本费	委托审核的造价金额	4‰	3.5‰	3‰	2.5‰	22‰	1.5‰	1‰	
		成效附加费	审核差异超过核定造价5%之外的金额	5%							审核差异在核定造价 5% 以内的金额不计
9	施工阶段全过程造价控制		管控项目合同结算造价金额	12‰	10‰	8‰	7‰	6‰	5‰	3.5‰	
10	工程造价争议鉴定		鉴定成果造价金额	10‰	9‰	8‰	7‰	6‰	5‰	4‰	
11	钢筋或指定构件明细数量计算		计算对象合计含量	←　12 元/吨　→							
12	计日(时)服务	造价工程师	实际工作日	1 000 元/日至 1 600 元/日内认定							不含其他交通差旅等费用
		造价员	实际工作日	500 元/日至 1 000 元/日内认定							

注:(1)本标准采用差额累进费率,执行时均按照差额定率分档累进方式计算,工程主材无论是否计入编制成果造价金额,均计入收费基数。民用设备安装工程设备费用占总造价(含设备费用)不足 50% 的,设备费用均全额计入收费基数;超过 50% 的设备费用金额不计入收费基数。

(2)单宗工程造价咨询服务费按本标准计算不足 2 000 元的,按 2 000 元计算。

(3)保障性住房工程按同等收费标准的 70% 收取。

例 3.16　某房屋建筑项目委托造价咨询公司编制工程预算,其编制成果预算造价为 3 000万元,试根据“云价综合[2012]66 号文件”计算造价咨询服务费。

解　根据表 3.8 中第 3 项规定计算如下:

200 万元部分:200 ×3.5‰ = 0.7 万元

200 - 500 万元部分:(500 - 200) ×3.2‰ = 0.96 万元

500 - 2000 万元部分:(2 000 - 500) ×3.0‰ = 4.50 万元

2 000 - 3 000 万元部分:(3 000 - 2 000) ×2.2‰ = 2.2 万元

合计: 0.7 +0.96 +4.50 +2.2 =8.36 万元

3.3　投资估算指标

3.3.1　投资估算指标及作用

投资估算指标,是确定和控制建设项目全过程各项投资支出的技术经济指标,其范围涉及建设前期、建设实施期和竣工验收交付使用期等各个阶段的费用支出。所以,投资估算指标比其他各种计价定额具有更大的综合性和概括性。

投资估算指标是编制建设项目建议书、可行性研究报告等前期工作阶段投资估算的依据,也可以作为编制固定资产长远规划投资额的参考。投资估算指标为完成项目建设的投资估算提供依据,它在固定资产的形成过程中起着投资预测、投资控制、投资效益分析的作用,是合理确定项目投资的基础。投资估算指标中的主要材料消耗量也是一种扩大材料消耗量指标,可以作为初步匡算建设项目主要材料消耗量的基础。

3.3.2　投资估算指标的编制原则

因为投资估算指标比其他各种计价定额具有更大的综合性和概括性。所以,投资估算指标的编制工作,除了应遵循一般计价定额的编制原则外,还必须坚持下述原则:

1)投资估算指标项目的确定,应考虑以后几年编制建设项目建议书和可行性研究报告投资估算的需要。

2)投资估算指标的分类、项目划分、项目内容、表现形式等,要结合各专业的特点,并且要与项目建议书、可行性研究报告的编制深度相适应。

3)投资估算指标的编制既能反映现实的高科技成果,反映正常建设条件下的造价水平,也能适应今后若干年的科技发展水平。坚持技术上的先进、可行和经济上的合理。

4)投资估算指标的编制必须密切结合行业特点,项目建设的特定条件,在内容上既要贯彻指导性准确性和可调性的原则,又要具有一定的深度和广度。

5)投资估算指标的编制要体现国家对固定资产投资实施间接控制作用的特点。要贯彻能分能合、有粗有细、细算粗编的原则。

6)投资估算指标的编制要贯彻静态和动态相结合的原则。考虑到建设期的动态因素,即价格、建设期利息、固定资产投资方向调节税及涉外工程的汇率等因素的变动。

3.3.3 投资估算指标的内容

投资估算指标的内容因行业不同各异，一般可分为建设项目综合指标、单项工程指标和单位工程指标三个层次。

(1) 建设项目综合指标

建设项目综合指标按规定应列入建设项目总投资，从立项筹建开始至竣工验收交付使用为止的全部投资额，包括单项工程投资、工程建设其他费用和预备费等。

建设项目综合指标一般以项目的综合生产能力单位投资表示，如元/t、元/kw。或以使用功能表示，如医院：元/床；学校：元/学生。

(2) 单项工程指标

单项工程指标，是指按规定应列入能独立发挥生产能力或使用效益的单项工程内的全部投资额，包括建筑安装工程费、设备及生产工器具购置费和其他费用。

单项工程指标一般以单项工程生产能力单位投资如元/t或其他单位表示。如：变配电站：元/kv·A；供水站：元/m^3；办公室、仓库、宿舍、住宅等房屋建筑则区别不同结构形式以元/m^2表示。

(3) 单位工程指标

单位工程指标，按规定应列入能独立设计、施工的工程项目的费用，即建筑安装工程费用。

单位工程指标一般以下列方式表示：如，房屋建筑区别于不同结构形式以“元/m^2”表示；道路区别于不同结构层、面层以“元/m^2”表示；管道区别不同材质、管径以“元/m”表示。

习题 3

3.1 简述投资估算的概念及内容。

3.2 简述投资估算的常用编制方法的特点及其适用范围。

3.3 投资估算的编制应关注哪些注意事项？

3.4 已知建设日产 20 t 的某化工生产系统的投资额为 4 000 万元，若将该化工生产系统的生产能力在原有的基础上增加一倍，根据生产能力指数法估算其投资额大约增加多少？($n=0.6, f=1$)

3.5 某建设项目达到设计生产能力后，年经营成本为 18 000 万元，年修理费为 1 800 万元，全厂定员为 1 000 人，年工资和福利费估算为 9 900 万元。每年其他费用估算为 980 万元（其他制造费用为 540 万元）。年外购原材料、燃料、动力费估算为 15 300 万元。各项流动资金最低周转天数分别为：应收账款 25 天，现金 35 天，应付账款为 25 天，存货为 40 天。试估算该建设项目的流动资金。

3.6 某建设项目建安工程费为 5 000 万元，设备购置费为 3 000 万元，项目建设前期年限为 1 年，建设期为 3 年，各年投资计划额度为：第一年完成投资 20%，第二年 60%，第三年 20%。年均投资价格上涨率为 6%，试求该建设项目建设期间价差预备费。

3.7 拟建某工业项目，各项目费用估计如表 3.9 所示。

表3.9　各项目费用估计表　　　　单位:万元

序号	项目及费用名称	总费用	建筑工程费	设备购置费	安装工程费
1	主要生产项目	4 410	2 250	1 750	110
2	辅助生产项目	3 600	1 800	1 500	300
3	公用工程	2 000	1 200	600	200
4	环境保护	600	300	200	100
5	总图运输工程	300	200	100	0
6	服务性工程	150			
7	厂外工程	100			
8	生活福利工程	200			
9	工程建设其他费	380			
10	基本预备费为工程费用与其他工程费用合计的10%				
11	预计建设期内每年价格平均上涨率为6%				
12	建设期2年,每年建设投资相等,所有建设投资一律贷款,贷款年利率为11%(每半年计息一次)				
13	固定资产投资方向调节税率5%				

问题:

(1)试将以上数据填入固定资产投资估算表(可参照表3.2自制)。

(2)列式计算基本预备费、价差预备费、固定资产投资方向调节税、实际年贷款利率和建设期贷款利息。

(3)完成固定资产投资估算表的计算。

3.8　已知年产1 250 t某种紧俏商品的工业项目,主要设备投资额为2 050万元,建筑面积为3 885 m^2,其他附属项目投资占设备投资比例以及由于建造时间、地点、使用定额等方面的因素,引起拟建项目综合调价系数见表3.10。工程建设其他费占项目总投资的20%。

表3.10　拟建项目占设备比例及调价系数表

序号	工程名称	占设备比例	调价系数	序号	工程名称	占设备比例	调价系数
一	生产项目			6	电气照明工程	10%	1.10
1	土建工程	30%	1.10	7	自动化仪表	9%	1.00
2	设备安装工程	10%	1.20	8	设备购置	C_0	1.20
3	工艺管理工程	4%	1.05				
4	给排水工程	8%	1.10	二	附属工程	10%	1.10
5	暖通工程	9%	1.10	三	总体工程	10%	1.30

问题:

(1)若拟建2 000 t生产同类产品的项目,建筑面积4 025 m^2,试估算该项目的投资额。

(2)若拟建项目的基本预备费费率和现行投资方向调节税税率均为5%,建设期一年,建设期物价上涨率为6%,不考虑建设期贷款利息,试确定拟建项目的固定资产总投资,并编制该项目的固定资产投资估算表(可参照表3.2自制)。

3.9 什么是投资估算指标?投资估算指标的内容有哪些?

第4章 设计概算

本章介绍设计概算的概念,编制依据、内容,单位工程设计概算编制方法,建设工程项目总概算编制方法。

4.1 设计概算概述

4.1.1 设计概算的含义

设计概算是设计文件的重要组成部分,是在初步设计或扩大初步设计阶段,在投资估算的控制下,由设计单位根据初步设计设计图纸及说明书、概算指标(或概算定额)、各项取费标准(或费用定额)、设备及材料预算价格等资料或参照类似工程(决算)文件,用科学的方法计算和确定的建设项目从筹建至竣工交付使用所需全部费用的文件。

采用两阶段设计的建设项目,初步设计阶段必须编制设计概算;采用三阶段设计的建设项目,扩大初步设计(或称技术设计)阶段必须编制修正概算。

4.1.2 设计概算的作用

设计概算的主要作用为:

(1)设计概算是编制建设项目投资计划、确定和控制建设项目投资的依据

国家规定:编制年度固定资产投资计划,确定计划投资总额及其构成数额,要以批准的初步设计概算为依据,没有批准的初步设计及其概算的建设工程不能列入年度固定资产投资计划。

经批准的建设项目设计总概算的投资额,是该工程建设投资的最高限额。在工程建设过程中,年度固定资产投资计划安排、银行拨款或贷款、施工图设计及其预算、竣工决算等,未经按规定的程序批准,都不能突破这一限额,以确保国家固定资产投资计划的严格执行和有效控制。

(2)设计概算是签订建设工程合同和贷款合同的依据

《中华人民共和国合同法》明确规定:建设工程合同是承包人进行工程建设,发包人支付价款的合同。合同价款的多少是以设计概算为依据的，而且总承包合同不得超过设计总概算的投资限额。

设计概算是银行拨款或签订贷款合同的最高限额，建设项目的全部拨款或贷款以及各单项工程的拨款或贷款的累计总额，不能超过设计概算。如果项目的投资计划所列投资额或拨款或贷款突破设计概算时，必须查明原因后由建设单位报请上级主管部门调整或追加设计概算总投资额，凡未经批准前，银行对其超支部分拒不拨付。

(3)设计概算是控制施工图设计和施工图预算的依据

经批准的设计概算是建设项目投资的最高限额，设计单位必须按照批准的初步设计及其概算进行施工图设计，施工图预算不得突破设计概算。如确需突破总概算时，应按规定程序报经批准。

(4)设计概算是衡量设计方案技术经济合理性和选择最佳设计方案的依据

设计概算是设计方案技术经济合理性的综合反映，据此可以用来对不同的设计方案进行技术与经济合理性的比较，以便选择最佳设计方案。

(5)设计概算是工程造价管理及编制招标标底和投标报价的依据

设计总概算一经批准，就作为工程造价控制的最高限额。以设计概算进行招标的工程，招标单位编制招标控制价是以设计概算造价为依据的，并以此作为评标定标的依据。承包单位为了在投标竞争中取胜，也以设计概算为依据，编制出合适的投标报价。

(6)设计概算是考核建设项目投资效果的依据

通过设计概算与竣工决算的对比，可以分析和考核投资效果的好坏，同时还可以验证设计概算的准确性，有利于加强设计概算管理和建设项目的造价管理工作。

4.2 设计概算编制

4.2.1 设计概算编制原则和依据

(1)设计概算编制原则

为提高建设项目设计概算编制质量，科学合理地确定建设项目投资，设计概算编制应坚持以下原则：

1)严格执行国家的建设方针和经济政策；

2)要完整、准确地反映设计内容；

3)坚持结合拟建工程的实际，反映工程所在地现时价格水平。

(2)设计概算编制依据

编制设计概算的主要依据包括：

1)经批准的建筑安装工程项目的可行性研究报告；

2)扩大初步设计文件，包括设计图纸及说明书、设备表、材料表等有关资料；

3)建设地区的自然条件和技术经济条件资料，主要包括工程地质勘测资料，施工现场的水、电供应情况，原材料供应情况，交通运输情况等；

4)建设地区的工资标准、材料预算价格和设备预算价格资料；

5)国家、省、自治区颁发的现行建筑安装工程费用定额;

6)国家、省、自治区颁发的现行建筑安装工程概算指标或定额;

7)类似工程的概算、预算和技术经济指标等;

8)施工组织设计文件。

4.2.2　设计概算编制内容

设计概算的编制应包括由编制期价格、费率、利率、汇率等确定的静态投资和编制期到竣工验收前的工程价格变化等多种因素确定的动态投资两部分。

设计概算可分为三级概算,即单位工程概算、单项工程综合概算和建设项目总概算。如图4.1所示。

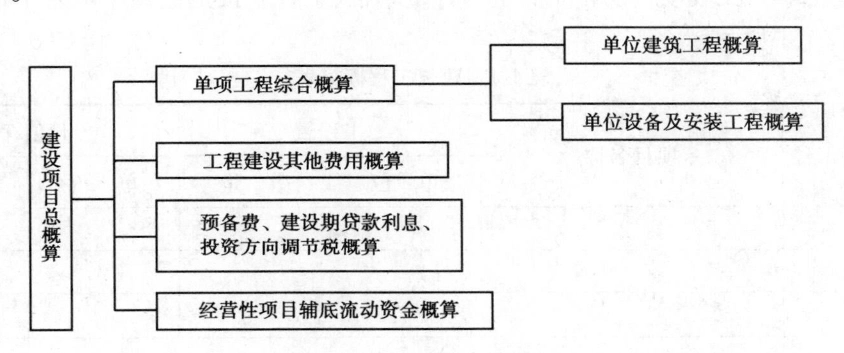

图4.1　设计概算关系图

4.2.3　单位工程设计概算编制

(1)建筑工程概算的编制

1)编制方法

根据工程项目规模大小,初步设计或扩大初步设计深度等有关资料的齐备程度不同,通常可以采用以下几种方法编制建筑工程概算。

①根据概算定额编制概算;

②根据概算指标编制概算;

③根据类似工程预算编制概算。

2)根据概算定额编制概算

①采用概算定额编制概算的条件

工程项目的初步设计或扩大初步设计具有相当深度,建筑、结构类型要求比较明确,基本上能够按照初步设计的平、立、剖面图纸计算分项工程或扩大结构构件等项目的工程量时,可以采用概算定额编制概算。

②编制方法与步骤

A.收集基础资料。采用概算定额编制概算,最基本的资料为前面所提的编制依据,除此之外,还应获得建筑工程中各分部工程施工方法的有关资料。对于改建或扩建的建筑工程,还需要收集原有建筑工程的状况图、拆除及修缮工程概算定额的费用定额及旧料残值回收计算方法等资料。

B. 熟悉设计文件,了解施工现场情况。在编制概算前,必须熟悉图纸,掌握工程结构形式的特点,以及各种构件的规格和数量等,并充分了解设计意图,掌握工程全貌,以便更好地计算概算工程量,提高概算的编制速度和质量。另外,概算人员必须深入施工现场,调查、分析和核实地形、地貌、作业环境等有关原始资料,从而保证概算内容能更好地反映客观实际,为进一步提高设计质量提供可靠的原始依据。

C. 计算工程量。编制概算时,应按概算定额手册所列项目分列工程项目,并按其所规定的工程量计算规则进行工程量计算,以便正确地选套定额,提高概算造价的准确性。

D. 选套概算定额。当分列的工程项目及相应汇总的工程量经复核无误后,即可选套概算定额,确定定额单价。通常选套概算定额的方法如下:

a. 把定额编号、工程项目及相应的定额计量单位、工程量按定额顺序填列于建筑工程概算表中,如表 4.1 所示。

表 4.1　建筑工程概算表

序号	定额编号	项目名称	工程量		价值/元	
			单 位	数 量	单 价	合 价

b. 根据定额编号,查阅各工程项目的概算基价,填列于概算表格的相应栏内。

另外,在选套概算定额时,必须按各分部工程说明中的有关规定进行,避免错选或重套定额项目,以保证概算的准确性。

E. 计取各项费用,确定工程概算造价。当工程概算直接工程费确定后,就可按费用计算程序进行各项费用的计算,可按下式计算概算造价的单方造价。

$$\text{土建工程概算造价} = \text{直接费} + \text{间接费} + \text{利润} + \text{其他费用} + \text{税金} \tag{4.1}$$

$$\text{单方造价} = \text{土建工程概算造价} / \text{建筑面积} \tag{4.2}$$

F. 编制工程概算书。按表 4.2 的内容填写概算书封面,按表 4.3 的内容计算各项费用,按表 4.1 的内容编制建筑工程概算表,并根据相应工程情况,如工程概况、概算编制依据、方法等,编制概算说明书,最后将概算书封面、编制说明书、工程费用汇总表、工程概算表等按顺序装订成册,即构成建筑工程概算书。

表4.2 工程概算书封面

工程概算书	
	工程编号________
建设单位________________	
工程名称________________	编制单位________________
建筑面积________________	编　　制________________
概算价值________________	审　　核________________
单方造价________________	
	年　月　日

表4.3 工程费用汇总表

序号	项目名称	单　位	计算式	合　价	说　明
一	分部分项工程费				
二	措施项目费				
三	其他项目费				
四	规费				
五	税金				
六	概算造价				
七	单方造价				

③工程概算的编制说明应包括下列内容：

A. 工程概况，包括工程名称、建造地点、工程性质、建筑面积、概算造价和单方造价等。

B. 编制依据，包括初步设计图纸，依据的定额、费用定额等。

C. 编制方法，主要说明具体采用概算定额，还是概算指标或类似工程预(决)算编制的。

D. 其他有关问题的说明，如材料差价的调整方法。

3）采用概算指标编制概算

①采用概算指标编制概算的条件

对于一般民用工程和中小型通用厂房工程，在初步设计文件尚不完备、处于方案阶段，无法计算工程量时，可采用概算指标编制概算。概算指标是一种以建筑面积或体积为单位，以整个建筑物为依据编制的计价文件。它通常以整个房屋每100 m^2 建筑面积(或按每座构筑物)为单位，规定人工、材料和施工机械使用费用的消耗量，所以比概算定额更综合、扩大。采用概算指标编制概算比采用概算定额编制概算更加简化。它是一种既准确又省时的方法。

②编制方法和步骤

A. 收集编制概算的原始资料，并根据设计图纸计算建筑面积。

B. 根据拟建工程项目的性质、规模、结构内容及层数等基本条件,选用相应的概算指标。

C. 计算直接工程费。通常可按下列公式进行计算。

$$直接工程费 = 每百平方米造价指标 /100 \times 建筑面积 \tag{4.3}$$

D. 调整直接工程费。通常按下列公式进行调整。

$$调整后直接工程费 = 直接工程费 \times 调整费率 \tag{4.4}$$

E. 计算间接费、利润、其他费用、税金等。

③概算指标调整方法

采用概算指标编制概算时,因为设计内容常常不完全符合概算指标规定的结构特征,所以就不能简单机械地按类似的或最接近的概算指标套用计算,而必须根据差别的具体情况,按下列公式分别进行换算。

$$单位面积造价调整指标 = 原指标单价 - 换出结构构件单价 + 换入结构构件单价 \tag{4.5}$$

式中,换出(入)结构构件单价可按下列公式进行计算。

$$换出(入)结构构件单价 = 换出(入)结构构件工程量 \times 相应概算定额单价 \tag{4.6}$$

工程概算直接费可按下列公式进行计算。

$$概算直接费 = 建筑面积 \times 单位面积造价调整指标 \tag{4.7}$$

4)采用类似工程预(决)算编制概算

①采用类似工程预(决)算编制概算的条件

当拟建工程缺少完整的初步设计方案,而又急等上报设计概算,申请列入年度基本建设计划时,通常采用类似工程预(决)算编制设计概算的方法,快速编制概算。类似工程预(决)算是指与拟建工程在结构特征上相近的,已建成工程的预(决)算或在建工程的预算。采用类似工程预(决)算编制概算,不受不同单位和地区的限制,只要拟建工程项目在建筑面积、体积、结构特征和经济性方面完全或基本类似,已(在)建工程的相关数额即可采用。

②编制步骤和方法

A. 收集有关类似工程设计资料和预(决)算文件等原始资料。

B. 了解和掌握拟建工程初步设计方案。

C. 计算建筑面积。

D. 选定与拟建工程相类似的已(在)建工程预(决)算。

E. 根据类似工程预(决)算资料和拟建工程的建筑面积,计算工程概算造价和主要材料消耗量。

F. 调整拟建工程与类似工程预(决)算资料的差异部分,使其成为符合拟建工程要求的概算造价。

③调整类似工程预(决)算的方法

采用类似工程预(决)算编制概算,往往因拟建工程与类似工程之间在基本结构特征上存在着差异,而影响概算的准确性。因此,必须先求出各种不同影响因素的调整系数(或费用),加以修正。具体调整方法如下:

A. 综合系数法。采用类似工程预(决)算编制概算,经常因建设地点不同而引起人工费、材料和施工机械使用费以及间接费、利润和税金等费用不同,故常采用上述各费用所占类似工程预(决)算价值的比重系数,即综合调整系数进行调整。

采用综合系数法调整类似工程预(决)算,通常可按下列公式进行计算:

$$单位工程概算价值 = 类似工程预(决)算价值 \times 综合调整(差价)系数K \quad (4.8)$$

式中,综合调整(差价)系数 K 可按下列公式计算

$$K = a\% \times K_1 + b\% \times K_2 + c\% \times K_3 + d\% \times K_4 + e\% \times K_5 \quad (4.9)$$

式中 a——人工工资在类似预(决)算价值中所占的比重,按下列公式计算:

$$a = \frac{人工\quad工资}{类似预(决)算价值} \times 100\%$$

b——材料费在类似预(决)算价值中所占的比重,按下列公式计算:

$$b = \frac{材料费}{类似预(决)算价值} \times 100\%$$

c——施工机械使用费在类似预(决)算价值中所占的比重,按下列公式计算:

$$c = \frac{施工机械使用费}{类似预(决)算价值} \times 100\%$$

d——间接费及利润在类似预(决)算价值中所占的比重,按下列公式计算:

$$d = \frac{间接费及利润}{类似预(决)算价值} \times 100\%$$

e——税金在类似预(决)算价值中所占的比重,按下列公式计算:

$$e = \frac{税金}{类似预(决)算价值} \times 100\%$$

K_1——工资标准因地区不同而产生在价值上差别的调整(差价)系数,按下列公式计算:

$$K_1 = \frac{编制概算地区的工资标准}{采用类似预(决)算地区的工资标准}$$

K_2——材料预算价格因地区不同而产生在价值上差别的调整(差价)系数,按下列公式计算:

$$K_2 = \frac{编制概算地区的材料预算价格}{采用类似预(决)算地区的材料预算价格}$$

K_3——施工机械使用费因地区不同而产生在价值上差别的调整(差价)系数,按下列公式计算:

$$K_3 = \frac{编制概算地区的机械使用费}{采用类似预(决)算地区的机械使用费}$$

K_4——间接费及利润因地区不同而产生在价值上差别的调整(差价)系数,按下列公式计算:

$$K_4 = \frac{编制概算地区的间接费及利润}{采用类似预(决)算地区的间接费及利润}$$

K_5——税金因地区不同而产生在价值上差别的调整(差价)系数,按下列公式计算:

$$K_5 = \frac{编制概算地区的税金率}{采用类似预(决)算地区的税金率}$$

B. 价格(费用)差异系数法。采用类似工程预(决)算编制概算,常因类似工程预(决)算的编制时间距现在时间较长,现时编制概算,其人工工资标准、材料预算价格和施工机械使用费用以及间接费、利润和税金等费用标准必然发生变化。此时,则应将类似工程预(决)算的

上述价格和费用标准与现行的标准进行比较,测定其价格和费用变动幅度系数,加以适当调整。采用价格(费用)差异系数法调整类似工程预(决)算,一般按下列公式进行计算:

$$单位工程概算价值 = 类似工程预(决)算价值 \times G \quad (4.10)$$

式中,G 代表类似工程预(决)算的价格(费用)差异系数,可按下列公式计算:

$$G = a\% \times G_1 + b\% \times G_2 + c\% \times G_3 + d\% \times G_4 + e\% \times G_5$$

其中,$a\%$、$b\%$、$c\%$、$d\%$、$e\%$同前。

G_1——工资标准因时间不同而产生的价差系数,按下列公式计算:

$$G_1 = \frac{编制概算现时工资标准}{采用类似预(决)算时工资标准}$$

G_2——材料预算价格因时间不同而产生的价差系数,按下列公式计算:

$$G_2 = \frac{编制概算现时材料预算价格}{采用类似预(决)算时材料预算价格}$$

G_3——机械使用费因时间不同而产生的价差系数,按下列公式计算:

$$G_3 = \frac{编制概算现时机械使用费}{采用类似预(决)算时机械使用费}$$

G_4——间接费及利润因时间不同而产生的价差系数,按下列公式计算:

$$G_4 = \frac{编制概算现时间接费及利润}{采用类似预(决)算时间接费及利润}$$

G_5——税金因时间不同而产生的价差系数,按下列公式计算:

$$G_5 = \frac{编制概算现时税金率}{采用类似预(决)算时税金率}$$

C. 结构、材料差异换算法。每个建筑工程都有其各自的特异性,在其结构、内容、材质和施工方法上常常不能完全一致。因此,采用类似工程预(决)算编制概算,应充分注意其中的差异,进行分析对比和调整换算,正确计算工程费。

拟建工程的结构、材质和类似工程预(决)算的局部有差异时,一般可按下列公式进行换算。

$$单位工程概算造价 = 类似工程预(决)算价值 - 换出工程费 + 换入工程费 \quad (4.11)$$

式中,换出(入)工程费=换出(入)结构单价×换出(入)工程量。

例4.1 新建某项工程,利用的类似工程体积为1 000 m^3,预算价值为200 000元,其中,人工费占20%,材料费占55%,机械使用费占13%,间接费占12%。由于结构不同,净增加人材机费500元,通过计算人工费修正系数 $K_1 = 1.02$,材料费修正系数 $K_2 = 1.05$,机械使用费修正系数 $K_3 = 0.99$,间接费修正系数 $K_4 = 0.99$。

解 综合修正系数 $K = 20\% \times 1.02 + 55\% \times 1.05 + 13\% \times 0.99 + 12\% \times 0.99 = 1.03$

修正后的类似概算总造价 $= 200\ 000 \times 1.03 + 500(1 + 12\% \times 0.99) = 206\ 559.40$ 元

$$设计对象的概算指标 = \frac{206\ 559.40}{1\ 000} = 206.56(元/m^3)$$

(2)设备及安装工程概算的编制

设备及安装工程分为机械及安装工程和电气设备及安装工程两部分。设备及安装工程的概算造价,是由设备购置费和安装工程费两部分组成。

1)设备购置费概算

设备购置费概算是确定购置设备所需的原价和运杂费而编制的文件。

设备分为标准设备和非标准设备。标准设备的原价按各部、省、市、自治区规定的现行产品出厂价格计算;非标准设备是指制造厂过去没有生产过或不经常生产,而必须由选用单位先行设计委托承制的设备,其原价由设计机构依据设计图纸按设备类型、材质、重量、加工精度、复杂程度等进行估价,逐项计算,主要由加工费、材料费、设计费组成。

其编制概算的方法与步骤如下:

①收集并熟悉有关设备清单、工艺流程图、设备价格及运费标准等基础资料。

②确定设备原价。设备原价通常按下列规定确定:

A. 国产标准设备,按国家各部委或各省、直辖市、自治区规定的现行统配价格或工厂自行制定的现行产品出厂价格计算。

B. 国产非标准设备,按主管部门批准的制造厂报价或参考有关类似资料进行估算。

C. 引进设备,以引进设备货价(FOB价)、国际运费、运输保险费、外贸手续费、银行财务费、关税和增值税之和为设备原价。

③计算设备运杂费。设备运杂费是指设备自出厂地点运至施工现场仓库或堆放地点时所发生的包装费、运输费、供销部门手续费等全部费用。通常可按占设备原价的百分比计算,其计算可按下列公式计算。

$$设备运杂费 = 设备原价 \times 运杂费率 \tag{4.12}$$

④计算设备购置概算价值。设备购置概算价值可按下列公式计算:

$$设备购置概算价值 = 设备原价 + 设备运杂费 = 设备原价 \times (1 + 运杂费率) \tag{4.13}$$

2)设备安装工程费概算

根据初步设计的深度和要求明确程度,通常设备安装工程费概算的编制方法有预算单价法、扩大单价法和概算指标法三种。

①预算单价法

当初步设计或扩大初步设计文件具有一定深度,要求比较明确,有详细的设备清单,基本上能计算工程量时,可根据各类安装工程预算定额编制设备安装工程概算。

②扩大单价法

当初步设计的设备清单不完备,或仅有成套设备的数(质)量时,要采用主体设备、成套设备或工艺线的综合扩大安装单价编制概算。

③概算指标法

当初步或扩大初步设计程度较浅,尚无完备的设备清单时,设备安装工程概算可按设备安装费的概算指标进行编制。

A. 按占设备原价的百分比计算。计算公式为:

$$设备安装工程费 = 设备原价 \times 设备安装费率 \tag{4.14}$$

B. 按设备安装概算定额计算。

C. 按每吨设备安装费的概算指标计算。计算公式为:

$$设备安装工程费 = 设备总吨数 \times 每吨设备安装费 \tag{4.15}$$

D. 按每套、每座、每组设备等计量单位规定的概算指标计算。计算公式为:

$$设备安装工程费 = 设备座(台、套、组)数 \times 每座(台、套、组)设备安装费 \tag{4.16}$$

4.2.4 建设项目总概算编制

(1)总概算书的组成

总概算书一般由编制说明和总概算表及所属的综合概算表、工程建设其他费用概算表组成。

1)编制说明

①工程概况

主要说明建设项目的建设规模、范围、建设地点、建设条件、建设期限、产量、生产品种、公用设施及厂外工程情况等。

②编制依据

主要说明设计文件依据、定额或指标依据、价格依据、费用标准依据等。

③编制方法

主要说明建设项目中主要专业概算价值的编制方法是采用概算定额还是概算指标编制的。

④投资分析

主要说明总概算价值的组成及单位投资、与类似工程的分析比较、各项投资比例分析和说明该设计的经济合理性等。

⑤主要材料和设备数量

说明建筑安装工程主要材料,如钢材、木材、水泥等数量,主要机械设备、电气设备数量。

⑥其他有关问题

主要说明编制概算文件过程中存在的其他有关问题等。

2)总概算表

总概算表的项目可按工程性质和费用构成划分为工程费用、其他费用和预备费用三项。总概算价值按其投资构成,可分为以下几部分费用:

①建筑工程费用,包括各种厂房、库房、住宅、宿舍等建筑物和矿井、铁路、公路、码头等构筑物的建筑工程,特殊工程的设备基础,各种工业炉砌筑,金属结构工程,水利工程,场地平整、厂区整理、厂区绿化等费用。

②安装工程费用,包括各种安装工程费用。

③设备购置费,包括一切需要安装和不需要安装的设备购置费。

④工器具及生产家具购置费。

⑤其他费用。

总概算表的表达形式见表4.4。

(2)总概算书的编制方法与步骤

1)收集编制总概算的基础资料。

2)根据初步设计说明、建筑总平面图、全部工程项目一览表等资料,对各工程项目内容、性质、建设单位的要求,进行概括性了解。

3)根据初步设计文件、单位工程概算书、定额和费用文件等资料,审核各单项工程综合概算书及其他工程与费用概算书。

4)编制总概算表,填写方法与综合概算类似。

表4.4 总概算表

建设单位:________________

概算书编号	工程和费用项目名称	概算价值/万元						技术经济指标			占投资额/%	备注
		建筑工程	安装工程	设备购置	工器具和生产家具购置	工程建设其他费用	合计	单位	数量	指标		
	第一部分 工程费用											
	一、主要生产项目											
××	×××厂房	△	△	△	△		△	△	△	△	△	
	…											
	第一部分合计	△	△	△	△		△					
	第二部分工程建设其他费用											
	土地征用费	△	△									
	…											
	第二部分合计	△	△									
	第一、二部分工程费用总计	△	△	△	△	△	△					
	预备费		△									
	固定资产投资方向调节税		△									
	建设期投资货款利息		△									
	总概算价值	△	△	△	△	△	△					
	其中:回收金额	(△)		(△)			(△)					

5)编制总概算说明,并将总概算封面、总概算说明、总概算表等按顺序汇编成册,构成建设工程总概算书。

4.2.5 设计概算编制案例

例4.2 某大学拟建一栋综合实验楼,该楼一层为加速器室,2—5层为工作室。建筑面积1 360 m²。根据扩大初步设计计算出该综合实验楼各扩大分项工程的工程量以及当地概算定额的扩大单价列于表4.5中。根据当地现行定额规定的工程类别划分原则,该工程属三类工程。三类工程各项费用(以直接工程费为计算基数)的费率分别为:措施费率5.63%,管理费率5.40%,利润率3.6%,规费率3.12%,计税系数3.41%。零星工程费为概算直接工程费的5%,不考虑材料的价差。

表4.5　实验楼工程量和扩大单价表

定额编号	扩大分项工程名称	单位	工程量	扩大单价
3-1	实心砖基础(含土方工程)	10 m^3	1.960	1 614.16
3-27	多孔砖外墙(含外墙面勾缝,内墙面中等石灰砂浆及乳胶漆)	100 m^2	2.184	4 035.03
3-29	多孔砖内墙(含内墙面中等石灰砂浆及乳胶漆)	100 m^2	2.292	4 885.22
4-21	无筋混凝土带形基础(含土方工程)	m^3	206.024	559.24
4-24	混凝土满堂基础	m^3	169.470	542.74
4-26	混凝土设备基础	m^3	1.580	382.70
4-33	现浇混凝土矩形梁	m^3	37.86	952.51
4-38	现浇混凝土墙(含内墙面石灰砂浆及乳胶漆)	m^3	470.120	670.74
4-40	现浇混凝土有梁板	m^3	134.820	786.86
4-44	现浇混凝土整体楼梯	10 m^2	4.440	1 310.26
5-42	铝合金地弹门(含运输、安装)	100 m^2	0.097	35 581.23
5-45	铝合金推拉窗(含运输、安装)	100 m^2	0.336	29 175.64
7-23	双面夹板门(含运输、安装、油漆)	100 m^2	0.331	17 095.15
8-81	全瓷防滑砖地面(含垫层、踢脚线)	100 m^2	2.720	9 920.94
8-82	全瓷防滑砖楼面(含踢脚线)	100 m^2	10.880	8 935.81
8-83	全瓷防滑砖楼梯(含防滑条踢脚线)	100 m^2	0.444	10 064.39
9-23	珍珠岩找坡保温层	10 m^3	2.720	3 634.34
9-70	二毡三油一砂防水层	100 m^2	2.720	5 428.80
	脚手架工程	m^2	1 360.000	19.11

问题:

(1)试根据表4.5给定的工程量和扩大单价表编制该工程的土建单位概算表,计算该工程的土建单位工程直接工程费;并根据所给三类工程的取费标准,计算其他各项费用,编制土建单位工程概算书。

(2)若同类工程的各专业单位工程造价占单项工程综合造价的比例如表4.6所示,试计算该工程的综合概算造价,编制单项工程综合概算书。

表4.6　各专业单位工程造价占单项工程综合造价的比例

专业名称	土　建	采　暖	通风空调	电气照明	给排水	设备购置	设备安装	工器具
占比例%	40	1.5	13.5	2.5	1	38	3	0.5

解　(1)某大学拟建综合实验楼土建工程概算计算见表4.7。

表4.7 某大学拟建综合实验楼土建工程概算表

定额编号	扩大分项工程名称	单位	工程量	扩大单价	合价/元
3-1	实心砖基础(含土方工程)	10 m^3	1.960	1 614.16	3 163.75
3-27	多孔砖外墙(含墙面勾缝、内墙面中等石灰砂浆及乳胶漆)	100 m^2	2.184	4 035.03	8 812.50
3-29	多孔砖内墙(含内墙面中等石灰砂浆及乳胶漆)	100 m^2	2.292	4 885.22	11 196.92
4-21	无筋混凝土带形基础(含土方工程)	m^3	206.024	559.24	115 216.86
4-24	混凝土满堂基础	m^3	169.470	542.74	91 978.14
4-26	混凝土设备基础	m^3	1.580	382.70	604.66
4-33	现浇混凝土矩形梁	m^3	37.86	952.51	36 062.03
4-38	现浇混凝土墙(含内墙面石灰砂浆及乳胶漆)	m^3	470.120	670.74	315 328.29
4-40	现浇混凝土有梁板	m^2	134.820	786.86	106 048.47
4-44	现浇混凝土整体楼梯	10 m^2	4.440	1 310.26	5 817.55
5-42	铝合金地弹门(含运输、安装)	100 m^2	0.097	35 581.23	3 451.38
5-45	铝合金推拉窗(含运输、安装)	100 m^2	0.336	29 175.64	9 803.02
7-23	双面夹板门(含运输、安装、油漆)	100 m^2	0.331	17 095.15	5 658.49
8-81	全瓷防滑砖地面(含垫层、踢脚线)	100 m^2	2.720	9 920.94	26 984.96
8-82	全瓷防滑砖楼面(含踢脚线)	100 m^2	10.880	8 935.81	97 221.61
8-83	全瓷防滑砖楼梯(含防滑条踢脚线)	100 m^2	0.444	10 064.39	4 468.59
9-23	珍珠岩找坡保温层	10 m^2	2.720	3 634.34	9 885.40
9-70	二毡三油一砂防水层	100 m^2	2.720	5 428.80	14 766.33
	脚手架工程	m^2	1 360.000	19.11	25 840.00
1	直接工程费合计892 344.95				
2	措施费=直接工程费×5.63%=50 239.02				
3	管理费=直接工程费×5.40%=48 186.63				
4	利润=直接工程费×3.60%=32 124.42				
5	规费=直接工程费×3.12%=27 841.16				
6	零星工程费=直接工程费×5%=44 617.25				
7	税金=(1+…+6)×3.41%=37 351.55				
8	土建单位工程概算造价=1+…+7=1 132 704.98				

(2)根据土建单位工程概算造价及其占单项工程综合造价的比例,计算该单项工程综合

造价为：

$$单项工程综合造价 = 1\ 132\ 704.98 \div 40\% = 2\ 831\ 762.45(元)$$

按各专业单位工程造价占单项工程综合造价的比例计算各专业单位工程造价见表4.8所示。

表4.8　各专业单位工程造价计算表

专业名称	土　建	采　暖	通风空调	电气照明	给排水	设备购置	设备安装	工器具购置
占比例/%	40	1.5	13.5	2.5	1	38	3	0.5
单位造价/元	1 132 704.98	42 476.44	382 287.93	70 794.06	28 317.62	1 076 069.73	84 952.87	14 158.81

(3)该工程单项工程综合概算计算见表4.9所示。

表4.9　某大学单项工程综合概算表

序号	费用名称	概算造价/万元				技术经济指标			占总投资比例/%
		建安工程费	设备购置费	建设其他费	合计	单位	数量	单方造价/(元·m^{-2})	
1	**建筑安装工程**	**165.658**			**165.658**	**m^2**	**1 360**	**1 218.07**	**58.50%**
1.1	土建工程	113.270			113.270	m^2	1 360	832.87	
1.2	采暖工程	4.248			4.248	m^2	1 360	31.24	
1.3	通风空调工程	38.229			38.229	m^2	1 360	281.10	
1.4	电气照明工程	7.079			7.079	m^2	1 360	52.05	
1.5	给排水工程	2.832			2.832	m^2	1 360	20.82	
2	**设备及安装工程**	**8.495**	**107.607**		**116.102**	**m^2**	**1 360**	**853.69**	**41.00%**
2.1	设备购置		107.607		107.607	m^2	1 360	791.23	
2.2	设备安装	8.495			8.495	m^2	1 360	62.46	
3	**工器具购置**		**1.416**		**1.416**	**m^2**	**1 360**	**10.41**	**0.50%**
	合　计	174.153	109.023		283.176	m^2	1 360	2 082.18	
	占综合投资比例	61.50%	38.50%		100%				

例4.3　拟建砖混结构住宅工程3 420 m^2，结构形式与已建成的某工程相同，只有外墙保温贴面不同，其他部分均较为接近。类似工程外墙为珍珠岩板保温、水泥砂浆抹面，每平方米建筑面积消耗量分别为：0.044 m^3、0.842 m^2，珍珠岩板153.1元/m^3，水泥砂浆8.95元/m^2；拟建工程外墙为加气混凝土保温、外贴釉面砖，每平方米建筑面积消耗量分别为：0.08m^3、0.82 m^2，加气混凝土185.48元/m^3、贴釉面砖49.75元/m^2。类似工程单方造价588元/m^2，其中，人工费、材料费、机械费、措施费、管理费、利润、规费占单方造价比例分别为：11%、

62%、6%、6%、4%、4%、3%，拟建工程与类似工程预算造价在这几方面的差异系数分别为1.12,1.56,1.13,1.02,1.03,1.01,0.99。

问题：

(1)应用类似工程预算法确定拟建工程的单位工程概算造价。

(2)若类似工程概算中，每平方米建筑面积主要资源消耗分别为：

人工消耗量5.08工日　　单价:27.72元/工日

钢材消耗量23.8 kg　　单价:3.25元/kg

水泥消耗量205 kg　　单价:0.38元/kg

原木消耗量0.05 m^3　　单价:980元/m^3

铝合金门窗0.24 m^2　　单价:350元/m^2

其他材料费为主材费的45%，机械费占直接工程费的8%。拟建工程除直接工程费外的其他间接费用综合费率为20%，试应用概算指标法确定拟建工程的单位工程概算造价。

解　(1)应用类似工程预算法计算

1)拟建工程概算指标=类似工程单方造价×综合差异系数κ

$\kappa = 11\% \times 1.12 + 62\% \times 1.56 + 6\% \times 1.13 + 6\% \times 1.02 + 4\% \times 1.03 + 4\% \times 1.01 + 3\% \times 0.99 = 1.33$

拟建工程概算指标=588×1.33=782.04元/m^2

2)结构差异额$=0.08 \times 185.48 + 0.82 \times 49.75 - (0.044 \times 153.1 + 0.842 \times 8.95)$

$= 41.36$元/m^2

3)修正概算指标=782.04+41.36=823.40元/m^2

4)拟建工程概算造价=3 420× 823.40=2 816 028元=281.6万元

(2)应用概算指标法计算

1)拟建工程每平方米建筑面积的直接工程费计算为：

人工费=5.08×27.72=140.82元

材料费$=(23.8 \times 3.25 + 205 \times 0.38 + 0.05 \times 980 + 0.24 \times 350) \times (1 + 0.45) = 417.96$元

机械费=直接工程费×8%

$$\text{概算直接工程费} = \frac{140.82 + 417.96}{1 - 8\%} = 607.37\ \text{元/m}^2$$

2)计算拟建工程概算指标、修正概算指标和概算造价

概算指标=607.37×(1+20%)= 728.84元/m^2

修正概算指标=728.84+41.36=770.20元/m^2

概算造价=3 420×770.20=2 634 097.68=263.41万元

4.3 概算定额和概算指标

4.3.1 概算定额的概念和作用

(1)概算定额的概念

概算定额，是指完成单位合格产品（扩大分项工程）所需的人工、材料和机械台班的消耗

数量标准。它是在预算定额基础上以主要分项工程为准综合相关分项工程后的扩大定额,是按主要分项工程规定的计量单位并综合相关工序的劳动、材料和机械台班的消耗标准后形成的定额。

例如,在概算定额中的“砖基础”工程,往往把预算定额中的挖地槽、基础垫层、砌筑基础、敷设防潮层、回填土、余土外运等项目,合并为一项砖基础工程。

(2)概算定额的作用

1)概算定额是初步设计阶段编制建设项目概算的依据

基本建设程序规定,采用两阶段设计时,其初步设计阶段必须编制设计概算;采用三阶段设计时,其技术设计阶段必须编制修正设计概算,对拟建项目进行总估价。

2)概算定额是设计方案比较的依据

所谓设计方案比较,目的是选择出技术先进可靠经济合理的方案,在满足使用功能的条件下,达到降低造价和资源消耗的目的。概算定额采用扩大综合后为设计方案的比较提供了方便条件。

3)概算定额是编制主要材料需要量的计算基础

根据概算定额所列材料消耗指标计算出工程用料数量,可以在施工图设计之前提出供应计划,为材料的采购、供应做好准备。

4)概算定额是编制概算指标的依据。

5)概算定额也可在实行工程总承包时作为已完工程价款结算的依据。

4.3.2 概算定额的编制原则和依据

(1)概算定额的编制原则

1)社会平均水平的原则

概算定额应该贯彻社会平均水平的原则。由于概算定额和预算定额都是工程计价的依据,所以应符合价值规律和反映现阶段生产力水平。在概预算定额水平之间应保留必要的幅度差,并在概算定额的编制过程中严格控制。

2)简明适用的原则

概算定额应该贯彻简明适用的原则,为了满足事先确定造价,控制项目投资,概算定额要不留活口或少留活口。

(2)概算定额的编制依据

1)现行的设计标准规范。

2)现行建筑和安装工程预算定额。

3)建设行政主管部门批准颁发的标准设计图集和有代表性的设计图纸等。

4)现行的概算定额及其编制资料。

5)编制期人工工资标准、材料预算价格、机械台班费用等。

4.3.3 概算定额的编制步骤

概算定额的编制一般分为3个阶段:准备阶段、编制阶段、审查报批阶段。

(1)准备阶段

准备阶段,主要是确定编制机构和人员组成,进行调查研究,了解现行概算定额执行情况与存在问题,编制范围。在此基础上制定概算定额的编制细则和概算定额项目划分。

(2) 编制阶段

编制阶段,根据已制订的编制细则、定额项目划分和工程量计算规则,调查研究,对收集到的设计图纸、资料进行细致的测算和分析,编出概算定额初稿。并将概算定额的分项定额总水平与预算水平相比控制在允许的幅度之内,以保证二者在水平上的一致性。如果概算定额与预算定额水平差距较大时,则需对概算定额水平进行必要的调正。

(3) 审查报批阶段

审查报批阶段,在征求意见修改之后形成报批稿,经批准之后交付印刷。

4.3.4　概算指标

(1) 概算指标的概念及作用

概算指标,是指以整个建筑物或构筑物为研究对象,以建筑面积、体积或成套设备装置的台或组为计量单位,规定的人工、材料、机械台班的消耗量标准和造价指标。

概算定额与概算指标的区别在于:

1) 确定各种消耗指标的对象不同

概算定额是以单位扩大分项工程为对象,而概算指标是以整个建筑物或构筑物为对象,所以概算指标比概算定额更加综合。

2) 确定各种消耗量指标的依据不同

概算定额是以现行预算定额为基础,通过计算后综合确定出各种消耗量指标;而概算指标中各种消耗量指标的确定,则主要来源于各种预算或结算资料。

概算指标的主要作用有:

①可以作为编制投资估算的参考依据;

②概算指标中主要材料指标可作为匡算主要材料用量的依据;

③可作为设计单位进行方案比较的依据之一;

④是编制固定资产投资计划、确定投资额的主要依据。

(2) 概算指标的编制原则

1) 社会平均水平的原则

概算指标作为确定工程造价的依据,就必须遵照价值规律的客观要求,在其编制时必须按照社会必要劳动时间,贯彻平均水平的编制原则。

2) 简明适用的原则

概算指标的内容和表现形式应遵循粗而不漏、适应面广的原则,体现综合扩大的性质。从形式到内容应该简明易懂,要便于在使用时可根据拟建工程的具体情况进行调整换算,能够在较大范围内满足不同用途的需要。

3) 编制依据必须有代表性

概算指标所依据的工程设计资料,应具有代表性,技术上是先进的,经济上是合理的。

例 4.4　广州市建设工程造价管理站为配合《建设工程工程量清单计价规范》的实施,编制并发布了《2005 年广州地区建设工程技术经济指标》,其指标分类体系如表 4.10 所示。

表4.10 2005年广州地区建设工程技术经济指标分类体系

第一层次分类	第二层次分类	第三层次分类	第四层次分类
1.建筑安装工程	1.1 民用建筑	1.1.1 住宅建筑	1)别墅工程
			2)学生公寓工程
			3)教师公寓工程
			4)职工宿舍楼工程
			5)学生宿舍楼工程
			6)住宅楼工程
			7)商住楼工程
		1.1.2 办公建筑	1)中学办公楼工程
			2)综合办公楼工程
			3)行政办公楼工程
			4)指挥中心办公楼工程
			5)通信机楼工程
		1.1.3 文教建筑	1)教学楼工程
			2)幼儿园综合楼工程
			3)学校艺术楼工程
		1.1.4 体育建筑	1)风雨操场工程
			2)学校运动场工程
			3)中学体育馆工程
			4)体育馆工程
			5)中学游泳馆工程
			6)游泳馆工程
			7)中学露天游泳池工程
			8)综合健身馆工程
		1.1.5 医疗建筑	1)卫生服务中心工程
			2)住院楼工程
			3)医院综合楼工程
			4)医院门诊大楼工程
			5)医院工程
		1.1.6 图书馆	1)学校图书馆工程
			2)图书馆工程
		1.1.7 科研建筑	1)学校科技楼工程
			2)社科实验楼工程
			3)中学实验楼工程
			4)科研实验楼工程
			5)综合研发科技楼工程
		1.1.8 服务建筑	1)食堂工程
			2)社区商场工程
			3)综合商场工程

续表

第一层次分类	第二层次分类	第三层次分类	第四层次分类
			4)水产市场工程
			5)农贸市场工程
			6)批发商场工程
			7)活动中心工程
			8)文化中心工程
			9)敬老院工程
			10)旅社工程
			11)酒店工程
			12)美术馆工程
	1.2 工业建筑	1.2.1 单层建筑	1)厂房工程
			2)车间工程
		1.2.2 多层建筑	1)厂房工程
			2)车间工程
	1.3 专项安装工程	1.3.1 智能化弱电工程	1)科技园工程
			2)住院楼工程
			3)办公楼工程
		1.3.2 高低压配电工程	1)商场工程
			2)购物中心工程
			3)写字楼工程
			4)商住楼工程
2. 市政工程	细分内容省略	细分内容省略	细分内容省略
3. 园林建筑绿化工程	细分内容省略	细分内容省略	细分内容省略

其中，建筑安装工程的技术经济指标采用如表4.11至表4.14所示的表格样式来表达。

表4.11 技术经济指标表1——工程概况

工程概况			
工程概况	建筑面积： 建筑层数： 建筑高度： 结构类型：	基础形式： 土质情况： 砖砌体： 墙体厚度：	柱混凝土等级： 梁混凝土等级： 板混凝土等级： 墙混凝土等级：
	门窗做法： 外部装饰： 内部装饰：地面： 墙面： 天棚： 电气：主要材料： 给排：主要材料： 消防：主要材料：		

表 4.12　技术经济指标表 2——工程造价组成及费用分析

	造价组成	工程造价		分部分项工程费		措施项目费		其他项目费		规　费		税　金		单方造价	各项工程造价比例/%
		万元		万元	%	万元	%	万元	%	万元	%	万元	%	元/m²	
工程造价组成及费用分析	合计														
	土建及装饰工程		其中												
	±0.00 以下土建														其中
	±0.00 以上土建														
	±0.00 以下装饰														
	±0.00 以上装饰														
	安装工程														
	电气														其中
	给排水														
	消防														

	造价组成	工程造价		人工费		材料费		机械费		辅材费(安装)		管理费		利　润		其　他	
工程造价组成及费用分析	合计	万元		万元	%	万元	%	万元	%	万元	%	万元	%	万元	%	万元	%
	土建及装饰工程																
	±0.00 以下土建																
	±0.00 以上土建																
	±0.00 以下装饰		其中														
	±0.00 以上装饰																
	安装工程																
	电气																
	给排水																
	消防																

表4.13　技术经济指标表3——土建装饰分部分项工程及措施项目占工程造价比例

土建装饰分部分项工程及措施项目占工程造价比例	项目名称			合计	分部分项工程项目										措施项目			其他费用
					土石方	桩基	砌筑	混凝土及钢筋	屋面及防水	楼地面	墙柱面	天棚	门窗	油漆涂料	其他	模板	脚手架	其他	
	造价/万元																		
	比例/%																		
	其中	±0.00以下	万元																
			%																
		±0.00以上	万元																
			%																

表4.14　技术经济指标表4——土建工程主要项目技术经济指标

土建工程主要项目技术经济指标	项目名称		人工挖孔桩	外墙砌筑	内墙砌筑	混凝土基础	混凝土柱	混凝土墙	混凝土板及梁	混凝土楼梯	地下室混凝土板	其他混凝土	钢筋	模板	综合脚手架	里脚手架	满堂脚手架	钢筋笼
	计量单位																	
	每100 m^2 建筑面积工程量指标																	
	其中	±0.00以下																
		±0.00以上																
	单位工程量指标/元																	

习题 4

4.1 设计概算的概念和编制依据是什么？

4.2 设计概算应包括哪几部分内容？

4.3 什么是单位工程概算？它包括哪些内容？

4.4 编制单位工程概算的方法有哪几种？

4.5 什么情况下可以用概算定额编制概算？

4.6 什么情况下可以用概算指标编制概算？

4.7 什么是建设项目总概算？由哪些部分组成？

4.8 某大学拟在近期新建一栋综合实验楼，建筑面积 8 664.70 m^2。现根据扩大初步设计计算出该综合实验楼各扩大分项工程的工程量及可用于概算的扩大单价（综合单价）列于下表中。该工程属于三类土建工程。在分部分项工程费中，人工费占 15%。措施项目费占分部分项工程费的 10%，其他项目费占分部分项工程费的 3%。根据当地现行概预算编制办法，社保费为分部分项工程费中人工费的 26%，危险作业意外伤害保险为分部分项工程费、措施项目费、其他项目费之和的 0.2%，综合税率取 3.48%。

问题：(1)试根据表 4.15 给出的工程量及扩大单价编制该工程土建部分的分部分项工程概算表及土建工程概算书（如表 4.16 所示）。

表 4.15 土建分部分项工程概算表

编号	扩大分项工程名称	单 位	工程量	价值/元	
				基 价	合 价
1	人工挖土方（含场地平整、回填土）	m^3	1 869	23.5	
2	混凝土灌注桩基础（含桩、承台及钢筋）	m	4 630	214.56	
3	基础梁（含混凝土垫层）	m^3	64.56	312.56	
4	混凝土柱	m^3	561.23	256.84	
5	混凝土矩形梁	m^3	736.98	223.54	
6	混凝土墙	m^3	65.47	265.41	
7	混凝土楼板	m^3	990	236.85	
8	混凝土整体楼梯	m^3	72.53	286.41	
9	其他混凝土构件	m^3	25.6	268.35	
10	ϕ 以内光圆钢筋	t	39.87	3 561.52	
11	ϕ 以外光圆钢筋	t	32.56	3 674.56	
12	ϕ 以外带肋钢筋	t	186.56	3 789.54	
13	一砖内外墙	m^3	2 987	181.56	
14	各类门窗	樘	1 600	450	
15	楼地面装饰	m^2	7 980	150	
16	墙面装饰	m^2	11 235	21.50	
17	天棚面装饰	m^2	7 713	4.20	
18	排水管	m	356	71.23	
19	屋面防水	m^2	1 230	24.65	

表4.16 土建工程概算书

序号	费用名称	计算表达式	费用金额/元
1	分部分项工程费		
1.1	其中人工费		
2	措施项目费		
3	其他项目费		
4	规费		
4.1	社保费		
4.2	危险作业意外险		
5	税金		
6	单位工程概算造价		
7	单方造价		

(2)若同类工程的各专业单位工程造价占单项工程综合造价的比例如表4.17所示,试计算该工程的综合概算造价,并按所给表格编制单项工程综合概算书(如表4.18所示)。

表4.17 各专业单位工程造价占单项工程综合造价的比例

专业名称	土建	采暖	通风空调	电气照明	给排水	设备购置	设备安装	工器具
占比例/%	40	1.5	13.5	2.5	1	38	3	0.5

表4.18 单项工程综合概算书

序号	单位工程和费用名称	概算价值/元				技术经济指标			
		建安工程费	设备购置费	工程建设其他费	合计	单位	数量	单方造价	占总投资比例/%
1	建筑工程								
1.1	土建工程								
1.2	采暖工程								
1.3	通风空调工程								
1.4	电气照明工程								
1.5	给排水工程								
2	设备及安装工程								
2.1	设备购置								
2.2	设备安装工程								
3	工器具购置								
	合　计								
	占总投资比例/%								

4.9　什么是概算定额?编制原则是什么?

4.10　什么是概算指标?它与概算定额的区别是什么?

第 5 章

施工图预算

施工图预算是指在工程项目的施工图设计完成后，根据施工图纸和设计说明、预算定额、预算基价以及费用定额等，对工程项目应发生费用的较详细的计算。本章介绍施工图预算的计价依据和计价方法。

5.1 计价依据

5.1.1 清单规范

《建设工程工程量清单计价规范》(以下简称《清单规范》)，为国家标准，编号 GB 50500，自 2003 年 7 月 1 日起实施。

《清单规范》是根据《中华人民共和国建筑法》《中华人民共和国合同法》《中华人民共和国招投标法》等法律，以及最高人民法院《关于审理建设工程施工合同纠纷案件适用法律问题的解释》(法释[2004]14 号)，按照我国工程造价管理改革的总体目标，本着国家宏观调控、市场竞争形成价格的原则制定的。

2008 版《清单规范》总结了 2003 版《清单规范》实施以来的经验，针对执行中存在的问题，特别是清理拖欠工程款工作中普遍反映的，在工程实施阶段中有关工程价款调整、支付、结算等方面缺乏依据的问题，主要修订了原规范正文中不尽合理、可操作性不强的条款及表格格式，特别增加了采用工程量清单计价如何编制工程量清单和招标控制价、投标报价、合同价款约定以及工程计量与价款支付、工程价款调整、索赔、竣工结算、工程计价争议处理等内容，并增加了条文说明。

2013 版《清单规范》在 2008 版的基础上，对体系作了较大调整，形成了 1 本《计价规范》，9 本《计量规范》的格局，具体内容是：

1)《建设工程工程量清单计价规范》GB 50500

2)《房屋建筑与装饰工程工程量计算规范》GB 50854

3)《仿古建筑工程工程量计算规范》GB 50855

4)《通用安装工程工程量计算规范》GB 50856

5)《市政工程工程量计算规范》GB 50857

6)《园林绿化工程工程量计算规范》GB 50858

7)《矿山工程工程量计算规范》GB 50859

8)《构筑物工程工程量计算规范》GB 50860

9)《城市轨道交通工程工程量计算规范》GB 50861

10)《爆破工程工程量计算规范》GB 50862

《清单规范》是统一工程量清单编制、规范工程量清单计价的国家标准；是调节建设工程招标投标中使用清单计价的招标人、投标人双方利益的规范性文件；是我国在招标投标中实行工程量清单计价的基础；是参与招标投标各方进行工程量清单计价应遵守的准则；是各级建设行政主管部门对工程造价计价活动进行监督管理的重要依据。

《计价规范》内容包括：总则、术语、一般规定、工程量清单编制、招标控制价、投标报价、合同价款约定、工程计量、合同价款调整、合同价款中期支付、合同解除的价款结算与支付、合同价款争议的解决、工程造价鉴定、工程计价资料与档案、工程计价表格及11个附录。此部分主要是条文规定。

各专业的《计量规范》内容包括：总则、术语、工程计量、工程量清单编制、附录。此部分主要以表格表现。它是清单项目划分的标准、是清单工程量计算的依据、是编制工程量清单时统一项目编码、项目名称、项目特征描述、计量单位、工程量计算规则、工程内容的依据。其表格形式如表5.1所示。

表5.1　《计量规范》的表格形式

项目编码	项目名称	项目特征	计量单位	工程量计算规则	工程内容
010101003	挖沟槽土方	1. 土壤类别 2. 挖土深度 3. 弃土运距	m^3	按设计图示尺寸以基础垫层底面积乘以挖土深度计算	1. 排地表水 2. 土方开挖 3. 围护(支挡图板)及拆除 4. 基底钎探 5. 运输
……					

工程量清单计价的表格主要有以下16种。

1)用于招标控制价的封面

____________________工程

招标控制价

招标控制价（小写）：________________________

（大写）：________________________

招标人：______________　造价咨询人：______________

（单位盖章）　（单位资质专用章）

法定代表人或其授权人：________　法定代表人或其授权人：________

（签字或盖章）　（签字或盖章）

编制人：______________　复核人：______________

（造价人员签字盖专用章）　（造价工程师签字盖专用章）

编制时间：　复核时间：

图5.1　招标控制价的封面

2)用于投标报价的封面

投标总价

招 标 人：______________________________

工程名称：______________________________

投标总价（小写）：______________________

（大写）：______________________

投标人：______________________（单位盖章）

法定代表人或其授权人：______________（签字或盖章）

编制人：______________________（造价人员签字盖专用章）

编制时间：

图 5.2　投标报价的封面

3)建设项目总价汇总表

表 5.2　建设项目招标控制价/投标报价汇总表

工程名称：　　　　　　　　　　　　　　　　　　　　　　第×页　共×页

序号	单项工程名称	金额/元	其中/元			
			暂估价	安全文明施工费	规费	税金
合计						

4)单项工程费用汇总表

表 5.3　单项工程招标控制价/投标报价汇总表

工程名称：　　　　　　　　　　　　　　　　　　　　　　第×页　共×页

序号	单位工程名称	金额/元	其中/元			
			暂估价	安全文明施工费	规费	税金
合计						

5)单位工程费用汇总表

表5.4　单位工程招标控制价/投标报价汇总表

工程名称:　　　　　　　　　　　　　　　　　　　　　　第×页　共×页

序号	汇总内容	金额/元	其中:暂估价/元
1	分部分项工程费		
1.1	其中:人工费		
1.2	其中:机械费		
2	措施项目费		
2.1	其中:文明安全施工费		
3	其他项目费		
3.1	其中:暂列金额		
3.2	其中:专业工程暂估价		
3.3	其中:计日工		
3.4	其中:总承包服务费		
4	规费		
5	税金		
合计=1+2+3+4+5			

6)分部分项工程清单与计价表

表5.5　分部分项工程清单与计价表

工程名称:　　　　　　　　　　　　　　　　　　　　　　第×页　共×页

序号	项目编码	项目名称	计量单位	工程量	金额/元				
					综合单价	合价	其中		
							人工费	机械费	暂估价
合计									

7)工程量清单综合单价分析表

表 5.6 工程量清单综合单价分析表

工程名称： 第×页 共×页

项目编码				项目名称					计量单位			
清单综合单价组成明细												
定额编号	定额名称	定额单位	数量	单价/元			合价/元					
				人工费	材料费	机械费	人工费	材料费	机械费	管理费	利润	风险费
人工单价		小计										
元/工日		未计价材料费										
清单项目综合单价												
材料费明细	主要材料名称、规格、型号				单位	数量	单价/元		合价/元	暂估单价/元		暂估合价/元
	其他材料费											
	材料费小计											

8)措施项目清单与计价表

表 5.7 措施项目清单与计价表

工程名称： 第×页 共×页

序号	项目名称	计量单位	计算方法	金额/元
1	安全文明施工费			
2	夜间施工费			
3	二次搬运费			
4	其他(冬雨季施工、定位复测、生产工具用具使用等)			
5	大型机械设备进出场安拆费		详见分析表	
6	施工排水、降水		详见分析表	
7	地上、地下设施、建筑物的临时保护设施			
8	已完工程及设备保护			
9	模板与支撑		详见分析表	
10	脚手架		详见分析表	
11	垂直运输		详见分析表	
合计				

9)措施项目费用分析表

表5.8 措施项目费用分析表

工程名称: 第×页 共×页

<table>
<tr><th rowspan="2">序 号</th><th rowspan="2">措施项目名称</th><th rowspan="2">计量单位</th><th rowspan="2">工程量</th><th colspan="6">金额/元</th></tr>
<tr><th>人工费</th><th>材料费</th><th>机械费</th><th>管理费+利润</th><th>风险费</th><th>小计</th></tr>
<tr><td></td><td></td><td></td><td></td><td></td><td></td><td></td><td></td><td></td><td></td></tr>
<tr><td></td><td></td><td></td><td></td><td></td><td></td><td></td><td></td><td></td><td></td></tr>
<tr><td></td><td></td><td></td><td></td><td></td><td></td><td></td><td></td><td></td><td></td></tr>
<tr><td></td><td></td><td></td><td></td><td></td><td></td><td></td><td></td><td></td><td></td></tr>
<tr><td></td><td></td><td></td><td></td><td></td><td></td><td></td><td></td><td></td><td></td></tr>
<tr><td></td><td></td><td></td><td></td><td></td><td></td><td></td><td></td><td></td><td></td></tr>
<tr><td colspan="4">合 计</td><td colspan="6"></td></tr>
</table>

10)其他项目清单与计价汇总表

表5.9 其他项目清单与计价汇总表

工程名称: 第×页 共×页

<table>
<tr><th>序 号</th><th>项目名称</th><th>计量单位</th><th>金额/元</th><th>备 注</th></tr>
<tr><td>1</td><td>暂列金额</td><td></td><td></td><td></td></tr>
<tr><td>2</td><td>暂估价</td><td></td><td></td><td></td></tr>
<tr><td>2.1</td><td>材料暂估价</td><td></td><td></td><td></td></tr>
<tr><td>2.2</td><td>专业工程暂估价</td><td></td><td></td><td></td></tr>
<tr><td>3</td><td>计日工</td><td></td><td></td><td></td></tr>
<tr><td>4</td><td>总承包服务费</td><td></td><td></td><td></td></tr>
<tr><td></td><td></td><td></td><td></td><td></td></tr>
<tr><td colspan="2">合 计</td><td colspan="3"></td></tr>
</table>

11)暂列金额明细表

表5.10 暂列金额明细表

工程名称：　　　　　　　　　　　　　　　　　　　　　　第×页　共×页

序　号	项目名称	计量单位	金额/元	备　注
合　计				

12)材料暂估价表

表5.11 材料暂估价表

工程名称：　　　　　　　　　　　　　　　　　　　　　　第×页　共×页

序　号	材料名称、规格、型号	计量单位	单价/元	备　注
合　计				

13)专业工程暂估价表

表5.12 专业工程暂估价表

工程名称：　　　　　　　　　　　　　　　　　　　　　　第×页　共×页

序　号	工程名称	工程内容	金额/元	备　注
合　计				

14)计日工表

表5.13　计日工表

工程名称：　　　　　　　　　　　　　　　　　　　　　　　　第×页　共×页

序号	项目名称	单　位	暂定数量	单　价	合　价
一	人工				
人工小计					
二	材料				
材料小计					
三	施工机械				
施工机械小计					
总　计					

15)总承包服务费计价表

表5.14　总承包服务费计价表

工程名称：　　　　　　　　　　　　　　　　　　　　　　　　第×页　共×页

序号	项目名称	项目价值/元	服务内容	费率/%	金　额
1	发包人发包专业工程				
2	发包人供应材料				
合　计					

16)规费、税金项目清单与计价表

表5.15 规费、税金项目清单与计价表

工程名称: 第×页 共×页

序 号	项目名称	计算基础	费率/%	金额/元
1	规费			
1.1	社会保险费	定额人工费		
(1)	养老保险费	定额人工费		
(2)	失业保险费	定额人工费		
(3)	医疗保险费	定额人工费		
(4)	工伤保险费	定额人工费		
(5)	生育保险费	定额人工费		
1.2	住房公积金	定额人工费		
1.3	工程排污费	按工程所在地环境保护部门收费标准,按实计入		
2	税 金	分部分项工程费+措施项目费+其他项目费+规费		
合 计				

5.1.2 工程建设定额

(1)工程建设定额的含义

工程建设定额是指在工程建设中体现在单位合格产品上的人工、材料、机械使用消耗量的规定额度。这种“规定的额度”反映的是在一定的社会生产力发展水平的条件下,完成工程建设中的某项产品与各种生产耗费之间特定的数量关系。

在工程建设定额中,单位合格产品的外延是很不确定的。它可以指工程建设的最终产品——建设项目,例如一个钢铁厂、一所学校等;也可以是建设项目中的某单项工程,如一所学校中的图书馆、教学楼、学生宿舍楼等建筑单体;也可以是单项工程中的单位工程,例如一栋教学楼中的建筑工程、水电安装工程、装饰装修工程等;还可以是单位工程中的分部分项工程,如砌一砖清水砖墙、砌1/2砖混水砖墙等。

(2)工程建设定额的分类

工程建设定额是工程建设中各类定额的总称,它包括许多种类的定额,为了对工程建设定额能有一个全面的了解,可以按照不同的原则和方法对它进行科学的分类。

1)按定额反映的生产要素分类

可以把工程建设定额分为劳动消耗定额、材料消耗定额和机械消耗定额3种。

①劳动消耗定额

劳动消耗定额,简称劳动定额,也称人工定额。是指完成单位合格产品所需活劳动(人工)消耗的数量标准。为了便于综合和核算,劳动定额大多采用工作时间消耗量来计算劳动消耗的数量。所以劳动定额主要表现形式是时间定额,同时也可以表现为产量定额。人工时间定额和产量定额互为倒数关系。

②材料消耗定额

材料消耗定额,简称材料定额。是指完成单位合格产品所需消耗材料的数量标准。材料是工程建设中使用的原材料、成品、半成品、构配件、燃料以及水、电等动力资源的统称。

③机械消耗定额

机械消耗定额,简称机械定额。是指为完成单位合格产品所需施工机械消耗的数量标准。机械消耗定额的主要表现形式是机械时间定额,同时也可以表现为产量定额。机械时间定额和机械产量定额互为倒数关系。

2)按照定额的用途分类

可以把工程建设定额分为施工定额、预算定额、概算定额3种。

①施工定额

施工定额是以"工序"为研究对象编制的定额。它由劳动定额、机械定额和材料定额三个相对独立的部分组成。为了适应组织生产和管理的需要,施工定额的项目划分很细,是工程建设定额中分项最细、定额子目最多的一种定额,也是工程建设定额中的基础性定额。

施工定额又是施工企业组织施工生产和加强管理在企业内部使用的一种定额,属于企业生产定额的性质。施工定额是作为编制工程的施工组织设计、施工预算、施工作业计划、签发施工任务单、限额领料及结算计件工资或计量奖励工资等的依据,同时也是编制预算定额的基础。

②预算定额

预算定额是以建筑物或构筑物的各个"分部分项工程"为对象编制的定额。预算定额的内容包括劳动定额、材料定额和机械定额三个组成部分。

预算定额属于计价定额的性质。在编制施工图预算时,是计算工程造价和计算工程中所需劳动力、机械台班、材料数量时使用的一种定额,是确定工程预算和工程造价的重要基础,也可作为编制施工组织设计的参考。同时预算定额也是概算定额的编制基础,所以预算定额在工程建设定额中占有很重要的地位。

③概算定额

概算定额是以"扩大的分部分项工程"为对象编制的定额,是在预算定额的基础上综合扩大而成的,每一综合分项概算定额都包含了数项预算定额的内容。概算定额的内容也包括劳动定额、材料定额和机械定额三个组成部分。

概算定额也是一种计价定额。是编制扩大初步设计概算时,计算和确定工程概算造价,计算劳动力、机械台班、材料需要量所使用的定额。

3)按主编单位和管理权限分类

工程建设定额可分为全国统一定额、行业统一定额、地区统一定额、企业定额4种。

①全国统一定额

全国统一定额是由国家建设行政主管部门综合全国工程建设中技术和施工组织管理的情况编制,并在全国范围内执行的定额,如《全国统一建筑工程基础定额(1995年版)》《全国统一安装工程定额》《全国统一市政工程定额》等。

②行业统一定额

行业统一定额是考虑到各行业部门专业工程技术特点,以及施工生产和管理水平编制的。一般是只在本行业和相同专业性质的范围内使用的专业定额,如《矿井建设工程定额》

《铁路建设工程定额》等。

③地区统一定额

地区统一定额包括省、自治区、直辖市定额。地区统一定额主要是考虑地区性特点和全国统一定额水平做适当调整补充编制的，如《上海市建筑工程预算定额》《广东省建筑工程预算定额》等。

④企业定额

企业定额是指由施工企业考虑本企业具体情况，参照国家、部门或地区定额的水平制定的定额。企业定额只在企业内部使用，是企业素质的一个标志。企业定额水平一般应高于国家现行定额，这样才能满足生产技术发展、企业管理和市场竞争的需要。

5.1.3 预算定额

(1)预算定额的概念

预算定额是指完成单位合格产品(分项工程或结构构件)所需的人工、材料和机械消耗的数量标准，是计算建筑安装产品价格的基础。如：16.08 工日/10 m^3 一砖混水砖墙；5.3 千块/10 m^3 一砖混水砖墙；0.38 台班灰浆搅拌机/10 m^3 一砖混水砖墙，等等。预算定额的编制基础是施工定额。

预算定额是工程建设中一项重要的技术经济文件，它的各项指标，反映了完成单位分项工程消耗的活劳动和物化劳动的数量限度。编制施工图预算时，需要按照施工图纸和工程量计算规则计算工程量，还需要借助于某些可靠的参数计算人工、材料和机械台班的消耗量，并在此基础上计算出资金的需要量，计算出建筑安装工程的价格。

(2)预算定额的性质

预算定额是在编制施工图预算时，计算工程造价和计算工程中人工、材料和机械台班消耗量使用的一种定额。预算定额是一种计价性质的定额，在工程建设定额中占有很重要的地位。

(3)预算定额的作用

1)预算定额是编制施工图预算、确定建筑安装工程造价的基础

施工图设计完成以后，工程预算就取决于工程量计算是否准确，预算定额水平，人工、材料、机械台班的单价，取费标准等因素。所以，预算定额是确定建筑安装工程造价的基础之一。

2)预算定额是编制施工组织设计的依据

施工组织设计的重要任务之一是确定施工中人工、材料、机械的供求量，并做出最佳安排。施工单位在缺乏企业定额的情况下根据预算定额也能较准确地计算出施工中所需的人工、材料、机械的需要量，为有计划地组织材料采购和预制构件加工、劳动力和施工机械的调配提供了可靠的计算依据。

3)预算定额是工程结算的依据

工程结算是建设单位和施工单位按照工程进度对已完的分部分项工程实现货币支付的行为。按进度支付工程款，需要根据预算定额将已完工程的造价计算出来。单位工程验收后，再按竣工工程量、预算定额和施工合同规定进行竣工结算，以保证建设单位建设资金的合理使用和施工单位的经济收入。

4)预算定额是施工单位进行经济活动分析的依据

预算定额规定的人工、材料、机械的消耗指标是施工单位在生产经营中允许消耗的最高标准。在目前,预算定额决定着施工单位的收入,施工单位就必须以预算定额作为评价企业工作的重要标准,作为努力实现的具体目标。只有在施工中尽量降低劳动消耗、采用新技术、提高劳动者的素质,提高劳动生产率,才能取得较好的经济效果。

5)预算定额是编制概算定额的基础

概算定额是在预算定额的基础上经综合扩大编制的。利用预算定额作为编制依据,不但可以节约编制工作所需的大量的人力、物力、时间,收到事半功倍的效果,还可以使概算定额与预算定额在定额水平上保持一致。

6)预算定额是合理编制招标控制价、拦标价、投标报价的基础

在招投标阶段,建设单位所编制的招标控制价、拦标价,须参照预算定额编制。随着工程造价管理的不断深化改革,对于施工单位来说,预算定额作为指令性的作用正日益削弱,施工企业的报价按照企业定额来编制,只是现在施工单位无企业定额,还在参照预算定额编制投标报价。

(4)预算定额的内容

预算定额是计价用的定额,以单位工程为对象编制,按分部工程分章,章以下为节,节以下为定额子目,每一个定额子目代表一个与之相对应的分项工程,所以分项工程是构成预算定额的最小单元。预算定额为方便使用,一般表现为“量、价”合一,再加上必要的说明与附录,这样就形成了一本可用于套价计算人工费、材料费、机械费的预算定额手册。一般由以下内容构成:

1)主管部门文件

该文件是预算定额具有法令性的必要依据。文件明确规定了预算定额的执行时间、适用范围,并明确了预算定额的解释权和管理权。

2)预算定额总说明

内容包括:

①预算定额的指导思想、目的和作用,以及适用范围。

②预算定额的编制原则、编制的主要依据及有关编制精神。

③预算定额的一些共性问题。如:人工、材料、机械台班消耗量如何确定;人工、材料、机械台班消耗量允许换算的原则;预算定额考虑的因素、未考虑的因素及未包括的内容;其他的一些共性问题;等等。

3)建筑面积计算规则

4)各分部说明

内容包括:

①各分部工程共性问题说明;

②各分部工程定额内综合的内容及允许换算的有关规定;

③本分部各种调整系数使用规定。

5)各分部工程量计算规则

6)各分部工程定额项目表

这是预算定额的核心部分,内容包括:

①各分部分项工程的定额编号、项目名称、计量单位；

②各定额子目的“基价”，包括人工费、材料费、机械费（多为编制定额时采用的价格，一般只有参考价值）；

③各定额子目的人工、材料、机械的名称、单位、单价、消耗量标准；

④表上方说明本节工程的工作内容，下方可能有些特殊说明和附注等。

7）预算定额附录——混凝土及砂浆配合比表

（5）预算定额的编制

1）预算定额的编制原则

为保证预算定额的质量，充分发挥预算定额的作用，使之在实际使用中简便、合理、有效，在编制工作中应遵循以下原则：

①取社会平均水平的原则

预算定额是确定和控制建筑安装工程造价的主要依据。因此它必须遵照价值规律的客观要求，即按生产过程中所消耗的社会必要劳动时间确定定额水平。即按照“在现有的社会正常的生产条件下，在社会平均的劳动熟练程度和劳动强度下制造某种使用价值所需要的劳动时间”来确定定额水平。所以预算定额的平均水平，是在正常的施工条件、合理的施工组织和工艺条件、平均劳动熟练程度和劳动强度下，完成一定计量单位分项工程基本构造要素所需的劳动时间。

预算定额的水平以施工定额水平为基础。二者有着密切的联系。但是，预算定额绝不是简单地套用施工定额的水平。首先，这里要考虑预算定额中包含了更多的可变因素，需要保留合理的幅度差。如人工幅度差、机械幅度差、材料的超运距、辅助用工及材料堆放、运输、操作损耗和由细到粗综合后的量差等。其次，预算定额是平均水平，施工定额是平均先进水平。所以两者相比预算定额水平要相对低一些，大约为10%。

②简明适用原则

编制预算定额贯彻简明适用原则是对执行定额的可操作性便于掌握而言的。为此，编制预算定额时，对于那些主要的、常用的、价值量大的项目，分项工程划分宜细。次要的，不常用的、价值量相对较小的项目则可以放粗一些。要注意补充那些因采用新技术、新结构、新材料和先进经验而出现的新的定额项目。项目不全，缺漏项多，就使建筑安装工程价格缺少充足的、可靠的依据，即补充的定额一般因受资料所限，且费时费力，可靠性较差，容易引起争执。同时要注意合理确定预算定额的计量单位，简化工程量的计算，尽可能避免同一种材料用不同的计量单位，以及减少留活口，减少换算工作量。

③统一性和差别性相结合原则

所谓统一性，就是从培育全国统一市场规范计价行为出发，计价定额的制定规划和组织实施由国务院建设行政主管部门归口，并负责全国统一定额制定或修订，颁发有关工程造价管理的规章制度办法等，这样就有利于通过定额和工程造价的管理实现建筑安装工程价格的宏观调控。通过编制全国统一定额，使建筑安装工程具有一个统一的计价依据，也使考核设计和施工的经济效果具有一个统一的尺度。

所谓差别性，就是在统一性基础上，各部门和省、自治区、直辖市建设行政主管部门可以在自己的管辖范围内，根据本部门和地区的具体情况，制定部门和地区性定额、补充性制度和管理办法，以适应我国幅员辽阔，地区间、部门间发展不平衡和差异大的实际情况。

2）预算定额的编制依据

①现行的劳动定额和施工定额；

②现行的设计规范、施工验收规范、质量评定标准和安全操作规程；

③具有代表性的典型工程施工图及有关图集；

④新技术、新结构、新材料和先进的施工方案等；

⑤有关科学实验、技术测定的统计、经验资料；

⑥现行的预算定额、材料预算价格及有关文件规定等。

3）预算定额的编制步骤

预算定额的编制步骤主要有5个阶段，如图5.3所示。

4）预算定额的编制方法

在定额基础资料完备可靠的条件下，编制人员应反复阅读和熟悉并掌握各项资料，在此基础上计算各个分部分项工程的人工、机械和材料的消耗量。包括以下几部分工作：

①确定预算定额的计量单位

预算定额的计量单位关系到预算工作的繁简和准确性，因此，要正确地确定各分部分项工程的计量单位，一般可以依据建筑结构构件形体的特点确定。

一般说来，结构的3个度量都经常发生变化时，选用立方米作为计量单位，如砖石工程和混凝土工程；如果结构的3个度量中有2个度量经常发生变化，厚度有一定规格，选用平方米为计量单位，如地面、屋面工程等；当物体断面有一定形状和大小，但是长度不定时，采用延长米作为计量单位，如管道、线路安装工程等；如果工程量主要取决于设备或材料的重量时，还可以按吨、公斤作为计量单位；若建筑结构没有一定规格，其构造又较为复杂时，可按个、台、座、组为计量单位，如卫生洁具安装、铸铁水斗等。

定额单位确定以后，有时人工、材料、机械台班消耗量很小，可能到小数后好几位。为减少小数位数和提高预算定额的准确性，通常采用扩大单位的办法，把1 m^3、1 m^2、1 m扩大10、100、1 000倍，这样可达到相应的准确性。

预算定额中各项人工、机械、材料的计量单位选择相对比较固定。人工按“工日”、机械按“台班”计量；各种材料的计量单位与产品计量单位基本一致。预算定额中的小数位数的取定，主要决定于定额的计算单位和精确度的要求。

②按典型设计图纸和资料计算工程数量

计算工程量的目的，是为了通过分别计算典型设计图纸所包括的施工过程的工程量，以便在编制预算定额时，有可能利用施工定额或劳动定额的劳动、机械和材料消耗指标确定预算定额所含工序的消耗量。

③确定预算定额各分项工程的人工、材料、机械台班消耗指标

确定预算定额人工、材料、机械台班消耗量指标时，必须先按施工定额的分项逐项计算出消耗量指标，然后，再按预算定额的项目加以综合。但是，这种综合不是简单的合并和相加，而需要在综合过程中增加两种定额之间的适当水平差，预算定额的水平，取决于这些消耗量的合理确定。

④编制定额项目表和有关说明

定额项目表的一般格式是：横向排列为各分项工程的项目名称，竖向排列为分项工程的人工、材料、机械台班消耗量指标。有的项目表下部还有附注以及说明设计有特殊要求时，怎

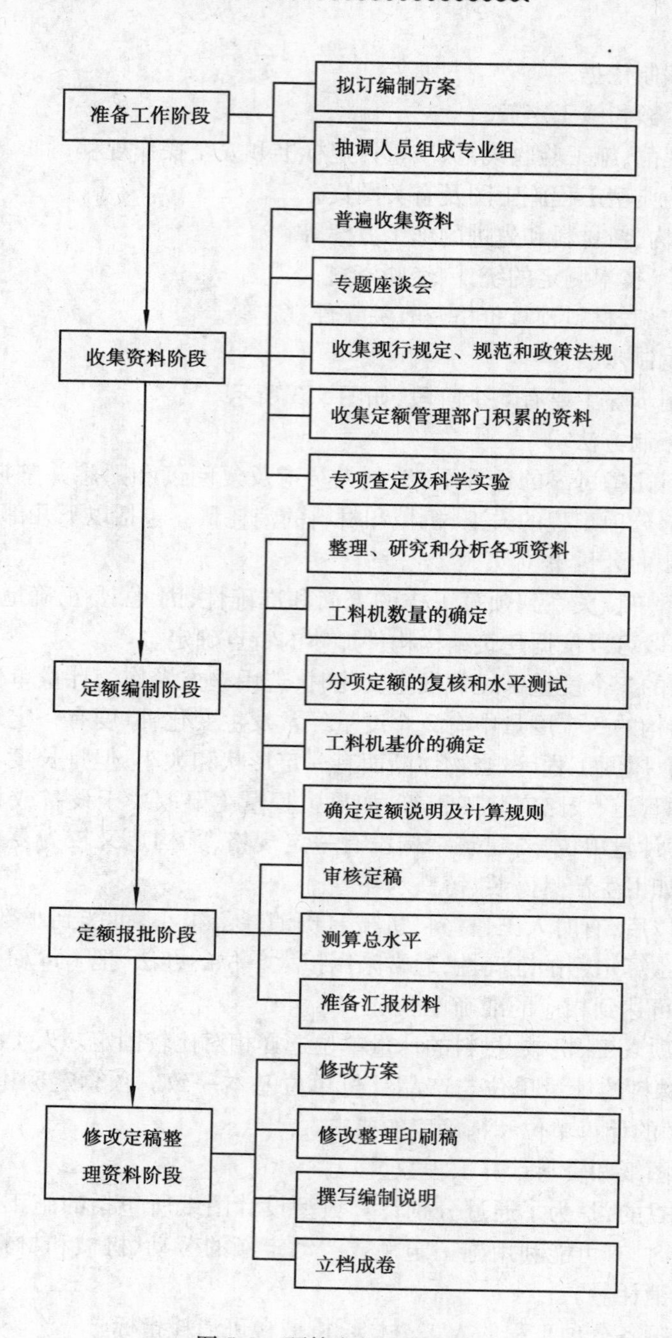

图 5.3　预算定额编制步骤

样进行调整和换算。如表 5.16 为《全国统一建筑工程基础定额(土建上册)》中砌筑工程的砖基、砖墙预算定额表。

5）预算定额人工工日消耗量的确定

①含义

预算定额人工工日消耗量，是指在正常施工条件下，完成单位合格产品所必须消耗的人工工日数量。如表 5.16 中的定额子目(4-10)：16.08 工日/10 m^3 一砖混水砖墙。

表5.16　砖基础、砖墙预算定额表

工作内容：砖基础：调运砂浆、铺砂浆、运砖、清理基槽坑、砌砖等。

砖墙：调运、铺砂浆、运砖；砌砖包括窗台虎头砖、腰线、门窗套；安放木砖、铁件等。

计量单位：10 m^3

定额编号			4-1	4-10	4-11
项　目		单位	砖基础	混水砖墙	
				1砖	1砖半
人工	综合工日	工日	12.18	16.08	15.63
材料	水泥砂浆 M5.0	m^3	2.36		
	混合砂浆 M2.5	m^3		2.25	2.40
	普通黏土砖	千块	5.236	5.314	5.35
	水	m^3	1.05	1.06	1.07
机械	灰浆搅拌机 200 L	台班	0.39	0.38	0.40

②确定方法

预算定额人工工日消耗量确定的方法有：第一，以劳动定额为基础确定；第二，以现场观察测定资料为基础确定。

③确定人工工日消耗量组成

以劳动定额为基础确定预算定额人工工日消耗量组成如表5.17所示。

表5.17　预算定额人工消耗量指标的组成内容

基本用工	指完成单位合格产品所必须消耗的技术工种用工。按技术工种相应劳动定额的工时定额计算，以不同工种列出定额工日。
辅助用工	指技术工种劳动定额内不包括而在预算定额内又必须考虑的工时。如机械土方工程配合用工，电焊点火用工。
超运距用工	指预算定额的平均水平运距超过劳动定额规定水平运距部分的用工。
人工幅度差	人工幅度差。指在劳动定额作业时间之外，在预算定额中应考虑的，在正常施工条件下所发生的各种工时损失。内容如下：①各工种间的工序搭接及交叉作业互相配合所发生的停歇用工；②施工机械在单位工程之间转移及临时水电线路移动所造成的停顿；③质量检查和隐蔽工程验收工作的影响；④班组操作地点转移用工；⑤工序交接时对前一工序不可避免的修整用工；⑥施工中不可避免的其他零星用工。

④预算定额人工工日消耗量的确定

$$\text{预算定额人工工日消耗量} = (\text{基本用工} + \text{超运距用工} + \text{辅助用工}) \times (1 + \text{人工幅度差系数}) \tag{5.1}$$

6）预算定额材料消耗量的确定

①含义

预算定额材料消耗量，是指在正常施工条件下，完成单位合格产品所必须消耗的各种材料数量。如表5.16中的定额子目（4-10）：5.314千块黏土砖/10 m^3 一砖混水砖墙，2.25 m^3 砂浆/10 m^3 一砖混水砖墙，1.06水/10 m^3 一砖混水砖墙。

②材料按用途划分

材料按用途划分为以下4种：

A. 主要材料。指直接构成工程实体的材料，其中也包括成品、半成品的材料。

B. 辅助材料。除主要材料以外的构成工程实体的其他材料，如垫木、钉子、铅丝等。

C. 周转性材料。指脚手架、模板等多次周转使用的不构成工程实体的摊销性材料。

D. 其他材料。指用量较少，难以计量的零星用料，如棉纱、编号用的油漆等。

③确定方法

预算定额材料消耗量确定方法主要有4种，如表5.18所示。

表5.18　材料消耗量确定方法

现场观察法	对新材料、新结构又不能用其他方法计算定额耗用量时，须用现场测定方法来确定，根据不同条件可以采用写实记录法和观察法，得出定额的消耗量。
试验室试验法	指各种强度等级的混凝土及砌筑砂浆配合比的耗用原材料数量的计算，须按规范要求试配经过试压合格以后并经必要的调整后得出的水泥、砂子、石子、水的用量。
换算法	各种胶结、涂料等材料的配合比用料，可以根据要求条件换算，得出材料用量。
理论公式计算法	凡有标准规格的材料，按规范要求计算定额计量单位耗用量，如砖、防水卷材、块料面层等；凡设计图纸标注尺寸及下料要求的按设计图纸尺寸计算材料净用量，如门窗制作用材料、方、板料等。

④材料消耗量组成

预算定额材料消耗量由材料净用量和材料损耗量组成。材料净用量，是指直接用于建筑和安装工程的材料；材料损耗量，是指不可避免的施工废料和不可避免的材料损耗，如现场内材料运输损耗及施工操作过程中的损耗等。

⑤材料消耗量确定

主材可按以下公式计算：

$$\text{预算定额材料消耗量} = \text{材料净用量} + \text{材料损耗量} \tag{5.2}$$

$$= \text{材料净用量} \times (1 + \text{损耗率}) \tag{5.3}$$

$$\text{材料损耗率} = \frac{\text{损耗量}}{\text{净用量}} \times 100\% \tag{5.4}$$

其他材料的确定，一般按工艺测算并在定额项目材料计算表内列出名称、数量，并依据编制期价格与其他材料占主要材料的比率计算，列在定额材料栏之下，定额内可不列材料名称及消耗量。

7)预算定额机械台班消耗量的确定

①含义

预算定额机械台班消耗量,是指在正常施工条件下,完成单位合格产品所必须消耗的机械台班数量。如表5.16中的定额子目(4—10):0.38台班灰浆搅拌机/10 m^3 一砖混水砖墙。

②确定方法

预算定额机械台班消耗量确定的方法有:第一,以施工定额的机械定额为基础确定;第二,以现场观察测定资料为基础确定。

③施工定额的机械定额为基础的确定方法

这种方法是以施工定额中的机械定额的机械台班消耗量加上机械幅度差计算预算定额的机械台班消耗量,其计算式为:

预算定额机械台班消耗量 = 施工定额机械消耗台班 + 机械幅度差　　(5.5)

预算定额机械台班消耗量 = 施工定额机械消耗台班 ×(1 + 机械幅度差率)　　(5.6)

注:如遇施工定额缺项者,则需依现场观察测定资料为基础确定。

5.1.4　单位估价表

(1)单位估价表的含义

单位估价表,是以货币形式确定一定计量单位某分部分项工程或结构构件直接工程费的计算表格文件。它是根据预算定额所确定的人工、材料、机械台班消耗数量乘以人工工资单价、材料预算价格、机械台班单价汇总而成的估价表。

单位估价表的内容由两部分组成:一是预算定额规定的人工、材料、机械台班的消耗数量;二是当地的人工工资单价、材料预算价格、机械台班单价。编制单位估价表就是把3种"量"与"价"分别结合起来,得出分部分项工程的人工费单价、材料费单价、机械费单价,三者汇总即为分部分项工程单价。

单位估价表是预算定额在各地区的价格表现的具体形式。分部分项工程单价是在采用单价法编制工程概预算时形成的特有概念,是造价计算中的一个重要环节。

(2)工程单价的编制依据

1)预算定额和概算定额

编制预算单价或概算单价,主要依据之一是预算定额或概算定额。首先,分部分项工程单价的分项是根据定额的分项划分的,所以工程单价的编码、名称、计量单位的确定均以相应的定额为依据。其次,分部分项工程的人工、材料和机械台班消耗的种类和数量,也是依据相应的预算定额或概算定额确定的。

2)人工工资单价、材料预算价格和机械台班单价

分部分项工程单价除了要依据概、预算定额确定分部分项工程的人、材、机的消耗数量外,还必须依据人工工资单价、材料预算价格和机械台班单价,才能计算出分部分项工程的人工费单价、材料费单价、机械费单价,从而计算出分部分项工程单价。

(3)工程单价的编制方法

分部分项工程单价的编制方法,简单地说就是将人工、材料、机械台班的消耗量和人工、材料、机械台班的具体单价相结合的过程。计算公式如下:

分部分项直接工程费单价 = 人工费单价 + 材料费单价 + 机械费单价　　(5.7)

其中：

$$人工费单价 = 综合工日的工日数 \times 人工工资单价 \tag{5.8}$$

$$材料费单价 = \sum(各种材料消耗量 \times 相应材料预算价格) \tag{5.9}$$

$$机械费单价 = \sum(各种机械台班消耗量 \times 相应施工机械台班单价) \tag{5.10}$$

例 5.1 试确定《全国统一建筑工程基础定额》中砖基础(4-1)的分部分项直接工程费单价。已知:某地区的人工工日单价为 70 元/工日;M5 水泥砂浆 202.17 元/m^3;普通黏土砖 320.00 元/千块;水 4 元/m^3;200 L 灰浆搅拌机 102.32 元/台班。计量单位为 10 m^3。

解 人工费单价 = 12.18 × 70 = 852.60 元/10 m^3

材料费单价 = 2.36 × 202.17 + 5.236 × 320.00 + 1.05 × 4 = 2156.84 元/10 m^3

机械费单价 = 0.39 × 102.32 = 39.90 元/10 m^3

分部分项直接工程费单价(基价) = 852.60 + 2156.84 + 39.90 = 3049.34 元/10 m^3

若将上述计算编制成表格形式,即为砖基础分项工程的单位估价表,如表 5.19 所示。

表 5.19 砖基础分项工程单位估价表

定额单位:10 m^3

定额编号				4-1
项目				砖基础
基价/元				3 049.34
其中	人工费/元			852.60
	材料费/元			2 156.84
	机械费/元			39.90
名称		单位	单价/元	数量
人工	综合工日	工日	50.00	12.18
材料	水泥砂浆 M5	m^3	202.17	2.36
	普通黏土砖	千块	320.00	5.236
	水	m^3	4.00	1.05
机械	灰浆搅拌机 200 L	台班	102.32	0.39

(4)人工工日单价的确定

1)人工工日单价的概念

人工工日单价是指一个建筑安装工人一个工作日(8 h)在预算中按现行有关政策法规规定应计入的全部人工费用。

2)人工工日单价的确定

人工工日单价中的每一项组成内容都是根据有关法规、政策文件的精神,结合本部门、本地区的特点,通过反复测算最终确定的。人工工日单价是指预算中使用的生产工人的工资单价,是用于编制施工图预算时计算人工费的标准,而不是企业发给生产工人工资的标准。人工工日单价也不区分工人工种和技术等级,是一种按合理劳动组合加权平均计算的综合工日单价。

(5)材料预算价格的确定

1)材料预算价格的概念

材料的预算价格是指材料(包括构配件、成品及半成品)从其来源地(或交货地点)到达施工工地仓库(或施工现场内存放材料的地点)后的出库价格。如:普通黏土砖单价320元/千块;M5混合砂浆单价202.17元/m^3。

2)材料预算价格的组成内容

材料预算价格一般由材料供应价、运杂费、运输损耗费、采购及保管费、检验试验费等组成。

3)材料预算价格的确定

材料预算价格的计算公式如下:

$$\text{材料预算价格} = (\text{材料供应价} + \text{材料运杂费} + \text{运输损耗费}) \times (1 + \text{采购及保管费费率}) - \text{包装品回收价值} \tag{5.11}$$

①材料供应价的确定

材料供应价即材料原价,是指材料的出厂价、进口材料的抵岸价或销售部门的批发价或零售价。对同一种材料,因产地、供应渠道不同出现几种供应价时,其综合供应价可按其供应量的比例加权平均计算。计算公式如下:

$$\text{加权平均供应价} = K_1C_1 + K_2C_2 + \cdots + K_nC_n \tag{5.12}$$

式中　K_1、K_2、…、K_n——不同供应地点的供应量或不同使用地点的需要量占所有供应量或需求量总和的比例;

其中:$K_1 = \dfrac{\text{第一供应地点的供应量}}{\text{所有供应量的总和}}$;$K_2$、…、$K_n$ 同理。

C_1、C_2、…、C_n——不同供应地点的供应价(原价)。

②材料运杂费的确定

材料运杂费包括:包装费、装卸费、运输费、调车和驳船费以及附加工作费等。

A.包装费。是指为了便于材料运输和保护材料进行包装所发生和需要的一切费用。包括水运、陆运的支撑、篷布、包装带、包装箱、绑扎等费用。材料运到现场或使用后,要对材料进行回收,回收价值冲减材料预算价格。

$$\text{包装材料回收价值} = \frac{\text{包装材料费} \times \text{回收率} \times \text{回收价值率}}{\text{包装材料数量}} \tag{5.13}$$

注:若是材料原价中已计入包装费(如:袋装水泥等),就不再计算包装费。

B.运输、装卸等费用。运输、装卸等费的确定,应根据材料的来源地、运输里程、运输方法、并根据国家有关部门或地方政府交通运输管理部门规定的运价标准分别计算。

若同一品种的材料有若干个来源地,其运输、装卸等费用可根据运输里程、运输方法、运价标准,用供应量的比例加权平均的方法计算其加权平均值。计算公式如下:

$$\text{加权平均运输等费} = K_1T_1 + K_2T_2 + \cdots + K_nT_n \tag{5.14}$$

式中　K_1、K_2、…、K_n——不同供应地点的供应量或不同使用地点的需要量占所有供应量或需求量总和的比例;

其中:$K_1 = \dfrac{\text{第一供应地点的供应量}}{\text{所有供应量的总和}}$;$K_2$、…、$K_n$ 同理。

T_1、T_2、…、T_n——不同供应地点的运输等费用。

③材料运输损耗费的确定

材料运输损耗费 =（材料供应价 + 运杂费）× 相应材料损耗率　　(5.15)

材料运输损耗率可采用表5.20所示的数值。

表5.20　材料运输损耗率表

材料类别	损耗率/%
机红砖、空心砖、沙、水泥、陶粒、耐火土、水泥地面砖、白瓷砖、卫生洁具、玻璃灯罩	1
机制瓦、脊瓦、水泥瓦	3
石棉瓦、石子、耐火砖、玻璃、色石子、大理石板、水磨石板、混凝土管、缸瓦管	0.5
砌块	1.5

④采购及保管费的确定

采购及保管费一般按照材料到库价格乘以费率取定。计算公式如下：

采购及保管费 = 材料运到工地仓库的价格 × 采购及保管费率　　(5.16)

或　采购及保管费 =（材料原价 + 材料运杂费 + 材料运输损耗费）× 采购及保管费率　　(5.17)

注：采购及保管费率由各地区统一规定。

例5.2　根据表5.21所给数据计算某地区普通黏土砖的综合预算价格。

表5.21　普通黏土砖的基础数据

供应厂家	供应量	出厂价	运距	运价	容重	装卸费	采保费率	运输损耗费率
	千块	元/千块	km	元/(t·km)	kg/块	元/t	%	%
甲砖厂	150	265	12	0.84	2.6	2.20	2	1
乙砖厂	350	270	15	0.75				
丙砖厂	500	310	5	1.05				

解　方法一：

①求各砖厂的供应比例

甲砖厂：150/(150 + 350 + 500) = 0.15

乙砖厂：350/(150 + 350 + 500) = 0.35

丙砖厂：500/(150 + 350 + 500) = 0.50

②求加权平均供应价

$$265 \times 0.15 + 270 \times 0.35 + 310 \times 0.5 = 289.25\ \text{元/千块}$$

③求加权平均运杂费

$$(12 \times 0.84 \times 0.15 + 15 \times 0.75 \times 0.35 + 5 \times 1.05 \times 0.5) \times 2.6 + 2.2 \times 2.6 = 26.71\ \text{元/千块}$$

④求运输损耗费

运输损耗费 =(289.25 + 26.71) × 1% = 3.16 元/千块

⑤普通黏土砖的综合预算价格

(289.25 + 26.71 + 3.16) × (1 + 2%) = 325.50 元/千块

方法二:

①求各砖厂的供应比例

甲砖厂:150/(150 + 350 + 500) = 0.15

乙砖厂:350/(150 + 350 + 500) = 0.35

丙砖厂:500/(150 + 350 + 500) = 0.50

②求各砖厂普通黏土砖的预算价格

甲砖厂:(265 + 12 × 0.84 × 2.6 + 2.2 × 2.6) × 1.01 × 1.02 = 305.90 元/千块

乙砖厂:(270 + 15 × 0.75 × 2.6 + 2.2 × 2.6) × 1.01 × 1.02 = 314.18 元/千块

丙砖厂:(310 + 5 × 1.05 × 2.6 + 2.2 × 2.6) × 1.01 × 1.02 = 339.32 元/千块

③普通黏土砖的综合预算价格

305.90 × 0.15 + 314.18 × 0.35 + 339.32 × 0.5 = 325.50 元/千块

(6)机械台班单价的确定

1)机械台班单价的概念

机械台班单价,是指一台施工机械在一个工作班(8 h)中,为了使这台施工机械能正常运转所需的全部费用。如:200 L灰浆搅拌机台班单价102.32元/台班。

2)机械台班单价的组成内容

机械台班单价由七项费用构成:折旧费、大修理费、经常修理费、安拆费及场外运输费、燃料动力费、人工费、养路费及车船使用税。

3)机械台班单价的确定

$$\text{机械台班单价} = \text{台班折旧费} + \text{台班大修理费} + \text{台班经常修理费} + \text{台班安拆费及场外运输费} + \text{台班燃料动力费} + \text{台班人工费} + \text{台班养路费及车船使用税} \tag{5.18}$$

①折旧费计算

台班折旧费的计算公式如下:

$$\text{台班折旧费} = \frac{\text{机械预算价格} \times (1 - \text{残值率}) \times \text{贷款利息系数}}{\text{耐用总台班}} \tag{5.19}$$

A. 机械预算价格。是指施工机械按规定计算的台班单价,由机械原值、供销部门手续费、一次运杂费和车辆购置税构成。

B. 残值率。是指机械报废时回收的残值占机械预算价格的比率,残值率按有关文件规定:运输机械2%、特大型机械3%、中小型机械4%、掘进机械5%执行。

C. 贷款利息系数。为补偿企业贷款购置机械设备所支付的利息,以大于1的贷款利息系数,将贷款利息分摊在台班折旧费中,其公式如下:

$$\text{贷款利息系数} = 1 + \frac{(n + 1)}{2} i \tag{5.20}$$

式中　n——国家有关文件规定的此类机械折旧年限;

i——当年银行贷款利率。

D. 耐用总台班。是指机械在正常施工条件下，从投入使用直到报废为止，按规定应达到的使用总台班数。

《全国统一施工机械台班费用定额》中的耐用总台班是以“机械经济使用寿命”(指从最佳经济效益的角度出发，机械使用投入费用最低时的使用期限，投入的费用包括燃料动力费、润滑擦拭材料费、保养、修理费用等)为基础，并依据国家有关固定资产折旧年限规定，结合施工机械工作对象和环境以及年能达到的工作台班确定。

机械耐用总台班的计算公式为：

$$耐用总台班 = 折旧年限 \times 年工作台班 \tag{5.21}$$

年工作台班是根据有关部门对各类主要机械最近3年的统计资料分析确定。

②大修理费计算

台班大修理费的计算式如下：

$$台班大修理费 = \frac{一次大修理费 \times 寿命期内大修理次数}{耐用总台班} \tag{5.22}$$

A. 一次大修理费。按机械设备规定的大修理范围和工作内容，进行一次全面修理所需消耗的工时、配件、辅助材料、油燃料以及送修运输等全部费用计算。

B. 寿命期大修理次数。为恢复原机械功能按规定在寿命期内需要进行的大修理次数。

C. 耐用总台班 = 大修间隔台班 × 大修周期

D. 大修间隔台班是指机械自投入使用起至第一次大修止或自上一次大修后投入使用起至下一次大修止，应达到的使用台班教。

E. 大修周期是指机械正常的施工作业条件下，将其寿命期(即耐用总台班)按规定的大修理次数划分为若干个周期。其计算公式：

$$大修周期 = 寿命期大修理次数 + 1 \tag{5.23}$$

③经常修理费计算

台班经常修理费计算的计算公式如下：

$$台班经常修理费 = \frac{\sum(各级保养一次费用 \times 寿命期各级保养总次数) + 临时故障排除费 + 替换设备台班摊销费}{耐用总台班} + 替换设备台班摊销费 + 工具附具台班摊销费 + 例保辅料费 \tag{5.24}$$

A. 各级保养一次费用。分别指机械在各个使用周期内为保证机械处于完好状况，必须按规定的各级保养间隔周期、保养范图和内容进行的一、二、三级保养或定期保养所消耗的工时、配件、辅料、油燃料等费用。

B. 寿命期各级保养总次数。分别指一、二、三级保养或定期保养在寿命期内各个使用周期中保养次数之和。

C. 机械临时故障排除费用、机械停置期间维护保养费。指机械除规定的大修理及各级保养以外，临时故障所需费用以及机械在工作日以外的保养维护所需润滑擦拭材料费，可按各级保养(不包括例保辅料费)费用之和的 ±3% 计算。

D. 替换设备及工具附具台班摊销费。指轮胎、电缆、蓄电池、运输皮带、钢丝绳、胶皮管、履带板等消耗性设备和按规定随机配备的全套工具附具的台班摊销费用。其计算公式为：

$$替换设备及工具附具台班摊销费 = \sum[(各类替换设备数量 \times 单价 \div 耐用台班) + (各类随机工具附具数量 \times 单价 \div 耐用台班)] \quad (5.25)$$

E. 例保辅料费。指机械日常保养所需润滑擦拭材料的费用。

④安拆费及场外运输费计算

$$台班安拆费及场外运输费 = 机械一次安拆的费用 \times 年平均安拆的次数 \div 年工作台班 + 台班辅助设施费 \quad (5.26)$$

$$台班辅助设施费 = (一次运输及装卸费 + 辅助材料一次摊销费 + 一次架线费) \times 年运输次数 \div 机械年工作台班 \quad (5.27)$$

⑤燃料动力费计算

定额机械燃料动力消耗量，以实测的消耗量为主，以现行定额的消耗量和调查的消耗量为辅的方法确定。计算公式如下：

$$台班燃料动力消耗量 = \frac{(实测数 \times 4 + 定额平均值 + 调查平均值)}{6} \quad (5.28)$$

$$台班燃料动力费 = 台班燃料动力消耗量 \times 相应单价 \quad (5.29)$$

⑥台班人工费的计算

台班人工费的计算公式如下：

$$台班人工费 = 定额机上人工工日 \times 日工资单价 \quad (5.30)$$

$$定额机上人工工日 = 机上定员工日 \times (1 + 增加工日系数) \quad (5.31)$$

$$增加工日系数 = (年日历天数 - 规定节假公休日 - 辅助工资中年非工作日 - 机械年工作台班) \div 机械年工作台班 \quad (5.32)$$

增加工日系数一般取定为:0.25。

⑦车船使用税 = 载重量(或核定自重吨位) × 车船使用税标准 ÷ 机械年工作台班 (5.33)

(7)预算定额或单位估价表的应用

1)根据预算定额计算分部分项工程的直接工程费

若是用定额计价法编制单位工程施工图预算，可利用预算定额手册中的“单位估价表”计算分部分项工程的直接工程费。

例5.3　某省预算定额中砌“一砖混水砖墙”的“单位估价表”如表5.22所示。某工程根据施工图和工程量计算规则，计算出“一砖混水砖墙”工程量为200 m^3，试计算所需的直接工程费。

解　砌筑200 m^3 “一砖混水砖墙”所需的直接工程费为：

人工费 = 1 125.60 × 200 ÷ 10 = 22 512.00元

材料费 = 2 322.54 × 200 ÷ 10 = 46 450.80元

机械费 = 38.88 × 200 ÷ 10 = 777.60元

直接工程费 = 22 512.00 + 46 450.80 + 777.60 = 69 740.40元

或　直接工程费 = 3 487.02 × 200 ÷ 10 = 69 740.40元

2)根据预算定额计算分部分项工程费

若是用工程量清单计价法编制单位工程施工图预算，可利用预算定额中人工、材料、机械台班消耗量，当地现行的人工、材料、机械台班单价，以及管理费率和利润率确定分部分项工程费。

表5.22　砖墙分项工程单位估价表

定额单位:10 m^3

定额编号				01030009
项　目				一砖混水砖墙
基价/元				3 487.02
其　中	人工费/元			1 125.60
	材料费/元			2 322.54
	机械费/元			38.88
名　称		单　位	单价/元	数　量
人　工	综合工日	工日	70.00	16.08
材　料	混合砂浆 M5	m^3	248.00	2.396
	普通黏土砖	千块	325.50	5.30
	水	m^3	3.00	1.06
机 械	灰浆搅拌机 200 L	台班	102.32	0.38

例5.4　某省的预算定额中砌"一砖混水砖墙"的定额消耗量如表5.23所示。某工程根据招标文件提供的"工程量清单",查出"一砖混水砖墙"的清单工程量为200 m^3,试计算砌筑200 m^3"一砖混水砖墙"所需的分部分项工程费(包括人工费、材料费、机械费、管理费、利润)。

表5.23　砖墙预算定额

定额单位:10 m^3

定额编号			01030009
项　目			一砖混水砖墙
名　称		单　位	数　量
人　工	综合工日	工日	16.08
材　料	混合砂浆 M5	m^3	2.396
	普通黏土砖	千块	5.30
	水	m^3	1.06
机　械	灰浆搅拌机 200 L	台班	0.38

已知:该地区的人工工日单价为75.00元/工日;M5混合砂浆248.00元/m^3;普通黏土砖325.50元/千块;水3.00元/m^3;200L灰浆搅拌机102.32元/台班;管理费率为26%(以人、机费之和为计费基数按砌体工程取费);利润率为9%(以人、机费之和为计费基数按四类工程取费)。

解 从表5.23可知定额编号为01030009的“一砖混水砖墙”的人、材、机的消耗量，根据当地人工、材料、机械台班的单价，可求出“综合单价”中的人、材、机单价，再依据管理费率、利润率求出管理费和利润单价，从而可求出“一砖混水砖墙”分项工程的“综合单价”，最后求出砌筑200 m^3“一砖混水砖墙”的分部分项工程费。具体计算如下：

人工费单价 = 16.08 × 75 = 1 206.00 元/10 m^3

材料费单价 = 2.396 × 248 + 5.3 × 325.50 + 1.06 × 3 = 2 322.54 元/10 m^3

机械费单价 = 0.38 × 102.32 = 38.88 元/10 m^3

管理费单价 = (1 206.00 + 38.88) × 26% = 323.67 元/10 m^3

利润单价 = (1 206.00 + 38.88) × 9% = 112.04 元/10 m^3

综合单价 = 1 206.00 + 2 322.52 + 38.88 + 323.67 + 112.04

= 4 003.11 元/10 m^3 = 400.31 元/m^3

所以，砌筑200 m^3“一砖混水砖墙”的分部分项工程费为：

400.31 × 200 = 80 062.00 元

3)根据预算定额消耗量进行工料分析

单位工程施工图预算的工料分析，是根据单位工程各分部分项工程的施工工程量(也就是定额工程量)，套用预算定额中的消耗量标准，详细计算出一个单位工程的人工、材料、机械台班的需用量的分解汇总过程。

通过工料分析，可得到单位工程的人工、材料、机械台班的需用量，它是工程消耗的最高限额；是编制单位工程劳动计划、材料供应计划的基础；是经济核算的基础；是向班组下达施工任务和考核人工、材料节超情况的依据；它为分析技术经济指标提供了依据；也为编制施工组织设计和施工方案提供了依据。

例5.5 根据“全国统一建筑工程工程量计算规则”计算出“砖基础”分项工程的施工工程量为30 m^3，用《全国统一建筑工程基础定额(土建.上册)》中砖基础(如表5.16所示)的人、材、机的消耗量，分析砌筑30 m^3砖基础分项工程所需的人工、普通黏土砖、M5水泥砂浆的需用量。

解 具体分析计算如下：

综合工日 = 12.18 × 30/10 = 36.54 工日

普通黏土砖 = 5.236 × 30/10 = 15.708 千块

M5水泥砂浆 = 2.36 × 30/10 = 7.08 m^3

例5.6 上例中，若M5水泥砂浆要求在现场拌制，试分析拌制M5水泥砂浆所需的水泥、砂及水的用量。

解 在工料分析中，依据预算定额中的消耗量标准，对混凝土及砂浆等半成品，只能做一次分析。若需计算混凝土及砂浆中的各种材料用量，还需依据混凝土及砂浆配合比含量做二次分析。

查《全国统一建筑工程基础定额(土建.下册)》知：M5水泥砂浆拌制需用P.S 42.5水泥210 kg/m^3，中砂1.02 m^3/m^3，水0.22 m^3/m^3，则计算得：

P.S 42.5水泥用量 = 7.08 m^3 × 210 kg/m^3 = 1 486.8 kg

中砂用量 = 7.08 m^3 × 1.02 m^3/m^3 = 7.22 m^3

水用量 = 7.08 m^3 × 0.22 m^3/m^3 = 1.56 m^3

5.2 定额计价法

5.2.1 概述

(1)含义

定额计价是指根据招标文件、按照建设行政主管部门发布的《预算定额》列项、算量、套价计算出直接工程费,再按有关的规定计算措施项目费、其他项目费、管理费、利润、规费、税金,汇总后确定建安工程造价的一种计价方法。

(2)定额计价的费用组成

定额计价的费用组成见表5.24。

表5.24 定额计价的费用组成

<table>
<tr><th colspan="2">费用项目</th><th>费用组成内容</th></tr>
<tr><td rowspan="2">直接费</td><td>直接工程费</td><td>人工费、材料费、施工机械使用费</td></tr>
<tr><td>措施项目费</td><td>环境保护费、文明施工费、安全施工费、临时设施费、夜间施工增加费、二次搬运费、大型机械设备进出场及安拆费、混凝土及钢筋混凝土模板及支架费、脚手架费、已完工程及设备保护费、施工排水及降水费用、垂直运输、其他措施费(测量放线、冬雨季施工增加、生产工具用具使用、工程定位复测、工程点交、场地清理)等</td></tr>
<tr><td rowspan="2">间接费</td><td>规费</td><td>工程排污费、社会保障费(养老保险费、失业保险费、医疗保险费)、住房公积金、危险作业意外伤害保险</td></tr>
<tr><td>管理费</td><td>管理人员工资、办公费、差旅交通费、固定资产使用费、工具用具使用费、劳动保险费、工会经费、职工教育经费、财产保险费、财务费、税金、其他等</td></tr>
<tr><td colspan="2">其他项目费</td><td>除直接工程费、措施费以外,为完成项目施工可能发生的费用</td></tr>
<tr><td colspan="2">利润</td><td>施工企业完成所承包工程获得的盈利</td></tr>
<tr><td colspan="2">税金</td><td>营业税、城市建设维护税、教育费附加、地方教育附加</td></tr>
</table>

(3)编制依据

1)设计施工图纸、各类标配图以及《建筑五金手册》;

2)招标文件、施工合同;

3)施工现场情况、施工组织设计或施工方案;

4)建设行政主管部门发布的《预算定额》《措施费计算办法》《建安工程造价的计价规则》等;

5)建设行政主管部门发布的人工、材料、机械及设备的价格信息或承发包双方结合市场情况确认的单价;

6)建设行政主管部门规定的计价程序和统一格式;

7)建设行政主管部门发布的有关造价方面的文件。

(4)编制步骤

自新中国建立到实施工程量清单计价以来,我国的工程概预算(工程估价)编制都采用定额计价法,因为它直截了当,只要有一本现行的预算定额(预算基价或单位估价表)和取费标准,必要的材料市场价,不需要更多的其他资料,就可以很方便的编制预算,因而此种方式是我国大多数省市普遍使用的方式。采用定额计价法编制施工图预算的主要步骤是:

1)读图——熟悉施工图纸、了解现场;

2)列项——根据预算定额,结合施工方案划分分项工程并列出计价项目;

3)算量——按规则计算每一个分项工程的工程量(一般在工程量计算表上完成);

4)套价——套用预算单价并计算直接工程费或措施项目费(可在预算表上手工完成或由预算软件完成);

5)计费——计算其他项目费、管理费、利润、规费和税金,最终确定单位工程预算造价(可在费用汇总表上手工完成或由预算软件自动生成);

6)收尾——做主要材料分析,填写编制说明和封面,复核,装订签章。

(5)定额计价文件组成

1)封面

2)编制说明。

编制说明一般包括以下内容:

①工程概况;

②编制依据(包括图纸依据、定额依据、人工、材料、机械台班单价依据等);

③其他需要说明的问题;

3)建筑安装工程费用汇总表;

4)建筑安装工程直接工程费计算表;

5)措施费用计算汇总表;

6)措施费用计算明细表;

7)其他项目费计算表;

8)主要材料价格表。

定额计价的表格形式如图5.4、表5.25、表5.26、表5.27、表5.28、表5.29、表5.30所示。

工程预(结)算书

协议编号:
预结算编号:

建设单位:　　　　建筑面积:
工程名称:　　　　预(结)算造价:
结构类型:　　　层数:　　　单位造价:
施工单位:　(公章)　　建设单位:　(公章)　　审核单位:　(公章)
编制:姓名:　　　　审核:姓名:
资格证书:　　　　资格证书:
年　月　日　　　　年　月　日

图5.4　预算书封面

表5.25　建筑安装工程费用汇总表

序号	项目名称	计算方法	金额/元
1	直接工程费		
1.1	人工费		
1.2	材料费		
1.3	机械费		
2	措施项目费		
2.1	通用措施项目费		
2.2	专业措施项目费		
3	其他项目费		
4	管理费		
5	利润		
6	规费		
6.1	工程排污费		
6.2	社会保障及失业保险		
6.3	危险作业意外伤害保险		
7	税金		
8	建安工程造价		

表5.26　建筑安装工程直接工程费计算表

序号	定额编码	项目名称	单位	工程量	单价/元				合价/元			
					人工费	材料费	机械费	小计	人工费	材料费	机械费	小计
合　计												

表5.27 措施费用计算汇总表

序号	费用名称	计算方法	金额/元
	合 计		

表5.28 措施费用计算明细表

序号	定额编码	项目名称	单位	工程量	单价/元				合价/元			
					人工费	材料费	机械费	小计	人工费	材料费	机械费	小计
		合 计										

表5.29 其他项目费计算表

序号	费用名称	计算方法	金额/元
	合 计		

表 5.30　主要材料价格表

序号	材料编码	材料名称	规格、型号等特殊要求	单位	数量	单价/元	合价/元

5.2.2　各项费用计算方法

(1)直接工程费计算

直接工程费计算的表达式如下：

$$直接工程费 = 人工费 + 材料费 + 机械费 \tag{5.34}$$

$$人工费 = 分部分项工程量 \times 人工消耗量 \times 人工工日单价 \tag{5.35}$$

$$材料费 = 分部分项工程量 \times \sum(材料消耗量 \times 材料单价) \tag{5.36}$$

$$机械费 = 分部分项工程量 \times \sum(机械台班消耗量 \times 机械台班单价) \tag{5.37}$$

1)分部分项工程量的确定

分部分项工程量应根据设计施工图、当地建设行政主管部门发布的《预算定额》中的“工程量计算规则”或《全国统一建筑工程预算工程量计算规则(土建工程)》来计算确定(具体计算详见下篇各章)。

2)人工、材料、机械台班消耗量的确定

人工、材料、机械台班消耗量从当地《预算定额》中查用。

3)人工、材料、机械台班单价的确定

人工、材料、机械台班单价,应根据当地建设行政主管部门发布的人工、材料、机械及设备的价格信息或承发包双方结合市场情况确认的单价来确定。

(2)管理费计算

管理费计算的表达式如下：

$$管理费 = 计算基数 \times 管理费费率 \tag{5.38}$$

1)计算基数:建筑工程(土建及装饰)为直接工程费中的人工费、机械费总和;

2)管理费费率:根据工程类别的不同(分为四类工程)分别取定,某省参考值见表 5.31。

表 5.31　管理费费率参考值

工程类别	计算基数	参考管理费率/%			
		一类	二类	三类	四类
建筑工程	直接工程费中的人机费之和	39	33	27	18

注:本表费率用于定额计价中独立管理费计取;也用于措施费中脚手架、模板、垂直运输、施工排降水等项目综合计价时管理费的计取。

3) 工程类别的划分标准

工程类别可按不同标准来进行划分。某省的《计价规则》将建筑工程划分为四类，其划分标准如表5.32所示。

表5.32 建筑工程类别划分标准

项目	项目细分	一类	二类	三类	四类
工业与民用建筑	多层建筑	层数 > 9 层或高度 > 27 m	6 层 < 层数 ≤ 9 层或 18 m < 高度 ≤ 27 m	4 层 < 层数 ≤ 6 层或 12 m < 高度 ≤ 18 m	层数 ≤ 4 层或高度 ≤ 12 m
工业与民用建筑	公共建筑	面积 > 10 000 m^2	7 000 m^2 < 建筑面积 ≤ 10 000 m^2	建筑面积 ≤ 7 000 m^2	
工业与民用建筑	单层厂房	1. 跨度 > 24 m 2. 建筑面积 > 10 000 m^2	1. 18 m < 跨度 ≤ 24 m 2. 7 000 m^2 < 建筑面积 ≤ 10 000 m^2	1. 12 m < 跨度 ≤ 18 m 2. 建筑面积 < 7 000 m^2	跨度 ≤ 12 m
工业与民用建筑	多层厂房	高度 > 20 m 和柱网 > 5.7 m × 8.7 m（或49.59 m^2）	1. 高度 > 20 m 和柱网 ≤ 5.7 m × 8.7 m（或49.59 m^2） 2. 高度 < 20 m 和柱网 > 5.7 m × 8.7 m（或49.59 m^2）	12 m < 高度 ≤ 20 m 和柱网 ≤ 5.7 m × 8.7 m（或49.59 m^2）	
构筑物		露天地面为非地平面的体育场地工程		露天地面为地平面的体育场地及其他专用场地工程	
其他工程		市政工程中的桥梁、隧道工程	(1) 人防工程 (2) 机场场道工程 (3) 市政工程中的道路工程	(1) 抗震加固工程 (2) 修缮及仿古建筑工程 (3) 桩基工程 (4) 市政工程中的其他工程 (5) 独立土石方工程 (6) 建筑装饰装修工程 (7) 地下、半地下独立车库 (8) 主体为简易结构的集贸市场联片建筑	(1) 一般室外道路、围墙、围栏、独立的花台、花池及其他零星工程 (2) 园林绿化工程 (3) 签证记工和零星借工

表中名词解释：

①高度：房屋建筑指室外地面至房屋檐口上表面（有突出屋面电梯间的，应算至电梯间檐口上表面）之间的垂直距离；有地下室的建筑指最底层地下室地面至房屋檐口上表面之间的垂直距离；构筑物指地面至本体最高点（不包括避雷针、扶梯高度）之间的距离。

②层数：指建筑物分层数，凡层高超过2.2 m（不含2.2 m）可以计算建筑面积并作为技术层使用的结构层应计算层数。

③跨度:指按设计图标注的相邻两横向定位轴线的跨距。

④柱网:指单元柱网纵横定位轴线间距或其乘积。

⑤公共建筑:指涉及公共安全和公众利益的房屋建筑工程。泛指礼堂、会堂、影剧院、俱乐部、音乐厅、报告厅、排演厅、文化宫、青少年宫、图书馆、博物馆、美术馆、展览馆、游泳馆、室内滑冰馆、档案馆、影视摄影棚、火车站、汽车站、航运站、机场候机楼、客运楼、科研楼、医疗技术楼、门诊楼、住院楼、法院审判楼、邮电楼、教学楼、试验楼、综合楼、商场、宾馆、酒店(楼)等。

4)工程类别划分中有关条件的认定

①单位工程按表列范围划分类别,凡工程条件符合表列范围其中之一者,均按就高类别认定(就高不就低的原则)。

②同一建筑物或构筑物有高有低,跨度或容积有大有小,按就高不就低,就大不就小的原则划类,但不能以沉降缝分开同一单位工程分别划类。

③多层工业建筑柱网不同时,用各种柱网柱网所占建筑面积衡量多少,按占多数的部分划类;地下室的层数或高度及构筑物顶部附属房屋的高度应纳入划类。

④突出屋面的尖塔、桅杆、天窗、建筑小品、绿化照明、电器仪器等设施,水箱护栏、女儿墙,上屋面的独立楼梯间和露天楼梯以及屋顶附设局部玻璃温室等所占空间高度,不应纳入划类。

⑤在同一工程计价中,交叉使用建筑、建筑装饰装修、安装、市政、园林绿化、房屋修缮等《计价定额》时,应当按工程性质及所使用的《计价定额》归属划分类别。

⑥建筑装饰装修工程划类适用于执行《装饰定额》项目范围内的装饰装修工程。

⑦独立土石方工程划类适用于附属一个单位工程内其挖方或填方(挖、填不累计)在5 000 m^3以上或实行独立承包的土石方工程。

⑧一般室外道路、围墙、围栏、独立的花台、花池及其他零星工程划类适用于不属于单位工程施工图范围内的一般室外道路、独立的花台、花池及其他零星工程。

⑨与建筑物配套的零星项目,如化粪池、检查井、室内外地沟(室外地沟特指建筑物四周与散水相接的排水沟)、屋顶花架、台阶、散水、花台等,按建筑物的工程类别标准执行。

⑩签证记工和零星借工划类适用于承包工程范围以外经建设单位签证,由施工单位负责管理的用工或建设单位向施工单位借用工人进行属于建设单位负责的工作并由建设单位管理的用工等两种按定额人工工日单价计价的情况。

(3)利润计算

利润计算的表达式如下:

$$利润 = 计算基数 \times 利润率 \tag{5.39}$$

1)计算基数:建筑工程(土建及装饰)为直接工程费中的人工、机械费总和。

2)利润率:根据工程类别的不同(分为四类工程)分别取定,某省参考值见表5.33。

表5.33　利润率参考值

工程类别	计算基数	参考利润率/%			
		一类	二类	三类	四类
建筑工程	直接工程费中的人机费之和	27	21	18	9

(4)措施项目费计算

措施项目费应当按照施工方案或施工组织设计,参照有关规定以"项"为单位进行综合计价。具体计算时,可按"套定额"和"乘系数"等两种方式来计算。

1)采用"套定额"方式计算

为简化计算过程,我国有的地区将措施项目根据《全国统一建筑工程基础定额》编制成相应的单位估价表,如脚手架、模板、垂直运输、施工排降水、大机三项费等,可以直接套用措施项目的人材机单价,计算其人工费、材料费、机械费。

计算方法表达为:

$$措施项目人工费 = 措施项目工程量 \times 人工费单价 \tag{5.40}$$

$$措施项目材料费 = 措施项目工程量 \times 材料费单价 \tag{5.41}$$

$$措施项目机械费 = 措施项目工程量 \times 机械费单价 \tag{5.42}$$

措施项目中的管理费和利润可按该措施项目的人机费之和乘以相应费率(见表5.31和表5.33所示)计算,在"措施费用计算明细表"和"措施费用计算汇总表"上成。

2)采用"乘系数"方式计算

除脚手架、模板、垂直运输、施工排降水、大机三项费以外的其他措施项目,如安全文明施工措施费、夜间施工增加费、其他措施费等,均可按单位工程直接工程费中的人机费之和乘以相应费率来计算。参考费率如表5.34所示。

表5.34 措施费计算参考费率

项目名称	适用条件	计算方法
安全文明施工费	土建及外装饰工程	直接工程费中的人机费之和×18.75%
	桩基础工程	直接工程费×0.5%
	独立土石方	直接工程费×0.5%
临时设施费	室内装饰	直接工程费中的人机费之和×3.6%
夜间施工增加费(合同工期/定额工期)	0.9~1.0	直接工程费中的人机费之和×1.08%
	0.8~0.9	直接工程费中的人机费之和×3.25%
	0.7~0.8	直接工程费中的人机费之和×5.41%
其他措施费	测量放线、冬雨季施工增加、生产工具用具使用、工程定位复测、工程点交、场地清理等	直接工程费中的人机费之和×5.4%

注:表中安全文明施工费作为一项措施费用,由环境保护费、安全施工、文明施工、临时设施费组成,适用于各类新建、扩建、改建的房屋建筑工程(包括与其配套的线路管道和设备安装工程、外装饰工程)、市政基础设施和拆除工程,但不适用于内装饰工程。

(5)规费计算

规费计算的方法如下:

1)工程排污费:按有关部门规定计算。

2)社会保障费及住房公积金

$$社会保障费及住房公积金 = 直接工程费的人工费的总和 \times 26\% \tag{5.43}$$

注:直接工程费的人工费其工日单价必须取当地行政主管部门公布的单价,费率应以当地现行规定为准。

3)危险作业意外伤害保险

$$危险作业意外伤害保险 =(直接工程费 + 措施费 + 其他项目费 + 管理费 + 利润)\times 0.2\% \tag{5.44}$$

注:费率应以当地现行规定为准。

(6)税金计算

税金计算的表达式如下:

$$税金 =(直接工程费 + 措施项费 + 其他项目费 + 管理费 + 利润 + 规费)\times 计税系数 \tag{5.45}$$

某省计税系数取定值如表5.35所示。

表5.35 税金计税系数取定表

工程所在地	综合税率/%	计税系数
市区	3.33	0.034 4
县城、镇	3.27	0.033 8
其他	3.15	0.032 5

注:本表除按国家税法规定计取营业税、城市维护建设税及教育费附加外,又增加了地方教育附加。

5.2.3 定额计价计算实例

例5.7 某工程已根据施工图和《全国统一建筑工程预算工程量计算规则》计算出分部分项工程量,试参照当地《预算定额》及人工、材料、机械台班单价,计算以下分项工程的直接工程费。

(1)计算确认的分部分项工程量为:

1)M5混合砂浆砌一砖混水砖墙,工程量200 m^3;

2)现浇C20有梁式钢筋混凝土带形基础,工程量50 m^3;

3)现浇C10混凝土基础垫层,工程量10 m^3;

(2)查用某地《预算定额》中相关子目的定额消耗量为:

如表5.36所示。

(3)若选用当地的人材机单价为:

人工单价为70元/工日;

标准普通黏土砖:320元/千块;

M5混合砂浆:238.00元/m^3;

水:4元/m^3;

200 L的灰浆搅拌机:102.32元/台班;

表5.36　相关子目定额消耗量

10 m^3

定额编号			01030009	01040003	01080017
项　目		单位	一砖混水砖墙	混凝土带形基础	混凝土基础垫层
人工	综合工日	工日	16.08	12.900	19.23
材料	水泥混合砂浆M5	m^3	2.396	—	—
	普通黏土砖	千块	5.300	—	—
	水	m^3	1.060	8.220	5.000
	C20现浇混凝土 碎石40　P.S42.5	m^3	—	10.150	—
	草席	m^2	—	1.100	—
	C10现浇混凝土 碎石40　P.S32.5	m^3	—	—	10.100
	木模板	m^3	—	—	0.150
	其他材料费	元	—	—	11.610
机械	灰浆搅拌机200 L	台班	0.380	—	—
	400 L混凝土搅拌机	台班	—	0.385	0.380
	混凝土振捣器(插入式)	台班	—	0.770	—
	机动翻斗车	台班	—	0.645	—
	混凝土振捣器(平板式)	台班	—	—	0.770

现浇C20混凝土:248.80元/m^3;

草席:2.10元/m^2;

400 L混凝土搅拌机:125.70元/台班;

混凝土振捣器(插入式):7.89元/台班;

机动翻斗车:92.1元/台班;

现浇C10混凝土:201.23元/m^3;

木模板:1 200元/m^3;

混凝土振捣器(平板式):6.83元/台班。

解 1)各分项工程的人、材、机单价计算

①M5 混合砂浆砌一砖混水砖墙

人工费单价 = 人工消耗量 × 人工工日单价 = 16.08 × 70 = 1 125.60 元/10 m^3

材料费单价 = $\sum$(材料消耗量 × 材料单价)

=5.30 × 320.00 + 1.06 × 4.00 + 2.396 × 238.00 = 2 270.49 元/10 m^3

机械费单价 = $\sum$(机械台班消耗量 × 机械台班单价)

=0.38 × 102.32 = 38.88 元/10 m^3

②现浇 C20 有梁式钢筋混凝土带形基础

人工费单价 =12.90 × 70 = 903.00 元/10 m^3

材料费单价 =10.15 × 248.00 + 1.10 × 2.1 + 8.22 × 4 = 2 552.39 元/10 m^3

机械费单价 =0.385 × 125.70 + 0.77 × 7.89 + 0.645 × 92.1 = 113.87 元/10 m^3

③现浇 C10 混凝土基础垫层

人工费单价 =19.23 × 70 = 1346.10 元/10 m^3

材料费单价 =5.0 × 4.00 + 10.10 × 201.23 + 0.15 × 1 200.00 + 11.61

=2 244.03 元/10 m^3

机械费单价 =0.38 × 125.70 + 0.77 × 6.83 = 53.03 元/10 m^3

将上述计算数据填入单位估价表,如表 5.37 所示。

表 5.37 相关子目单位估价表

计量单位:10 m^3

定额编号			01030009	01040003	01080017
项 目		单位	砖混水砖墙	混凝土带形基础	混凝土基础垫层
基价		元			
其中	人工费	元	1 125.60	903.00	1 346.10
	材料费	元	2 270.49	2 552.39	2 244.03
	机械费	元	38.88	113.87	53.03

2)在完成人、材、机单价计算后,余下的"套价"计算可以在表 5.38 中进行。其操作步骤为:

①将工程量按定额计量单位的扩大倍数缩小后填入表 5.38 的"工程量"的空格中;

②将人工费单价、材料费单价、机械费单价填入表 5.38 "单价"的空格中;

③将每一分项工程的"工程量"乘以人、材、机"单价"得到的结果填入表 5.38 "合价"的空格中;

④将合价相加得到计算项目的人工费、材料费、机械费以及直接工程费。

表5.38 建筑安装工程直接工程费计算表

序号	定额编码	项目名称	单位	工程量	单价/元				合价/元			
					人工费	材料费	机械费	小 计	人工费	材料费	机械费	小 计
1	01030009	一砖混水砖墙	10 m^3	20.00	1 125.60	2 270.49	38.80	3 434.89	22 512.00	45 409.80	776.00	68 697.80
2	01040003	有梁式钢筋混凝土带形基础	10 m^3	5.00	903.00	2 552.39	113.87	3 569.26	4 515.00	12 761.95	569.35	17 846.30
3	01080017	混凝土基础垫层	10 m^3	1.00	1 346.10	2 244.03	53.03	3 643.16	1 346.10	2 244.03	53.03	3 643.16
		合计							28 373.10	60 415.78	1 398.38	90 187.26

3)计算结果:

直接工程费:90 187.26(元)

人工费:28 373.10(元)

材料费:60 415.78(元)

机械费:1 398.38(元)

例 5.8 根据某地的《措施费计价办法》,计算以下措施费。

砌筑综合脚手架(钢制、高度 20 m 以内),工程量为 5 000 m^2;

浇灌综合脚手架(钢制、层高 3.6 m 以内),工程量为 5 000 m^2;

钢筋混凝土矩形柱(断面周长 1.8 m 以外)钢模板,工程量为 100 m^3;

解 ①查当地的《措施项目计价定额》,可知相关项目人、材、机单价如表 5.39 所示。

表 5.39 相关措施项目的人、材、机单价

定额编号		C0102001	C0102014	C0101029
项 目		砌筑综合脚手架(钢制、高度 20 m 以内)(建筑面积 100 m^2)	浇灌综合脚手架(钢制、层高 3.6 m 以内)(建筑面积 100 m^2)	矩形柱(1.8 m 以外)钢模板(混凝土 10 m^3)
基价/元		853.90	350.34	1 441.04
其中	人工费/元	227.45	277.94	765.02
	材料费/元	595.07	72.40	625.47
	机械费/元	31.38	—	50.55

②查当地的《措施费计价办法》可知:脚手架、模板等措施费可按《措施项目计价定额》中的单位估价表计算出人工费、材料费、机械费,然后再按建筑主体单位工程类别(本例判定为二类工程)取定费率计算管理费和利润。

计算结果见表 5.40 和表 5.41 所示。

表5.40　措施费用计算明细表

序号	定额编码	项目名称	单位	工程量	单价/元				合价/元			
					人工费	材料费	机械费	小　计	人工费	材料费	机械费	合　计
1	C0102001	砌筑综合脚手架	100 m^2	50.00	227.45	595.07	31.38	853.90	11 372.50	29 753.50	1 569.00	42 695.00
2	C0102014	浇灌综合脚手架	100 m^2	50.00	277.94	72.40	—	350.34	13 897.00	3 620.00	—	17 517.00
		脚手架小计							25 269.50	33 373.50	1 569.00	60 212.00
1	C0101029	短形柱(1.8 m以上)模板	10 m^3（混凝土）	10.00	765.02	625.47	50.55	1 441.04	7 650.20	6 254.70	505.50	14 410.40
		模板小计							7 650.20	6 254.70	505.50	14 410.40

表5.41　措施费用计算汇总表

序号	费用名称	计算方法	金额/元
1	脚手架	60 212.00 + (25 269.50 + 1 569.00) × (33% + 21%)	74 704.80
2	模板	14 410.40 + (7 650.20 + 505.50) × (33% + 21%)	18 814.48
	合　计		93 519.28

注:主体为二类工程,管理费费率取33%,利润率取21%。

例5.9　某大学教学楼工程,地上五层,无地下室,总建筑面积10 050 m²,层高3.6m,室内外地坪高差为0.45 m,问应划为几类工程。

解　以公共建筑按总建筑面积划类,大于10 000 m²,应划为土建一类工程;

按多层建筑物层数划类小于六层应划为土建三类工程;

按多层建筑物总高度划类大于18 m应划为土建二类工程。

$$总高度 = 3.6 \times 5 + 0.45 = 18.45\ \text{m}$$

按就高不就低的原则,应划为土建一类工程。

例5.10　根据下列已知条件及某省《建设工程造价计价规则》,试计算该住宅楼的建筑工程预算造价。

①市区的某单位新建一幢8层框架结构的住宅楼,建筑面积为5 660 m²,室外标高为-0.3 m,第一层层高为3.2 m,第二至第八层的层高均为2.8 m,女儿墙高为0.9 m,出屋面楼梯间高为2.8 m。

②该工程根据施工图、当地的《预算定额》、以及人工、材料、机械台班单价计算出直接工程费368.32万元,其中人工费71.04万元、机械费28.04万元。通用措施费除安全文明施工费、其他措施费外的脚手架等费用为22万元,专业措施费8万元。

解　总高度 = 0.3 + 3.2 + 2.8 × 7 = 23.1 m

查表5.32,工程判定为二类工程,所以管理费率(见表5.31)、利润率(见表5.33)分别取定为33%、21%,并以"直接工程费中的人机费之和"为基数计算管理费和利润。安全文明施工费、其他措施费计算费率见表5.34。

计算过程见表5.42。

表5.42　建筑安装工程费用计算汇总表

序号	项目名称	计算方法	金额/元
1	直接工程费	见题目	3 683 200.00
1.1	人工费	见题目	710 400.00
1.2	机械费	见题目	280 400.00
2	措施费	459 278.20 + 80 000.00	539 278.20
2.1	通用措施费	220 000.00 + 185 775.00 + 53 503.20	459 278.20
(1)	脚手架等	见题目	220 000.00
(2)	安全文明施工	(710 400.00 + 280 400.00) × 18.75%	185 775.00

续表

序号	项目名称	计算方法	金额/元
(3)	其他措施费	(710 400.00 + 280 400.00) × 5.4%	53 503.20
2.2	专业措施费	见题目	80 000.00
3	其他项目费	题目没给	0
4	管理费	(710 400.00 + 280 400.00) × 33%	326 964.00
5	利润	(710 400.00 + 280 400.00) × 21%	208 068.00
6	规费	0 + 184 704.00 + 9 515.02	194 219.02
6.1	工程排污费	题目没给	0
6.2	社会保障费	710 400.00 × 26%	184 704.00
6.3	危险作业意外险	(3 683 200.00 + 539 278.20 + 0 + 326 964.00 + 208 068.00) × 0.2%	9 515.02
7	税金	(3 683 200.00 + 539 278.20 + 0 + 326 964.00 + 208 068.00 + 191 481.35) × 0.034 8	172 320.18
8	建安工程造价	3 683 200.00 + 539 278.20 + 0 + 326 964.00 + 208 068.00 + 191 481.35 + 172 230.18	5 124 049.40

5.3　清单计价方法

5.3.1　概述

(1) 含义

工程量清单计价是指国家标准《建设工程工程量清单计价规范》(GB 50500)发布以来我国推行的计价模式。是一种在建设工程招标投标中，招标人按照国家现行《清单计价规范》和《计量规范》编制“招标工程量清单”，由投标人依据“招标工程量清单”自主报价的计价方式。

(2) 工程量清单计价的费用组成

工程量清单计价的费用组成如表5.43所示。

(3) 编制依据

1) 国家标准《清单计价规范》和相应专业工程的《计量规范》；

2) 国家或省级、行业建设主管部门颁发的计价定额和计价办法；

3) 建设工程设计文件及相关资料；

4) 拟定的招标文件及招标工程量清单；

5) 与建设项目有关的标准、规范、技术资料；

6) 施工现场情况、工程特点及常规施工方案；

7)工程造价管理机构发布的工程造价信息,当工程造价信息没有发布时,参照市场价;

8)其他相关资料。

表5.43　工程量清单计价的费用组成表

费用项目		费用组成内容
分部分项工程费	直接工程费	人工费、材料费、机械费
	管理费	管理人员工资、办公费、差旅交通费、固定资产使用费、工具用具使用费、劳动保险和职工福利费、劳动保护费、检验试验费、工会经费、职工教育经费、财产保险费、财务费、税金、其他
	利润	施工企业完成所承包工程获得的盈利
措施项目费		1)总价措施费:安全文明施工费(含环境保护费,文明施工费,安全施工费,临时设施费)、夜间施工增加费、二次搬运费、已完工程及设备保护费、特殊地区施工增加费、其他措施费(含冬雨季施工增加费,生产工具用具使用费,工程定位复测、工程点交、场地清理费) 2)单价措施费:脚手架费、混凝土模板及支架费、垂直运输费、超高施工增加费、大型机械设备进出场及安拆费、施工排水降水费
其他项目费		暂列金额、暂估价、计日工、总包服务费、其他(含人工费调差,机械费调差,风险费,停工、窝工损失费,承发包双方协商认定的有关费用
规费		社会保障费(含养老保险费,失业保险费,医疗保险费,生育保险费,工伤保险费)、住房公积金、残疾人保障金、危险作业意外伤害险、工程排污费
税金		营业税、城市建设维护税、教育费附加、地方教育附加

注:此表根据建标[2013]44号文件并考虑与定额计价的过渡编制而成。

(4)编制步骤

1)准备阶段

①熟悉施工图纸、招标文件;

②参加图纸会审、踏勘施工现场;

③熟悉施工组织设计或施工方案;

④确定计价依据。

2)编制试算阶段

①针对工程量清单,参照当地现行的计价定额和计价办法,人、材、机价格信息,先计算分部分项工程清单的综合单价,从而计算出分部分项工程费;

②参照当地现行的计价定额和计价办法计算措施项目费、其他项目费、规费、税金;

③按照规定的程序汇总计算单位工程造价;

④汇总计算单项工程造价、建设项目总价;

⑤主要材料分析;

⑥填写编制说明和封面。

3)复算收尾阶段

①复核;

②装订签章。

(5)工程量清单计价文件组成

1)封面及投标总价;
2)建设项目汇总表;
3)单项工程汇总表;
4)单位工程费用汇总表;
5)分部分项工程/单价措施项目清单与计价表;
6)综合单价分析表;
7)综合单价材料明细表;
8)总价措施项目清单与计价表;
9)其他项目清单与计价汇总表;
10)暂列金额明细表;
11)材料(工程设备)暂估单价及调整表;
12)专业工程暂估价表及结算价表;
13)计日工表;
14)总承包服务费计价表;
15)规费、税金项目计价表;
16)发包人提供材料和工程设备一览表。

(6)工程量清单计价文件的常用表格

工程量清单计价常用表格主要有以下15种(见表5.44~5.59)。

1)单位工程费用汇总表

表5.44　单位工程招标控制价/投标报价汇总表

工程名称:　　　　第×页　共×页

序号	汇总内容	金额/元	其中:暂估价/元
1	分部分项工程费		
1.1	人工费		
1.2	材料费		
1.3	设备费		
1.4	机械费		
1.5	管理费和利润		
2	措施项目费		
2.1	单价措施项目费		
2.1.1	人工费		
2.1.2	材料费		
2.1.3	机械费		
2.1.4	管理费和利润		

续表

序号	汇总内容	金额/元	其中:暂估价/元
2.2	总价措施项目费		
2.2.1	安全文明施工费		
2.2.2	其他总价措施项目费		
3	其他项目费		
3.1	暂列金额		
3.2	专业工程暂估价		
3.3	计日工		
3.4	总承包服务费		
4	规费		
5	税金		
招标控制价/投标报价合计 = 1 + 2 + 3 + 4 + 5			

注:此表为 2013 年新表。

2)分部分项工程/单价措施项目清单与计价表

表 5.45　分部分项工程/单价措施项目清单与计价表

工程名称:　　　　　　　　　　　　　　　　　　　　　　第 × 页　共 × 页

序号	项目编码	项目名称	项目特征描述	计量单位	工程量	金额/元				
						综合单价	合价	其中		
								人工费	机械费	暂估价
本页小计										
合　计										

注:此表为 2013 年新表。

3）综合单价分析表

表5.46　综合单价分析表（样式一）

工程名称：　　　　　　　　　　　　　　　　　　　　　　　　　　第×页　共×页

<table>
<tr><td colspan="2">项目编码</td><td colspan="3"></td><td colspan="2">项目名称</td><td colspan="2"></td><td colspan="2">计量单位</td><td colspan="2"></td></tr>
<tr><td colspan="13">清单综合单价组成明细</td></tr>
<tr><td rowspan="2">定额编号</td><td rowspan="2">定额名称</td><td rowspan="2">定额单位</td><td rowspan="2">数量</td><td colspan="3">单价/元</td><td colspan="6">合价/元</td></tr>
<tr><td>人工费</td><td>材料费</td><td>机械费</td><td>人工费</td><td>材料费</td><td>机械费</td><td>管理费</td><td>利润</td><td>风险费</td></tr>
<tr><td></td><td></td><td></td><td></td><td></td><td></td><td></td><td></td><td></td><td></td><td></td><td></td><td></td></tr>
<tr><td></td><td></td><td></td><td></td><td></td><td></td><td></td><td></td><td></td><td></td><td></td><td></td><td></td></tr>
<tr><td></td><td></td><td></td><td></td><td></td><td></td><td></td><td></td><td></td><td></td><td></td><td></td><td></td></tr>
<tr><td></td><td></td><td></td><td></td><td></td><td></td><td></td><td></td><td></td><td></td><td></td><td></td><td></td></tr>
<tr><td></td><td></td><td></td><td></td><td></td><td></td><td></td><td></td><td></td><td></td><td></td><td></td><td></td></tr>
<tr><td colspan="2">人工单价</td><td colspan="5">小　计</td><td colspan="6"></td></tr>
<tr><td colspan="2">元/工日</td><td colspan="5">未计价材料费</td><td colspan="6"></td></tr>
<tr><td colspan="7">清单项目综合单价</td><td colspan="6"></td></tr>
<tr><td rowspan="5">材料费明细</td><td colspan="4">主要材料名称、规格、型号</td><td>单位</td><td>数量</td><td colspan="2">单价/元</td><td>合价/元</td><td colspan="2">暂估单价/元</td><td>暂估合价/元</td></tr>
<tr><td colspan="4"></td><td></td><td></td><td colspan="2"></td><td></td><td colspan="2"></td><td></td></tr>
<tr><td colspan="4"></td><td></td><td></td><td colspan="2"></td><td></td><td colspan="2"></td><td></td></tr>
<tr><td colspan="6">其他材料费</td><td colspan="2"></td><td></td><td colspan="2"></td><td></td></tr>
<tr><td colspan="6">材料费小计</td><td colspan="2"></td><td></td><td colspan="2"></td><td></td></tr>
</table>

注：此表为2013年清单计价规范统一样式。

表5.47　综合单价分析表（样式二）

工程名称：　　　　　　　　　　　　　　　　　　　　　　　　　　第×页　共×页

<table>
<tr><td rowspan="3">序号</td><td rowspan="3">项目编码</td><td rowspan="3">项目名称</td><td rowspan="3">计量单位</td><td rowspan="3">工程量</td><td colspan="12">清单综合单价组成明细</td></tr>
<tr><td rowspan="2">定额编号</td><td rowspan="2">定额名称</td><td rowspan="2">定额单位</td><td rowspan="2">数量</td><td colspan="3">单价/元</td><td colspan="4">合价/元</td><td rowspan="2">综合单价</td></tr>
<tr><td>人工费</td><td>材料费</td><td>机械费</td><td>人工费</td><td>材料费</td><td>机械费</td><td>管理费和利润</td></tr>
<tr><td rowspan="4"></td><td rowspan="4"></td><td rowspan="4"></td><td rowspan="4"></td><td rowspan="4"></td><td></td><td></td><td></td><td></td><td></td><td></td><td></td><td></td><td></td><td></td><td></td><td></td></tr>
<tr><td></td><td></td><td></td><td></td><td></td><td></td><td></td><td></td><td></td><td></td><td></td><td></td></tr>
<tr><td></td><td></td><td></td><td></td><td></td><td></td><td></td><td></td><td></td><td></td><td></td><td></td></tr>
<tr><td></td><td></td><td></td><td></td><td></td><td></td><td></td><td></td><td></td><td></td><td></td><td></td></tr>
</table>

续表

序号	项目编码	项目名称	计量单位	工程量	清单综合单价组成明细											
					定额编号	定额名称	定额单位	数量	单价/元			合价/元				综合单价
									人工费	材料费	机械费	人工费	材料费	机械费	管理费和利润	

注：此表为某省 2013 年新表。

4）综合单价材料明细表

表 5.48　综合单价材料明细表

工程名称：　　　　　　　　　　　　　　　　　　　　第　页、共　页

序号	项目编码	项目名称	计量单位	工程量	材料组成明细						
					主要材料名称、规格、型号	单位	数量	单价/元	合价/元	暂估材料单价/元	暂估材料合价/元
					其他材料费						
					材料费小计						
					其他材料费						
					材料费小计						

注：1. 招标文件提供了暂估单价的材料，按暂估的单价填入表内“暂估单价”栏和“暂估合价”栏。

2. 此表为某省 2013 年新表。

5)措施项目清单与计价表

表5.49 措施项目清单与计价表

工程名称： 第×页 共×页

序号	项目名称	计量单位	计算方法	金额/元
1	安全文明施工费			
2	夜间施工费			
3	二次搬运费			
4	其他(冬雨季施工、定位复测、生产工具用具使用等)			
5	大型机械设备进出场安拆费		详分析表	
6	施工排水、降水		详分析表	
7	地上、地下设施、建筑物的临时保护设施			
8	已完工程及设备保护		详分析表	
9	模板及支撑		详分析表	
10	脚手架		详分析表	
11	垂直运输		详分析表	
12	超高施工增加			
	合 计			

6)措施项目费分析表

表5.50 措施项目费分析表

工程名称： 第×页 共×页

序号	措施项目名称	计量单位	工程量	金额/元					
				人工费	材料费	机械费	管理费+利润	风险费	小计
合 计									

7)总价措施项目清单与计价表

表5.51 总价措施项目清单与计价表

工程名称： 第×页 共×页

序号	项目编码	项目名称	计算基础	费率/%	金额/元	调整费率/%	调整后金额/元	备注

注:1.按施工方案计算的措施费,若无“计算基础”和“费率”的数值,也可只填“金额”数值,但应在备注栏说明施工方案出处或计算方法。

2.此表为某省2013年新表。

8)其他项目计价清单与计价汇总表

表5.52 其他项目清单与计价汇总表

工程名称: 第×页 共×页

序号	项目名称	金额/元	结算金额/元	备 注
1	暂列金额			详见明细表
2	暂估价			
2.1	材料(工程设备)暂估价/结算价	—	—	详见明细表
2.2	专业工程暂估价/结算价			详见明细表
3	计日工			详见明细表
4	总承包服务费			详见明细表
5	其他			
5.1	人工费调差			
5.2	机械费调差			
5.3	风险费			
5.4	索赔与现场签证			详见明细表
合 计				

注:1.材料(工程设备)暂估单价进入清单项目综合单价,此处不汇总。

2.人工费调差、机械费调差和风险费应在备注栏说明计算方法。

3.此表为某省2013年新表。

9)暂列金额明细表

表5.53 暂列金额明细表

工程名称: 第×页 共×页

序号	项目名称	计量单位	暂定金额/元	备 注
合 计				

注:此表由招标人填写,如不能详列,也可只列暂定金额总额,投标人应将上述暂列金额计入投标总价中。

10）材料（工程设备）暂估单价表

表5.54　材料（工程设备）暂估单价及调整表

工程名称：　　　　　　　　　　　　　　　　　　　　　　第×页　共×页

序号	材料（工程设备）名称、规格、型号	计量单位	数量		暂估/元		确认/元		差额±/元		备注
			暂估	确认	单价	合价	单价	合价	单价	合价	
合　计											

注：此表由招标人填写“暂估单价”，并在备注栏内说明暂估价的材料、工程设备拟用在哪些清单项目上，投标人应将上述材料、工程设备“暂估单价”计入工程量清单综合单价报价中。

11）专业工程暂估价表

表5.55　专业工程暂估价及结算价表

工程名称：　　　　　　　　　　　　　　　　　　　　　　第×页　共×页

序号	工程名称	工程内容	暂估金额/元	结算金额/元	差额±/元	备注
合　计						

注：此表“暂估金额”由招标人填写，投标人应将“暂估金额”计入投标总价中。结算时按合同约定结算金额填写。

12）计日工表

表5.56　计日工表

工程名称：　　　　　　　　　　　　　　　　　　　　　　第×页　共×页

序号	项目名称	单位	暂定数量	实际数量	综合单价/元	合价/元	
						暂定	实际
一	人工						

续表

序号	项目名称	单位	暂定数量	实际数量	综合单价/元	合价/元	
						暂定	实际
人工小计							
二	材料						
材料小计							
三	施工机械						
施工机械小计							
四、管理费和利润							
总　计							

注：此表项目名称、暂定数量由招标人填写，编制招标控制价时，单价由招标人在招标文件中确定；投标时，单价由投标人自主报价，按暂定数量计算合价计入投标总价中。结算时，按发承包双方确认的实际数量计算合价。

13）总承包服务费计价表

表 5.57　总承包服务费计价表

工程名称：　　　　第×页　共×页

序号	项目名称	项目价值/元	服务内容	计算基础	费率/%	金额/元
1	发包人发包专业工程					
2	发包人提供材料					
	合　计					

14)规费、税金项目计价表

表5.58 规费、税金项目计价表

工程名称: 第 页、共 页

序号	项目名称	计算基础	计算费率/%	金额/元
1	规费			
1.1	社会保障费、住房公积金、残疾人保障金			
1.2	危险作业意外伤害险			
1.3	工程排污费			
2	税金			
合 计				

15)发包人提供材料和工程设备一览表

表5.59 发包人提供材料和工程设备一览表表

工程名称: 第 页、共 页

序号	材料(工程设备)名称、规格、型号	计量单位	数量	单价/元	交货方式	送达地点	备注

注:此表由招标人填写,供投标人在投标报价、确定总承包服务费时参考。

5.3.2 工程量清单编制规定

1)招标工程量清单应由具有编制能力的招标人或受其委托,具有相应资质的工程造价咨询人编制。

2)招标工程量清单必须作为招标文件的组成部分,其准确性和完整性由招标人负责。

3)招标工程量清单是工程量清单计价的基础,应作为编制招标控制价、投标报价、计算或调整工程量、索赔等的依据之一。

4)招标工程量清单应以单位(项)工程为单位编制,应由分部分项工程项目清单、措施项目清单、其他项目清单、规费和税金项目清单组成。

5)编制招标工程量清单应依据:

①《清单计价规范》和相关专业工程的《计量规范》;

②国家或省级、行业建设主管部门颁发的计价定额和办法;

③建设工程设计文件及相关资料;

④与建设工程有关的标准、规范、技术资料;

⑤拟定的招标文件;

⑥施工现场情况、地勘水文资料、工程特点及常规施工方案;

⑦其他相关资料。

5.3.3 工程量清单计价规定

(1)一般规定

1)使用国有资金投资的建设工程发承包,必须采用工程量清单计价。

2)非国有资金投资的建设工程,宜采用工程量清单计价。

3)不采用工程量清单计价的建设工程,应执行《清单计价规范》除工程量清单等专门性规定外的其他规定。

4)工程量清单应采用综合单价计价。

5)措施项目中的安全文明施工费必须按照国家或省级、行业建设主管部门的规定计价,不得作为竞争性费用。

6)规费和税金必须按国家或省级、行业建设主管部门的规定计算,不得作为竞争性费用。

(2)招标控制价

1)国有资金投资的建设工程招标,招标人必须编制招标控制价。

2)招标控制价应由具有编制能力的招标人或受其委托具有相应资质的工程造价咨询人编制。

3)招标控制价应根据下列依据编制:

①《清单计价规范》和相关专业工程的《计量规范》;

②国家或省级、行业建设主管部门颁发的计价定额和计价办法;

③建设工程设计文件及相关资料;

④拟定的招标文件及招标工程量清单;

⑤与建设项目相关的标准、规范、技术资料;

⑥施工现场情况、工程特点及常规施工方案;

⑦工程造价管理机构发布的工程造价信息,工程造价信息没有发布的参照市场价;

⑧其他的相关资料。

4)招标控制价应按照上一条规定编制,不应上调和下浮。

5)综合单价中应包括招标文件中划分的应有投标人承担的风险范围及其费用。

6)分部分项工程和措施项目中的单价项目,应根据拟定的招标文件和招标工程量清单项目中的特征描述及有关要求确定综合单价计算。

7)措施项目中的总价项目应根据拟定的招标文件和常规的施工方案按《清单计价规范》一般规定中第4条和第5条的规定计价。

8)其他项目应按下列规定计价:

①暂列金额应按招标工程量清单中列出的金额填写;

②暂估价中的材料、工程设备单价应按招标工程量清单中列出的单价计入综合单价;

③暂估价中的专业工程金额应按招标工程量清单中列出的金额填写;

④计日工应按招标工程量清单中列出的项目根据工程特点和有关计价依据确定综合单价;

⑤总承包服务费应根据招标工程量清单中列出的内容和要求估算。

9)规费和税金应按《清单计价规范》一般规定中第6条的规定计算。

(3)投标报价

1)投标价应由投标人或受其委托具有相应资质的工程造价咨询人编制。

2)投标报价应根据下列依据编制:

①《清单计价规范》和相关专业工程的《计量规范》;

②国家或省级、行业建设主管部门颁发的计价办法;

③企业定额,国家或省级、行业建设主管部门颁发的计价定额;

④招标文件、招标工程量清单及其补充通知、答疑纪要;

⑤建设工程设计文件及相关资料;

⑥施工现场情况、工程特点及投标时拟定的投标施工组织设计或施工方案;

⑦与建设项目相关的标准、规范等技术资料;

⑧市场价格信息或工程造价管理机构发布的工程造价信息;

⑨其他的相关资料。

3)投标人应依据上一条规定自主确定投标报价。

4)投标报价不得低于工程成本。

5)投标人必须按招标工程量清单填报价格。项目编码、项目名称、项目特征、计量单位、工程量必须与招标工程量清单一致。

6)投标人的投标报价高于招标控制价的应予废标。

7)综合单价中应包括招标文件中划分的应由投标人承担的风险范围及其费用,招标文件中没有明确的,应提请招标人明确。

8)分部分项工程和措施项目中的单价项目,应根据招标文件和招标工程量清单项目中的特征描述确定综合单价计算。

其中,对现浇混凝土模板采用了两种方式进行计价,即:一方面在现浇混凝土项目的“工程内容”中包括了模板,可以立方米计量进入现浇混凝土项目一起组成综合单价;另一方面在措施项目中单列了现浇混凝土模板工程项目的,以平方米计量单独组成综合单价。

9)措施项目中的总价项目金额应根据招标文件及投标时拟定的施工组织设计或施工方案,按《清单计价规范》一般规定中第4条的规定自主确定。其中安全文明施工费应按照《清单计价规范》一般规定中第5条的规定确定。

10)其他项目费应按下列规定报价:

①暂列金额应按招标工程量清单中列出的金额填写;

②材料、工程设备暂估价应按招标工程量清单中列出的单价计入综合单价;

③专业工程暂估价应按招标工程量清单中列出的金额填写;

④计日工应按招标工程量清单中列出的项目和数量,自主确定综合单价并计算计日工金额;

⑤总承包服务费应根据招标工程量清单中列出的内容和提出的要求自主确定。

11)规费和税金应按《清单计价规范》一般规定中第6条的规定确定。

12)招标工程量清单与计价表中列明的所有需要填写单价和合价的项目,投标人均应填写且只允许有一个报价。未填写单价和合价的项目,可视为此项费用已包含在已标价工程量清单中其他项目的单价和合价之中。当竣工结算时,此项目不得重新组价予以调整。

13)投标总价应当与分部分项工程费、措施项目费、其他项目费和规费、税金的合计金额一致。

5.3.4 各项费用计算方法

工程量清单计价的费用计算,是根据招标文件以及招标工程量清单,依据建设主管部门颁发的计价定额和计价办法或《企业定额》,施工现场的实际情况及常规的施工方案,工程造价管理机构发布的人工工日单价、机械台班单价、材料和设备价格信息及同期市场价格,先计算出综合单价,再计算分部分项工程费、措施项目费、其他项目费、规费、税金,最后汇总即可确定建安工程造价。

(1)分部分项工程费计算

$$\text{分部分项工程费} = \sum(\text{分部分项工程清单工程量} \times \text{综合单价}) \tag{5.46}$$

其中,分部分项工程清单工程量应根据现行各专业的《计量规范》中的工程量计算规则和设计施工图、各类标配图进行计算(具体计算过程详见下篇各章)。

综合单价,是指完成一个规定清单项目所需的人工费、材料和工程设备费、机械使用费和管理费、利润以及一定范围内的风险费用的单价。

$$\text{综合单价} = \frac{\text{清单项目费用(含人/材/机/管/利/风险费)}}{\text{清单工程量}} \tag{5.47}$$

1)人工费、材料和工程设备费、机械使用费的计算表达式如下:

$$\text{人工费} = \text{分部分项工程量} \times \text{人工消耗量} \times \text{人工工日单价} \tag{5.48}$$

或

$$\text{人工费} = \text{分部分项工程量} \times \text{定额人工费} \tag{5.49}$$

$$\text{材料费} = \text{分部分项工程量} \times \sum(\text{材料消耗量} \times \text{材料单价}) \tag{5.50}$$

$$\text{机械费} = \text{分部分项工程量} \times \sum(\text{机械台班消耗量} \times \text{机械台班单价}) \tag{5.51}$$

分部分项工程量应根据设计施工图、当地建设主管部门发布的《计价定额》中的"工程量计算规则"或者《全国统一建筑工程预算工程量计算规则(土建工程)》来计算确定(具体计算详见下篇各章)。

人工消耗量、材料消耗量、机械台班消耗量从当地《计价定额》中查用。

人工工日单价、材料单价、机械台班单价,应根据当地建设行政主管部门发布的人工、材料、机械及设备的价格信息或承发包双方结合市场情况确认的单价来确定。

2)管理费的计算

①计算表达式:

$$管理费 = (定额人工费 + 定额机械费 \times 8\%) \times 管理费费率 \tag{5.52}$$

或

$$管理费 = (人工费 + 机械费) \times 管理费费率 \tag{5.53}$$

定额人工费是指在《计价定额》中规定的人工费,是以人工消耗量乘以当地某一时期的人工工资单价得到的计价人工费,它是管理费、利润、社保费及住房公积金的计费基础。当出现人工工资单价调整时,价差部分可进入工程造价,但不得作为计费基础。

定额机械费也是指在《计价定额》中规定的机械费,是以机械台班消耗量乘以当地某一时期的人工工资单价、燃料动力单价得到的计价机械费,它是管理费、利润的计费基础。当出现机械中的人工工资单价、燃料动力单价调整时,价差部分可进入工程造价,但不得作为计费基础。

②分部分项工程费的综合单价管理费费率见表5.60或表5.61。

表5.60　分部分项工程费管理费费率

专业	房屋建筑与装饰工程	通用安装工程	市政工程	园林绿化工程	房屋修缮及仿古建筑工程	城市轨道交通工程	独立土石方工程
费率/%	33	30	28	28	23	28	25

注:此表为某省2013年新表。

表5.61　分部分项工程费管理费费率取定参考值

分部分项工程	计算基数	管理费率/%
一、建筑工程		
1.土(石)方工程	分部分项工程人机费用之和	27
2.桩与地基基础工程	分部分项工程人机费用之和	30
3.砌筑工程	分部分项工程人机费用之和	26
4.混凝土和钢筋混凝土工程	分部分项工程人机费用之和	45
5.厂库房大门、特种门、木结构工程	分部分项工程人机费用之和	26
6.金属结构工程	分部分项工程人机费用之和	25
7.屋面及防水工程	分部分项工程人机费用之和	25
8.防腐、隔热、保温工程	分部分项工程人机费用之和	25
二、建筑装饰装修工程		
1.楼地面工程	分部分项工程人机费用之和	32
2.墙、柱面工程	分部分项工程人机费用之和	32
3.天棚工程	分部分项工程人机费用之和	32
4.门窗工程	分部分项工程人机费用之和	26
5.油漆、涂料、裱糊工程	分部分项工程人机费用之和	24
6.其他工程	分部分项工程人机费用之和	23

注:表中的工程分部是指《清单计量规范》划分的分部,管理费费率应按清单分项所在分部计取。

3)利润的计算

①计算表达式:

$$利润 =(定额人工费 + 定额机械费 \times 8\%)\times 利润率 \quad (5.54)$$

或

$$利润 =(人工费 + 机械费)\times 利润率 \quad (5.55)$$

②利润率取定见表5.62、表5.63。

表5.62　分部分项工程费利润率

专业	房屋建筑与装饰工程	通用安装工程	市政工程	园林绿化工程	房屋修缮及仿古建筑工程	城市轨道交通工程	独立土石方工程
费率/%	20	20	15	15	15	18	15

注:此表为某省2013年新表。

表5.63　利润率取定的参考值

工程类别	计算基数	参考利润率/%			
		一类	二类	三类	四类
建筑工程	分部分项工程中的人机费之和	27	21	18	9

注:按主体工程类别计取利润率。

(2)措施项目费计算

2013版《清单计价规范》将措施项目划分为两类:

1)总价措施项目。是指不能计算工程量的项目,如安全文明施工费,夜间施工增加费,其他措施费等,应当按照施工方案或施工组织设计,参照有关规定以“项”为单位进行综合计价。某省的做法,总价措施项目可按“乘系数”的方法计算。计算过程在表5.51中完成,计算方法如表5.64所示。

表5.64　措施费计算参考费率

项目名称	适用条件	计算方法
安全文明施工费	房屋建筑与外装饰工程	分部分项工程费中(定额人工费+定额机械费×8%)×15.65%
	独立土石方工程	分部分项工程费中(定额人工费+定额机械费×8%)×2.0%
临时设施费	室内装饰	分部分项工程费中(定额人工费+定额机械费×8%)×5.48%
夜间施工增加费(合同工期/定额工期)	0.9~1.0	分部分项工程费中的人机费之和×1.08%
	0.8~0.9	分部分项工程费中的人机费之和×3.25%
	0.7~0.8	分部分项工程费中的人机费之和×5.41%
其他措施费(房屋建筑与外装饰工程)	冬、雨季施工增加费,生产工具用具使用费,工程定位复测、工程点交、场地清理费	分部分项工程费中(定额人工费+定额机械费×8%)×5.95%

续表

项目名称	适用条件	计算方法
特殊地区施工增加费	2 500 m＜海拔≤3 000 m 地区	(定额人工费＋定额机械费×8%)×8 %
	3 000 m＜海拔≤3 500 m 地区	(定额人工费＋定额机械费×8%)×15 %
	海拔＞3 500 m 地区	(定额人工费＋定额机械费×8%)×20 %

注:表中安全文明施工费作为一项措施费用,由环境保护费、安全施工、文明施工、临时设施费组成,适用于各类新建、扩建、改建的房屋建筑工程(包括与其配套的线路管道和设备安装工程、外装饰工程)、市政基础设施和拆除工程,但不适用于内装饰工程。

2)单价措施项目。是指可以计算工程量的项目,如模板、脚手架、垂直运输、超高施工增加、大型机械设备进出场和安拆、施工排降水等,可按计算综合单价的方法计算,计算公式为:

$$单价措施项目费 = \sum(单价措施项目清单工程量 \times 综合单价) \tag{5.56}$$

$$综合单价 = \frac{清单项目费用(含人/材/机/管/利/风险费)}{清单工程量} \tag{5.57}$$

其中:

$$人工费 = 措施项目定额工程量 \times 定额人工费 \tag{5.58}$$

$$材料费 = 措施项目定额工程量 \times \sum(材料消耗量 \times 材料单价) \tag{5.59}$$

$$机械费 = 措施项目定额工程量 \times \sum(机械台班消耗量 \times 机械台班单价) \tag{5.60}$$

$$管理费 = (定额人工费 + 定额机械费 \times 8\%) \times 管理费费率 \tag{5.61}$$

$$利润 = (定额人工费 + 定额机械费 \times 8\%) \times 利润率 \tag{5.62}$$

管理费费率见表5.60,利润率见表5.62,计算过程在表5.47和表5.45中完成。

(3)其他项目费计算

1)暂列金额应按招标工程量清单中列出的金额填写;

2)暂估价中的材料、工程设备单价应按招标工程量清单中列出的单价计入综合单价;

3)暂估价中的专业工程金额应按招标工程量清单中列出的金额填写;

4)计日工应按招标工程量清单中列出的项目根据工程特点和有关计价依据确定综合单价;

5)总承包服务费应根据招标工程量清单中列出的内容和要求估算。

(4)规费计算

1)社会保障费、住房公积金及残疾人保障金

$$社住残金 = 定额人工费总和 \times 26\% \tag{5.63}$$

式中定额人工费总和是指分部分项工程定额人工费、单价措施项目定额人工费与其他项目定额人工费的总和。

2)危险作业意外伤害险

$$意外伤害险 = 定额人工费 \times 1\% \tag{5.64}$$

未参加建筑职工意外伤害保险的施工企业不得计算此项费用。

3)工程排污费:按工程所在地有关部门的规定计算。

(5)税金计算

$$税金 = (分部分项工程费 + 措施项目费 + 其他项目费 + 规费 -$$

按规定不计税的工程设备费）× 综合税率 (5.65)

某省综合税率取定如表5.65所示。

表5.65 综合税率取定表

工程所在地	综合税率/%
市区	3.48
县城、镇	3.41
不在市区、县城、镇	3.28

5.3.5 清单计价计算实例

例5.11 某工程招标文件中的分部分项工程量清单如表5.66所示，试根据当地建设主管部门发布的《计价定额》和《计价规则》，以及当地的人工、材料、机械单价，编制“一砖厚实心直形墙”和“钢筋混凝土带形基础”两个清单项目的综合单价，并计算分部分项工程费。

表5.66 分部分项工程清单表

序号	项目编码	项目名称	项目特征	计量单位	工程数量
1	010401003001	实心砖墙	标准黏土砖，墙厚240 mm，M5混合砂浆砌筑	m^3	100
2	010501002001	带形基础	100厚C10混凝土基础垫层，有梁式带形基础，现浇C20混凝土	m^3	100

注：表中工程量仅为分项工程实体的清单工程量。由于两个项目的清单规则与定额规则相同，所以100 m^3 既是清单量也是定额量。基础垫层的定额工程量假设计算得10 m^3。

解 1）选择计价依据

查某地的《建筑工程计价定额》相关子目，定额消耗量及单位估价表见表5.67。

表5.67 相关子目定额消耗量及单位估价表

计量单位为10 m^3

定额编号		01030009	01040003	01080017
项目		一砖混水砖墙	钢筋混凝土带形基础	混凝土基础垫层
基价/元		3 487.02	3 555.72	3 642.71
其中	人工费/元	1 125.60	903.0	1 346.10
	材料费/元	2 322.54	2 538.85	2 244.03
	机械费/元	38.88	113.87	52.58

续表

定额编号				01030009	01040003	01080017
		单位	单价/元	数　量		
人工	综合人工	工日	70.00	16.080	12.900	19.230
材料	混合砂浆 M5	m^3	248.00	2.396	—	—
	普通黏土砖	千块	325.50	5.300	—	—
	水	m^3	3.00	1.060	8.220	5.000
	C10 现浇混凝土	m^3	201.23	—	—	10.100
	木模板	m^3	1 200.00	—	—	0.150
	其他材料费	元	1.00	—	—	11.610
	C20 现浇混凝土	m^3	248.80	—	10.150	—
	草席	m^2	2.10	—	1.100	—
机械	灰浆搅拌机 200 L	台班	102.32	0.380	—	—
	混凝土搅拌机 400 L	台班	125.70	—	0.385	0.380
	混凝土振捣器(平板式)	台班	6.83	—	—	0.720
	混凝土振捣器(插入式)	台班	7.89	—	0.770	—
	机动翻斗车(装载质量 1 t)	台班	92.10	—	0.645	—

2)选择费率

查当地的《计价规则》,房屋建筑及装饰工程的综合单价的管理费可按公式(5.52)计算,查表5.60知管理费率取定为33%;利润可按公式(5.54)计算,查表5.62知利润率取定为20%。

3)综合单价计算

综合单价计算过程见表5.68。

4)若按《清单计价规范》规定的格式,综合单价计算过程见表5.69、表5.70。

5)分部分项工程费计算

具体计算如表5.71所示。

例5.12　某工程采用如下施工措施,根据当地的计价办法,试计算措施费。已知:

砌筑综合脚手架(钢制)(高度20 m以内)的工程量为5 000 m^2;

浇灌综合脚手架(钢制)(层高3 m)的工程量为5 000 m^2;

钢筋混凝土矩形柱(1.8 m以外)模板(钢模)工程量为100 m^3;

解　1)根据《房屋建筑与装饰工程工程量计算规范》附录S,可将以上项目编为两条措施项目清单。如表5.72所示。

2)查用单位估价表见表5.73。

表 5.68　综合单价分析表

工程名称:　　　　　　　　　　　　　　　　　　　　　　　　第×页　共×页

序号	项目编码	项目名称	计量单位	工程量	清单综合单价组成明细											综合单价
					定额编号	定额名称	定额单位	数量	单价/元			合价/元				
									人工费	材料费	机械费	人工费	材料费	机械费	管理费和利润	
1	010401003001	实心砖墙	m^3	100	01030009	一砖混水砖墙	10 m^3	0.100 0	1 125.60	2 322.54	38.88	112.56	232.25	3.89	59.82	408.52
					小计							112.56	232.25	3.89	59.82	
2	010501002001	带形基础	m^3	100	01040003	钢筋混凝土带形基础	10 m^3	0.100 0	903.00	2 538.85	113.57	90.30	253.89	11.36	48.34	447.48
					01080017	混凝土基础垫层	10 m^3	0.010 0	1 346.10	2 244.03	52.58	13.46	22.44	0.53	7.16	
					小　计							103.76	276.33	11.89	55.50	

注:表 5.68 计算说明如下:

表中,综合单价组成明细中的数量是相对量:

$$\text{数量} = \text{定额量} / \text{定额单位扩大倍数} / \text{清单量} \tag{5.66}$$

一砖混水砖墙的相对量 = 100/10/100 = 0.100。

管理费和利润 = (112.56 + 3.89 × 8%) × (33% + 20%) = 59.82 元/m^3(按公式 5.52、公式 5.54 和表 5.60、表 5.62 规定计算)

表5.69 分部分项工程量清单综合单价分析表

工程名称： 第×页 共×页

项目编码		010401003001		项目名称		实心砖墙				计量单位		m^3
清单综合单价组成明细												
定额编号	定额名称	定额单位	数量	单价/元			合价/元					
				人工费	材料费	机械费	人工费	材料费	机械费	管理费	利润	风险费
01030009	一砖混水砖墙	10 m^3	0.100 0	1 125.6	2 322.54	38.88	112.56	232.25	3.89	30.28	24.45	11.60
小　计							112.56	232.25	3.89	30.28	24.45	11.60
人工单价	70.00元/工日	清单项目综合单价（元/ m^3）					415.03					
材料费明细	主要材料名称、规格、型号				单位	数　量	单价/元	合价/元	合价/元	暂估单价	暂估合价	
	混合砂浆				m^3	0.239 6	248.00	59.42				
	砖				千块	0.530	325.50	172.52				
	其他材料费							0.32				
	材料费小计							232.25				

注：表5.69计算说明如下：

表中：综合单价组成明细中的数量（$数量_1$）是相对量：

$$数量_1 = 定额量 / 定额单位扩大倍数 / 清单量 \tag{5.67}$$

一砖混水砖墙的相对量 = 100/10/100 = 0.100。

管理费 = (112.56 + 3.89) × 26% = 30.28 元/m^3（按公式5.53和表5.61规定计算）

利润 = (112.56 + 3.89) × 21% = 24.45 元/m^3（按公式5.55和表5.63规定计算）

材料费明细中的数量（$数量_2$）是分析量：

$$数量_2 = 定额中主材的消耗量 \times 数量_1 \tag{5.68}$$

混合砂浆分析量 = 2.39 6 × 0.10 = 0.239 6 m^3

混合砂浆合价 = 0.239 6 × 248 = 59.42 元/m^3

黏土砖分析量 = 5.3 × 0.10 = 0.53 千块

黏土砖合价 = 0.530 × 325.50 = 172.52 元/m^3

风险费 = (59.42 + 172.52) × 5% = 11.60 元/m^3

综合单价 = 112.56 + 232.25 + 3.89 + 30.28 + 24.45 + 11.60 = 415.03 元/m^3

表 5.70　分部分项工程量清单综合单价分析表

工程名称：　　　　　　　　　　　　　　　　　　　　　　　　　　第×页　共×页

项目编码		010501002001		项目名称		带形基础				计量单位		m^3
清单综合单价组成明细												
定额编号	定额名称	定额单位	数　量	单价/元			合价/元					
				人工费	材料费	机械费	人工费	材料费	机械费	管理费	利　润	风险费
01040003	钢筋混凝土带形基础	10 m^3	0.100 0	903.00	2 538.85	113.57	90.30	253.89	11.36	45.75	21.35	12.63
01080017	混凝土基础垫层	10 m^3	0.010 0	1 346.10	2 244.03	52.58	13.46	22.44	0.53	6.29	2.94	1.02
小　计							103.76	276.33	11.88	52.04	24.29	13.64
人工单价	70.00 元/工日	清单项目综合单价(元/m^3)					481.94					
材料费明细	主要材料名称、规格、型号				单位	数　量	单价/元	合价/元	合价/元	暂估单价/元	暂估合价/元	
	C20 现浇混凝土				m^3	1.015 0	248.8	252.53				
	C10 现浇混凝土				m^3	0.101 0	201.23	20.32				
	其他材料费							3.47				
	材料费小计							276.33				

注：表 5.70 计算说明如下：

钢筋混凝土带形基础的相对量 = 100/10/100 = 0.100。

基础垫层的相对量 = 10/10/100 = 0.010。

C20 现浇混凝土分析量 = 10.15 × 0.100 = 1.015 m^3

C20 现浇混凝土合价 = 1.015 × 248.8 = 252.53 元/m^3

C10 现浇混凝土分析量 = 10.10 × 0.010 = 0.1010 m^3

C10 现浇混凝土合价 = 0.1010 × 201.23 = 20.32 元/m^3

风险费 = (252.53 + 20.32) × 5% = 13.64 元/m^3

综合单价 = 103.76 + 276.33 + 11.88 + 52.04 + 24.29 + 13.64 = 481.94 元/m^3

表5.71　分部分项工程清单计价表

序号	项目编码	项目名称	计量单位	工程量	金额/元				
					综合单价	合价	其中		
							人工费	机械费	暂估价
1	010401003001	实心砖墙	m^3	100	408.52	40 852.00	11 256.00	389.00	
2	010501002001	带形基础	m^3	100	447.48	44 748.00	10 376.00	1 189.00	
合　计						85 600.00			

注:表中综合单价取表5.68中数据。

表5.72　措施项目清单表

序号	项目编码	项目名称	项目特征	计量单位	工程数量
1	011701001001	综合脚手架	1. 建筑结构形式:现浇框架 2. 檐口高度:20 m以内 3. 层高:3 m 4. 安全网:立挂式	m^2	5 000
2	011702002001	矩形柱模板	1. 柱截面周长:1.8 m以内 2. 模板材料:钢模 3. 层高:3 m	m^3	100

表5.73　相关措施项目的人、材、机单价

定额编号		C0102001	C0102014	C0102064	C0101029
项目		砌筑综合脚手架（钢制、高度20 m以内）	浇灌综合脚手架（钢制、层高3.6 m以内）	立挂式安全网	矩形柱（1.8 m以外）
		（建筑面积100 m^2）	（建筑面积100 m^2）	（外围面积100 m^2）	钢模板（混凝土10 m^3）
基价/元		1 269.74	858.49	525.12	2 839.71
其中	人工费/元	643.29	786.09	14.00	2 163.69
	材料费/元	595.07	72.4	511.12	625.47
	机械费/元	31.38			50.55

3）措施项目综合单价计算见表5.74，假设立挂式安全网外围面积计算得4 000 m^2。

表5.74　综合单价分析表

序号	项目编码	项目名称	计量单位	工程量	清单综合单价组成明细											综合单价
					定额编号	定额名称	定额单位	数量	单价/元			合价/元				
									人工费	材料费	机械费	人工费	材料费	机械费	管理费和利润	
1	011701001001	综合脚手架	m^2	5 000	C0102001	砌筑综合脚手架	100 m^2	0.010 0	643.29	595.07	31.38	6.43	5.95	0.31	3.42	33.13
					C0102014	浇灌综合脚手架	100 m^2	0.010 0	786.09	72.4		7.86	0.72		4.17	
					C0102064	立挂式安全网	100 m^2	0.008 0	14.00	511.12		0.11	4.09		0.06	
					小　计							14.41	10.76	0.31	7.65	
2	011702002001	矩形柱模板	m^3	100	C0101029	矩形柱钢模板	混凝土10 m^3	0.100 0	2 163.69	625.47	50.55	216.37	62.55	5.06	114.89	398.86
					小　计							216.37	62.55	5.06	114.89	

注：表5.74计算说明如下：

表中，综合单价组成明细中的数量是相对量：

数量＝定额量/定额单位扩大倍数/清单量

综合脚手架的相对量＝5 000/100/5 000＝0.010 0。

立挂式安全网的相对量＝4 000/100/5 000＝0.008 0。

管理费和利润＝(14.41＋0.31×8%)×(33%＋20%)＝7.65元/m^3(按公式5.52、公式5.54和表5.60、表5.62规定计算)

4)措施项目计价见表5.75。

表5.75 单价措施项目清单与计价表

序号	项目编码	项目名称	计量单位	工程量	金额/元				
					综合单价	合价	其中		
							人工费	机械费	暂估价
1	11701001001	综合脚手架	m^2	5 000	33.13	165 650.00	72 050.00	1 550.00	
2	11702002001	矩形柱模板	m^3	100	398.86	39 886.00	21 637.00	506.00	
合计						205 536.00	93 687.00	2 056.00	

例5.13 上题若按2013年的算法计算,则采用“措施项目费分析表”(见表5.76)和“措施项目计价表”(见表5.77)计算,管理费率和利润率按二类工程取33%和21%。

表5.76 措施项目费分析表

序号	措施项目名称	单位	数量	金额/元				
				人工费	材料费	机械费	管理费+利润	小计
1	脚手架	项	1					128 031.67
C010 2001	砌筑综合脚手架	100 m^2	50	32 164.50	29 753.50	1 569.00	18 216.09	81 703.09
C010 2014	浇灌综合脚手架	100 m^2	50	13 897.00	3 620.00	0.00	7 504.38	25 021.38
C010 2064	安全网	100 m^2	40	560.00	20 444.80	0.00	302.40	21 307.20
2	模板	项	1					40 354.00
C010 1029	现晓矩形柱模板	10 m^3	10	21 636.90	6 254.70	505.50	11 956.90	40 354.00

注:表中假设立挂式安全网外围面积计算得4 000 m^2。

例5.14 市区某单位新建一幢8层框架结构的住宅楼,建筑面积为5 660 m^2,室外标高为-0.3 m,第一层层高为3.2 m,第二至第八层的层高均为2.8 m,女儿墙高为0.9 m,出屋面楼梯间高为2.8 m。该工程根据招标文件及分部分项工程量清单、当地的《建筑工程计价定额》、《建设工程造价计价规则》、人工、材料、机械台班的单价计算出以下数据:分部分项工程费4 218 232元,其中:人工费710 400元,材料费2 692 400元,机械费280 400元,管理费326 964元,利润208 068元,单价措施项目费220 000元(其中人工费45 000元);招标文件载明暂列金额应计100 000元;专业工程暂估价30 000元;总价措施项目费应计安全文明施工费、其他措施费;工程排污费计10 000元。试根据上述条件计算该住宅楼房屋建筑工程的招标控制价。

表 5.77 措施项目计价表

序号	项目名称	计量单位	计算方法	金额/元
1	安全文明施工费			
2	夜间施工费			
3	二次搬运费			
4	其他(冬雨季施工、定位复测、生产工具用具使用等)			
5	大型机械设备进出场安拆费		详分析表	
6	施工排水、降水		详分析表	
7	地上、地下设施、建筑物的临时保护设施			
8	已完工程及设备保护			
9	模板与支撑	项	详分析表	40 354.00
10	脚手架	项	详分析表	128 031.67
11	垂直运输		详分析表	
12	超高施工增加费		详分析表	
	合 计			168 385.67

解 该住宅楼的招标控制价计算过程见表 5.78、表 5.79。

表 5.78 单位工程费汇总表

序号	汇总内容	金额/元	计算方法
1	分部分项工程费	4 218 232.00	题给
1.1	人工费	710 400.00	题给
1.2	材料费	2 692 400.00	题给
1.3	设备费		
1.4	机械费	280 400.00	题给
1.5	管理费和利润	535 032.00	题给
2	措施项目费	378 291.71	
2.1	单价措施项目费	220 000.00	
2.1.1	人工费	45 000.00	
2.1.2	材料费		
2.1.3	机械费		
2.1.4	管理费和利润		
2.2	总价措施项目费	158 291.71	
2.2.1	文明安全施工费	114 688.21	(<1.1> + <1.4> ×8%)×15.65%
2.2.2	其他总价措施项目费	43 603.50	(<1.1> + <1.4> ×8%)×5.95%

续表

序号	汇总内容	金额/元	计算方法
3	其他项目费	130 000.00	
3.1	暂列金额	100 000.00	
3.2	专业工程暂估价	30 000.0	
3.3	计日工		
3.4	总承包服务费		
4	规费	213 958.00	
5	税金	171 928.76	(1+2+3+4)×3.48%
招标控制价/投标报价合计=1+2+3+4+5		5 112 410.48	

表 5.79　规费、税金项目计价表

序号	项目名称	计算基础	计算费率/%	金额/元
1	规费			213 958.00
1.1	社会保障费、住房公积金、残疾人保障金	分部分项工程定额人工费+单价措施项目定额人工费	26	196 404.00
1.2	危险作业意外伤害险	分部分项工程定额人工费+单价措施项目定额人工费	1	7 554.00
1.3	工程排污费			10 000.00
2	税金	分部分项工程费+措施项目费+其他项目费+规费	3.48	171 928.76
	合　计			385 886.76

习题 5

5.1　什么是工程建设定额？如何进行分类？

5.2　预算定额的概念、性质、编制原则是什么？

5.3　预算定额中人工工日消耗量确定的方法有哪些？组成内容是什么？

5.4　预算定额中材料消耗量确定的方法有哪些？组成内容是什么？

5.5　预算定额中机械台班消耗量确定的方法有哪些？如何确定？

5.6　人工工日单价的概念和组成内容是什么？

5.7　什么是材料预算价格？组成内容是什么？如何确定？

5.8　机械台班单价的概念和组成内容是什么？

5.9　什么是分部分项工程单价？什么是单位估价表？

5.10　预算定额的应用体现在哪几方面？

5.11　编制单位估价表(根据表5.80中所给数据,计算并填出空格内数字)

表5.80　单位估价表编制

	定额编号			4-32	4-33	4-36	4-37
	项目名称			基础梁	单梁	圈梁	过梁
	基价(元)						
其中	人工费(元)						
	材料费(元)						
	机械费(元)						
	名称	单位	单价(元)	消耗量			
人	综合人工	工日	78.00	15.88	18.35	25.48	27.21
材料	C20现浇混凝土	m^3	280.80	10.15	10.15	10.15	10.15
	草席	m^2	2.40	5.70	6.90	13.99	14.13
	水	m^3	3.00	10.71	11.38	18.29	18.75
机械	混凝土搅拌机	台班	185.79	0.625	0.625	0.625	0.625
	振捣器	台班	9.48	1.25	1.25	1.25	1.25
	翻斗车	台班	112.18	1.29	1.29	1.29	1.29

注:表中人工、材料、机械的单价是随市场波动的,因此可做合理假设。

5.12　某框架结构房屋建筑工程,其填充墙为M7.5混合砂浆(使用P.S32.5水泥、细砂配制)砌筑190厚黏土空心砖墙,工程量为860 m^3,请按当地《计价定额》,在表"M7.5砌筑砂浆半成品材料分析表"中(见表5.81)对M7.5砌筑砂浆进行材料用量分析。

表5.81　M7.5砌筑砂浆半成品材料分析表

M7.5砌筑砂浆消耗量				
序号	材料名称	计算式	单位	数　量
1				
2				
3				
4				

5.13　定额计价与工程量清单计价在计算方法有哪些不同？

5.14　工程量清单有哪几个部分构成？各有什么特点？

5.15　编制工程量清单有哪些规定必须强制执行？

5.16　措施项目清单规定了哪些费用？

5.17　工程量清单计价有哪些规定必须强制执行？

5.18　某县城中学新建一栋六层现浇框架综合实验楼,建筑面积为7 200 m^2,每层层高均为3.6 m,室外地坪标高为-0.6 m。工程采用工程量清单招标。某造价咨询公司计算出分部分项工程费为792万元,其中:人工费为95.04万元,机械费为63.36万元;单价措施项目费30.37万元其中人工费占10%;工程排污费3万元;招标文件明确暂列金额为10万元;应另计安全文明施工费、其他措施费;试根据上述条件计算该综合实验楼房屋建筑工程的招标控制价。

5.19　某市区新建一栋八层现浇框架宾馆,建筑面积为10 800 m^2,每层层高均为3.6 m,室外地坪标高为-0.6 m,室内装修采用工程量清单招标。某造价咨询公司计算出分部分项工程费为1 280万元,其中:人工费为182.69万元,机械费为94.21万元;单价措施项目费计45.25万元其中人工费占10%;工程排污费计5万元;招标文件明确暂列金额为15万元;应另计安全文明施工费、其他措施费;试根据上述条件计算该宾馆室内装修工程的招标控制价。

5.20　某市区新建一栋十层现浇框架办公楼,工程采用工程量清单招标。已计算出分部分项工程费为4 218 232元,其中:人工费为512 300元,机械费为336 800元;单价措施项目费403 736元(其中人工费占11%);工程排污费20 000元;招标文件明确暂列金额为120 000元;应另计安全文明施工费、其他措施费;当地建设主管部门近期发文规定定额人工费调差率为4.5%。试根据上述条件计算该办公楼房屋建筑工程的招标控制价。

第6章 工程结算

工程结算是指承包商在工程施工过程中,依据承包合同中关于付款的规定和已经完成的工程量,以预付备料款和工程进度款的形式,按照规定的程序向业主收取工程价款的一项经济活动。

6.1 工程结算的意义

工程结算是工程项目承包中一项十分重要的工作,主要作用表现为:

(1)工程价款结算是反映工程进度的主要指标

在施工过程中,工程价款结算的依据之一就是已完成的工程量。承包商完成的工程量越多,所应结算的工程价款就越多,根据累计已结算的工程价款占合同总价款的比例,能够近似地反映出工程的进度情况,有利于准确掌握工程进度。

(2)工程价款结算是加速资金周转的重要环节

对于承包商来说,只有当工程价款结算完毕,才意味着其获得了工程成本和相应的利润,实现了既定的经济效益目标。

6.2 工程预付款结算

6.2.1 预付款的数额和拨付时间

《建设工程工程量清单计价规范》(GB 50500—2013)10.1.2条规定:包工包料工程的预付款的支付比例不低于签约合同价(扣除暂列金额)的10%,不宜高于签约合同价(扣除暂列金额)的30%。

10.1.3条规定:承包人应在签订合同或向发包人提供与预付款等额的预付款保函后向发包人提交预付款支付申请。

10.1.4条规定:发包人应在收到支付申请的7天内进行核实,向承包人发出预付款支付证书,并在签发支付证书后的7天内向承包人支付预付款。

预付款的数额可按以下公式计算:

$$预付款数额 = 工程(年度)建安工程量 \times 工程备料款额度 \tag{6.1}$$

6.2.2　预付款的拨付及违约责任

《建设工程工程量清单计价规范(GB 50500—2013)》10.1.5条规定:发包人没有按合同约定按时支付预付款的,承包人可催告发包人支付;发包人在预付款期满后7天内仍未支付的,承包人可在付款期满后的第8天起暂停施工。发包人应承担由此增加的费用和延误的工期,并向承包人支付合理利润。

6.2.3　预付款的扣回

《建设工程工程量清单计价规范(GB 50500—2013)》10.1.6条规定:预付款应从每一个支付期应支付给承包人的工程进度款中扣回,直到扣回的金额达到合同约定的预付款金额为止。

预付款一般在工程进度款的累计金额超过合同价的某一比值时开始起扣,每月从承包人的工程进度款内按主材比重扣回。预付款的起扣点金额按下式计算:

$$预付款起扣点金额 = 承包工程款总额 - \frac{预付款的数额}{主要材料比重} \tag{6.2}$$

工程进度款的累计金额超过起扣点金额的当月为起扣月。起扣月应扣回的预付款按下式计算:

$$起扣月应扣预付款 = (当月累计工程进度款 - 起扣点金额) \times 主材比重 \tag{6.3}$$

超过起扣点后,月度应扣回的预付款按下式计算:

$$月应扣预付款 = 当月工程进度款 \times 主材比重 \tag{6.4}$$

6.3　工程进度款结算与支付

6.3.1　工程进度款结算方式

《建设工程工程量清单计价规范(GB 50500—2013)》10.3.1条规定:发承包双方应按照合同约定的时间、程序和方法,根据工程计量结果,办理期中价款结算,支付进度款。

10.3.2条规定:进度款支付周期应与合同约定的工程计量周期一致。

6.3.2　工程量核算

《建设工程工程量清单计价规范(GB 50500—2013)》8.1.1条规定:工程量必须按照相关工程现行国家计量规范规定的工程量计算规则计算。

8.1.2条规定:工程计量可选择按月或按工程形象进度分段计量,具体计量周期应在合同中约定。

8.2.1条规定:工程量必须以承包人完成合同工程应予计量的工程量确定。

8.2.3 条规定:承包人应当按照合同约定的计量周期和时间向发包人提交当期已完工程量报告。发包人应在收到报告后 7 天内核实,并将核实计量结果通知承包人。发包人未在约定时间进行核实的,承包人提交的计量报告中所列的工程量应视为承包人实际完成的工程量。

6.3.3 工程进度款支付

《建设工程工程量清单计价规范》(GB 50500—2013)10.3.7 条规定:进度款的支付比例按照合同约定,按期中结算价款总额计,不低于 60%,不高于 90%。

6.4 竣工结算

6.4.1 竣工结算的一般规定

《建设工程工程量清单计价规范(GB 50500—2013)》11.1.1 条规定:工程完工后,发承包双方必须在合同约定时间内办理工程竣工结算。

6.4.2 竣工结算的编审

《建设工程工程量清单计价规范(GB 50500—2013)》11.1.2 条规定:工程竣工结算应由承包人或受其委托具有相应资质的工程造价咨询人编制,并用由发包人或受其委托具有相应资质的工程造价咨询人核对。

6.4.3 竣工结算报告的递交时限要求及违约责任

《建设工程工程量清单计价规范(GB 50500—2013)》11.3.1 条规定:合同工程完工后,承包人应在提交竣工验收申请的同时向发包人提交竣工结算文件。承包人未在约定的时间内提交竣工结算文件,经业主催告后 14 天内仍未提交或没有明确答复的,发包人有权根据已有资料编制竣工结算文件,作为办理竣工结算和支付结算款的依据,承包人应予认可。

6.4.4 竣工结算报告的审查时限要求及违约责任

《建设工程工程量清单计价规范(GB 50500—2013)》11.3.2 条规定:发包人应在收到承包人提交的竣工结算文件后的 28 天内核对。

11.3.4 条规定:发包人在收到承包人竣工结算文件后的 28 天内,不核对竣工结算或未提出核对意见的,应视为承包人提交的竣工结算文件已被发包人认可,竣工结算办理完毕。

6.4.5 竣工结算价款的支付及违约责任

《建设工程工程量清单计价规范(GB 50500—2013)》11.4.1 条规定:承包人应根据办理的竣工结算文件向发包人提交结算款支付申请。

11.4.2 条规定:发包人应在收到承包人提交结算款支付申请后的 7 天内予以核实,并向承包人签发竣工结算支付证书。

11.4.3 条规定:发包人签发竣工结算支付证书后的 14 天内,应按照结算支付证书列明的金额向承包人支付结算款。

11.4.5 条规定:发包人未按 11.4.3 条、11.4.4 条规定支付竣工结算款的,承包人可催告业发包人支付,并有权获得延迟支付的利息。发包人在竣工结算支付证书签发后或者在收到承包人提交的竣工结算款支付申请后的 7 天后 56 天内仍未支付的,除法律另有规定外,承包人可与发包人协商将该工程折价,也可直接向人民法院申请将该工程依法拍卖,承包人应就该工程折价或拍卖的价款优先受偿。折价,或申请人民法院将该工程依法拍卖,承包商就该工程折价或拍卖的价款优先受偿。

6.4.6 竣工结算编制依据

1)工程合同的有关条款;
2)全套竣工图纸及相关资料;
3)设计变更通知单;
4)承包商提出,由业主和设计单位会签的施工技术问题核定单;
5)工程现场签证单;
6)材料代用核定单;
7)材料价格变更文件;
8)合同双方确认的工程量;
9)经双方协商同意并办理了签证的索赔;
10)投标文件、招标文件及其他依据。

6.4.7 竣工结算编制方法

在工程进度款结算的基础上,根据所收集的各种设计变更资料和修改图纸,以及现场签证、工程量核定单、索赔等资料进行合同价款的增、减调整计算,最后汇总为竣工结算造价。

6.4.8 竣工结算审核

工程竣工结算审核是竣工结算阶段的一项重要工作。经审核确定的工程竣工结算是核定建设工程造价的依据,也是建设项目验收后编制竣工决算和核定新增固定资产价值的依据。因此,业主、造价咨询单位都应十分关注竣工结算的审核把关。一般从以下几方面人手:

1)核对合同条款。首先,竣工工程内容是否符合合同条件要求,工程是否竣工验收合格,只有按合同要求完成全部工程并验收合格才能列入竣工结算。其次,应按合同约定的结算方法,对工程竣工结算进行审核,若发现合同有漏洞,应请业主与承包商认真研究,明确结算要求。

2)落实设计变更签证。设计修改变更应由原设计单位出具设计变更通知单和修改图纸,设计、校审人员签字并加盖公章,经业主和监理工程师审查同意,签证才能列入结算。

3)按图核实工程数量、竣工结算的工程量应依据设计变更单和现场签证等进行核算,并按国家统一规定的计算规则计算工程量。

4)严格按合同约定计价。结算单价应按合同约定、招标文件规定的计价原则或投标报价执行。

5)注意各项费用计取。工程的取费标准应按合同要求或项目建设期间有关费用计取规定执行,先审核各项费率、价格指数或换算系数是否正确,价格调整计算是否符合要求,再核实特殊费用和计算程序。要注意各项费用的计取基础,是以人工费为基础还是定额基价为基础。

6)防止各种计算误差。工程竣工结算子目多、篇幅大,往往有计算误差,应认真核算,防止因计算误差多计或少算。

6.4.9 工程质量保证(保修)金的预留

按照有关合同约定预留质量保证(保修)金,待工程项目保修期满后拨付。

6.5 计算实例

例6.1 某业主与承包商签订了某建筑工程项目总包施工合同。承包范围包括土建工程和水、电、通风及建筑设备安装工程,合同总价为4 800万元。工期为2年,第一年已完成2 600万元,第二年应完成2 200万元。承包合同约定:

(1)业主应向承包商支付当年合同价25%的工程预付款;

(2)工程预付款应从未施工工程中所需的主要材料及设备价值相当于工程预付款时起扣;每月以抵充工程款的方式陆续收回。主要材料及设备费比重为62.5%考虑;

(3)工程质量保证金为承包合同总价的3%。经双方协商,业主从每月承包商的工程款中按3%的比例扣留。在缺陷责任期满后,质量保证金及其利息扣除已支出费用后的剩余部分退回给承包商;

(4)业主按实际完成的建安工程量每月向承包商支付工程款,但当承包商每月实际完成的建安工程量少于计划完成工程量的10%以上(含10%)时,业主可按5%的比例扣留工程款,在竣工结算时一次性退回给承包商;

(5)除设计变更和其他不可抗力因素外,合同价格不作调整;

(6)由业主直接供应的材料和设备在发生当月的工程款中扣回其费用。

经业主的工程师代表签认的承包商在第二年各月计划和实际完成的建安工程量以及业主直接提供的材料、设备价值如表6.1所示。

表6.1 工程结算数据表

月份	1~6	7	8	9	10	11	12
计划建安完成工程量	1 100	200	200	200	190	190	120
实际完成建安工程量	1 110	180	210	205	195	180	120
业主直供材料、设备价值	90.56	35.5	24.4	10.5	21	10.5	5.5

问题:

(1)工程预付款是多少?

(2)工程预付款从几月起开始起扣?

(3)1月至6月以及其他各月业主应支付给承包商的工程款是多少?

(4)竣工结算时,业主应支付给承包商的工程结算款是多少?

要求:问题1、2、4列式计算,问题3在工程款支付计算表中计算。

表6.2 工程款支付计算表

月 份	1~6	7	8	9	10	11	12
计划建安完成工程量	1 100	200	200	200	190	190	120
实际完成建安工程量	1 110	180	210	205	195	180	120
计划支付工程款（扣质量保证金）	1 110 ×97% = 1 076.70	180 ×92% = 165.60	210 ×97% = 203.70	205 ×97% = 198.85	195 ×97% = 189.15	180 ×97% = 174.60	120 ×97% = 116.40
应扣工程预付款余额	0	0	(1 500 - 1 320) × 62.5% = 112.5	205 ×62.5% = 128.13	195 ×62.5% = 121.88	180 ×62.5% = 112.50	120 ×62.5% = 75
业主直供材料、设备价值	90.56	35.5	24.4	10.5	21	10.5	5.5
应支付的工程款	1 076.70 - 0 - 90.56 = 986.14	165.60 - 0 - 35.5 = 130.10	203.70 - 112.5 - 24.4 = 66.80	198.85 - 128.13 - 10.5 = 60.23	189.15 - 121.88 - 21 = 46.28	174.60 - 112.5 - 10.5 = 51.60	116.40 - 75 - 5.5 = 35.90

注:7 月份实际完成的建安工程量少于计划完成工程量的 10%,应按 5% 的比例扣留工程款(180 ×5% =9 万元),在竣工结算时一次性退回给承包商。

解 (1)工程预付款:

$$2\ 200 \times 25\% = 550\text{ 万元}$$

(2)工程预付款的起扣款额为:

$$2\ 200 - 550/62.5\% = 1320\text{ 万元}$$

1 月至 8 月累计完成建安工程量:1 110 + 180 + 210 = 1 500 万元 > 1 320 万元,预付款应从 8 月起开始起扣。

(3)1 月至 6 月以及其他各月业主应支付给承包商的工程款计算见表 6.2。

(4)竣工结算时,业主应支付给承包商的工程结算款是 35.9 + 9 = 44.9 万元。

习题 6

6.1 某工程承发包双方在可调价格合同中约定有关工程价款的内容为:

(1)合同履行中,根据市场情况规定的价格调整系数调整(签订合同时间为基期,指数为 1)合同价款,调整时间为当月;

(2)工程预付款为建筑安装工程造价的 30%,建筑材料和结构件的比重是 65%。工程实施后,工程预付款从未施工工程尚需的建筑材料和结构件价值相当于工程预付款时起扣,每月以抵支工程的方式陆续收回,并于竣工前全部扣完;

(3)工程进度款逐月计算拨付;

(4)工程保修金为建筑安装工程合同价的 5%,逐月扣留;

(5)该项目的建筑安装工程合同价为 1 200 万元;

该工程于 2010 年 3 月开工建设,3 月至 7 月计划产值、实际产值和根据市场情况规定的价格调整系数见表 6.3,其中计划产值和实际产值按基期价格计算。

表 6.3 计划产值、实际产值和根据市场情况规定的价格调整系数(单位:万元)

月 份	3	4	5	6	7
计划产值	80	220	250	170	190
实际产值	85	230	240	190	210
价格调整系数	100%	100%	105%	108%	100%

问题:

(1)该工程预付款是多少?工程预付款起扣点是多少?应从几月份开始起扣?

(2)该工程 3 ~ 7 月实际应拨付的工程款是多少?将计算过程和结果填入表 6.4 中。

表 6.4 应拨付的工程款计算表(单位:万元)

月 份	3	4	5	6	7
应签发的工程款					
应扣工程预付款					
应扣保修金					
应拨付的工程款					

6.2 发生工程造价合同纠纷该如何处理?

下篇
工程计价实务

为适应于土木工程、工程造价、工程管理不同专业的教学需要，本教材分为上下两篇。

本篇为计价实务篇。介绍工程计量与计价的一般规则和方法，是本教材内容最多的部分。

考虑到全国各地在定额工程量计算规定上的差异，本教材以介绍国家标准《建设工程工程量清单计价规范（GB 50500—2013）》（以下简称《清单计价规范》）、《房屋建筑与装饰工程工程量计算规范（GB 50854—2013》（以下简称《清单计量规范》）和《全国统一建筑工程预算工程量计算规则（GJDGZ—101—95）》（以下简称《定额规则》）的规定为主，结合讨论大多数地区在定额工程量计算上的一般算法，并按照“计量为计价服务、计量与计价相结合”的原则，每一工程分部均按照“读图—列项—算量—套价”的步骤，讨论清单与定额分项、常用清单项与定额项的对应关系、工程量计算、单位估价表组价、综合单价分析、分部分项工程费计算等内容。

本篇内容可根据教学时数作适当的增减，其中建筑面积、土方工程、砌筑工程、混凝土工程、钢筋工程、屋面工程、楼地面工程、墙柱面工程应作为重点内容讲解。

第 25 章是一个完整的计价示例，应要求学生自行研读，本课程如能安排一至二周的课程设计，则教学效果更佳。

第7章 工程量计算概述

7.1 工程量的定义

工程量是指以物理计量单位或自然计量单位所表示的各个具体分部分项工程和构配件的实物量。

物理计量单位是指需要量度的具有物理性质的单位。如长度以米(m)为计量单位,面积以平方米(m^2)为计量单位,体积以(m^3)为计量单位,体积以千克(kg)或吨(t)为计量单位等。

自然计量单位指不需要量度的具有自然属性的单位,如屋顶水箱以"座"为单位,设备安装以"台""组""件"等为单位。

7.2 工程量计算的意义

计算工程量就是根据施工图、《房屋建筑与装饰工程工程量计算规范(GB 50854—2013》(以下简称《清单计量规范》)和《全国统一建筑工程预算工程量计算规则(GJDGZ—101—95)》(以下简称《定额规则》),列出分部分项工程名称和计算式,计算出结果的过程。

工程量计算的工作,在整个工程计价的过程中是最繁重的一道工序,是编制施工图预算的重要环节。一方面,工程量计算工作在整个预算编制工作中所花的时间最长,它直接影响到预算的及时性;另一方面,工程量计算是否正确与否直接影响到各个分部分项工程直接工程费计算的正确与否,从而影响工程计价的准确性。因此,要求造价人员具有高度的责任感,耐心细致地进行计算。

7.3 工程量计算的原则

工程量必须按照《清单计量规范》和《定额规则》进行正确计算。

(1)工程量计算的基本要求

1)工作内容必须与《清单计量规范》或《定额规则》中分项工程所包括的内容一致

计算工程量时,要熟悉定额中每个分项工程所包括的内容和范围,以避免重复列项和漏计项目。例如抹灰工程分部中规定,墙面一般抹灰定额内不包括刷素水泥浆工料,而设计中要求刷素水泥浆一遍,就应当另列项计算。又如,该分部规定天棚抹灰定额内已包括基层刷107胶水泥浆一遍的工料,在计算天棚抹灰工程量时,就已包括这项内容,不能再列项重复计算。

2)工程量计量单位须同《清单计量规范》或《定额规则》中的计量单位一致

在计算工程量时,首先要弄清楚清单或定额的计量单位。如墙面抹灰,楼地面层均以面积计算,而踢脚线以长度计算,在计算时如果都笼统以面积计算,就会影响工程量的准确性。

3)工程量计算规则要与《清单计量规范》或现行《定额规则》要求一致

在按施工图纸计算工程量时,所采用的计算规则必须与本地区现行的计价定额工程量计算规则相一致,这样才能有统一的计算标准,防止错算。

4)工程量计算式要力求简单明了,按一定次序排列

为了便于工程量的核对,在计算工程量时有必要注明层次、部位、断面、图号等。工程量计算式一般按长、宽、厚的秩序排列。如计算面积时按长×宽(高),计算体积时按长×宽×厚或(高)等。

5)计算的精度要满足要求

工程量在计算的过程中,一般可保留三位小数,计算结果则四舍五入后保留两位小数。但钢材,木材计算结果要求保留三位小数。

(2)工程量计算的一般顺序

工程量计算是一项繁杂而细致的工作,为了达到既快又准确、防止重复错漏的目的,合理安排计算顺序是非常重要的。工程量计算顺序一般有以下几种方法:

1)按顺时针方向计算

即先从平面图左上角开始,按顺时针方向环绕一周后回到左上角止,如图7.1所示。

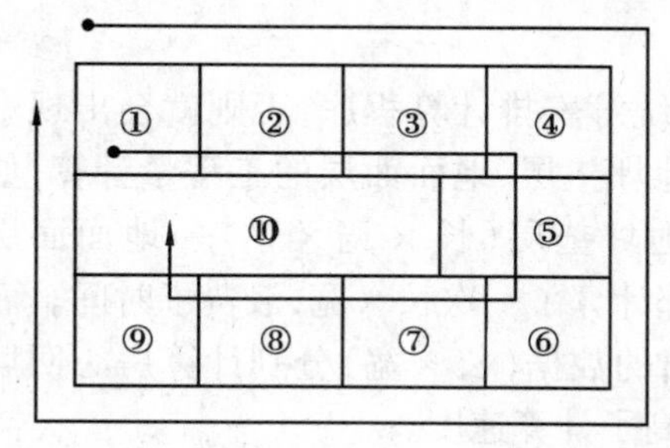

图7.1　按顺时针方向计算示意

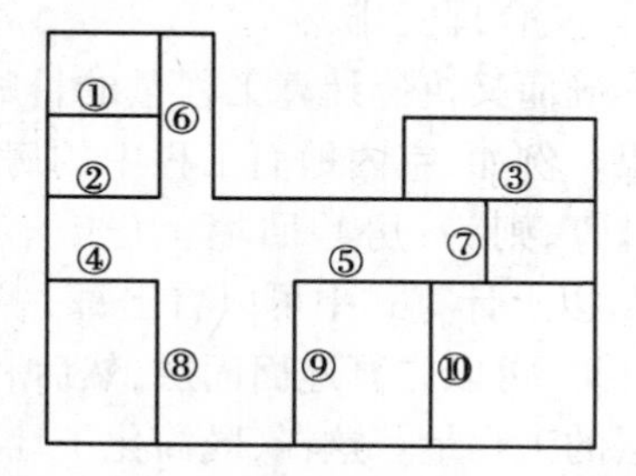

图7.2　按先横后竖、先上后下、先左后右的顺序计算示意

2)按先横后竖、先上后下、先左后右的顺序计算

如图7.2所示,在计算内墙基础、内墙砌体、内墙装饰工程量时,先计算横墙,按图中编号①②③④⑤的顺序,然后再计算竖墙,按图中编号⑥⑦⑧⑨⑩的顺序进行。

3)按图纸编号顺序计算

对于图纸上注明了部位和构件编号的,工程量计算时可以按这些标注的顺序进行,如内外墙基础工程量,柱、梁的工程量计算。如图7.3所示,可按柱、梁、板构件的编号顺序计算。

4)按轴线编号顺序计算

按图纸所标注的轴线编号顺序依次计算轴线所在位置的工程量。如图7.4所示,可按图上轴线①②③④⑤顺序和轴线ABCD顺序分别计算竖向和横向墙体、基础、墙面等工程量。

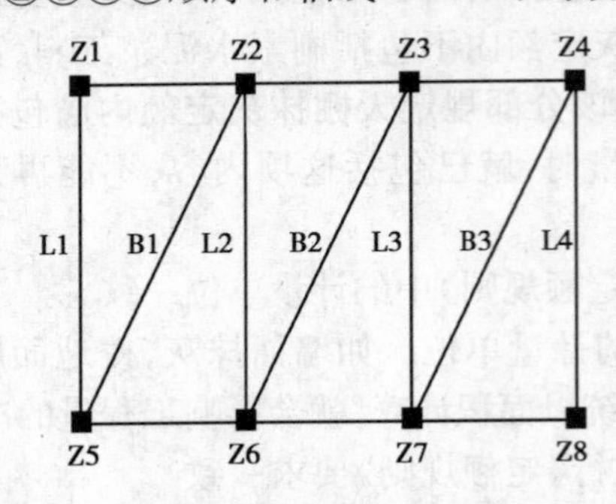

图7.3 按图纸编号顺序计算示意

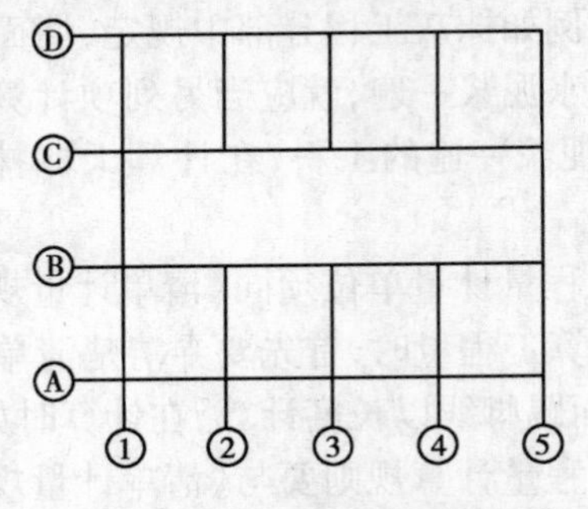

图7.4 按轴线编号顺序计算示意

5)按施工先后顺序计算

使用这种方法要求对实际的施工过程比较熟悉,否则容易出现漏项情况。例如基础工程量的计算,按施工顺序为:平整场地→挖土方→做基础垫层→基础浇灌或砌筑→浇灌地圈梁→做防潮层→回填土→余(借)土运输。

6)按定额分部分项顺序计算

即在计算工程量时,对应施工图纸按照定额的章节顺序和子目顺序进行分部分项工程的计算。采用这种方法要求熟悉图纸,有较全面的设计基础知识。由于目前的建筑设计从造型到结构形式都千变万化,尤其是新材料、新工艺的层出不穷,无法从定额中找到现成的项目供套用,因此,在计算工程量时,最好将这些项目列出来编制成补充定额,以避免漏项。

7)应用统筹法计算工程量

为了提高工程量计算工作的效率,减少重复计算,就有必要在计算之前合理安排计算顺序,确定先算哪些,后算哪些。统筹法计算工程量是根据工程量计算的自身规律,先主后次,统筹安排的一种方法。它有以下几个基本要点:

①统筹程序、合理安排

要达到准确而又快速计算工程量的目的,首先就要统筹安排计算程序,否则就会出现事倍功半的结果。例如,室内地面工程中的房心回填土、地坪垫层、地面面层的工程量计算,如按施工顺序计算,则为:房心回填土(长×宽×高)→地坪垫层(长×宽×厚)→地面面层(长×宽)。从以上计算式中可以看出每一个分项工程都计算了一次长×宽,浪费了时间。而利用统筹法计算,可以先算地面面层,然后利用已经算出的数据(长×宽)分别计算房心回填土和地坪垫层的工程量。这样,既简化了计算过程又提高了计算速度。

通常土建工程可按以下顺序计算工程量:建筑面积→脚手架工程→基础工程→混凝土及钢筋混凝土工程→门窗及木结构工程→金属结构工程→砖石工程→楼地面工程→屋面工程→装饰工程→室外工程→其他工程。按这种顺序计算工程量,便于重复利用已算数据,避免重复劳动。

②利用基数连续计算

在工程量计算中,离不开几个基数,即“三线一面”。“三线”是指建筑平面图中的外墙中心线($L_{中}$),外墙外边线($L_{外}$),内墙净长线($L_{内}$),“一面”是指底层建筑面积(S_d),利用好“三线一面”,会使许多工程量的计算化繁为简。

例如,利用$L_{中}$可计算外墙基槽土方、垫层、基础、圈梁、防潮层、外墙墙体等工程量;利用$L_{外}$可计算外墙抹灰、勾缝和散水等工程量;利用$L_{内}$可计算内墙防潮层、内墙墙体等分项工程量。利用S_d计算综合脚手架、平整场地、地面垫层、面层、天棚装饰等工程量。在计算过程中要注意尽可能的使用前面已经算出的数据,减少重复计算。“三线一面”在统筹法中的应用举例如表7.1所示。

表7.1 “三线一面”在统筹法中应用举例

序号	分项工程名称	工程量计算式	单位	备注
1	场地平整	$S_{场}=S_d+L_{外}\times2+16$	m^2	
2	室内整体地面	$S_{净}=S_d-(L_{中}+L_{内})\times\delta$(墙厚)	m^2	净面积
3	室内回填土	$V_{填}=S_{净}\times h$(回填土厚)	m^2	
4	室内地坪垫层	$V_{垫}=S_{净}\times h$(垫层厚)	m^2	
5	楼地面面积	$S_{净}\times$层数-楼梯水平投影面积×(层数-1)	m^2	
6	外墙挖基槽	$V_{外}=L_{中}\times F$(基槽截面面积)	m^3	
7	内墙挖基槽	$V_{内}=L_{槽}\times F$(基槽截面面积)	m^3	
8	挖地坑	$V_{坑}$(单个地坑体积)$\times n$(地坑个数)	m^3	
9	外墙砌体基础	$V_{外}=L_{中}\times F$(砌体基础截面面积)	m^3	
10	内墙砌体基础	$V_{内}=L_{基}\times F$(砌体基础截面面积) 或:$V_{内}=(L_{内中}-$基础顶面宽$)\times F$(砌体基础截面面积) (当内墙轴线居中时)	m^3	
11	墙身防潮层	$S=(L_{中}+L_{内})\times\delta$(墙厚)	m^2	
12	基础回填土	$V_{填}$(填方)$=V_{挖}$(挖方)$-V_{埋}$(埋入物体积)	m^3	
13	埋入物体积	垫层体积+室外自然地坪以下基础体积	m^3	
14	余土外运	$V_{余}=V_{挖}-V_{填}\times1.15$(基槽回填+房心回填)	m^3	
15	外墙圈梁混凝土	$V_{外}=L_{中}\times F$(圈梁截面面积)	m^3	
16	内墙圈梁混凝土	$V_{内}=L_{内}\times F$(圈梁截面面积)	m^3	
17	内墙面抹灰	$L_{内}\times$内墙高-门窗洞面积+门窗洞侧壁	m^2	
18	外墙面抹灰	$L_{外}\times$外墙高-门窗洞面积+门窗洞侧壁	m^2	
19	内墙裙	$(L_{内}-$门洞宽$)\times$内墙高-窗洞面积+门窗洞侧壁	m^2	
20	外墙裙	$(L_{外}-$门洞宽$)\times$外墙高-窗洞面积+门窗洞侧壁	m^2	
21	腰线抹灰	$L_{外}\times$展开宽	m^2	
22	室外散水	$L_{外}\times$散水宽+散水宽×散水宽×4	m^2	
23	室外排水沟道	$L_{外}$+散水宽×8+沟道宽×4	m	

③一次算出,多次使用

工程量计算过程中,通常会多次用到某些数据,就可以预先把这些工程量计算出来供以后查阅使用。例如先统计出门窗、预制构件等工程量,按各种规格做好分类,便于以后计算砖墙体、抹灰等工程量时利用这些数据。

④结合实际,灵活应用

由于各种工程之间的差异,以及设计上的灵活多变,施工工艺的不断改进,使得预算人员在工程量计算的各种方法处理上也要根据实际情况灵活多变。例如,在计算同一项目的工程量时,由于结构断面、高度或深度不同,就可以采取分段计算法;当建筑物各层的建筑面积或平面布置不同时可采取分层计算法;当建筑物的局部构造尺寸与整体有所不同时,可先视其为相同尺寸,利用基数连续计算,然后再进行增减调整。

总之,工程量计算方法多种多样,在实际工作中,预算人员可根据自己的经验、习惯,采取各种形式和方法,做到计算准确,不漏项、错项即可。

7.4 工程量清单编制

《清单计价规范》)第2.0.1条规定:工程量清单是“载明建设工程分部分项工程项目、措施项目、其他项目的名称和相应数量以及规费、税金项目等内容的明细清单”。也就是说,工程量清单是按照招标文件要求和施工图要求,将拟建招标工程的全部项目和内容,依据《清单计量规范》中统一的“项目编码、项目名称、计量单位、工程量计算规则”,列在清单上作为招标文件的组成部分,供投标单位逐项填写单价用于投标报价的明细清单。

工程量清单划分为招标工程量清单和已标价工程量清单。

招标工程量清单是指招标人依据国家标准、招标文件、设计文件以及施工现场实际情况编制的,随招标文件发布供投标人报价的工程量清单,包括其说明及表格。

招标工程量清单是招标文件的重要组成部分,是工程量清单计价的基础,应作为编制招标控制价、投标报价的依据之一。

(1)工程量清单的组成内容

工程量清单应由分部分项工程量清单、措施项目清单、其他项目清单、规费项目清单、税金项目清单组成。

(2)工程量清单编制依据

①《清单计价规范》和《清单计量规范》;

②国家或省级、行业建设主管部门颁发的计价定额和办法;

③建设工程设计文件;

④与建设工程项目有关的标准、规范、技术资料;

⑤拟定的招标文件;

⑥施工现场情况、工程特点及常规施工方案;

⑦其他相关资料。

(3)分部分项工程量清单编制要点

1)分部分项工程量清单应必须载明项目编码、项目名称、项目特征、计量单位和工程量。

2)分部分项工程量清单必须根据相关工程现行国家计量规范规定的项目编码、项目名称、项目特征、计量单位和工程量计算规则进行编制。

3)工程量清单的项目编码,应采用十二位阿拉伯数字表示。一至九位应按附录的规定设置,十至十二位应根据拟建工程的工程量清单项目名称设置。同一招标工程的项目编码不得有重码。

各位数字的含义是:

一、二位为专业工程代码,其中规定:

01——房屋建筑与装饰工程

02——仿古建筑工程

03——通用安装工程

04——市政工程

05——园林绿化工程

06——矿山工程

07——构筑物工程

08——城市轨道交通工程

09——爆破工程

三、四位为附录分类顺序码;

五、六位为分部工程顺序码;

七、八、九位为分项工程项目名称顺序码;

十、十一、十二位为清单项目名称顺序码。

4)工程量清单的项目名称应按附录的项目名称结合拟建工程的实际确定。

5)工程量清单项目特征应按附录中规定的项目特征,结合拟建工程项目的实际予以描述。项目特征为构成分部分项工程量清单项目、措施项目自身价值的本质特征,如表7.2所示。

表7.2 工程量清单项目名称及项目特征举例

项次	项目编码	项目名称及项目特征描述
1	010101003 001	挖基坑土方 二类土,挖土深度1.25 m,场外弃土6 km
2	010101003 002	挖沟槽土方 二类土,挖土深度1.25 m,场外弃土6 km
3	010401001 001	砖基础 一砖厚,Mu10黏土砖,M10水泥砂浆
4	010402001 001	一砖厚实心直形砖墙 Mu7.5黏土砖,M10混合砂浆
5	010402001 002	一砖厚实心直形砖墙 Mu7.5黏土砖,M5混合砂浆
6	010502001 001	构造柱,现浇C20

6)工程量清单中所列工程量应按附录中规定的工程量计算规则计算。

7)工程量清单的计量单位应按附录中规定的计量单位确定。

8)编制工程量清单出现附录中未包括的项目,编制人应作补充,并报省级或行业工程造价管理机构备案,省级或行业工程造价管理机构应汇总报住房和城乡建设部标准定额研究所。

补充项目的编码由国家计量规范的代码与 B 和三位阿拉伯数字组成,并应从××B001起顺序编制,同一招标工程的项目不得重码。

补充的工程量清单需附有补充项目的名称、项目特征、计量单位、工程量计算规则、工程内容。

9)分部分项工程量清单应采用《清单计价规范》中规定的格式,如表7.3所示。

表7.3　分部分项工程量清单

工程名称：　　　　　　　　　　　　　　　　　　　　　　　　　　　　第×页　共×页

序号	项目编码	项目名称	项目特征描述	计量单位	工程数量

(4)措施项目清单编制要点

1)措施项目清单必须根据相关工程现行国家计量规范的规定编制。

2)措施项目清单应根据拟建工程的实际情况列项。

3)措施项目中列出了项目编码、项目名称、项目特征、计量单位和工程量计算规则的项目,编制工程量清单时,应按照国家计量规范分部分项工程的规定执行。

4)措施项目中仅列出项目编码、项目名称,未列出项目项目特征、计量单位和工程量计算规则的项目,编制工程量清单时,应按照国家计量规范附录S措施项目规定的项目编码、项目名称确定(如脚手架、模板、垂直运输、超高施工增加、大型机械设备进出场和安拆、施工排降水、安全位文明施工及其他措施项目等)。

(5)其他项目清单编制要点

1)其他项目清单应按照下列内容列项。

①暂列金额;

②暂估价:包括材料暂估单价、工程设备暂估单价、专业工程暂估价;

③计日工;

④总承包服务费。

2)暂列金额应根据工程特点按有关计价规定估算。

3)暂估价中的材料、工程设备暂估单价应根据工程造价信息或参照市场价格估算,列出明细表;专业工程暂估价应分不同专业,按有关计价规定估算,列出明细表。

4)计日工应列出项目名称、计量单位和暂估数量。

5)总承包服务费应列出服务项目及其内容。

6)出现第一条未列的项目,可根据工程实际情况补充。

(6)规费项目清单编制要点

1)规费项目清单应按照下列内容列项:

①社会保障费:包括养老保险费、失业保险费、医疗保险费、工伤保险费、生育保险费;

②住房公积金;

③工程排污费。

2)出现上一条未列的项目,应根据省级政府或省级有关部门的规定列项。

(7)税金项目清单编制要点

1)税金项目清单应包括下列内容:

①营业税;

②城市维护建设税;

③教育费附加;

④地方教育费附加。

2)出现上一条未列的项目,应根据税务部门的规定列项。

(8)工程量清单表格样式

工程量清单文件由以下表格组成:

①封面;

②填表须知;

③总说明;

④分部分项工程清单;

⑤措施项目清单;

⑥其他项目清单;

⑦规费及税金清单。

表格样式举例如下:

表一:封面

□□□□□□工程

工程量清单

招标人(盖章):□□□□□□　　工程造价咨询人(盖章):造价咨询公司

法定代表人(签字盖章)□□　　法定代表人(签字盖章):□□

编制人(签字盖专用章):□□□　　复核人(签字盖专用章):□□□

编制时间:□□□□年□月□日　　复核时间:□□□□年□月□日

表二:填表须知

填表须知

1. 工程量清单及其计价格式中所有要求签字、盖章的地方,必须由规定的人员签字、盖章。
2. 工程量清单及其计价格式中的任何内容不得随意删除或涂改。
3. 工程量清单计价格式表中列明的所有需要填报的单价和合价,投标人均应填报,未填报的单价和合价,视为此项费用已包括在工程量清单的其他单价和合价中。
4. 金额(价格)均以人民币表示。

表三:总说明

总说明

工程名称:××工程　　　　第×页　共×页

1. 工程概况:建筑面积1 000 m^2,四层,毛石基础,砖混结构。施工工期200天。施工现场临近城市主干道,交通运输方便。施工现场少有积水,距现场南300 m处为校医院,施工中要防噪声。
2. 招标范围:全部建筑工程及装饰工程。
3. 清单编制依据:《清单计量规范》,由××大学建筑设计院设计的施工图文件,常规的施工方案。
4. 工程质量要求达到优良要求。
5. 考虑施工中可能发生的设计变更或清单有误,暂列金额为10万元。
6. 投标人应按《清单计量规范》规定的统一格式,提供"分部分项工程量清单综合单价分析表""措施项目费分析表"。
7. 随清单附有"主要材料价格表",投标人应按其规定内容填写。

表四:分部分项工程清单

分部分项工程清单

工程名称:××工程　　　　第×页　共×页

序号	项目编码	项目名称	项目特征描述	计量单位	工程数量
		土石方工程			
1	010101003001	挖沟槽土方	二类土,槽宽1.0 m,深1.15m,弃土运距120 m	m^3	400
2	010101003002	挖沟槽土方	二类土,槽宽1.2 m,深1.8 m,弃土运距120 m	m^3	700
		砌筑工程			
3	010403001001	石基础	毛石条基,M5.0水泥砂浆砌筑,深1.6m	m^3	380
4	010401003001	实心砖墙	一砖混水墙,M5.0混合砂浆砌筑。	m^3	780
	……				

表五:措施项目清单

措施项目清单

工程名称:××工程　　　　第×页　共×页

序号	项目名称	计算基础	费率(%)	金额(元)
1	安全文明施工费			
2	夜间施工费			
3	二次搬运费			
4	冬雨季施工			
5	大型机械设备进出场及安拆费			
6	施工排水			
7	施工降水			

续表

序号	项目名称	计算基础	费率(%)	金额(元)
8	地上、地下设施、建筑物的临时保护设施			
9	已完工程及设备保护			
10	各专业工程的措施项目			
11	模板			
12	脚手架			
13	垂直运输			
14	超高施工增加			
合　计				

表六:其他项目清单

其他项目清单

工程名称:××工程　　　　第×页　共×页

序号	项目名称	计量单位	金额(元)	备　注
1	暂列金额		100 000	
2	暂估价			
2.1	材料暂估价			
2.2	专业工程暂估价			
3	计日工			
4	总承包服务费			
5				
合　计				—

表七:规费及税金清单

规费、税金项目清单

工程名称:××工程　　　　第×页　共×页

序号	项目名称	计算基础	费率(%)	金额(元)
1	规费			
1.1	工程排污费			
1.2	社会保障及住房公积金	分部分项工程费中人工费		
1.3	危险作业意外伤害保险	分部分项工程费+措施项目费+其他项目费		
2	税金	分部分项工程费+措施项目费+其他项目费+规费		
合　计				

(9)编制工程量清单应注意的事项

一是分部分项工程量清单编制要求数量准确,避免错项、漏项。因为投标人要根据招标人提供的清单进行报价,如果工程量都不准确,报价也不可能准确。因此清单编制完成以后,除编制人要反复校核外,还必须要由其他人审核。

二是随着建设领域新材料、新技术、新工艺的出现,《清单计量规范》附录中缺项的项目,编制人可以作补充。

三是《清单计量规范》附录中的9位编码项目,有的涵盖面广,编制人在编制清单时要根据设计要求仔细分项。其宗旨就是要使清单项目名称具体化、项目划分清晰,以便于投标人报价。

四是编制工程量清单是一项涉及面广、环节多、政策性强、对技术和知识都有很高要求的技术经济工作。造价人员必须精通《清单计量规范》,认真分析拟建工程的项目构成和各项影响因素,多方面接触工程实际,才能编制出高水平的工程量清单。

习题7

7.1　工程量的含义是什么?

7.2　正确计算工程量有什么实际意义?

7.3　计算工程量有哪些基本原则?

7.4　编制工程量清单应注意哪些问题?

第8章 建筑面积计算

本章介绍国家标准《建筑工程建筑面积计算规范(GB/T 50353—2005)》的相关内容。

8.1 建筑面积的含义

建筑面积是指建筑物外墙结构所围的水平投影面积的总和。它是根据《建筑工程建筑面积计算规范(GB/T 50353—2005)》计算出来的一项重要的经济指标,可用于确定单方造价、商品房售价,也可用于计算统计基本建设计划面积、房屋竣工面积、在建房屋建筑面积等指标。同时,综合脚手架费、建筑物超高施工增加费、垂直运输费都是以建筑面积作为工程量计算的。

建筑面积计算是否正确不仅关系到工程量计算的准确性,而且对于控制基建投资规模,对于设计、施工管理等方面都具有重要意义。所以在计算建筑面积时,要认真对照《建筑工程建筑面积计算规范 GB/T 50353—2005 》中的计算规则,弄清楚哪些部位可以计算,哪些部位不可以计算,应该如何正确计算。

8.2 术语解释

根据国家标准《建筑工程建筑面积计算规范(GB/T 50353—2005)》,在计算中涉及的术语作如下解释。

1)层高 story height:是指上下两层楼面或楼面与地面之间的垂直距离。

2)自然层 floor:是指按楼板、地板结构分层的楼层。

3)架空层 empty space:是指建筑物深基础或坡地建筑吊脚架空部位不回填土石方形成的建筑空间。

4)走廊 corridor gollory:是指建筑物的水平交通空间。

5)挑廊 overhanging corridor:是指挑出建筑物外墙的水平交通空间。

6)檐廊 eaves gollory:是指设置在建筑物底层出檐下的水平交通空间。

7)回廊 cloister:是指在建筑物门厅、大厅内设置在二层或二层以上的回形走廊。

8)门斗 foyer:是指在建筑物出入口设置的起分隔、挡风、御寒等作用的建筑过渡空间。

9)建筑物通道 passage:是指为道路穿过建筑物而设置的建筑空间。

10)架空走廊 bridge way:是指建筑物与建筑物之间,在二层或二层以上专门为水平交通设置的走廊。

11)勒脚 plinth:是指建筑物的外墙与室外地面或散水接触部位墙体的加厚部分。

12)围护结构 envelop enclosure:是指围合建筑空间四周的墙体、门、窗等。

13)围护性幕墙 enclosing curtain wall:是指直接作为外墙起围护作用的幕墙。

14)装饰性幕墙 decorative faced curtain wall:是指设置在建筑物墙体外起装饰作用的幕墙。

15)落地橱窗 French window:是指突出外墙面根基落地的橱窗。

16)阳台 balcony:是指供使用者进行活动和晾晒衣物的建筑空间。

17)眺望间 view room:是指设置在建筑物顶层或挑出房间的供人们远眺或观察周围情况的建筑空间。

18)雨篷 canopy:是指设置在建筑物进出口上部的遮雨、遮阳篷。

19)地下室 basement:是指房间地平面低于室外地平面的高度超过该房间净高的1/2者为地下室。

20)半地下室 semi basement:是指房间地平面低于室外地平面的高度超过该房间净高的1/3,且不超过1/2者为半地下室。

21)变形缝 deforrnation joint:是指伸缩缝(温度缝)、沉降缝和抗震缝的总称。

22)永久性顶盖 permanent cap:是指经规划批准设计的永久使用的顶盖。

23)飘窗 bay window:是指为房间采光和美化造型而设置的突出外墙的窗。

24)骑楼 overhang:是指楼层部分跨在人行道上的临街楼房。

25)过街楼 arcade:是指有道路穿过建筑空间的楼房。

8.3 不计算建筑面积的范围

根据国家标准《建筑工程建筑面积计算规范(GB/T 50353—2005)》规定,下列内容不可以计算建筑面积。

1)建筑物通道(骑楼、过街楼的底层)。

2)建筑物内的设备管道夹层。

3)建筑物内分隔的单层房间,舞台及后台悬挂幕布、布景的天桥、挑台等。

4)屋顶水箱、花架、凉棚、露台、露天游泳池。

5)建筑物内的操作平台、上料平台、安装箱和罐体的平台。

6)勒脚、附墙柱、垛、台阶、墙面抹灰、装饰面、镶贴块料面层、装饰性幕墙、空调机外机搁板(箱)、飘窗、构件、配件、宽度在2.10 m及以内的雨篷以及与建筑物内不相连通的装饰性阳台、挑廊,如图8.1所示。

7)无永久性顶盖的架空走廊、室外楼梯和用于检修、消防等的室外钢楼梯、爬梯。

8）自动扶梯、自动人行道（应指室外的）。

9）独立烟囱、烟道、地沟、油（水）罐、气柜、水塔、贮油（水）池、贮仓、栈桥、地下人防通道、地铁隧道。

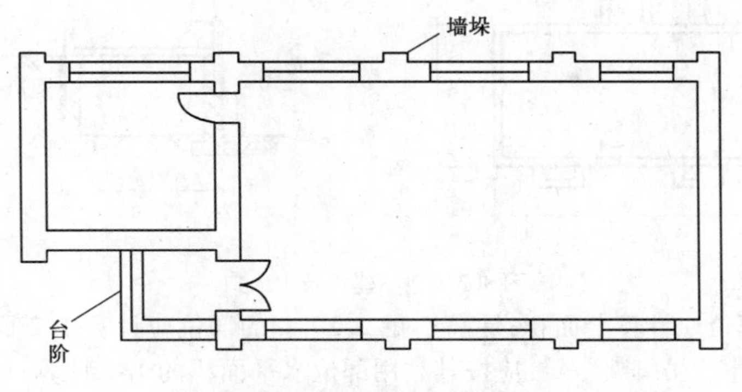

图8.1　不计算建筑面积范围示意

8.4　建筑面积计算规则

根据国家标准《建筑工程建筑面积计算规范（GB/ 50353—2005）》规定，下列内容可以按规则计算建筑面积。

1）单层建筑物的建筑面积，应按其外墙勒脚以上结构外围水平面积计算，并应符合下列规定：

①单层建筑物高度在2.20 m及以上者应计算全面积；高度不足2.20 m者应计算1/2面积。

②利用坡屋顶内空间时，顶板下表面至楼面的净高超过2.10 m的部位应计算全面积；净高在1.20 m至2.10 m的部位应计算1/2面积；净高不足1.20 m的部位不应计算面积。

2）单层建筑物内设有局部楼层者，局部楼层的二层及以上楼层，有围护结构的应按其围护结构外围水平面积计算，无围护结构的应按其结构底板水平面积计算。层高在2.20 m及以上者应计算全面积；层高不足2.20 m者应计算1/2面积。

3）多层建筑物首层应按其外墙勒脚以上结构外围水平面积计算；二层及以上楼层应按其外墙结构外围水平面积计算。层高在2.20 m及以上者应计算全面积；层高不足2.20 m者应计算1/2面积。

4）多层建筑坡屋顶内和场馆看台下，当设计加以利用时净高超过2.10 m的部位应计算全面积；净高在1.20 m至2.10 m的部位应计算1/2面积；当设计不利用或室内净高不足1.20 m时不应计算面积。

5）地下室、半地下室（车间、商店、车站、车库、仓库等），包括相应的有永久性顶盖的出入口，应按其外墙上口（不包括采光井、外墙防潮层及其保护墙）外边线所围水平面积计算。层高在2.20 m及以上者应计算全面积；层高不足2.20 m者应计算1/2面积。如图8.2所示。

其建筑面积：$S = a \times b + L_2 \times C_2$

6）坡地的建筑物吊脚架空层、深基础架空层，设计加以利用并有围护结构的，层高在

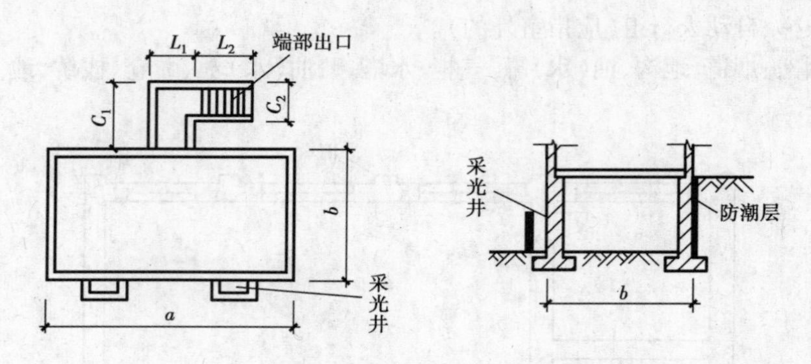

图 8.2　地下建筑及出入口

2.20 m及以上的部位应计算全面积；层高不足 2.20 m 的部位应计算 1/2 面积。设计加以利用、无围护结构的建筑吊脚架空层，应按其利用部位水平面积的 1/2 计算；设计不利用的深基础架空层、坡地吊脚架空层、多层建筑坡屋顶内、场馆看台下的空间不应计算面积。如图 8.3 所示。

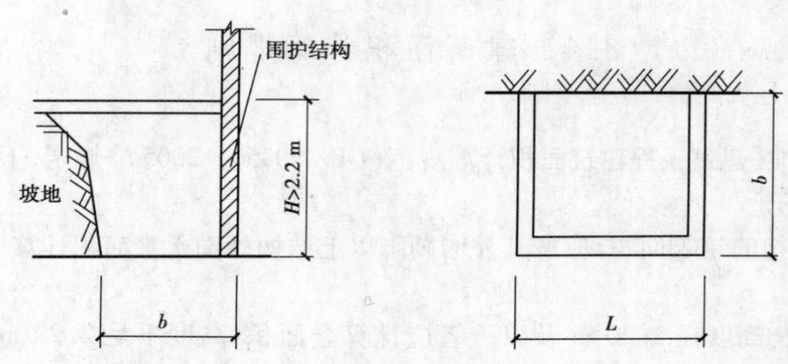

图 8.3　坡地吊脚空间

建筑面积：$S = b \times L$

7）建筑物的门厅、大厅按一层计算建筑面积。门厅、大厅内设有回廊时，应按其结构底板水平面积计算。层高在 2.20 m 及以上者应计算全面积；层高不足 2.20m 者应计算 1/2 面积。如图 8.4 所示。

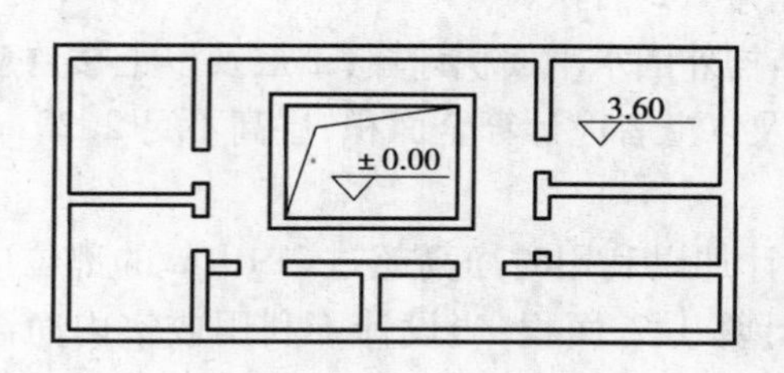

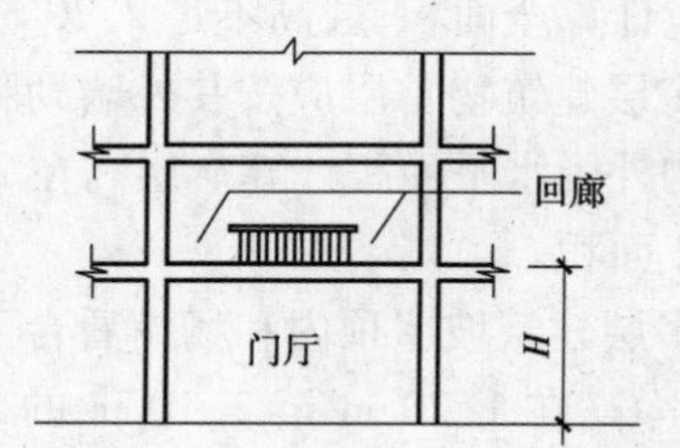

图 8.4　门厅与回廊

8）建筑物间有围护结构的架空走廊，应按其围护结构外围水平面积计算。层高在 2.20 m 及以上者应计算全面积；层高不足 2.20 m 者应计算 1/2 面积。有永久性顶盖无围护结构的应按其结构底板水平面积的 1/2 计算。

9）立体书库、立体仓库、立体车库，无结构层的应按一层计算，有结构层的应按其结构层面积分别计算。层高在2.20 m及以上者应计算全面积；层高不足2.20m者应计算1/2面积。

10）有围护结构的舞台灯光控制室，应按其围护结构外围水平面积计算。层高在2.20 m及以上者应计算全面积；层高不足2.20 m者应计算1/2面积。

11）建筑物外有围护结构的落地橱窗、门斗、挑廊、走廊、檐廊，应按其围护结构外围水平面积计算。层高在2.20 m及以上者应计算全面积；层高不足2.20 m者应计算1/2面积。有永久性顶盖无围护结构的应按其结构底板水平面积的1/2计算。如图8.5、图8.6所示。

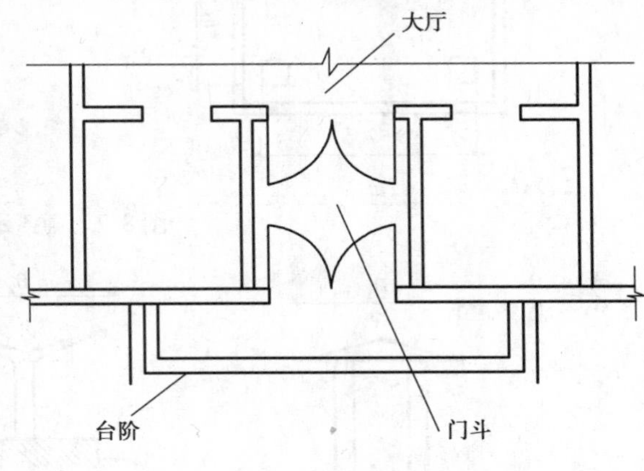

图8.5　门斗示意图

12）有永久性顶盖无围护结构的场馆看台应按其顶盖水平投影面积的1/2计算。

13）建筑物顶部有围护结构的楼梯间、水箱间、电梯机房等，层高在2.20 m及以上者应计算全面积；层高不足2.20 m者应计算1/2面积。

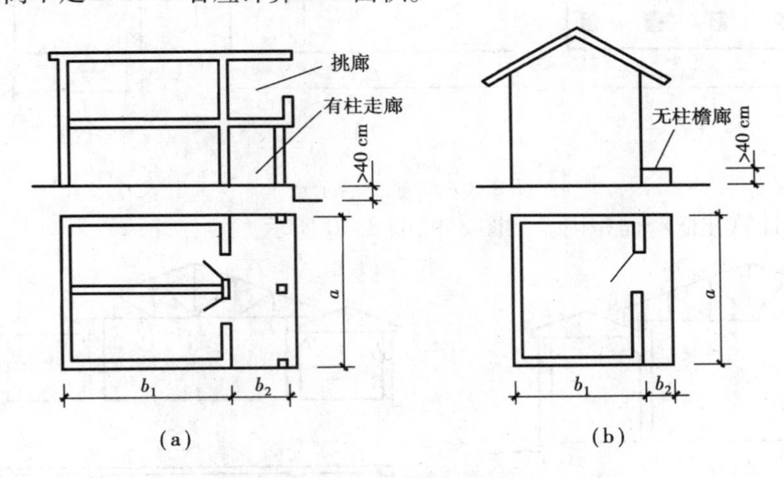

图8.6　挑檐及檐廊示意图

14）设有围护结构不垂直于水平面而超出底板外沿的建筑物，应按其底板面的外围水平面积计算。层高在2.20 m及以上者应计算全面积；层高不足2.20 m者应计算1/2面积。

15）建筑物内的室内楼梯间、电梯井、观光电梯井、提物井、管道井、通风排气竖井、垃圾道、附墙烟囱应按建筑物的自然层计算。

16）雨篷结构的外边线至外墙结构外边线的宽度超过2.10 m者，应按雨篷结构板的水平投影面积的1/2计算。如图8.7所示。

17）有永久性顶盖的室外楼梯，应按建筑物自然层的水平投影面积的1/2计算。

18）建筑物的阳台均应按其水平投影面积的1/2计算。

19）有永久性顶盖无围护结构的车棚、货棚、站台、加油站、收费站等，应按其顶盖水平投影面积的1/2计算。车棚、货棚、站台等的计算如图8.8所示。

20）高低联跨的建筑物，应以高跨结构外边线为界分别计算建筑面积；其高低跨内部连通

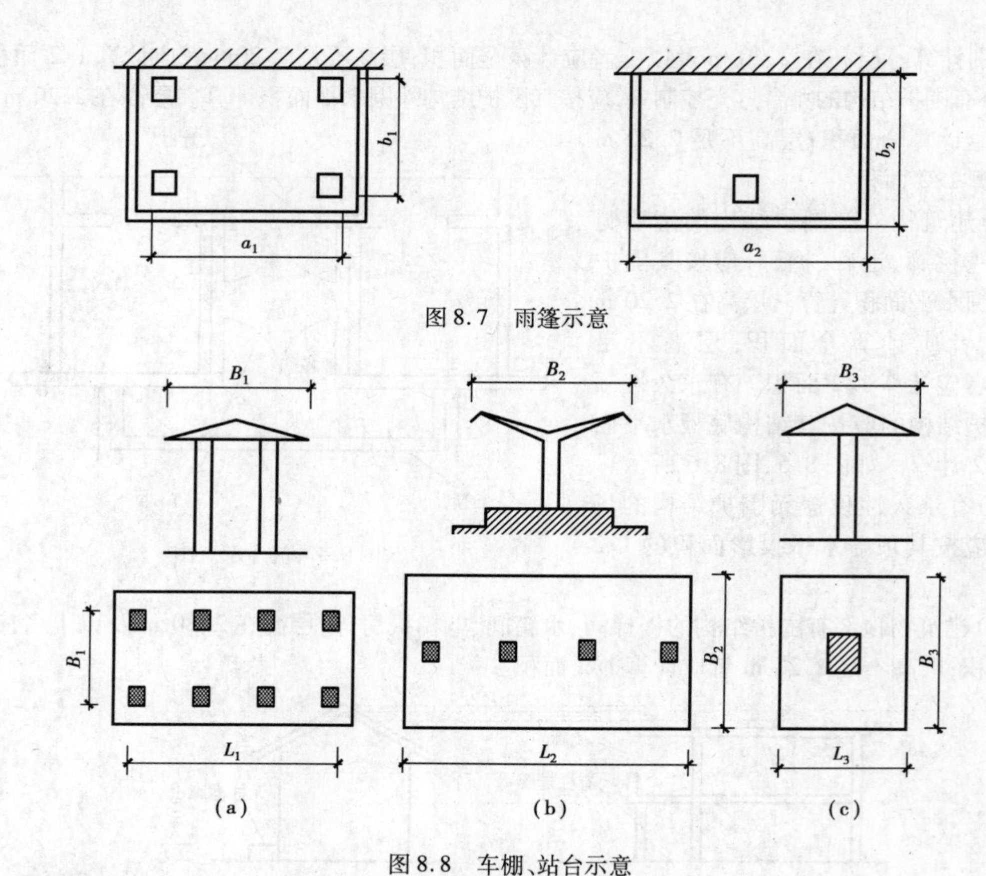

图 8.7 雨篷示意

图 8.8 车棚、站台示意

时，其变形缝应计算在低跨面积内。如图 8.9、图 8.10 所示。

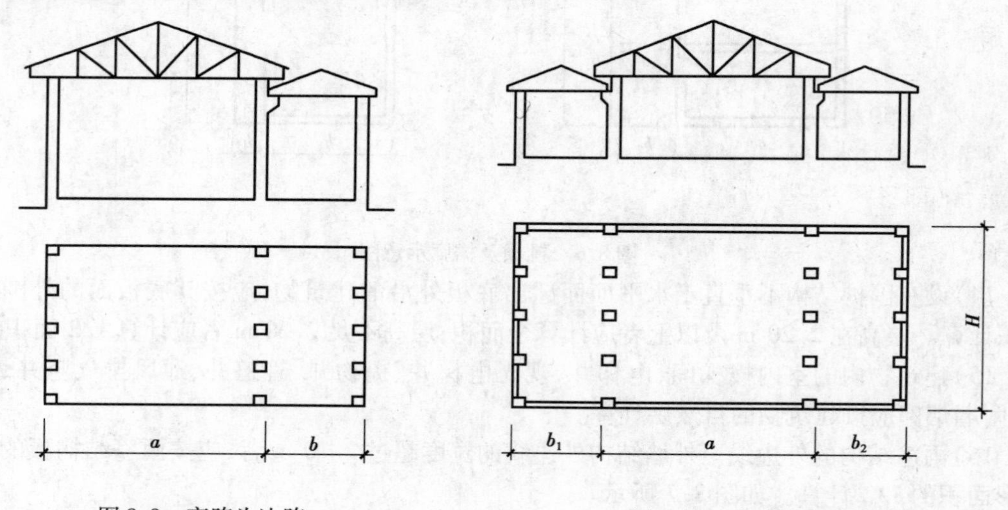

图 8.9 高跨为边跨

图 8.10 高跨为中跨

21）以幕墙作为围护结构的建筑物，应按幕墙外边线计算建筑面积。

22）建筑物外墙外侧有保温隔热层的，应按保温隔热层外边线计算建筑面积。

23）建筑物内的变形缝，应按其自然层合并在建筑面积内计算。

8.5　计算实例

例8.1　某单层建筑的平面图如图8.11所示，室外门头上无雨蓬，计算该建筑物的建筑面积。

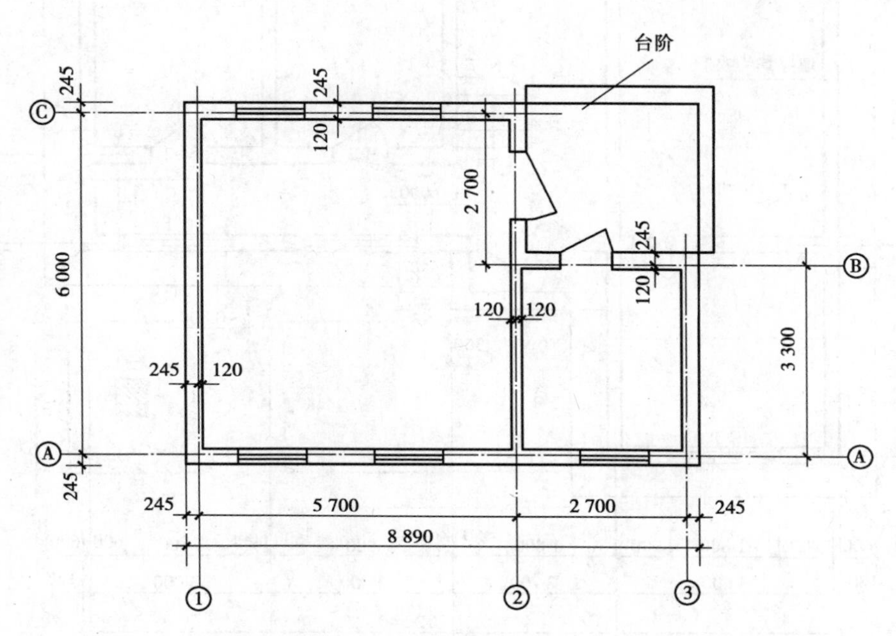

图8.11　某单层建筑平面示意图

解　$S_d = (5.7 + 2.7 + 0.245 \times 2) \times (6.00 + 0.245 \times 2) - 2.7 \times 2.7$

$= 57.696 - 7.29$

$= 50.41 \text{ m}^2$

例8.2　某二层框架民居土建工程预算总造价为276 071.81元，建筑面积为263 m^2，求单方造价(即每平方米造价)。

解　$单方造价 = \dfrac{工程总造价}{建筑面积} = \dfrac{276\ 071.81}{265} = 1\ 049.70\ (元/\text{m}^2)$

例8.3　某商品房售价为6 888元/m^2，问一套140 m^2的住房其购房款是多少？

解　购房款 = 6 888 × 140 = 964 320(元) = 96.432万元

习题8

8.1　建筑面积的含义是什么？举例说明建筑面积的应用。

8.2　哪些部分按1/2计算建筑面积，怎样计算？

8.3　按如图8.12所示，计算二层楼的建筑面积。

8.4　按如图8.13所示，计算一层建筑面积。

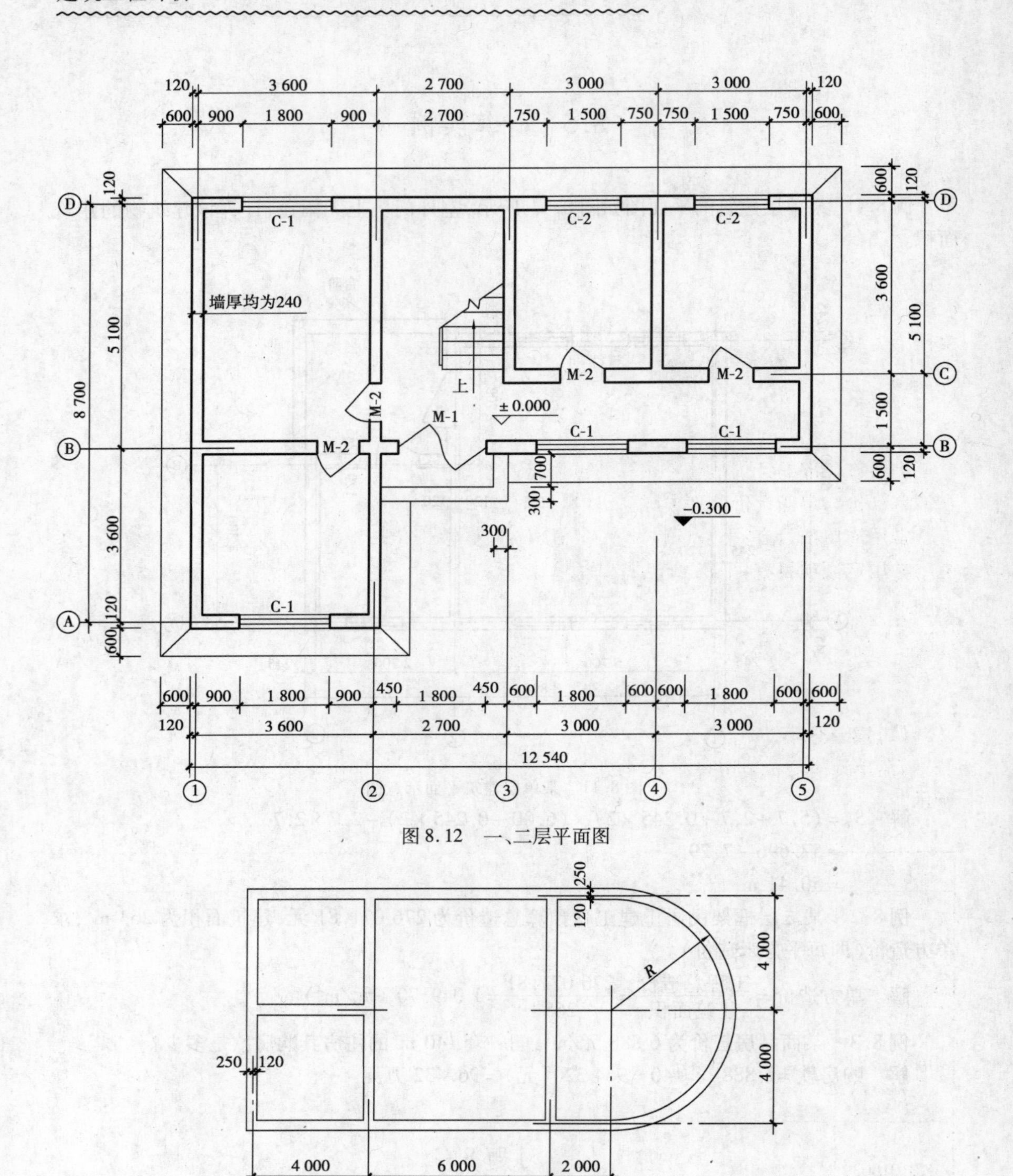

图 8.12　一、二层平面图

图 8.13　一层平面图

第9章 土石方工程计量与计价

土石方分部的计价是整个预算的重要组成部分，量大面广，一般按施工的顺序进行计算。在清单计价与定额计价两种模式下，计算规则与方法差异较大。

常用清单项目有：平整场地、挖一般土方（挖沟槽、基坑土方）、土方回填、余方弃置等。

常用定额项目有：平整场地，挖基槽（坑）土方、场内运土、回填土、余（借）土运输等。

9.1 基本问题

(1)清单分项

《清单计量规范》将土方工程按分项工程的不同分为9项，具体分项如表9.1、表9.2所示。

表9.1 土方工程(编码:010101)

<table>
<tr><th>项目编码</th><th>项目名称</th><th>项目特征</th><th>计量单位</th><th>工程量计算规则</th><th>工程内容</th></tr>
<tr><td>010101001</td><td>平整场地</td><td>1. 土壤类别
2. 弃土运距
3. 取土运距</td><td>m^2</td><td>按设计图示尺寸以建筑物首层建筑面积计算</td><td>1. 土方挖填
2. 场地找平
3. 运输</td></tr>
<tr><td>010101002</td><td>挖一般土方</td><td>1. 土壤类别
2. 挖土平均厚度
3. 弃土运距</td><td rowspan="3">m^3</td><td>按设计图示尺寸以体积计算</td><td rowspan="3">1. 排地表水
2. 土方开挖
3. 围护（挡土板）支拆
4. 基底钎探
5. 运输</td></tr>
<tr><td>010101003</td><td>挖沟槽土方</td><td rowspan="2">1. 土壤类别
2. 挖土深度
3. 弃土运距</td><td rowspan="2">按设计图示尺寸以基础垫层底面积乘以挖土深度计算</td></tr>
<tr><td>010101004</td><td>挖基坑土方</td></tr>
</table>

续表

项目编码	项目名称	项目特征	计量单位	工程量计算规则	工程内容
010101005	冻土开挖	1. 冻土厚度 2. 弃土运距	m^3	按设计图示尺寸开挖面积乘厚度以体积计算	1. 爆破 2. 开挖 3. 清理 4. 运输
010101006	挖淤泥、流沙	1. 挖掘深度 2. 弃淤泥、流沙距离		按设计图示位置界限以体积计算	1. 开挖 2. 运输
010101007	管沟土方	1. 土壤类别 2. 管外径 3. 挖沟深度 4. 回填要求	1. m 2. m^3	1. 以米计量,按图示以管道中心线长度计算 2. 以立方米计量,按设计图示以管道垫层面积乘以挖土深度计算	1. 排地表水 2. 土方开挖 3. 围护(挡土板)支拆 4. 运输 5. 回填

说明:建筑物场地厚度在 ±30 cm 以内的挖、填、运、找平,应按表 9.1 中平整场地项目编码列项。±30 cm 以外的竖向布置挖土或山坡切土,应按表 9.1 中挖土方项目编码列项。

表 9.2　土方回填(编码:010103)

项目编码	项目名称	项目特征	计量单位	工程量计算规则	工程内容
010103001	土方回填	1. 密实度要求 2. 填方材料品种 3. 填方粒径要求 4. 填方来源距离	m^3	场地回填:按回填面积乘以平均回填厚度以体积计算。 室内回填:按主墙间面积乘以回填厚。不扣除间隔墙。 基础回填:按挖方清单项目工程量减去自然地坪以下埋入物(垫层及基础)体积。	1. 运输 2. 回填 3. 夯实
010103002	余方弃置	1. 废弃料品种 2. 运距	m^3	按挖方清单项目工程量减利用回填方体积(正数)计算	余方点装料运输至弃置点

(2)清单项与定额项的组合

根据《清单计量规范》中“工程内容”的指引,土方工程中常用分项工程的清单项与定额项的组合关系举例如表 9.3 所示。

表 9.3　土方工程清单项与定额项的组合

清单项			定额分项(即工程内容)		
项次	项目编码	项目名称	项次	项目编码	项目名称
1	010101001001	平整场地	1	见定额	平整场地
2	010101002001	挖一般土方	1	见定额	挖土方
			2	见定额	土方运输

续表

清单项			定额分项(即工程内容)		
项次	项目编码	项目名称	项次	项目编码	项目名称
3	010101003001	挖沟槽(基坑)土方	1	见定额	人工挖槽坑土方
			2	见定额	场内土方运输
			3	见定额	场外土方运输
4	010103001001	回填方(室内)	1	见定额	地坪夯填
			2	见定额	场内土方运输
5	010103001002	回填方(基础)	1	见定额	基础夯填
			2	见定额	场内土方运输

注:土方回填中,只有出现借土回填时才需计取挖土方及土方装卸、场外运输费用。

(3)在计算土石方工程量之前,应当首先搜集并确定以下资料和数据

1)土壤及岩石类别

土壤及岩石类别的划分,需根据工程勘测资料与《土壤及岩石分类表》(如表9.4所示)、《基础定额》规定对照后予以划分,并分类别计算工程量。

表9.4　土壤及岩石分类表

定额分类	普式分类	土壤及岩石名称	天然湿度下平均容重/(kg·m^{-3})	极限压碎强度/(kg·cm^{-2})	用轻钻孔机钻进1 m时耗时/min	开挖方式及工具	紧固系数/f
一、二类土壤	Ⅰ	沙 沙壤土 腐植土 泥炭	1 500 1 600 1 200 600			用尖锹开挖	0.5~0.6
	Ⅱ	轻壤土和黄土类土 潮湿而松散的黄土软的盐渍土和碱土 平均15 mm以内的松散而软的砾石 含有草根的密实腐植土 含有直径在30 mm以内根类的泥炭和腐植土 掺有卵石、碎石和石屑的沙和腐植土 含有卵石、碎石杂质的胶结成块的填土 含有卵石、碎石和建筑料杂质的沙壤土	1 600 1 600 1 700 1 400 1 100 1 650 1 750 1 900			用锹开挖并少数用镐开挖	0.6~0.8
三类土	Ⅲ	肥黏土其中包括石炭纪、侏罗纪的黏土和冰黏石 重壤土、粗砾石、粒径为14~40 mm的碎石和卵石 干黄土和掺有卵石或碎石的自然含水量黄土 含有直径大于30 mm根类的泥炭和腐植土 含有卵石、碎石和建筑碎料杂质的土壤	1 800 1 750 1 790 1 400 1 900			用尖锹并同时用镐(30%)	0.81~1.0

续表

定额分类	普式分类	土壤及岩石名称	天然湿度下平均容重/(kg·m⁻³)	极限压碎强度/(kg·cm⁻²)	用轻钻孔机钻进1 m时耗时/min	开挖方式及工具	紧固系数/f
四类土	Ⅳ	土含碎石重黏土,其中包括石炭纪侏罗纪的硬黏土 含有卵石碎石建筑碎料和重达25 kg的顽石(总体积10%以内)杂质的肥黏土重壤土 冰碛黏土,含有质量在50 kg以内的巨砾,其含量为总体积的10%以内 泥板岩 不含或含有重达10 kg的顽石	1 950 1 950 2 000 2 000 1 950			用尖锹并同时用镐和撬棍挖(30%)	1.0~1.5
松石	Ⅴ	含有质量在50 kg以内的巨砾(占体积的10%以上)的冰碛石 矽藻岩和软白垩岩 胶结力弱的砾岩 各种不坚实的片岩 石膏	2 100 1 800 1 900 2 600 2 200	小于200	小于3.5	部分用手凿工具部分爆破	1.5~2.0
次坚石	Ⅵ	凝炭岩和浮石 松软多孔和裂隙严重的石炭岩和介质石灰岩 中等硬度的片岩 中等硬度的泥炭岩	1 100 1 200 2 700 2 300	200~400	3.5	用风镐和爆破开挖	2~4
	Ⅶ	石灰石胶结的带有卵石和沉积岩的砾石 风化的和带有裂缝的黏土质沙岩 坚实的泥板岩 坚实的泥灰岩	2 200 2 000 2 800 2 500	400~600	6.0	用爆破方法挖	4~6
	Ⅷ	砾质花岗岩 泥灰质石灰岩 黏土质沙岩 沙质云片岩 硬石膏	2 300 2 300 2 200 2 300 2 900	600~800	8.5	用爆破方法挖	6~8
普坚石	Ⅸ	严重风化的软弱的花岗岩、片麻岩和正长岩 滑石化的蛇纹岩 致密的石灰岩 含有卵石,沉积岩的渣质胶结的砾岩 沙岩 沙质石灰质片岩 菱镁矿	2 500 2 400 2 500 2 500 2 500 2 500 3 000	800~1 000	11.5	用爆破方法挖	8~10

续表

<table>
<tr><th>定额分类</th><th>普式分类</th><th>土壤及岩石名称</th><th>天然湿度下平均容重/(kg·m⁻³)</th><th>极限压碎强度/(kg·cm⁻²)</th><th>用轻钻孔机钻进1 m时耗时/min</th><th>开挖方式及工具</th><th>紧固系数/f</th></tr>
<tr><td rowspan="5">普坚石</td><td rowspan="5">X</td><td>白云石</td><td>2 700</td><td rowspan="5">1 000 ~ 1 200</td><td rowspan="5">15</td><td rowspan="5">用爆破方法挖</td><td rowspan="5">10 ~ 12</td></tr>
<tr><td>坚固的石灰岩</td><td>2 700</td></tr>
<tr><td>大理岩</td><td>2 700</td></tr>
<tr><td>石灰岩质胶结的致密砾石</td><td>2 600</td></tr>
<tr><td>坚固沙质片岩</td><td>2 600</td></tr>
<tr><td rowspan="28">特坚石</td><td rowspan="6">XI</td><td>粗花岗岩</td><td>2 800</td><td rowspan="6">1 200 ~ 1 400</td><td rowspan="6">18.5</td><td rowspan="6">用爆破方法挖</td><td rowspan="6">12 ~ 14</td></tr>
<tr><td>非常坚硬的白云岩</td><td>2 900</td></tr>
<tr><td>蛇纹岩</td><td>2 600</td></tr>
<tr><td>石灰质胶结的含有火成岩之卵石的砾石</td><td>2 800</td></tr>
<tr><td>石英胶结的坚固沙岩</td><td>2 700</td></tr>
<tr><td>粗粒正长岩</td><td>2 700</td></tr>
<tr><td rowspan="5">XII</td><td>具有风化痕迹的安山岩和玄武岩</td><td>2 700</td><td rowspan="5">1 400 ~ 1 600</td><td rowspan="5">22</td><td rowspan="5">用爆破方法挖</td><td rowspan="5">14 ~ 16</td></tr>
<tr><td>片麻岩</td><td>2 600</td></tr>
<tr><td>非常坚固的石灰岩</td><td>2 900</td></tr>
<tr><td>硅质胶结的含有火成岩之卵石的砾石</td><td>2 900</td></tr>
<tr><td>粗石岩</td><td>2 600</td></tr>
<tr><td rowspan="6">XIII</td><td>中粒花岗岩</td><td>3 100</td><td rowspan="6">1 600 ~ 1 800</td><td rowspan="6">27.5</td><td rowspan="6">用爆破方法挖</td><td rowspan="6">16 ~ 18</td></tr>
<tr><td>坚固的片麻岩</td><td>2 800</td></tr>
<tr><td>辉绿岩</td><td>2 700</td></tr>
<tr><td>玢岩</td><td>2 500</td></tr>
<tr><td>坚固的粗面岩</td><td>2 800</td></tr>
<tr><td>中粒正长岩</td><td>2 800</td></tr>
<tr><td rowspan="5">XIV</td><td>非常坚硬的细粒花岗岩</td><td>3 300</td><td rowspan="5">1 800 ~ 2 000</td><td rowspan="5">32.5</td><td rowspan="5">用爆破方法挖</td><td rowspan="5">18 ~ 20</td></tr>
<tr><td>花岗岩麻岩</td><td>2 900</td></tr>
<tr><td>闪长岩</td><td>2 900</td></tr>
<tr><td>高硬度的石灰岩</td><td>3 100</td></tr>
<tr><td>坚固的玢岩</td><td>2 700</td></tr>
<tr><td rowspan="3">XV</td><td>安山岩、玄武岩、坚固的角页岩</td><td>3 100</td><td rowspan="3">2 000 ~ 2 500</td><td rowspan="3">46</td><td rowspan="3">用爆破方法挖</td><td rowspan="3">20 ~ 25</td></tr>
<tr><td>高硬度的辉绿岩和闪长岩</td><td>2 900</td></tr>
<tr><td>坚固的辉长岩和石英岩</td><td>2 800</td></tr>
<tr><td rowspan="2">XVI</td><td>拉长玄武岩和橄榄玄武岩</td><td>3 300</td><td rowspan="2">大于 2 500</td><td rowspan="2">大于 60</td><td rowspan="2">用爆破方法挖</td><td rowspan="2">大于 25</td></tr>
<tr><td>特别坚固的辉长辉绿岩、石英岩和玢岩</td><td>3 000</td></tr>
</table>

《基础定额》中将土壤分为三个等级共四类，岩石分为四个等级，共12类，其对应关系如表9.5所示。

表9.5 定额分类与普式分类对照表

定额类别	普氏类别	定额类别	普氏类别
一、二类土（普通土）	Ⅰ，Ⅱ	松石	Ⅴ
		次坚石	Ⅵ，Ⅶ，Ⅷ
三类土（坚土）	Ⅲ	普坚石	Ⅸ，Ⅹ
四类土（沙砾坚土）	Ⅳ	特坚石	Ⅺ，Ⅻ，ⅩⅢ，ⅩⅣ，ⅩⅤ，ⅩⅥ

2）干湿土划分

确定所挖土方是干土还是湿土是因为两者的人工消耗量不同。干、湿土的划分应根据地质勘测资料规定的地下水位来确认。如无规定时，应以地下常水位为界，以上为干土，以下为湿土。如采用人工降低地下水位时，干湿土的划分仍以常水位为准。

3）挖运土的方法

为正确选套定额，需要确定工程在施工时是采用人工挖运土，还是人工挖土、机械运土，或是机械挖、运土。

4）余土和回填土的运距

需要确定弃土外运或借土回填的运土距离是多少。

5）工作面、放坡或支挡土板

需要确定土方开挖时是否留工作面，工作面留多宽，是否需要放坡或是支挡土板，以便确定挖土宽度。

（4）土石方分部相关说明

①挖土方平均厚度应按自然地面测量标高至设计地坪标高的平均厚度确定。基础土方、石方开挖深度应按基础垫层底表面标高至设计场地标高确定，无设计场地标高时，应按自然地面标高确定。

②挖方出现流沙、淤泥时，可根据实际情况由发包人与承包人双方认证。

③人工挖土方、沟槽、基坑定额，均按干土编制，干湿土工程量应分别计算。

④土方、沟槽、基坑的划分。

沟槽：凡槽长大于槽宽三倍，槽底宽在3 m（不包括加宽工作面）以内者，按沟槽计算；槽底宽在3 m（不包括加宽工作面）以上者，按挖土方计算。

基坑：凡坑底面积在20 m^2（不包括加宽工作面）以内者，按基坑计算；坑底面积在20 m^2（不包括加宽工作面）以上者，按挖土方计算。

⑤土石方体积，均以挖掘前的天然密实体积为准计算。如遇有必须以天然密实体积折算时，可按表9.6计算。

表9.6　土方体积折算表

天然密实度体积	虚方体积	夯实后体积	松填体积
0.77	1.00	0.67	0.83
1.00	1.30	0.87	1.08
1.15	1.50	1.00	1.25
0.92	1.20	0.80	1.00

9.2　计算规则

现行计量中由于存在两种计算规则，本教材界定“清单量”与“定额量”两个概念。清单量是指按《清单计量规范》工程量计算规则计算出的分部分项工程量；定额量是指按不同地区《计价定额》工程量计算规则计算出的分部分项工程量，两者在某些分部（如土方工程、桩基工程等）存在着较大差异。

土方工程分部《清单计量规范》及《计价定额》中的工程量计算规则具体规定差异比较见表9.7。

表9.7　土方分部工程量计算规则

项目名称	《清单规范》规定		《计价定额》规定	
	计量单位	工程量计算规则	计量单位	工程量计算规则
平整场地	m^2	按设计图示尺寸以建筑物首层建筑面积计算	m^2	按建筑物外墙外边线每边各加2 m所围成的面积计算
挖一般土方	m^3	按设计图示尺寸以体积计算	m^3	按设计图示尺寸以体积计算
挖槽坑土方	m^3	按设计图示尺寸以基础垫层底面积乘以挖土深度计算	m^3	按开挖体的不同，在考虑工作面及放坡等因素后按体积计算
管沟土方	m^3	按设计图示以管道中心线长度计算	m^3	按开挖体的不同，在考虑工作面及放坡等因素后按体积计算
土方回填	m^3	1. 场地回填：按回填面积乘以平均回填厚度以体积计算	m^3	场地回填按回填面积乘以平均回填厚度以体积计算
		2. 室内回填：按主墙间净面积乘以回填厚度以体积计算		室内回填按主墙间净面积乘以回填厚度以体积计算
		3. 基础回填：按挖方体积减去设计室外地坪以下埋没的基础体积（包括基础垫层及其他）		基础回填体积等于挖土体积减埋入物（垫层及基础）体积

注：本表选自《清单规范》部分项目。

9.3 计算方法

(1)平整场地

平整场地是指厚度在 ±30 cm 以内的就地挖、填、运、找平。

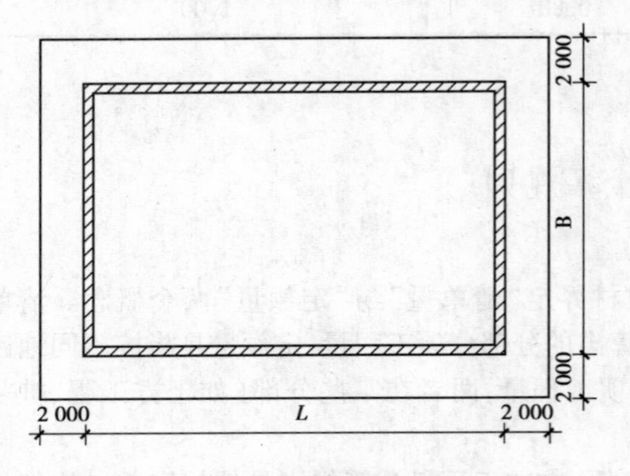

图 9.1 规则四边形的场地平整示意图

清单量计算规则为“按设计图示尺寸以建筑物首层建筑面积”以㎡计算。落地阳台计算全面积;悬挑阳台不计算面积。设地下室和半地下室的采光井等不计算建筑面积的部位也应计入平整场地的工程量。地上无建筑物的地下停车场按地下停车场外墙外边线外围面积计算,包括出入口、通风竖井和采光井计算平整场地的面积。

定额量按建筑物外墙外边线每边各加 2 m所围面积计算。

1)当建筑物底面为规则的四边形时,如图 9.1 所示。

清单量: $S_{场} = S_d = L \times B$ (9.1)

定额量:$S_{场}$ =(建筑物外墙外边线长 +4)×(建筑物外墙外边线宽 +4)

或 $S_{场} = (L+4) \times (B+4)$ (9.2)

2)当建筑物底面为不规则的四边形时,如图 8.11 所示。

清单量:$S_{场} = S_d$ = 底层建筑物外墙所围面积

定额量:$S_{场}$ = 底层建筑物外墙所围面积 + 建筑物外墙外边线长 ×2 +16 m^2

或 $S_{场} = S_d + L_{外} \times 2 + 16$ (9.3)

注:式中所加 16 m^2 指底面各边增加 2 m 后,没有计算到的四个角的面积之和。

例 9.1 按如图 8.11 所示,计算人工平整场地清单量及定额量。

解 清单量:$S_d = (8.4 + 0.245 \times 2) \times (6.0 + 0.245 \times 2) - 2.7 \times 2.7 = 50.41\ m^2$

定额量:$S_{场} = S_d + L_{外} \times 2 + 16$

$= 50.41 + (8.4 + 0.49 + 6.0 + 0.49) \times 2 \times 2 + 16 = 127.93\ m^2$

或 $S_{场} = (L+4) \times (B+4)$

$= (8.4 + 0.49 + 4) \times (6.0 + 0.49 + 4) - 2.7 \times 2.7 = 127.93\ m^2$

(2)挖沟槽土方

开挖体为沟槽时,其工程量计算方法可以表达为:

挖沟槽土方体积 = 垫层底面积 × 挖土深度

= 沟槽计算长度 × 沟槽计算宽度 × 挖土深度

= 沟槽计算长度 × 沟槽断面积

或 $V_{挖} = L_{中}(L_{槽}) \times F_{槽}$ (9.4)

①沟槽计算长度:挖外墙沟槽及管道沟槽按图示中心线长度计算;内墙沟槽按图示沟槽

之间的净长度计算。内外突出部分(如墙垛、附墙烟囱等)体积并入沟槽工程量内。

②沟槽宽度:按垫层宽度计算,无垫层时,按基础底宽计算。

由于清单规则与定额规则在是否计取工作面上有差异,使得沟槽计算宽度有差异,所以内墙沟槽的净长度计算也有差异,差异比较见表9.8。

表9.8　内墙沟槽的取值比较

比较项目	清单规则	定额规则
是否计取工作面	不计	应计
沟槽计算宽度	垫层宽度(或基础底宽)	垫层(或基底)宽度+两边工作面宽
内墙沟槽的净长度	垫层净长(或基底净长)	基底净长(或基槽净长)

③挖土深度:以自然地坪到槽底的垂直深度计算。当自然地坪标高不明确时,可采用室外设计地坪标高计算。当地槽深度不同时,应分别计算;管道沟的深度按分段间的平均自然地坪标高减去管底或基础底的平均标高计算。

在清单计量规则中,一般规定计算实体工程量,不考虑采取施工安全措施而产生的增加工作面和放坡超出的土方开挖量。由于各地区、各施工企业采用施工措施有差别,计算定额量时可按公式(9.4)计算,但应注意以下几点:

①沟槽底面宽度:一般按基底宽度加工作面计算。当基础垫层为原槽浇筑时,槽底挖土宽度为基底宽度加工作面;当垫层需要支模时,应以垫层宽度加上两边增加的工作面作为槽底计算宽度。

②在计算土方放坡时,T形交接处产生的重复工程量不予扣除。如原槽做基础垫层时,放坡应自垫层上表面开始计算。

③放坡工程量和支挡土板工程量不得重复计算,凡放坡部分不得再计算挡土板工程量,支挡土板部分不得再计算放坡工程量。

1)由垫层底面放坡的计算公式,如图9.2所示。

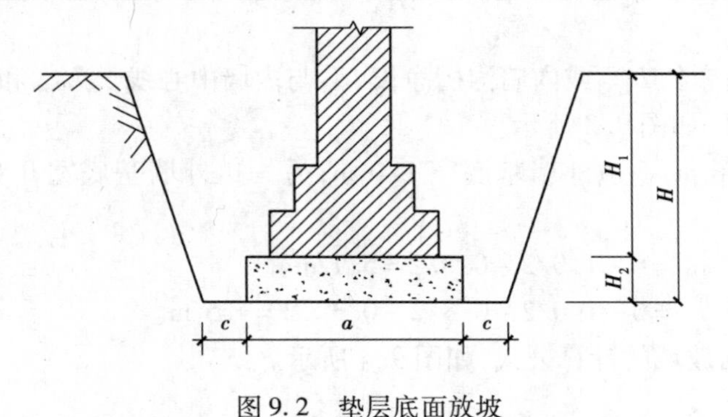

图9.2　垫层底面放坡

①清单量计算

$$V_Q = L \cdot a \cdot H \tag{9.5}$$

式中　V_Q——挖沟槽土方清单量,m^3;

L——沟槽计算长度。外墙为中心线长$L_{中}$,内墙为垫层净长$L_{垫}$;

a——垫层底宽,m;

H——挖土深度，m。

②定额量计算

$$V_d = L \cdot (a + 2C + \kappa H) \cdot H \tag{9.6}$$

式中 V_d——挖沟槽土方定额量，m^3；

L——沟槽计算长度。外墙为中心线长，$L_中$，内墙为沟槽净长，$L_槽$；

a——基础（或垫层）底宽，m；

C——增加工作面宽度，m，设计有规定时按设计规定取，设计无规定时按表9.9的规定值取；

H——挖土深度，m；

k——放坡系数。参看表9.10。不放坡时取 $k=0$。

表9.9 基础工作面加宽表（C值）

基础材料	每边各增加工作面宽度/mm
砖基础	200
浆砌毛石、条石基础	150
混凝土基础或垫层需要支模	300
基础垂直面做防潮层	1 000（防水面层）/800

表9.10 放坡系数（k值）

土壤类别	放坡起点深/m	人工挖土（k）	机械挖土（k）	
			在坑内作业	在坑上作业
一、二类土	1.2	0.5	0.33	0.75
三类土	1.5	0.33	0.25	0.67
四类土	2.0	0.25	0.10	0.33

其中，内墙基底净长 $L_{基底}$ 或内墙沟槽净长 $L_槽$ 与内墙中心线长 $L_{内中}$ 和T形相交处的外墙基础底宽有扣减关系，如图9.3所示。

例如：设 $L_{内中}$ 为6 m，一边外墙基底宽1.0 m，另一边外墙基底宽0.8 m，工作面宽 $C=0.3$ m，则：

内墙基底净长：$L_{基底} = 6 - 1.0/2 - 0.8/2 = 5.1$ m。

内墙沟槽净长：$L_槽 = 6 - 1.0/2 - 0.8/2 - 0.3 \times 2 = 4.5$ m。

2）由垫层上表面放坡的计算公式，如图9.4所示。

①清单量计算

$$V_Q = L \cdot (a + 2C) \cdot H \tag{9.7}$$

式中 V_Q——挖沟槽土方清单量，m^3；

L——沟槽计算长度。外墙为中心线长，$L_中$，内墙为垫层净长，$L_垫$；

$a+2C$——垫层底宽，m；其中的 a 值为基础底宽，C 值由基础材料的不同而定；

H——挖土深度，m。

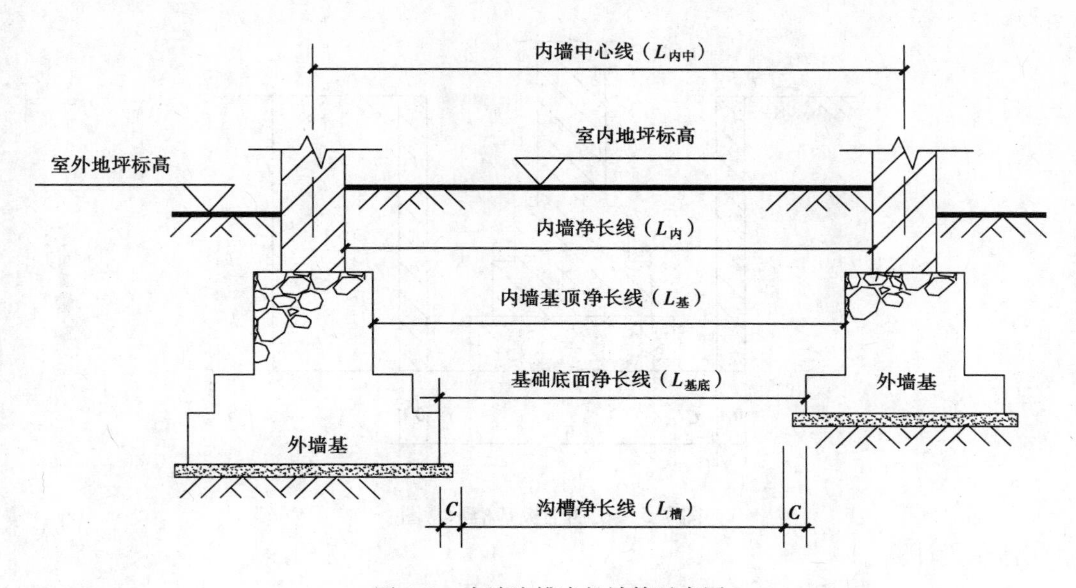

图9.3　内墙沟槽净长计算示意图

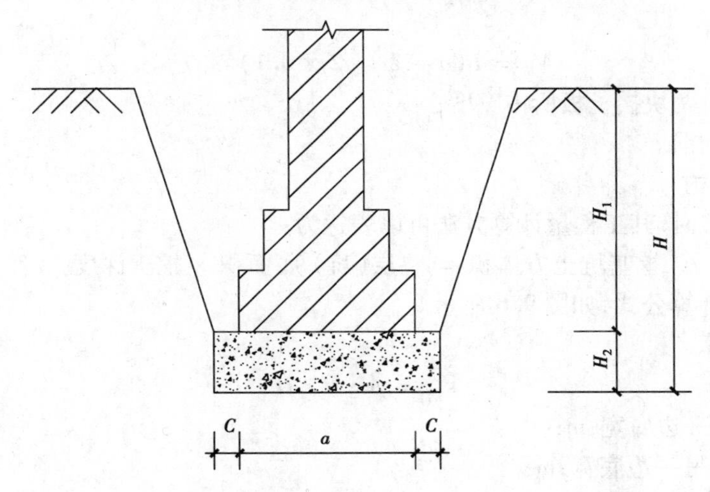

图9.4　垫层上表面放坡

②定额量计算

$$V_d = L \times [(a + 2C + kH_1)H_1 + (a + 2C) \times H_2] \tag{9.8}$$

式中　V_d——挖沟槽土方定额量，m^3；

L——沟槽计算长度。外墙为中心线长，$L_中$，内墙为沟槽净长，$L_槽$；

a——基础底宽，m；

C——增加工作面宽度，m，设计有规定时按设计规定取，设计无规定时按表9.9的规定值取（由基础材料的不同而定）；

k——放坡系数。参看表9.10。判断是否放坡时高度用H；

H_1—— 沟槽上口至垫层上表面的深度；

H_2——垫层厚度。

3）带挡土板的沟槽土方的计算公式，如图9.5所示。

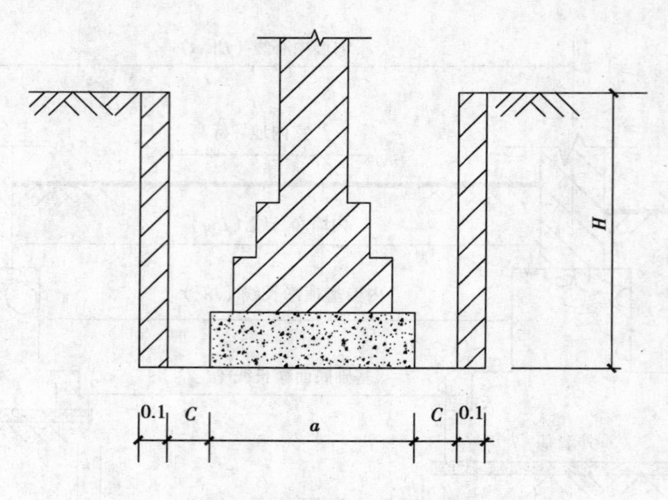

图9.5　支挡土板基槽示意图

①清单量计算

$$V_Q = L \cdot a \cdot H \tag{9.9}$$

②定额量计算

$$V_d = L(a + 2c + 2 \times 0.1) \times H \tag{9.10}$$

式中　2 ×0.1——两块挡土板所占宽度；

其他符号同前。

(3)挖基坑土方

开挖体为基坑时,其工程量计算方法可以表达为:

挖基坑土方体积 = 垫层(坑)底面积 × 挖土深度

1)方形坑的计算公式,如图9.6所示。

①清单量计算

$$V_{挖} = A \cdot B \cdot H \tag{9.11}$$

式中　A——垫层一边底宽,m;

B——垫层另一边底宽,m;

H——挖土深度,m。

②定额量计算

$$V = (a + 2C + kH)(b + 2C + kH)H + \frac{1}{3}k^2H^3 \tag{9.12}$$

式中　a——基础(或垫层)一边底宽,m;

b——基础(或垫层)另一边底宽,m;

C——增加工作面宽度,m,设计有规定时按设计规定取,设计无规定时按表9.9的规定值取;

H——挖土深度,m;

$\frac{1}{3}k^2H^3$——四角的角锥增加部分体积之和的余值;

k——放坡系数。参看表9.10。不放坡时,取$k=0$。

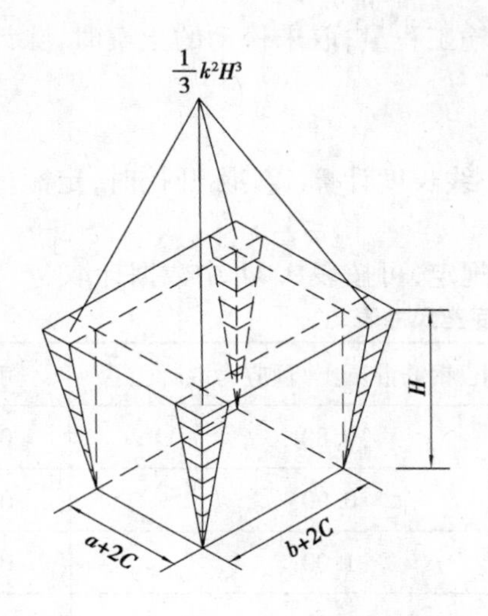

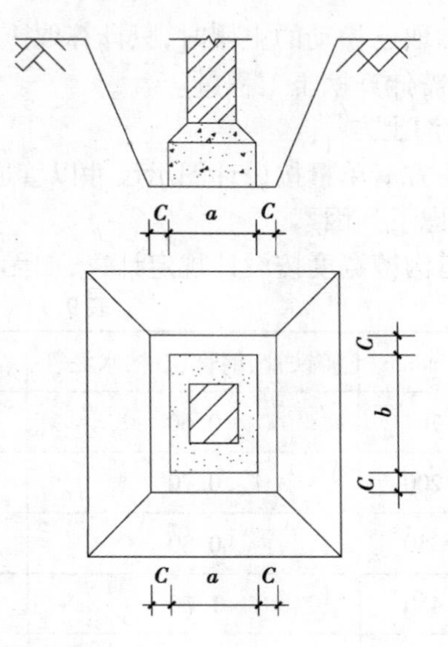

图9.6　放坡方形坑示意图

2)圆形坑的计算公式,如图9.7所示。

①清单量计算

$$V_Q = \pi R^2 H \tag{9.13}$$

式中　R——坑底垫层(或基底)半径,m;

π——圆周率,取3.141 6;

H——挖土深度,m。

②定额量计算

$$V_d = \frac{1}{3}\pi(R_1^2 + R_2^2 + R_1 R_2)H \tag{9.14}$$

式中　R_1——坑底半径,m,$R_1 = R + C$;

C——增加工作面宽度,m;

R_2——坑口半径,m,$R_2 = R_1 + kH$;

k——放坡系数,参看表9.10。不放坡时,取$k = 0$;

π——圆周率,取3.141 6;

H——挖土深度,m。

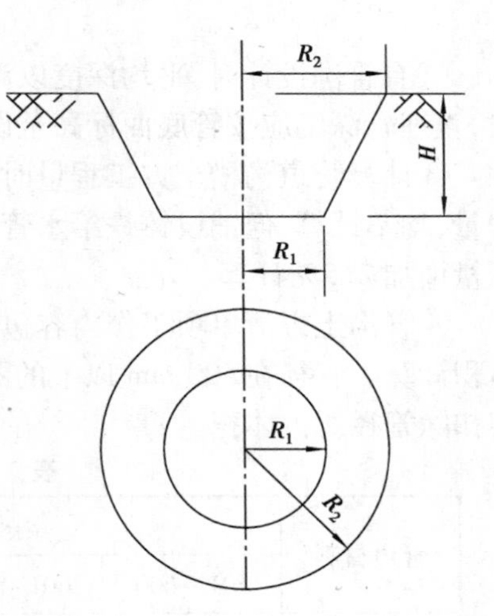

图9.7　放坡圆形坑示意图

(4)余方运输

沟槽、基坑挖出的土方是否全部运出,或只是运出回填后的余土,应根据施工组织设计确定。如无施工组织设计时,土方运输定额量可采用下列方法计算。

①余土运输体积

$$余土运输体积 = 挖土体积 - 回填土体积 \times 1.15 \tag{9.15}$$

②取土运输体积(系指挖土工程量少于回填土工程量)

$$取土运输体积 = 回填土体积 \times 1.15 - 挖土体积 \tag{9.16}$$

③土石方运输应按施工组织设计规定的运输距离及运输方式计算。

④人工取已松动的土壤时,只计算取土的运输工程量;取未松动的土壤时,除计算运土工程量外,还需计算挖土工程量。

(5)管沟土方

管沟土方清单量按设计图示尺寸以管道中心线长度计算。实际开挖时,定额量按挖沟槽计算,并考虑下列因素。

①管道沟槽宽度按设计规定计算,如无设计规定,可按表9.11中数据计取。

表9.11　管沟底宽尺寸表　(m)

管径/mm	铸铁管、钢管、石棉水泥管	混凝土、钢筋混凝土、预应力混凝土管	陶土管
50 ~ 70	0.60	0.80	0.70
100 ~ 200	0.70	0.90	0.80
250 ~ 350	0.80	1.00	0.90
400 ~ 450	1.00	1.30	1.10
500 ~ 600	1.30	1.50	1.40
700 ~ 800	1.60	1.80	
900 ~ 1 000	1.80	2.00	
1 100 ~ 1 200	2.00	2.30	
1 300 ~ 1 400	2.20	2.60	

②有管沟设计时,平均深度以沟垫层底表面标高至设计施工现场标高计算;无管沟设计时,直埋管深度应按管底面标高至设计施工现场标高的平均高度计算。

③计算管道沟槽土方工程量时,各种检查井类和排水管道接口等处,因加宽而增加的工程量,均不计算;但铺设铸铁给水管道时,接口处的土方工程量应按铸铁管道沟槽全部土方工程量增加2.5%计算。

④管沟土方清单项工作内容包含回填这一工作,回填工程量以挖方工程量减去管径所占体积计算。管径在500 mm以下的不扣除管径所占体积,管径在500 mm以上时,按表9.12规定扣除管径所占体积。

表9.12　扣除管径所占体积折算表　(m^3)

管道材料	管道直径/mm					
	501 ~ 600	601 ~ 800	801 ~ 1 000	1 001 ~ 1 200	1 201 ~ 1 400	1 401 ~ 1 600
钢管	0.21	0.44	0.71			
铸铁管	0.24	0.49	0.77			
混凝土管	0.33	0.60	0.92	1.15	1.35	1.55

(6)土方回填

回填土工程量按设计图示尺寸以体积计算。

①场地回填土体积

$$场地回填土体积 = 回填面积 \times 平均回填厚度 \tag{9.17}$$

②基础回填土体积

$$基础回填土体积 = 挖基础土方体积 - 室外设计地坪以下埋入物体积 \tag{9.18}$$

③室内回填土体积

$$室内回填土体积 = 室内主墙间净面积 \times 回填土厚度 \tag{9.19}$$

$$回填土厚度 = 室内外设计标高差 - 垫层与面层厚度之和 \tag{9.20}$$

(7)其他问题

1)机械土石方工程量计算规则

①机械施工土石方工程量,按图示尺寸以立方米计算。

②机械进入施工工作面,施工组织设计规定需要修整临时道路等所增加的土石方工程量,应并入施工的土石方工程量中一并计算。

③机械施工土石方的运距,按挖方区重心至填方区重心之间循环路线的 1/2 计算。

④场地原土碾压,按图示尺寸以平方米计算。回填土碾压清单量按挖方区取土的自然方或按填方区压实后的体积,以立方米计算。

2)岩石及石方爆破工程量计算规则

①人工凿石工程量,按图示尺寸以立方米计算。

②爆破岩石工程量按图示尺寸以立方米计算,其沟槽、基坑深度、宽度(或半径)允许超挖量为:次坚石:200 mm;特坚石:150 mm。超挖部分岩石并入岩石挖方工程量之内计算。

9.4　计算实例

例 9.2　以图 9.8 为例,其中①轴线、②轴线、③轴线、Ⓐ、Ⓑ、Ⓒ轴线上外墙基础剖面如图(a)所示,②轴线上内墙基础剖面如图(b)所示。试编制挖沟槽土方、基础回填土、室内回填土(地坪总厚 120 mm)三个分项工程的“工程量清单”并计算“综合单价”及“分部分项工程费”。

解　假设施工方案为:

①沟槽采用人工开挖,由混凝土基础下表面开始放坡,混凝土基础支模,土壤为三类土。

②内墙槽边不能堆土,采用双轮车场内运土,运距 100 m。

③余土采用人装自卸汽车运 3 km。

(1)挖基槽土方工程量计算

1)挖基槽土方清单量计算采用公式(9.5)为:

$$V_{挖} = L \cdot a \cdot H$$

式中　挖土深度:$H = 2.0 - 0.3 = 1.7$ m;

混凝土基础底面宽度:$a = 0.8$ m。

外墙取中心线长度。从图中可看出,由于墙厚为 365,外墙轴线都不在图形中心线上,所以应对外墙中心线进行虚拟的调中处理。偏心距计算得:

$$\delta = 365 \div 2 - 120 = 62.5\ \text{mm} = 0.062\ 5\ \text{m}$$

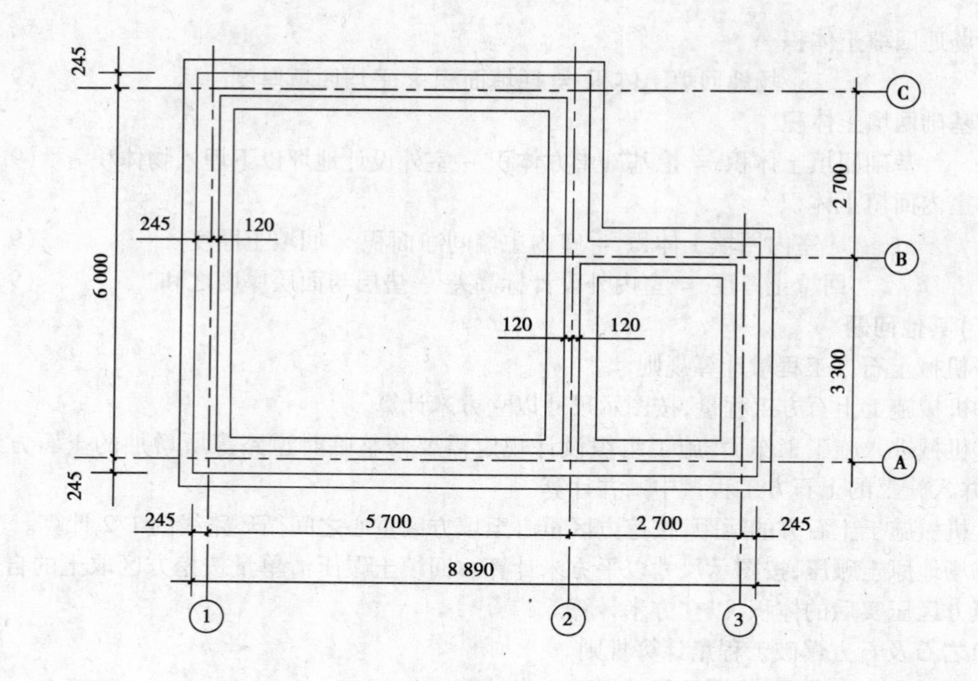

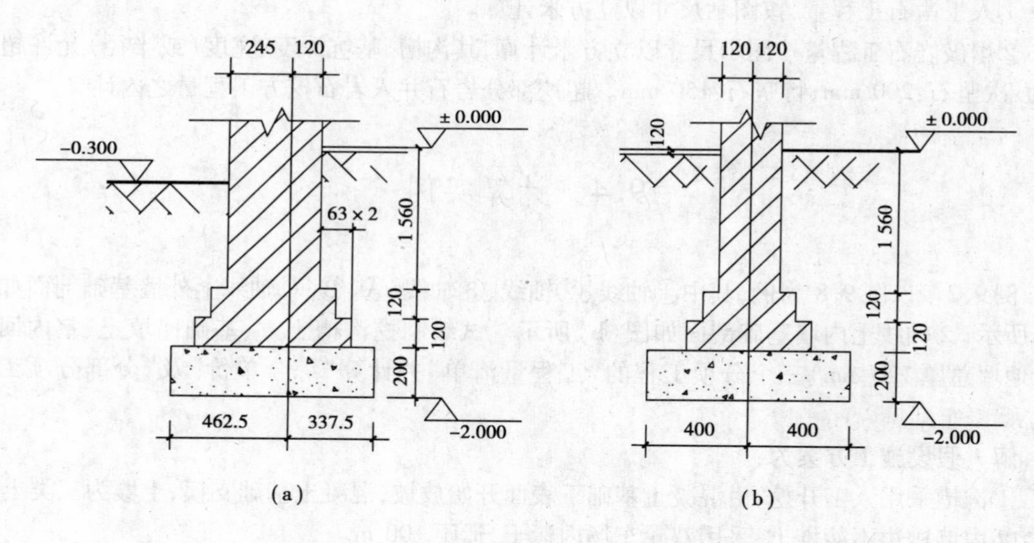

图 9.8　某单层建筑基础图

则：Ⓐ轴线（①—③）：$L_{中}=8.4+0.062\ 5\times 2=8.525$ m

Ⓑ轴线（②—③）：$L_{中}=2.7+0.062\ 5=2.762\ 5$ m

Ⓒ轴线（①—③）：$L_{中}=5.7+0.062\ 5=5.762\ 5$ m

①轴线（Ⓐ—Ⓒ）：$L_{中}=6.0+0.062\ 5\times 2=6.125$ m

②轴线（Ⓑ—Ⓒ）：$L_{中}=2.7+0.062\ 5=2.762\ 5$ m

③轴线（Ⓐ—Ⓑ）：$L_{中}=3.3+0.062\ 5=3.362\ 5$ m

总长度 $L_{中}=8.525+2.762\ 5+5.762\ 5+6.125+2.762\ 5+3.362\ 5=29.3$ m

外墙中心线长也可以这样来计算更快捷：

$$L_{中} = (8.4 + 6.0) \times 2 + 0.0625 \times 8 = 29.3 \text{ m}$$

式中　8——偏心距的个数。只要是四边形平面，均有 $4 \times 2 = 8$。

内墙用基底净长线计算

$$L_{基底} = 3.3 - 0.3375 \times 2 = 2.625 \text{ m}$$

挖基础土方清单量：$V_Q = (29.3 + 2.625) \times 0.8 \times 1.7 = 43.42 \text{ m}^3$

2)挖基础土方定额量计算采用公式(9.6)为：

$$V_d = L \cdot (a + 2C + kH) \cdot H$$

式中　$L_{中} = (8.4 + 6.0) \times 2 + 0.0625 \times 8 = 29.3$ m；

$L_{槽} = 3.3 - 0.3375 \times 2 - 2 \times 0.3 = 2.025$ m（按基槽净长计算）；

$a = 0.8$ m；

$C = 0.3$ m(取自混凝土基础边，查表9.9)；

$k = 0.33$(查表9.10)；

$H = 2.0 - 0.3 = 1.7$ m。

代入公式计算得：

$$\begin{aligned} V_d &= L \cdot (a + 2C + kH) \cdot H \\ &= (29.3 + 2.025) \times (0.8 + 2 \times 0.3 + 0.33 \times 1.7) \times 1.7 \\ &= 31.33 \times 1.961 \times 1.7 = 104.44 \text{ m}^3 \end{aligned}$$

其中：外墙基槽挖土 $V_d = 29.3 \times (0.8 + 2 \times 0.3 + 0.33 \times 1.7) \times 1.7 = 97.68 \text{ m}^3$ 在外墙基槽边堆放；

内墙基槽挖土 $V_d = 2.025 \times (0.8 + 2 \times 0.3 + 0.33 \times 1.7) \times 1.7 = 6.75 \text{ m}^3$ 需要运到距离基槽边100 m的空地上堆放。

(2)室外地坪以下埋入物体积计算

1)200 mm厚混凝土基础(应按实体积计算)

混凝土基础体积 =（外墙中心线长 + 内墙基础净长）× 混凝土基础断面积

其中：外墙中心线长：$L_{中} = 29.3$ m；

内墙混凝土基础净长：$L_{基底} = 2.625$ m；

混凝土基础断面积：$F = 0.8 \times 0.2 = 0.16 \text{ m}^2$。

代入公式计算得：

$$V_{埋1} = (29.3 + 2,625) \times 0.16 = 5.11 \text{ m}^3$$

2)砖基础埋入体积(算至室外地坪)

砖基础体积 = 外墙中心线长 × 外墙砖基断面积 + 砖基基顶净长 × 内墙砖基断面积

其中：外墙中心线长：$L_{中} = 29.3$ m；

砖基基顶净长：$L_{净1} = 3.3 - 0.12 \times 2 = 3.06$ m。

外墙砖基础断面积：

$$F_{外} = (1.7 - 0.2) \times 0.365 + 0.12 \times 3 \times 0.063 \times 2 = 0.59 \text{ m}^2$$

内墙砖基础断面积：

$$F_{内} = (1.7 - 0.2) \times 0.24 + 0.12 \times 3 \times 0.063 \times 2 = 0.41 \text{ m}^2$$

代入公式计算得：

$$V_{埋2} = 29.3 \times 0.59 + 3.06 \times 0.41 = 18.54 \text{ m}^3$$

(3)回填土方工程量计算

1)基础回填土工程量代入公式(9.18)计算:

$$V_{填1}=挖基础土方工程量-室外设计地坪以下埋入物体积$$

清单量 $=43.42-(5.11+18.54)=19.77\ m^3$

定额量 $=104.44-(5.11+18.54)=80.79\ m^3$

2)室内回填土工程量代入公式(9.19)计算:

$$V_{填2}=室内主墙间净面积\times回填土厚度$$

其中:净面积 $S=(5.7-0.12\times2)\times(6.0-0.12\times2)+(2.7-0.12\times2)\times(3.3-0.12\times2)=38.98\ m^2$

或者:室内主墙间净面积 = 外墙所围面积 - 外墙所占面积

$=50.41-29.3\times0.365-3.06\times0.24=38.98\ m^2$

由基础剖面图可看出,室内外高差为0.30 m,地面面层及垫层总厚度为0.12 m,所以:

回填土厚度:$h=(0.3-0.12)=0.18\ m$

代入公式计算得室内回填土工程量:$V_{填2}=38.98\times0.18=7.02\ m^3$

比较:室内回填土需要 $7.02\times1.15=8.07(m^3)$ 可先用基槽边堆放的土(约 $3.3\ m^3$),不够的从100 m处运回来,在组价时应予考虑。

(4)土方运输工程量计算

清单量:$V_{运}=V_Q-V_{填定}\times1.15=43.42-(19.77+7.02)\times1.15=12.61\ m^3$

定额量:$V_{运}=V_d-V_{填定}\times1.15=104.44-(80.79+7.02)\times1.15=3.46\ m^3$

或者:距基槽100 m处堆放的内墙基槽挖出的土 $6.75\ m^3$,若有 $3.46\ m^3$ 作为余土外运,则有 $6.75-3.46=3.29\ m^3=3.3\ m^3$ 应用于室内回填。

(5)工程量清单编制(见表9.13)

表9.13 分部分项工程量清单

序号	项目编码	项目名称	项目特征	计量单位	工程数量
1	010101003001	挖沟槽土方	1. 土壤类别:三类土 2. 基础类型:混凝土条基 3. 挖土深度:1.7 m 4. 弃土运距:3 km	m^3	43.42
2	010103001001	土方回填(基础)	1. 土质要求:三类土 2. 密实度要求:无 3. 粒径要求:无 4. 夯填(碾压):夯填 5. 运输距离:双轮车运100 m	m^3	19.77
3	010103001002	土方回填(室内)		m^3	7.02

(6)综合单价计算

1)选用计价定额

本例选用某省《计价定额》中的相关项目定额消耗量如表9.14所示。

表9.14 某省土方分部相关定额消耗量

定额编号		01010004	01010013	01010021	01010022	01010072	01010073
项　目		人工挖沟槽	双轮车运土	夯填		人工装车	
		三类土	运距	地坪	基础	自卸汽车运土方	
		深2 m以内	100 m以内			运距1 km内	每增1 km
计量单位		100 m^3		100 m^2		1 000 m^3	
名称	单位	消耗量					
综合人工	工日	57.55	19.080	22.300	29.400	165.590	0
材料:水	m^3					12.000	
夯实机(电动)	台班	0.316		7.900	7.980		
履带式推土机	台班					2.575	
自卸汽车(综合)	台班					14.771	3.518
洒水车(1 000 L)	台班					0.600	

注:表中人工挖沟槽定额按三类土编制,如实际为一、二类土时人工定额乘系数0.6,为四类土时人工定额乘系数1.45。

2)人、材、机单价确定

在市场经济条件下,由于人、材、机单价总是存在于变动当中,因而要有“价变量不变”的概念。本课程的教学中,教师应及时补充当地现行的人、材、机单价,教会学生依据“定额消耗量”和当地现行的人、材、机单价组价计算单位估价表。

本例中的人、材、机单价取值如表9.15所示。

表9.15 某地人、材、机单价取值

名　称	单　位	单　价	名　称	单　位	单　价
综合人工	元/工日	70.00	履带式推土机(75 kW)	元/台班	554.79
材料:水	元/m^3	4.00	自卸汽车(综合)	元/台班	484.37
夯实机(电动)	元/台班	34.53	洒水车(1 000 L)	元/台班	347.78

3)单位估价表组价计算(见表9.16)

表9.16 单位估价表

<table>
<tr><td colspan="4">定额编号</td><td>01010004</td><td>01010013</td><td>01010021</td><td>01010022</td><td>01010072</td><td>01010073</td></tr>
<tr><td colspan="4" rowspan="4">项 目</td><td>人工挖沟槽</td><td>双轮车运土</td><td colspan="2">夯填</td><td colspan="2">人工装车</td></tr>
<tr><td>三类土</td><td>运距</td><td>地坪</td><td>基础</td><td colspan="2">自卸汽车运土方</td></tr>
<tr><td>深2 m内</td><td>100 m以内</td><td></td><td></td><td>运距1 km内</td><td>每增1 km</td></tr>
<tr><td colspan="2">100 m³</td><td colspan="2">100 m³</td><td colspan="2">1 000 m³</td></tr>
<tr><td colspan="4">基价/元</td><td>4 039.40</td><td>1 335.60</td><td>1 833.55</td><td>2 333.31</td><td>20 431.66</td><td>1 704.12</td></tr>
<tr><td rowspan="3">其中</td><td colspan="3">人工费/元</td><td>4 028.50</td><td>1 335.60</td><td>1 561.00</td><td>2 058.00</td><td>11 591.30</td><td>—</td></tr>
<tr><td colspan="3">材料费/元</td><td>—</td><td>—</td><td>—</td><td>—</td><td>48.00</td><td>—</td></tr>
<tr><td colspan="3">机械费/元</td><td>10.91</td><td>—</td><td>272.55</td><td>275.31</td><td>8 792.36</td><td>1 704.12</td></tr>
<tr><td colspan="2"></td><td>单位</td><td>单价</td><td colspan="6">消耗量</td></tr>
<tr><td>人工</td><td>综合人工</td><td>工日</td><td>70.00</td><td>57.55</td><td>19.080</td><td>22.300</td><td>29.400</td><td>165.590</td><td>0</td></tr>
<tr><td>材料</td><td>水</td><td>m³</td><td>4.00</td><td>—</td><td>—</td><td>—</td><td>—</td><td>12.000</td><td>—</td></tr>
<tr><td rowspan="4">机械</td><td>夯实机(电动)</td><td>台班</td><td>34.53</td><td>0.316</td><td>—</td><td>7.900</td><td>7.980</td><td>—</td><td>—</td></tr>
<tr><td>履带式推土机</td><td>台班</td><td>554.79</td><td>—</td><td>—</td><td>—</td><td>—</td><td>2.575</td><td>—</td></tr>
<tr><td>自卸汽车(综合)</td><td>台班</td><td>484.37</td><td>—</td><td>—</td><td>—</td><td>—</td><td>14.771</td><td>3.518</td></tr>
<tr><td>洒水车(1 000)</td><td>台班</td><td>347.78</td><td>—</td><td>—</td><td>—</td><td>—</td><td>0.600</td><td>—</td></tr>
</table>

4)综合单价计算(挖基础土方和回填方(基础)两项计算见表9.17、表9.18)

5)分部分项工程费计算(见表9.19)

表9.17　工程量清单综合单价分析表

细目编码		010101003001		细目名称			挖沟槽土方			计量单位		m³
清单综合单价组成明细												
定额编号	定额名称	定额单位	数量	单价/元			合价/元					
				人工费	材料费	机械费	人工费	材料费	机械费	管理费	利润	风险费
01010004	人工挖槽坑	100 m³	0.024 10	4 028.50		10.91	97.09		0.26	31.98	19.38	
01010013	双轮车运土	100 m³	0.001 55	1 335.60			2.14		0.00	0.68	0.41	
01010072	人装车运1 km	1 000 m³	0.000 08	11 591.30	48.00	8 792.36	0.93	0.00	0.70	0.33	0.20	
01010073 * 2	人装车运2 km	1 000 m³	0.000 08			1 704.12	0.00		0.14	0.00	0.00	
人工单价		小计					99.89	0.00	1.10	32.99	19.99	
70元/工日		未计价材料费										
清单项目综合单价							153.97					

计算说明：

①表中数量是相对量：数量 = 定额量/定额单位扩大倍数/清单量。例如：人工挖沟槽的相对量 = 104.44/100/43.42 = 0.024 1。为保证计算精度，小数点后保留有效位数3位；

②双轮车运土工程量是指内墙基槽挖出的定额量，相对量 = 6.75/100/43.42 = 0.001 55；

③人装汽车运土相对量 = 3.46/1 000/43.42 = 0.000 080 6；

④管理费费率取27%；利润率取9%（因为该工程为单层建筑，判断为四类土建工程）。

表 9.18　工程量清单综合单价分析表

细目编码		010103001001		细目名称		回填方(基础)				计量单位		m^3
清单综合单价组成明细												
定额编号	定额名称	定额单位	数量	单价/元			合价/元					
				人工费	材料费	机械费	人工费	材料费	机械费	管理费	利润	风险费
01010022	夯填	100 m^3	0.040 9	2 058.00		275.31	84.17		11.26	28.07	17.01	
人工单价		小计					84.17		11.26	28.07	17.01	
70 元/工日		未计价材料费										
清单项目综合单价							129.79					

计算说明：

①基础夯填相对量 = 80.79/100/19.77 = 0.040 9；

②管理费费率取 33%；利润率取 20%。

表9.19 分部分项工程清单计价表

序号	项目编码	项目名称	计量单位	工程数量	金额/元				
					综合单价	合价	其中		
							人工费	机械费	暂估价
1	010101003001	挖基槽土方	m^3	43.42	153.97	6 685.38	4 337.22	47.26	
2	010103001001	回填方(基础)	m^3	19.77	140.51	2 777.88	1 664.04	222.61	

例9.3 某基槽深3.6 m,其中一、二类土的深度为1.7 m,三类土为1.9 m,试确定该土方工程的放坡起点深度和放坡系数(k值)。

解 根据基础定额规定:沟槽土壤类别不同时,分别按其放坡起点深度和放坡系数,依不同土层厚度加权平均计算。

已知:一二类土放坡起点为1.2 m,放坡系数为0.5;

三类土放坡起点为1.5 m,放坡系数为0.33;

则: 平均放坡起点深度 $H=(1.2\times1.7+1.5\times1.9)\div3.6=1.36$ m

平均放坡系数 $k=(0.5\times1.7+0.33\times1.9)\div3.6=0.41$

由于挖深3.6 m大于了平均放坡起点深度1.36 m,所以该土方工程应该放坡。

例9.4 若已知上例中的某基槽计算长度为36.48 m,混凝土垫层(施工要求支模浇灌)底宽为2.4 m,求人工挖土方定额量。

解 人工挖基槽土方计算采用公式(9.6)为:

$$V=L(a+2C+kH)H$$

由题给条件知:$L=36.48$ m ,$a=2.4$ m,C取300 mm,$k=$由上例计算为0.41,$H=3.6$ m

代入计算公式得:

$$V=36.48\times(2.4+2\times0.3+0.41\times3.6)\times3.6=587.82\ m^3$$

例9.5 某工程做钢筋混凝土独立基础36个,形状如图9.6所示。已知挖深为1.8 m,三类土,基底混凝土垫层(要求支模浇灌)底面积为2.8 m×2.4 m,试求人工挖基坑土方定额量。

解 人工挖基坑土方定额量计算公式采用(9.12)为:

$$V=(a+2C+kH)\times(b+2C+kH)\times H+\frac{1}{3}\times k^2\times H^3$$

由题给条件知:挖深(H)为1.8 m大于1.5 m(三类土),本公式适用。

式中:$a=2.8$ m; $b=2.4$ m; $C=0.3$m; $k=0.33$;$H=1.8$ m

代入公式得(单个体积):

$$V=(2.8+2\times0.3+0.33\times1.8)\times(2.4+2\times0.3+0.33\times1.8)\times1.8+\frac{1}{3}\times(0.33)^2\times(1.8)^3$$

$$=3.994\times3.594\times1.8=26.05\ m^3$$

人工挖基坑土方定额量 $V=V_d\times36=26.05\times36=937.79\ m^3$

例 9.6 某水厂制做钢筋混凝土圆形储水罐 5 个,外径为 3.6 m,埋深 2.1 m,土壤为三类土,罐体外壁要求做垂直防水层,试求挖基础土方清单量及人工挖基坑土方定额量。

解 (1)清单量计算

计算公式采用(9.13)为:$V_{挖} = \pi R^2 H$

式中数据计算或取定为:$R = 3.6 \div 2 = 1.8$ m　$\pi = 3.141\,6$　$H = 2.1$ m

代入公式得(单个体积):

$$V_{挖} = 3.141\,6 \times 1.8^2 \times 2.1 = 21.37 \text{ m}^3$$

挖基础土方清单量:$21.37 \times 5 = 106.85$ m^3

(2)定额量计算

查表 9.9,罐体外壁要求做垂直防水层,则工作面宽(C)应取 1 000 mm,坑底面积为:

$$S = (3.6 \div 2 + 1.0) \times 2 \times 3.141\,6 = 17.59 \text{ m}^2 < 20 \text{ m}^2$$

圆形坑土方定额量计算公式采用(9.14)为:$V = \frac{1}{3}\pi H(R_1^2 + R_2^2 + R_1 R_2)$

式中数据计算或取定为:

$$R_1 = R + C = 1.8 + 1.0 = 2.8 \text{ m}$$

$$R_2 = R_1 + kH = 2.8 + 0.33 \times 2.1 = 3.493 \text{ m}$$

代入公式得(单个体积):

$$V_d = \frac{1}{3} \times 3.141\,6 \times 2.1 \times (2.8^2 + 3.493^2 + 2.8 \times 3.493) = 60.65 \text{ m}^3$$

人工挖基坑土方定额量:$60.65 \times 5 = 303.27$ m^3

例 9.7 在[例 9.2]中,如果已知地下常水位在 −1.3 m 处,其他条件不变,试分别求干、湿土定额量。

解 基槽分别求干、湿土定额量,计算长度是一样的,关键问题在于分别求干、湿土的计算断面积,即先求总的断面积,再求湿土断面积,而以总的断面积减去湿土断面积就是干土断面积。

前面已计算出的数据如下:

$$L_{中} = (8.4 + 6.0) \times 2 + 0.062\,5 \times 8 = 29.3 \text{ m}$$

$$L_{槽} = 3.3 - 0.337\,5 \times 2 - 0.3 \times 2 = 2.025 \text{ m}$$

基底宽为 0.8 m

工作面取 0.3 m

挖土总体积为:$V_{挖} = 104.44$ m^3

在本例中,总挖深为 1.7 m,湿土高度为 $H_{湿} = 2.0 - 1.3 = 0.7$ m

代入公式(9.5),则湿土定额量为:

$$V_{湿} = (29.3 + 2.025) \times (0.8 + 2 \times 0.3 + 0.33 \times 0.7) \times 0.7 = 35.76 \text{ m}^3$$

而干土定额量为:$V_{干} = V_{挖} - V_{湿} = 104.44 - 35.76 = 68.68$ m^3

例 9.8 某工程采用爆破法开凿特坚石隧道,直径为 3 m,长 24 m,试求石方定额量。

解 特坚石允许超挖量为 200 mm,则隧道计算半径为 $3 \div 2 + 0.2 = 1.7$ m。

石方施工量:　$V = 1.7^2 \times 3.141\,6 \times 24 = 217.9$ m^3

例 9.9 某工程基础如图 9.9 所示,土壤类别为二类土,地坪总厚度为 120 mm,施工要求混凝土垫层为原槽浇灌，垫层厚 100 mm。试求场地平整、人工挖沟槽、室内回填土定额量。

解　(1)场地平整，代入公式(8.1)得：

$$S_{场} = (9 + 9 + 0.24 \times 2 + 2 \times 2) \times (12 + 0.24 \times 2 + 2 \times 2) = 370.47\ m^2$$

(2)人工挖基槽

场地为二类土，放坡起点深为 1.2 m。

挖深：$H = 1.6 + 0.1 - 0.45 = 1.25\ m > 1.2\ m$ 应放坡 $k = 0.5$

由于混凝土垫层为原槽浇灌，放坡应从垫层上表面开始

则计算放坡的高度：$H_1 = 1.25 - 0.1 = 1.15\ m$

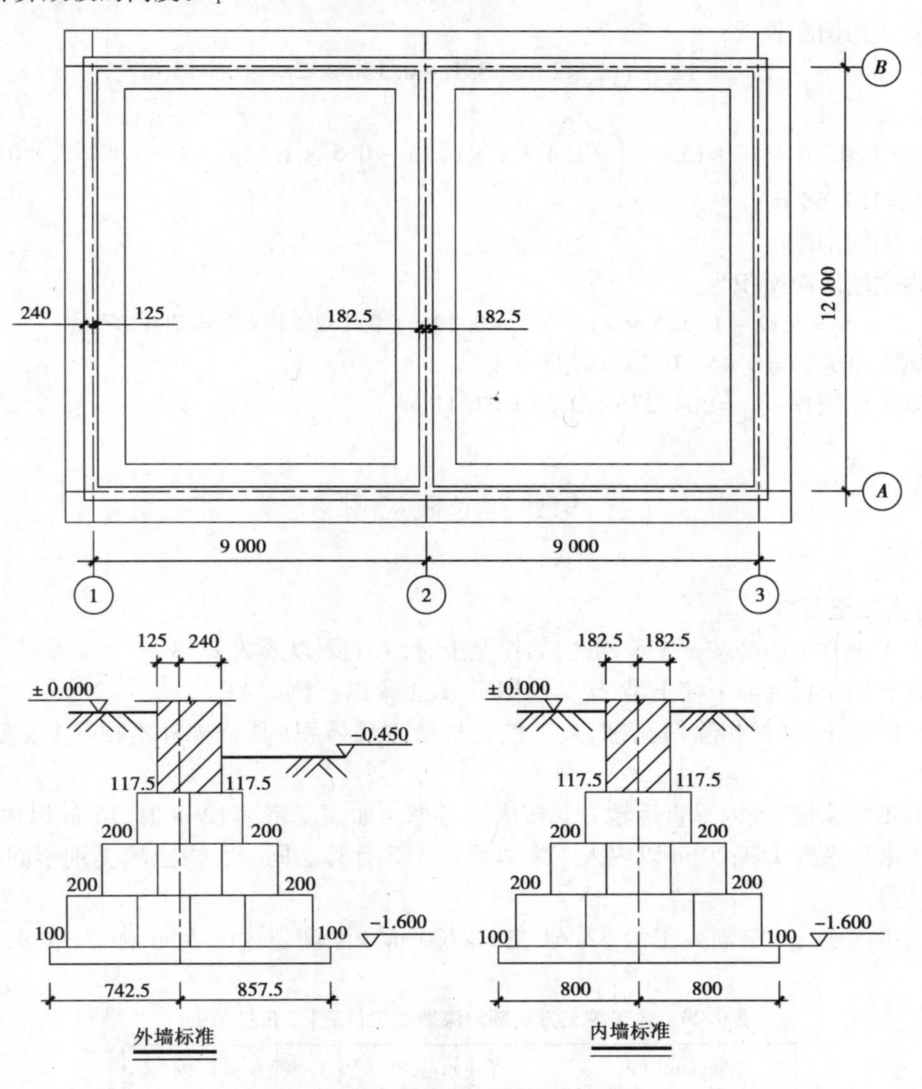

图 9.9　某工程基础平面图、断面图

垫层厚：$H_2 = 0.1\ m$

工作面自毛石基础底边取：$C = 150\ mm$，

毛石基础底宽：$a_1 = (0.8 - 0.1) \times 2 = 1.4\ m$

垫层(原槽浇灌)底宽:$a_2 = a_1 + 2C = 1.4 + 0.15 \times 2 = 1.7$ m

该题应按下列公式计算:

$$V = L\left[(a_1 + 2C + kH_1)H_1 + a_2 H_2\right]$$

式中:计算长度(L)应为:

外墙取中心线长度,由于墙厚为365 mm,外墙轴线不居中,应进行调中后再计算外墙中心线长。

偏中距;$\delta = 365/2 - 125 = 57.5$ mm

$$L_{中} = (9 + 9 + 12) \times 2 + 0.0575 \times 8 = 60.46 \text{ m}$$

内墙用沟槽净长线:

$$L_{槽} = 12 - (0.7425 - 0.1 + 0.15) \times 2 = 10.415 \text{ m}$$

代入公式得:

$$V_{挖} = (60.46 + 10.415) \times [(1.4 + 2 \times 0.15 + 0.5 \times 1.15) \times 1.15 + 1.7 \times 0.1]$$
$$= 197.48 \text{ m}^3$$

(3)室内回填土

室内主墙间净面积为:

$$S = (12 - 0.125 \times 2) \times (9 - 0.125 - 0.1825) \times 2 = 204.27 \text{ m}^2$$

回填土厚为:$h = 0.45 - 0.12 = 0.33$ m

回填土体积为:$V_{填} = 204.27 \times 0.33 = 67.41$ m^3

9.5 定额应用

(1)人工土石方

①人工土方定额是按干土编制的,如挖湿土时,人工乘以系数1.18。

②在有挡土板支撑下挖土是,按实挖体积,人工乘以系数1.43。

③桩间挖土方时,扣除钻孔桩、人工挖孔桩所占用体积(其余桩种不扣除)按实挖体积计算。

④人工挖孔桩,桩内垂直运输方式按人工考虑。如深度超过12 m时,16 m以内按12 m项目人工乘以系数1.3;20 m以内人工乘以系数1.5计算。同一孔内土壤类别不同时,按定额加权计算。

⑤人工挖土方(定额人工为32.64 工日/100 m^3)深度超过1.5 m时,按表9.20增加工日。

表9.20 人工挖土方定额超深增加工日表(工日/100 m^3)

深2 m以内	深4 m以内	深6 m以内
5.55	17.60	26.16

⑥人工挖土方、人工挖沟槽定额按三类土编制,如实际为一、二类土时人工定额乘系数0.6,为四类土时人工定额乘系数1.45。

(2)机械土石方

①推土机推土、推土渣,铲运机铲运土重车上坡时,如果坡度大于5%时,其运距按坡度区段斜长乘以表9.21系数计算。

表9.21　重车上坡斜长系数

坡度(%)	5~10	15以内	20以内	25以内
系数	1.75	2.0	2.25	2.5

例9.10　某工地土方工程采用机械开挖,推土机需推土上坡,坡面斜长为30 m,高差4 m,试求推土上坡运距。

解　坡度为:4/30 = 0.133 3 = 13.33%,从表9.21中取系数2.0

则推土上坡运距 = 30 × 2 = 60 m

②机械挖土工程量,可按施工组织设计规定计算。如无规定时,挖土方工程量小于1万m^3,按机械挖土方90%,人工挖土方10%计算;挖土方工程量大于1万m^3以上时按机械挖土方95%,人工挖土方5%计算。机械不能施工部分(如死角、修边等),则人工挖土部分按相应定额人工乘以系数1.5。

例9.11　某工地土方工程采用机械大开挖,坑深5.4 m,三类土,土方总工程量为1 500 m^3,试分析人工挖土部分的用工数。

解　根据以上规定,本工程人工挖土部分的工程量为:1 500 × 10% = 150 m^3

查定额知,人工综合工日为:32.64 工日/100 m^3

按表9.20规定增加26.16 工日/100 m^3 后,再乘以系数1.5。

则人工挖土部分的用工数为:1 500/100 × (32.64 + 26.16) × 1.5 = 1 323 工日

③推土机推土或铲运机铲土土层平均厚度小于300 mm时,推土机台班用量乘以系数1.25;铲运机台班用量乘以系数1.17。

④挖掘机在垫板上进行作业时,人工、机械乘以系数1.25,定额内不包括垫板铺设所需的工料、机械消耗。

⑤推土机、铲运机推铲未经压实的积土时,按定额项目乘以系数0.73。

⑥机械土方定额是按三类土编制的,如实际土壤类别不同时,定额中的机械台班量乘以表9.22所给系数。

表9.22　机械土方类别系数

项　目	一、二类土	四类土
推土机推土方	0.84	1.18
铲运机铲运土方	0.84	1.18
挖掘机挖土方	0.84	1.18

习题 9

9.1　按图 9.10 所给条件计算：平整场地、人工挖沟槽（二类土）、毛石基础、砖基础、基础回填土、墙基防潮层等项目工程量并分析计算挖沟槽土方、回填土两个分项工程的综合单价。（施工方案可参照例 9.2）

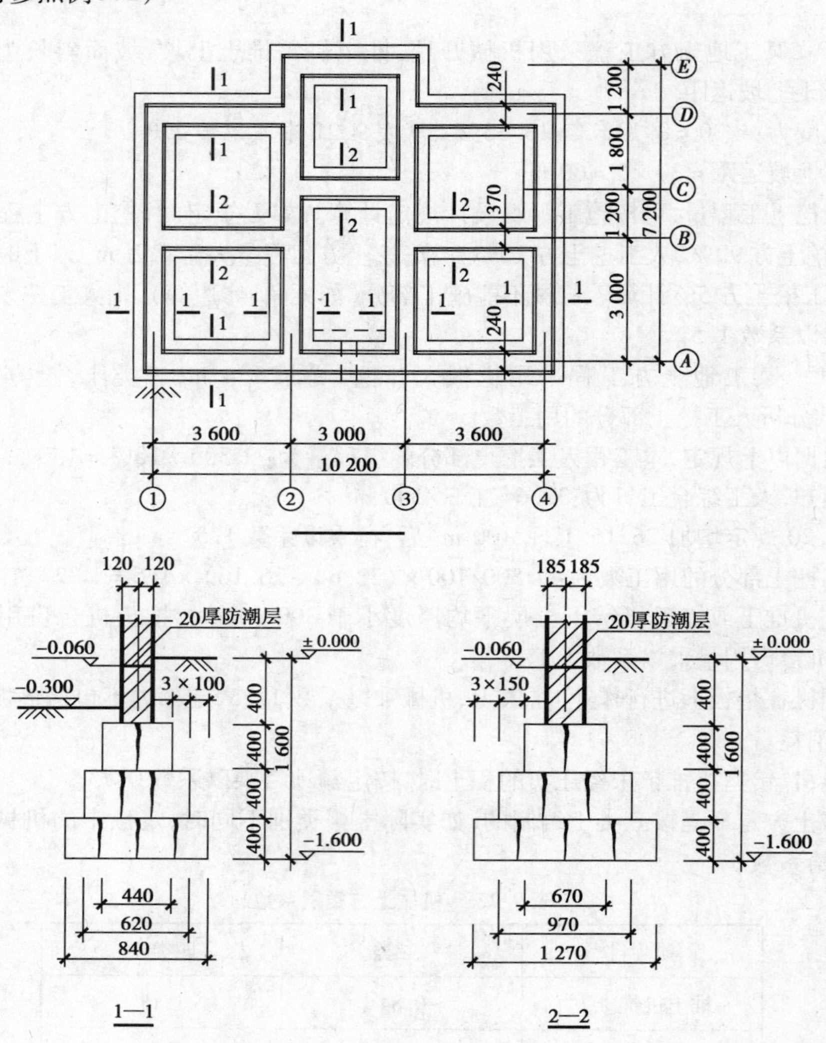

图 9.10　某基础平面图及剖面图

9.2　按图 9.11、图 9.12 所给条件计算：平整场地、人工挖沟槽（二类土）、毛石基础、砖基础、基础回填土、墙基防潮层等项目工程量并分析计算挖沟槽土方、回填土两个分项工程的综合单价。（施工方案可参照例 9.2）

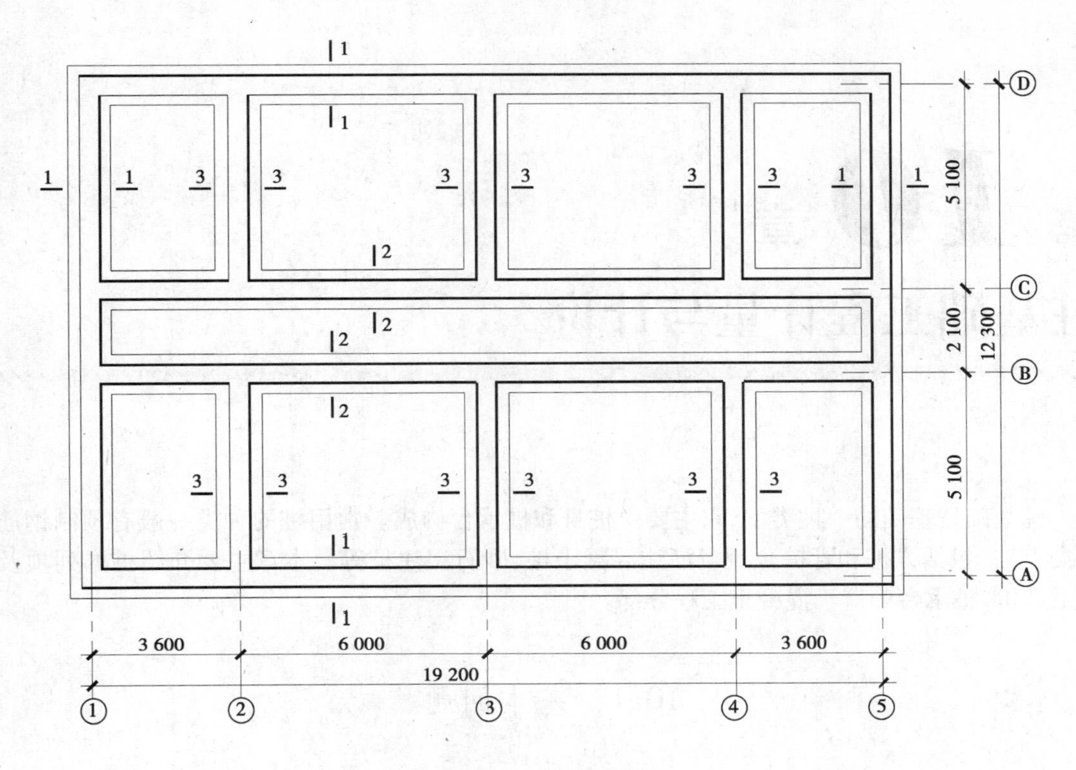

图 9.11　基础平面图

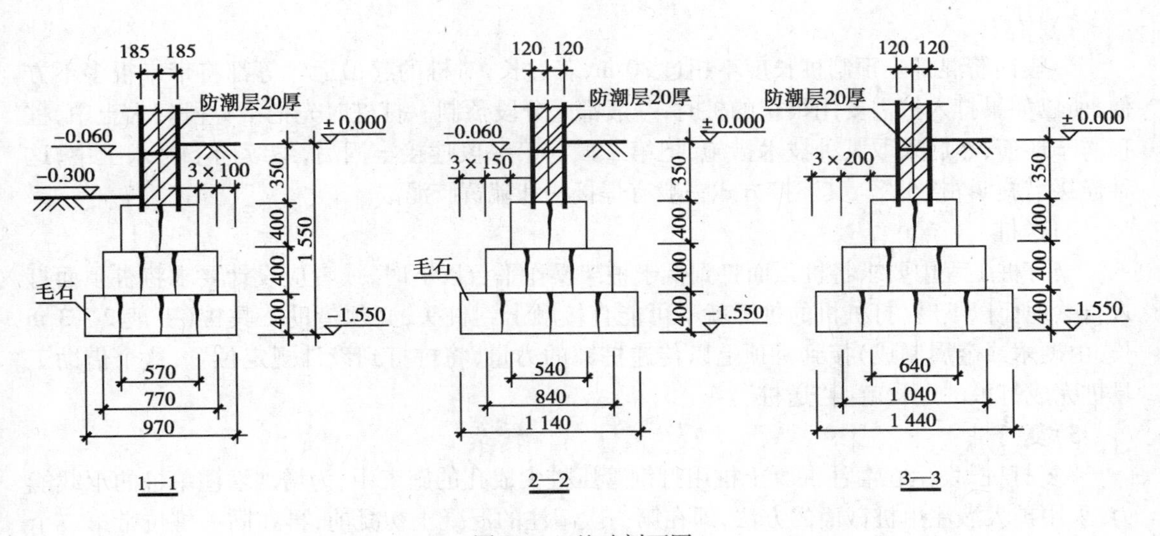

图 9.12　基础剖面图

第10章 桩基础工程计量与计价

桩基础是基础的一种类型，它主要由桩身和桩承台构成。常用桩的种类一般有预制钢筋混凝土桩（包括方桩和管桩）、现场灌注混凝土桩、砂石灌注桩等。本章主要介绍桩的列项及计量计价，桩承台归属于混凝土工程分部。

10.1 基本问题

（1）相关概念

1）接桩

一般钢筋混凝土预制桩长度不超过 30 m，若过长，对桩的起吊运输等都将带来很多不方便，所以如果打入桩需要用很长的桩时，一般都是分段预制。打桩时先把第一段打入土中，桩顶露于地面，然后采取某种技术措施，把第二段与第一段连接牢固后，继续向下打入土中，这种连接措施叫“接桩”。其连接方式一般有焊接法和硫黄胶泥法。

2）送桩

当打桩工程中要求将桩顶面打到低于桩架操作平台以下时，或者应设计要求将桩顶面打入自然地面以下时，打桩机的桩锤就不可能直接触击到桩头，必须借助工具桩（一般 2 ~ 3 m 长，由硬木或金属制成）接到桩顶上以传递桩锤的力量，将桩打到设计规定位置，这个借助工具桩完成打桩的过程就叫“送桩”。

3）复打桩

“复打桩”发生在灌注混凝土桩用打钢管压桩尖成孔的施工中，为增加灌注单桩的承载能力，采用扩大灌注单桩截面的方法，即在第一次灌注的混凝土初凝前，再在同一桩位带第二个桩尖再次压入，并第二次灌注混凝土。第二次（或第三次）灌注混凝土的桩称为“复打桩”。

（2）土壤级别

土壤级别与定额选用有关，一般按表 10.1 确定。

表10.1　土质鉴别表

内　容		土壤级别	
		一级土	二级土
沙夹层	沙层连续厚度/m 沙层中卵石含量/%	<1 —	>1 <15
物理性能	压缩系数 孔隙比	>0.02 >0.7	<0.02 <0.7
力学性能	静力触探值 动力触探系数	<15 <12	>50 >12
每米纯沉桩时间平均值/min		<2	>2
说　明		桩经外力作用较易沉入的土，土壤中夹有较薄的沙层	桩经外力作用较难沉入的土，土壤中夹有不超过3 m的连续厚度沙层

10.2　清单分项及计算规则

《清单计量规范》将桩基工程分为11项，具体分项如表10.2、表10.3所示。

表10.2　打桩(编码:010301)

项目编码	项目名称	项目特征	计量单位	工程量计算规则	工程内容
010301001	预制钢筋混凝土方桩	1. 地层情况 2. 送桩深度、桩长 3. 桩截面 4. 桩倾斜度 5. 沉桩方式 6. 接桩方式 7. 混凝土强度等级	m m^3 根	1. 以米计量，按设计图示尺寸以桩长(包括桩尖)计算 2. 以立方米计量，按设计图示截面积乘以桩长(包括桩尖)以实体积计算 3. 以根计量，按设计图示数量计算	1. 工作平台搭拆 2. 桩机竖拆、移位 3. 沉桩 4. 接桩 5. 送桩
010301002	预制钢筋混凝土管桩	1. 地层情况 2. 送桩深度、桩长 3. 桩外径、壁厚 4. 桩倾斜度 5. 沉桩方式 6. 桩尖类型 7. 混凝土强度等级 8. 填充材料种类 9. 防护材料种类			1. 工作平台搭拆 2. 桩机竖拆、移位 3. 沉桩 4. 接桩 5. 送桩 6. 桩尖制作安装 7. 填充材料、刷防护材料

续表

项目编码	项目名称	项目特征	计量单位	工程量计算规则	工程内容
010301003	钢管桩	1. 地层情况 2. 送桩深度、桩长 3. 材质 4. 管径、壁厚 5. 桩倾斜度 6. 沉桩方式 7. 填充材料种类 8. 防护材料种类	t 根	1. 以吨计量，按设计图示尺寸以质量计算 2. 以根计量，按设计图示数量计算	1. 工作平台搭拆 2. 桩机竖拆、移位 3. 沉桩 4. 接桩 5. 送桩 6. 切割钢管、精割盖帽 7. 管内取土 8. 填充材料、刷防护材料
010201004	截（凿）桩头	1. 桩类型 2. 桩头截面、高度 3. 混凝土强度等级 4. 有无钢筋	m^3 根	1. 以立方米计量，按设计图示截面积乘以桩长（包括桩尖）以实体积计算 2. 以根计量，按设计图示数量计算	1. 截（切割）桩头 2. 凿平 3. 废料外运

表 10.3　灌注桩（编码:010302）

项目编码	项目名称	项目特征	计量单位	工程量计算规则	工程内容
010302001	泥浆护壁成孔灌注桩	1. 地层情况 2. 空桩深度、桩长 3. 桩径 4. 成孔方法 5. 护筒类型、长度 6. 混凝土种类、强度等级	m m^3 根	1. 以米计量，按设计图示尺寸以桩长（包括桩尖）计算 2. 以立方米计量，按截面在桩上范围内以实体积计算 3. 以根计量，按设计图示数量计算	1. 护筒埋设 2. 成孔、固壁 3. 混凝土制作、运输、灌注、养护 4. 土方、废泥浆外运 5. 打桩场地硬化及泥浆池、泥浆沟
010302002	沉管灌注桩	1. 地层情况 2. 空桩深度、桩长 3. 复打长度 4. 桩径 5. 沉管方式 6. 桩尖类型 7. 混凝土种类、强度等级			1. 打（拔）钢管 2. 桩尖制作、安装 3. 混凝土制作、运输、灌注、养护

续表

项目编码	项目名称	项目特征	计量单位	工程量计算规则	工程内容
010302003	干作业成孔灌注桩	1. 地层情况 2. 空桩深度、桩长 3. 桩径 4. 扩孔直径、高度 5. 成孔方式 6. 混凝土种类、强度等级	m m^3 根	1. 以米计量，按设计图示尺寸以桩长（包括桩尖）计算 2. 以立方米计量，按截面在桩上范围内以实体积计算 3. 以根计量，按设计图示数量计算	1. 成孔、扩孔 2. 混凝土制作、运输、灌注、振捣、养护
010302004	挖孔桩土（石）方	1. 地层情况 2. 挖孔深度 3. 弃土（石）运距	m^3	按设计图示尺寸（含护壁）截面积乘以挖孔深度以立方米计算	1. 排地表水 2. 挖土、凿石 3. 基底钎探 4. 运输
010302005	人工挖孔灌注桩	1. 桩芯长度 2. 桩芯直径、扩底直径、扩底高度 3. 护壁厚度、高度 4. 护壁混凝土种类、强度等级 5. 桩芯混凝土种类、强度等级	m^3 根	2. 以立方米计量，按桩芯混凝土体积计算 3. 以根计量，按设计图示数量计算	1. 护壁制作 2. 混凝土制作、运输、灌注、振捣、养护
010302006	钻孔压浆桩	1. 地层情况 2. 空钻深度、桩长 3. 钻孔直径 4. 水泥强度等级	m 根	1. 以米计量，按设计图示尺寸以桩长计算 2. 以根计量，按设计图示数量计算	钻孔、下注浆管、投放骨料、浆液制作、运输、压浆
010302007	灌注桩后压浆	1. 注浆导管材料、规格 2. 注浆导管长度 3. 单孔注浆量 4. 水泥强度等级	孔	按设计图示以注浆孔数计算	1. 注浆导管制作、安装 2. 浆液制作、运输、压浆

10.3　定额计算规则

1）打预制钢筋混凝土桩的体积，按设计桩长（包括桩尖，不扣除桩尖虚体积）乘以桩截面面积以立方米计算。管桩的空心体积应扣除。如管桩的空心部分按设计要求灌注混凝土或其他填充材料时，应另行计算。

2）电焊接桩按设计接头，以个数计算；硫黄胶泥接桩按桩断面面积以平方米计算。

3）送桩按桩截面面积乘以送桩长度（即打桩架底至桩顶面高度或设计桩顶面标高至自然

地坪另加0.5 m)以立方米计算。

4)打拔钢板桩按钢板桩质量以吨计算。

5)打孔灌注桩:

①混凝土桩、砂桩、碎石桩的体积,按设计规定的桩长(包括桩尖,不扣除桩尖虚体积)乘以钢管管箍外径截面积以立方米计算。

②扩大桩的体积按单桩体积乘以次数计算。

③打孔后先埋入预制桩尖,再灌注混凝土者,桩尖按钢筋混凝土章节规定计算体积,灌注按设计桩长(自桩尖顶面至桩顶面高度)乘以钢管管箍外径截面积以立方米计算。

6)钻孔灌注桩,按设计长度(包括桩尖,不扣除桩尖虚体积)加0.25 m,乘以桩的设计截面面积以立方米计算。

《清单计量规范》与某省《消耗量定额》在工程量计算规则上的差异,如表10.4所示。

表10.4 桩基工程计量规则差异

项目编码	项目名称	《清单规范》规则		《消耗量定额》规则	
		计量单位	计算规则	计量单位	计算规则
010301001□□□	预制钢筋混凝土方桩	m/根	按设计图示尺寸以桩长(包括桩尖)或根数计算	m^3	打压预制钢筋混凝土方桩按设计桩长(包括桩尖、不扣除桩尖虚体积)乘以桩的截面面积以体积计算
010302002□□□	沉管灌注桩	m/根	按设计图示尺寸以桩长(包括桩尖)或根数计算	m^3	单、复打灌注桩,按设计桩长减去桩尖长度再加0.5 m,乘以设计桩径断面面积以体积计算

10.4 计算方法

(1)预制钢筋混凝土桩

在预制钢筋混凝土桩的清单项中(见表10.2),其工作内容应包括预制混凝土桩制作、运输、打桩、接桩及送桩等项目。可简单扼要的记为"制、运、打、接、送"。而在计算"制、运、打"等项目时,应考虑构件相应损耗率,如表10.5所示。

表10.5 各类钢筋混凝土预制构件损耗率表

构件名称	制作废品率/%	运输损耗率/%	安装(打桩)损耗率/%	总计/%
预制钢筋混凝土桩	0.10	0.40	1.50	2.00
其他各类预制钢筋混凝土构件	0.20	0.80	0.50	1.50

计算公式如下:

①图示工程量:$V_{图}$ = 设计桩长 × 桩截面面积 × 桩的根数

$=L\times F\times N$　(10.1)

②制桩工程量：$V_{制}=V_{图}\times(1+总损耗率)=V_{图}\times(1+0.1\%+0.4\%+1.5\%)$

$=V_{图}\times(1+2\%)=V_{图}\times1.02$　(10.2)

③运输工程量：$V_{运}=V_{图}\times(1+0.4\%+1.5\%)$

$=V_{图}\times(1+1.9\%)=V_{图}\times1.019$　(10.3)

④打桩工程量：$V_{打}=V_{图}$　(10.4)

⑤接桩工程量：按个数和 m^2。

⑥送桩：$V_{送}=L_{送}\times F$　(10.5)

⑦截桩：预制桩截桩工程量按定额说明以根计算。

⑧桩承台工程量：按实体积计算（不除桩头所占体积）。

⑨预制桩钢筋制安工程量：$G=G_{图}\times1.02\ t$　(10.6)

(2)挖孔桩

挖孔桩的工程量计算包括土方量、挖孔桩芯、挖孔桩护壁工程量计算，如图10.1所示。其中桩本身工程量按实际体积分段计算较合理，其公式为：

$$V_1=\pi\times r^2\times h_1 \tag{10.7}$$

$$V_2=\frac{1}{3}\pi\times h_2\times(r^2+rR+R^2) \tag{10.8}$$

$$V_3=\frac{h_3}{6}\pi\left[\frac{3}{4}(2R)^2+h_3^2\right] \tag{10.9}$$

$$V_{桩}=V_1+V_2+V_3 \tag{10.10}$$

式中　V_1——挖孔桩圆柱体部分的体积，m^3；

V_2——挖孔桩圆台部分的体积，m^3；

V_3——挖孔桩球冠部分的体积，m^3；

π——圆周率，取3.141 6计算；

r——挖孔桩圆柱部分半径，m；

h_1——挖孔桩圆柱部分高度，m；

R——挖孔桩圆台扩大部分半径，m；

h_2——挖孔桩圆台部分高度，m；

h_3——挖孔桩球冠部分高度，m。

(3)现场打孔灌注桩

现场打孔灌注桩工程量包括单桩体积、桩尖工程量等。

①单桩体积：

$$V=L\times F \tag{10.11}$$

式中　L——设计桩长；

F——管箍外径截面积。

②预制桩尖，如图10.2所示。可按下列公式以实体积计算，套相应桩尖定额。

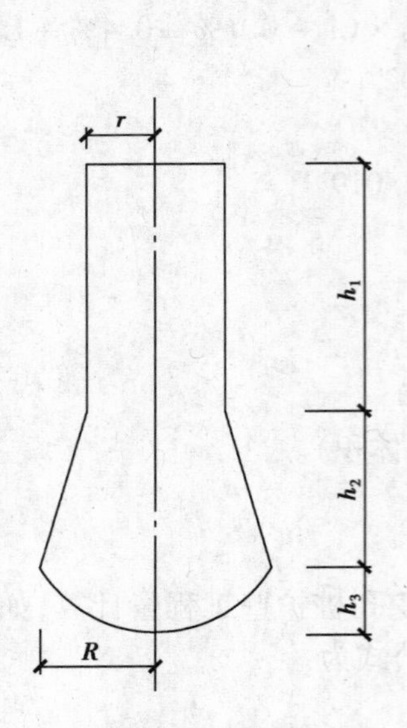

图 10.1　挖孔桩

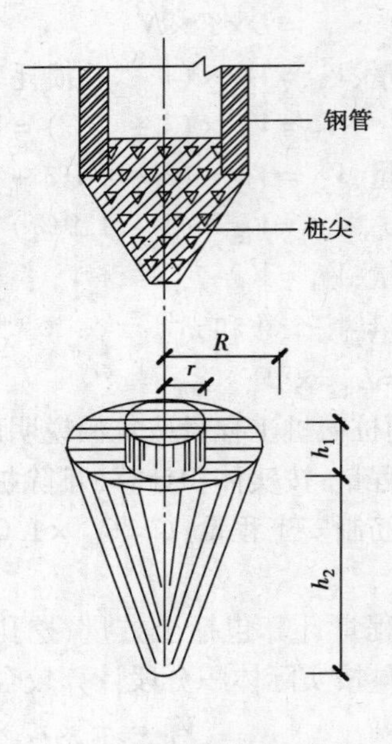

图 10.2　桩尖

$$V_{尖} = \pi r^2 h_1 + \frac{1}{3}\pi R^2 h_2 \tag{10.12}$$

式中　$V_{尖}$——单个桩尖体积，m^3；

π——圆周率，取 3.141 6 计算；

r——桩尖圆柱部分半径，m；

h_1——桩尖圆柱部分高度，m；

R——桩尖圆锥部分半径，m；

h_2——桩尖圆锥部分高度，m。

10.5　计算实例

例 10.1　图 10.3 为预制钢筋混凝土桩和现浇承台基础示意图，试计算预制桩制作、运输、打桩、送桩以及承台的工程量（桩基共 30 个）。

解　(1)预制桩清单工程量。本例按长度以 m 计算为

$$L = (8.0 + 0.3) \times 4_{(根)} \times 30_{(个)} = 996 \text{ m}$$

(2)预制桩定额工程量

图示工程量：$V_{图} = 996 \times 0.3 \times 0.3 = 89.64 \text{ m}^3$

制桩工程量：$V_{制} = V_{图} \times 1.02 = 89.64 \times 1.02 = 91.43 \text{ m}^3$

运输工程量：$V_{运} = V_{图} \times 1.019 = 89.64 \times 1.019 = 91.34 \text{ m}^3$

打桩工程量：$V_{打} = V_{图} = 89.64 \text{ m}^3$

送桩工程量：$V_{送} = (1.8 - 0.3 - 0.15 + 0.5) \times 0.3 \times 0.3 \times 4 \times 30 = 19.98 \text{ m}^3$

(3)桩承台工程量：$V_{承台} = 1.9 \times 1.9 \times (0.35 + 0.05) \times 30 = 43.32 \text{ m}^3$

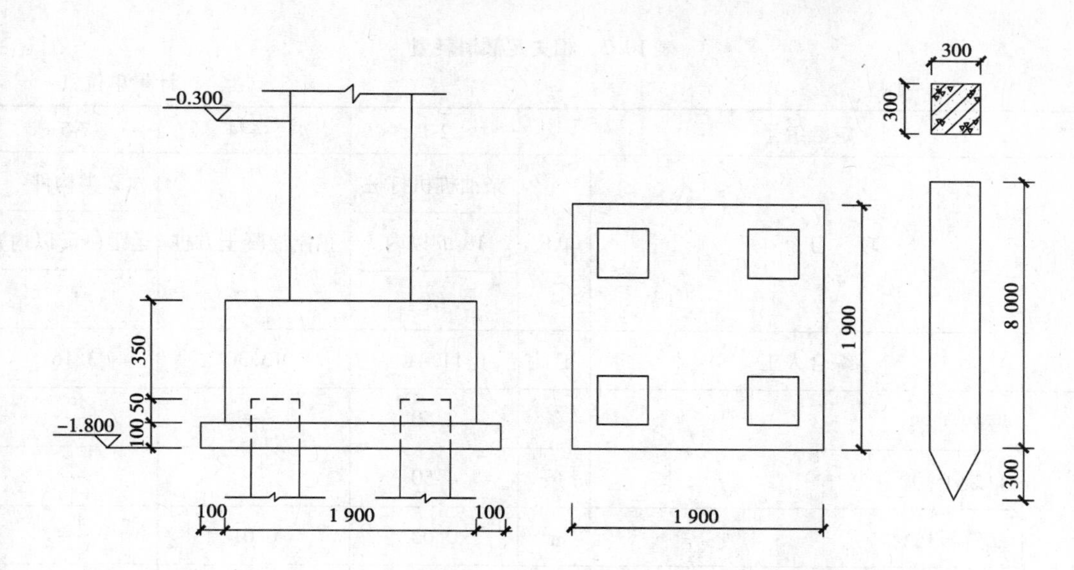

图10.3　桩基础示意图

例10.2　利用上述工程量数据，参照第5章计价办法，试编制预制钢筋混凝土方桩分项的工程量清单，并计算综合单价(元/m)、分部分项工程费及模板费。

解　从如表10.2所示的工作内容中可以看出，一个预制钢筋混凝土方桩清单分项应包括定额列出的"制、运、打、送"的全部工作内容，也就是综合单价应体现完成预制钢筋混凝土方桩分项工程施工过程"制、运、打、送"的全部费用。

(1)编制工程量清单

根据表10.2中项目特征描述及工作内容的要求，结合设计图并考虑实际施工的一般做法，列出工程量清单如表10.6所示。

表10.6　分部分项工程清单

序号	项目编码	项目名称	项目特征	计量单位	工程数量
1	010301001 001	预制钢筋混凝土方桩	1. 地层情况：一级土 2. 送桩深度、桩长：1.85 m、单桩长8.3 m 3. 桩截面：300 mm×300 mm 4. 桩倾斜度：90° 5. 沉桩方式：轨道式柴油打桩机打桩 6. 接桩方式：无 7. 混凝土强度等级：C20预制混凝土、碎石40、P.S42.5 8. 运桩距离：5 km	m	996

(2)选择计价依据

根据《基础定额》，相关定额子项的消耗量如表10.7所示。

(3)人、材、机单价确定

本例中的人、材、机单价取值见表10.8。

表 10.7　相关定额消耗量

计量单位:10 m³

定额编号			2-1	5-434	7-5
项　目		单位	柴油桩机打桩	预制混凝土方桩	2 类构件
			10 m 以内		运距(km 以内)
			一级土		5
人工	综合人工	工日	11.41	13.30	3.16
材料	麻袋	条	2.50	—	—
	草袋子	条	4.50	—	—
	二等板枋材	m³	0.02	0.01	—
	金属周转材料摊销	kg	2.19	—	—
	预制混凝土 C20、碎石 40、P. S42.5	m³	—	10.15	—
	草席	m²	—	2.76	—
	水	m³	—	10.18	—
	木材(综合)	m³	—	—	0.01
	镀锌铁丝 8#	kg	—	—	3.14
	加固钢丝绳	kg	—	—	0.32
机械	轨道式柴油打桩机(锤重 2.5 t)	台班	0.88	—	—
	履带式起重机(5 t)	台班	0.88	—	—
	塔式起重机(60 kN/m 以内)	台班	—	0.25	—
	混凝土搅拌机(400 L)	台班	—	0.25	—
	混凝土振捣器(插入式)	台班	—	0.50	—
	皮带运输机(带长×带宽)(30 m×0.5 m)	台班	—	0.25	—
	机动翻斗车(1 t)	台班	—	0.63	—
	汽车式起重机(5 t)	台班	—	—	0.79
	载货汽车(8 t)	台班	—	—	1.19

表10.8 人、材、机单价取值

名 称	单位	单价	名 称	单位	单价
麻袋	元/条	4.80	轨道式柴油打桩机(2.5 t)	元/台班	887.20
草袋子	元/条	3.76	履带式起重机(5 t)	元/台班	149.50
二等板枋材	元/m³	1 200.00	塔式起重机(60 kN/m以内)	元/台班	442.30
金属周转材料摊销	元/kg	2.41	混凝土搅拌机(400 L)	元/台班	125.70
预制混凝土C20、碎石40、P.S42.5	元/m³	248.8	混凝土振捣器(插入式)	元/台班	7.89
草席	元/m²	2.10	皮带运输机(30 m×0.5 m)	元/台班	180.60
水	元/m³	4.00	机动翻斗车(1 t)	元/台班	92.10
木材(综合)	元/m³	960.00	汽车式起重机(5 t)	元/台班	360.50
镀锌铁丝8#	元/kg	6.28	载货汽车(8 t)	元/台班	379.40
加固钢丝绳	元/kg	9.18	综合人工	元/工日	50.00

(4)单位估价表组价计算(见表10.9)

表10.9 相关项目单位估价表

计量单位:10 m³

<table>
<tr><td colspan="3">定额编号</td><td>2-1</td><td>5-434</td><td>7-5</td></tr>
<tr><td colspan="2" rowspan="3">项 目</td><td rowspan="3">单位</td><td>柴油桩机打桩</td><td rowspan="3">预制混凝土方桩</td><td>2类构件</td></tr>
<tr><td>10 m以内</td><td>运距(km以内)</td></tr>
<tr><td>一级土</td><td>5</td></tr>
<tr><td colspan="2">基价</td><td>元</td><td>1 541.00</td><td>3 497.96</td><td>926.54</td></tr>
<tr><td rowspan="3">其中</td><td>人工费</td><td>元</td><td>570.00</td><td>665.00</td><td>158.00</td></tr>
<tr><td>材料费</td><td>元</td><td>58.20</td><td>2 583.84</td><td>32.26</td></tr>
<tr><td>机械费</td><td>元</td><td>912.30</td><td>249.12</td><td>736.28</td></tr>
</table>

(5)综合单价分析(见表10.10)

表 10.10　工程量清单综合单价分析表

项目编码		010301001001		项目名称		预制钢筋混凝土方桩				计量单位		m
清单综合单价组成明细												
定额编号	定额名称	定额单位	数量	单价/元			合价/元					
				人工费	材料费	机械费	人工费	材料费	机械费	管理费	利润	风险费
2-1	柴油打桩机打桩	10 m^3	0.009 00	570.00	58.20	912.30	5.13	0.52	8.21	4.00	2.40	
2-1 送	柴油打桩机送桩	10 m^3	0.002 01	712.50	58.20	1 140.38	1.43	0.12	2.29	1.12	0.67	
5-434	预制混凝土方桩	10 m^3	0.009 18	665.00	2 583.84	249.12	6.10	23.72	2.29	2.52	1.51	
7-5	预制桩运输 5 km	10 m^3	0.009 17	158.00	32.26	736.28	1.45	0.30	6.75	2.46	1.48	
小　计							14.11	24.66	19.54	10.10	6.06	
人工单价	50.00 元/工日	清单项目综合单价/(元 · m^{-1})					74.47					

计算说明:①表中数量是相对量:数量=定额量/定额单位扩大倍数/清单量,为保证计算精度,小数点后保留有效位数 3 位。式中:打桩的相对量:89.64/10/996=0.009 0;

②送桩的相对量: 19.98/10/996=0.002 01;

③制桩的相对量:91.43/10/996=0.009 18;

④运桩的相对量:91.34/10/996=0.009 17;

⑤管理费率取 30%,利润率取 18%,以人机费之和为基数计算;

⑥送桩的人机单价等于打桩的人机单价乘以 1.25。

(6)分部分项工程费计算(见表 10.11)

表 10.11　分部分项工程量清单计价表

<table>
<tr><th rowspan="3">序号</th><th rowspan="3">项目编码</th><th rowspan="3">项目名称</th><th rowspan="3">计量单位</th><th rowspan="3">工程数量</th><th colspan="5">金额/元</th></tr>
<tr><th rowspan="2">综合单价</th><th rowspan="2">合价</th><th colspan="3">其　中</th></tr>
<tr><th>人工费</th><th>机械费</th><th>暂估价</th></tr>
<tr><td>1</td><td>010301001001</td><td>预制钢筋混凝土方桩</td><td>m</td><td>996</td><td>74.47</td><td>74 172.12</td><td>14 053.56</td><td>19 461.84</td><td></td></tr>
</table>

(7)模板费计算(见表 10.12)

表 10.12　模板费计算表

<table>
<tr><th rowspan="2">序号</th><th rowspan="2">措施项目名称</th><th rowspan="2">计量单位</th><th rowspan="2">工程量</th><th colspan="6">金额/元</th></tr>
<tr><th>人工费</th><th>材料费</th><th>机械费</th><th>管理费利润</th><th>风险费</th><th>小计</th></tr>
<tr><td>1</td><td>预制桩模板</td><td>10 m^3</td><td>9.143</td><td>5 467.51</td><td>4 517.83</td><td>328.97</td><td>2 782.26</td><td></td><td>13 096.47</td></tr>
</table>

注:式中,查用的单价为:人工费 598.00 元/10 m^3;材料费 494.00 元/10 m^3;机械费 35.97 元/10 m^3。管理费率取 30%,利润率取 18%,以人机费之和为基数计算。

例 10.3　某工程人工挖孔灌注混凝土桩如图 10.1 所示,假定各部分设计尺寸为:$r=0.8\ m$,$R=1.2\ m$,$h_1=9.0\ m$,$h_2=3.0\ m$,$h_3=0.9\ m$,共 24 根桩,C20 现浇混凝土灌注护壁与桩芯,试计算该分项工程的综合单价。

解　工程量计算

清单量,按长度计算为:$L=(9+3+0.9)\times 24=309.6\ m$

定额量,将设计尺寸代入公式 10.7、10.8、10.9、10.10 计算得:

$$V_1=3.141\ 6\times 0.8^2\times 9.0=18.10\ m^3$$

$$V_2=\frac{1}{3}\times 3.141\ 6\times 3.0\times (0.8^2+1.2\times 0.8+1.2^2)=9.55\ m^3$$

$$V_3=\frac{0.9}{6}\times 3.141\ 6\times \left[\frac{3}{4}(2\times 1.2)^2+0.9^2\right]=2.42\ m^3$$

$$V_{桩}=(18.10+9.55+2.42)\times 24=721.68\ m^3$$

(8)选择计价依据

根据《基础定额》结合某地人、材、机单价确定的单位估价表如表 10.13 所示。

(9)综合单价分析

由于项目单一,即套用一个定额项目就可完成该分项的人、材、机费计价,故本题用列式方法计算综合单价。其中管理费费率取 30%,利润率取 18%(因为当地规定桩基工程归类为三类工程)。

表 10.13 相关项目单位估价表

计量单位:10 m^3

定额编号				2-146
项　目				桩径在 1 800 mm 以内
				挖孔深度(m 以内)
				15
基价/元				6 641.55
其中	人工费/元			3 482.00
	材料费 /元			2 862.52
	机械费/元			297.03
		单位	单价	数量
人工	综合人工	工日	50.00	69.640
材料	C20 现浇混凝土、碎石 20、细沙 P. S42.5	m^3	254.70	2.610
	C20 现浇混凝土、碎石 40、细沙 P. S42.5	m^3	246.90	7.620
	钢模板摊销	kg	2.57	7.670
	安全设施及照明费	元	1.00	50.000
	垂直运输费	元	1.00	70.000
	水	m^3	4.00	8.870
	其他材料费	元	1.00	141.180
机械	滚筒式混凝土搅拌机(电动)400 L	台班	125.70	0.611
	混凝土振捣器(插入式)	台班	7.89	0.611
	吹风机能力 4 m^3/min	台班	66.69	3.230

套用表 10.13 中 [2-146] 的人工费、材料费、机械费单价计算得:

人工费:721.68/10 × 3 482.00 = 251 288.98(元)

材料费:721.68/10 × 2 862.52 = 206 582.34(元)

机械费:721.68/10 × 297.03 = 21 436.06(元)

管理费:(251 288.98 + 21 436.06) × 30% = 81 817.51(元)

利润:(251 288.98 + 21 436.06) × 18% = 49 090.51(元)

以上费用小计:

251 288.98 + 206 582.34 + 21 436.06 + 81 817.51 + 49 090.51 = 610 215.40 (元)

$$\text{综合单价} = \frac{610\ 215.40}{309.6} = 1\ 970.98(\text{元/m})$$

说明:式中 721.68/10 的意思是将定额工程量缩小 10 倍,即为 71.856 个 10 m^3,因为如果不按定额计量单位缩小相应倍数,用定额工程量直接与定额单价或消耗量相乘,无意间就使计算数据增大了 10 倍,造成预算错误,这是初学者应十分注意的问题。

10.6　定额应用

1)本分部适用于一般工业与民用建筑的桩基础工程,不适用于水工建筑、公路桥梁工程以及地坑内、地槽内、室内、支架上的打桩工程。

2)本分部的土壤级别系综合考虑,在使用定额时,不论遇到何种土壤(指自然状态下的土壤),均不得换算。

3)本分部所配备的机械是综合考虑的,不论实际使用何种机械均不得换算。机械配置情况如表10.14、表10.15所示。

表10.14　预制桩规格、机型、吨位选用表

桩　类	桩长,mm内(体积,m^3以内)	机　型	吨位/t
方桩	12	轨道式	2.5
	18		3.5
	30		5
	>30		6
板桩	(1,1.5)		3.5
	(2.5,3)		4
管桩	16,24		2.5
	32,40		3.5
	16,24,32,40	履带式	3.5

表10.15　灌注桩规格、机型、吨位选用表

桩　类	桩长,mm内(体积,m^3以内)	机　型	吨位/t
混凝土桩 碎石桩 砂桩	10	轨道式	1.8
	15		2.5
	15		
	10		30
	15		40
	15		
砂石桩	(1,2)		3.5
	(3,4)		4

4)打试验桩按相应定额项目的人工、机械乘以系数2。

5)打桩、打孔,桩间净距小于4倍桩径(或桩边长)的,按相应定额项目的人工、机械乘以系数1.13。

6)定额以打垂直桩为准,如斜桩,应分别计算,当打桩斜度在1:6以内时,按相应定额项目乘以系数1.25。当打桩斜度在1:6以上时,按相应定额项目人工、机械乘以系数1.43。

7)单位工程打(灌)桩工程量在下表(表10.16)规定数量以内时(为小批量打桩工程)其人工、机械量按相应打桩定额项目乘以系数1.25计算。

表10.16 小批量打桩工程量

项　目	单位工程的工程量	项　目	单位工程的工程量
钢筋混凝土方桩	150 m^3	打孔灌注混凝土桩	60 m^3
钢筋混凝土管桩	50 m^3	打孔灌注沙、碎石桩	60 m^3
钢筋混凝土板桩	50 m^3	钻孔灌注混凝土桩	100 m^3
钢板桩	50 t	潜水钻孔灌注混凝土桩	100 m^3

8)定额以平地(坡度小于15°)打桩为准,如在堤坡上(坡度大于15°)打桩时,按相应定额项目人工、机械乘以系数1.15。如在基坑内(坑深大于1.5 m)打桩时或在地坪上打坑槽内(坑槽深大于1 m)桩时,按相应定额项目人工、机械乘以系数1.11。

9)定额各种灌注桩的材料用量中,均不包括充盈系数和材料损耗。实际罐入量与定额含量不同时,按现场签证,计算超量混凝土。

$$超量混凝土 = (实际罐入量 - 图示工程量) \times 1.015$$

超量混凝土只计混凝土材料费。

10)在桩尖补桩或强夯后的地基打桩时,按相应定额人工、机械乘以系数1.15。

11)打送桩时可按相应打桩项目综合工日及机械台班乘以下表(表10.17)规定系数计算。

表10.17 送桩定额调整系数

送桩长度	系数	送桩长度	系数	送桩长度	系数
2 m以内	1.25	4 m以内	1.43	4 m以上	1.67

例10.4 某现场打孔灌注混凝土桩工程,设计量为58 m^3,试计算工程量。

解 查表10.16,因打孔灌注混凝土桩工程设计量为58 m^3 < 60 m^3,应乘以小批量系数1.25,则

$$计算工程量 = 58 \times 1.25 = 72.5\ m^3$$

例10.5 某工地在基坑内(坑深1.8 m)打预制钢筋混凝土方桩(8 m × 300 mm × 300 mm)50根,桩间净距为1 m,采用履带式柴油打桩机打,场地为二级土。试求相应的人工、机械耗用量

解 预制钢筋混凝土管桩图示工程量为

$$V_{图} = 8 \times 0.3 \times 0.3 \times 50 = 36\ m^3$$

打桩工程量为:$V_{打} = V_{图} = 36\ m^3$

与表10.16对照为小批量工程,乘以系数1.25后的工程量为:

$$36 \times 1.25 = 45\ m^3$$

查基础定额(2-18)知:综合人工为 13.27 工日/10 m^3;机械为履带式柴油打桩机 1.32 台班/10 m^3;履带式起重机 1.32 台班/10 m^3。

根据上列第 5、8 条的规定,调整后的人工、机械定额消耗量为:

人工:13.27 ×1.13 ×1.11 =16.64 工日/10 m^3

机械:履带式柴油打桩机　1.32 ×1.13 ×1.11 =1.66 台班/10 m^3

履带式起重机　1.32 ×1.13 ×1.11 =1.66 台班/10 m^3

则相应的人工、机械耗用量为

人工:45/10 ×16.64 =74.88 工日

机械:履带式柴油打桩机　45/10　×1.66 =7.47 台班

履带式起重机　45/10　×1.66 =7.47 台班

习题 10

10.1　按图 10.4 所给条件计算预制桩相应项目工程量,并分别按元/根,元/m 分析综合单价(桩断面 250 mm ×250 mm)。其中管理费、利润按第 5.3 节新规定计算。

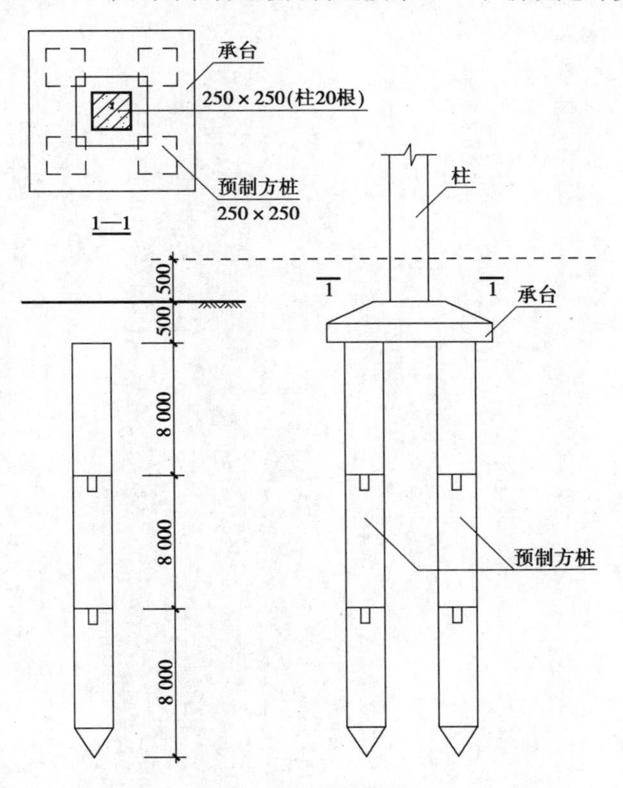

图 10.4　预制桩示意图

10.2　按图 10.5 所给条件计算混凝土管桩工程量。

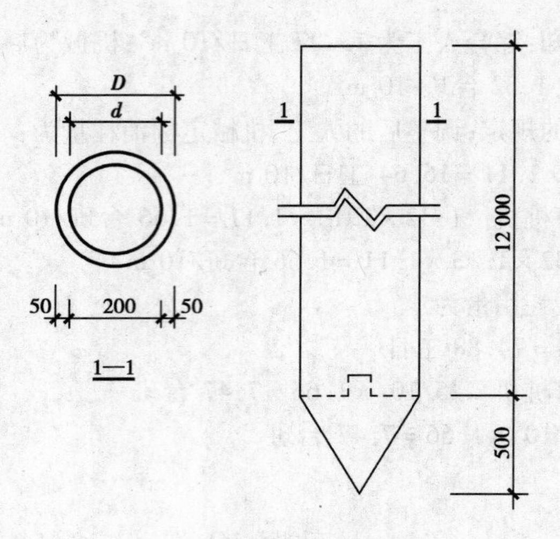

图 10.5　混凝土管桩

第 11 章 砌筑工程计量与计价

11.1 基本问题

(1)砌体厚度

砌体厚度按以下规定计算:

①标准砖以 240 mm×115 mm×53 mm 为准,其砌体厚度按表 11.1 计算。

表 11.1 标准砖砌体计算厚度

砖数(厚度)	1/4	1/2	3/4	1	1.5	2	2.5	3
计算厚度/mm	53	115	180	240	365	490	615	740

②使用非标准砖时,其砌体厚度应按砖实际规格和计算厚度计算。

③清单中粗、细料石(砌体)墙,按 400 mm×220 mm×200 mm;柱按 450 mm×220 mm×200 mm;踏步按 400 mm×200 mm×100 mm 规格编制。

(2)基础与墙身(柱身)的划分

①基础与墙身(柱身)使用同一种材料时,以设计室内地面(即±0.000)为界(有地下室者,以地下室室内设计地面为界),以下为基础。以上为墙(柱)身。

②基础与墙身(柱身)使用不同材料时,位于设计室内地面±300 mm 以内时,以不同材料为分界线,超过±300 mm 时,以设计室内地面为分界线。

③砖、石围墙,以设计室外地坪为分界线,以下为基础,以上为墙身

11.2 清单分项及计算规则

《清单计量规范》将砌筑工程分为 25 项,具体分项如表 11.2、表 11.3 所示。

表 11.2 砖基础(编码:010401)

<table>
<tr><th>项目编码</th><th>项目名称</th><th>项目特征</th><th>计量单位</th><th>工程量计算规则</th><th>工程内容</th></tr>
<tr><td>010401001</td><td>砖基础</td><td>1. 砖品种、规格、强度等级
2. 基础类型
3. 砂浆强度等级
4. 防潮层材料种类</td><td>m^3</td><td>按设计图示尺寸以体积计算。
包括附墙垛基础宽出部分体积,扣除地梁(圈梁)、构造柱所占体积,不扣除基础大放脚T形接头处的重叠部分及嵌入基础内的钢筋、铁件、管道、基础砂浆防潮层和单个面积0.3 m^2以内的孔洞所占体积,靠墙暖气沟的挑檐不增加。
基础长度:外墙按中心线,内墙按净长线计算</td><td>1. 砂浆制作、运输
2. 砌砖
3. 防潮层铺设
4. 材料运输</td></tr>
<tr><td>010401002</td><td>砖砌挖孔桩护壁</td><td>1. 砖品种、规格、强度等级
2. 砂浆强度等级</td><td>m^3</td><td>按设计图示尺寸以立方米计算</td><td>1. 砂浆制作、运输
2. 材料运输</td></tr>
<tr><td>010401003</td><td>实心砖墙</td><td rowspan="3">1. 砖品种、规格、强度等级
2. 墙体类型
3. 砂浆强度等级、配合比</td><td rowspan="3">m^3</td><td rowspan="3">按设计图示尺寸以体积计算。扣除门窗洞口、过人洞、空圈、嵌入墙内的钢筋混凝土柱、梁、圈梁、挑梁、过梁及凹进墙内的壁龛、管槽、暖气槽、消火栓箱所占体积。不扣除梁头、板头、擦头、垫木、木楞头、沿缘木、木砖、门窗走头、砖墙内加固钢筋、木筋、铁件、钢管及单个面积0.3 m^2以内的孔洞所占体积。凸出墙面的腰线、挑檐、压顶、窗台线、虎头砖、门窗套的体积亦不增加。凸出墙面的砖垛并入墙体体积内计算
1. 墙长度:外墙按中心线,内墙按净长计算
2. 墙高度:
(1)外墙:斜(坡)屋面无檐口天棚者算至屋面板底;有屋架且室内外均有大棚者算至屋架下弦底另加200 mm;无天棚者算至屋架下弦底另加300 mm,出檐宽度超过600 mm时按实砌高度计算;平屋面算至钢筋混凝土板底
(2)内墙:位于屋架下弦者,算至屋架下弦底;无屋架者算至天棚底另加100 mm;有钢筋混凝土楼板隔层者算至楼板顶;有框架梁时算至梁底
(3)女儿墙:从屋面板上表面算至女儿墙顶面(如有混凝土压顶时算至压顶下表面)
(4)内、外山墙:按其平均高度计算
3. 围墙:高度算至压顶上表面(如有混凝土压顶时算至压顶下表面),围墙柱并入围墙体积内</td><td rowspan="3">1. 砂浆制作、运输
2. 砌砖
3. 刮缝
4. 砖压顶砌筑
5. 材料运输</td></tr>
<tr><td>010401004</td><td>多孔砖墙</td></tr>
<tr><td>010401005</td><td>实心砖墙</td></tr>
</table>

续表

项目编码	项目名称	项目特征	计量单位	工程量计算规则	工程内容
010401006	空斗墙	1. 砖品种、规格、强度等级 2. 墙体类型 3. 砂浆强度等级、配合比	m^3	按设计图示尺寸以空斗墙外形体积计算，墙角、内外墙交接处、门窗洞日立边、窗台砖、屋檐处的实砌部分体积并入空斗墙体积内	1. 砂浆制作、运输 2. 砌砖 3. 装填充料 4. 刮缝 5. 材料运输
010401007	空花墙			按设计图示尺寸以空花部分外形体积计算，不扣除空洞部分体积	
010401008	填充墙	1. 砖品种、规格、强度等级 2. 墙体类型 3. 填充材料种类及厚度 4. 砂浆强度等级		按设计图示尺寸以填充墙外形体积计算	
010401009	实心砖柱	1. 砖品种、规格、强度等级 2. 柱类型 3. 砂浆强度等级、配合比		按设计图示尺寸以体积计算。扣除混凝土及钢筋混凝土梁垫、梁头、板头所占体积	1. 砂浆制作、运输 2. 砌砖 3. 刮缝 4. 材料运输
010401010	多孔砖柱				
010401013	砖散水、地坪	1. 砖品种、规格、强度等级 2. 垫层材料种类、厚度 3. 散水、地坪厚度 4. 面层种类、厚度 5. 砂浆强度等级	m^2	按设计图示尺寸水平以面积计算	1. 土方开挖、运、填 2. 地基找平、夯实 3. 涂隔热层 4. 装填充料 5. 砌内衬 6. 勾缝 7. 材料运输
010401014	砖地沟、明沟	1. 砖品种、规格、强度等级 2. 沟截面尺寸 3. 垫层材料种类、厚度 4. 混凝土强度等级 5. 砂浆强度等级	m	以米计量，按设计图示尺寸以中心线长度计算	1. 土方开挖、运、填 2. 铺设垫层 3. 底板混凝土制作、运输、浇筑、振捣、养护 4. 砌砖 5. 刮缝、抹灰 6. 材料运输

表 11.3　石砌体(编码:010403)

项目编码	项目名称	项目特征	计量单位	工程量计算规则	工程内容
010403001	石基础	1. 石料种类、规格 2. 基础类型 3. 砂浆强度等级、配合比	m^3	按设计图示尺寸以体积计算。包括附墙垛基础宽出部分体积,不扣除基础砂浆防潮层及单个面积 0.3 m^2 以内的孔洞所占体积,靠墙暖气沟的挑檐不增加体积。基础长度:外墙按中心线,内墙按净长计算	1. 砂浆制作、运输 2. 砌石 3. 防潮层铺设 4. 材料运输
010403002	石勒脚	1. 石料种类、规格 2. 石表面加工要求 3. 勾缝要求 4. 砂浆强度等级、配合比		按设计图示尺寸以体积计算。扣除单个 0.3 m^2 以外的孔洞所占的体积	1. 砂浆制作、运输 2. 砌石 3. 石表面加工 4. 勾缝 5. 材料运输
010403003	石墙	1. 石料种类、规格 2. 墙厚 3. 石表面加工要求 4. 勾缝要求 5. 砂浆强度等级、配合比		按设计图示尺寸以体积计算。扣除门窗洞口、过人洞、空圈、嵌入墙内的钢筋混凝土柱、梁、圈梁、挑梁、过梁及凹进墙内的壁龛、管槽、暖气槽、消火栓箱所占体积,不扣除梁头、板头、檩头、垫木、木楞头、沿缘木、木砖、门窗走头、砖墙内加固钢筋、木筋、铁件、钢管及单个面积 0.3 m^2 以内的孔洞所占体积,凸出墙面的腰线、挑檐、压顶、窗台线、虎头砖、门窗套不增加体积,凸出墙面的砖垛并入墙体体积内 1. 墙长度:外墙按中心线,内墙按净长计算 2. 墙高度: (1)外墙:斜(坡)屋面无檐口天棚者算至屋面板底;有屋架且室内外均有天棚者算至屋架下弦底另加 200 mm;无天棚者算至屋架下弦底另加 300 mm,出檐宽度超过 600 mm 时按实砌高度计算;平屋面算至钢筋混凝土板底 (2)内墙:位于屋架下弦者,算至屋架下弦底;无屋架者算至天棚底另加 100 mm;有钢筋混凝土楼板隔层者算至楼板顶;有框架梁时算至梁底 (3)女儿墙:从屋面板上表面算至女儿墙顶面(如有压顶时算至压顶下表面) (4)内、外山墙:按其平均高度计算 3. 围墙:高度算至压顶上表面(如有混凝土压顶时算至压顶下表面),围墙柱、砖压顶并入围墙体积内	

续表

<table>
<tr><th>项目编码</th><th>项目名称</th><th>项目特征</th><th>计量单位</th><th>工程量计算规则</th><th>工程内容</th></tr>
<tr><td>010403004</td><td>石挡土墙</td><td>1. 石料种类、规格
2. 墙厚
3. 石表面加工要求
4. 勾缝要求
5. 砂浆强度等级、配合</td><td rowspan="2">m^3</td><td rowspan="2">按设计图示尺寸以体积计算</td><td>1. 砂浆制作、运输
2. 砌石
3. 压顶抹灰
4. 勾缝
5. 材料运输</td></tr>
<tr><td>010403005</td><td>石柱</td><td rowspan="2">1. 石料种类、规格
2. 柱截面
3. 石表面加工要求
4. 勾缝要求
5. 砂浆强度等级、配合比</td><td rowspan="3">1. 砂浆制作、运输
2. 砌石
3. 石表面加工
4. 勾缝
5. 材料运输</td></tr>
<tr><td>010403006</td><td>石栏杆</td><td>m</td><td>按设计图示以长度计算</td></tr>
<tr><td>010403007</td><td>石护坡</td><td rowspan="3">1. 垫层材料种类、厚度
2. 石料种类、规格
3. 护坡厚度、高度
4. 石表面加工要求
5. 勾缝要求
6. 砂浆强度等级、配合比</td><td rowspan="2">m^3</td><td rowspan="2">按设计图示尺寸以体积计算</td></tr>
<tr><td>010403008</td><td>石台阶</td><td rowspan="2">1. 铺设垫层
2. 石料加工
3. 砂浆制作、运输
4. 砌石
5. 石表面加工
6. 勾缝
7. 材料运输</td></tr>
<tr><td>010403009</td><td>石坡道</td><td>m^2</td><td>按设计图示尺寸以水平投影面积计算</td></tr>
<tr><td>010403010</td><td>地沟沟石明沟</td><td>1. 沟截面尺寸
2. 土壤类别、运距
3. 垫层种类、厚度
4. 石料种类、规格
5. 石表面加工要求
6. 勾缝要求
7. 砂浆强度等级、配合比</td><td>m</td><td>按设计图示以中心线长度计算</td><td>1. 土石挖运
2. 砂浆制作、运输
3. 铺设垫层
4. 砌石
5. 石表面加工
6. 勾缝
7. 回填
8. 材料运输</td></tr>
</table>

注:其他相关问题应按下列规定处理:

(1)基础垫层包括在基础项目内。

(2)标准砖尺寸应为240 mm×115 mm×53 mm。标准砖墙厚度应按表10.1计算。

11.3 定额计算规则

(1)砌体基础计算

砌体基础主要包括砖砌基础和毛石砌体基础,毛石砌体基础在多山的地区使用普遍,因为它可以就地取材,经济适用。一般砌体基础多做成墙下条形基础。

砌体基础工程量按图示尺寸以体积(立方米)计算。其中条形基础计算公式可表达为:

砌体条基工程量=规定计算长度×基础断面面积±应扣(应并入)体积

$$V_{石} = (L_{中}或L_{基}、L_{内}) \times F_{基} \pm V \tag{11.1}$$

1)计算长度确定

①外墙墙基按外墙中心线长度计算;

②内墙墙基按内墙基(顶)净长线计算。

2)应扣(应并入)体积的规定

①基础大放脚T形接头处的重叠部分以及嵌入基础的钢筋、铁件、管道、基础防潮层及单个体积在0.3 m^2 以内孔洞所占体积不予扣除,但靠墙暖气沟的挑檐也不增加。

②附墙垛基础宽出部分体积应并入基础工程量内。

3)毛石基础计算

①外墙毛石基础:

$$V_{石} = L_{中} \times F_{基} \tag{11.2}$$

式中 $L_{中}$——外墙中心线长;

$F_{基}$——基础断面面积。

②内墙毛石基础:

$$V_{石} = L_{基} \times F_{基} \tag{11.3}$$

式中 $L_{基}$——内墙基顶净长线;

$F_{基}$——基础断面面积。

4)砖基础计算

①柱砖基础:

$$V_{砖} = a \times b \times h \tag{11.4}$$

式中 $a \times b$——砖柱基断面面积;

h——柱砖基高。

②外墙砖基础:

$$V_{砖} = L_{中} \times F_{砖} \tag{11.5}$$

式中 $L_{中}$——外纵墙石基础中心线长;

$F_{基}$——基础断面面积。

③内墙砖基础:

$$V_{砖} = L_{内} \times F_{砖} \tag{11.6}$$

式中 $L_{内}$——内墙(或基顶)净长线;

$F_{基}$——基础断面面积。

(2)砖墙计算

砖墙工程量按扣除门窗洞口后的垂直面积乘以墙体计算厚度以体积(立方米)计算。其计

算公式可表达为:

砖墙工程量 =(计算长度 × 计算墙高 - 门窗洞口面积)× 墙计算厚 ± 应增(扣)体积

$$V_{墙} = (L \times H - F_{门窗}) \times h + V_{应增} - V_{应扣} \tag{11.7}$$

式中　$V_{墙}$——砖墙工程量;

L——计算长度;

H——计算墙高;

$F_{门窗}$——门窗洞口面积;

h ——墙计算厚;

$V_{应增}$——应增体积;

$V_{应扣}$——应扣体积。

1)砖墙计算长度(L)的确定

①外墙长度按外墙中心线长度计算;

②内墙长度按内墙净长线计算。

2)砖墙计算高度(H)的确定

①外墙墙身高度:斜(坡)屋面无檐口天棚者算至屋面板底,如图 11.1 所示。有屋架,且室内外均有天棚者,算至屋架下弦底面再加 200 mm,如图 11.2 所示。无天棚者算至屋架下弦底面再加 300 mm,如图 11.3 所示。平屋面算至钢筋混凝土板顶面,如图 11.4 所示。

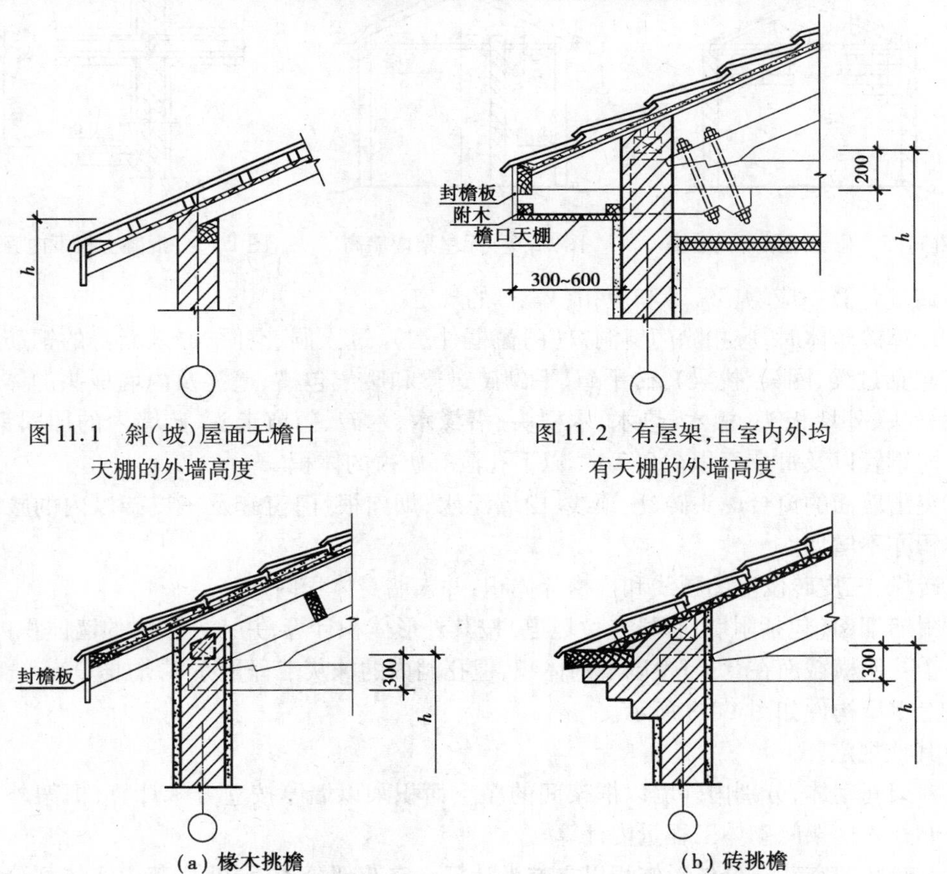

图 11.1　斜(坡)屋面无檐口天棚的外墙高度

图 11.2　有屋架,且室内外均有天棚的外墙高度

(a) 椽木挑檐

(b) 砖挑檐

图 11.3　有屋架无天棚的外墙高度

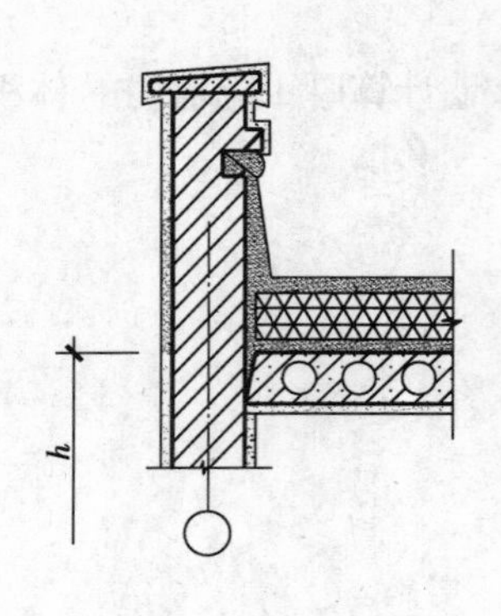

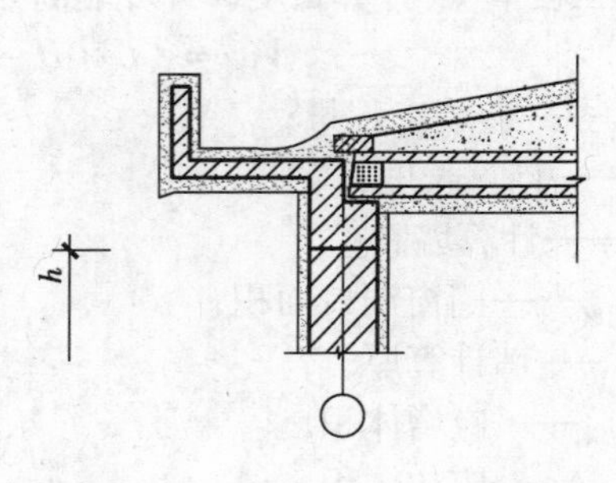

图 11.4　平屋面的外墙高度

②内墙墙身高度：位于屋架下弦者，其高度算至屋架底，如图 11.5 所示。无屋架者算至天棚底面再加 100 mm，如图 11.6 所示。有钢筋混凝土楼板隔层者算至板底。如图10.7 所示。

③女儿墙的高度，自外墙顶面至图示女儿墙顶面高度，分别不同墙厚并入外墙计算。

④内、外山墙高度，按其平均高度计算。

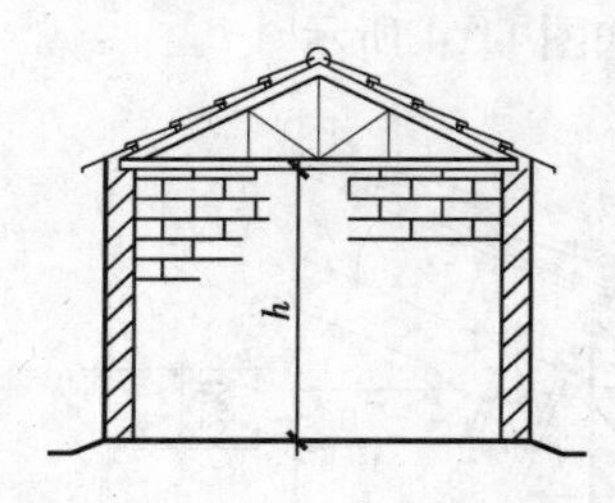

图 11.5　位于屋架下内墙高

图 11.6　无屋架内墙高

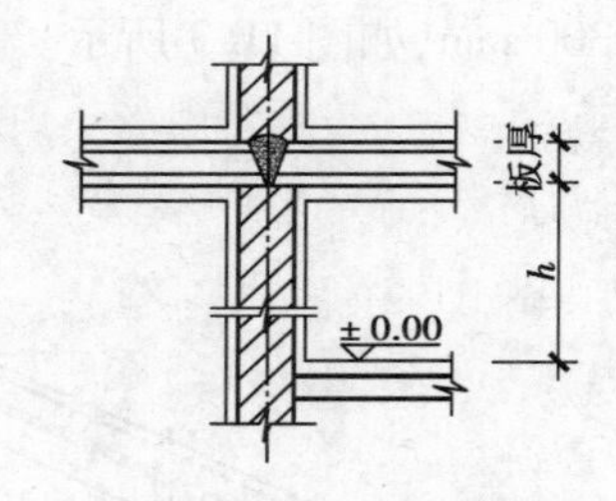

图 11.7　混凝土板下内墙高

3）砖墙计算中应增（$V_{应增}$）和应扣（$V_{应扣}$）的规定

①计算砖墙体时，应扣除门窗洞口（门窗框外围）、过人洞、空圈、嵌入墙身的钢筋混凝土柱、梁（包括过梁、圈梁、挑梁）、砖平碹、平砌砖过梁和暖气包槽、壁龛及内墙板头的体积。但不扣除梁头、外墙板头、檩木、垫木、木楞头、沿椽木、木砖、门窗走头、砖墙内的加固钢筋、木筋、铁件、钢管以及每个面积在 0.3 m^2 以下孔洞等所占的体积。

②突出墙面的窗台虎头砖、压顶线、山墙泛水、烟囱根、门窗套及三皮砖以内的腰线和挑檐等体积亦不增加。

③砖垛、三皮砖以上的腰线和挑檐等体积，并入墙身体积内计算。

④附墙烟囱（包括附墙通风道、垃圾道）按其外形体积计算，并入所依附的墙体积内，不扣除每一个孔洞横截面在 0.1 m^2 以下的体积，但孔洞内的抹灰工程量亦不增加。

以上零星构件如图 11.8 所示。

4）其他规定

①框架间砌体，分别内外墙以框架间的净空面积乘以墙厚按立方米计算，框架外表镶贴砖部分亦并入框架间砌体工程量内计算。

②空花墙按空花部分外形体积以立方米计算。空花部分不予扣除，其中实体部分以立方米另行计算。

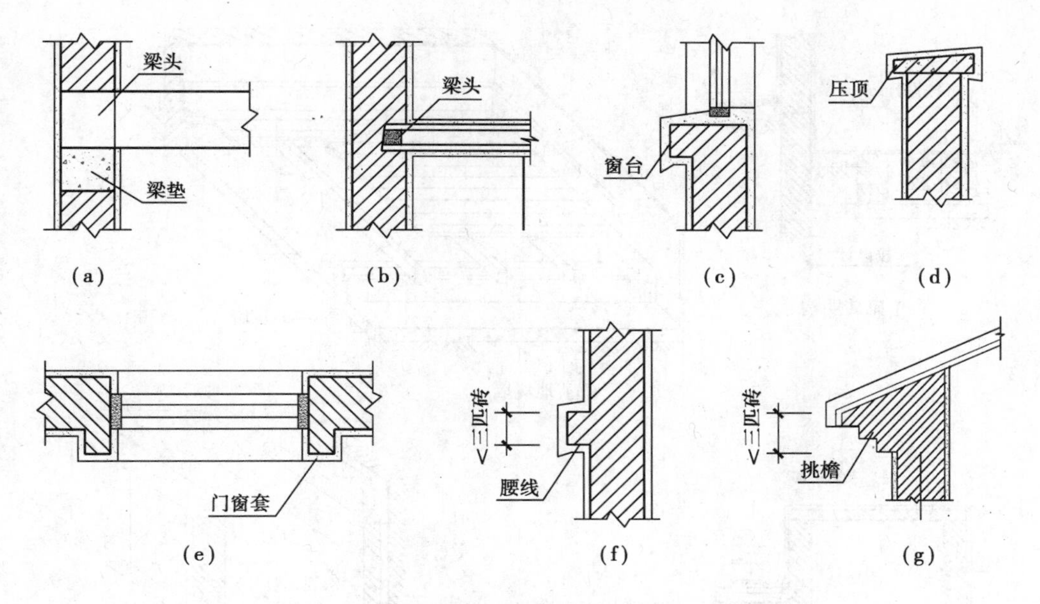

图 11.8　零星构件示意图

③空斗墙按外形体积以立方米计算，墙角、内外墙交接处，门窗洞口立边，窗台砖及屋檐处的实砌部分并入空斗墙体积内，但窗间墙、窗台下、楼板下、梁头下等实砌部分，应另行计算，套零星砌体清单项目。

④多孔砖、空心砖按图示厚度以立方米计算。不扣除其孔、空心部分的体积。

⑤填充墙按设计图示尺寸以填充墙的外形体积计算。

⑥加气混凝土墙、硅酸盐砌块墙、小型空心砌块墙，按图示尺寸以立方米计算，按计算规定需要镶嵌砖砌体部分已包括在定额内，不另计算。

5）计算技巧

①梁可在墙体计算高度中扣除；

②柱可在墙体计算长度中扣除；

③当室内设计地面以下砖砌体高度小于或等于 300 mm 时，可并入墙身计算。

(3) 其他砖砌体

砖砌锅台、炉灶，不分大小，均按图示外形尺寸以立方米计算，不扣除各种空洞的体积。

①砌筑台阶（不包括梯带）按水平投影面积以平方米计算。

②厕所蹲台、水槽腿、灯箱、垃圾箱、台阶挡墙或梯带、花台、花池、地垄墙及支承地楞的砖墩，房上烟囱，屋面架空隔热层砖墩及毛石墙的门窗立边、窗台虎头砖等实砌体积，以立方米计算，套用零星砌体清单项目。

③检查井及化粪池不分壁厚均以立方米计算，洞口上的砖平碹并入砌体内计算。

④砖砌地沟不分墙基、墙身合并以立方米计算。石砌地沟按其中心线长度以延长米计算。

零星砌体如图 11.9 所示。

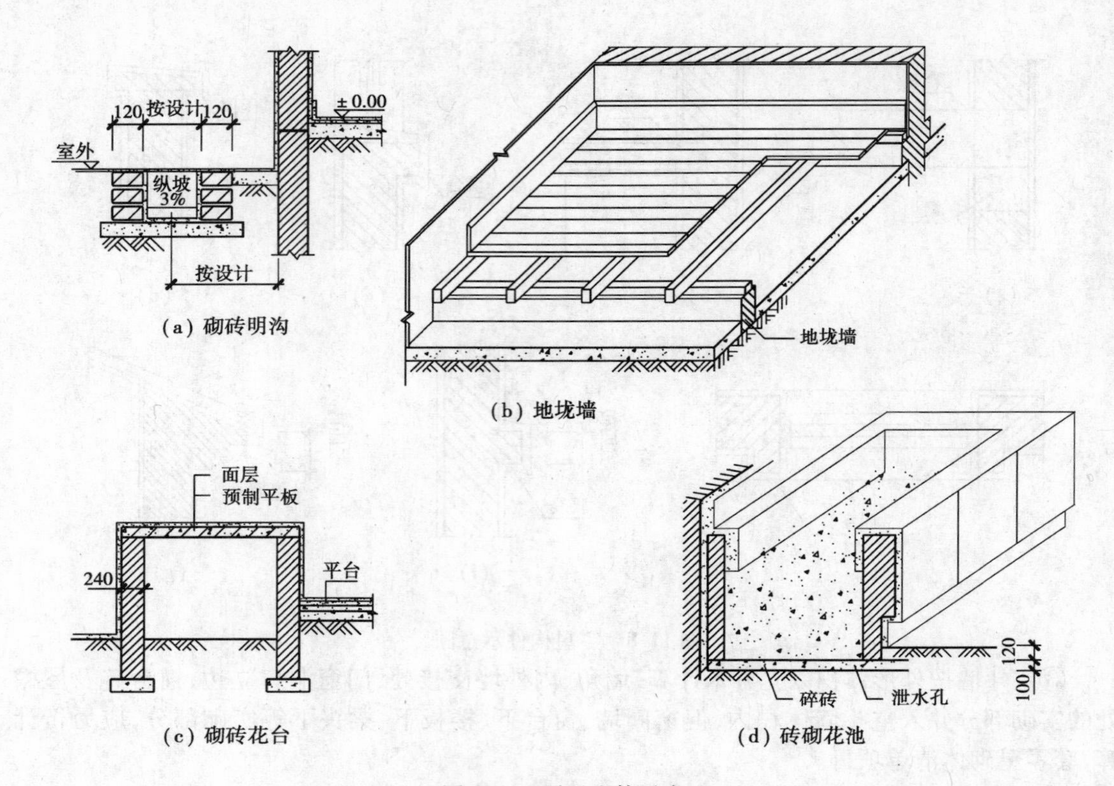

图 11.9 零星砌体示意

11.4 计算实例

例 11.1 按图 11.10 所示,计算内外墙毛石基础、砖基础、C10 混凝土垫层、墙基防潮层工程量,设图中毛石基础每层高度为 350 mm,混凝土垫层厚 100 mm,墙基防潮层在 ±0.00 以下的 60 mm 处。

解 1)毛石基础计算

偏心距计算:$\delta = 365/2 - 125 = 57.5$ mm

外墙中心线长:$L_{中} = (9 + 9 + 12) \times 2 + 0.0575 \times 8 = 60.46$ m

外墙毛石基础断面面积:$F_{外} = (1.4 + 1.0 + 0.6) \times 0.35 = 1.05$ m^2

内墙基础顶面净长线:$L_{基} = 12 - (0.125 + 0.1175) \times 2 = 11.52$ m

内墙毛石基础断面面积:$F_{内} = F_{外} = 1.05$ m^2

毛石基础工程量:$V_{石} = L_{中} \times F_{外} + L_{基} \times F_{内} = (60.46 + 11.52) \times 1.05 = 75.58$ m^3

2)砖基础计算

本例中砖基础在毛石基础之上,其高度:$H = 1.6 - 0.35 \times 3 = 0.55$ m > 0.3 m,应按独立的砖基础计算。

外墙中心线长:$L_{中} = (9 + 9 + 12) \times 2 + 0.0575 \times 8 = 60.46$ m

外墙砖基础断面面积:$F_{外} = 0.55 \times 0.365 = 0.20$ m^2

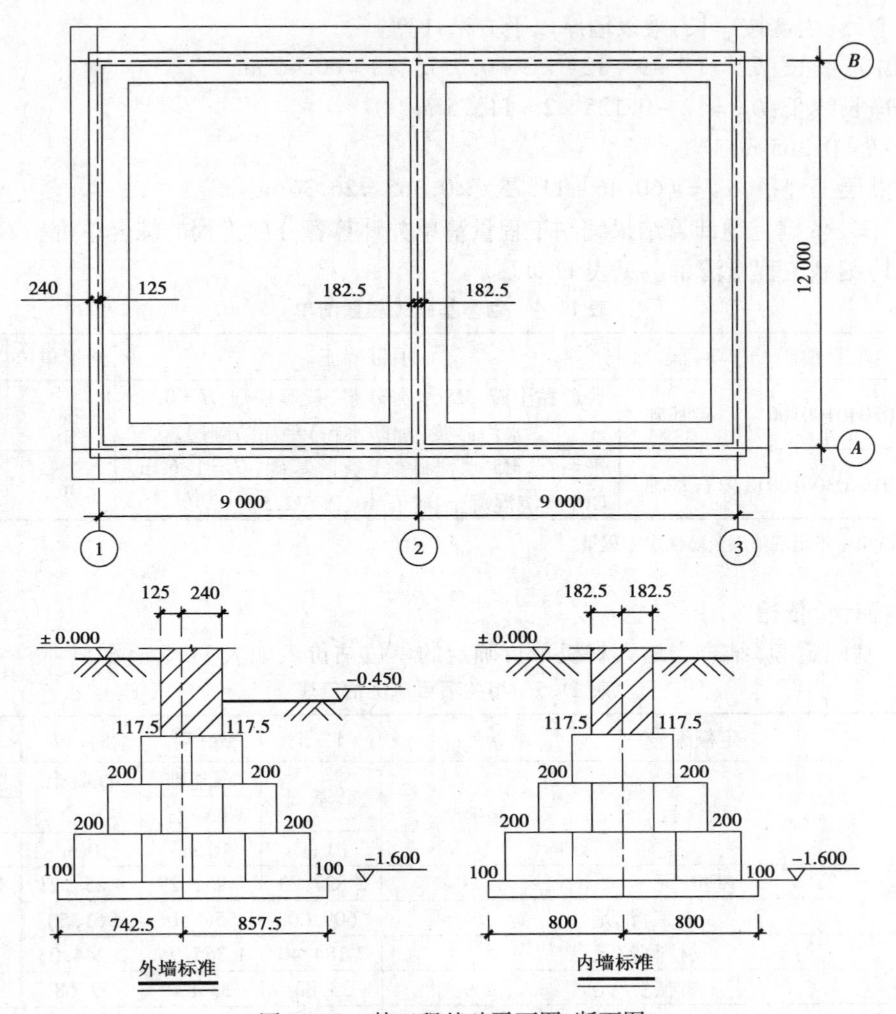

图 11.10　某工程基础平面图、断面图

内墙基础顶面净长线：$L_{内} = 12 - 0.125 \times 2 = 11.75$ m

内墙砖基础断面面积：$F_{内} = F_{外} = 0.20$ m^2

砖基础工程量：$V_{砖} = L_{中} \times F_{外} + L_{内} \times F_{内} = (60.46 + 11.75) \times 0.20 = 14.44$ m^3

3）混凝土垫层计算

混凝土垫层工程量应按实际体积计算，即外墙长度按中心线、内墙长度按垫层净长乘以垫层断面积以立方米计算。

外墙中心线长：$L_{中} = (9 + 9 + 12) \times 2 + 0.057\,5 \times 8 = 60.46$ m

外墙垫层断面面积：$F_{外} = (0.742\,5 + 0.857\,5) \times 0.1 = 0.16$ m^2

内墙垫层净长线：$L_{内} = 12 - 0.742\,5 \times 2 = 10.515$ m

内墙垫层断面面积：$F_{内} = (0.8 + 0.8) \times 0.1 = 0.16$ m^2

垫层工程量：$V_{垫} = L_{中} \times F_{外} + L_{内} \times F_{内} = (60.46 + 10.515) \times 0.20 = 11.37$ m^3

4）墙基防潮层计算

一般墙基水平防潮层设置在 ±0.000 以下 60 mm 的位置，其工程量按面积计算，即外墙长度按中心线，内墙按净长，乘以墙厚以平方米计算。

外墙中心线长：$L_{中}=(9+9+12)\times 2+0.0575\times 8=60.46$ m

内墙净长线长：$L_{内}=12-0.125\times 2=11.75$ m

墙厚：$h=0.365$ m

则防潮层工程量：$S_{潮}=(60.46+11.75)\times 0.365=26.36$ m^2

例 11.2 依据上题计算结果编制工程量清单并计算各分项工程的综合单价。

解 1）编制工程量清单。见表 11.4。

表 11.4 砌体基础工程量清单

序号	项目编码	项目名称	项目特征	计量单位	工程数量
1	010401001001	砖基础	普通黏土砖，*M*5 水泥砂浆，条形基础，*H*＝0.55 m，1∶2 水泥砂浆（加防水粉）平面防潮层。	m^3	14.44
2	010403001001	石基础	平毛石，*M*5 水泥砂浆，条形基础，*H*＝1.6 m，C10 现浇混凝土、碎石 40、P.S32.5。	m^3	75.58

注：工程量清单中不出现垫层及防潮层工程量。

2）选择计价依据

根据《基础定额》结合当地人材机单价确定的单位估价表如表 11.5 所示。

表 11.5 相关项目单位估价表

定额编号				1－3	3－54	8－17	9－127
项目				砖基础	石基础 平毛石	混凝土 基础垫层	防水砂浆 平面
				10 m^3	10 m^3	10 m^3	100 m^2
基价/元				2 827.23	1 950.29	3 258.21	1 183.22
其中	人工费/元			609.00	550.50	961.50	461.00
	材料费/元			2 184.40	1 365.96	2 244.03	692.72
	机械费/元			33.83	33.83	52.68	29.50
		单位	单价	数量			
人工	综合人工	工日	50.00	12.180	11.010	19.230	9.220
材料	水泥砂浆（M5.0）	m^3	202.17	2.490	3.300	—	—
	普通黏土砖	千块	320.00	5.240	—	—	—
	水	m^3	4.00	1.050	0.790	5.000	3.800
	毛石	m^3	62.00	—	11.220	—	—
	C10 现浇混凝土	m^3	201.23	—	—	10.100	—
	木模板	m^3	1 200.00	—	—	0.150	—
	其他材料费	元	1.00	—	—	11.610	—
	水泥砂浆（1∶2）	m^3	311.09	—	—	—	2.040
	防水粉	kg	0.78	—	—	—	55.000
机械	灰浆搅拌机 200 L	台班	86.75	0.390	0.390	—	0.340
	混凝土搅拌机（400 L）	台班	125.70	—	—	0.380	—
	混凝土振捣器（平板式）	台班	6.83	—	—	0.720	—

3）综合单价分析。计算见表 11.6、表 11.7 所示。

表11.6　工程量清单综合单价分析表

项目编码		010401001001		项目名称		砖基础				计量单位		m^3
清单综合单价组成明细												
定额编号	定额名称	定额单位	数量	单价/元			合价/元					
				人工费	材料费	机械费	人工费	材料费	机械费	管理费	利润	风险费
3-1	砖基础	10 m^3	0.100 0	609.00	2 184.40	33.83	60.90	218.44	3.38	16.71	5.79	
9-127	防水砂浆防潮层	100 m^2	0.018 3	461.00	692.72	29.50	8.44	12.68	0.54	2.33	0.81	
小　计							69.34	231.19	3.92	19.04	6.60	
人工单价	50.00元/工日	清单项目综合单价/(元·m^{-3})					330.02					

计算说明:①表中数量是相对量:数量=定额量/定额单位扩大倍数/清单量,为保证计算精度,小数点后保留有效位数3位。式中,砖基础的相对量:14.44/10/14.44=0.100。

②防潮层的相对量:26.36/100/14.44=0.018 3。

③管理费费率取26%,利润率取9%(主体为四类工程),以人机费之和为基数计算。

表11.7　工程量清单综合单价分析表

项目编码		010403001001		项目名称		石基础				计量单位		m^3
清单综合单价组成明细												
定额编号	定额名称	定额单位	数量	单价/元			合价/元					
				人工费	材料费	机械费	人工费	材料费	机械费	管理费	利润	风险费
3-54	平毛石基础	10 m^3	0.100 0	550.50	1 365.96	33.83	55.05	136.60	3.38	15.19	5.26	
8-17	混凝土基础垫层	10 m^3	0.015 0	961.50	2 244.03	52.68	14.42	33.66	0.79	3.95	1.37	
小　计							69.47	170.26	4.17	19.14	6.63	
人工单价	50.00元/工日	清单项目综合单价/(元·m^{-3})					269.67					

计算说明:①表中数量是相对量:数量=定额量/定额单位扩大倍数/清单量,为保证计算精度,小数点后保留有效位数3位。式中:平毛石基础的相对量:75.58/10/75.58=0.100。

②混凝土基础垫层的相对量:11.37/10/75.58=0.015 0。

③管理费费率取26%,利润率取9%(主体为四类工程),以人机费之和为基数计算。

例 11.3　某单层建筑物如图 11.11 所示，门窗如表 11.8 所示，试根据图给尺寸计算一砖内外墙工程量。图中屋面板处设圈梁一道，圈梁高（含板厚）为 300 mm。

表 11.8　门窗统计表

门窗名称	代号	洞口尺寸（mm × mm）	数量（樘）	单樘面积/m^2	合计面积/m^2
单扇无亮无砂镶板门	M1	900 × 2 000	4	1.8	7.2
双扇铝合金推拉窗	C_1	1 500 × 1 800	6	2.7	16.2
双扇铝合金推拉窗	C_2	2 100 × 1 800	2	3.78	7.56

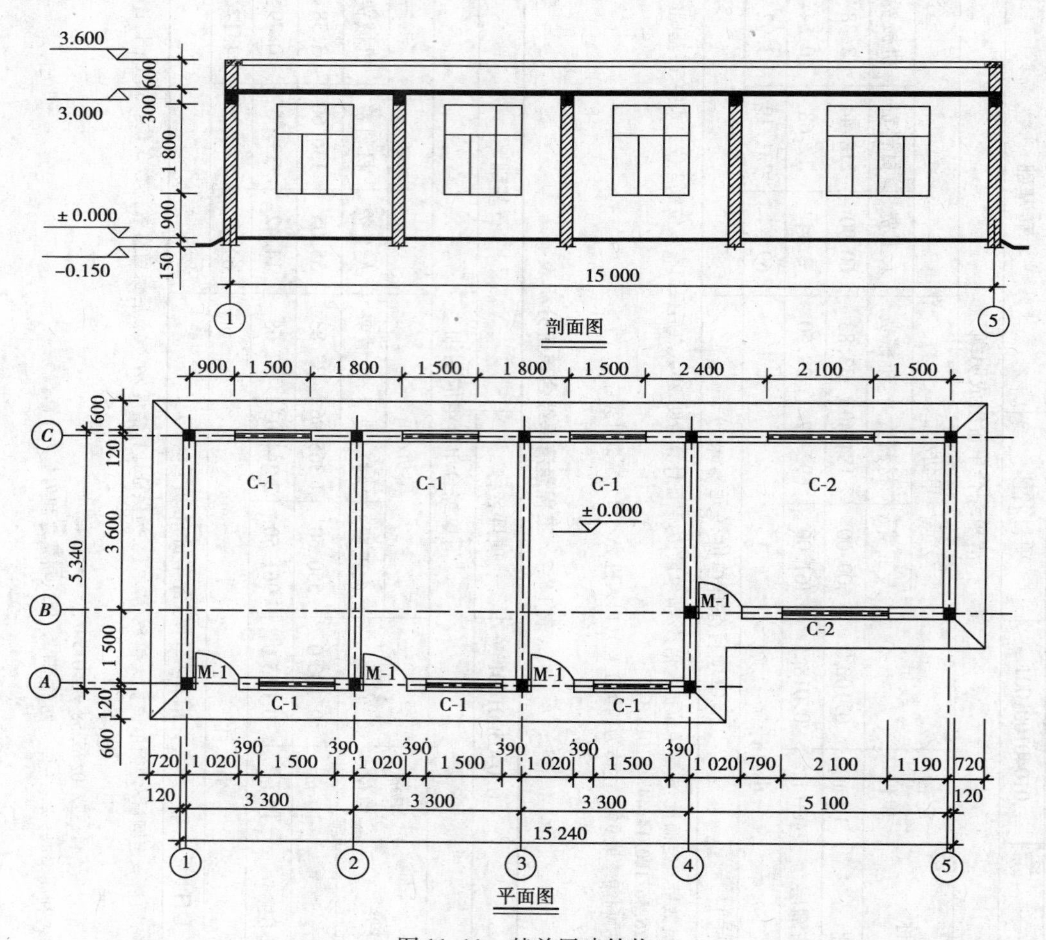

图 11.11　某单层建筑物

解　外墙中心线：$L_{中} = (3.3 \times 3 + 5.1 + 1.5 + 3.6) \times 2 = 40.2$ m

若扣除构造柱（含马牙槎）所占宽度，则外墙中心线长为：

$L_{中} = 40.2 - (0.24 + 0.03 \times 2) \times 11 = 36.90$ m

（注：马牙槎突出构造柱柱面宽度为 60 mm，平均宽度为 30 mm，两边有 0.03 × 2）

内墙净长线：$L_{净} = (1.5 + 3.6) \times 2 + 3.6 - (0.12 + 0.03) \times 6 = 12.90$ m

外墙高（扣圈梁）：$H_{外} = 0.9 + 1.8 + 0.6 = 3.3$ m

内墙高（扣圈梁）：$H_{内} = 0.9 + 1.8 = 2.7$ m

应扣门窗洞面积：取表 10.11 中数据相加得：

$$S_{门窗} = 7.2 + 16.2 + 7.56 = 30.96 \text{ m}^2$$

应扣门洞过梁体积（在混凝土分部算得）：$V_{GL1} = (0.9 + 0.25) \times 0.24 \times 0.12 \times 4 = 0.133 \text{ m}^3$

则内外墙体工程量：$V_{墙} = (L_{中} \times H_{外} + L_{净} \times H_{内} - S_{门窗}) \times h - V_{GL}$

$$= (36.9 \times 3.3 + 12.9 \times 2.7 - 30.96) \times 0.24 - 0.133$$

$$= 30.02 \text{ m}^3$$

11.5　定额应用

定额中砖的规格，是按标准砖编制的；砌块、多孔砖规格是按常用规格编制的，规格不同时，可以换算。换算方法如下：

①砖墙：

$$砖：A = \frac{1}{墙厚 \times (砖长 + 灰缝) \times (砖厚 + 灰缝)} \times K$$

式中　A——每一立方米砖砌体的净用量（损耗另加）；

K——墙厚的砖数×2。（砖数：如 0.5 砖、1 砖、1.5 砖、…）。

砂浆：$B = (1 - 每 - 块砖的体积 \times A) \times 压实系数 1.07$。

式中　A——按上式求得；

B——每一立方米砌体砂浆的净用量。

②砖柱：

$$砖：A = \frac{一层砖的块数}{柱横断面积 \times (一层砖厚 + 灰缝)}$$

砂浆：$B = (1 - 每一块砖的体积 \times A) \times 压实系数 1.07$。

B 值的含义同上。

③以上换算方法，也适用于其他规则六面体砌块的换算。

例 11.4　已知标准砖规格为 240 mm×115 mm×53 mm，灰缝取 10 mm。试求砌筑一砖墙的砖和砂浆用量。

解　①砖的净用量：$A = 1 \times 2 / 0.24 \times (0.24 + 0.01) \times (0.053 + 0.01) = 529.1$ 块

砂浆净用量：$B = (1 - 0.24 \times 0.115 \times 0.053 \times 529) \times 1.07 = 0.242 \text{ m}^3$

②墙体必须放置的拉接钢筋，应按钢筋混凝土章节另行计算。

习题 11

11.1　根据图 11.12、图 11.13 所示计算一砖厚内外墙工程量。图中：M1 为 900×2 100，M2 为 1 500×2 700，M3 为 3 000×3 000，C1 为 1 800×1 800，C2 为 1 500×1 800。钢筋混凝土预制过梁 240×180。每层设圈梁 240×300，M3 上圈梁高增大为 600，内外墙转角处均设构造柱。

-0.3 m以下为混凝土基础,楼板、楼梯均为现浇混凝土(以上数据计量单位均为 mm)。

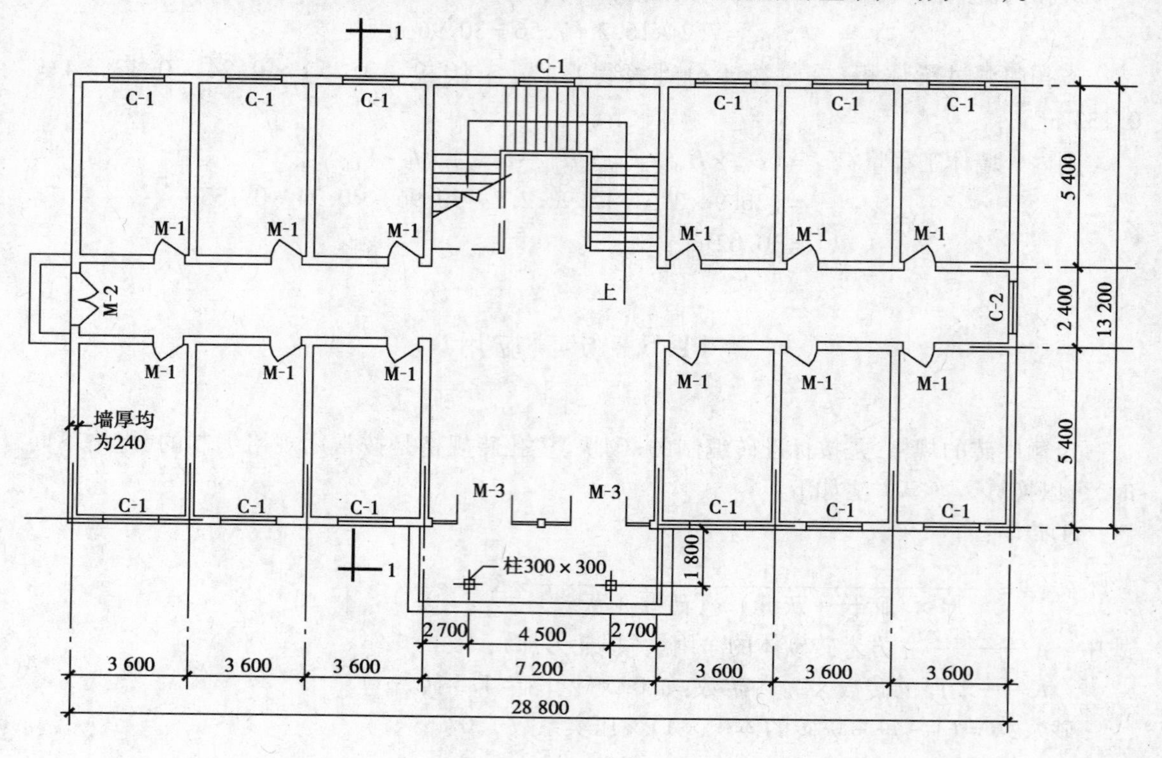

图 11.12　一层平面图

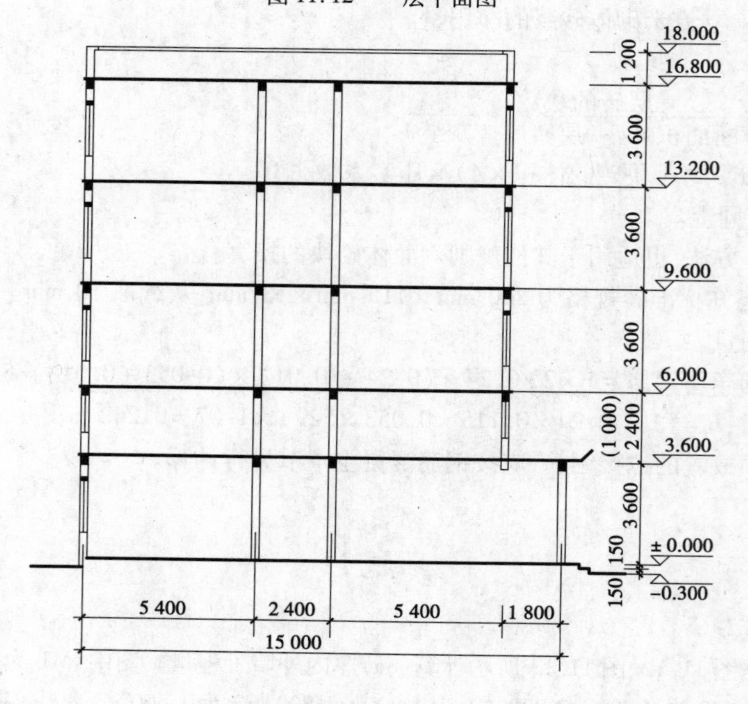

图 11.13　1—1 剖面图

11.2　按图11.14计算砖柱工程量。

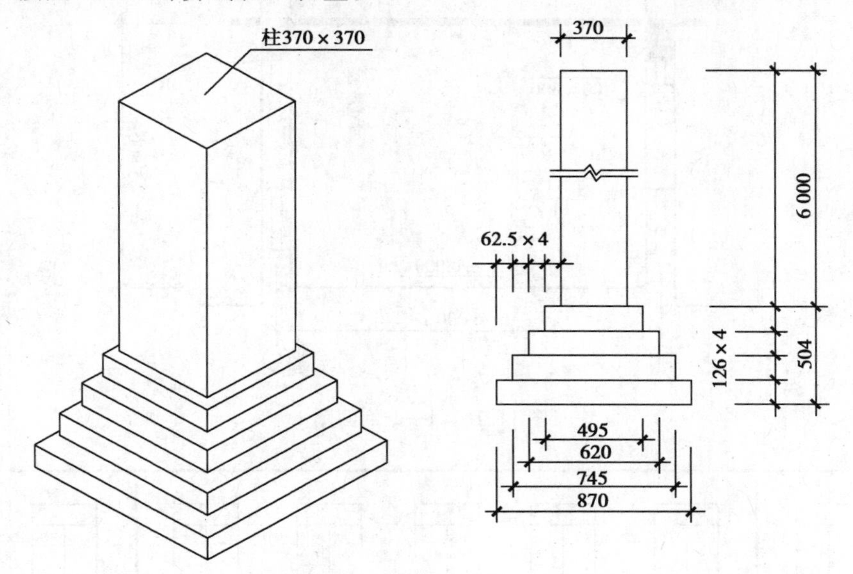

图11.14　砖柱

11.3　根据图11.15、图11.16所示计算一砖半厚内外墙工程量。图中：M－1为1 500×2 400，M－2为900×2 100，C－1为1 800×1 500，C－2为1 800×600，女儿墙高600。L1为400×600（以上数字计量单位均为mm）。

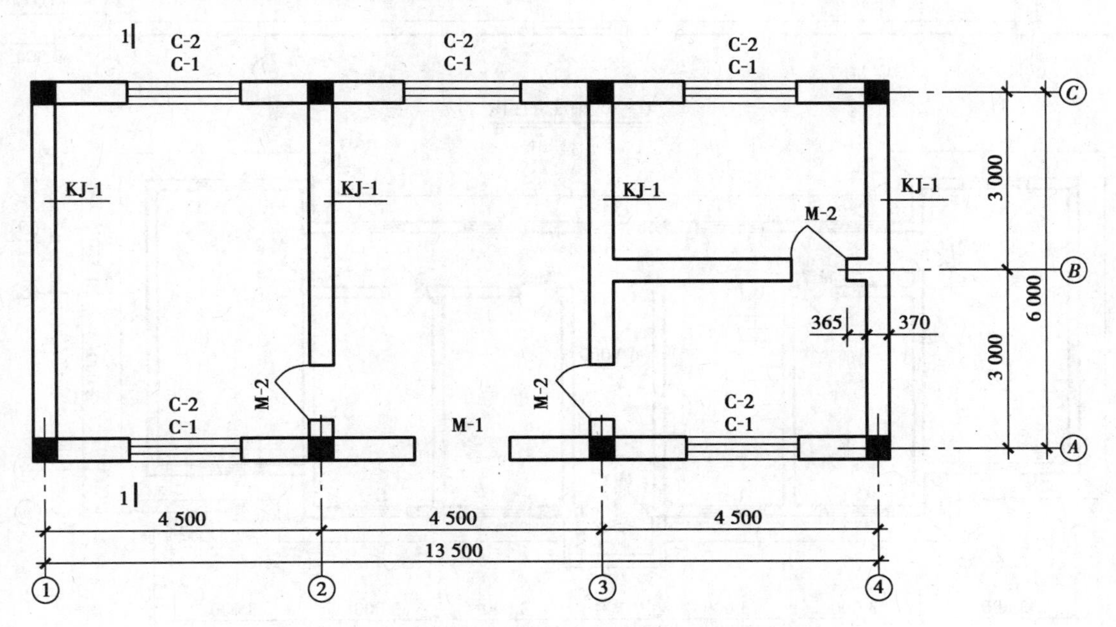

图11.15　平面图

11.4　按图11.17、图11.18所给条件尽可能多地列项计算本章所讨论过的工程量。

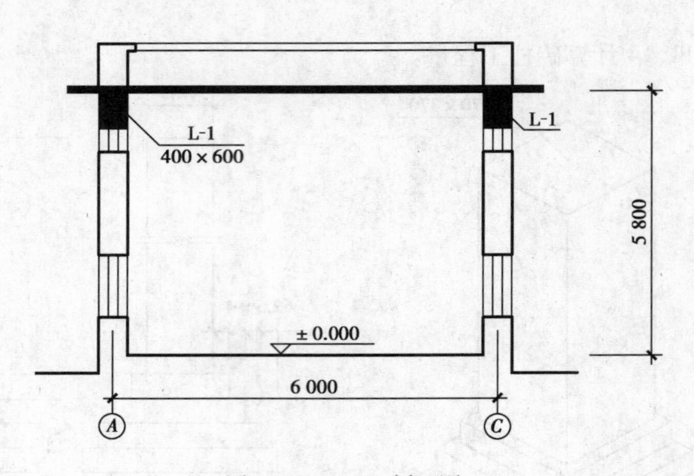

图 11.16　1—1 剖面图

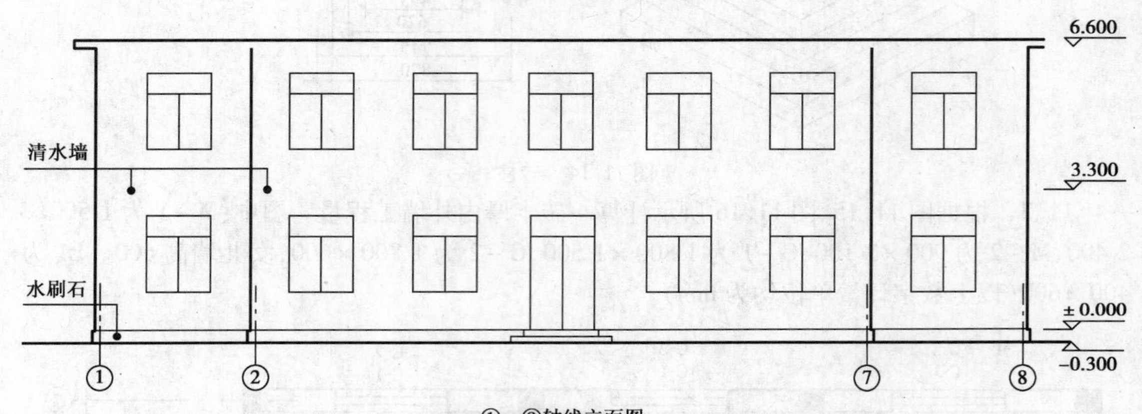

①—②轴线立面图

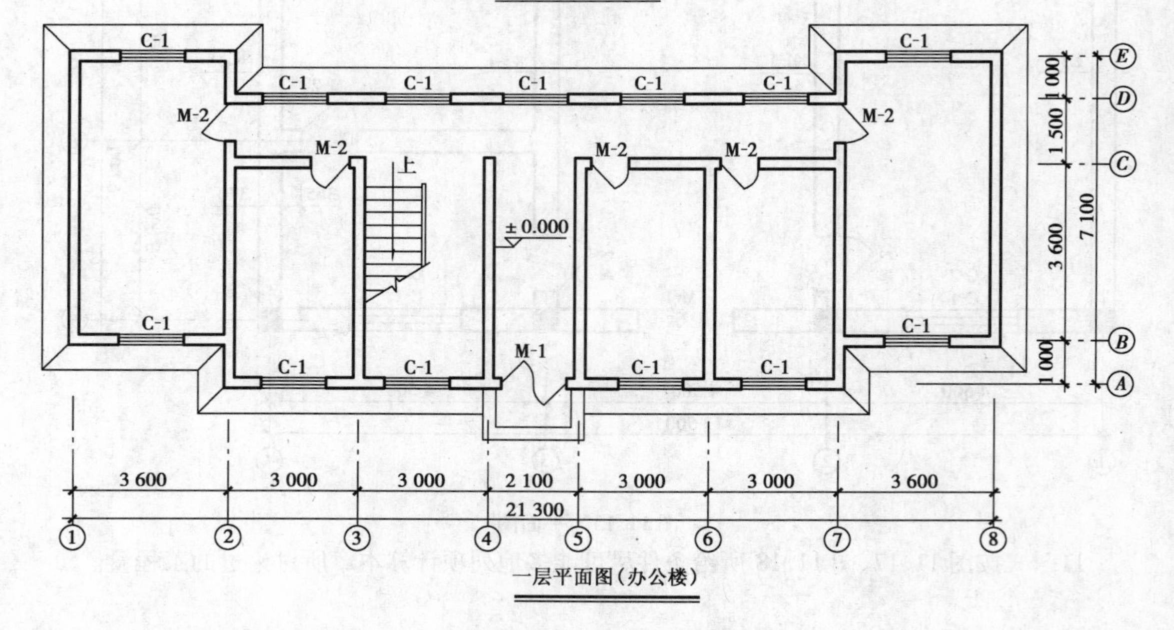

一层平面图(办公楼)

图 11.17　立面图、平面图

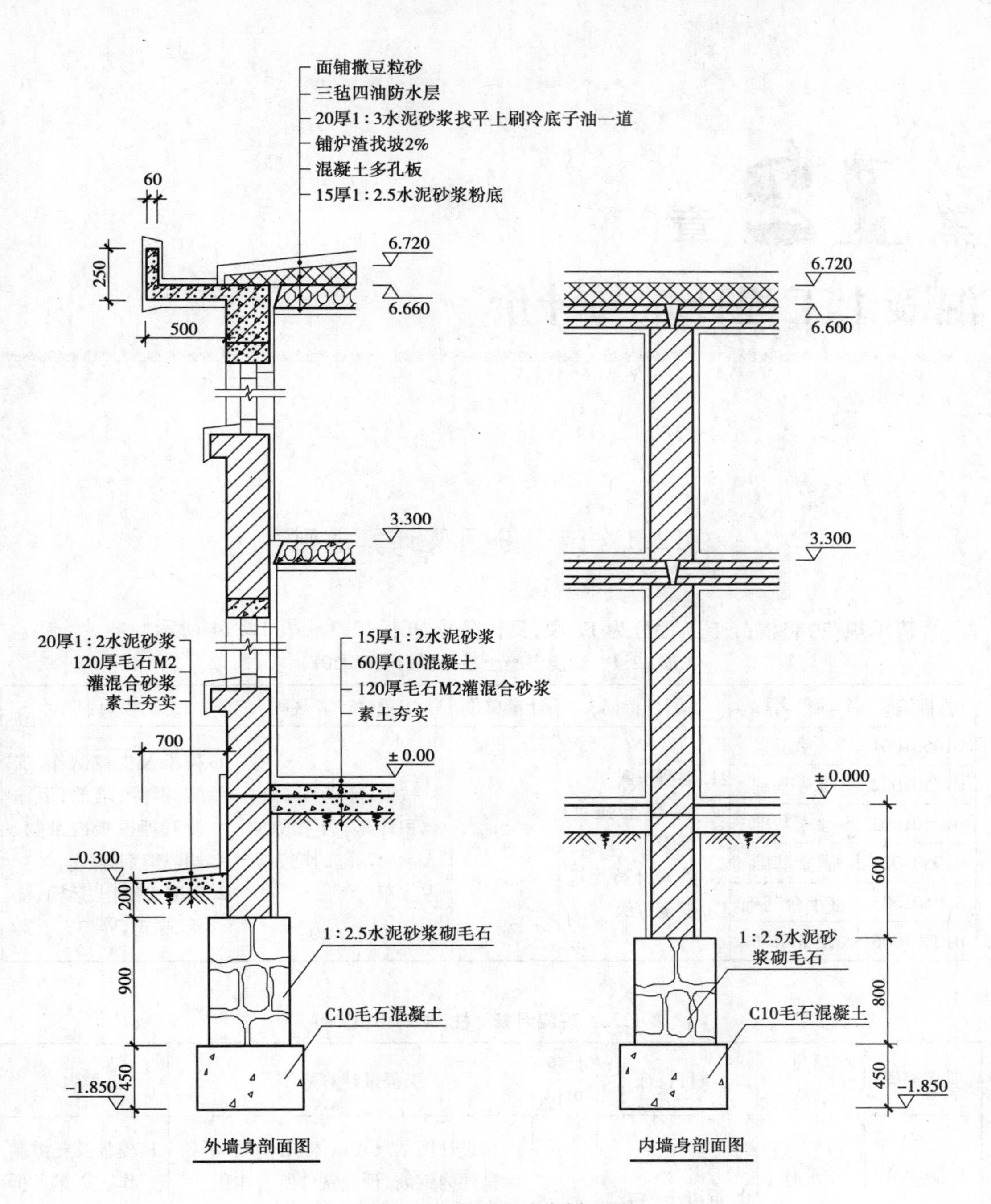

图 11.18　某工程墙身剖面图

第12章 混凝土工程计量与计价

12.1 清单分项及计算规则

《清单规范》将混凝土工程分为17项，具体分项如表12.1～表12.14所示。

表12.1 现浇混凝土基础（编码：010501）

项目编码	项目名称	项目特征	计量单位	工程量计算规则	工程内容
010501001	垫层	1. 混凝土种类 2. 混凝土强度等级 3. 灌浆材料及其强度等级	m^3	按设计图示尺寸以体积计算。不扣除伸入承台基础的桩头所占体积	1. 模板及支撑制作、安装、拆除、堆放、运输及清理模板内杂物、刷隔离剂等 2. 混凝土制作、运输、浇筑、振捣、养护
010501002	带形基础				
010501003	独立基础				
010501004	满堂基础				
010501005	桩承台基础				
010501006	设备基础				

表12.2 现浇混凝土柱（编码：010502）

项目编码	项目名称	项目特征	计量单位	工程量计算规则	工程内容
010502001	矩形柱	1. 混凝土种类 2. 混凝土强度等级	m^3	按设计图示尺寸以体积计算。不扣除构件内钢筋、预埋铁件所占体积 柱高： 1. 有梁板的柱高，应自柱基上表面（或楼板上表面）至上一层楼板上表面之间的高度计算	1. 模板及支撑制作、安装、拆除、堆放、运输及清理模板内杂物、刷隔离剂等
010502003	构造柱				

续表

项目编码	项目名称	项目特征	计量单位	工程量计算规则	工程内容
010502003	异形柱	1. 柱形状 2. 混凝土种类 3. 混凝土强度等级	m^3	2. 无梁板的柱高，应自柱基上表面（或楼板上表面）至柱帽下表面之间的高度计算 3. 框架柱的柱高，应自柱基上表面至柱顶高度计算 4. 构造柱按全高计算，嵌接墙体部分并入柱身体积 5. 依附柱上的牛腿和升板的柱帽，并入柱身体积计算	1. 模板及支撑制作、安装、拆除、堆放、运输及清理模板内杂物、刷隔离剂等 2. 混凝土制作、运输、浇筑、振捣、养护

表12.3　现浇混凝土梁（编码：010503）

项目编码	项目名称	项目特征	计量单位	工程量计算规则	工程内容
010503001	基础梁	1. 混凝土种类 2. 混凝土强度等级	m^3	按设计图示尺寸以体积计算。不扣除构件内钢筋、预埋铁件所占体积，伸入墙内的梁头、梁垫并入梁体积内 梁长： 1. 梁与柱连接时，梁长算至柱侧面 2. 主梁与次梁连接时，次梁长算至主梁侧面	1. 模板及支撑制作、安装、拆除、堆放、运输及清理模板内杂物、刷隔离剂等 2. 混凝土制作、运输、浇筑、振捣、养护
010503002	矩形梁				
010503003	异形梁				
010503004	圈梁				
010503005	过梁				
010503006	弧形、拱形梁				

表12.4　现浇混凝土墙（编码：010504）

项目编码	项目名称	项目特征	计量单位	工程量计算规则	工程内容
010504001	直形墙	1. 混凝土种类 2. 混凝土强度等级	m^3	按设计图示尺寸以体积计算。扣除门窗洞口及单个面积0.3 m^2 以外的孔洞所占体积，墙垛及突出墙面部分并入墙体体积计算内	1. 模板及支撑制作、安装、拆除、堆放、运输及清理模板内杂物、刷隔离剂等 2. 混凝土制作、运输、浇筑、振捣、养护
010504002	弧形墙				
010504003	短肢剪力墙				
010504004	挡土墙				

表 12.5 现浇混凝土板(编码:010505)

项目编码	项目名称	项目特征	计量单位	工程量计算规则	工程内容
010505001	有梁板	1. 混凝土种类 2. 混凝土强度等级	m^3	按设计图示尺寸以体积计算。不扣除构件内钢筋、预埋铁件及单个面积 0.3 m^2 以内的孔洞所占体积 有梁板(包括主、次梁与板)按梁、板体积之和计算,无梁板按板和柱帽体积之和计算,各类板伸入墙内的板头并入板体积内计算,薄壳板的肋、基梁并入薄壳体积内计算	混凝土制作、运输、浇筑、振捣、养护
010505002	无梁板				
010505003	平板				
010505004	拱板				
010505005	薄壳板				
010505006	栏板				
010505007	天沟、挑檐板			按设计图示尺寸以体积计算	
010505008	雨篷、悬挑板、阳台板			按设计图示尺寸以墙外部分体积计算。包括伸出墙外的牛腿和雨篷反挑檐的体积	
010505009	空心板			按设计图示尺寸以体积计算。空心板应扣除空心部分体积	
010505010	其他板			按设计图示尺寸以体积计算	

表 12.6 现浇混凝土楼梯(编码:010506)

项目编码	项目名称	项目特征	计量单位	工程量计算规则	工程内容
010506001	直形楼梯	1. 混凝土种类 2. 混凝土强度等级	m^2 m^3	1. 以平方米计算,按设计图示尺寸以水平投影面积计算。不扣除宽度小于 500 mm 的楼梯井,伸入墙内部分不计算 2. 以立方米计算,按设计图示尺寸以体积计算	1. 模板及支撑制作、安装、拆除、堆放、运输及清理模板内杂物、刷隔离剂等 2. 混凝土制作、运输、浇筑、振捣、养护
010506002	弧形楼梯				

表 12.7 现浇混凝土其他构件(编码:010507)

项目编码	项目名称	项目特征	计量单位	工程量计算规则	工程内容
010507001	散水、坡道	1. 垫层材料种类、厚度 2. 面层厚度 3. 混凝土种类 4. 混凝土强度等级 5. 变形缝填塞材料种类	m^2	按设计图示尺寸以水平投影面积计算。不扣除单个 0.3 m^2 以内的孔洞所占面积	1. 地基夯实 2. 铺设垫层 3. 模板及支撑制作、安装、拆除、堆放、运输及清理模板内杂物、刷隔离剂等 4. 混凝土制作、运输、浇筑、振捣、养护 5. 变形缝填塞
010507002	室外地坪	1. 地坪厚度 2. 混凝土强度等级			

续表

项目编码	项目名称	项目特征	计量单位	工程量计算规则	工程内容
010507003	电缆沟、地沟	1. 土壤类别 2. 沟截面净空尺寸 3. 垫层材料种类、厚度 4. 混凝土种类 5. 混凝土强度等级 6. 防护材料种类	m	按设计图示以中心线长度计算	1. 挖填运土石方 2. 铺设垫层 3. 模板及支撑制作、安装、拆除、堆放、运输及清理模板内杂物、刷隔离剂等 4. 混凝土制作、运输、浇筑、振捣、养护 5. 刷防护材料
010507004	台阶	1. 踏步高、宽 2. 混凝土种类 3. 混凝土强度等级	m^2 m^3	1. 以平方米计算，按设计图示尺寸以水平投影面积计算 2. 以立方米计算，按设计图示尺寸以体积计算	1. 模板及支撑制作、安装、拆除、堆放、运输及清理模板内杂物、刷隔离剂等 2. 混凝土制作、运输、浇筑、振捣、养护
010507005	扶手、压顶	1. 断面尺寸 2. 混凝土种类 3. 混凝土强度等级	m m^2	1. 以米计算，按设计图示的中心线长度计算 2. 以立方米计算，按设计图示尺寸以体积计算	1. 模板及支撑制作、安装、拆除、堆放、运输及清理模板内杂物、刷隔离剂等 2. 混凝土制作、运输、浇筑、振捣、养护
010507006	化粪池检查井	1. 部位 2. 混凝土强度等级 3. 防水、抗渗要求	m^3 （座）	1. 按设计图示尺寸以体积计算 2. 以座计算，按设计图示数量计算	
010507007	其他构件	1. 构件的类型 2. 构件规格 3. 部位 4. 混凝土种类 5. 混凝土强度等级	m^3		

表 12.8　后浇带（编码：010508）

项目编码	项目名称	项目特征	计量单位	工程量计算规则	工程内容
010508001	后浇带	1. 混凝土种类 2. 混凝土强度等级	m^3	按设计图示尺寸以体积计算	1. 模板及支撑制作、安装、拆除、堆放、运输及清理模板内杂物、刷隔离剂等 2. 混凝土制作、运输、浇筑、振捣、养护

表 12.9　预制混凝土柱(编码:010509)

项目编码	项目名称	项目特征	计量单位	工程量计算规则	工程内容
010509001	矩形柱	1. 图代号 2. 单件体积 3. 安装高度 4. 混凝土强度等级 5. 砂浆(细石混凝土)强度等级	m^3 (根)	1. 按设计图示尺寸以体积计算 2. 按设计图示尺寸以数量计算	1. 模板及支撑制作、安装、拆除、堆放、运输及清理模板内杂物、刷隔离剂等 2. 混凝土制作、运输、浇筑、振捣、养护 3. 构件运输、安装 4. 砂浆制作、运输 5. 接头灌缝、养护
010509002	异形柱				

表 12.10　预制混凝土梁(编码:010510)

项目编码	项目名称	项目特征	计量单位	工程量计算规则	工程内容
010510001	矩形梁	1. 图代号 2. 单件体积 3. 安装高度 4. 混凝土强度等级 5. 砂浆(细石混凝土)强度等级	m^3 (根)	1. 按设计图示尺寸以体积计算 2. 按设计图示尺寸以数量计算	1. 模板及支撑制作、安装、拆除、堆放、运输及清理模板内杂物、刷隔离剂等 2. 混凝土制作、运输、浇筑、振捣、养护 3. 构件运输、安装 4. 砂浆制作、运输 5. 接头灌缝、养护
010510002	异形梁				
010510003	过梁				
010510004	拱形梁				
010510005	鱼腹式吊车梁				
010510006	其他梁				

表 12.11　预制混凝土屋架(编码:010511)

项目编码	项目名称	项目特征	计量单位	工程量计算规则	工程内容
010511001	折线型	1. 图代号 2. 单件体积 3. 安装高度 4. 混凝土强度等级 5. 砂浆(细石混凝土)强度等级	m^3 (榀)	1. 按设计图示尺寸以体积计算 2. 按设计图示尺寸以数量计算	1. 模板及支撑制作、安装、拆除、堆放、运输及清理模板内杂物、刷隔离剂等 2. 混凝土制作、运输、浇筑、振捣、养护 3. 构件运输、安装 4. 砂浆制作、运输 5. 接头灌缝、养护
010511002	组合				
010511003	薄腹				
010511004	门式刚架				
010511005	天窗架				

表12.12　预制混凝土板(编码:010512)

项目编码	项目名称	项目特征	计量单位	工程量计算规则	工程内容
010512001	平板	1. 图代号 2. 单件体积 3. 安装高度 4. 混凝土强度等级 5. 砂浆(细石混凝土)强度等级	m^3 (块)	1. 按设计图示尺寸以体积计算。不扣除单个面积≤300 mm×300 mm 的孔洞所占体积,扣除空心板空洞体积 2. 按设计图示尺寸以数量计算	1. 模板及支撑制作、安装、拆除、堆放、运输及清理模板内杂物、刷隔离剂等 2. 混凝土制作、运输、浇筑、振捣、养护 3. 构件运输、安装 4. 砂浆制作、运输 5. 接头灌缝、养护
010512002	空心板				
010512003	槽形板				
010512004	网架板				
010512005	折线板				
010512006	带肋板				
010512007	大型板				
010512008	沟盖板、井盖板、井圈	1. 构件尺寸 2. 安装高度 3. 混凝土强度等级 4. 砂浆强度等级	m^3 (块、套)	1. 按设计图示尺寸以体积计算 2. 按设计图示尺寸以数量计算	

表12.13　预制混凝土楼梯(编码:010513)

项目编码	项目名称	项目特征	计量单位	工程量计算规则	工程内容
010513001	楼梯	1. 楼梯类型 2. 单件体积 3. 混凝土强度等级 4. 砂浆(细石混凝土)强度等级	m^3 (段)	1. 按设计图示尺寸以体积计算。扣除空心踏步板空洞体积 2. 按设计图示尺寸以数量计算	1. 模板及支撑制作、安装、拆除、堆放、运输及清理模板内杂物、刷隔离剂等 2. 混凝土制作、运输、浇筑、振捣、养护 3. 构件运输、安装 4. 砂浆制作、运输 5. 接头灌缝、养护

表12.14　其他预制构件(编码:010514)

项目编码	项目名称	项目特征	计量单位	工程量计算规则	工程内容
010514001	烟道、垃圾道、通风道	1. 单件体积 2. 混凝土强度等级 3. 砂浆强度等级	m^3 m^2 (根、块、套)	1. 按设计图示尺寸以体积计算。不扣除单个面积≤300 mm×300 mm 的孔洞所占体积,扣除烟道、垃圾道、通风道的孔洞体积 2. 按设计图示尺寸以面积计算。不扣除单个面积≤300 mm×300 mm 的孔洞所占面积 3. 按设计图示尺寸以数量计算	1. 模板及支撑制作、安装、拆除、堆放、运输及清理模板内杂物、刷隔离剂等 2. 混凝土制作、运输、浇筑、振捣、养护 3. 构件运输、安装 4. 砂浆制作、运输 5. 接头灌缝、养护
010514002	其他构件	1. 单件体积 2. 构件的类型 3. 混凝土强度等级 4. 砂浆强度等级			

12.2 列项相关问题说明

1)有肋带形基础、无肋带形基础应按表12.1列项,并注明肋高。

2)箱式满堂基础中柱、梁,墙、板可按表12.2、表12.3、表12.4、表12.5分别编码列项。

3)框架式设备基础中柱、梁、墙、板可按表12.2、表12.3、表12.4、表12.5分别编码列项;也可利用表12.1的第五级编码分别列项。

4)现浇挑檐、天沟板、雨篷、阳台与板(包括屋面板、楼板)连接时,以外墙外边线为分界线,与圈梁(包括其他梁)连接时,以梁外边线为分界线。外边线以外为挑檐、天沟、雨篷或阳台。

5)整体楼梯(包括直形楼梯、弧形楼梯)水平投影面积包括休息平台,平台梁、斜梁和楼梯的连接梁。当整体楼梯与现浇楼板无梯梁连接时,以楼梯的最后一个踏步边缘加300 mm为界。

6)现浇混凝土小型池槽、垫块、门框等,应按表12.7中其他构件项目编码列项。

7)三角形屋架应按表12.11中折线型屋架项目编码列项。

8)不带肋的预制遮阳板、雨篷板、挑檐板、栏板等,应按表12.12中平板项目编码列项。

9)预制F形板、双T形板、单肋板和带反挑檐的雨篷板、挑檐板、遮阳板等,应按表12.12中带肋板项目编码列项。

10)预制大型墙板、大型楼板、大型屋面板等,应按表12.12中大型板项目编码列项。

11)预制钢筋混凝土小型池槽、压顶、扶手、垫块、隔热板、花格等,应按表12.14中其他构件项目编码列项。

12.3 定额计算规则

(1)现浇混凝土工程

混凝土工程除另有规定者外,均按图示尺寸实际体积以立方米计算。不扣除构件内钢筋、预埋铁件及墙、板中0.3 m^2 内的孔洞所占体积。

1)基础:

①有肋带形混凝土基础,如图12.1(a)所示,其肋高与肋宽之比在4∶1以内的按有肋带形混凝土基础计算。超过4∶1时,其底板按板式基础计算,以上部分按墙计算,如图12.1(b)所示。

②箱式满堂基础应分别按无梁式满堂基础、柱、墙、梁、板有关规定计算,套相应定额项目。满堂基础如图12.2所示。

③设备基础除块体以外,其他类型设备基础分别按基础、梁、柱、板、墙有关规定计算,套相应清单项目。

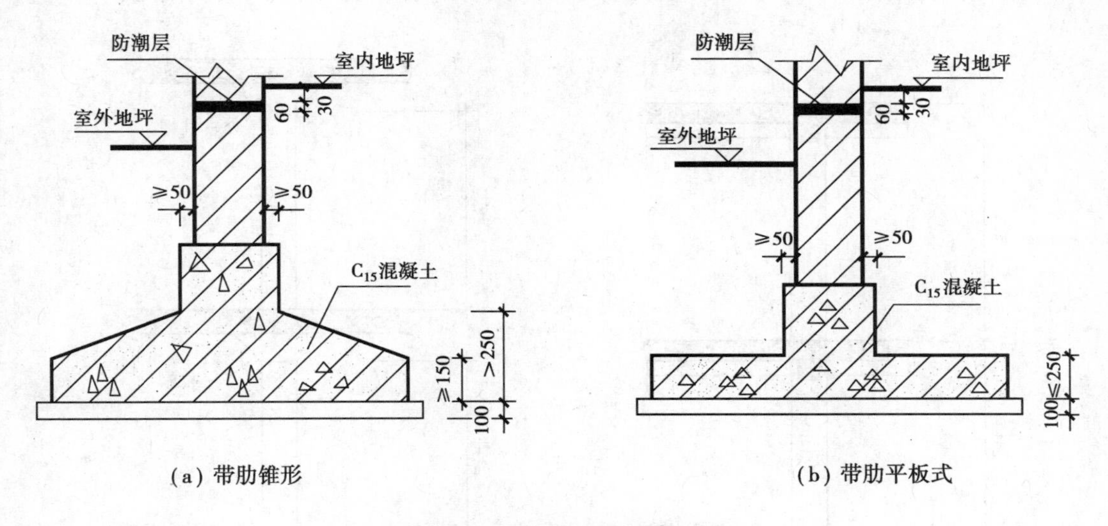

图 12.1　有肋带形混凝土基础

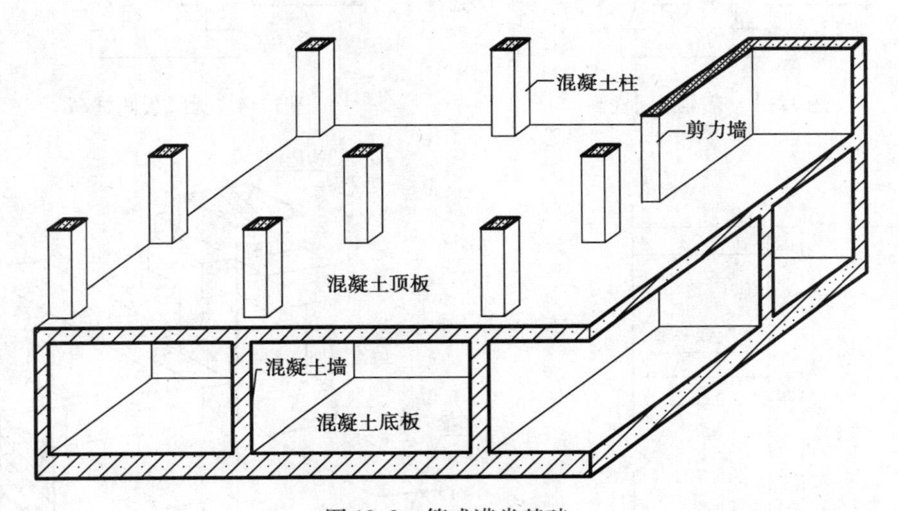

图 12.2　箱式满堂基础

2)柱:按图示断面尺寸(断面积)乘以柱高以立方米计算,柱高按下列规定确定:

①有梁板间的柱高,如图 12.3 所示,应自柱基上表面(或楼板上表面)至上一层楼板上表面之间的高度计算(柱连续不断,穿通有梁板)。

②无梁板间的柱高,如图 12.4 所示,应自柱基上表面(或楼板上表面)至柱帽下表面之间的高度计算(柱被无梁板隔断)。

③框架柱的高度,如图 12.5 所示,应自柱基上表面至上、柱顶高度计算(柱连续不断,穿通梁和板)。

④构造柱按全高计算,与砖墙嵌接(马牙槎)部分的体积,如图 12.6 所示,并入柱身体积内计算。

⑤依附柱上的牛腿,并入柱身体积内计算。

3)梁:按图示断面尺寸(断面积)乘以梁长以立方米计算,梁长按下列规定确定:

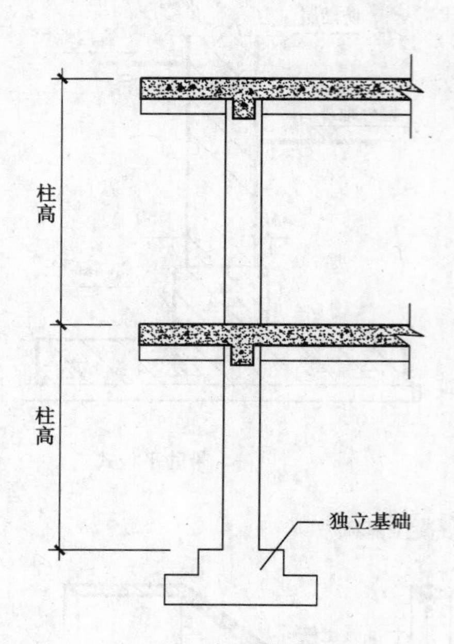

图 12.3　有梁板间柱高

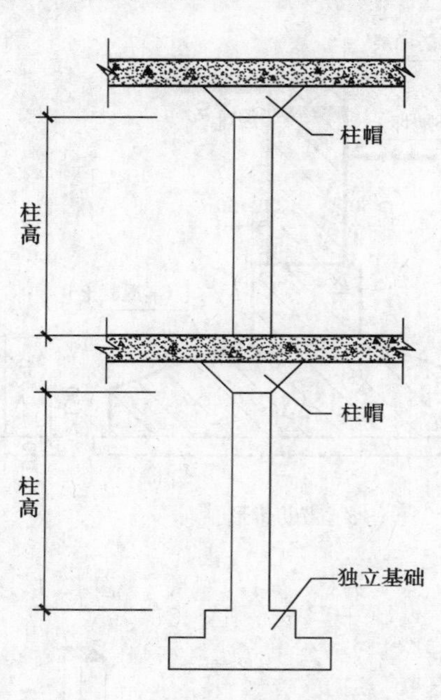

图 12.4　无梁板间柱高

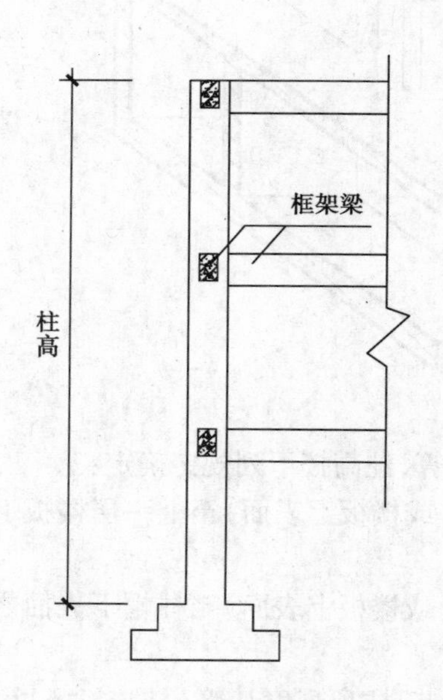

图 12.5　框架柱高

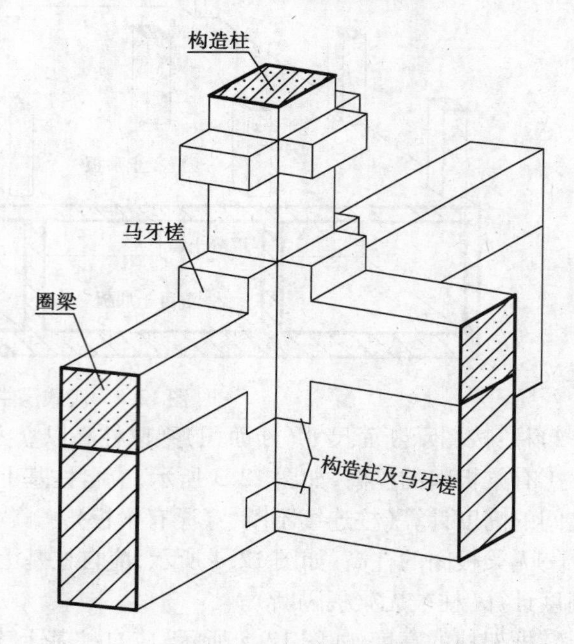

图 12.6　构造柱及马牙槎

①梁与柱连接时,梁长算至柱侧面,如图 12.7 所示。

②主梁与次梁连接时,次梁算至主梁侧面,如图 12.8 所示。

③伸入墙内的梁头、梁垫体积并入梁体积内计算。

4)板:按图示面积乘以板厚以立方米计算,其中:

①有梁板包括主次梁与板,按梁、板体积之和计算,如图 12.9 所示。

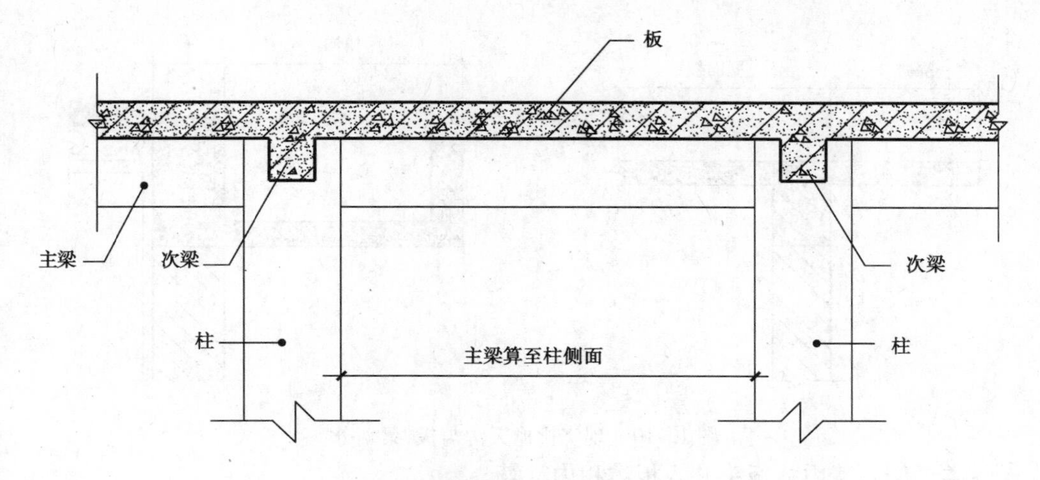

图12.7　梁与柱连接

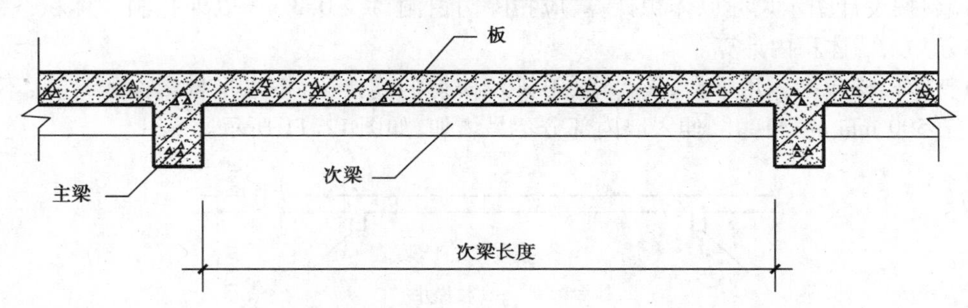

图12.8　主梁与次梁连接

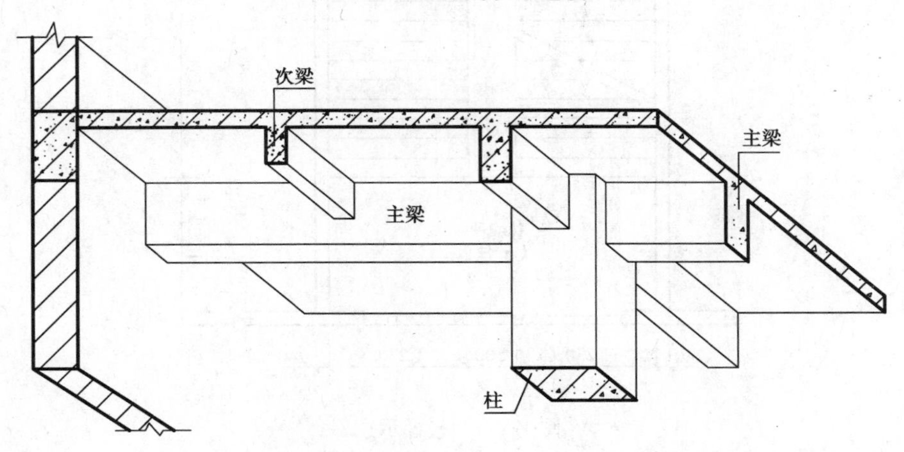

图12.9　有梁板

②无梁板按板与柱帽体积之和计算。

③平板按设计图示尺寸以体积计算。

④现浇挑檐天沟、雨蓬、阳台与板(包括屋面板、楼板)连接时,以外墙外边线为分界线,与圈梁(包括其他梁)连接时,以梁外边线为分界线。外墙边线以外或梁外边以外为挑檐、天沟雨蓬或阳台,如图12.10所示。

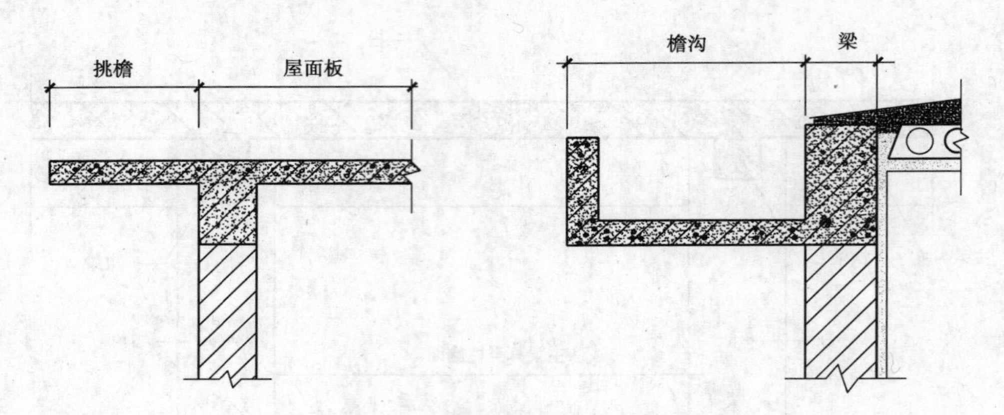

图 12.10　现浇挑檐天沟与板、梁划分

④各类板伸入墙内的板头并入板体积内计算。

5)墙:按设计图示尺寸以体积计算,应扣除门窗洞口及 0.3 m^2 以外孔洞的体积,墙垛及突出部分并入墙体积内计算。

6)整体楼梯包括休息平台、平台梁、斜梁及楼梯的连接梁、按水平投影面积计算,不扣除宽度下于 500 mm 的楼梯井,伸入墙内部分不另增加,如图 12.11 所示。

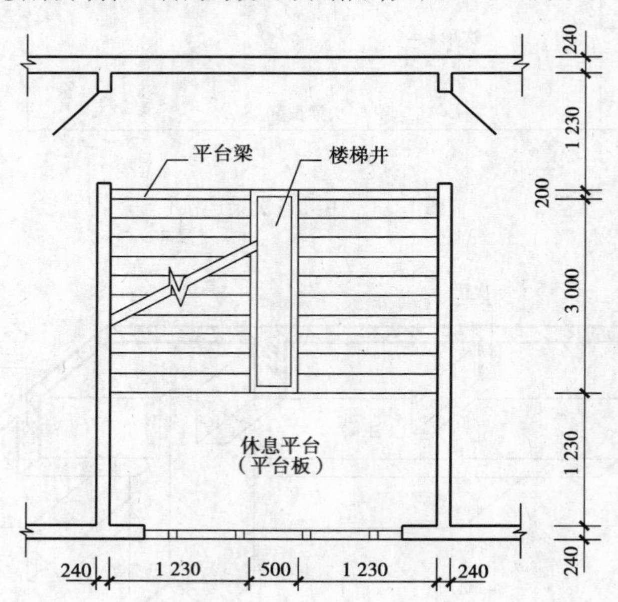

图 12.11　楼梯示意

7)阳台、雨棚(悬挑板),按设计图示尺寸以墙外部分体积计算,包括伸出墙外的牛腿和雨蓬、反挑檐的体积, 如图 12.12、图 12.13 所示。

8)金属、硬木、塑料(栏杆、栏板)按设计图示尺寸以其中心线长度(包括弯头长度)计算。

9)预制板补现浇板缝时,按平板计算。

10)预制钢筋混凝土框架柱现浇接头(包括梁接头)按设计规定断面和长度以立方米计算。

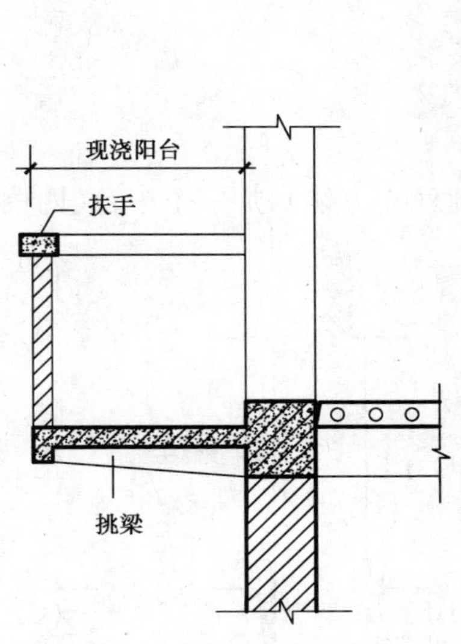

图12.12 有挑梁的阳台

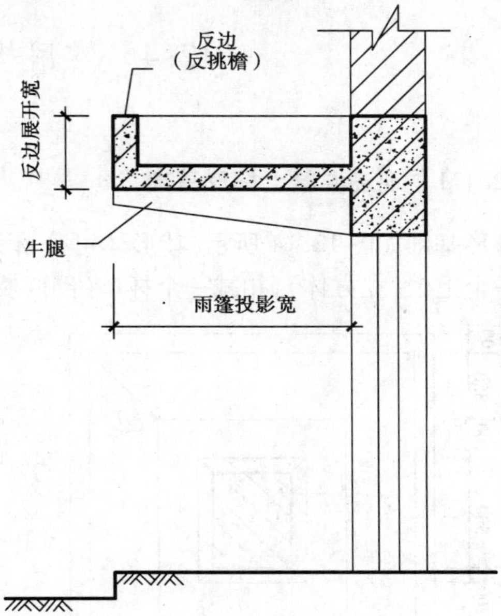

图12.13 带反檐的雨蓬

(2)预制混凝土构件

1)混凝土工程量按图示尺寸实体体积以立方米计算或按设计图示尺寸以“数量”计算如:(根、块、套、榀等),不扣除构件内钢筋、铁件及小于300 mm×300 mm以内的孔洞面积。

2)预制桩按设计图示尺寸以桩长(包括桩尖)或根数计算。

3)混凝土与钢杆件组合的构件,混凝土部分按构件实体积以立方米计算,钢构件部分按吨计算,分别套相应的清单项目。

4)固定预埋螺栓、铁件的支架,固定双层钢筋的铁马凳,垫铁件,按审定的施工组织设计规定计算,套相应的清单项目。

5)预制混凝土构件运输及安装均按构件图示尺寸,以实体积计算。

预制混凝土构件运输及安装损耗率,按表12.15规定计算后并入构件工程量内。其中预制混凝土屋架、桁架、托架及长度在9 m以上的梁、板、柱不计算损耗率。

表12.15 预制混凝土构件制作、运输及安装损耗率表

名　称	制作废品率(%)	运输堆放损耗(%)	安装(打桩)损耗(%)
各类预制构件	0.2	0.8	0.5
预制钢筋混凝土桩	0.1	0.4	1.5

6)钢筋混凝土构件接头灌缝:包括构件座浆、灌缝、堵板孔、塞板梁缝等。均按预制钢筋混凝土构件实体积以立方米计算。

7)柱与柱基的灌缝,按首层柱体积计算;首层以上柱灌缝按各层柱体积计算。

8)空心板堵头,按实体积以立方米计算。

12.4 常用构件计算方法

12.4.1 现浇混凝土杯形基础

杯形基础如图 12.14 所示，其形体可分解为一个底座（立方体），加一个中台（四棱台），再加一个上台（立方体），扣减一个杯口（倒四棱台）。

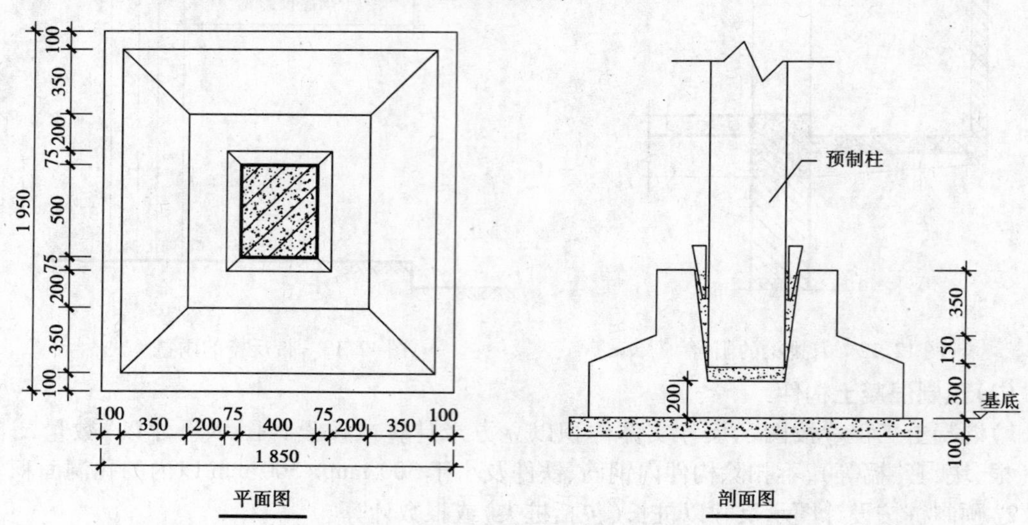

图 12.14 杯形基础示意图

其中，四棱台的计算公式为：

$$V_{棱台} = \frac{1}{3} \times (S_{上} + S_{下} + \sqrt{S_{上} \times S_{下}}) \times h \tag{12.1}$$

式中 $V_{棱台}$——四棱台体积；

$S_{上}$——四棱台上表面积；

$S_{下}$——四棱台下底面积；

h——四棱台计算高度。

例 12.1 某工程做杯形基础 6 个，尺寸如图 12.14 所示，试求杯形基础及混凝土垫层工程量。

解 由图给条件知，杯形基础由下到上可以分解为四个部分计算，各部分尺寸为：

底座：面积 $S_{下}$ 为 1.75 m×1.65 m，高 h_1 为 0.3 m。

中台：下底面积 $S_{下}$ 为 1.75 m×1.65 m，上表面积 $S_{上}$ 为 1.05 m×0.95 m，高 h_2 为 0.15 m。

上台：面积 $S_{上}$ 为 1.05 m×0.95 m，高 h_3 为 0.35 m。

杯口：上口面积为 0.65 m×0.55 m，下底面积为 0.5 m×0.4 m，深 h_4 为 0.6 m。

用公式计算得：

$V_1 = S_{上} \times h_1 = 1.75 \times 1.65 \times 0.3 = 0.866\ m^3$

$$V_2 = \frac{1}{3} \times (S_{上} + S_{下} + \sqrt{S_{上} \times S_{下}}) \times h$$
$$= \frac{1}{3} \times (1.75 \times 1.65 + 1.05 \times 0.95 + \sqrt{1.75 \times 1.65 \times 1.05 \times 0.95}) \times 0.15$$
$$= 0.279\ m^3$$
$$V_3 = S_{下} \times h_3 = 1.05 \times 0.95 \times 0.35 = 0.349\ m^3$$
$$V_4 = \frac{1}{3} \times (S_{上} + S_{下} + \sqrt{S_{上} \times S_{下}}) \times h$$
$$= \frac{1}{3} \times (0.65 \times 0.55 + 0.5 \times 0.4 + \sqrt{0.65 \times 0.55 \times 0.5 \times 0.4}) \times 0.6$$
$$= 0.165\ m^3$$

杯形基础工程量(清单量等于定额量)：

$$V_J = (V_1 + V_2 + V_3 - V_4) \times n = (0.866 + 0.279 + 0.349 - 0.165) \times 6 = 7.97\ m^3$$

混凝土垫层(清单量，等于定额量)：

$$V_d = 1.95 \times 1.85 \times 0.1 \times 6 = 2.16\ m^3$$

12.4.2　现浇混凝土带形基础

带形基础为长条形，混凝土体积可按断面面积乘以计算长度以立方米计算，其计算方法为：

$$V = L \times F \tag{12.2}$$

式中　L——计算长度，外墙基础取外墙中心线长度，内墙基础取净长度；

F——断面积，按图示尺寸计算。

带形基础如图 12.15 所示，计算时可能有以下三种断面情况：

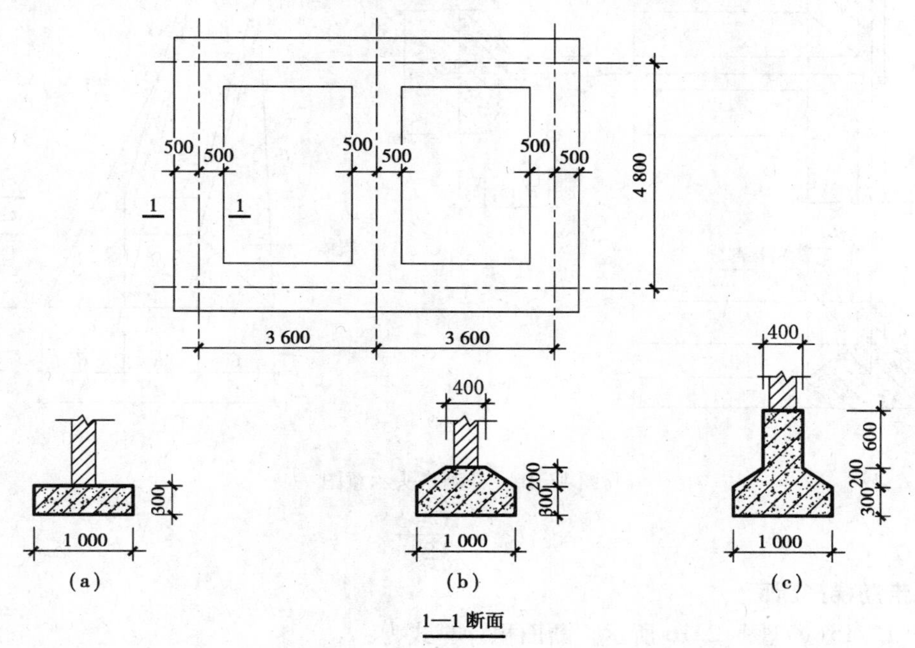

图 12.15　带形基础

(1)矩形断面

如图 12.15(a)所示。$F_1 = B \times h$(B 为基底宽度,h 为基础高度),外墙基础取外墙中心线长 $L_{中}$,内墙基础取基础底面之间净长度 $L_{基}$。

(2)梯形断面

如图 12.15(b)所示。断面积计算式为:

$$F_2 = (B + b) \times \frac{h_1}{2} + B \times h_2 \tag{12.3}$$

式中 h_1——梯形部分高度;

B——梯形底(基础)宽度;

b——梯形顶(肋)宽度;

h_2——矩形部分高度。

外墙带形基础长取外墙中心线长 $L_{中}$,则外墙带形基础体积为:

$$V_{外} = L_{中} \times F_2 \tag{12.4}$$

内墙带形基础体积先算基底净长部分体积,再加两端搭头体积(如图 12.16 所示):

$$V_{内} = L_{基} \times F_2 + 2V_{搭} \tag{12.5}$$

$$V_{搭} = L_a \times \frac{B + 2b}{6} \times h_1 \tag{12.6}$$

式中 L_a——内墙基础 T 形搭头处斜面的水平投影长,如图 12.16 所示,若内外墙基础断面相同时。

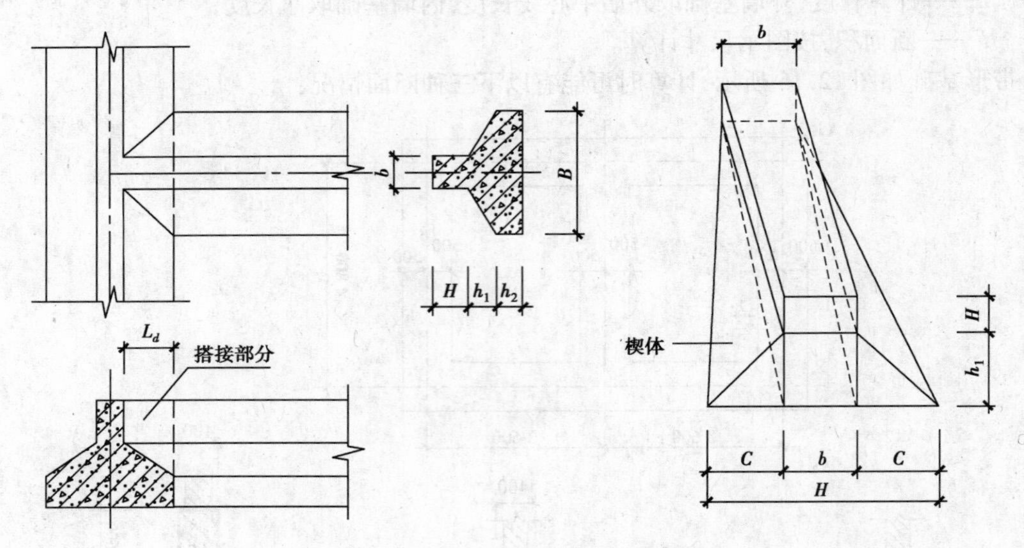

图 12.16 条基搭头示意图

$$L_a = \frac{B - b}{2} \tag{12.7}$$

(3)带肋梯形断面

如图 12.15(c)、图 12.16 所示。断面积计算式为:

$$F_3 = b \times H + (B + b) \times \frac{h_1}{2} + B \times h_2 \tag{12.8}$$

式中　H——肋梁部分高度；

　　其余符号同上。

外墙基础长仍取外墙中心线长($L_{中}$)，则外墙带形基础体积为：

$$V_{外} = L_{中} \times F_3 \tag{12.9}$$

内墙带形基础先算净长部分体积，再加两端搭头体积：

$$V_{内} = L_{基} \times F_3 + 2V_{搭} \tag{12.10}$$

$$V_{搭} = L_a \times \left(\frac{B + 2b}{6} \times h_1 + b \times H\right) \tag{12.11}$$

例12.2　按图12.15代入具体尺寸，计算该带形混凝土基础在三种不同断面情况下的工程量。

解　1)矩形断面

外墙中心线：$L_{中} = (3.6 + 3.6 + 4.8) \times 2 = 24.0\ \text{m}$

内墙基础之间净长度：$L_{基} = 4.8 - 0.5 \times 2 = 3.8\ \text{m}$

基础断面积：$F_1 = 1.0 \times 0.3 = 0.30\ \text{m}^2$

带形基础工程量：$V_1 = (24 + 3.8) \times 0.30 = 8.34\ \text{m}^3$

2)梯形断面

外墙中心线：$L_{中} = 24\ \text{m}$

内墙基础之间净长度：$L_{基} = 3.8\ \text{m}$

基础断面积：$F_2 = 1.0 \times 0.3 + (1.0 + 0.4) \times \dfrac{0.2}{2} = 0.44\ \text{m}^2$

搭头体积：
$$\begin{aligned} V_{搭1} &= \frac{1.0 - 0.4}{2} \times \frac{1.0 + 2 \times 0.4}{6} \times 0.2 \\ &= 0.3 \times 0.3 \times 0.2 \\ &= 0.018\ \text{m}^3 \end{aligned}$$

带形基础工程量：$V_2 = (24.0 + 3.8) \times 0.44 + 2 \times 0.018 = 12.27\ \text{m}^3$

3)带肋梯形

外墙中心线：$L_{中} = 24\ \text{m}$

内墙基础之间净长度：$L_{基} = 3.8\ \text{m}$

基础断面积：$F_3 = 1.0 \times 0.3 + (1.0 + 0.4) \times 0.2/2 + 0.6 \times 0.4 = 0.68\ \text{m}^2$

搭头体积：
$$\begin{aligned} V_{搭2} &= \frac{1.0 - 0.4}{2} \times \left(\frac{1.0 + 2 \times 0.4}{6} \times 0.2 + 0.6 \times 0.4\right) \\ &= 0.3 \times (0.3 \times 0.2 + 0.24) \\ &= 0.09\ \text{m}^3 \end{aligned}$$

带形基础工程量：$V_3 = (24.0 + 3.8) \times 0.68 + 2 \times 0.09 = 19.08\ \text{m}^3$

12.4.3　现浇混凝土构造柱

常用构造柱的断面形式一般有四种，即L形拐角、T形接头、十字形交叉和长墙中的一字形，如图12.17所示。

构造柱计算的难点在马牙槎计算。一般马牙槎咬接高度为300 mm，纵向间距300 mm，马牙槎长为60 mm，如图12.18所示。

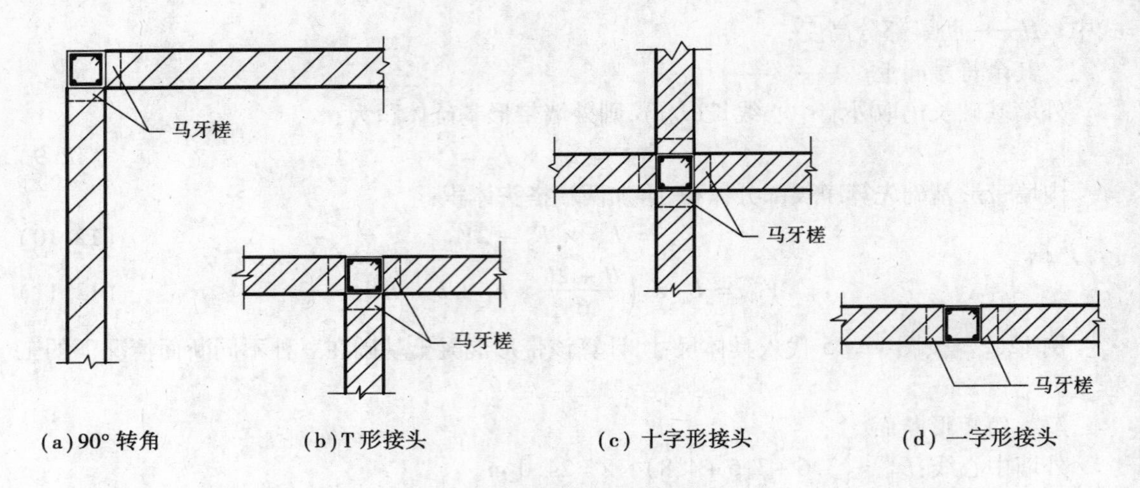

图 12.17　构造柱的四种断面

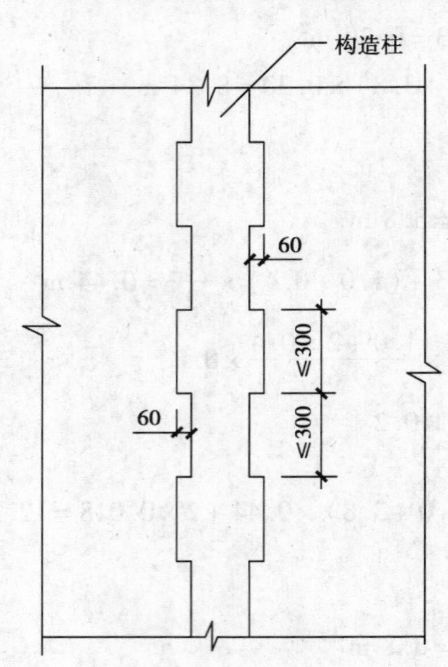

图 12.18　构造柱马牙槎立面

为方便计算,马牙咬接长可按全高的平均咬接长度 60 mm × 1/2 = 30 mm 计算。若构造柱柱芯两个方向的尺寸记为 a 及 b,则构造柱计算断面积可按下式计算:

$$F_g = a \times b + 0.03 \times a \times n_1 + 0.03 \times b \times n_2 = a \times b + 0.03 \times (a \times n_1 + b \times n_2) \tag{12.12}$$

式中　F_g——构造柱计算断面积;

$a \times b$——构造柱柱芯断面积;

n_1、n_2——分别为相应于 a、b 边方向的咬接数。

按上式(12.12)计算后,四种形式的构造柱计算断面积可得表 12.16 的计算值,供计算时查用。则构造柱混凝土工程量计算公式为:

$$V = F_g(\text{计算断面积}) \times H(\text{柱全高}) \tag{12.13}$$

表12.16　构造柱计算断面积

构造柱形式	咬接边数		柱断面积/m^2	计算断面积/m^2
	n_1	n_2		
一字形	0	2	0.24×0.24	0.072
T形	1	2		0.079 2
L形	1	1		0.072
十字形	2	2		0.086 4

例12.3　按图11.14所示尺寸，计算现浇混凝土构造柱工程量。

解　看图11.14知，该建筑物共有构造柱11根，若考虑有马牙槎，则L形有5根，T形有6根。设基础顶标高为-0.3 m，构造柱计算高度为：

$$H = 0.3 + 3.6 = 3.9 \text{ m}$$

查用表12.18中F_g数据，构造柱工程量为：

$$V = F_g \times H = (0.072 \times 5 + 0.079\,2 \times 6) \times 3.9 = 3.26 \text{ m}^3$$

12.4.4　预制混凝土构件计算方法

预制混凝土构件，如预制空心板(KB或YKB)、预制过梁等可按下列方法计算。

$$\text{制作工程量} = \text{图示量} \times (1 + \text{预制混凝土构件} + \text{运输损耗率} + \text{安装损耗率}) \quad (12.14)$$

$$\text{运输工程量} = \text{图示量} \times (1 + \text{运输损耗率} + \text{安装损耗率}) \quad (12.15)$$

$$\text{安装工程量} = \text{图示量} \quad (12.16)$$

$$\text{接头灌缝工程量} = \text{图示量} \quad (12.17)$$

例12.4　某工程安装3.6 m预制空心楼板，图示工程量为30 m^3。试求制作、运输、安装的损耗量以及制作、运输、安装的工程量。

解　预制空心楼板的各种工程量可依据图示量和损耗率(表12.17)求得。

制作工程量 = 30×(1 + 0.002 + 0.008 + 0.005) = 30.45 m^3

运输工程量 = 30×(1 + 0.008 + 0.005) = 30.39 m^3

安装工程量 = 接头灌缝工程量 = 30 m^3

12.5　定额应用

(1)构件运输

按六类混凝土构件列项，每类又按运输距离1、3、5、10、15、20、25、30、35、40、45、50 km以内等分成12个距离段。混凝土构件分类如表12.17所示。

表 12.17　混凝土构件分类表

类别	项　目
1	4 m 以内空心板、实心板
2	6 m 以内的桩、屋面板、工业楼板、进深梁、基础梁、吊车梁、楼梯休息板、楼梯段、阳台板
3	6 m 以上至 14 m 梁、板、柱、桩、各类屋架、桁架、托架(14 m 以上另行处理)
4	天窗架、挡风架、侧板、端壁板、天窗上下档、门框及单件体积在 0.1 m^3 以内的小构件
5	装配式内、外墙板,大楼板、厕所板
6	隔墙板(高层用)

加气混凝土板(块)、硅酸盐块运输每立方米折合钢筋混凝土构件体积 0.4 m^3 按一类构件运输计算。

①本节定额适用于由构件堆放场地或构件加工厂至施工现场的运输。

②构件运输定额综合考虑了城镇、现场运输道路等级、重车上下坡等各种因素,不得因道路条件不同而修改定额。

③构件运输过程中,如遇路桥限载(限高),而发生的加固、拓宽等费用及有电车线路和公安部交通管理部门的保安护送费用,应另行计算。

(2)构件安装

预制构件安装包括:柱安装;框架安装;吊车梁安装;梁安装;屋架安装;天窗架、天窗端壁安装;板安装;升板工程提升。

①构件安装定额是按单机作业制定的。

②定额是按机械起吊点中心回转半径 15 m 以内的距离计算的。如超出 15 m 时,应另按构件 1 km 运输定额项目执行。

③每一工作循环中,均包括机械的必要位移。

④定额是按履带式起重机、轮胎式起重机、塔式起重机分别编制的,如使用汽车式起重机时,按轮式起重机相应定额项目计算,乘以系数 1.05。

⑤定额中不包括起重机械、运输机械行驶道路的修筑、铺垫工作的人工、机械和材料。

⑥柱接柱定额未包括钢筋焊接。

⑦小型构件安装系指单体小于 0.1 m^3 的构件安装。

⑧升板预制柱加固系指预制柱安装后,至楼板提升完成期间,所需的加固搭设费。

⑨凡“单位”一栏中注有“%”者,均指该项费用占本项定额总价的百分数。

⑩预制混凝土构件若采用砖模制作时,其安装人工、机械乘以系数 1.1。

⑪预制混凝土构件和金属构件安装均不包括为安装工程所搭设的临时性脚手架,若发生应另按有关规定计算。

⑫定额中的塔式起重机台班均已包括在垂直运输机械费定额中。

⑬单层房屋盖系统构件必须在跨外安装时,按相应的构件安装定额的人工、机械乘以系数 1.18。用塔式起重机、卷扬机时,不乘此系数。

⑭本定额综合工日不包括机械驾驶人工工日。

⑮预制混凝土构件、钢构件,若需跨外安装时,其人工、机械乘以系数 1.18。

12.6　计价实例

例12.5　按图12.11所示尺寸,计算现浇混凝土楼梯工程量。

解　(1)清单量按水平投影面积计算,不扣除宽度≤500 mm的楼梯井,则:

$$S_{清} = (1.23 + 3.0 + 0.2 + 1.23) \times (1.23 + 0.5 + 1.23) = 16.75\ m^2$$

(2)定额量按水平投影面积计算,应扣除宽度大于300 mm的楼梯井,则:

$$S_{定} = (1.23 + 3.0 + 0.2 + 1.23) \times (1.23 + 0.5 + 1.23) - 3.0 \times 0.5 = 15.25\ m^2$$

例12.6　按图10.3所示,代入具体尺寸,计算承台基础的工程量。

解　承台基础工程量:$V_{承台} = 1.9 \times 1.9 \times (0.35 + 0.05) \times 30 = 43.32\ m^3$

例12.7　汇总例12.1、例12.2、例12.3、例12.4、例12.5、例12.6计算出的工程量,按常规施工方式编制工程量清单。

解　依据《清单规范》列出工程量清单如表12.18所示。

表12.18　分部分项工程量清单

序号	项目编码	项目名称	项目特征	计量单位	工程数量
1	010501003001	独立基础	杯形基础:C20现浇混凝土,碎石40,细砂,P.S42.5 垫层:C10现浇混凝土,碎石40,细砂,P.S32.5	m^3	7.97
2	010501002001	带形基础	无梁式,C20现浇混凝土,碎石40,细砂,P.S42.5	m^3	20.61
3	010401001002	带形基础	有梁式,C20现浇混凝土,碎石40,细砂,P.S42.5	m^3	19.08
4	010502001001	矩形柱	构造柱,240×240 mm,C20现浇混凝土,碎石40,细砂,P.S42.5	m^3	3.26
5	010512002001	空心板	C20预制混凝土,碎石10,细砂,P.S42.5;运输距离5 km	m^3	30
6	010506001001	直形楼梯	C20现浇混凝土,碎石20,细砂,P.S42.5	m^2	16.75
7	010501005001	桩承台基础	C20现浇混凝土,碎石40,细砂,P.S42.5	m^3	43.32

例12.8　依据例12.7的工程量清单,并结合常规做法,编制杯基、空心板等分项工程的综合单价。

解　1)选择计价依据

选择某省《计价定额》并结合当地实际确定的单位估价表如表12.19、表12.20所示。

表12.19　相关项目单位估价表(一)　　10 m^3

定额编号	01040011	01040012	01080017
项　目	混凝土独立桩承台	混凝土杯形基础	混凝土基础垫层
基价(元)	3 351.47	3 329.50	3 258.21

续表

定额编号				01040011	01040012	01080017
其中	人工费(元)			673.00	662.50	961.50
	材料费(元)			2 564.60	2 553.13	2 244.23
	机械费(元)			113.87	113.87	52.58
	单位	单价	数量			
人工	综合人工	工日	50.00	13.460	13.250	19.230
材料	C20 现浇混凝土	m^3	248.80	10.150	10.150	—
	草席	m^2	2.10	3.960	1.300	—
	水	m^3	3.00	10.320	8.360	5.000
	C10 现浇混凝土	m^3	201.23	—	—	10.100
	木模板	m^3	1 200.00	—	—	0.150
	其他材料费	元	1.00	—	—	11.610
机械	混凝土搅拌机 400 L	台班	125.70	0.385	0.385	0.380
	混凝土振捣器(平板式)	台班	6.83	—	—	0.720
	混凝土振捣器(插入式)	台班	7.89	0.770	0.770	—
	机动翻斗车(装载质量 1 t)	台班	92.10	0.645	0.645	—

表 12.20　相关项目单位估价表(二)　　　10 m^3

定额编号				01040196	01070002	01070116	01070148
项目				空心板制作 先张法施工	Ⅰ类构件运输 5 km 以内	空心板安装 焊接	接头灌缝 空心板
基价(元)				4 338.47	817.89	1 170.14	681.43
其中	人工费(元)			1 633.00	212.00	543.10	318.00
	材料费(元)			2 524.71	18.14	202.69	348.82
	机械费(元)			180.76	587.75	424.35	14.61
		单位	单价	数量			
人工	综合人工	工日	50.00	32.660	4.240	10.862	6.360
材料	C20 预制混凝土	m^3	238.60	10.150	—	—	—
	水泥砂浆(1∶2)	m^3	311.09	0.030	—	—	0.320
	草席	m^2	2.10	13.450	—	—	—
	水	m^3	3.00	21.78	—	—	—
	木材	m^3	1 000.00	—	0.010	0.027	

续表

定额编号				01040196	01070002	01070116	01070148
材料	镀锌铁丝8#	kg	4.18	—	1.500	—	4.400
	加固钢丝绳	kg	6.03	—	0.310	—	—
	电焊条	kg	5.12	—	—	9.282	—
	垫铁	kg	3.60	—	—	35.508	—
	C20现浇混凝土	m^3	248.80	—	—	—	0.540
	模板	m^3	1 200.00	—	—	—	0.020
	其他材料费	元	1.00	—	—	0.340	5.140
	预制混凝土块	m^3	293.00	—	—	—	0.230
机械	龙门式起重机10 t	台班	194.68	0.278	—	—	—
	机动翻斗车(装载1 t)	台班	92.10	0.633	—	—	—
	皮带运输机	台班	106.60	0.278	—	—	—
	混凝土搅拌机(400 L)	台班	125.70	0.278	—	—	0.054
	混凝土振捣器(平板式)	台班	6.83	0.550	—	—	—
	汽车式起重机5 t	台班	240.71	—	1.060	—	—
	载货汽车6 t	台班	209.18	—	1.590	—	0.010
	吊装机械(综合)	台班	489.48	—	—	0.607	—
	交流弧焊机(32 KV·A)	台班	98.94	—	—	1.286	—
	灰浆搅拌机200 L	台班	102.32	—	—	—	0.030
	木工圆锯机	台班	14.78	—	—	—	0.180

2)综合单价分析

计算见表12.21、表12.22所示。

表 12.21　工程量清单综合单价分析表

项目编码		010501003001		项目名称		独立基础			计量单位			m³
清单综合单价组成明细												
定额编号	定额名称	定额单位	数量	单价/元			合价/元					
				人工费	材料费	机械费	人工费	材料费	机械费	管理费	利润	风险费
01040012	混凝土杯形基础	10 m³	0.100	662.50	2 553.13	113.87	66.25	255.31	11.39	34.94	6.99	
01080017	混凝土基础垫层	10 m³	0.027 1	961.50	2 244.03	52.58	26.06	60.81	1.42	12.37	2.47	
小　计							92.31	316.12	12.81	47.31	9.46	
人工单价	50.00 元/工日	清单项目综合单价/(元·m^{-3})					478.01					

计算说明：①杯形基础的相对量：7.97/10/7.97 = 0.100。

②垫层的相对量：2.16/10/7.97 = 0.027 1。

③管理费费率取45%，利润率取9%（主体为四类工程），以人机费之和为基数计算。

表 12.22　工程量清单综合单价分析表

项目编码		010512002001		项目名称		空心板			计量单位			m³
清单综合单价组成明细												
定额编号	定额名称	定额单位	数量	单价/元			合价/元					
				人工费	材料费	机械费	人工费	材料费	机械费	管理费	利润	风险费
01040196	空心板制作	10 m³	0.101 5	1 633.00	2 524.71	180.76	165.75	256.26	18.35	82.85	16.57	
01070002	Ⅰ类构件运输	10 m³	0.101 3	212.00	18.14	587.75	21.48	1.84	59.54	36.46	7.29	
01070116	空心板安装	10 m³	0.100 0	543.10	202.69	424.35	54.31	20.27	42.44	43.54	8.71	
01070148	接头灌缝	10 m³	0.100 0	318.00	348.82	14.61	31.80	34.88	1.42	14.95	2.99	
小　计							273.34	313.25	121.75	177.80	35.56	
人工单价	50.00 元/工日	清单项目综合单价/(元·m^{-3})					921.70					

计算说明：①空心板制作的相对量：30.45/10/30 = 0.101 5。

②构件运输的相对量：30.39/10/30 = 0.101 3。

③空心板安装及接头灌缝的相对量：30/10/30 = 0.100 0。

④管理费费率取45%，利润率取9%（主体为四类工程），以人机费之和为基数计算。

习题 12

12.1　按图 12.19 所给条件计算混凝土杯基工程量。

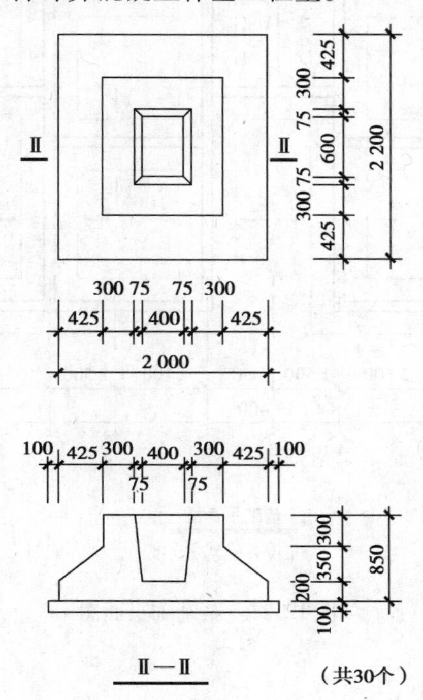

图 12.19　混凝土杯形基础

12.2　按图 11.20 所给条件计算混凝土杯基工程量。

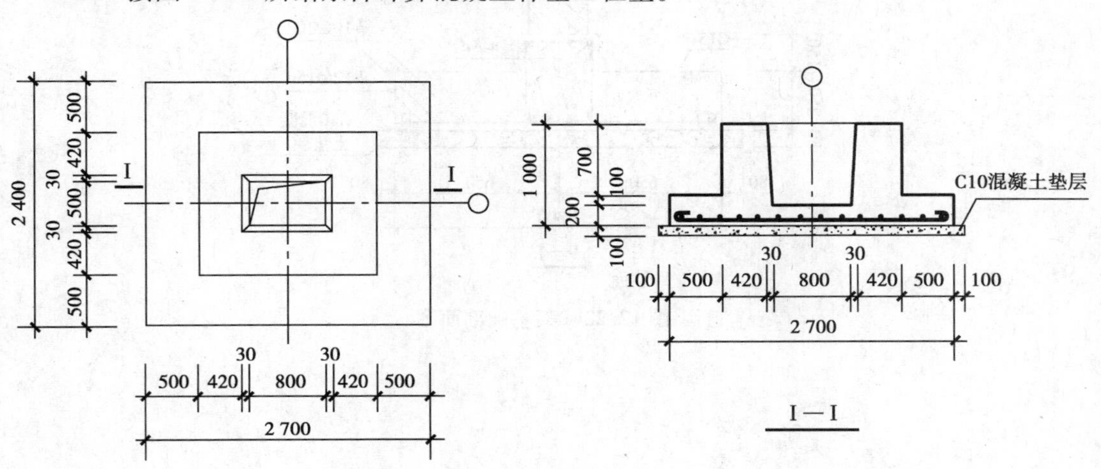

图 12.20　混凝土杯形基础

12.3　按图 12.21、图 12.22 计算混凝土带形基础及垫层工程量。

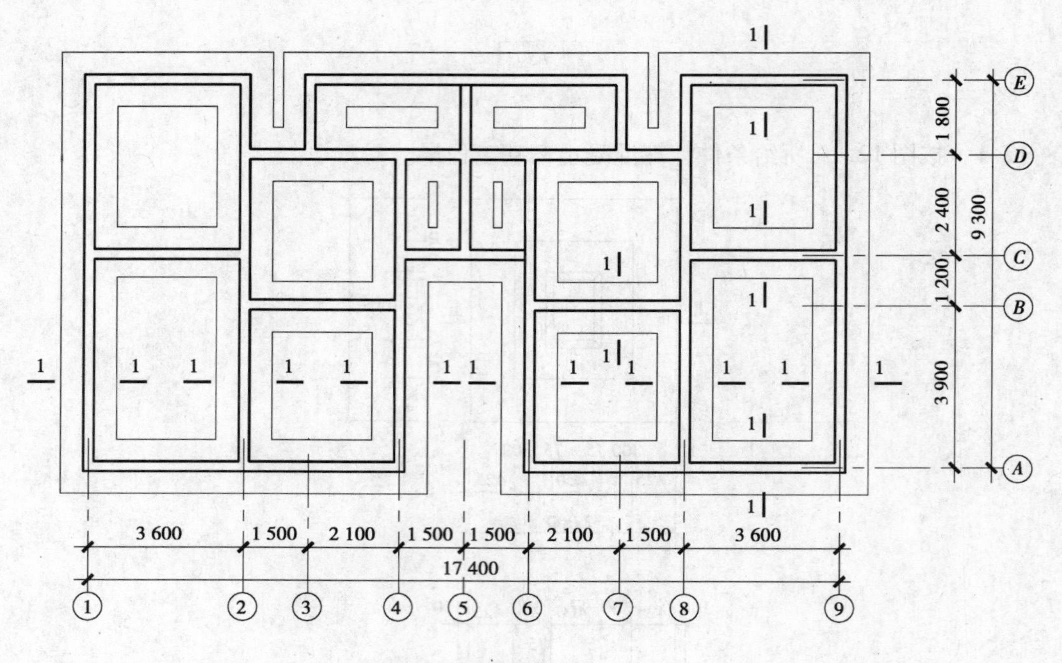

图 12.21　某基础平面图

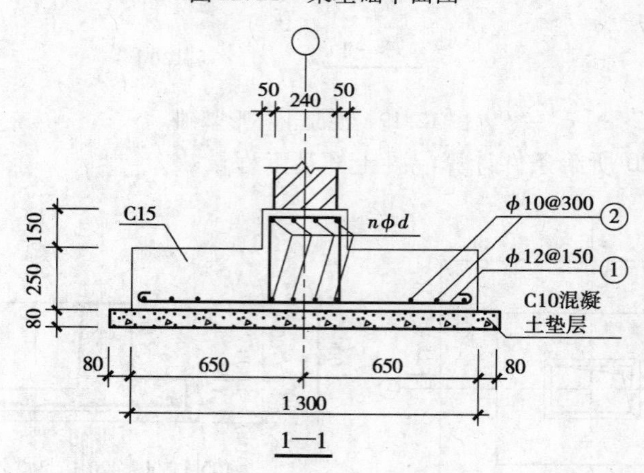

图 12.22　某基础剖面图

12.4　按图 12.23 计算混凝土带形基础及垫层工程量(图中梯形截面高为 300 mm)。

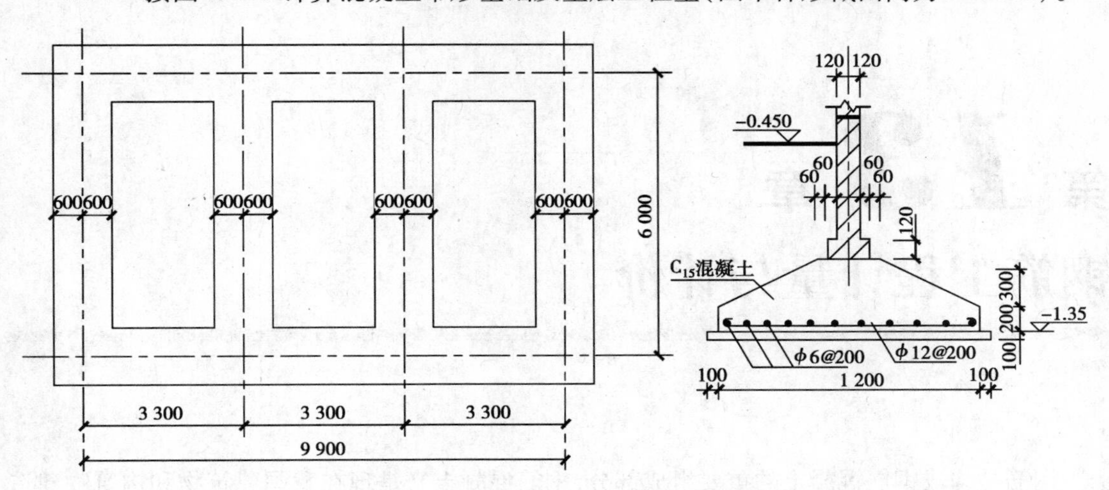

图 12.23　条形混凝土基础示意图

第13章 钢筋工程计量与计价

钢筋是构成钢筋混凝土的重要组成部分,钢筋混凝土又是现在我国建筑物和构筑物建造的首选建筑材料,用它形成建筑中的主要受力构件如基础、梁、板、柱、剪力墙和楼梯。钢筋是建筑中用量大,单价高的一种必不可少的材料,对它的准确计量与计价,对合理、有效控制工程造价意义重大。

13.1 基本问题

(1)常用混凝土构件的钢筋分类

1)受力钢筋。又叫主筋,配置在构件的受弯、受拉、偏心受压或受拉区以承受拉力。

2)架立钢筋。又叫构造筋,一般不需要计算而按构造要求配置,如 2ϕ12,用来固定箍筋以形成钢筋骨架,一般在梁上部。

3)箍筋。箍筋形状如一个箍,在梁和柱子中使用,它一方面起着抵抗剪力的作用,另一方面起固定主筋和架立钢筋位置的作用。它垂直于主筋设置,在梁中与受力筋、架立筋组成钢筋骨架,在柱中与受力筋组成钢筋骨架。

4)分布筋。在板中垂直于受力筋,以固定受力钢筋位置并传递内力。它能将构件所受的外力分布于较广的范围,以改善受力情况。

5)附加钢筋。因构件几何形状或受力情况变化而增加的附加筋,如吊筋、鸭筋等。

(2)钢筋的混凝土保护层

钢筋在混凝土中,应有一定厚度的混凝土将其包住,以防钢筋锈蚀。外层钢筋外边缘至最近的混凝土表面之间的距离就叫钢筋的混凝土保护层。保护层厚度 *bhc* 取值见表 13.1。

表 13.1 混凝土保护层的最小厚度 *bhc* 值 mm

环境类别		板、墙	梁、柱
一		15	20
二	a	20	25
	b	25	35

续表

环境类别		板、墙	梁、柱
三	a	30	40
	b	40	50

注：①此表出自《混凝土结构施工图平面整体表示方法制图规则和构造详图（11G101—1）》，适用于使用年限为 50 年的混凝土结构。

②构件中受力钢筋的保护层厚度不应小于钢筋的公称直径。

③使用年限为 100 年的混凝土结构，一类环境中，最外层钢筋的保护层厚度不应小于表中数值的 1.4 倍；二、三类环境中，应采取专业的有效措施。

④混凝土强度等级不大于 C25 时，表中保护层厚度数值应增加 5。

⑤基础底面钢筋的保护层厚度，有混凝土垫层时应从垫层顶面算起，且不应小于 40 mm。

混凝土结构的环境类别如表 13.2 所示。

表 13.2　混凝土结构的环境类别

环境类别	条　件
一	1）室内干燥环境； 2）无浸蚀性静水浸没环境
二 a	1）室内潮湿环境（指构件表面经常处于结露或湿润状态的环境）； 2）非严寒和非寒冷地区的露天环境； 3）非严寒和非寒冷地区与无浸蚀性的水或土壤直接接触的环境； 4）严寒和寒冷地区的冰冻线以下与无浸蚀性的水或土壤直接接触的环境
二 b	1）干湿交替环境； 2）水位频繁变动环境； 3）严寒和寒冷地区的露天环境； 4）严寒和寒冷地区的冰冻线以上与无浸蚀性的水或土壤直接接触的环境
三 a	1）严寒和寒冷地区冬季水位变动区环境； 2）受除冰影响环境； 3）海风环境
三 b	1）盐渍土环境； 2）受除冰作用环境； 3）海岸环境

（3）钢筋的弯钩

1）绑扎钢筋骨架的受力钢筋应在末端做弯钩，但是下列钢筋可以不做弯钩：

①螺纹、人字纹等带肋钢筋；

②焊接骨架和焊接网中的光圆钢筋；

③绑扎骨架中受压的光圆钢筋；

④梁、柱中的附加钢筋及梁的架立钢筋；

⑤板的分布钢筋。

2）钢筋弯钩的形式如图 13.1 所示：

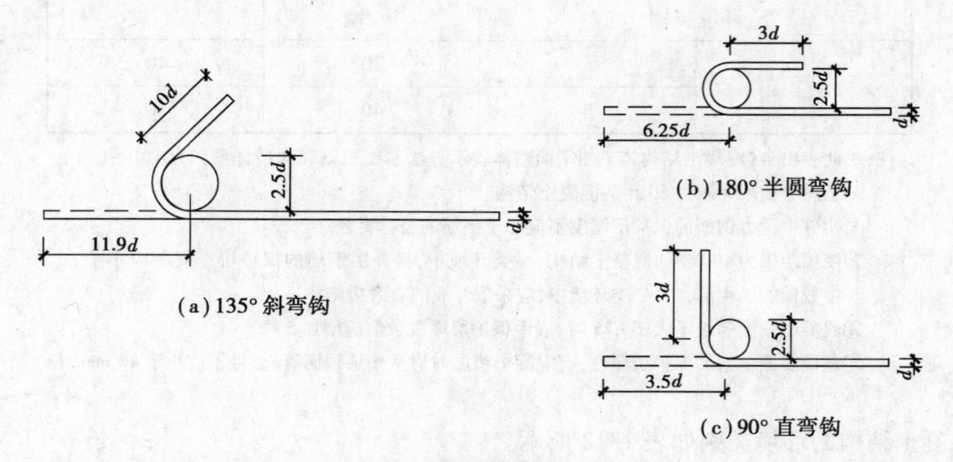

图 13.1　钢筋弯钩形式示意图

①斜弯钩，见图 13.1（a）；

②带有平直部分的半圆弯钩，见图 13.1（b）；

③直弯钩，见图 13.1（c）；

工程预算中计算钢筋的工程量时，弯钩的长度可不扣加工时钢筋的延伸率，而只计算其拉直后的增长值。常用的弯钩长度见表 13.3 所示（表中 d 为钢筋直径）。

表 13.3　常用的弯钩计算长度

弯钩长度		180°	90°	135°
增加长度	HPB 钢筋（光圆钢筋）	$6.25d$	$3.5d$	$11.9d$

注：135°弯钩的平直部分，有抗震要求的结构不应小于箍筋直径的 10 倍。

（4）弯起钢筋的斜长增加值（ΔL）

弯起钢筋的弯起角度有 30°、45°、60°三种，其斜长增加值是指斜长与水平投影长度之间的差值（ΔL），如图 13.2 所示。

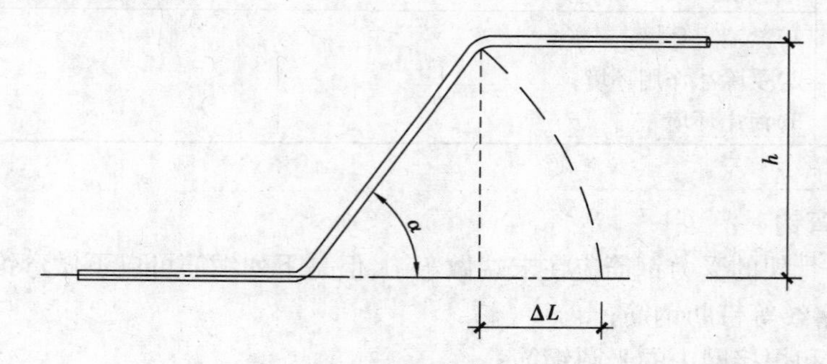

图 13.2　弯起钢筋的增加值示意图

弯起钢筋的斜长增加值 ΔL，可按弯起角度、弯起钢筋净高 h_0（h_0 = 构件断面高 - 两端保护层厚）计算。其计算值如表 13.4 所示。

表13.4 斜长增加值计算

α	S	L	ΔL
30°	$2.00h_0$	$1.73h_0$	$0.27h_0$
45°	$1.41h_0$	$1.00h_0$	$0.414h_0$
60°	$1.15h_0$	$0.58h_0$	$0.57h_0$

说明：梁高 $h \geqslant 0.8$ m 用60°，梁高 $h < 0.8$ m，用45°，板用30°，$\Delta L = S - L$。

(5)钢筋的接头

一般钢筋出厂时，为了便于运输，除小直径的盘圆钢筋外，每根长度多为9 m左右。在实际使用时，有时设计要求的成型钢筋总长超过了原材料长度，或者为了节约材料，需利用被剪断的剩余短料接长使用，就有了接头。为了保证两根钢筋的接头能起到整体传力作用，有下列规定：

1)焊接接头。钢筋的接头最好采用焊接，采用焊接接头受力可靠，便于布置钢筋，并且可以减少钢筋加工工作量和节约钢筋。焊接接头主要有电渣压力焊、闪光对焊和电弧焊等。在现浇框架混凝土柱中，当受力筋中的带肋钢筋直径大于22 mm时，一般应采用电渣压力焊，并以个数为单位另行计费。

2)套筒(或称机械)接头。在现浇框架混凝土柱中，当受力筋中的带肋钢筋直径大于32 mm时，一般应采用套筒接头，并以个数为单位另行计费。

3)绑扎接头。它是在钢筋搭接部分的中心和两端共三处用铁丝绑扎而成，绑扎接头操作方便，但不结实，因此接头要长一些，要多消耗钢材，所以除了没有焊接设备或操作条件不许可的情况，一般不采用绑扎接头。

绑扎接头使用条件有一定的限制，即搭接处接头要可靠，必须有足够的搭接长度 L_d。根据《混凝土结构工程施工质量验收规范 GB 50204—2002》B.0.1条，其最小搭接长度应符合表13.5的规定。

表13.5 钢筋最小搭接长度(L_d)

钢筋种类		混凝土等级强度			
		C15	C20～C25	C30～C35	≥C40
光圆钢筋	HPB235级	$45d$	$35d$	$30d$	$25d$
带肋钢筋	HRB335级	$55d$	$45d$	$35d$	$30d$
	HRB400级、RRB400级	—	$55d$	$40d$	$35d$

注：①两根直径不同钢筋的搭接长度，以较细钢筋的直径计算；

②当纵向受拉钢筋搭接接头面积百分率大于25%，但不大于50%时，其最小搭接长度应按本表数值乘以系数1.2取用；当接头面积百分率大于50%时，应按本表数值乘以系数1.35取用；

③当带肋钢筋的直径大于25 mm时，其最小搭接长度应再乘以系数1.1取用；

④在任何情况下，受拉钢筋的搭接长度不应小于300 mm；

⑤本教材未提到或已变化的内容以最新规范为准。

4)设计图纸已注明的钢筋接头，按图纸规定计算。设计图纸未注明的通长钢筋接头，按施工组织设计规定计算。

(6)钢筋的单位理论质量

钢筋的单位理论质量值(kg/m)如表 13.6 所示。

表 13.6　钢筋的单位理论质量

钢筋直径 /mm	截面积 /mm²	单位理论质量 /kg·m⁻¹	钢筋直径 /mm	截面积 /mm²	单位理论质量 /kg·m⁻¹
4	12.60	0.099	18	254.50	2.000
5	19.63	0.154	19	283.50	2.230
5.5	23.76	0.187	20	314.20	2.470
6	28.27	0.222	21	346.00	2.720
6.5	33.18	0.260	22	380.10	2.980
7	38.48	0.302	24	452.40	3.550
8	50.27	0.395	25	490.90	3.850
9	63.62	0.499	26	530.90	4.170
10	78.54	0.617	28	615.80	4.830
11	95.03	0.746	30	706.90	5.550
12	113.10	0.888	32	804.20	6.310
13	132.70	1.040	34	907.90	7.130
14	153.90	1.210	35	962.00	7.550
15	176.70	1.390	36	1 018.00	7.990
16	201.10	1.580	38	1 134.00	8.900
17	227.00	1.780	40	1 257.00	9.870

13.2　清单分项及计算规则

《清单计量规范》将钢筋工程项目分为现浇混凝土钢筋、预制构件钢筋等 8 个子项目,如表 13.7 所示。

表 13.7　钢筋工程(编码:010515)

项目编码	项目名称	项目特征	计量单位	工程量计算规则	工程内容
010515001	现浇混凝土钢筋	钢筋种类、规格	t	按设计图示钢筋(网)长度(面积)乘以单位理论质量计算	1.钢筋(网)制作、运输 2.钢筋(网)安装 3.焊接(绑扎)
010515002	预制构件钢筋				
010515003	钢筋网片				
010515004	钢筋笼				

续表

<table>
<tr><th>项目编码</th><th>项目名称</th><th>项目特征</th><th>计量单位</th><th>工程量计算规则</th><th>工程内容</th></tr>
<tr><td>010515005</td><td>先张法预应力钢筋</td><td>1. 钢筋种类、规格
2. 锚具种类</td><td rowspan="4">t</td><td>按设计图示钢筋长度乘以单位理论质量计算</td><td>1. 钢筋制作、运输
2. 钢筋张拉</td></tr>
<tr><td>010515006</td><td>后张法预应力钢筋</td><td rowspan="3">1. 钢筋种类、规格
2. 钢丝种类、规格
3. 钢绞线种类、规格
4. 锚具种类
5. 砂浆强度等级</td><td rowspan="3">按设计图示钢筋(丝束、绞线)长度乘以单位理论质量计算
1. 低合金钢筋两端均采用螺杆锚具时,钢筋长度按孔道长度减0.35 m计算,螺杆另行计算
2. 低合金钢筋一端采用镦头插片、另一端采用螺杆锚具时,钢筋长度按孔道长度计算,螺杆另行计算
3. 低合金钢筋一端采用镦头插片、另一端采用帮条锚具时,钢筋增加0.15 m计算;两端均采用帮条锚具时,钢筋长度按孔道长度增加0.3 m计算
4. 低合金钢筋采用后张混凝土自锚时,钢筋长度按孔道长度增加0.35 m计算
5. 低合金钢筋(钢铰线)采用JM、XM、QM型锚具,孔道长度在20 m以内时,钢筋长度增加1 m计算;孔道长度20 m以外时,钢筋(钢铰线)长度按、孔道长度增加1.8 m计算
6. 碳素钢丝采用锥形锚具,孔道长度在20 m以内时,钢丝束长度按孔道长度增加1 m计算;孔道长在20 m以上时,钢丝束长度按孔道长度增加1.8 m计算
7. 碳素钢丝束采用镦头锚具时,钢丝束长度按孔道长度增力0.35 m计算</td><td rowspan="3">1. 钢筋、钢丝束、钢绞线制作、运输
2. 钢筋、钢丝束、钢绞线安装
3. 预埋管孔道铺设
4. 锚具安装
5. 砂浆制作、运输
6. 孔道压浆、养护</td></tr>
<tr><td>010515007</td><td>预应力钢丝</td></tr>
<tr><td>010515008</td><td>预应力钢绞线</td></tr>
</table>

13.3 定额计算规则

《基础定额》的“全统规则”规定钢筋工程量按以下规则计算：

1）钢筋工程，应区别现浇、预制构件、不同钢种和规格，分别按设计长度乘以单位质量，以吨计算。

2）计算钢筋工程量时，设计已规定钢筋搭接长度的，按规定搭接长度计算；设计未规定搭接长度的，已包括在钢筋的损耗率之内（除有规定外），不另计算搭接长度。钢筋电渣压力焊接、套筒挤压等接头，以个计算。

3）现浇构件中固定位置的支撑钢筋、双层钢筋用的“铁马”、伸出构件的锚固钢筋、预制构件的吊钩等，应并入钢筋工程量内。

13.4 钢筋计算方法

（1）钢筋工程量计算表达

钢筋工程量计算表达式为：

$$\text{钢筋工程量}(G) = \text{钢筋图示长度} \times \text{钢筋单位理论质(重)量} \tag{13.1}$$

其中的钢筋单位理论质（重）量可按表 13.6 查用。在手中无表可查时，也可以用以下简便公式计算：

$$\text{钢筋单位理论质(重)量} = 0.617d^2 \tag{13.2}$$

式中 d——钢筋直径，取单位为 cm；

0.617——计算系数。

例 13.1 求 $\phi 12$ 钢筋单位理论质（重）量。

解 取 d 值为 1.2 cm，代入公式（13.2）得：

$$0.617 \times 1.2^2 = 0.888 \text{ kg/m}$$

由于钢筋单位理论质量很容易确定，因而计算钢筋图示长度就变成了钢筋工程量计算的主要问题。本节以下的内容，主要讨论钢筋长度如何计算。

工程预算中，算钢筋的根本目的是计算工程造价，而不是计算下料长度，因此应确立钢筋预算的两个基本原则：

1）钢筋长度应按其图示的外包尺寸计算；

2）有多种计算可能的情况下，按最大长度计算。

（2）一般直筋长度计算

一般直筋长度计算如图 13.3 所示，计算式可表达为：

$$\text{直筋长度} = \text{构件长} - \text{两端保护层厚} + \text{弯钩} + \text{其他增长值}$$

或

$$A = L - 2bhc + 2 \times 6.25d + L_{\text{增}} \tag{13.3}$$

式中 A——直筋长度；

L——构件长度；

$2bhc$——两端保护层厚，无特别规定时可按表 13.1 取用；

2×6.25——为 180°弯钩计算长，为计算方便，亦可直接表达为 $12.5d$；

$L_{增}$——其他增长值，如图 13.3 中下弯长度，由设计图给出尺寸。

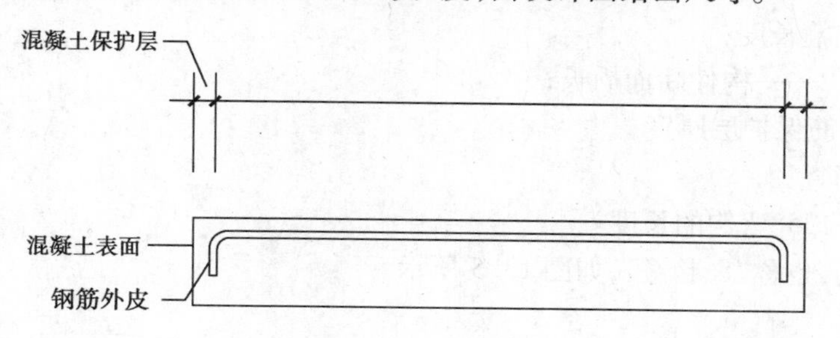

图 13.3　直筋计算示意图

(3)弯起钢筋长度计算

弯起钢筋俗称“元宝筋”，其长度计算是先将弯起钢筋投影成水平直筋，再加弯起部分斜长增加值计算而得。计算式可表达为：

弯起筋长度 = 构件长 − 两端保护层厚 + 弯钩 + 斜长增加值 + 其他增长值

或

$$B = L_{构} - 2bhc + 12.5d + \Delta L + L_{增} \tag{13.4}$$

式中　B—— 弯起筋长度；

ΔL——斜长增加值，按表 13.3 计算。

其余符号同上。

(4)箍筋长度计算

箍筋按一定间隔设置，表达为 $\phi6@200$。箍筋长度计算应先算出单支箍长度，再乘以支数，最后求得箍筋总长度。其长度计算表达式为：

$$箍筋长度 = 单支箍长度 \times 支数 \tag{13.5}$$

1)单支箍长度计算

单支箍长度根据构件断面及箍筋配置情况的不同，可有以下五种情形并推导出简便的计算方法(读者可据此方法举一反三)：

情形一：方形或矩形断面配置的双支封闭箍，如图 13.4 所示。

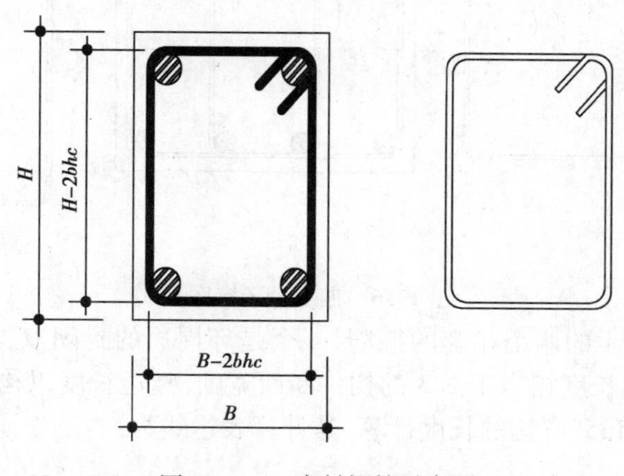

图 13.4　双支封闭箍示意图

封闭双支箍单支箍长度，计算时应以构件周长，每条直边扣箍筋的两端保护层厚度，四条边共 8 个，增加两个 135°弯钩的长度。计算表达式（按外皮计算）为：

$$L = (B + H) \times 2 - 8bhc + 2 \times 11.9d \tag{13.6}$$

式中　L——单支箍长度；

$(B+H)\times 2$——构件断面周长；

bhc——箍筋保护层厚度；

d——箍筋直径；

$11.9d$——135°弯钩的长度。

情形二：拉筋，也称“S 形箍”，如图 13.5 所示。

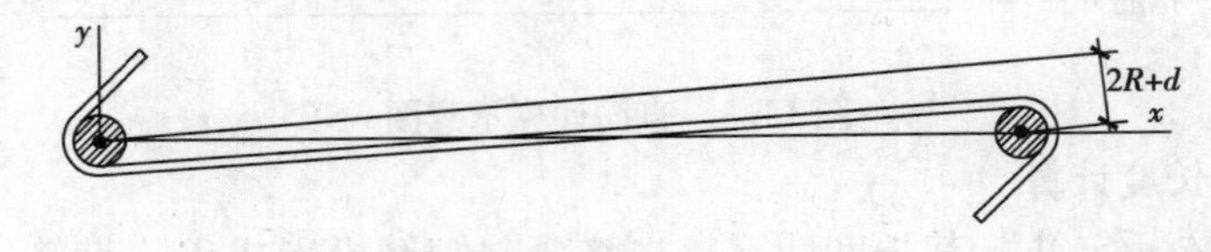

图 13.5　拉筋示意图

拉筋单支长度按构件断面宽度扣两端保护层厚度，加两个 135°弯钩的长度计算。计算表达式为：

$$L = b - 2 \times bhc + 11.9d \times 2 \tag{13.7}$$

式中　L——拉筋单支长度；

b——构件断面宽度；

bhc——箍筋保护层厚度；

d——拉筋直径；

$11.9d \times 2$——两个 135°弯钩的长度。

情形三：矩形断面的梁、柱配置的四肢箍，如图 13.6 所示。

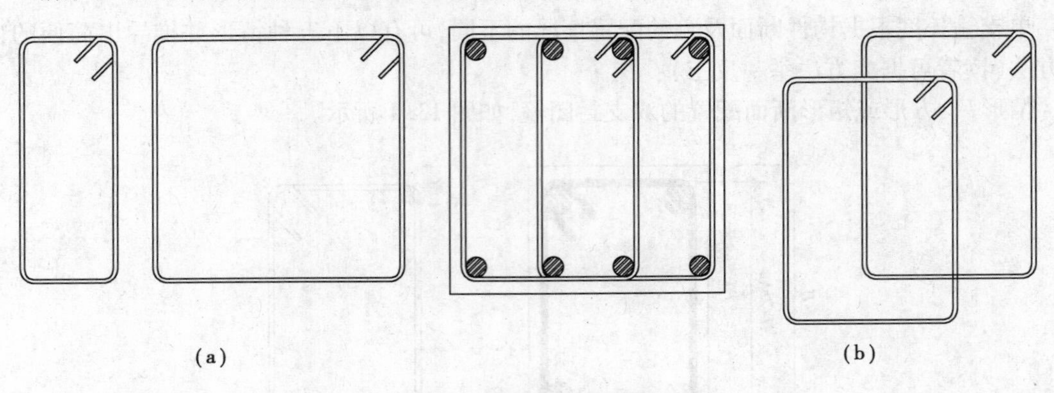

图 13.6　四支箍示意图

①图 13.6(a) 中所示的两个相套的箍筋，一个是环周边的封闭双支箍，按公式(13.6)计算。另一个套箍的横边长度相当于 1/3 的构件断面宽度，竖边长度以构件断面高度扣两端保护层厚度，最后加两个 135°弯钩的长度计算，其计算表达式为：

$$L = \frac{1}{3}b \times 2 + (h - 2bhc) \times 2 + 11.9d \times 2 \tag{13.8}$$

②图 12.6(b)中所示的两个相套的箍筋，为横边长度相当于 2/3 的构件断面宽度，竖边长度以构件断面高度扣两端保护层厚度，最后加两个 135°弯钩的长度计算的两个封闭单箍。其计算表达式为：

$$L = [\frac{2}{3}b \times 2 + (h - 2bhc) \times 2 + 11.9d \times 2] \times 2 \tag{13.9}$$

套箍的应用如图 13.7 所示。

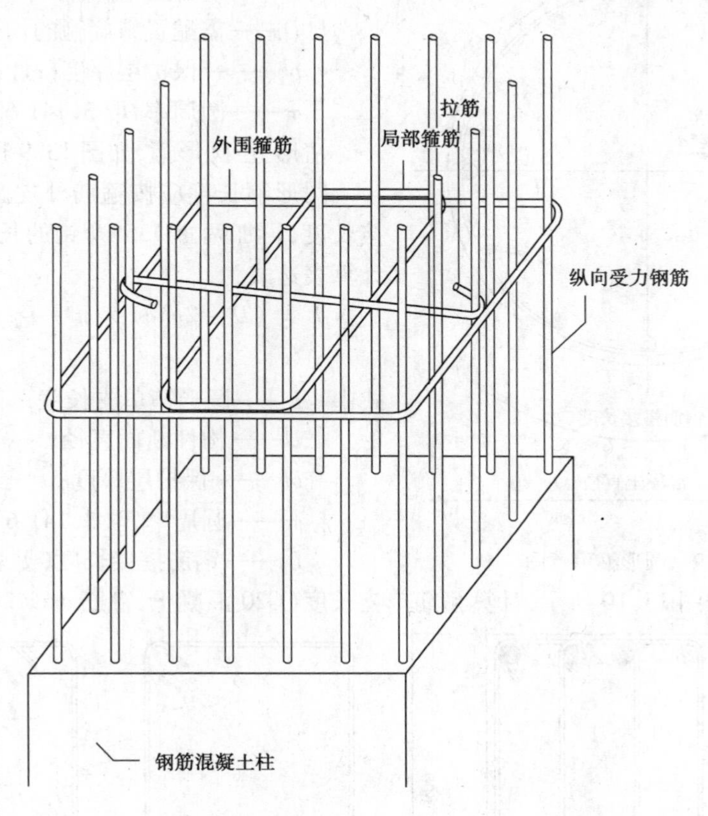

图 13.7　套箍应用示意图

情形四：螺旋箍，如图 13.8 所示。

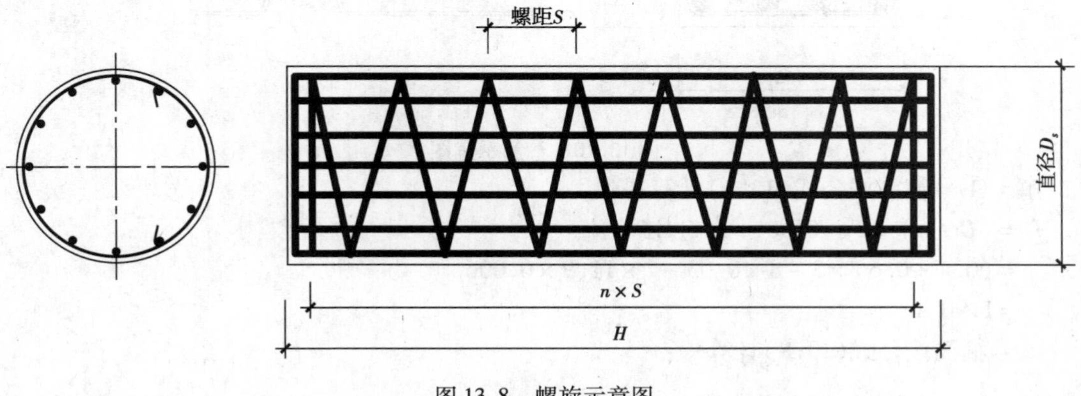

图 13.8　螺旋示意图

螺旋箍的长度是连续不断的，可按以下公式一次计算出螺旋箍总长度。其长度计算表达式为：

$$L = \frac{H}{S}\sqrt{S^2 + (D - 2bhc)^2\pi^2} \tag{13.10}$$

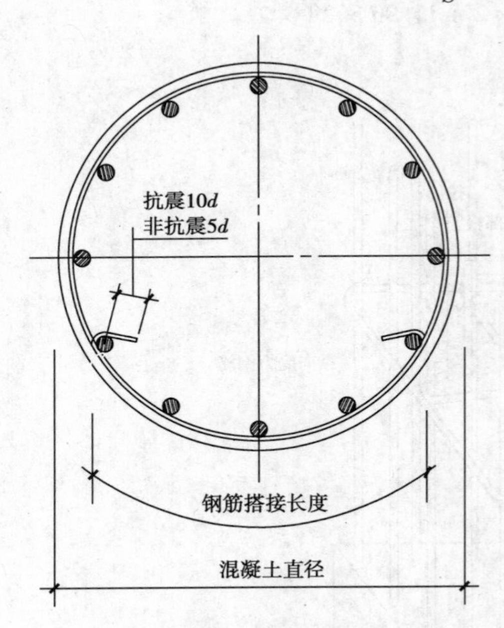

图 13.9　圆形箍示意图

式中　H——需配置螺旋箍的构件长或高(m)；

S——螺旋箍螺距(m)；

D——需配置螺旋箍的构件断面直径(m)；

bhc——保护层厚度(m)；

π——圆周率，取 3.141 6。

情形五：圆形箍，如图 13.9 所示。

圆形箍长度应按箍筋外皮圆周长，加钢筋搭接长度，再加两个 135°弯钩的长度计算。其长度计算表达式为：

$$L = (D - 2bhc) \times \pi + L_d + 11.9d \times 2 \tag{13.11}$$

式中　L——圆形箍单支长度；

D——构件断面直径；

bhc——保护层厚度；

π——圆周率，取 3.141 6；

L_d——钢筋搭接长度(见表 13.5)。

例 13.2　按图 13.10 所示，计算箍筋单支长度(C20 混凝土，箍筋 ϕ6@200)。

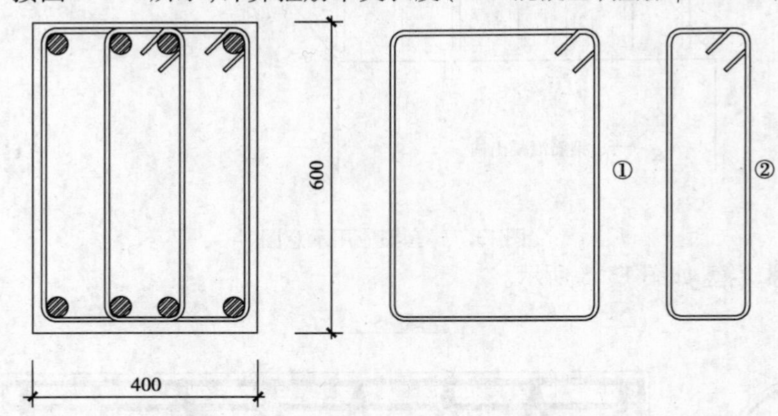

图 13.10　箍筋示意图

解　①号箍筋按公式(13.6)计算得：

$L = (B + H) \times 2 - 8bhc + 2 \times 11.9 \times d$

$= (0.4 + 0.6) \times 2 - 8 \times 0.03 + 2 \times 11.9 \times 0.006$

$= 1.90$ m

②号箍筋按公式(13.8)计算得：

$L = \frac{1}{3}b \times 2 + (h - 2bhc) \times 2 + 11.9d \times 2$

$$=\frac{1}{3}\times 0.4\times 2+(0.6-2\times 0.03)\times 2+11.9\times 0.006\times 2$$

$$=1.49\ \text{m}$$

2）箍筋支数计算

箍筋支数可按以下两种情况计算：

①一般的简支梁，箍筋可布至梁端，但应扣减梁端保护层，其计算方法为：

$$支数=\frac{L-2bhc}{@}+1 \qquad (13.12)$$

式中 L——梁的构件长，m；

bhc——保护层厚度，m；

@——箍筋间距，m；

1——排列的箍筋最后加一支。

②与柱整浇的框架梁，箍筋可布至支座边50 mm处，无柱支座中可设一支箍筋，如图13.11所示。计算方法为：

$$支数=\frac{L_{净}-2\times 0.05}{@}+1 \qquad (13.13)$$

式中 $L_{净}$——梁的净跨长，即支座间净长度；

其余符号同上。

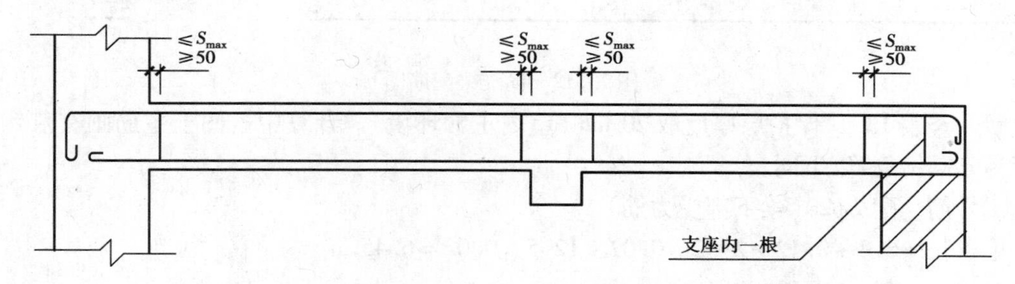

图13.11 梁箍筋分布示意图

13.5 简单构件的钢筋计算

本节所讨论简单构件是指简支梁、平板、独立基础、带形基础等。学会这些构件中钢筋的计算，有助于了解常规设计图是如何表达钢筋配置的，也就为下一步学习平法钢筋计算奠定了基础。

钢筋计算时最好分钢种、规格，并按编号顺序进行计算，若图上未编号，可自行按受力筋、架立筋、箍筋和分布筋顺序，并按钢筋直径由大到小顺序编号，最后按 $\phi10$ 以内光圆钢，$\phi10$ 以外光圆钢，带肋钢三种情形分别汇总后套用相应定额进行计价。

13.5.1 现浇简支梁钢筋

现浇简支梁多使用在砖混结构中，以砖柱为支承，梁端部不出现或出现较小的负弯矩，受力筋配置在梁下，梁上部配置架立筋，箍筋平均分布，无加密区。

简支梁钢筋是计算最简单的一种,最能体现钢筋一般计量方法,是初学者学习掌握钢筋计量的切入点。

例 13.3 按图 13.12 所示,计算 C20 现浇混凝土简支梁钢筋工程量。

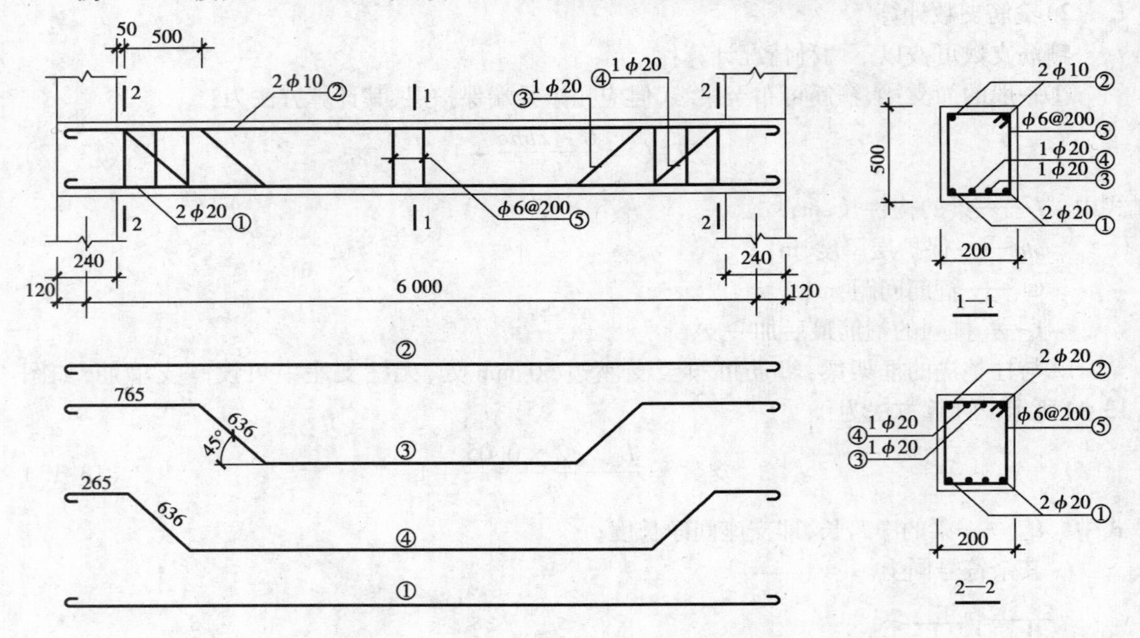

图 13.12 简支梁配筋图

解 查表 13.1,保护层厚度取 20 mm(室内正常环境)。计算中若图上主筋画有弯钩,可判断为光圆钢筋,以下同。

①号筋 配 2ϕ20(梁下部受力筋)

单支长 $=6.0+0.12\times2-2\times0.02+12.5\times0.02=6.45$ m

总长 $=6.45\times2=12.90$ m

重量 $=12.90\times2.47=31.87$ kg $=0.032$ t

②号筋 配 2ϕ10(梁上部架立筋)

单支长 $=6.0+0.12\times2-2\times0.02+12.5\times0.01=6.33$ m

总长 $=6.33\times2=12.66$ m

重量 $=12.66\times0.617=7.81$ kg $=0.008$ t

③号筋 配 1ϕ20(弯起筋)

梁高 $H=500$,起弯 45°,$\Delta L=0.414h_0$

单支长 $=6.0+0.12\times2-2\times0.02+2\times0.414\times(0.5-2\times0.02)+12.5\times0.02=6.83$ m

重量 $=6.83\times2.47=16.87$ kg $=0.017$ t

④号筋 配 1ϕ20(弯起筋)尽管起弯点与③号筋不一样,但计算长度相同。

重量 $=6.83\times2.47=16.87$ kg $=0.017$ t

⑤号筋 配 ϕ6@200(双肢箍)

单支长 $=(B+H)\times2-8bhc+2\times11.9$ d

$=(0.2+0.5)\times2-8\times0.02+2\times11.9\times0.006=1.38$ m

$支数=\dfrac{6.0-0.24-2\times0.05}{0.2}+1+2=32$ 支

总长 $=1.39\times32=44.48$ m

重量 $=44.48\times0.222=9.87$ kg $=0.01$ t

钢筋汇总：

$\phi10$ 以内光圆钢：$0.008+0.01=0.018$ t

$\phi10$ 以外光圆钢：$0.032+0.017+0.017=0.066$ t

例 13.4　按图 13.13 所示，计算 C25 现浇混凝土花篮梁钢筋工程量。

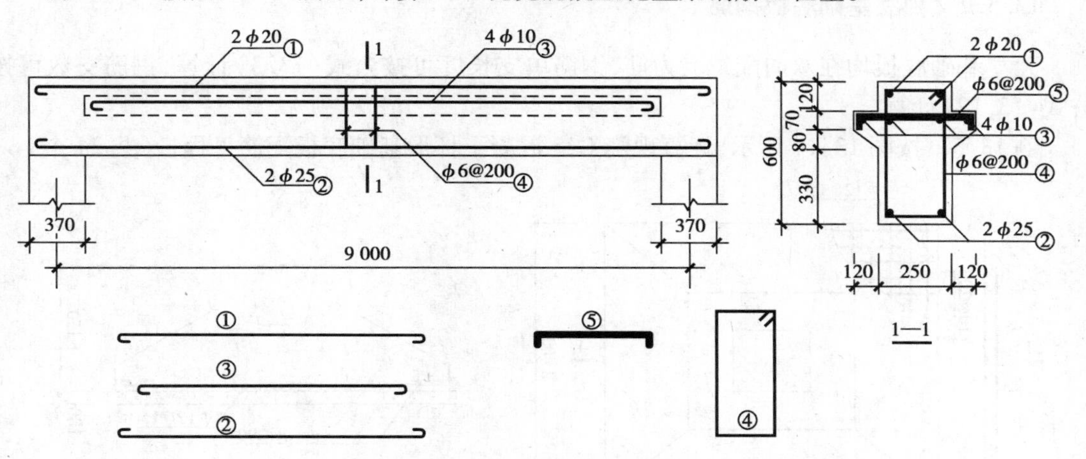

图 13.13　花篮梁配筋图

解　查表 13.1，梁保护层厚度取 20 mm，板保护层厚度取 15 mm。

①号筋配 $2\phi20$（架立筋）

单支长 $=9.0+0.37-2\times0.02+12.5\times0.02=9.58$ m

重量 $=9.58\times2\times2.47=47.33$ kg

②号筋　配 $2\phi25$（受力筋）

单支长 $=9.0+0.37-2\times0.02+12.5\times0.025=9.64$ m

重量 $=9.64\times2\times3.85=74.23$ kg

③号筋　配 $4\phi10$

单支长 $=9.0-0.37-2\times0.02+12.5\times0.010=8.72$ m

重量 $=8.72\times4\times0.617=21.52$ kg

④号筋　配 $\phi6$ @200（双肢箍）

单支长 $=(B+H)\times2-8bhc+2\times11.9\text{d}$

$=(0.25+0.6)\times2-8\times0.02+2\times11.9\times0.006=1.68$ m

$支数=\dfrac{9.0+0.37-2\times0.02}{0.2}+1=48$ 支

总长 $=1.68\times48=80.64$ m

重量 $=80.64\times0.222=17.90$ kg

⑤号筋　配 $\phi6$@200

单支长 $=0.12\times2+0.25-2\times0.015+2\times(0.07-2\times0.015)=0.54$ m

$$支数 = \frac{9.0 - 0.37 - 2 \times 0.02}{0.2} + 1 = 44 \text{ 支}$$

总长 = 0.54 × 44 = 23.76 m

重量 = 23.76 × 0.222 = 5.27 kg

钢筋汇总：

ϕ10 以内光圆钢：21.52 + 17.90 + 5.27 = 44.69 kg = 0.045 t

ϕ10 以上光圆钢：47.33 + 74.23 = 121.56 kg = 0.122 t

13.5.2 独立基础底板钢筋

独立基础底板均在双向配置受力筋，钢筋单支长度可按公式（13.3）计算，钢筋支数可按公式（13.12）计算。

例 13.5 按图 13.14 所示，计算现浇 C25 混凝土杯形基础底板配筋工程量（共 24 个）。

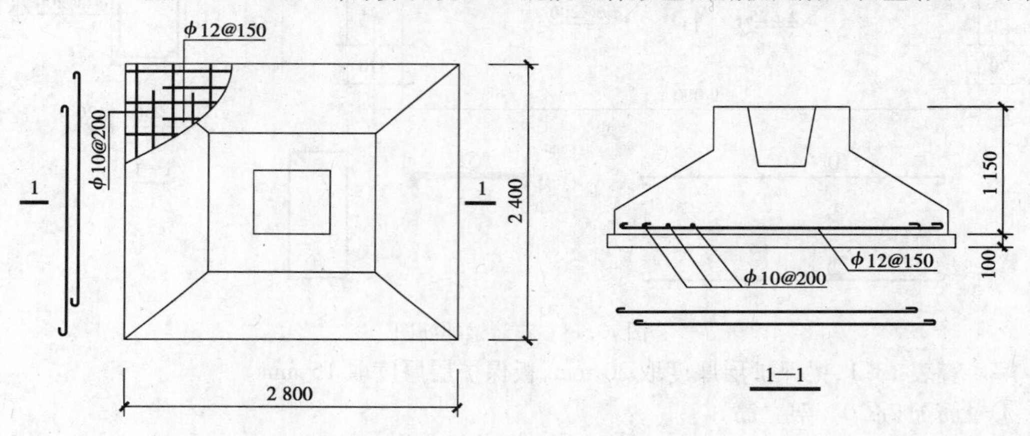

图 13.14 杯形基础底板配筋示意图

解 查表 13.1，保护层厚度取 40 mm（室内潮湿环境）。

①号筋，ϕ12@150（沿长边方向）

单支长 = 2.8 − 2 × 0.04 + 12.5 × 0.012 = 2.87 m

$$支数 = \frac{2.4 - 2 \times 0.04}{0.15} + 1 = 16.47 = 17 \text{ 支}$$

总长 = 2.87 × 17 = 48.79 m

查表 13.6 知，ϕ12 钢筋单位理论重量为 0.888 kg/m

钢筋重量为 = 48.79 × 0.888 × 24 = 1 040 kg = 1.040 t

②号筋，ϕ10@200（沿短边方向）

单支长 = 2.4 − 2 × 0.04 + 12.5 × 0.010 = 2.45 m

$$支数 = \frac{2.8 - 2 \times 0.04}{0.2} + 1 = 14.6 = 15 \text{ 支}$$

总长 = 2.45 × 15 = 36.75 m

查表 13.6 知，ϕ10 钢筋每米理论重量为 0.617 kg/m

钢筋重量为 = 36.75 × 0.617 × 24 = 544.19 kg = 0.544 t

钢筋汇总

ϕ10 以内光圆钢:0.544 t

ϕ10 以外光圆钢:1.040 t

13.5.3　条型基础底板钢筋

条形基础底板一般在短向配置受力主筋,而在长向配置分布筋。在外墙转角及内外墙交接处,由于受力筋已双向配置,则不再配置分布筋,也就是说,分布筋在布置至外墙转角及内外墙交接处时,只要与受力筋搭接即可,如图 13.15 所示。

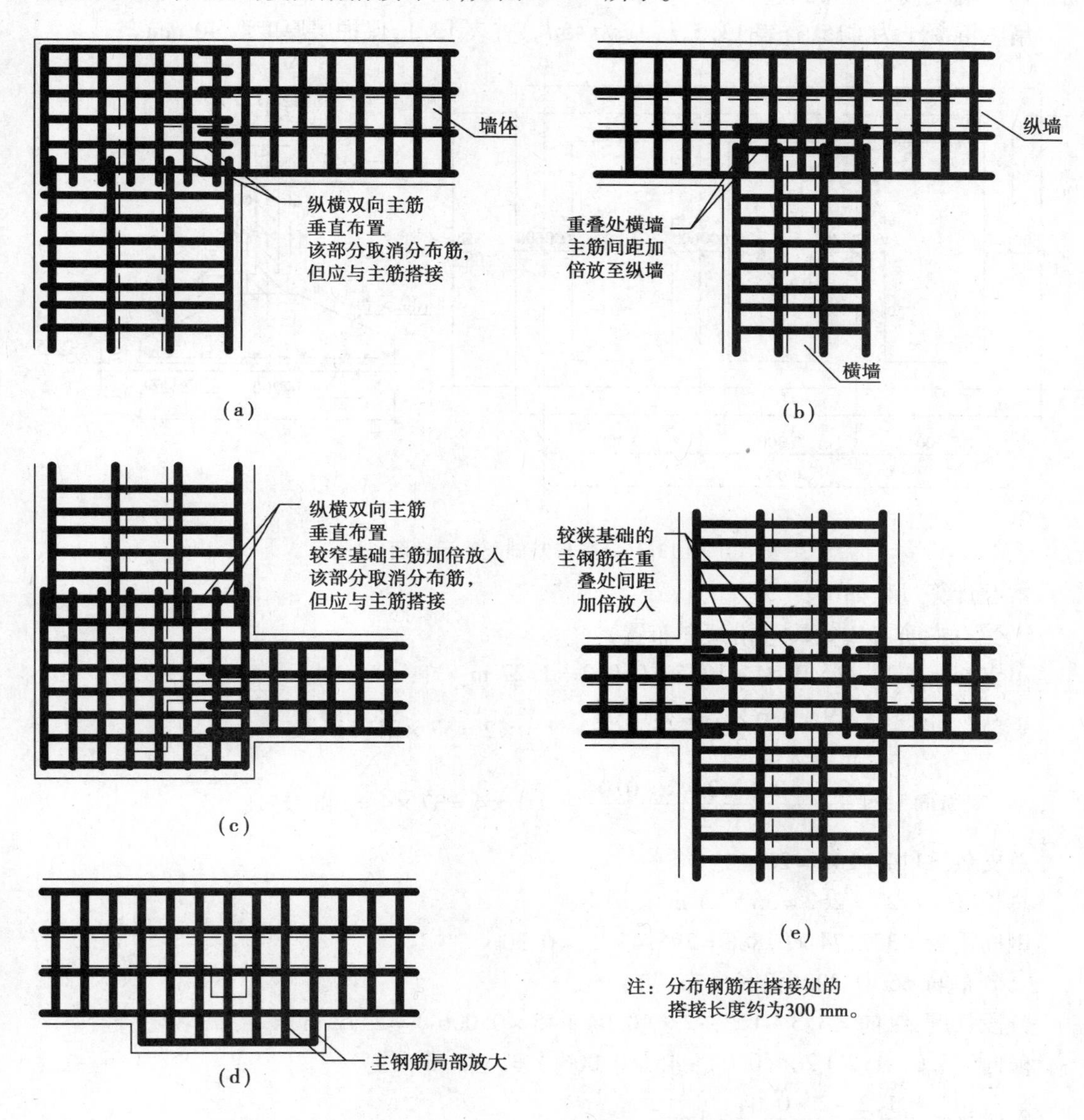

图 13.15　条形基础底板配筋示意图

条形基础底板受力筋,单支长度可按公式(13.3)计算,支数可按公式(13.12)计算。分布筋支数可按公式(13.12)计算,而长度要考虑与受力筋的有效搭接。由于受力筋长度在按基底宽度计算时扣减了保护层厚度,因此分布筋计算长度为:

$$A = L_{净} + 2 \times (bhc + L_d) \tag{13.14}$$

式中 A——分布筋分段计算长度；

$L_{净}$—— 相邻两基础底边之间净长度；

bhc——保护层厚度；

L_d——钢筋最小搭接长度，按表 13.5 取。

例 13.6 按图 13.16 所示，计算现浇 C15 条形混凝土基础底板配筋工程量。本例受力主筋在内外墙交接处均布到边。

解 混凝土为 C15，查表 13.5，L_d 应为 $45d$。查表 13.1，保护层厚度取 40 mm。

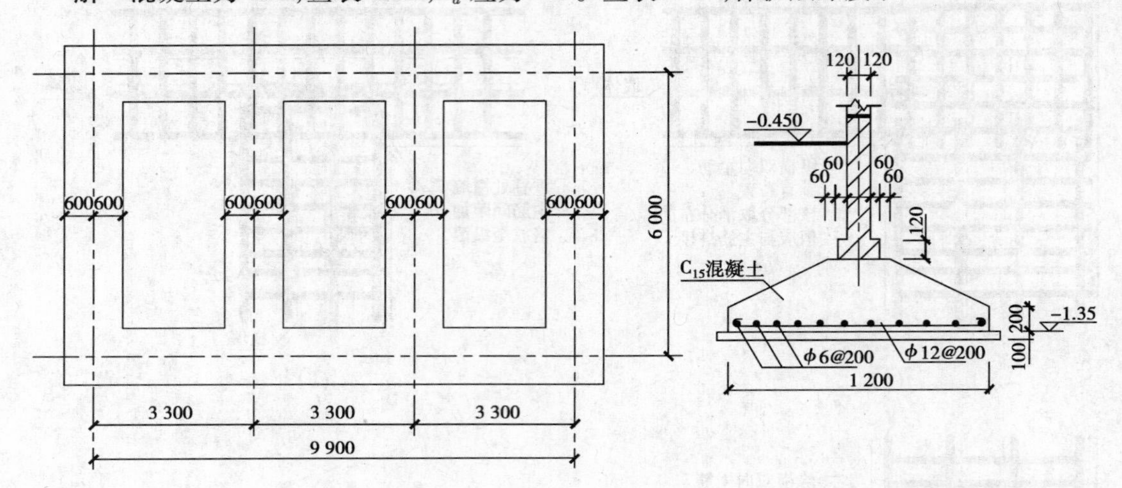

图 13.16 条形基础配筋示意图

本题计算过程如下：

①受力主筋，$\phi 12@200$（沿短向布置）

单支长 $= 1.2 - 2 \times 0.04 + 12.5 \times 0.012 = 1.27$ m

支数：纵向 $= \left(\dfrac{9.9 + 0.6 \times 2 - 2 \times 0.04}{0.2} + 1\right) \times 2 = 57 \times 2 = 114$ 支

横向 $= \left(\dfrac{6.0 + 0.6 \times 2 - 2 \times 0.04}{0.2} + 1\right) \times 4 = 37 \times 4 = 148$ 支

总支数 $= 114 + 148 = 262$ 支

总长度 $= 1.27 \times 262 = 332.74$ m

钢筋重量 $= 332.74 \times 0.888 = 295.47$ kg $= 0.30$ t

②分布筋 $\phi 6 @ 200$（沿长向布置）

分段长度：纵向 $= 3.3 - 1.2 + 2 \times (0.04 + 45 \times 0.006) = 2.72$ m

横向 $= 6.0 - 1.2 + 2 \times (0.04 + 45 \times 0.006) = 5.42$ m

每段支数 $= \dfrac{1.2 - 2 \times 0.04}{0.2} + 1 = 7$ 支

总长度 $= 2.72 \times 7 \times 6_{(段)} + 5.42 \times 7 \times 4_{(段)} = 266$ m

钢筋重量 $= 266 \times 0.222 = 59.05$ kg $= 0.059$ t

钢筋汇总：

$\phi10$ 以内光圆钢:0.059 t

$\phi10$ 以外光圆钢:0.300 t

13.5.4　现浇平板钢筋

现浇平板多使用在砖混结构建筑中,如卫生间的现浇楼板,四周支承在砖墙(或混凝土圈梁)上。板底双向配筋,板四周上部配置负弯矩筋,水平段从墙边伸入板内长度约为板净跨的1/7长。负弯矩筋应按构造要求配置分布筋,一般不在图上画出,负弯矩筋及分布筋布置如图13.17所示。

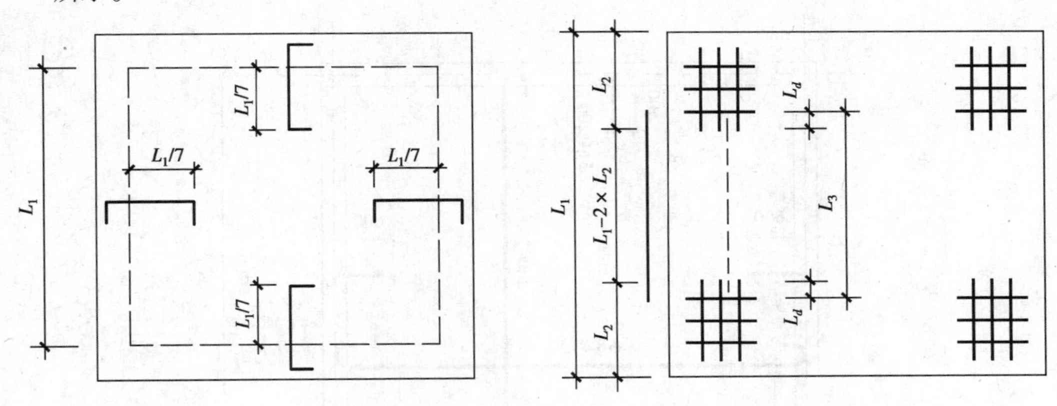

图 13.17　负弯矩筋及分布筋示意图

1)板底双向配筋单支长度可按公式(13.3)计算,支数可按公式(13.12 或 13.13)计算。

2)负弯矩筋支数按公式(13.12 或 13.13)计算,长度计算式为:

$$B = L_{净} + (\delta - bhc) + 2 \times (h - 2bh_c) \tag{13.15}$$

式中　B—— 负弯矩筋计算长度;

$L_{净}$——负弯矩筋水平段从墙边伸入板内长度;

δ——支承板的砖墙厚度;

bhc——板的保护层厚度;

h——板厚。

3)分布筋长度计算式为:

$$L_3 = L_1 - 2L_2 + 2L_d \tag{13.16}$$

式中　L_3——分布筋长度;

L_1——板的长度;

L_2——负弯矩筋水平段长度,含到板边扣除的保护层厚度;

L_d——钢筋最小搭接长度,按表 13.5 取。

4)分布筋支数计算式为:

$$支数 = \frac{L_2}{@} + 1 \tag{13.17}$$

式中　L_2——负弯矩筋水平段长度;

@——分布筋间距。

例 13.7　按图 13.18 所示,计算现浇 C20 混凝土平板双向板钢筋工程量。四周支承在砖墙上，墙厚为 240 mm，板厚为 120 mm，负弯矩筋按构造要求配置 $\phi6@250$ 的分布筋。

解 查表 13.1，保护层厚度取 15 mm；查表 13.5，L_d 应为 $35d$。

①号板底受力筋 配 $\phi8@150$（图中水平向钢筋）

单支长 $=4.8+0.24-2\times0.015+12.5\times0.008=5.11$ m

支数 $=\dfrac{4.2+0.24-2\times0.15}{0.15}+1=31$ 支

总长 $=5.11\times31=158.41$ m

重量 $=158.41\times0.395=62.57$ kg $=0.063$ t

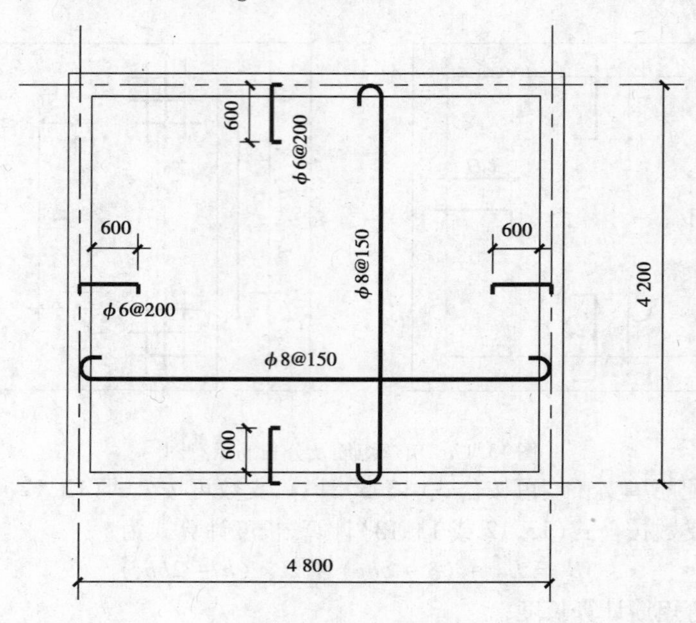

图 13.18 双向板配筋示意图

②号板底受力筋 配 $\phi8@150$（图中竖向钢筋）

单支长 $=4.2+0.24-2\times0.015+12.5\times0.008=4.51$ m

支数 $=\dfrac{4.8+0.24-2\times0.15}{0.15}+1=35$ 支

总长 $=4.51\times35=157.85$ m

重量 $=157.85\times0.395=62.35$ (kg) $=0.062$ t

③号负弯矩钢筋 配 $\phi6@200$（图中板四周上部配置）

单支长 $=0.6+0.24-0.015+2\times(0.12-2\times0.015)=1.005$ m

支数 $=\left(\dfrac{4.2+0.24-2\times0.15}{0.2}+1+\dfrac{4.8+0.24-2\times0.15}{0.2}+1\right)\times2=98$ 支

总长 $=1.005\times98=98.49$ m

重量 $=98.49\times0.222=21.86$ (kg) $=0.022$ t

④号负弯矩钢筋的分布筋，配 $\phi6@250$

单支长：纵向 $=4.2-0.24-2\times0.6+2\times35\times0.006=3.18$ m

横向 $=4.8-0.24-2\times0.6+2\times35\times0.006=3.78$ m

每段支数 $=\dfrac{0.24-0.015+0.6}{0.25}+1=5$ 支

总长 $=(3.18+3.78)\times5\times2=69.6$ m

重量 $=69.6\times0.222=15.45$ kg $=0.015$ t

钢筋工程量汇总:

全部为 $\phi10$ 以内Ⅰ级钢:$0.063+0.062+0.022+0.015=0.162$ t

13.5.5　灌注桩钢筋

例13.8　按图13.19所示,计算C30现浇混凝土灌注桩钢筋工程量。

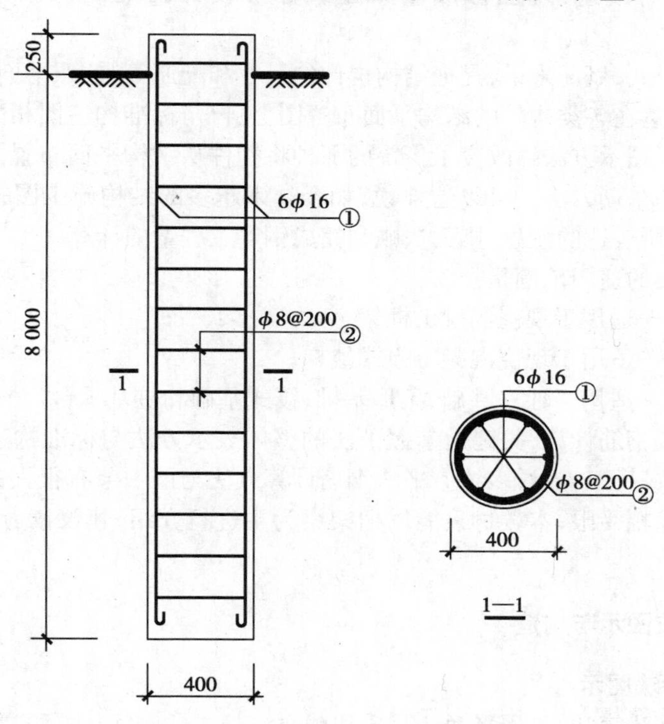

图13.19　灌注桩钢筋示意图

解　查表13.1,灌注桩处于室外潮湿环境,保护层厚度比照柱取25 mm计算。

①号筋　配6ϕ16(主筋)

单支长 $=8.0+0.25-2\times0.025+12.5\times0.016=8.40$ m

重量 $=8.40\times6\times1.58=79.63$ kg

②号筋　配 ϕ8@200(螺旋箍筋)

单支长按公式(13.3)计算得:

$$L=\frac{H}{S}\times\sqrt{S^2+(D-2bhc)^2\pi^2}$$

$$=\frac{8.0-0.025}{0.2}\times\sqrt{0.2^2+(0.4-2\times0.025)^2\times3.1416^2}=45.54\text{ m}$$

重量 $=45.54\times0.395=17.59$ kg

钢筋汇总(不分规格套用钢筋笼定额):79.54 + 17.59 = 97.13 kg

13.6 平法梁钢筋计算

13.6.1 概述

平法是“混凝土结构施工图平面整体表示方法”的简称。平法自1996年推出以来,历经十余年不断创新与改进,现已形成国家建筑标准设计图集——11G101—1、11G101—2、11G101—3系列。

平法的表达形式,概况来讲,是把结构构件的尺寸和配筋等,按照平面整体表示方法制图规则,整体直接表达在各类构件的结构平面布置图上,再与标准构造图相配合,即构成一套新型完整的结构设计图示方法。改变了传统的那种将构件从结构平面布置图中索引出来,再逐个绘制配筋详图的繁琐方法。可以这样说,如今越来越多的结构施工图采用平法表示,不懂平法,看不懂平法所表达的意思,则无法顺利完成钢筋工程量的计算。

平法系列图集的适用范围是:

11G101—1——适用于现浇混凝土框架、剪力墙、梁、板;

11G101—2——适用于现浇混凝土板式楼梯;

11G101—3——适用于独立基础、条形基础、筏式基础和桩基承台。

学习平法及其钢筋计算,关键是掌握平法的整体表示方法与标准构造,并与传统的配筋图法建立联系,举一反三,多看多练。平法钢筋计算方法与前一节有很大的不同,读者需要从观念上改变。因篇幅受限,本教材只能以框架梁为主进行介绍,建议读者找齐平法系列图集进一步学习。

13.6.2 平法图示与构造

(1)梁钢筋平法图示

梁内配筋的平法表达,采用平面注写式和截面注写式,以平面注写式为主。

1)平面注写式要点

①在平面布置图中,将梁与柱、墙、板一起用适当比例绘制;

②分别在不同编号的梁中各选择一根梁,在其上直接注写几何尺寸和配筋具体数值;

③平面注写包括集中标注与原位标注,集中标注表达梁的通用数值,原位标注表达梁的特殊数值,如图13.20所示。施工时,原位标注优先于集中标注。

以图中KL2为例:引出线注明的是集中标注;KL2是框架梁2的代号,“(2)”表示梁为两跨;300×550表示梁截面的宽和高;ϕ10-100/200(2)表示箍筋为Ⅰ级钢筋,直径10 mm,加密区间距100 mm,非加密区间距200 mm,两肢箍;2ϕ22为梁上部全长贯通纵筋;7ϕ25 2/5为梁下部钢筋,分两排布置时上排2支,下排5支。原位标注在梁边,注在上面为梁上配筋,注在下面为梁下配筋。如图中支座附近注明的6ϕ22 4/2为梁上配筋,第一排4支,含贯通筋在内,第二排2支。

2)截面注写式要点

①分别在不同编号的梁中各选择一根梁,在用剖面号引出的截面配筋图上注写截面尺寸

与配筋具体数值；

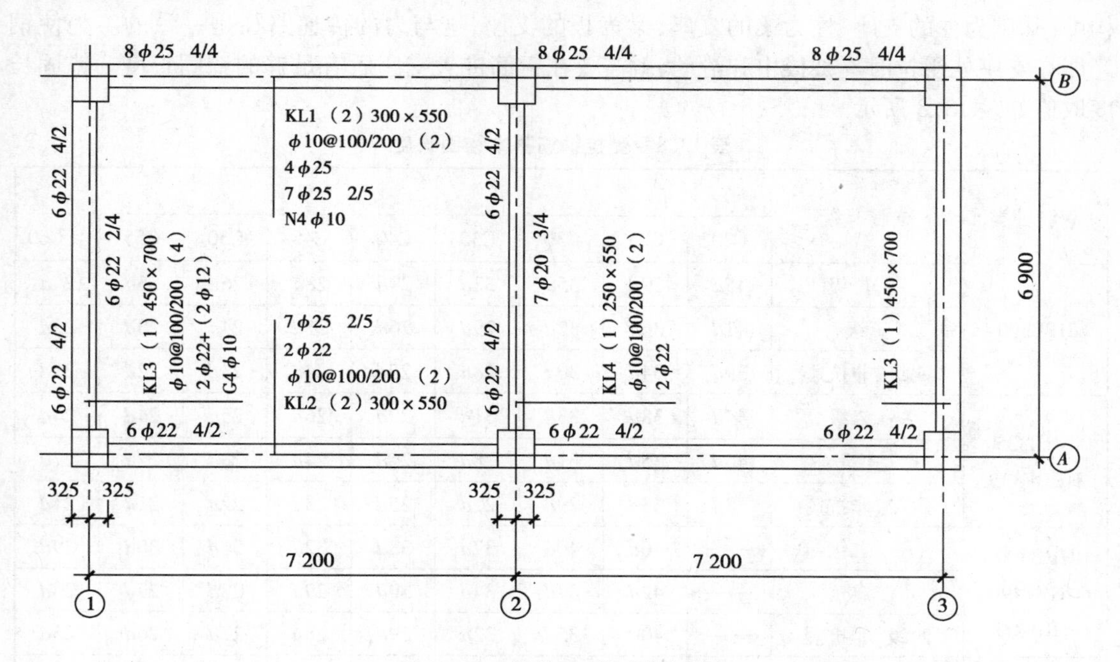

图13.20 梁的平面注写示意图

②截面注写式既可单独使用，也可与平面注写式结合使用。

(2)梁钢筋平法构造

1)梁纵筋构造

梁纵筋构造如图13.21所示。

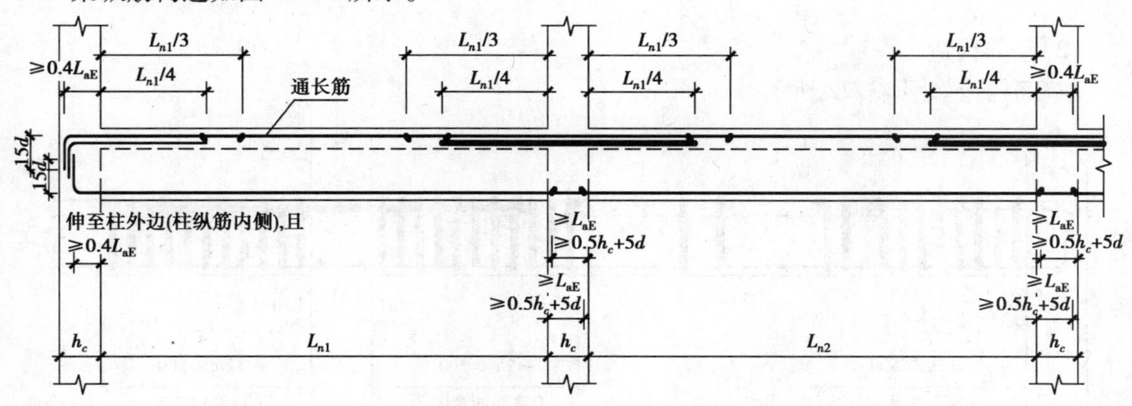

图13.21 梁纵筋构造示意图

从图13.21中看出如下构造特点：梁下部受力钢筋只在跨间布置，两端伸入支座计锚固长度，进入端支座弯锚，进入中间支座直锚；梁上部有贯通筋沿梁全长布置，至少2根，位置靠角边，是形成钢筋骨架的支撑点，在两端部向下弯锚；端支座上方加转角筋，进入支座弯锚，出支座第一排为净跨长的1/3，第二排为净跨长的1/4；中支座上方加直筋，出支座为净跨长的1/3或1/4。

与前一节介绍所不同的是，本节钢筋计算要引入“锚固长度”的概念，在图中代号为 L_a 和

L_{aE}。锚固长度与支座有关,“有支座才有锚固”,而我们必须清楚谁是谁的“支座”?在框架结构中,基础为柱的支座,柱为梁的支座,梁为板的支座,这与力的传递路径是一致的。为使钢筋能在支座处受拉时不被拔出和滑动,就需要在钢筋进入支座后有足够的锚固长度。锚固长度取值如表13.8所示。

表13.8　受拉钢筋基本锚固长度

钢筋种类	抗震等级	C20	C25	C30	C35	C40	C45	C50	C55	≥C60
HPB300	一、二级	$45d$	$39d$	$35d$	$32d$	$29d$	$28d$	$26d$	$25d$	$24d$
	三级	$41d$	$36d$	$32d$	$29d$	$26d$	$25d$	$24d$	$23d$	$22d$
	四级、非抗震	$39d$	$34d$	$30d$	$28d$	$25d$	$24d$	$23d$	$22d$	$21d$
HRB335 HRBF335	一、二级	$44d$	$38d$	$33d$	$31d$	$29d$	$26d$	$25d$	$24d$	$24d$
	三级	$40d$	$35d$	$31d$	$28d$	$26d$	$24d$	$23d$	$22d$	$22d$
	四级、非抗震	$38d$	$33d$	$29d$	$27d$	$25d$	$23d$	$22d$	$21d$	$21d$
HRB400 HRBF400 RRB400	一、二级	——	$46d$	$40d$	$37d$	$33d$	$32d$	$31d$	$30d$	$29d$
	三级	——	$42d$	$37d$	$34d$	$30d$	$29d$	$28d$	$27d$	$26d$
	四级、非抗震	——	$40d$	$35d$	$32d$	$29d$	$28d$	$27d$	$26d$	$25d$
HRB500 HRBF500	一、二级	——	$55d$	$49d$	$45d$	$41d$	$39d$	$37d$	$36d$	$35d$
	三级	——	$50d$	$45d$	$41d$	$38d$	$36d$	$34d$	$33d$	$32d$
	四级、非抗震	——	$48d$	$43d$	$39d$	$36d$	$34d$	$32d$	$31d$	$30d$

注:表中 d 为钢筋直径;在任何情况下,锚固长度不得小于200 mm;表中未列内容详见平法图集。

2)箍筋构造

箍筋构造如图13.22所示。

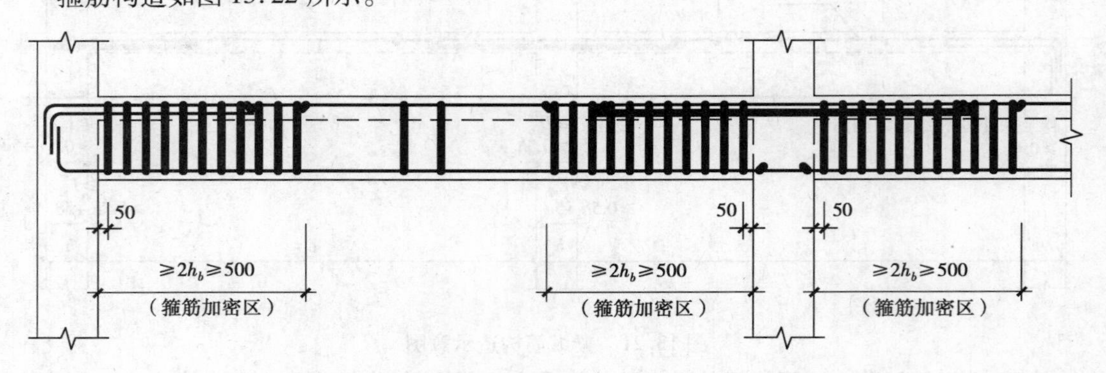

图13.22　箍筋构造示意图

从图13.22中可以看到箍筋构造特点:由于是框架梁,箍筋自支座边50 mm开始布置,靠支座一侧有一段加密区,加密区宽度既要不小于2倍的梁高(h_b),又要不小于500 mm,两者比较取大值,中间部分按正常间距布筋。

3)悬挑梁构造

悬挑梁构造如图13.23所示。

悬挑梁上部钢筋应从跨内钢筋延伸过来，但第一排在端部弯折方式不一样，至少两根角筋（一般是贯通筋）到顶弯锚不小于 $12d$，其余的下弯至梁下；第二排出挑长为 $0.75L$；跨内下部纵筋进入支座应弯锚；悬挑梁下部钢筋作为构造筋，进入支座 $15d$；悬挑梁箍筋加密布置。

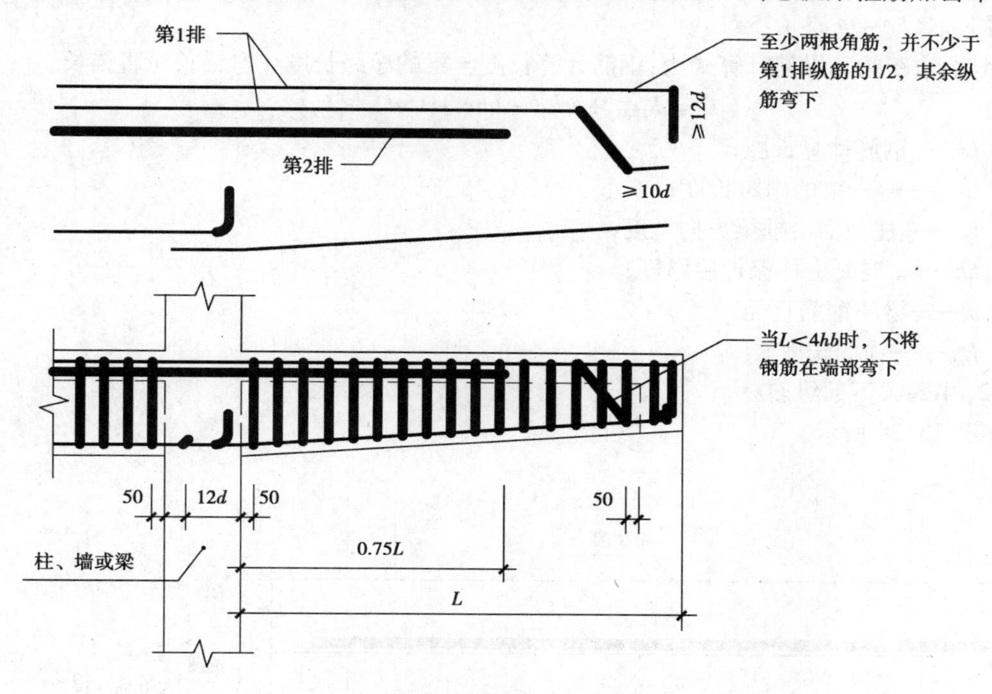

图 13.23　悬挑梁构造示意图

12.6.3　平法钢筋计算方法

从以上构造知，平法中钢筋布置的控制点与前一节内容有很大的不同，“净跨 + 锚固”是其钢筋计算的要诀。下面按不同位置的钢筋构造特点介绍计算方法。

(1) 边跨梁下部纵筋

如图 13.24 所示。

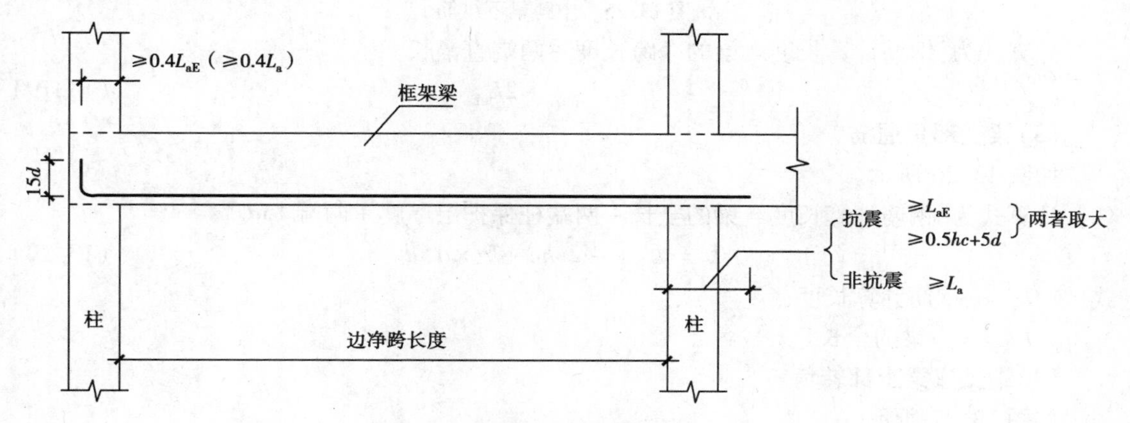

图 13.24　边跨梁下纵筋

其构造特点是：钢筋在跨间部分以梁净跨为控制点；中间支座伸入一个 L_{aE} 或不小于 0.5

倍柱截面边长加5倍钢筋直径，两者取大值；端支座处入支座弯锚（直锚需要较大的柱断面），其水平直段长度应不小于$0.4L_{aE}$再上弯$15d$。在这其中，水平段长度$0.4L_{aE}$是最小值，而到支座边减一个保护层是最大值，取大值是钢筋预算的常规作法，这当中忽略了柱内钢筋的存在，则弯锚长取$(hc-bhc)+15d$。

因此，边跨梁下纵筋计算式为：钢筋计算长度＝梁的净跨长度＋弯锚长＋直锚长

$$L = L_{净跨} + (hc - bhc + 15d) + L_{aE} \tag{13.18}$$

式中 L——钢筋计算长度；

$L_{净跨}$——梁的净跨长度；

hc——柱截面沿框梁方向宽度；

bhc——混凝土柱保护层厚度；

d——梁的钢筋直径；

L_{aE}——锚固长度。

(2)中跨梁下部纵筋

如图13.25所示。

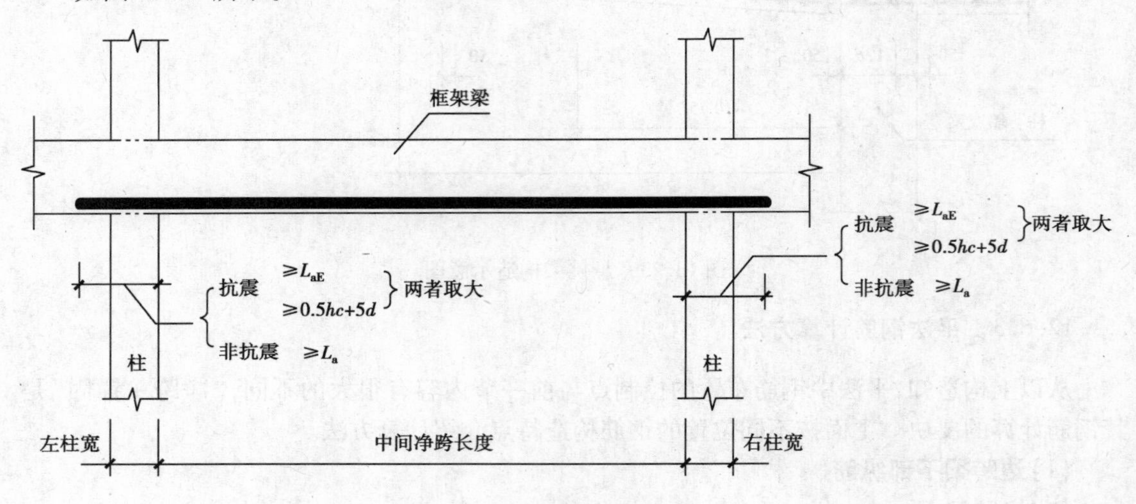

图13.25 中跨梁下纵筋

计算式为：钢筋计算长度＝梁的净跨长度＋两端直锚长

$$L = L_{净跨} + 2L_{aE} \tag{13.19}$$

(3)梁上部贯通筋

如图13.26所示。

计算式为：钢筋计算长度＝梁的全长－两端柱保护层厚度＋两端$15d$

$$L = L_{全长} - 2bhc + 2 \times 15d \tag{13.20}$$

式中 L——钢筋计算长度；

$L_{全长}$——梁的全长。

(4)端支座梁上部转角筋

如图13.27所示。

计算式为：钢筋计算长度＝梁的1/3净跨长度＋弯锚长

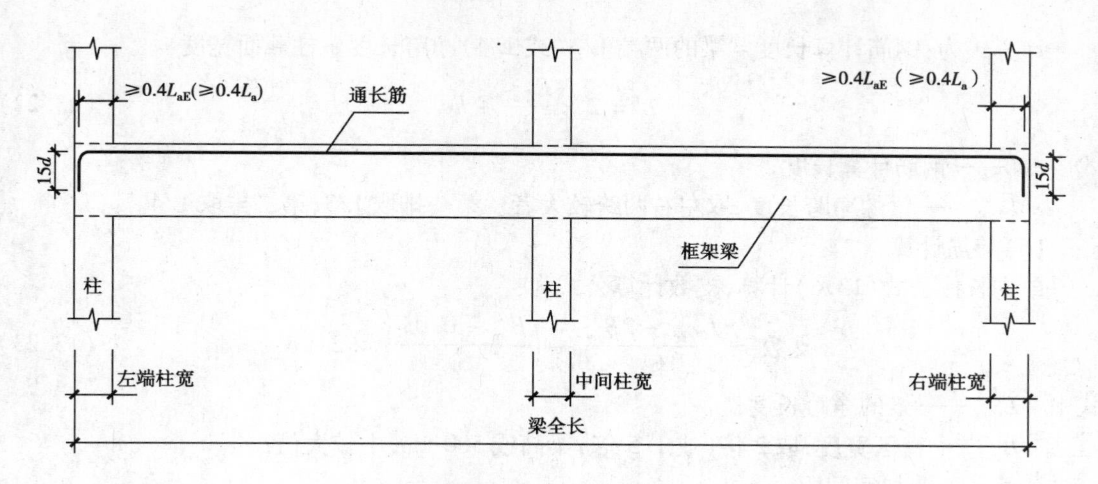

图 13.26　梁上贯通筋

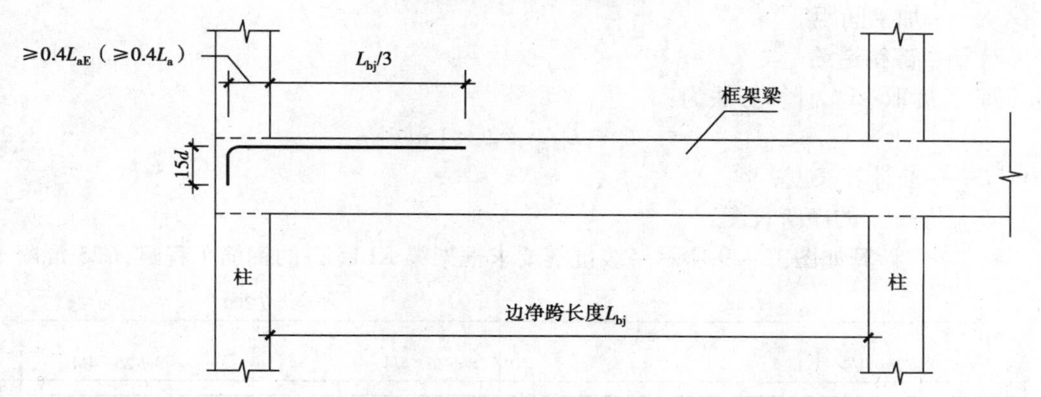

图 13.27　梁上转角筋

$$L = \frac{L_{净跨}}{3} + (hc - bhc + 15d) \tag{13.21}$$

式中　L——钢筋计算长度；

$L_{净跨}$——梁的净跨长度。第一排取 1/3，第二排取 1/4。

(5) 中间支座梁上部直筋

如图 13.28 所示。

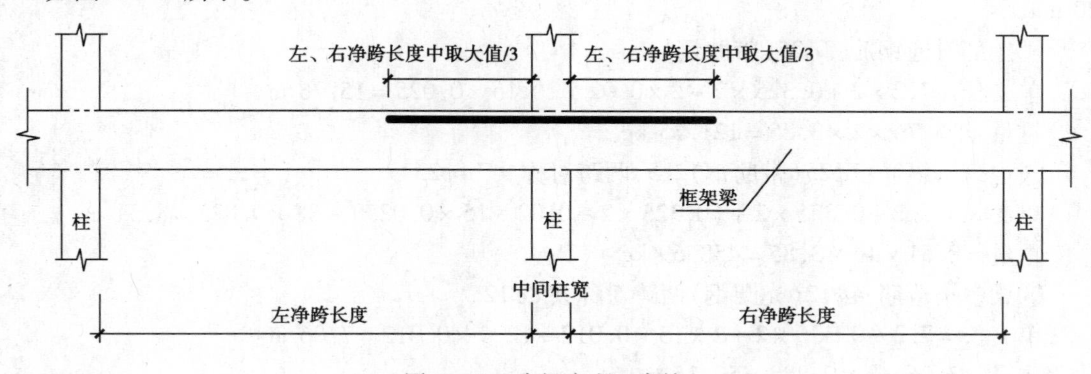

图 13.28　中间支座上直筋

计算式为：钢筋计算长度＝梁的两端1/3（或1/4）净跨长度＋柱截面宽度

$$L = 2 \times \frac{L_{净跨}}{3} + hc \qquad (13.22)$$

式中　L——钢筋计算长度；

$L_{净跨}$——梁的净跨长度，取左右两跨较大者。第一排取1/3，第二排取1/4。

(6)箍筋计算

单支长按公式（13.6）计算，支数计算公式为：

$$支数 = \frac{L_{净跨} - 2B_{jm}}{@} + \left(\frac{B_{jm} - 0.05}{S}\right) \times 2 + 1 \qquad (13.23)$$

式中　$L_{净跨}$——梁的净跨长度；

B_{jm}——密区宽度，取2倍（或1.5倍）梁高或500 mm中较大值；

@——非加密间距；

S——加密间距。

(7)梁中部构造筋

锚固长度取$15d$，计算方法为：

$$L = L_{净跨} + 2 \times 15d \qquad (13.24)$$

式中　L——筋计算长度；

$L_{净跨}$——梁的净跨长度。

例13.9　计算如图13.29所示一级抗震要求框架梁KL1（2）的钢筋工程量，C25混凝土。

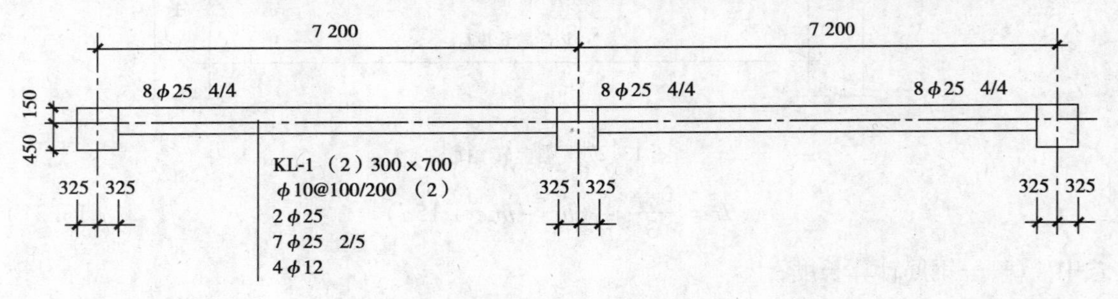

图13.29　KL_1示意图

解　根据题给条件查表13.7，L_{aE}取$38d$（纵向钢筋一般为带肋级钢）。查表13.1，bhc取20 mm。

①上部贯通钢筋：2ϕ25（带肋钢），

单支长＝7.2×2＋0.325×2－2×0.02＋2×15×0.025＝15.76 m

重量＝15.76×2×3.85＝121.35 kg

②边跨下纵筋：7ϕ25（带肋钢）2/5，两跨对称共14ϕ25

单支长＝7.2－0.325×2＋（0.325×2－0.02＋15×0.025）＋38×0.025＝8.51 m

重量＝8.51×14×3.85＝458.69 kg

③梁中构造筋：4ϕ12（光圆钢）两跨对称共8ϕ12

单支长＝7.2－0.325×2＋2×15×0.012＋12.5×0.012＝7.06 m

重量＝7.06×8×0.888＝50.15 kg

④端支座角筋:8ϕ25(带肋钢)4/4,扣贯通筋后为2/4,对称加倍

第一排长 $=\dfrac{7.2-0.325\times2}{3}+(0.325\times2-0.02+15\times0.025)=3.18$ m

第一排长 $=\dfrac{7.2-0.325\times2}{4}+(0.325\times2-0.02+15\times0.025)=2.65$ m

重量 $=(3.18\times4+2.65\times8)\times3.85=130.59$ kg

⑤中支座直筋:8ϕ25(带肋钢)4/4,扣贯通筋后为2/4

第一排长 $=\dfrac{7.2-0.325\times2}{3}\times2+0.325\times2=5.02$ m

第一排长 $=\dfrac{7.2-0.325\times2}{4}\times2+0.325\times2=3.93$ m

重量 $=(5.02\times2+3.93\times4)\times3.85=99.18$ kg

⑥箍筋:ϕ10@100/200(2)(光圆钢),两跨对称加倍

单支长 $=(0.3+0.7)\times2-8\times0.02+2\times11.9\times0.01=2.08$ m

支数 $=\dfrac{7.2-0.325\times2-2\times1.4}{0.2}+\dfrac{1.4-0.05}{0.1}\times2+1=47$ 支

重量 $=2.08\times47\times2\times0.617=120.64$ kg

汇总重量:

ϕ10以内光圆钢122.64 kg;

ϕ10以外光圆钢50.15(kg)

带肋筋 $121.35+458.69+130.59+99.18=809.81$ kg

13.7　钢筋工程计价

从《清单计量规范》可以知道,钢筋工程应按现浇混凝土钢筋、预制构件钢筋分项计价,其中应包含钢筋制作、运输、安装的费用。从前面几章的介绍中我们也知道,无论何种工程项目要计价,须有合适的《计价定额》及其基础上产生的《单位估价表》,如表13.9是基于《基础定额》产生的为工程预算编制的单位估价表,可供教学使用。

表13.9　钢筋工程单位估价表　　t

定额编号		2—183	4—202	4—203	4—204
项目		灌注桩	现浇构件		
		钢筋笼	圆钢		带肋钢
		制作	ϕ10以内	ϕ10以外	
基价(元)		6 674.93	6 192.82	5 752.46	5 873.60
其中	人工费(元)	597.00	945.00	358.50	366.50
	材料费(元)	5 424.82	5 203.34	5 286.12	5 386.59
	机械费(元)	653.09	44.48	107.84	120.51

续表

定额编号				2—183	4—202	4—203	4—204
名称		单位	单价(元)	消耗量			
人工	综合人工	工日	50.00	11.940	18.900	7.170	7.330
材料	光圈钢筋 ϕ10 以内	t	5 000.00	0.162	1.020S	—	—
	光圈钢筋 ϕ10 以外	t	5 100.00	0.888	—	1.020	—
	带肋钢筋 ϕ10 以外	t	5 200.00	—	—	—	1.020
	铁丝 22#	kg	8.30	—	12.450	2.290	2.520
	电焊条	kg	7.10	9.120	—	9.120	8.640
	水	m^3	3.00	—	—	0.120	0.110
	其他材料费	元	1.00	21.290	—	—	—
机械	电动卷扬机 单筒慢速牵引力 50 kN	台班	105.50	—	0.347	0.146	0.163
	钢筋切断机 ϕ40 以内	台班	38.61	—	0.117	0.090	0.097
	钢筋弯曲机 ϕ40 以内	台班	24.45	—	0.137	0.206	0.207
	直流电焊机 32 kW	台班	167.54	—	—	0.422	0.472
	对焊机(容量 75 kV · A)	台班	183.66	1.260	—	0.072	0.084
	交流弧焊机(容量 42 kV · A)	台班	180.65	2.240	—	—	—
	其他机械费	元	1.00	17.020	—	—	—

例 13.10　汇总例 13.3 ~ 例 13.7 的钢筋工程量,计算钢筋的综合单价。

解　(1)将例 13.3 ~ 例 13.7 的计算数据汇总于表 13.10 中,计量单位 t。

表 13.10　钢筋工程量汇总表

数据来源	例 10.3	例 10.4	例 10.5	例 10.6	例 10.7	合计
ϕ10 以内圆钢	0.544	0.059	0.161	0.018	0.045	0.827
ϕ10 以外圆钢	1.040	0.300	—	0.066	0.121	1.527
总计						2.354

(2)综合单价分析。套用表 13.8 中人、材、机单价计算综合单价见表 13.11 所示。

表 13.11　工程量清单综合单价分析表

项目编码		010515001001		项目名称		现浇构件钢筋				计量单位		t
清单综合单价组成明细												
定额编号	定额名称	定额单位	数量	单价/元			合计/元					
				人工费	材料费	机械费	人工费	材料费	机械费	管理费	利润	风险费
4-202	ϕ10 以内钢筋	t	0.351	945.00	5 203.34	44.48	331.70	1 826.37	15.61	156.29	31.26	
4-203	ϕ10 以外钢筋	t	0.649	358.50	5 286.12	107.84	232.67	3 430.69	69.99	136.20	27.24	
小　计							564.37	5 257.06	85.60	292.49	56.50	
人工单价	50.00 元/工日	清单项目综合单价/(元 · t^{-1})					6 258.02					

计算说明：管理费费率取 45%，利润率取 9%（主体为四类工程），以人机费之和为基数计算。

习题 13

13.1　按图 13.30 计算钢筋工程量。

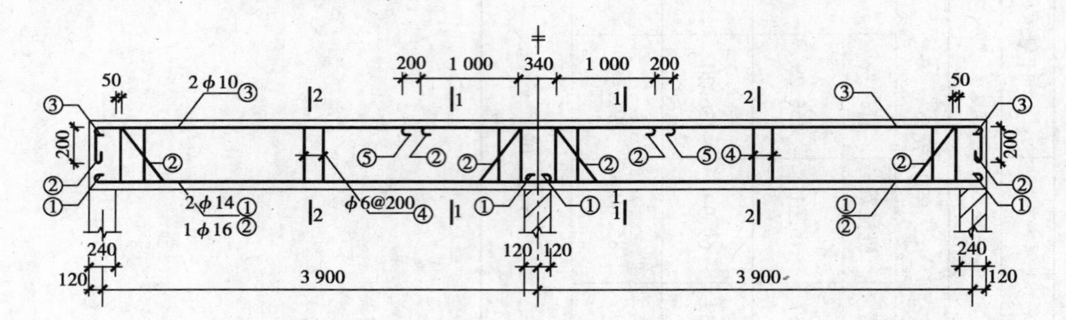

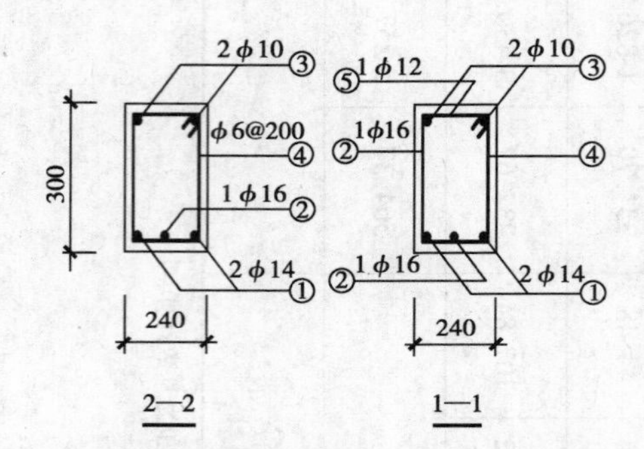

图 13.30　某简支梁配筋图(一)

13.2　按图 13.31 计算钢筋工程量。

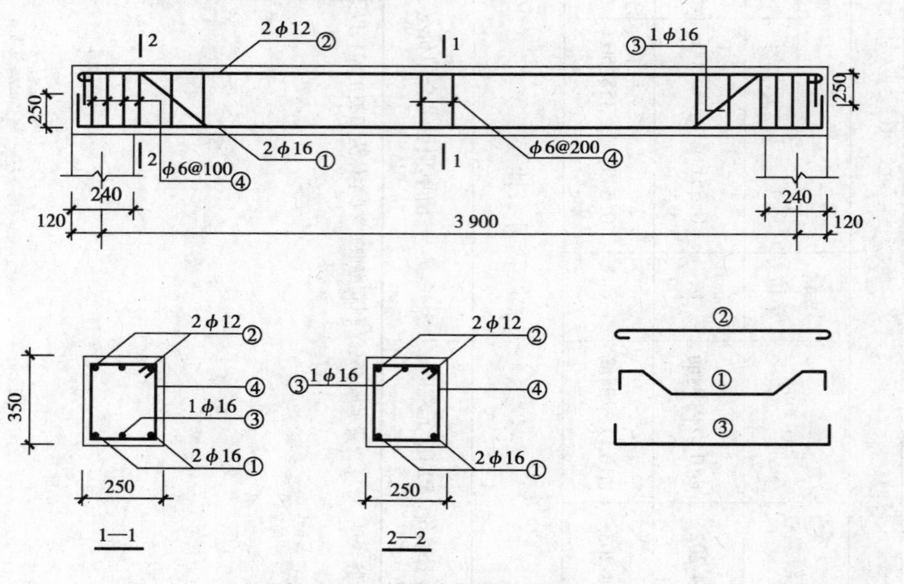

图 13.31　某简支梁配筋图(二)

13.3　按图13.32计算钢筋工程量。

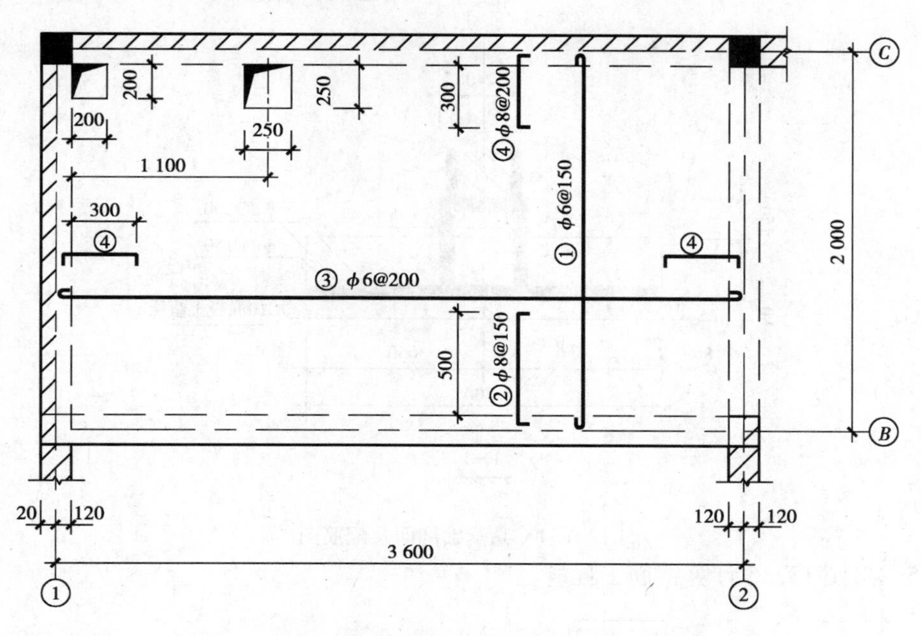

图13.32　某平板配筋图

13.4　按图13.33、图13.34计算钢筋工程量。

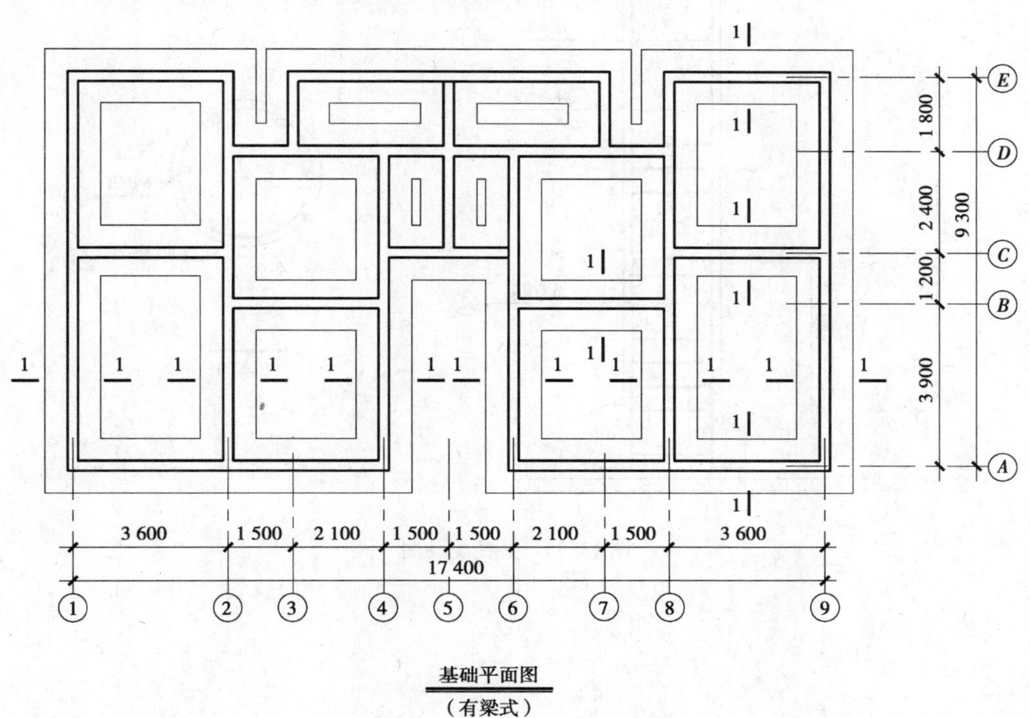

图13.33　某基础平面图

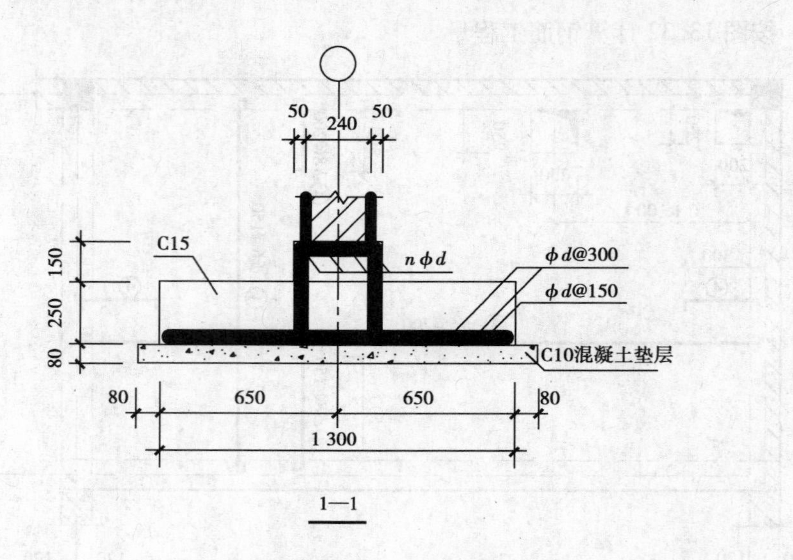

图 13.34 某基础剖面及配筋图

13.5 按图 13.35 计算钢筋工程量。

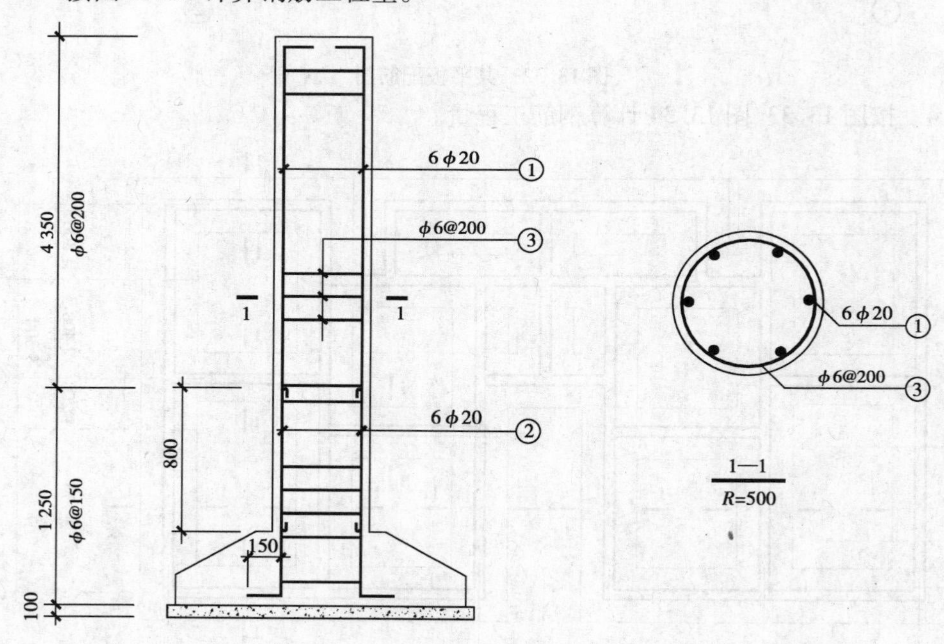

图 13.35 某柱配筋图

第14章 木结构工程列项与计量

14.1 清单分项及规则

1)《清单计量规范》将木结构工程分为8项,具体分项如表14.1、表14.2、表14.3所示。

表14.1 木屋架(编码:010701)

项目编码	项目名称	项目特征	计量单位	工程量计算规则	工程内容
010701001	木屋架	1. 跨度 2. 材料品种、规格 3. 刨光要求 4. 拉杆及夹板种类 5. 防护材料种类	榀 m^3	1. 以榀计量,按设计图示数量计算 2. 以立方米计量,按设计图示尺寸以体积计算	1. 制作 2. 运输 3. 安装 4. 刷防护材料
010701002	钢木屋架				

表14.2 木构件(编码:010702)

项目编码	项目名称	项目特征	计量单位	工程量计算规则	工程内容
010702001	木柱	1. 构件规格尺寸 2. 木材种类 3. 刨光要求 4. 防护材料种类	m^3	按设计图示尺寸以体积计算	1. 制作 2. 运输 3. 安装 4. 刷防护材料
010702002	木梁				
010702003	木檩		m^3 m	1. 以立方米计量,按设计图示尺寸以体积计算 2. 以米计量,按设计图示尺寸以长度计算	
010702004	木楼梯	1. 楼梯形式 2. 木材种类 3. 刨光要求 4. 防护材料种类	m^2	按设计图示尺寸以水平投影面积计算。不扣除宽度≤300 mm的楼梯井,伸入墙内部分不计算	

续表

项目编码	项目名称	项目特征	计量单位	工程量计算规则	工程内容
010702005	其他木构件	1. 构件名称 2. 构件规格尺寸 3. 木材种类 4. 刨光要求 5. 防护材料种类	m^3 m	1. 以立方米计量，按设计图示尺寸以体积计算 2. 以米计量，按设计图示尺寸以长度计算	

表 14.3　屋面木基层(编码:010703)

项目编码	项目名称	项目特征	计量单位	工程量计算规则	工程内容
010703001	屋面木基层	1. 椽子断面尺寸及椽距 2. 望板材料种类厚度 3. 防护材料种类	m^2	按设计图示尺寸以斜面积计算。不扣除房上烟囱、风帽底座、风道、小气窗、斜沟等所占面积，小气窗的出檐部分不增加面积	1. 椽子制作、安装 2. 望板制作、安装 3. 顺水条和挂瓦条制作、安装 4. 刷防护材料

2)其他相关问题应按下列规定处理：

①屋架的跨度应以上、下弦中心线两交点之间的距离计算。

②带气楼的屋架和马尾、折角以及正交部分的半屋架，应按相关屋架项目编码列项。

③木楼梯的栏杆(栏板)、扶手，应按表 14.2 中相关项目编码列项。

14.2　定额计算规则

1)屋架按竣工木材以立方米计算，其后备长度及配制损耗均已包括在定额内，不另计算。附属于屋架的木夹板、垫木、风撑与屋架连接的挑檐木均按竣工木材计算后并入相应的屋架内。与圆木屋架相连接的挑檐木、风撑等如为方木时，应乘以系数 1.563 折合圆木并入圆木屋架竣工木材材积内，圆木屋架如图 14.1 所示。

2)单独的挑檐木按方檩木计算。

3)带气楼屋架的气楼部分及马尾、折角和正交部分的半屋架应并入相连接的正屋架竣工材积计算。

4)檩木按竣工木材以立方米计算，檩木垫木或钉在屋架的檩托木，已包括在定额内，不另计算。檩木长度按设计规定计算，檩木搭接长度按设计或规范要求计算。

5)屋面木基层(如图 14.2 所示)工程量按斜面积以平方米计算。不扣除附墙烟囱、通风孔、通风帽底座、屋顶小气窗和斜沟的面积。天窗挑檐与屋面重叠部分按设计规定增加。

6)封檐板工程量按延长米计算，博风板按斜长计算，有大刀头者，每个大刀头增加长度 500 mm 计算，如图 14.3 所示。

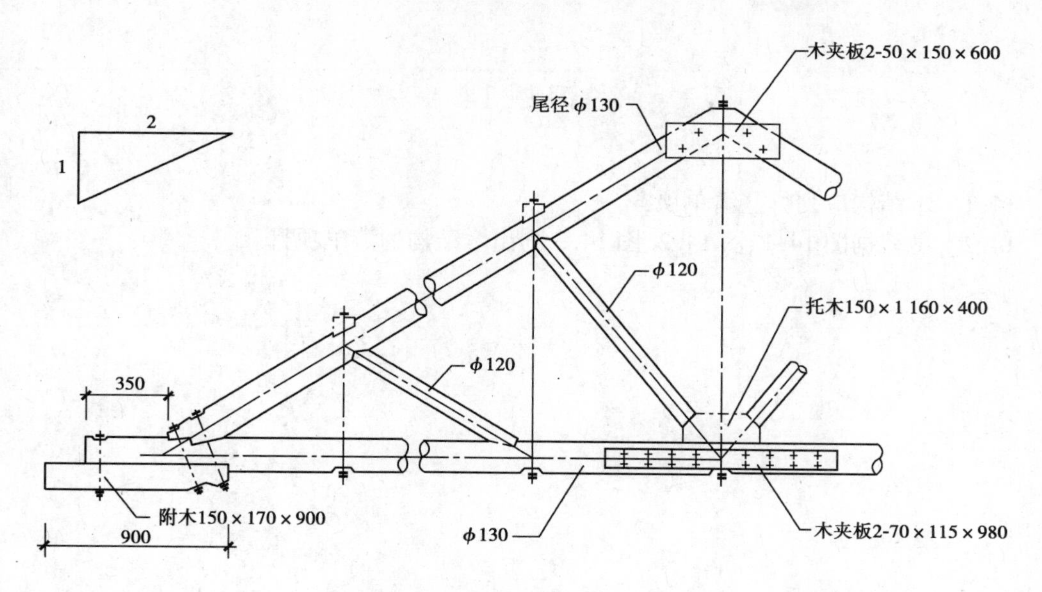

图 14.1　圆木屋架

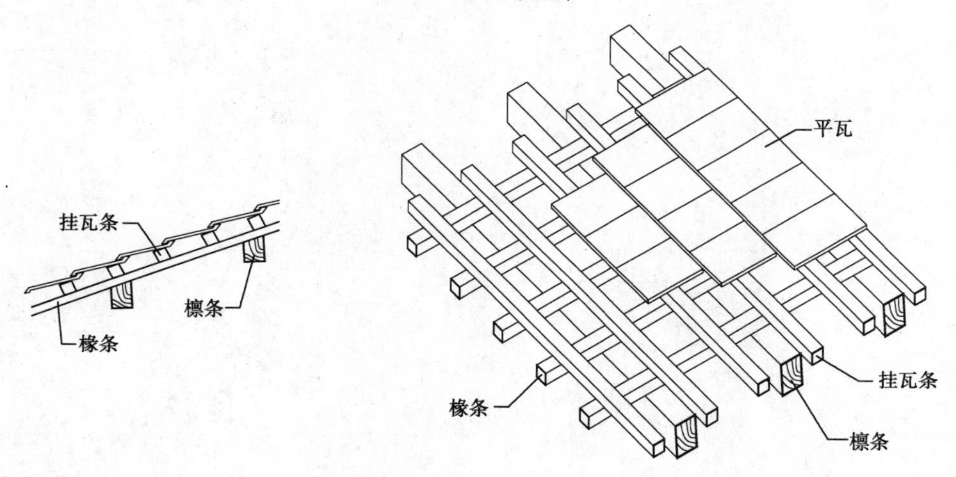

图 14.2　屋面木基层

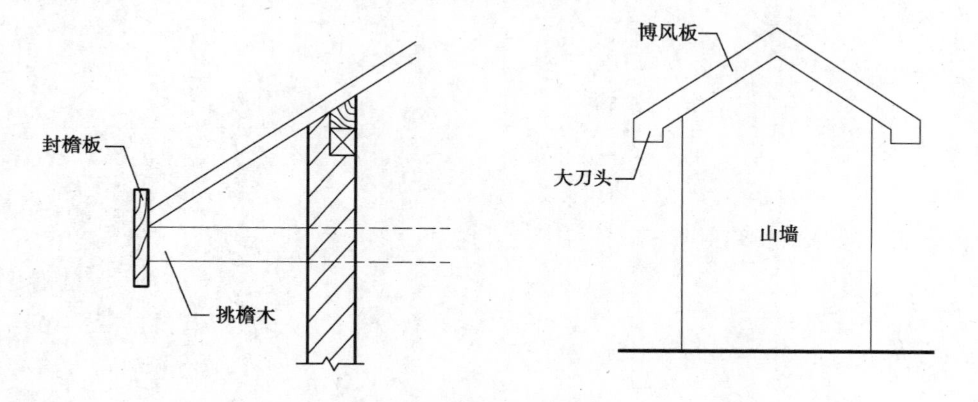

图 14.3　封檐板与博风板

习题 14

14.1　木结构应列哪些清单项?

14.2　试根据图 14.1、图 14.2、图 14.3 列出木结构的清单项目。

第15章 金属结构工程计量与计价

15.1 清单分项及规则

1)《清单计量规范》将金属结构工程分为31项,具体分项如表15.1~表15.7所示。

表15.1 钢网架(编码:010601)

项目编码	项目名称	项目特征	计量单位	工程量计算规则	工程内容
010601001	钢网架	1.钢材品种、规格 2.网架节点形式、连接方式 3.网架跨度、安装高度 4.探伤要求 5.防火要求	t	按设计图示尺寸以质量计算。不扣除孔眼的质量,焊条、铆钉、螺栓等不另增加质量	1.拼装 2.安装 3.探伤 4.补刷油漆

表15.2 钢屋架、钢托架、钢桁架、钢桥架(编码:010602)

<table>
<tr><th>项目编码</th><th>项目名称</th><th>项目特征</th><th>计量单位</th><th>工程量计算规则</th><th>工程内容</th></tr>
<tr><td>010602001</td><td>钢屋架</td><td>1.钢材品种、规格
2.单榀质量
3.屋架跨度、安装高度
4.螺栓种类
5.探伤要求
6.防火要求</td><td>榀
t</td><td>1.以榀计量,按设计图示数量计算
2.以吨计量,按设计图示尺寸以质量计算。不扣除孔眼的质量,焊条、铆钉、螺栓等不另增加质量</td><td rowspan="3">1.拼装
2.安装
3.探伤
4.补刷油漆</td></tr>
<tr><td>010602002</td><td>钢托架</td><td rowspan="2">1.钢材品种、规格
2.单榀质量
3.安装高度
4.螺栓种类
5.探伤要求
6.防火要求</td><td rowspan="2">t</td><td rowspan="2">按设计图示尺寸以质量计算。不扣除孔眼的质量,焊条、铆钉、螺栓等不另增加质量</td></tr>
<tr><td>010602003</td><td>钢桁架</td></tr>
</table>

续表

项目编码	项目名称	项目特征	计量单位	工程量计算规则	工程内容
010602004	钢桥架	1. 桥类型 2. 钢材品种、规格 3. 单榀质量 4. 安装高度 5. 螺栓种类 6. 探伤要求	t	按设计图示尺寸以质量计算。不扣除孔眼的质量，焊条、铆钉、螺栓等不另增加质量	1. 拼装 2. 安装 3. 探伤 4. 补刷油漆

表 15.3　钢柱（编码：010603）

项目编码	项目名称	项目特征	计量单位	工程量计算规则	工程内容
010603001	实腹钢柱	1. 柱类型 2. 钢材品种、规格 3. 单根柱质量 4. 螺栓种类 5. 探伤要求 6. 防火要求	t	按设计图示尺寸以质量计算。不扣除孔眼的质量，焊条、铆钉、螺栓等不另增加质量，依附在钢柱上的牛腿及悬臂梁等并入钢柱工程量内	1. 拼装 2. 安装 3. 探伤 4. 补刷油漆
010603002	空腹钢柱				
010603003	钢管柱	1. 钢材品种、规格 2. 单根柱重量 3. 螺栓种类 4. 探伤要求 5. 防火要求	t	按设计图示尺寸以质量计算。不扣除孔眼的质量，焊条、铆钉、螺栓等不另增加质量，钢管柱上的节点板、加强环、内衬管、牛腿等并入钢管柱工程量内	

表 15.4　钢梁（编码：010604）

项目编码	项目名称	项目特征	计量单位	工程量计算规则	工程内容
010604001	钢梁	1. 梁类型 2. 钢材品种、规格 3. 单根质量 4. 螺栓种类 5. 安装高度 6. 探伤要求 7. 防火要求	t	按设计图示尺寸以质量计算。不扣除孔眼的质量，焊条、铆钉、螺栓等不另增加质量，制动梁、制动板、制动衍架、车档并入钢吊车梁工程量内	1. 拼装 2. 安装 3. 探伤 4. 补刷油漆
010604002	钢吊车梁	1. 钢材品种、规格 2. 单根质量 3. 螺栓种类 4. 安装高度 5. 探伤要求 6. 防火要求			

表15.5　钢板楼板、墙板(编码:010605)

<table>
<tr><th>项目编码</th><th>项目名称</th><th>项目特征</th><th>计量单位</th><th>工程量计算规则</th><th>工程内容</th></tr>
<tr><td>010605001</td><td>钢板楼板</td><td>1. 钢材品种、规格
2. 钢板厚度
3. 螺栓种类
4. 防火要求</td><td rowspan="2">m^2</td><td>按设计图示尺寸以铺设水平投影面积计算。不扣除单个≤0.3 m^2柱、垛及孔洞所占面积</td><td rowspan="2">1. 拼装
2. 安装
3. 探伤
4. 补刷油漆</td></tr>
<tr><td>010605002</td><td>钢板墙板</td><td>1. 钢材品种、规格
2. 钢板厚度、复合板厚度
3. 螺栓种类
4. 复合板夹芯材料种类、层数、型号、规格
5. 防火要求</td><td>按设计图示尺寸以铺挂面积计算。不扣除单个≤0.3 m^2 的梁、孔洞所占面积,包角、包边、窗台泛水等不另增加面积</td></tr>
</table>

表15.6　钢构件(编码:010606)

<table>
<tr><th>项目编码</th><th>项目名称</th><th>项目特征</th><th>计量单位</th><th>工程量计算规则</th><th>工程内容</th></tr>
<tr><td>010606001</td><td>钢支撑
钢拉条</td><td>1. 钢材品种、规格
2. 构件类型
3. 安装高度
4. 螺栓种类
5. 探伤要求
6. 防火要求</td><td rowspan="3">t</td><td rowspan="3">按设计图示尺寸以质量计算,不扣除孔眼的质量,焊条、铆钉、螺栓等不另增加质量</td><td rowspan="3">1. 拼装
2. 安装
3. 探伤
4. 补刷油漆</td></tr>
<tr><td>010606002</td><td>钢檩条</td><td>1. 钢材品种、规格
2. 构件类型
3. 单根质量
4. 安装高度
5. 螺栓种类
6. 探伤要求
7. 防火要求</td></tr>
<tr><td>010606003</td><td>钢天窗架</td><td>1. 钢材品种、规格
2. 单榀质量
3. 安装高度
4. 螺栓种类
5. 探伤要求
6. 防火要求</td></tr>
</table>

续表

项目编码	项目名称	项目特征	计量单位	工程量计算规则	工程内容
010606004	钢挡风架	1. 钢材品种、规格 2. 单榀质量 3. 螺栓种类 4. 探伤要求 5. 防火要求	t	按设计图示尺寸以质量计算，不扣除孔眼的质量，焊条、铆钉、螺栓等不另增加质量	1. 拼装 2. 安装 3. 探伤 4. 补刷油漆
010606005	钢墙架				
010606006	钢平台	1. 钢材品种、规格 2. 螺栓种类 3. 防火要求			
010606007	钢走道				
010606008	钢梯	1. 钢材品种、规格 2. 钢梯形式 3. 螺栓种类 4. 防火要求			
010606009	钢栏杆	1. 钢材品种、规格 2. 防火要求			
010606010	钢漏斗	1. 钢材品种、规格 2. 漏斗、天沟形式 3. 安装高度 4. 探伤要求		按设计图示尺寸以质量计算，不扣除孔眼的质量，焊条、铆钉、螺栓等不另增加质量，依附漏斗或天沟的型钢并入漏斗工程量内	
010606011	钢板天沟				
010606012	钢支架	1. 钢材品种、规格 2. 安装高度 3. 防火要求		按设计图示尺寸以质量计算，不扣除孔眼的质量，焊条、铆钉、螺栓等不另增加质量	
010606013	零星钢构件	1. 构件名称 2. 钢材品种、规格			

表 15.7　金属制品(编码:010607)

项目编码	项目名称	项目特征	计量单位	工程量计算规则	工程内容
010607001	成品空调金属百页护栏	1. 材料品种、规格 2. 边框材质	m^2	按设计图示尺寸以框外围展开面积计算	1. 安装 2. 校正 3. 预埋铁件及安螺栓
010607002	成品栅栏	1. 材料品种、规格 2. 边框及立柱型钢品种、规格			1. 安装 2. 校正 3. 预埋铁件 4. 安螺栓及金属立柱

续表

<table>
<tr><th>项目编码</th><th>项目名称</th><th>项目特征</th><th>计量单位</th><th>工程量计算规则</th><th>工程内容</th></tr>
<tr><td>010607003</td><td>成品雨篷</td><td>1. 材料品种、规格
2. 雨篷宽度
3. 凉衣杆品种、规格</td><td>m
m^2</td><td>1. 以米计量，按设计图示接触边以米计算
2. 以平方米计量，按设计图示尺寸以展开面积计算</td><td>1. 安装
2. 校正
3. 预埋铁件及安螺栓</td></tr>
<tr><td>010607004</td><td>金属网栏</td><td>1. 材料品种、规格
2. 边框及立柱型钢品种、规格</td><td rowspan="3">m^2</td><td>按设计图示尺寸以框外围展开面积计算</td><td>1. 安装
2. 校正
3. 安螺栓及金属立柱</td></tr>
<tr><td>010607005</td><td>砌块墙钢丝网加固</td><td rowspan="2">1. 材料品种、规格
2. 加固方式</td><td rowspan="2">按设计图示尺寸以面积计算</td><td rowspan="2">1. 铺贴
2. 铆固</td></tr>
<tr><td>010607006</td><td>后浇带金属网</td></tr>
</table>

2）其他相关问题应按下列规定处理：

①型钢混凝土柱、梁浇筑混凝土和钢板楼板上浇筑钢筋混凝土，混凝土和钢筋应按混凝土分部中相关项目编码列项。

②钢墙架项目包括墙架柱、墙架梁和连接杆件。

③加工铁件等小型构件，应按表15.6中零星钢构件项目编码列项。

15.2　定额计算规则

1）金属结构制作按图示钢材尺寸以吨计算，不扣除孔眼、切边的重量，焊条、铆钉、螺栓等不另增加质量。在计算不规则或多边形钢板重量时均以其外接矩形面积乘以厚度乘以单位理论质量计算。

2）实腹柱、吊车梁、H型钢按图示尺寸以质量计算。

3）制动梁的制作工程量包括制动梁、制动桁架、制动板重量；墙架的制作工程量包括墙架柱、墙架梁及连接柱杆重量；钢柱制作工程量包括依附于柱上的牛腿及悬臂梁重量。

4）轨道制作工程量，只计算轨道本身重量，不包括轨道垫板，压板、斜垫、夹板及连接角钢等重量。

5）钢漏斗制作工程量，矩形按图示分片，圆形按图示展开尺寸，并依钢板宽度分段计算，每段均以其上口长度（圆形以分段展开上口长度）与钢板宽度，按矩形计算，依附漏斗的型钢并入漏斗重量内计算。

6）钢构件运输及安装按构件设计图示尺寸以吨计算，所需螺栓、电焊条等重量不另计算。

15.3 构件运输及安装

(1)金属构件运输

按三类金属构件列项,每类又按运输距离 1,3,5,10,15,20 km 以内等分成 6 个距离段。金属构件分类如表 15.8 所示。

表 15.8 金属构件分类表

类别	项 目
1	钢柱、屋架、托架梁、防风桁架
2	吊车梁、制动梁、型钢檩条、钢支撑、上下档、钢拉杆、拦杆、盖板、垃圾出灰口、倒灰门、蓖子、爬梯、零星构件平台、操作台、走道休息台、扶梯、钢吊车梯台、烟囱紧固箍
3	墙架、挡风架、天窗架、组合檩条、轻钢屋架、滚动支架、悬挂支架、管道支架

(2)金属结构构件安装

金属结构构件安装包括:钢柱安装;钢吊车梁安装;钢屋架拼装;钢屋架安装;钢网架拼装安装;钢天窗架拼装安装;钢托架梁安装;钢桁架安装;钢檩条安装;钢屋架支撑、柱间支撑安装;钢平台、操作台、扶梯安装。

(3)定额应用

1)定额未包括金属构件拼装和安装所需的连接螺栓。

2)钢屋架单榀重量在 1 t 以下者,按轻钢屋架定额计算。

3)钢柱、钢屋架、天窗架安装定额中,不包括拼装工序,如需拼装时,按拼装定额项目计算。

4)凡"单位"一栏中注有"%"者,均指该项费用占本项定额总价的百分数。

5)金属构件安装均不包括为安装工程所搭设的临时性脚手架,若发生应另按有关规定计算。

6)定额中的塔式起重机台班均已包括在垂直运输机械费定额中。

7)单层房屋盖系统构件必须在跨外安装时,按相应的构件安装定额的人工、机械乘以系数 1.18。用塔式起重机、卷扬机时,不乘此系数。

8)定额综合工日不包括机械驾驶人工工日。

9)钢柱安装在混凝土柱上,其人工、机械乘以系数 1.43。

10)钢构件的安装螺栓均为普通螺栓,若使用其他螺栓时,应按有关规定进行调整。

11)预制混凝土构件、钢构件,若需跨外安装时,其人工、机械乘以系数 1.18。

15.4 计算实例

例 15.1 按图 15.1 所示,计算柱间钢支撑工程量。已知:角钢 L75 ×50 ×6 每米理论质量为 5.68 kg/m。钢材理论质量为 7 850 kg/m^3。

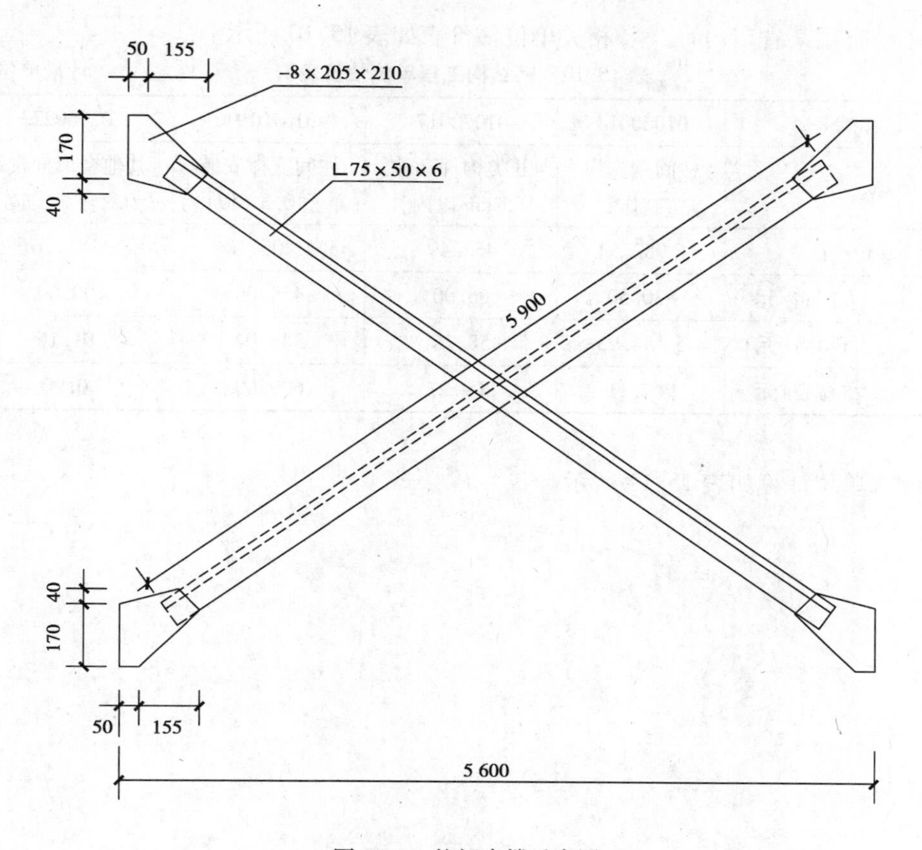

图15.1　柱间支撑示意图

解　角钢质量

$$5.9\times 2_{根}\times 5.68 = 67.02\ \text{kg}$$

钢板面积

$$(0.05+0.155)\times(0.17+0.04)\times 4 = 0.177\,2\ \text{m}^2$$

钢板质量

$$0.177\,2\times 0.008\times 7\,850 = 10.81\ \text{kg}$$

按图中引出线标明的(−8×205×210)，也就是钢板厚8 mm，外接最小的矩形面积为205 mm×210 mm，则多边形钢板的质量为

$$0.008\times 0.205\times 0.210\times 4\times 785\,0 = 10.81\ \text{kg}$$

柱间钢支撑工程量

$$67.02+10.81 = 77.83\ \text{kg}$$

例15.2　上题中的钢支撑按常规施工方法编制工程量清单如表15.9所示，试计算综合单价。

表15.9　分部分项工程量清单

序号	项目编码	项目名称	项目特征	计量单位	工程数量
1	010606001001	钢支撑	工厂制作；运输距离5 km；刷调合漆二道。	t	0.078

解 (1)查用某省《计价定额》相关单位估价表如表15.10所示。

表15.10 钢结构工程单位估价表 计量单位:t

定额编号		01060014	01070017	01070191	02060223
项 目		柱间钢支撑（制作）	Ⅱ类构件运输（5 km以内）	柱间支撑安装（单重0.3 t以内）	其他金属面油漆（调合漆二道）
基价/元		6 952.54	433.49	1 406.10	181.16
其中	人工费/元	830.50	66.00	454.00	90.00
	材料费/元	5 154.93	58,26	343.01	91.16
	机械费/元	967.11	309.23	609.09	0.00

(2)综合单位计算如表15.11所示。

表15.11 工程量清单综合单价分析表

项目编码		01060600 1001		项目名称		钢支撑				计量单位		t
清单综合单价组成明细												
定额编号	定额名称	定额单位	数量	单价/元			合计/元					
				人工费	材料费	机械费	人工费	材料费	机械费	管理费	利润	风险费
01060014	柱间钢支撑	t	1.000	830.50	5 154.93	967.11	830.50	5 154.93	967.11	449.40	161.78	
01070017	Ⅱ类构件运输（5 km以内）	t	1.000	66.00	58.26	309.23	66.00	58.26	309.23	93.81	33.77	
01070191	柱间支撑安装（单重0.3 t以内）	t	1.000	454.00	343.01	609.09	454.00	343.01	609.09	265.77	95.68	
02060223	其他金属面油漆（调和漆二道）	t	1.000	90.00	91.16	0.00	90.00	91.16	0.00	22.50	8.10	
小计							1 440.50	5 647.36	1 885.43	831.48	299.33	
人工单价	50.00元/工日	清单项目综合单价/(元·t^{-1})					10 104.10					

计算说明：①柱间钢支撑、构件运输、柱间支撑安装的相对量：0.078/0.078 = 1.000。

②金属面油漆的相对量：0.078 × 1.00/0.078 = 1.000。

③管理费费率取25%，利润率取9%（主体为四类工程），以人机费之和为基数计算。

习题 15

15.1　金属结构应列哪些清单项?

15.2　试根据例 15.1 编制工程量清单(未知条件自行补充)。

15.3　表 15.6 中的钢栏杆在什么情况下采用?它与楼地面工程中的栏杆项目有何区别?

第16章 屋面及防水工程计量与计价

16.1 基本问题

本章按工程部位划分为屋面工程、防水工程、变形缝三个部分。各部分按使用的材料品种划分子项,其分类如表16.1所示。

表16.1 屋面工程及防水工程项目分类

类别	按类型分	按材料分	包括的主要项目
屋面	瓦屋面		水泥瓦、黏土瓦、小青瓦、石棉瓦、金属压型板
	卷材屋面	油毡屋面	石油沥青玛蹄脂
		高分子卷材	三元一丙橡胶、再生橡胶、氯丁橡胶、氯化聚乙稀-橡胶、氯磺化聚乙稀、防水柔毡、SBC120复合卷材
	涂膜屋面		塑料油膏贴玻纤布、聚氯酯涂膜、掺无积盐防水剂
	屋面排水		铁皮件、铸铁管件、玻璃钢管件
防水	卷材防水	油毡卷材	玛蹄脂
		高分子卷材	氯化聚乙稀-橡胶、三元一丙橡胶、再生橡胶
	涂膜防水		苯乙稀、塑料油膏、石油沥青、防水砂浆
变缝剂	填缝		油浸麻丝、玛蹄脂
	盖缝		木质、铁皮

卷材的几种铺贴方法

(1)满铺法

亦称实铺法,是在油毡下满涂胶黏剂,使卷材与基层的整个接触面积用胶黏剂黏结在一起。

(2)空铺法

是指卷材与基层之间只在四周一定宽度范围内实施粘贴,其余部分则不加粘贴,使第一层油毡与基层之间存在空隙。

(3)点铺法

是指卷材与基层之间只实施点的粘结，要求粘结点应多于5个点/m^2，每点面积应达到100 mm×100 mm，黏结总面积要达到接触面的6%。

(4)条铺法

是指卷材与基层之间只做条带黏结，但要求粘结总面积不应小于整个接触面的25%左右。

(5)冷贴法

是指将胶黏剂直接涂刷在基层表面或卷材粘结面上，使卷材与基层实施黏结，而不需要热施工的铺贴方法。

16.2　清单分项及规则

(1)《清单计量规范》将屋面及防水工程分为17项，具体分项如表16.2～表16.4所示。

表16.2　瓦、型材屋面(编码:010901)

<table>
<tr><th>项目编码</th><th>项目名称</th><th>项目特征</th><th>计量单位</th><th>工程量计算规则</th><th>工程内容</th></tr>
<tr><td>010901001</td><td>瓦屋面</td><td>1. 瓦品种、规格
2. 黏结层砂浆的配合比</td><td rowspan="5">m^2</td><td rowspan="2">按设计图示尺寸以斜面积计算
不扣除房上烟囱、风帽底座、风道、小气窗、斜沟等所占面积。小气窗的出檐部分不增加面积</td><td>1. 砂浆制作、运输、摊铺、养护
2. 安瓦、做瓦脊</td></tr>
<tr><td>010901002</td><td>型材屋面</td><td>1. 型材品种、规格
2. 金属檩条材料品种、规格
3. 接缝、嵌缝材料种类</td><td>1. 檩条制作、运输、安装
2. 屋面型材安装
3. 接缝、嵌缝</td></tr>
<tr><td>010901003</td><td>阳光板屋面</td><td>1. 阳光板品种、规格
2. 骨架材料品种、规格
3. 接缝、嵌缝材料种类
4. 油漆品种、刷漆遍数</td><td rowspan="2">按设计图示尺寸以斜面积计算
不扣除屋面面积≤0.3 m^2孔洞所占面积</td><td>1. 骨架制作、运输、安装、刷防护材料、油漆
2. 阳光板安装
3. 接缝、嵌缝</td></tr>
<tr><td>010901004</td><td>玻璃钢屋面</td><td>1. 玻璃钢品种、规格
2. 骨架材料品种、规格
3. 玻璃钢固定方式
4. 接缝、嵌缝材料种类
5. 油漆品种、刷漆遍数</td><td>1. 骨架制作、运输、安装、刷防护材料、油漆
2. 玻璃钢制作、安装
3. 接缝、嵌缝</td></tr>
<tr><td>010901005</td><td>膜结构屋面</td><td>1. 膜布品种、规格
2. 支柱(网架)钢材品种、规格
3. 钢丝绳品种、规格
4. 锚固基座做法
5. 油漆品种、刷漆遍数</td><td>按设计图示尺寸以需要覆盖的水平投影面积计算</td><td>1. 膜布热压胶接
2. 支柱(网架)制作、安装
3. 膜布安装
4. 穿钢丝绳、锚头锚固
5. 锚固基座、挖土、回填
6. 刷防护材料、油漆</td></tr>
</table>

表16.3　屋面防水及其他(编码:010902)

项目编码	项目名称	项目特征	计量单位	工程量计算规则	工程内容
010902001	屋面卷材防水	1. 卷材品种、规格 2. 防水层数 3. 防水层做法	m^2	按设计图示尺寸以面积计算 1. 斜屋顶(不包括平屋顶找坡)按斜面积计算,平屋顶按水平投影面积计算 2. 不扣除房上烟囱、风帽底座、风道、屋面小气窗和斜沟所占面积 3. 屋面的女儿墙、伸缩缝和天窗等处的弯起部分,并入屋面工程量内	1. 基层处理 2. 刷底油 3. 铺油毡卷材、接缝
010902002	屋面涂膜防水	1. 防水膜品种 2. 涂膜厚度、遍数 3. 增强材料种类			1. 基层处理 2. 刷基层处理剂 3. 铺布、刷涂防水层
010902003	屋面刚性层	1. 刚性层厚度 2. 混凝土种类 3. 混凝土强度等级 4. 嵌缝材料种类 5. 钢筋规格、型号		按设计图示尺寸以面积计算。不扣除房上烟囱、风帽底座、风道等所占面积	1. 基层处理 2. 混凝土制作、运输、铺筑、养护 3. 钢筋制安
010902004	屋面排水管	1. 排水管品种、规格 2. 雨水斗、山墙出水口品种、规格 3. 接缝、嵌缝材料种类 4. 油漆品种、刷漆遍数	m	按设计图示尺寸以长度计算。如设计未标注尺寸,以檐口至设计室外散水上表面垂直距离计算	1. 排水管及配件安装、固定 2. 雨水斗、山墙出水口、雨水蓖子安装 3. 接缝、嵌缝 4. 油漆
010902005	屋面排(透)气管	1. 排(透)气管品种、规格 2. 接缝、嵌缝材料种类 3. 油漆品种、刷漆遍数		按设计图示尺寸以长度计算	1. 排(透)气管及配件安装、固定 2. 铁件制作、安装 3. 接缝、嵌缝 4. 油漆
010902006	屋面(廊、阳台)泄(吐)水管	1. 吐水管品种、规格 2. 接缝、嵌缝材料种类 3. 吐水管长度 4. 油漆品种、刷漆遍数	根(个)	按设计图示数量计算	1. 水管及配件安装、固定 2. 接缝、嵌缝 3. 油漆

续表

项目编码	项目名称	项目特征	计量单位	工程量计算规则	工程内容
010902007	屋面天沟、檐沟	1. 材料品种、规格 2. 接缝、嵌缝材料种类	m^2	按设计图示尺寸以面积计算。铁皮和卷材天沟按展开面积计算	1. 天沟材料铺设 2. 天沟配件安装 3. 接缝、嵌缝 4. 刷防护材料
010902008	屋面变形缝	1. 嵌缝材料种类 2. 止水带材料种类 3. 盖缝材料种类 4. 防护材料种类	m	按设计图示尺寸以长度计算	1. 清缝 2. 填塞防水材料 3. 止水带安装 4. 盖缝制作、安装 5. 刷防护材料

表 16.4　墙、地面防水、防潮(编码:010903)

项目编码	项目名称	项目特征	计量单位	工程量计算规则	工程内容
010903001	墙面卷材防水	1. 卷材品种、规格、厚度 2. 防水层数 3. 防水做法	m^2	按设计图示尺寸以面积计算	1. 基层处理 2. 刷黏结剂 3. 铺防水卷材 4. 接缝、嵌缝
010903002	墙面涂膜防水	1. 防水膜品种 2. 涂膜厚度、遍数 3. 增强材料种类			1. 基层处理 2. 刷基层处理剂 3. 铺布、喷涂防水层
010903003	墙面砂浆防水(防潮)	1. 防水层做法 2. 砂浆厚度、配合比 3. 增强材料种类			1. 基层处理 2. 挂钢丝网片 3. 设置分格缝 4. 砂浆制作、运输、摊铺、养护
010903004	墙面变形缝	1. 嵌缝材料种类 2. 止水带材料种类 3. 盖板材料 4. 防护材料种类	m	按设计图示尺寸以长度计算	1. 清缝 2. 填塞防水材料 3. 止水带安装 4. 盖缝制作、安装 5. 刷防护材料

(2)清单的适用范围

屋面工程主要包括瓦屋面、型材屋面、卷材屋面、涂料屋面、铁皮(金属压型板)屋面、屋面排水等。防水工程适用于楼地面、墙基、墙身、构筑物、水池、水塔及室内厕所、浴室的防水,建筑物 ±0.00 以下的防水,防潮工程按防水相应项目计算。变形缝项目指的是建筑物和构筑物变形缝的填缝、盖缝和止水等,按变形缝部位和材料分项。

目前,屋面防水和地下室防水在设计和施工上受到极大重视。国家标准规定了屋面防水等级,按不同等级进行防水设防。许多类别的建筑物,如高层建筑要求二道或多道防水设防

(一种防水材料能够独立成为防水层的称为一道),因此,在工程计价中应列出项目,按相应计算规则计算工程量。

16.3　定额计算规则

(1)屋面工程

1)瓦屋面、金属压型板屋面

包括挑檐部分均按图16.1中尺寸的水平投影面积乘以屋面坡度系数(见表16.5),以平方米计算。不扣除房上烟囱,风帽底座、风道、屋面小气窗和斜沟所占面积,但屋面小气窗出檐与屋面重叠部分的面积,应并入屋面工程量内计算。

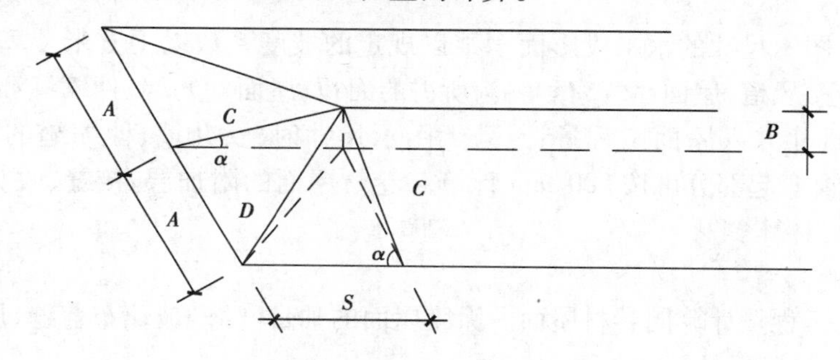

图16.1　坡屋面示意图

表16.5　屋面坡度系数表

坡度 $B(A=1)$	坡度 $B/2A$	坡度角度 α	延尺系数 $C(A=1)$	偶延尺系数 $D(A=1)$
1	1/2	45°	1.414 2	1.732 1
0.75		36°52′	1.250 0	1.600 8
0.7		35°	1.220 7	1.577 9
0.666	1/3	33°40′	1.201 5	1.562 0
0.65		33°01′	1.192 6	1.556 4
0.6		30°58′	1.166 2	1.536 2
0.577		30°	1.154 7	1.527 0
0.55		28°49′	1.141 3	1.517 0
0.5	1/4	26°34′	1.118 0	1.500 0
0.45		24°14′	1.096 6	1.483 9
0.4	1/5	21°48′	1.077 0	1.469 7
0.35		19°17′	1.059 4	1.456 9
0.30		16°42′	1.044 0	1.445 7
0.25		14°02′	1.030 8	1.436 2

续表

坡度 $B(A=1)$	坡度 $B/2A$	坡度角度 α	延尺系数 $C(A=1)$	偶延尺系数 $D(A=1)$
0.20	1/10	11°19′	1.019 8	1.428 3
0.15		8°32′	1.011 2	1.422 1
0.125		7°8′	1.007 8	1.419 1
0.100	1/20	5°42′	1.005 0	1.417 7
0.083		4°45′	1.003 5	1.416 6
0.066	1/30	3°49′	1.002 2	1.415 7

2）卷材屋面

卷材屋面按图示尺寸的水平投影面积乘以规定的坡度系数以平方米计算。但不扣除房上烟囱、风帽底座、风道、屋面小气窗和斜沟所占的面积；屋面女儿墙、伸缩缝和天窗等处的弯起部分，按图示尺寸并入屋面工程量计算，无图示尺寸时，女儿墙、伸缩缝的弯起部分可按250 mm计算，天窗弯起部分可按500 mm 计算。卷材屋面的附加层、接缝、收头、找平层的嵌缝、冷底子油不另计算。

3）涂膜屋面

涂膜屋面的工程量计算同卷材屋面。涂膜屋面的油膏嵌缝、玻璃布盖缝、屋面分格缝，以延长米计算。

4）屋面排水

①铁皮排水按图示尺寸以展开面积计算，如图纸无规定时，按铁皮排水单体零件工程量面积折算表（见表16.6）计算。咬口和搭接等不另计算。

②铸铁、玻璃钢、塑料等水落管区别不直径按图示尺寸以延长米计算，雨水口、水斗、弯头、短管以个计算。

表16.6　铁皮排水单体零件面积折算表

名　称	水落管/m	檐沟/m	水斗/个	漏斗/个	下水管/个	天沟/m
折算面积（m^2）	0.32	0.30	0.40	0.16	0.45	1.30
名　称	斜沟天窗窗台泛水（m）	天窗侧面泛水（m）	烟囱泛水（m）	通气管泛水（m）	滴水檐头泛水（m）	滴水（m）
折算面积（m^2）	0.50	0.70	0.80	0.22	0.24	0.11

（2）防水工程

①建筑物地面防水、防潮层，按主墙间净空面积计算，扣除凸出地面的构筑物、设备基础等所占面积，不扣除柱、垛、间隔墙。烟囱以及0.3 m^2 以内孔洞所占面积。与墙面连接处高度在500 mm 以内者按展开面积计算，并入平面工程量内，超过500 mm 时，按立面防水层计算。

②建筑物墙基防水、防潮层按墙长度乘以宽度以平方米计算。外墙长度按中心线，内墙长度按净长线。

③构筑物及建筑物地下室防水层，按实铺面积计算，不扣除0.3 m^2 以内的孔洞面积。平面与立面交接处的防水层，其上卷高度超过500 mm时，按立面防水层计算。

④防水卷材的附加层、接缝收头、冷底子油等主料不另计算。

(3)变形缝

变形缝按图示尺寸以延长米计算。

16.4　计算实例

例16.1　计算如图16.2所示四坡水瓦屋面工程量，已知屋面坡度的高跨比（$B/2A=1/3$），$\alpha=33°40'$。

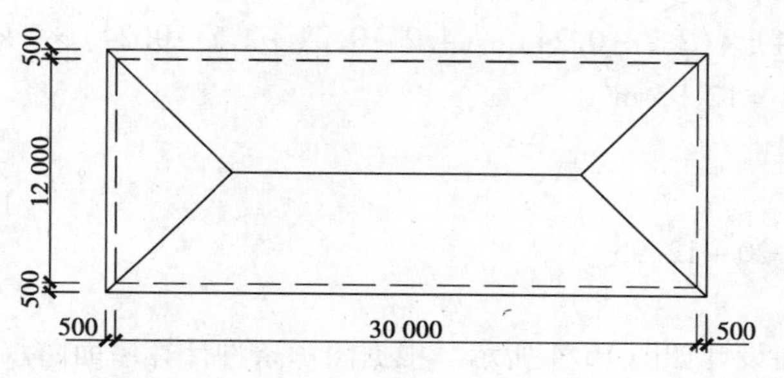

图16.2　四坡水瓦屋面示意图

解　查表16.5知，屋面延长系数 $C=1.2015$

$$S=(30+0.5\times2)\times(12+0.5\times2)\times1.2015=484.21\ m^2$$

例16.2　计算如图16.3所示卷材屋面工程量。女儿墙与楼梯间出屋面墙交接处，卷材弯起高度取250 mm。

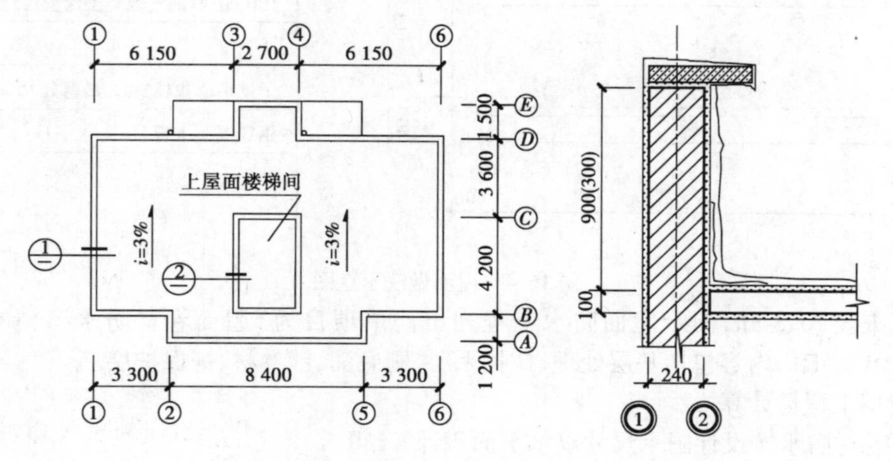

图16.3　卷材屋面示意图

解　该屋面为平屋面（坡度小于5%），工程量按水平投影面积计算，弯起部分并入屋面工程量内。

1)屋面水平投影面积

$$S_1=(3.3\times2+8.4-0.24)\times(4.2+3.6-0.24)+(8.4-0.24)\times1.2+(2.7-0.24)\times1.5-(4.2+0.24)\times(2.7+0.24)$$
$$=14.76\times7.56+8.16\times1.2+2.46\times1.5-4.44\times2.94$$
$$=112.01\ \mathrm{m}^2$$

2)屋面弯起部分面积

$$S_2=\{(3.3+8.4+3.3-0.24)\times2+(1.2+4.2+3.6+1.5-0.24)\times2\}\times0.25+(4.2+0.24+2.7+0.24)\times2\times0.25$$
$$=12.51+3.69$$
$$=16.20\ \mathrm{m}^2$$

3)楼梯间屋面水平及弯起部分面积

$$S_3=(4.2-0.24)\times(2.7-0.24)+(4.2-0.24+2.7-0.24)\times2\times0.25$$
$$=9.74+3.21=12.95\ \mathrm{m}^2$$

4)屋面卷材工程量

$$S=S_1+S_2+S_3$$
$$=112.01+16.20+12.95$$
$$=141.16\ \mathrm{m}^2$$

例 16.3 某屋面设计如图 16.4 所示。根据图示条件计算屋面防水相应项目工程量及综合单价。

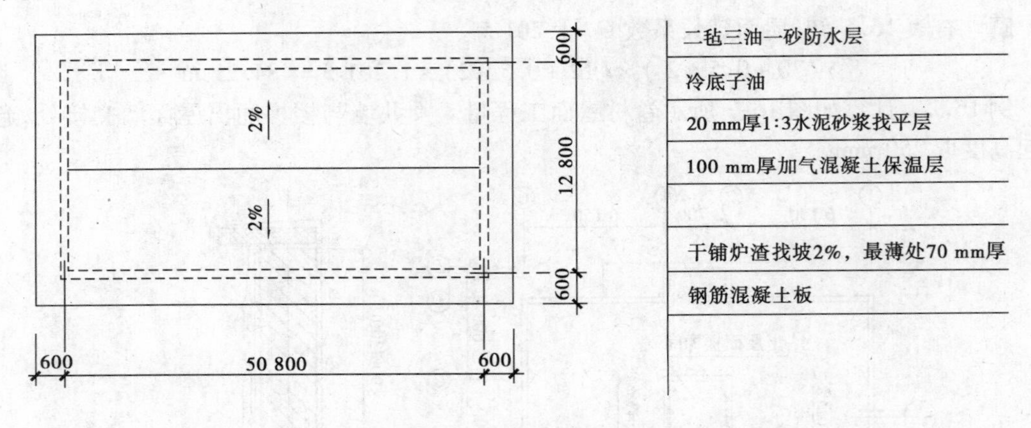

图 16.4 屋面做法示意图

解 查表 16.3 知,图示屋面防水工程列出清单项目为“屋面卷材防水”,清单编码为“010902001”,工作内容包括基层处理、抹找平层、刷底油、铺卷材、铺保护层。

1)清单工程量计算

屋面卷材防水按设计图示尺寸以水平面积计算,得

$$S_{清}=(50.8+0.6\times2)\times(12.8+0.6\times2)=728\ \mathrm{m}^2$$

2)定额工程量计算

①20 厚 1∶3 水泥砂浆找平层按屋面净面积计算,计算结果为

$$S_{找}=(50.8+0.6\times2)\times(12.8+0.6\times2)=728\ \mathrm{m}^2$$

②二毡三油一砂防水层按图示尺寸的水平投影面积乘以规定的坡度系数(见表 16.5)以

平方米计算，本例中坡度仅为 2%，坡度系数近似为 1.00，其工程量计算为

$$S_{卷} = (50.8 + 0.6 \times 2) \times (12.8 + 0.6 \times 2) = 728\ \text{m}^2$$

3）编制工程量清单，如表 16.7 所示。

表 16.7　分部分项工程量清单

序号	项目编码	项目名称	项目特征	计量单位	工程数量
1	010902001 001	屋面卷材防水	1. 卷材品种、规格：石油沥青玛蹄脂 2. 防水层数：一层 3. 防水层做法：二毡三油一砂 4. 找平层厚度、材料：20 mm 1∶2 水泥砂浆	m^2	728

4）套用某省《计价定额》并结合当地实际编制相应项目单位估价表如表 16.8 所示。

表 16.8　相关项目单位估价表　　计量单位：100 m^2

定额编号				01080020	01080021	01090046	01090046
项　目				水泥砂浆找平层		石油沥青玛蹄脂卷材屋面	
				在混凝土或硬基层上	每增减	二毡三油一砂	增减一毡一油
				20 mm	1 mm		
基价/元				1 091.95	242.34	2 805.54	733.41
其中	人工费/元			392.50	75.00	313.00	59.55
	材料费/元			665.62	158.66	2 492.54	673.86
	机械费/元			33.83	8.68	—	—
		单位	单　价	数　量			
人工	综合人工	工日	50.00	7.850	1.500	6.260	1.191
材料	水泥砂浆（1∶2）	m^3	311.09	2.020	0.510	—	—
	素水泥浆	m^3	354.20	0.100	—	—	—
	水	m^3	3.00	0.600	—	—	—
	石油沥青玛蹄脂	m^2	1800.28	—	—	0.690	0.150
	石油沥青油毡	m^3	3.38	—	—	273.940	113.770
	钢筋 ϕ10 以内	kg	4.00	—	—	5.220	—
	冷底子油 30∶70	kg	3.74	—	—	48.960	—
	铁钉	kg	5.30	—	—	0.280	—
	粒砂	m^3	55.00	—	—	0.520	
	木柴	kg	0.30	—	—	301.180	64.240
机械	灰浆搅拌机 200 L	台班	86.75	0.390	0.100	—	—

5）屋面卷材防水分项工程的综合单价计算如表 16.9 所示。

表 16.9　工程量清单综合单价分析表

项目编码		010902001001		项目名称		屋面卷材防水			计量单位			m^2
清单综合单价组成明细												
定额编号	定额名称	定额单位	数量	单价/元			合价/元					
				人工费	材料费	机械费	人工费	材料费	机械费	管理费	利润	风险费
01080020	水泥砂浆找平层	100 m^2	0.010 0	392.50	665.62	33.83	3.93	6.66	0.34	1.07	0.38	
01090046	二毡三油一砂	100 m^2	0.010 0	313.00	2 492.54	0.00	3.13	24.93	0.00	0.78	0.28	
小　计							7.06	31.59	0.34	1.85	0.66	
人工单价	50.00 元/工日	清单项目综合单价/(元·m^{-2})					41.50					

计算说明:①找平层的相对量:728/100/728 = 0.010 0。

②二毡三油一砂的相对量: 728/100/728 = 0.010 0。

③管理费费率取 25%,利润率取 9%(主体为四类工程),以人机费之和为基数计算。

习题16

16.1　根据图16.5、图16.6所给屋面做法，列项计算屋面防水项目工程量并计算综合单价（按第5.3节新规定计算）。

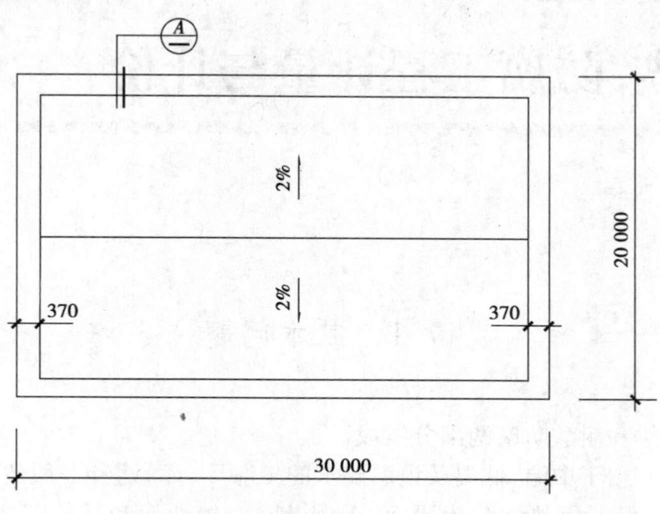

图16.5　屋面平面图

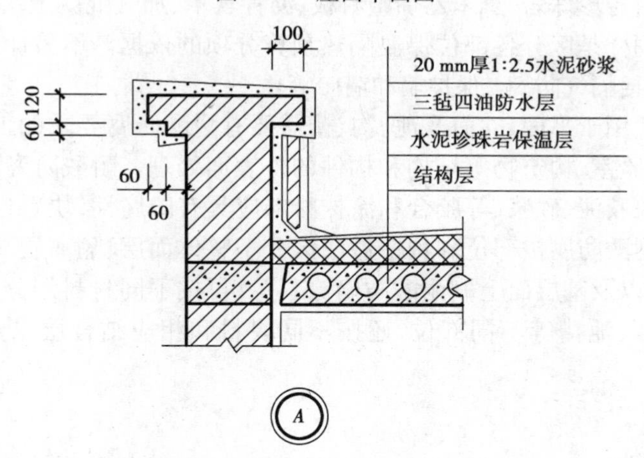

图16.6　屋面构造大样图

16.2　屋面防水和楼地面防水在定额使用上有何差异？

第17章 保温、隔热、防腐工程计量与计价

17.1 基本问题

本节由保温隔热和耐酸防腐两部分组成。

保温隔热部分适用于中温、低温及恒温要求的工业厂(库)房和一般建筑物的保温隔热工程。按照不同部位,保温隔热划分为屋面、天棚、墙体、楼地面和其他部位的保温隔热工程。保温隔热使用的材料有珍珠岩、聚笨乙烯塑料板、沥青软木、加气混凝土块。玻璃棉、矿渣棉、翕散稻草等。材料同样是区分各部位保温隔热预算分项的依据。不另计算的只包括保温隔热材料的铺贴,不包括隔气防潮 、保护墙和墙砖等。

耐酸防腐部分适用于平面、立面及池、沟、槽需要有耐酸防腐要求的工程,常发生于有特殊要求的化验室、实验室、构筑物等结构和构件的外表面处理。耐酸防腐项目所使用的材料都是防腐材料。不仅胶泥、砂浆、等胶合和涂抹材料应具有防腐性,块料也是耐酸块料,并且都必须是合格品。耐酸防腐按部位和构造做法区分了整体面层、隔离层、平面砌块料面层和池、沟、槽块料面层,以及基层面上刷耐酸防腐涂料等,再按不同材料划分子项目。如砌块面层,除按照平面、立面、池槽等不同部位,还按不同块料和相应结合层以及勾缝材料来分列子目。

17.2 清单分项及规则

1)《清单计量规范》将保温隔热和耐酸防腐工程分为16项,具体分项如表17.1~表17.3所示。

表17.1 保温、隔热(编码:011001)

项目编码	项目名称	项目特征	计量单位	工程量计算规则	工程内容
011001001	保温隔热屋面	1. 保温隔热材料品种、规格、厚度 2. 隔气层品种、厚度 3. 黏结材料种类、做法 4. 防护材料种类、做法	m^2	按设计图示尺寸以面积计算。扣除面积 > $0.3\ m^2$ 孔洞所占面积	1. 基层清理 2. 刷黏结材料 3. 铺粘保温层 4. 铺、刷(喷)防护材料
011001002	保温隔热天棚	1. 保温隔热面层材料品种、规格、性能 2. 保温隔热材料品种、规格及厚度 3. 黏结材料种类及做法 4. 防护材料种类及做法		按设计图示尺寸以面积计算。扣除面积 > $0.3\ m^2$ 上柱、垛孔洞所占面积,与天棚相连的梁按展开面积,计算并入天棚工程量内	
011001003	保温隔热墙面	1. 保温隔热部位 2. 保温隔热方式 3. 踢脚线、勒脚线保温做法 4. 龙骨材料品种、规格 5. 保温隔热面层材料品种、规格、性能 6. 保温隔热材料品种、规格及厚度 7. 增强网及抗裂防水砂浆种类 8. 黏结材料种类及做法 9. 防护材料种类及做法		按设计图示尺寸以面积计算。扣除门窗洞口及面积 > $0.3\ m^2$ 梁、孔洞所占面积,门窗洞口侧壁以及与墙相连的柱,并入保温墙面工程量内	1. 基层清理 2. 刷界面剂 3. 安装龙骨 4. 填贴保温材料 5. 保温板安装 6. 黏贴面层 7. 铺设增强格网、抹抗裂、防水砂浆面层 8. 嵌缝 9. 铺、刷(喷)防护材料
011001004	保温柱、梁			按设计图示尺寸以面积计算 1. 柱按设计图示柱断面保温层中心线展开长度乘保温层高度以面积计算,扣除面积 > $0.3\ m^2$ 梁所占面积 2. 梁按设计图示梁断面保温层中心线展开长度乘保温层长度以面积计算	
011001005	隔热楼地面	1. 保温隔热部位 2. 保温隔热材料品种、规格、厚度 3. 隔气层品种、厚度 4. 黏结材料种类、做法 5. 防护材料种类、做法	m^2	按设计图示尺寸以面积计算。扣除面积 > $0.3\ m^2$ 柱、垛、孔洞所占面积。门洞、空圈、暖气包槽、壁龛的开口部分不增加面积	1. 基层清理 2. 刷粘结材料 3. 铺黏保温层 4. 铺、刷(喷)防护材料
011001006	其他保温隔热	1. 保温隔热部位 2. 保温隔热方式 3. 隔气层品种、厚度			1. 基层清理 2. 刷界面剂 3. 安装龙骨

续表

项目编码	项目名称	项目特征	计量单位	工程量计算规则	工程内容
011001006	其他保温隔热	4. 保温隔热面层材料品种、规格、性能 5. 保温隔热材料品种、规格及厚度 6. 黏结材料种类、做法 7. 增强网及抗裂防水砂浆种类 8. 防护材料种类及做法 9. 防护材料种类及做法	m^2	按设计图示尺寸以面积计算。扣除面积 > 0.3 m^2孔洞所占面积	4. 填贴保温材料 5. 保温板安装 6. 黏贴面层 7. 铺设增强格网、抹抗裂、防水砂浆面层 8. 嵌缝 9. 铺、刷(喷)防护材料

表 17.2　防腐面层(编码:011002)

项目编码	项目名称	项目特征	计量单位	工程量计算规则	工程内容
011002001	防腐混凝土面层	1. 防腐部位 2. 面层厚度 3. 混凝土(砂浆、胶泥)种类(配合比)	m^2	按设计图示尺寸以面积计算 1. 平面防腐:扣除凸出地面的构筑物、设备基础以及面积 > 0.3 m^2柱、垛、孔洞所占面积,门洞、空圈、暖气包槽、壁龛的开口部分不增加面积 2. 立面防腐:扣除门窗洞口及面积 > 0.3 m^2梁、孔洞所占面积,门窗洞口侧壁\垛突出部分按展靠面积并入墙面积内	1. 基层清理 2. 基层刷稀胶泥 3. 混凝土(砂浆)制作、运输、摊铺、养护
011002002	防腐砂浆面层				
011002003	防腐胶泥面层				1. 基层清理 2. 胶泥调制、摊铺
011002004	玻璃钢防腐面层	1. 防腐部位 2. 玻璃钢种类 3. 贴布材料的种类、层数 4. 面层材料品种			1. 基层清理 2. 刷底漆、刮腻子 3. 胶浆配制、涂刷 4. 粘布、涂刷面层
011002005	聚氯乙烯板面层	1. 防腐部位 2. 面层材料品种 3. 黏结材料种类			1. 基层清理 2. 配料、涂胶 3. 聚氯乙烯板铺设 4. 铺贴踢脚板
011002006	块料防腐面层	1. 防腐部位 2. 块料品种、规格 3. 黏结材料种类 4. 勾缝材料种类			1. 基层清理 2. 铺贴块料 3. 胶泥调制、勾缝

续表

项目编码	项目名称	项目特征	计量单位	工程量计算规则	工程内容
011002007	池、槽块料防腐面层	1. 防腐部位 2. 块料品种、规格 3. 黏结材料种类 4. 勾缝材料种类	m^2	按设计图示尺寸以展开面积计算	1. 基层清理 2. 砌块料 3. 胶泥调制、勾缝

表17.3 其他防腐(编码:011003)

项目编码	项目名称	项目特征	计量单位	工程量计算规则	工程内容
011003001	隔离层	1. 隔离层部位 2. 隔离层材料品种 3. 隔离层做法 4. 黏贴材料种类	m^2	按设计图示尺寸以面积计算 1. 平面防腐:扣除凸出地面的构筑物、设备基础以及面积>0.3 m^2柱、垛、孔洞所占面积,门洞、空圈、暖气包槽、壁龛的开口部分不增加面积 2. 立面防腐:扣除门窗洞口及面积>0.3 m^2梁、孔洞所占面积,门窗洞口侧壁、垛突出部分按展靠面积并入墙面积内	1. 基层清理、刷油 2. 煮沥青 3. 胶泥调制 4. 隔离层铺设
011003002	砌筑沥青浸渍砖	1. 砌筑部位 2. 浸渍砖规格 3. 胶泥种类 4. 浸渍砖砌法	m^3	按设计图示尺寸以体积计算	1. 基层清理 2. 胶泥调制 3. 浸渍砖铺砌
011003003	防腐涂料	1. 涂刷部位 2. 基层材料类型 3. 刮腻子的种类、遍数 4. 涂料品种、刷涂遍数	m^2	按设计图示尺寸以面积计算 1. 平面防腐:扣除凸出地面的构筑物、设备基础以及面积>0.3 m^2柱、垛、孔洞所占面积,门洞、空圈、暖气包槽、壁龛的开口部分不增加面积 2. 立面防腐:扣除门窗洞口及面积>0.3 m^2梁、孔洞所占面积,门窗洞口侧壁、垛突出部分按展靠面积并入墙面积内	1. 基层清理 2. 刮腻子 3. 刷涂料

2)其他相关问题应按下列规定处理:

①保温隔热墙的装饰面层,应按墙柱面中相关项目编码列项。

②柱帽保温隔热应并入天棚保温隔热工程量内。

17.3 定额计算规则

(1)耐酸防腐工程

①防腐工程项目应区分不同防腐材料种类及其厚度,按设计实铺面积以平方米计算,应扣除凸出地面的构筑物、设备基础等所占的面积,砖垛等凸出墙面部分按展开面积计算,并入墙面防腐工程量之内。

②踢脚板按实铺长度乘以高度以平方米计算,应扣除门洞所占面积并相应增加侧壁展开面积。

③平面砌筑双层耐酸块料时,按单层面积乘以系数2计算。

④防腐卷材接缝、附加层、收头等人工材料不另计算。

(2)保温隔热工程

①保温隔热层应区别不同保温材料,除另有规定者外,均按设计实铺厚度以立方米计算。其厚度按隔热材料净厚度计算。

②地面隔热层按围护结构体间净空面积乘以设计厚度以立方米计算,不扣除柱、垛所占体积。

③墙体隔热层,外墙按隔热层中心线、内墙按隔热层净长乘以图示尺寸的高度及厚度以立方米计算。应扣除冷藏门洞口和管道穿墙洞口所占的体积。

④柱包隔热层,按图示尺寸的隔热层中心线的展开长度乘以图示尺寸高度及厚度以立方米计算。

⑤池槽隔热层按图示池槽保温隔热层的长、宽及其厚度以立方米计算。池壁按墙面计算,池底按地面计算。

17.4 计算实例

例17.1 某屋面设计如图16.4所示。根据图示条件计算屋面保温相应项目工程量及综合单价。

解 查表17.1知,图示屋面保温工程列出清单项目为“保温隔热屋面”,清单编码为“011001001”,工作内容包括基层处理、铺贴保温层、刷防护材料。

1)清单工程量按图示尺寸以面积计算,得

$$S_{清} = (50.8 + 0.6 \times 2) \times (12.8 + 0.6 \times 2) = 728 \text{ m}^2$$

2）定额工程量计算

①干铺炉渣找坡，坡度2%，最薄处70 mm厚。找坡层平均厚度为

$$h = 70 + (12\ 800/2 + 600) \times 2\% \times 0.5 = 140(\text{mm}) = 0.14\ \text{m}$$

按设计实铺厚度以立方米计算得

$$V_{坡} = 728 \times 0.14 = 101.92\ \text{m}^3$$

②100厚加气混凝土保温层，按设计实铺厚度以立方米计算得

$$V_{混} = 728 \times 0.10 = 72.8\ \text{m}^3$$

3）编制工程量清单，如表17.4所示。

表17.4 分部分项工程量清单

序号	项目编码	项目名称	项目特征	计量单位	工程数量
1	011001001 001	保温隔热屋面	1. 保温隔热材料品种、规格、厚度：干铺炉渣找坡2%，最薄处70 mm 2. 隔气层品种、厚度：100 mm厚加气混凝土块	m^2	728

4）套用某省《计价定额》中的相应项目单位估价表，数据如表17.5所示。

表17.5 某省《计价定额》相关项目单位估价表 计量单位：10 m^3

定额编号		01100158（换）	01100155
项　目		干铺炉渣	铺加气混凝土块
基价/元		511.39	3 426.77
其中	人工费/元	258.89	446.24
	材料费/元	252.50	2 980.53
	机械费/元	—	—

5）保温隔热屋面分项工程的综合单位计算如表17.6所示。

例17.2 如果要求图16.4所示屋面包括防水及保温按"屋面卷材防水（含保温）"一项报出综合单价，应如何计算？

解 1）将屋面防水及保温的全部构造层次组合在一起编制工程量清单，如表17.7所示。

2）确定综合单价，其计算如表17.8所示。

表 17.6　工程量清单综合单价分析表

项目编码	011001001001			项目名称			保温隔热屋面			计量单位		m²
清单综合单价组成明细												
定额编号	定额名称	定额单位	数　量	单价/元			合价/元					
				人工费	材料费	机械费	人工费	材料费	机械费	管理费	利　润	风险费
01100158	干铺炉渣	10 m³	0.014 0	258.89	252.50	0.00	3.62	3.54	0.00	0.91	0.33	
01100155	铺加气混凝土块	10 m³	0.010 0	446.24	2 980.53	0.00	4.46	29.81	0.00	1.12	0.40	
小　计							8.08	33.35	0.00	2.03	0.73	
人工单价	50.00 元/工日	清单项目综合单价/(元·m^{-2})					44.19					

计算说明:①干铺炉渣的相对量 101.92/10/728 = 0.014 0。

②铺加气混凝土块的相对量: 72.8/10/728 = 0.010。

③管理费费率取 25%,利润率取 9%(主体为四类工程),以人机费之和为基数计算。

表 17.7　分部分项工程量清单

序号	项目编码	项目名称	项目特征	计量单位	工程数量
1	010902001 001	屋面卷材防水(含保温)	1. 保温隔热材料品种、规格、厚度:干铺炉渣找坡 2%,最薄处 70 mm 2. 隔气层品种、厚度:100 mm 厚加气混凝土块 3. 找平层厚度、材料:20 mm 厚 1:2水泥砂浆 4. 卷材品种、规格:石油沥青玛蹄脂 5. 防水层数:一层 6. 防水层做法:二毡三油一砂	m²	728

表 17.8　工程量清单综合单价分析表

项目编码		010902001001		项目名称		屋面卷材防水(含保温)				计量单位		m^2
清单综合单价组成明细												
定额编号	定额名称	定额单位	数　量	单价/元			合价/元					
				人工费	材料费	机械费	人工费	材料费	机械费	管理费	利　润	风险费
01080020	水泥砂浆找平层	100 m^2	0.010 0	392.50	665.62	33.83	3.93	6.66	0.34	1.07	0.38	
01090046	二毡三油一砂	100 m^2	0.010 0	313.00	2 492.54	0.00	3.13	24.93	0.00	0.78	0.28	
01100158	干铺炉渣	10 m^3	0.014 0	258.89	252.50	0.00	3.62	3.54	0.00	0.91	0.33	
01100155	铺加气混凝土块	10 m^3	0.010 0	446.24	2 980.53	0.00	4.46	29.81	0.00	1.12	0.40	
小　计							15.14	64.94	0.34	3.88	1.39	
人工单价	50.00 元/工日	清单项目综合单价/(元·m^{-2})					85.69					

计算说明:①干铺炉渣的相对量 101.92/10/728 = 0.014 0。

②铺加气混凝土块的相对量: 72.8/10/728 = 0.010。

③管理费费率取 25%, 利润率取 9%(主体为四类工程), 以人机费之和为基数计算。

习题 17

17.1　根据图 17.1、图 17.2 所给屋面做法,列项计算屋面保温项目工程量并计算综合单价(按第 5.3 节新规定计算)。

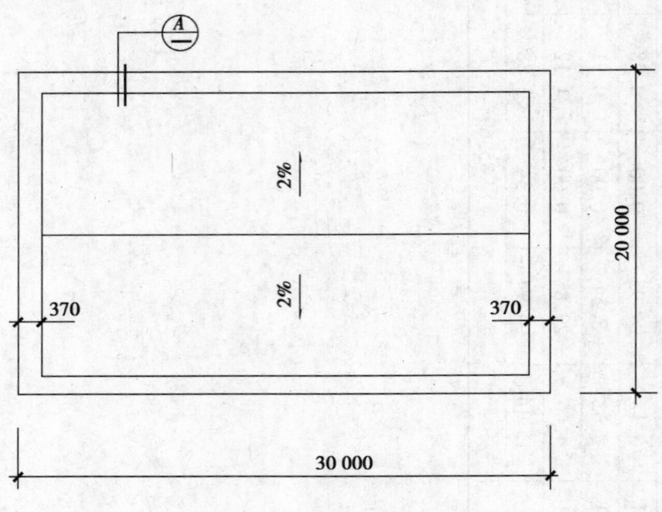

图 17.1　屋面平面图

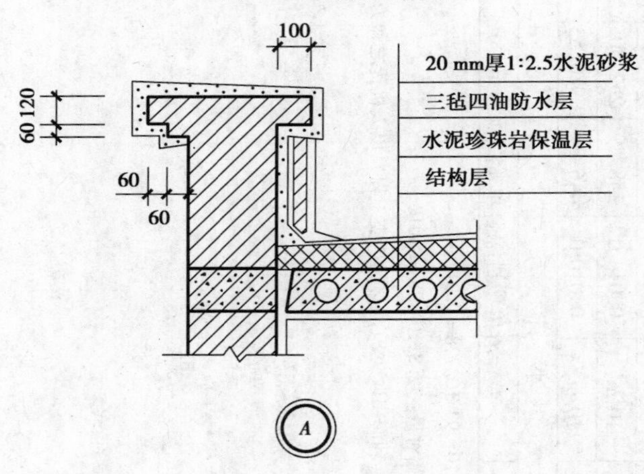

图 17.2　屋面构造大样图

17.2　耐酸防腐项目在什么情况下使用?

第18章 楼地面工程计量与计价

楼地面是楼面和地面的总称，是构成楼地层的面层部分。一般来说，地层（又称地坪）主要由垫层、找平层和面层所组成，构成地层的项目都能在楼地面分部中找到。楼层主要由结构层、找平层、保温隔热层和面层组成，在楼地面分部中能找到找平层和面层，其他构造层次对应的项目应在其他分部寻找。

18.1 基本问题

(1)楼地面项目分类

如表18.1所示。

表18.1 楼地面项目分类

构造分类	定额项目分类	包含内容
垫层	垫层	灰土、三合土、砂、砂石、毛石、碎砖、碎石、炉(矿)渣、混凝土
找平层	找平层	水泥砂浆找平层、细石混凝土找平层
面层	整体面层	水泥砂浆、水磨石、水泥豆石浆、混凝土、菱苦土等面层
	块料面层	大理石、花岗岩、汉白玉、预制水磨石块、彩釉砖、水泥花砖、缸砖、陶瓷锦砖、拼碎块料、红(青)砖、凹凸假麻石块、镭射玻璃、塑料、橡胶板、地毯、木地板、防静电活动地板
其他	踢脚线	水泥砂浆、石材、塑料板、现浇水磨石、木制、金属、块料踢脚线
	栏杆、扶手	铝合金管、不锈钢管、塑料、钢管、硬木
	楼梯、台阶面	水泥砂浆、石材、现浇水磨石、木制、块料、地毯
	散水、明沟	

(2)相关名词解释

①找平层:是指为铺设楼地面面层所做的平整底层。

②整体面层:是指大面积整体浇筑而成的现浇楼面或地面面层。

③分格调色水磨石:是指用白水泥色石子浆代替灰水泥白石子浆而做成的水磨石面,也称彩色水磨石面。

④彩色镜面水磨石:是指高级水磨石,除质量达到规定要求外,其表面磨光应按"五浆五磨",七道"抛光"工序施工。

⑤汉白玉:是一种纯白色或白底带少量隐纹的大理石,石质纯净、洁白如玉。

⑥彩釉砖:是一种彩色釉面陶瓷地砖。

⑦缸砖:俗称地砖或铺地砖,其表面不上釉,色泽为暗红、浅黄、深黄或青灰色,形状有正方形、长方形和六角形。

⑧陶瓷锦砖:又称马赛克。

⑨镭射玻璃砖:是以玻璃为基体的饰面材料,在其表面制成全息光栅或其他几何光栅,在阳光或灯光的照射下,会反射出艳丽的七色光彩。

⑩防静电活动地板:是一种由金属材料和木质材料复合制成的特种地板,表面覆以耐高压装饰板。

18.2 清单分项及规则

1)《清单计量规范》将楼地面工程分为43项,具体分项如表18.2~表18.9所示。

表18.2 整体面层(编码:011101)

项目编码	项目名称	项目特征	计量单位	工程量计算规则	工程内容
011101001	水泥砂浆楼地面	1. 找平层厚度、砂浆配合比 2. 素水泥浆遍数 3. 面层厚度、砂浆配合比 4. 面层做法要求	m^2	按设计图示尺寸以面积计算。扣除凸出地面构筑物、设备基础、室内铁道、地沟等所占面积,不扣除间壁墙及≤0.3 m^2 柱、垛、附墙烟囱及孔洞所占面积。门洞、空圈、暖气包槽、壁龛的开口部分不增加面积	1. 基层清理 2. 抹找平层 3. 抹面层 4. 材料运输
011101002	现浇水磨石楼地面	1. 找平层厚度、砂浆配合比 2. 面层厚度、水泥石子浆配合比 3. 嵌条材料种类、规格 4. 石子种类、规格、颜色 5. 颜料种类、颜色 6. 图案要求 7. 磨光、酸洗、打蜡要求			1. 基层清理 2. 抹找平层 3. 面层铺设 4. 嵌缝条安装 5. 磨光、酸洗、打蜡 6. 材料运输
011101003	细石混凝土地面	1. 找平层厚度、砂浆配合比 2. 面层厚度、混凝土强度等级			1. 基层清理 2. 抹找平层 3. 面层铺设 4. 材料运输

续表

项目编码	项目名称	项目特征	计量单位	工程量计算规则	工程内容
011101004	菱苦土楼地面	1. 找平层厚度、砂浆配合比 2. 面层厚度 3. 打蜡要求			1. 清理基层 2. 抹找平层 3. 面层铺设 4. 打蜡 5. 材料运输
011101005	自流坪楼地面	1. 找平层厚度、砂浆配合比 2. 界面剂材料种类 3. 中层漆材料种类、厚度 4. 面漆材料种类、厚度 5. 面层材料种类			1. 基层清理 2. 抹找平层 3. 涂界面剂 4. 涂刷中层漆 5. 打磨、吸尘 6. 镘自流坪面漆(浆) 7. 拌合自流坪浆料 8. 铺面层
011101006	平面砂浆找平层	找平层厚度、砂浆配合比		按设计图示尺寸以面积计算	1. 基层清理 2. 抹找平层 3. 材料运输

表 18.3　块料面层(编码:011102)

项目编码	项目名称	项目特征	计量单位	工程量计算规则	工程内容
011102001	石材楼地面	1. 找平层厚度、砂浆配合比 2. 结合层厚度、砂浆配合比 3. 面层材料品种、规格、颜色 4. 嵌缝材料种类 5. 防护层材料种类 6. 酸洗、打蜡要求	m^2	按设计图示尺寸以面积计算。门洞、空圈、暖气包槽、壁龛的开口部分并入相应的工程量内	1. 基层清理 2. 抹找平层 3. 面层铺设、磨边 4. 嵌缝 5. 刷防护材料 6. 酸洗、打蜡 7. 材料运输
0111020012	碎石材楼地面				
011102003	块料楼地面				

表 18.4　橡塑面层(编码:011103)

项目编码	项目名称	项目特征	计量单位	工程量计算规则	工程内容
011103001	橡胶板楼地面	1. 黏结层厚度、材料种类 2. 面层材料品种、规格、颜色 3. 压线条种类	m^2	按设计图示尺寸以面积计算。门洞、空圈、暖气包槽、壁龛的开口部分并入相应的工程量内	1. 基层清理 2. 面层铺贴 3. 压缝条装钉 4. 材料运输
011103002	橡胶板卷材楼地面				
011103003	塑料板楼地面				
011103004	塑料卷材楼地面				

表 18.5　其他材料面层(编码:011104)

<table>
<tr><th>项目编码</th><th>项目名称</th><th>项目特征</th><th>计量单位</th><th>工程量计算规则</th><th>工程内容</th></tr>
<tr><td>011104001</td><td>地毯楼地面</td><td>1. 面层材料品种、规格、颜色
2. 防护材料种类
3. 黏结材料种类
4. 压线条种类</td><td rowspan="4">m^2</td><td rowspan="4">按设计图示尺寸以面积计算。门洞、空圈、暖气包槽、壁龛的开口部分并入相应的工程量内</td><td>1. 基层清理
2. 铺贴面层
3. 刷防护材料
4. 装钉压条
5. 材料运输</td></tr>
<tr><td>011104002</td><td>竹、木(复合)地板</td><td rowspan="2">1. 龙骨材料种类、规格、铺设间距
2. 基层材料种类、规格
3. 面层材料品种、规格、颜色
4. 防护材料种类</td><td rowspan="2">1. 基层清理
2. 龙骨铺设
3. 基层铺设
4. 面层铺贴
5. 刷防护材料
6. 材料运输</td></tr>
<tr><td>011104003</td><td>金属复合地板</td></tr>
<tr><td>011104004</td><td>防静电活动地板</td><td>1. 支架高度、材料种类
2. 面层材料品种、规格、颜色
3. 防护材料种类</td><td>1. 清理基层
2. 固定支架安装
3. 活动面层安装
4. 刷防护材料
5. 材料运输</td></tr>
</table>

表 18.6　踢脚线(编码:011105)

<table>
<tr><th>项目编码</th><th>项目名称</th><th>项目特征</th><th>计量单位</th><th>工程量计算规则</th><th>工程内容</th></tr>
<tr><td>011105001</td><td>水泥砂浆踢脚线</td><td>1. 踢脚线高度
2. 底层厚度、砂浆配合比
3. 面层厚度、砂浆配合比</td><td rowspan="7">m^2
m</td><td rowspan="7">1. 以平方米计量，按设计图示长度乘以高度以面积计算
2. 以米计量，按延长米计算</td><td>1. 基层清理
2. 底层和面层抹灰
3. 材料运输</td></tr>
<tr><td>011105002</td><td>石材踢脚线</td><td rowspan="2">1. 踢脚线高度
2. 黏结层厚度、材料种类
3. 面层材料品种、规格、颜色
4. 防护材料种类</td><td rowspan="2">1. 基层清理
2. 底层抹灰
3. 面层铺贴、磨边
4. 擦缝
5. 磨光、酸洗、打蜡
6. 刷防护材料
7. 材料运输</td></tr>
<tr><td>011105003</td><td>块料踢脚线</td></tr>
<tr><td>011105004</td><td>塑料板踢脚线</td><td>1. 踢脚线高度
2. 黏结层厚度、材料种类
3. 面层材料种类、规格、颜色</td><td rowspan="4">1. 基层清理
2. 基层铺贴
3. 面层铺贴
4. 材料运输</td></tr>
<tr><td>011105005</td><td>木质踢脚线</td><td rowspan="3">1. 踢脚线高度
2. 基层材料种类、规格
3. 面层材料品种、规格、颜色</td></tr>
<tr><td>011105006</td><td>金属踢脚线</td></tr>
<tr><td>020105007</td><td>防静电踢脚线</td></tr>
</table>

表 18.7　楼梯装饰(编码:011106)

项目编码	项目名称	项目特征	计量单位	工程量计算规则	工程内容
011106001	石材楼梯面层	1. 找平层厚度、砂浆配合比 2. 黏结层厚度、材料种类 3. 面层材料品种、规格、颜色 4. 防滑条材料种类、规格 5. 勾缝材料种类 6. 防护层材料种类 7. 酸洗、打蜡要求	m^2	按设计图示尺寸以楼梯(包括踏步、休息平台及≤500 mm 的楼梯井)水平投影面积计算。楼梯与楼地面相连时,算至梯口梁内侧边沿;无梯口梁者,算至最上一层踏步边沿加 300 mm	1. 基层清理 2. 抹找平层 3. 面层铺贴、磨边 4. 贴嵌防滑条 5. 勾缝 6. 刷防护材料 7. 酸洗、打蜡 8. 材料运输
011106002	块料楼梯面层				
011106003	拼碎块料楼梯面层				
011106004	水泥砂浆楼梯面层	1. 找平层厚度、砂浆配合比 2. 面层厚度、砂浆配合比 3. 防滑条材料种类、规格			1. 基层清理 2. 抹找平层 3. 抹面层 4. 抹防滑条 5. 材料运输
011106005	现浇水磨石楼梯面层	1. 找平层厚度、砂浆配合比 2. 面层厚度、水泥石子浆配合比 3. 防滑条材料种类、规格 4. 石子种类、规格、颜色 5. 颜料种类、颜色 6. 磨光、酸洗、打蜡要求			1. 基层清理 2. 抹找平层 3. 抹面层 4. 贴嵌防滑条 5. 磨光、酸洗、打蜡 6. 材料运输
011106006	地毯楼梯面层	1. 基层种类 2. 面层材料品种、规格、颜色 3. 防护材料种类 4. 黏结材料种类 5. 固定配件材料种类、规格			1. 基层清理 2. 铺贴面层 3. 固定配件安装 4. 刷防护材料 5. 材料运输
011106007	木板楼梯面层	1. 基层材料种类、规格 2. 面层材料品种、规格、颜色 3. 黏结材料种类 4. 防护材料种类			1. 基层清理 2. 基层铺贴 3. 面层铺贴 4. 刷防护材料 5. 材料运输
011106008	橡胶板楼梯面层	1. 黏结层厚度、材料种类 2. 面层材料品种、规格、颜色 3. 压线条种类			1. 基层清理 2. 面层铺贴 3. 压线条装钉 4. 材料运输
011106009	塑料板楼梯面层				

表 18.8　台阶装饰(编码:011107)

项目编码	项目名称	项目特征	计量单位	工程量计算规则	工程内容
011107001	石材台阶面	1. 找平层厚度、砂浆配合比 2. 黏结层材料种类 3. 面层材料品种、规格、颜色 4. 勾缝材料种类 5. 防滑条材料种类、规格 6. 防护材料种类	m^2	按设计图示尺寸以台阶(包括最上层踏步边沿加300 mm)水平投影面积计算	1. 基层清理 2. 抹找平层 3. 面层铺贴 4. 贴嵌防滑条 5. 勾缝 6. 刷防护材料 7. 材料运输
011107002	块料台阶面				
011107003	拼碎块料台阶面				
011107004	水泥砂浆台阶面	1. 找平层厚度、砂浆配合比 2. 面层厚度、砂浆配合比 3. 防滑条材料种类			1. 清理基层 3. 抹找平层 4. 抹面层 5. 抹防滑条 6. 材料运输
011107005	现浇水磨石台阶面	1. 找平层厚度、砂浆配合比 2. 面层厚度、水泥石子浆配合比 3. 防滑条材料种类 4. 石子种类、规格、颜色 5. 颜料种类、颜色 6. 磨光、酸洗、打蜡要求			1. 清理基层 2. 抹找平层 3. 抹面层 4. 贴嵌防滑条 5. 打磨、酸洗、打蜡 6. 材料运输
011107006	剁假石台阶面	1. 找平层厚度、砂浆配合比 2. 面层厚度、砂浆配合比 3. 剁假石要求			1. 清理基层 2. 抹找平层 3. 抹面层 4. 剁假石 5. 材料运输

表 18.9　零星装饰项目(编码:011108)

项目编码	项目名称	项目特征	计量单位	工程量计算规则	工程内容
011108001	石材零星项目	1. 工程部位 2. 找平层厚度、砂浆配合比 3. 贴结合层厚度、材料种类 4. 面层材料品种、规格、颜色 5. 勾缝材料种类 6. 防护材料种类 7. 酸洗、打蜡要求	m^2	按设计图示尺寸以面积计算	1. 清理基层 2. 抹找平层 3. 面层铺贴、磨边 4. 勾缝 5. 刷防护材料 6. 酸洗、打蜡 7. 材料运输
011108002	碎拼石材零星项目				
011108003	块料零星项目				
011108004	水泥砂浆零星项目	1. 工程部位 2. 找平层厚度、砂浆配合比 3. 面层厚度、砂浆厚度			1. 清理基层 2. 抹找平层 3. 抹面层 4. 材料运输

2)其他相关问题应按下列规定处理:

①楼梯、阳台、走廊、回廊及其他的装饰性扶手、栏杆、栏板,应按装饰工程的其他项目编码列项。

②楼梯、台阶牵边和侧面镶贴块料面层,不大于0.5 m^2 的少量分散的楼地面镶贴块料面层,应按表18.9中项目编码列项。

18.3　定额计算规则

1)地面垫层按室内主墙间净空面积乘以设计厚度以立方米计算。应扣除凸出地面的构筑物、设备基础、室内管道、地沟等所占的体积,不扣除柱、垛、间壁墙、附墙烟囱及面积在0.3 m^2以内的孔洞所占体积。

2)整体面层、找平层按主墙间净空面积以平方米计算,应扣除凸出地面的构筑物、设备基础、室内管道、地沟等所占面积,不扣除柱、垛、间壁墙、附墙烟囱及面积在0.3 m^2 以内的孔洞所占面积,但门洞、空圈、暖气包槽和壁龛的开口部分亦不增加。

3)块料面层,按图示尺寸实铺面积以平方米计算,门洞、空圈、暖气包槽和壁龛的开口部分的工程量并入相应的面层计算。

4)楼梯面层(包括踏步及最上一层踏步沿加300 mm、休息平台以及小于500 mm 宽的楼梯井)按水平投影面积计算。

5)台阶面层(包括踏步及最上一层踏步沿加300 mm)按水平投影面积计算。

6)其他:

①水泥砂浆踢脚板按延长米计算,门洞、空圈开口部分长度不予扣除,但洞口、空圈、柱、垛、附墙烟囱等侧壁长度亦不增加。块料踢脚板按实长乘以高度以平方米计算。

②散水、防滑坡道按图示尺寸以平方米计算。

③栏杆、扶手包括弯头长度按延长米计算。

④防滑条按楼梯踏步两端距离减300 mm 以延长米计算。

⑤明沟按图示尺寸以延长米计算。

18.4　计算实例

在本章中,工程量计算的关键问题是区别室内净面积、实铺面积、水平投影面积和延长米的概念及计算方法。

例18.1　某建筑平面如图18.1所示,若地面为水泥砂浆面层,水泥砂浆踢脚线,试求其工程量。

解 1)水泥砂浆面层

水泥砂浆面层属于整体面层,应按主墙间净空面积以平方米计算。

$$S_{净} = (5.1 - 0.24) \times (3.0 - 0.24) \times 2 + (3.0 \times 2 - 0.24) \times (3.9 - 0.24) = 47.91\ m^2$$

2)水泥砂浆踢脚线

应按延长米计算,门洞、空圈开口部分长度不予扣除,但洞口、空圈、柱、垛、附墙烟囱等侧壁长度亦不增加。

$$L = (5.1 - 0.24 + 3.0 - 0.24) \times 2 \times 2 + (3.0 \times 2 - 0.24 + 3.9 - 0.24) \times 2 = 49.32\ m$$

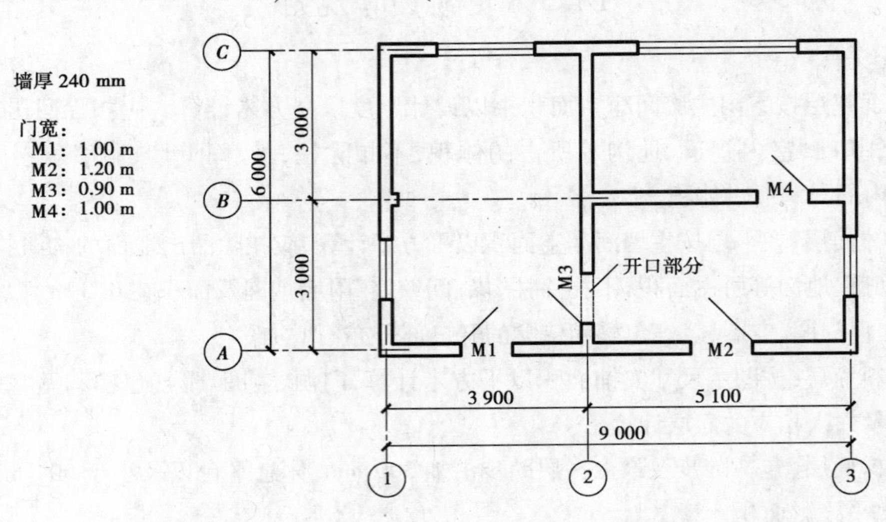

图 18.1 某建筑地面装修示意图

例 18.2 上题中,若地面用水泥砂浆铺贴花岗岩面层和踢脚线(高度为 150 mm),其工程量又该是多少?

解 1)花岗岩面层

花岗岩面层属于块料面层,清单工程量和定额工程量均按实铺面积计算,也就是在室内净面积基础上加上门洞开口部分面积。

室内净面积(同上题) $=47.91\ m^2$

门洞开口部分面积 $=(1.0+1.2+0.9+1.0)\times 0.24=0.98\ m^2$

实铺面积 $=47.91+0.98=48.89\ m^2$

2)花岗岩踢脚线

应按实长乘以高度以平方米计算。实长计算应扣门洞口宽度,应增加柱垛侧壁、门洞口侧壁在扣除门框厚度后的长度。一般木门框厚度可取 90 mm。

$$实长 =(5.1-0.24+3.0-0.24)\times 2\times 2 +(3.0\times 2-0.24+3.9-0.24)\times 2 - 2\times 1.00-1.2-0.9+0.125\times 2 + 4\times(0.24-0.09) =46.07\ m$$

工程量 $=46.07\times 0.15=6.91\ m^2$

例 18.3 如图 18.1 所示,若室外围绕外墙有一道宽 600 mm 的散水,并有一条紧靠散水,断面为 260 mm(宽)×190 mm(高)的砖砌明沟,试求其工程量。

解　1)散水工程量

外墙外边线长:$L_{外}=(9.0+0.24+6.0+0.24)\times 2=30.96$ m

散水工程量 $=30.96\times 0.6+4\times 0.6^2=20.02$ m^2

2)明沟工程量

按延长米计算,明沟中心线长为:

$L=(9.0+0.24+0.6\times 2+0.5+6.0+0.24+0.6\times 2+0.5)\times 2=37.76$ m

或者:$L=30.96+0.6\times 8+0.5\times 4=37.76$ m

例 18.4　根据图 18.2 所示,计算某楼梯一层(不等跑楼梯)花岗岩楼梯面的工程量及花岗岩板的消耗量。四周墙厚为 240 mm。

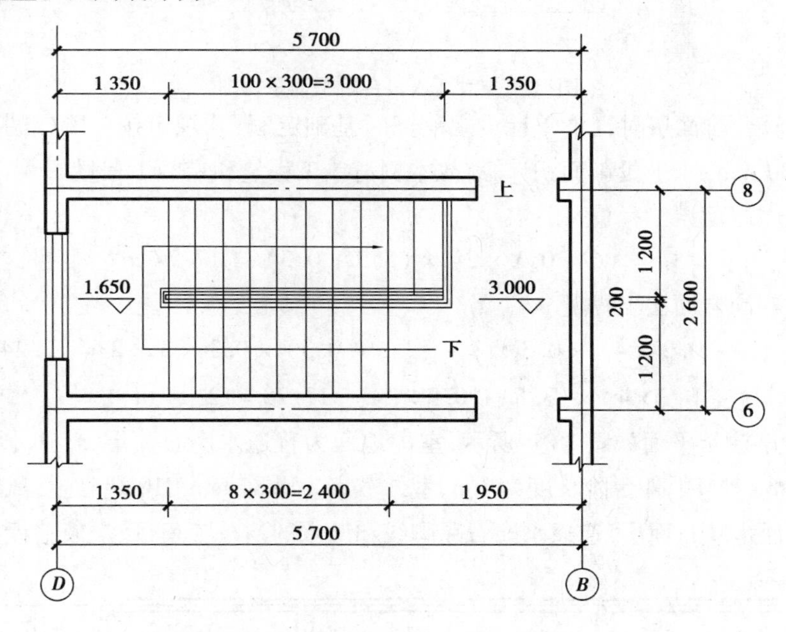

图 18.2　某楼梯一层示意图

解　1)楼梯面层工程量

楼梯面层工程量按楼梯的水平投影面积计算,清单规则与定额规则对本例不存在任何差异。由于本例是不等跑楼梯,应按第一跑、休息平台、第二跑分别计算,其中只有第二跑须在最上一层踏步边沿加 300 mm。

①第一跑:$S_1=3.0\times(1.2-0.12+0.2)=3.84$ m^2

②休息平台:$S_2=(2.6-0.24)\times(1.35-0.12)=2.90$ m^2

③第二跑:$S_3=(2.4+0.3)\times(1.2-0.12)=2.92$ m^2

④楼梯面层工程量:$S=3.84+2.90+2.92=9.66$ m^2

2)花岗岩板的消耗量

查《基础定额》(8-58)知:花岗岩铺楼梯面层定额消耗量为 144.69 m^2/100 m^2。

块料用量为:　$9.66/100\times 144.69=13.98$ m^2

例 18.5 某建筑物大厅入口处门前平台与台阶如图 18.3 所示,试计算平台与台阶贴花岗岩面层的工程量。

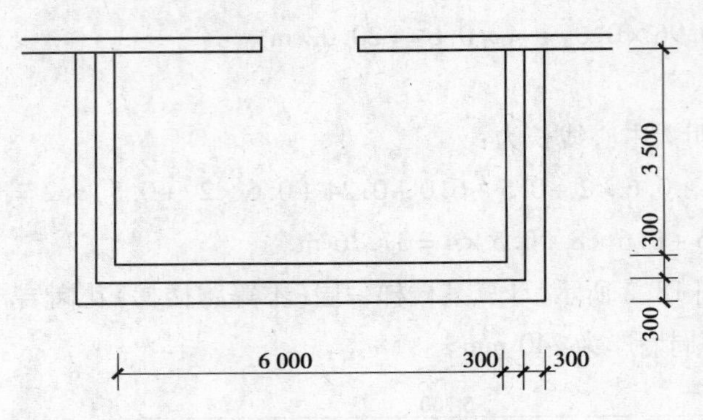

图 18.3 大厅入口台阶平面示意图

解 在计算台阶面层时,《清单计量规范》和《基础定额》均规定按台阶(包括踏步及最上一层踏步沿 300 mm)水平投影面积计算,故本例清单工程量和定额工程量一致。

1)平台花岗岩面层工程量

$$S_1 = (6 - 0.3 \times 2) \times (3.5 - 0.3) = 17.28 \text{ m}^2$$

2)台阶贴花岗岩面层工程量

$$S_2 = (6 + 0.3 \times 4) \times 0.3 \times 3 + (3.5 - 0.3) \times 0.3 \times 3 \times 2 = 12.24 \text{ m}^2$$

或者:$S_2 = (6 + 0.3 \times 4) \times (3.5 + 0.3 \times 2) - 17.28 = 12.24 \text{ m}^2$

例 18.6 某建筑平面如图 18.4 所示,室内地面为普通水磨石面层、普通水磨石踢脚线,踢脚线高 150 mm。M-1 外台阶长度为 7 m,室外散水为厚 80 mm C10 混凝土,离墙宽800 mm,试分别计算普通水磨石面层,普通水磨石踢脚线和散水的清单工程量、定额工程量。

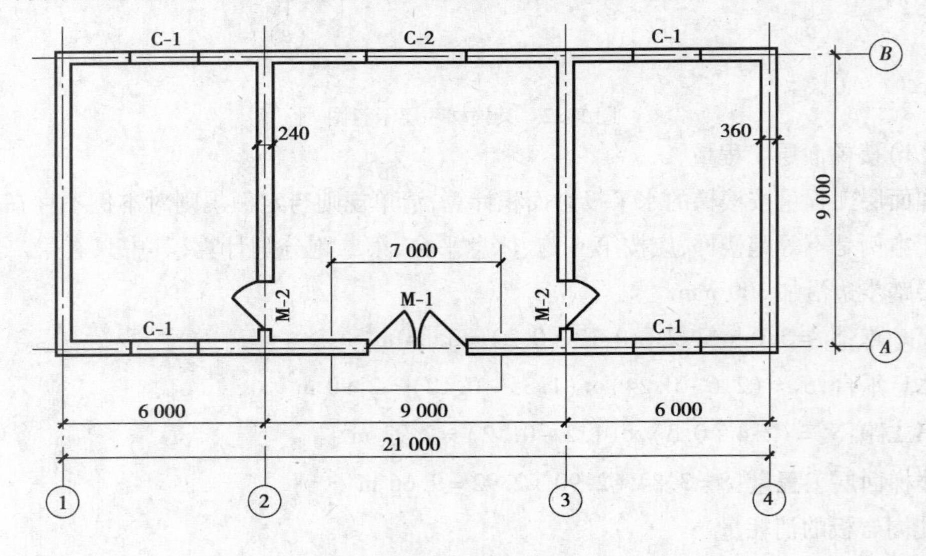

图 18.4 建筑平面示意图

解　1)普通水磨石面层工程量

普通水磨石面层在《清单计量规范》和《基础定额》中都被划为整体面层,工程量计算规则无差异,故清单工程量和定额工程量均为主墙间净空面积

$$S_1 = (9.0 - 0.36) \times (21.0 - 0.36 - 0.24 \times 2) = 174.18\ \text{m}^2$$

2)普通水磨石踢脚线工程量

清单工程量按设计图示长度乘以高度以面积计算得

$$S_2 = [(6.0 - 0.18 - 0.12 + 9.0 - 0.36) \times 2 \times 2 + (9.0 - 0.24 + 9.0 - 0.36) \times 2] \times 0.15 = 13.824\ \text{m}^2$$

定额工程量按延长米计算得

$$L = (6.0 - 0.18 - 0.12 + 9.0 - 0.36) \times 2 \times 2 + (9.0 - 0.24 + 9.0 - 0.36) \times 2 = 92.16\ \text{m}$$

3)散水工程量

清单中没有单独的项目,只能按零星装饰列项计算,因此散水的清单工程量和定额工程量均按图示尺寸以平方米计算得

$$S_3 = [(21.0 + 0.36 + 9.0 + 0.36) \times 2 + 0.8 \times 4 - 7.0] \times 0.8 = 46.11\ \text{m}^2$$

或者:$S_3 = [(21.0 + 0.36 + 9.0 + 0.36) \times 2 - 7.0] \times 0.8 + 0.8^2 \times 4 = 46.11\ \text{m}^2$

例18.7　某建筑平面如图18.4所示,室内石材地面做法为:80 mm厚C10混凝土垫层,20厚1∶2水泥砂浆找平层,20厚1∶2.5水泥砂浆结合层,800 mm×800 mm×20 mm单色花岗岩板面层,1∶1.5白水泥砂浆嵌缝,不要求酸洗、打蜡。M-1洞口宽为1.80 m,M-1外台阶挑出宽度为0.9 m,M-2洞口宽为1.00 m,试计算花岗岩地面清单分项的综合单价。

解　1)清单工程量计算

花岗岩地面清单分项只须计算花岗岩面层清单工程量,不计算面层以下的其他项目工程量。按清单规则规定,因为门洞、空圈、暖气包槽、壁龛的开口部分增加面积,因而花岗岩面层清单工程量就是室内实铺面积,按图计算得

$$S_1 = (9.0 - 0.36) \times (21.0 - 0.36 - 0.24 \times 2) + 1.8 \times 0.36 + 1.0 \times 0.24 \times 2 = 175.31\ \text{m}^2$$

M-1外台阶扣除边沿300 mm按平台计,其工程量与室内地面合并,则

$$S_2 = (7.0 - 0.3 \times 2) \times (0.9 - 0.3) = 3.84\ \text{m}^2$$

$$S_{清} = 175.31 + 3.84 = 179.15\ \text{m}^2$$

2)定额工程量计算

花岗岩地面定额工程量计算规则与清单规则相同,规定按图示尺寸实铺面积以平方米计算,门洞、空圈、暖气包槽和壁龛的开口部分的工程量并入相应的面层内计算,因此

$$S_{花岗岩} = 174.18 + 3.84 + 1.8 \times 0.36 + 1.0 \times 0.24 \times 2 = 179.15\ \text{m}^2$$

找平层工程量按主墙间净空面积以平方米计算,不加门洞开口,增加平台面积计算得

$$S_{找平层} = (9.0 - 0.36) \times (21.0 - 0.36 - 0.24 \times 2) + 3.84 = 178.02\ \text{m}^2$$

垫层按找平层计算面积乘以厚度得

$$V_{垫层} = 178.02 \times 0.08 = 14.24\ \text{m}^3$$

3)编制工程量清单,如表18.10所示。

表18.10 分部分项工程量清单

序号	项目编码	项目名称	项目特征	计量单位	工程数量
1	011102001 001	石材地面	1. 垫层种类、混凝土强度等级:80 mm厚C10混凝土垫层 2. 找平层厚度、砂浆配合比:20厚1∶2水泥砂浆 3. 结合层厚度、砂浆配合比:20厚1∶2.5水泥砂浆 4. 面层材料品种、规格、颜色:800 mm×800 mm×20 mm单色花岗岩板面层 5. 嵌缝材料种类:1∶1.5白水泥砂浆 6. 防护层材料种类:无 7. 酸洗、打蜡要求:不做	m^2	179.15

4)查用单位估价表

某地《计价定额》的单位估价表如表18.11所示。

表18.11 某地《计价定额》相关项目单位估价表

定额编号		01080012	01080020	02010008
项目		混凝土地坪垫层	水泥砂浆找平层	单色花岗岩楼地面周长3 200 mm以内
		10 m^3	100 m^2	10 m^2
基价/元		3 134.63	1 091.95	305.57
其中	人工费/元	667.50	392.50	20.09
	材料费/元	2 379.92	665.62	288.09
	机械费/元	87.21	33.83	0.39

注:表中数据均已按当地市场价调整。

5)花岗岩地面清单分项综合单价计算

根据当地规定的计价办法,楼地面工程的管理费、利润以人机费之和为计算基础,管理费率取32%,利润率取18%,计算如表18.12所示。

表18.12 工程量清单综合单价分析表

项目编码		011102001001		项目名称		石材地面				计量单位		m^2
清单综合单价组成明细												
定额编号	定额名称	定额单位	数量	单价/元			合价/元					
				人工费	材料费	机械费	人工费	材料费	机械费	管理费	利润	风险费
01080012	混凝土地坪垫层	10 m^3	0.007 95	667.5	2 379.92	87.21	5.31	18.92	0.69	1.92	1.08	
01080020	砂浆找平层	100 m^2	0.009 94	392.5	665.62	33.83	3.90	6.62	0.34	1.36	0.76	
02010008	花岗岩地面	m^2	1.000 00	20.9	288.09	0.39	20.90	288.09	0.39	6.81	3.83	
小计							30.11	313.63	1.42	10.09	5.67	
人工单价	50.00 元/工日	清单项目综合单价/(元·m^{-2})					360.92					

计算说明:①地坪垫层的相对量 14.24/10/179.15 = 0.007 9。

②找平层的相对量:178.02/100/179.15 = 0.010 0。

③花岗岩地面的相对量:179.15/178.02 = 1.006 3。

④管理费费率取32%,利润率取18%(装饰工程为三类工程),以人机费之和为基数计算。

习题 18

18.1　试计算如图 18.5 所示住宅室内水泥砂浆(厚 20 mm)地面的工程量。

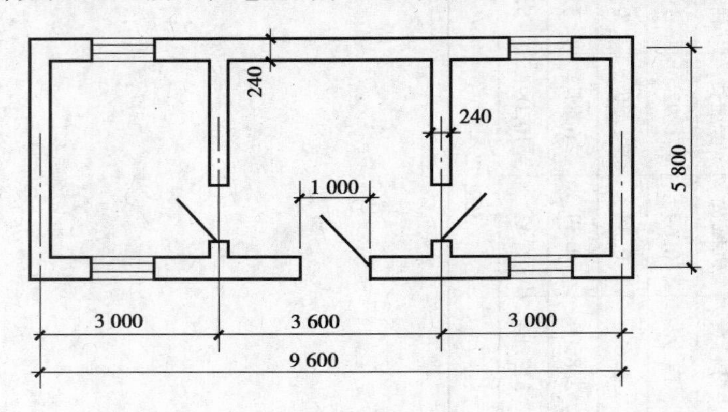

图 18.5　建筑平面示意图

18.2　如图 18.6 所示,计算门厅镶贴大理石地面面层工程量、门厅镶贴大理石踢脚板工程量(设踢脚板高为 150 mm)、台阶镶贴大理石面层的工程量。

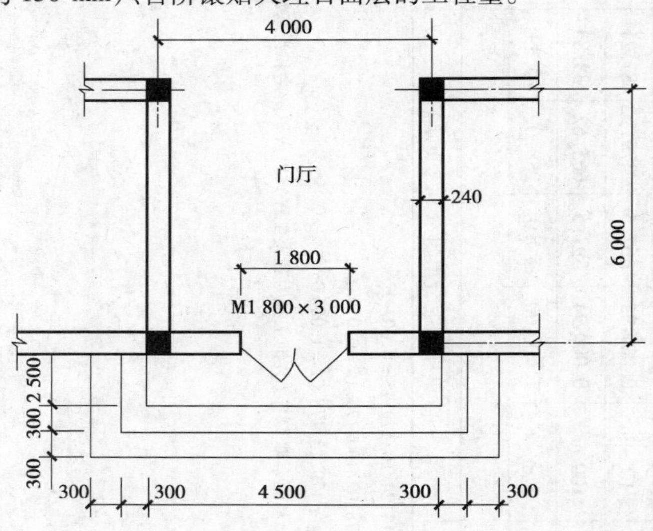

图 18.6　门厅及平台、台阶示意图

18.3　图 18.7 为某五层建筑楼梯设计图,C = 300 mm,楼梯面层设计为普通水磨石面层,试计算水磨石楼梯面层工程量。

18.4　根据图 18.8 所示建筑物平面、立面、剖面图,计算水磨石地面面层工程量(墙厚均为 240 mm)和底层两个房间踢脚板(线)工程量(踢脚线高 150 mm)。

18.5　根据图 18.9 所示尺寸,计算从底层到二层的楼梯抹灰面积。

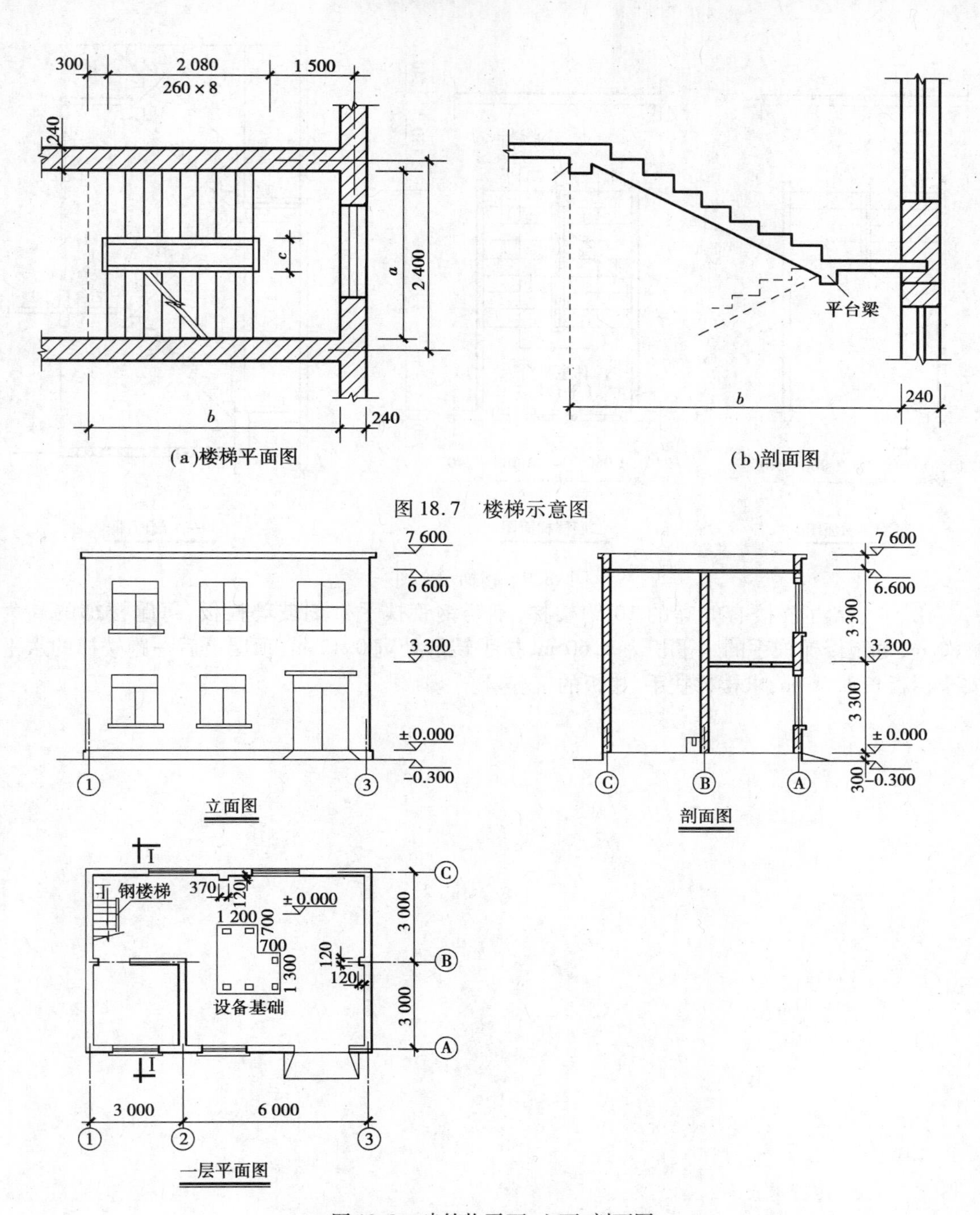

图 18.7　楼梯示意图

图 18.8　建筑物平面、立面、剖面图

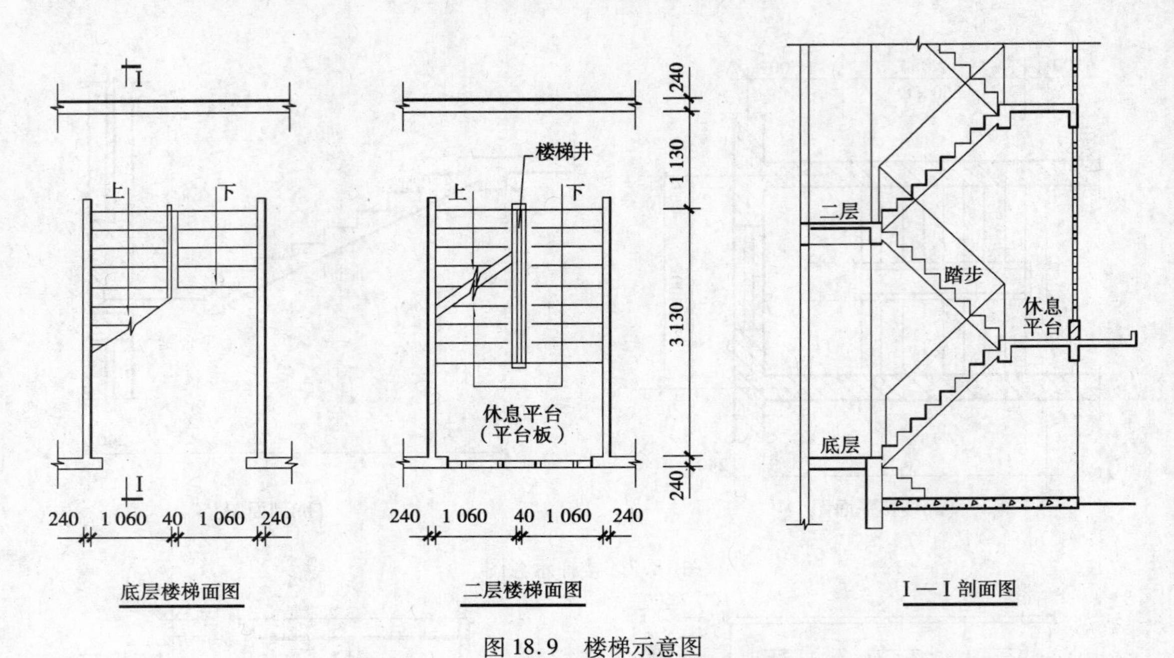

图 18.9　楼梯示意图

18.6　某办公楼有等高的 10 跑楼梯，不锈钢管扶手带刻玻璃栏板，每跑楼梯的高为 1.80 m，每跑楼梯扶手的水平长为 3.60 m，扶手转弯处宽 0.12 m，顶层最后一跑楼梯的水平安全栏板长 1.56 m，求楼梯扶手、栏板的工程量。

第19章

墙柱面工程计量与计价

墙柱面工程包括墙柱面一般抹灰、装饰抹灰、镶贴块料面层及墙柱面装饰等内容。

一般抹灰指石灰砂浆、水泥砂浆、混合砂浆和其他砂浆的内、外墙面和柱面粉刷，按抹灰材料、抹灰部位、抹灰遍数和基层等分项。

装饰性抹灰和镶贴块料按面层材料、基层、粘贴材料等分项。

墙柱面装饰适用于隔墙、隔断、墙柱面的龙骨、面层、饰面、木作等工程。

墙柱面装饰部分包括单列的龙骨基层和面层，以及综合龙骨及饰面的墙柱装饰项目。龙骨材料分为木龙骨、轻钢龙骨、铝合金龙骨等。

19.1 清单分项及规则

1)《清单计量规范》将墙柱面工程分为35项，具体分项如表19.1～表19.10所示。

表19.1 墙面抹灰(编码:011201)

项目编码	项目名称	项目特征	计量单位	工程量计算规则	工程内容
011201001	墙面一般抹灰	1.墙体类型 2.底层厚度、砂浆配合比 3.面层厚度、砂浆配合比 4.装饰面材料种类 5.分格缝宽度、材料种类	m^2	按设计图示尺寸以面积计算。扣除墙裙、门窗洞口及单个>0.3 m^2的孔洞面积，不扣除踢脚线、挂镜线和墙与构件交接处的面积，门窗洞口和孔洞的侧壁及顶面不增加面积。附墙柱、梁、垛、烟囱侧壁并入相应的墙面面积内	1.基层清理 2.砂浆制作、运输 3.底层抹灰 4.抹面层 5.抹装饰面 6.勾分格缝
011201002	墙面装饰抹灰				
011201003	墙面勾缝	1.勾缝类型 2.勾缝材料种类			1.清理基层 2.抹找平层 3.勾缝

续表

项目编码	项目名称	项目特征	计量单位	工程量计算规则	工程内容
011201004	立面砂浆找平层	1. 基层类型 2. 找平层砂浆厚度、配合比		1. 外墙抹灰面积按外墙垂直投影面积计算 2. 外墙裙抹灰面积按其长度乘以高度计算 3. 内墙抹灰面积按主墙间的净长乘以高度计算 (1) 无墙裙的,高度按室内楼地面至天棚底面计算 (2) 有墙裙的,高度按墙裙顶至天棚底面计算 (3) 有吊顶天棚抹灰,高度算至天棚底 4. 内墙裙抹灰面按内墙净长乘以高度计算	1. 基层清理 2. 砂浆制作、运输 3. 抹灰找平

表 19.2　柱(梁)面抹灰(编码:011202)

项目编码	项目名称	项目特征	计量单位	工程量计算规则	工程内容
011202001	柱、梁面一般抹灰	1. 柱(梁)体类型 2. 底层厚度、砂浆配合比 3. 面层厚度、砂浆配合比 4. 装饰面材料种类 5. 分格缝宽度、材料种类	m^2	1. 柱面抹灰:按设计图示柱断面周长乘以高度以面积计算 2. 梁面抹灰:按设计图示梁断面周长乘以高度以面积计算	1. 基层清理 2. 砂浆制作、运输 3. 底层抹灰 4. 抹面层 5. 勾分格缝
011202002	柱、梁面装饰抹灰				
011202003	柱、梁面砂浆找平	1. 柱(梁)体类型 2. 找平的砂浆厚度、配合比			1. 清理基层 2. 砂浆制作、运输 3. 抹灰找平
011202004	柱面勾缝	1. 勾缝类型 2. 勾缝材料种类		按设计图示柱断面周长乘以高度以面积计算	1. 基层清理 2. 砂浆制作、运输 3. 勾缝

表 19.3　零星抹灰（编码：011203）

项目编码	项目名称	项目特征	计量单位	工程量计算规则	工程内容
011203001	零星项目一般抹灰	1. 基层类型、部位 2. 底层厚度、砂浆配合比 3. 面层厚度、砂浆配合比 4. 装饰面材料种类 5. 分格缝宽度、材料种类	m^2	按设计图示尺寸以面积计算	1. 基层清理 2. 砂浆制作、运输 3. 底层抹灰 4. 抹面层 5. 抹装饰面 6. 勾分格缝
011203002	零星项目装饰抹灰				
011203003	零星项目砂浆找平	1. 基层类型、部位 2. 找平的砂浆厚度、配合比			1. 基层清理 2. 砂浆制作、运输 3. 勾缝

表 19.4　墙面块料面层（编码：011204）

项目编码	项目名称	项目特征	计量单位	工程量计算规则	工程内容
011204001	石材墙面	1. 墙体类型 2. 安装方式 3. 面层材料品种、规格、颜色 4. 缝宽、嵌缝材料种类 5. 防护材料种类 6. 磨光、酸洗、打蜡要求	m^2	按镶贴表面积计算	1. 基层清理 2. 砂浆制作、运输 3. 黏结层铺贴 4. 面层安装 5. 嵌缝 6. 刷防护材料 7. 磨光、酸洗、打蜡
011204002	碎拼石材墙面				
011204003	块料墙面				
011204004	干挂石材钢骨架	1. 骨架种类、规格 2. 防锈漆品种遍数	t	按设计图示尺寸以质量计算	1. 骨架制作、运输、安装 2. 刷漆

表 19.5　柱（梁）面镶贴块料（编码：011205）

项目编码	项目名称	项目特征	计量单位	工程量计算规则	工程内容
011205001	石材柱面	1. 柱截面类型、尺寸 2. 安装方式 3. 面层材料品种、规格、颜色 4. 缝宽、嵌缝材料种类 5. 防护材料种类 6. 磨光、酸洗、打蜡要求	m^2	按镶贴表面积计算	1. 基层清理 2. 砂浆制作、运输 3. 黏结层铺贴 4. 面层安装 5. 嵌缝 6. 刷防护材料 7. 磨光、酸洗、打蜡
011205002	块料柱面				
011205003	拼碎石材柱面				
011205004	石材梁面	1. 安装方式 2. 面层材料品种、规格、颜色 3. 缝宽、嵌缝材料种类 4. 防护材料种类 5. 磨光、酸洗、打蜡要求			
011205005	块料梁面				

表 19.6　镶贴零星块料(编码:011206)

项目编码	项目名称	项目特征	计量单位	工程量计算规则	工程内容
011206001	石材零星项目	1. 基层类型、部位 2. 安装方式 3. 面层材料品种、规格、颜色 4. 缝宽、嵌缝材料种类 5. 防护材料种类 6. 磨光、酸洗、打蜡要求	m^2	按镶贴表面积计算	1. 基层清理 2. 砂浆制作、运输 3. 面层安装 4. 嵌缝 5. 刷防护材料 6. 磨光、酸洗、打蜡
011206002	块料零星项目				
011206003	拼碎石材零星项目				

表 19.7　墙饰面(编码:011207)

项目编码	项目名称	项目特征	计量单位	工程量计算规则	工程内容
011207001	墙面装饰板	1. 龙骨材料种类、规格、中距 2. 隔离层材料种类、规格 3. 基层材料种类、规格 4. 面层材料品种、规格、品牌、颜色 5. 压条材料种类、规格	m^2	按设计图示墙净长乘以净高以面积计算。扣除门窗洞口及单个 >0.3 m^2 的孔洞所占面积	1. 基层清理 2. 龙骨制作、运输、安装 3. 钉隔离层 4. 基层铺钉 5. 面层铺贴
011207001	墙面装饰浮雕	1. 基层类型 2. 浮雕材料种类 3. 浮雕样式		按设计图示尺寸以面积计算	1. 基层清理 2. 材料制作、运输 3. 安装成型

表 19.8　柱(梁)饰面(编码:011208)

项目编码	项目名称	项目特征	计量单位	工程量计算规则	工程内容
011208001	柱(梁)面装饰	1. 龙骨材料种类、规格、中距 2. 隔离层材料种类 3. 基层材料种类、规格 4. 面层材料品种、规格、品种、颜色 5. 压条材料种类、规格	m^2	按设计图示饰面外围尺寸以面积计算。柱帽、柱墩并入相应柱饰面工程量内	1. 基层清理 2. 龙骨制作、运输、安装 3. 钉隔离层 4. 基层铺钉 5. 面层铺贴
011208002	成品装饰柱	1. 柱截面、高度尺寸 2. 柱材质	根 m	1. 以根计量，按设计数量计算 2. 以米计量，按设计长度计算	柱运输、固定、安装

表19.9　幕墙(编码:011209)

项目编码	项目名称	项目特征	计量单位	工程量计算规则	工程内容
011209001	带骨架幕墙	1. 骨架材料种类、规格、中距 2. 面层材料品种、规格、品种、颜色 3. 面层固定方式 4. 隔离带、框边封闭材料品种、规格 5. 嵌缝、塞口材料种类	m^2	按设计图示框外围尺寸以面积计算与幕墙同种材质的窗所占面积不扣除	1. 骨架制作、运输、安装 2. 面层安装 3. 嵌缝、塞口 4. 清洗
011209002	全玻(无框玻璃)幕墙	1. 玻璃品种、规格、颜色 2. 黏结塞口材料种类 3. 固定方式		按设计图示尺寸以面积计算,带肋全玻幕墙按展开面积计算	1. 幕墙安装 2. 嵌缝、塞口 3. 清洗

表19.10　隔断(编码:011210)

项目编码	项目名称	项目特征	计量单位	工程量计算规则	工程内容
011210001	木隔断	1. 骨架、边框材料种类、规格 2. 隔板材料品种、规格、颜色 3. 嵌缝、塞口材料品种 4. 压条材料种类	m^2	按设计图示框外围尺寸以面积计算。不扣除单个≤0.3 m^2孔洞所占面积;浴厕门的材质与隔断相同时,门的面积并入隔断面积内	1. 骨架及边框制作、运输、安装 2. 隔板制作、运输、安装 3. 嵌缝、塞口 4. 装钉压条
011210002	金属隔断				1. 骨架及边框制作、运输、安装 2. 隔板制作、运输、安装 3. 嵌缝、塞口
011210003	玻璃隔断	1. 边框材料种类、规格 2. 玻璃品种、规格、颜色 3. 嵌缝、塞口材料品种		按设计图示框外围尺寸以面积计算。不扣除单个≤0.3 m^2孔洞所占面积	1. 边框制作、运输、安装 2. 玻璃制作、运输、安装 3. 嵌缝、塞口
011210004	塑料隔断	1. 边框材料种类、规格 2. 隔板材料品种、规格、颜色 3. 嵌缝、塞口材料品种			1. 骨架及边框制作、运输、安装 2. 隔板制作、运输、安装 3. 嵌缝、塞口
011210005	成品隔断	1. 隔板材料品种、规格、颜色 2. 嵌缝、塞口材料品种	m^2 间	1. 以平方米计量,按设计图示框外围尺寸以面积计算。 2. 以间计量,按设计间的数量计算	1. 隔板制作、运输、安装 2. 嵌缝、塞口

续表

项目编码	项目名称	项目特征	计量单位	工程量计算规则	工程内容
011210006	其他隔断	1. 骨架、边框材料种类、规格 2. 隔板材料品种、规格、颜色 3. 嵌缝、塞口材料品种	m^2	按设计图示框外围尺寸以面积计算。不扣除单个≤0.3 m^2孔洞所占面积	1. 骨架及边框安装 2. 隔板安装 3. 嵌缝、塞口

2)其他相关问题应按下列规定处理:

①立面砂浆找平项目适用于仅做找平层的立面抹灰项目。

②石灰砂浆、水泥砂浆、混合砂浆、聚合物水泥砂浆、麻刀石灰、石膏灰等的抹灰应按表19.1中一般抹灰项目编码列项;墙面水刷石、斩假石、干粘石、假面砖等的抹灰应按表19.1中装饰抹灰项目编码列项。

③飘窗凸出外墙面增加的抹灰并入外墙工程量内。

④0.5 m^2 以内少量分散的抹灰和镶贴块料面层,应按表19.3中相关项目编码列项。

19.2 定额计算规则

(1)内墙面一般抹灰

1)内墙面抹灰的长度,以主墙间的图示净尺寸计算。

2)内墙面抹灰高度计算规定如下:

①无墙裙的,其高度按室内地面或楼面至天棚底面之间垂直距离计算,如图19.1所示。

②有墙裙的,其高度按墙裙顶至天棚底面之间距离计算。

③吊顶天棚,其高度按室内地面或楼面至天棚底面另加100 mm计算,如图19.2所示。

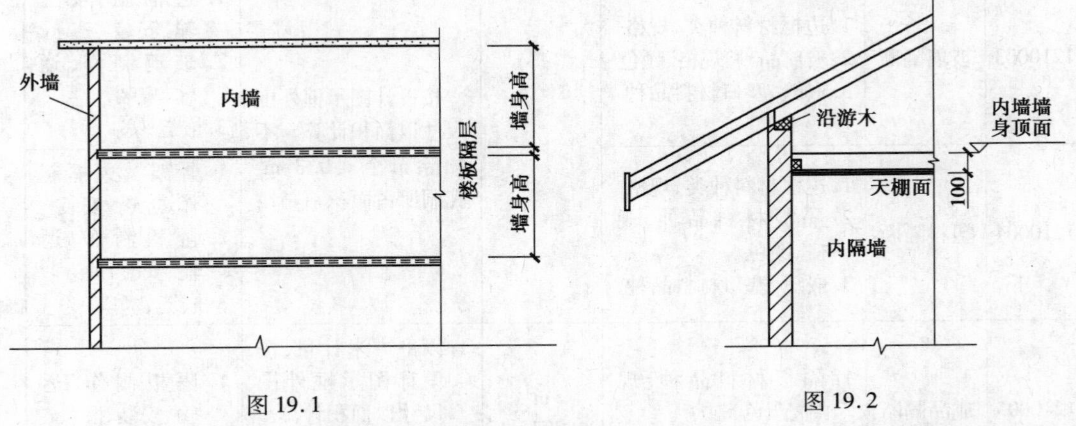

图19.1　　图19.2

3)内墙抹灰面积,应扣除墙裙、门窗洞口、空圈及单个0.3 m^2以外的孔洞所占面积,不扣除踢脚板、0.3 m^2 以内的孔洞和墙与构件交接处的面积。洞口侧壁和顶面亦不增加,墙垛和附墙烟囱侧壁面积并入内墙抹灰工程量。

4)内墙裙抹灰面积按内墙净长乘以高度计算。应扣除门窗洞口和空圈所占的面积,门窗洞口和空圈的侧壁面积不另增加,墙垛、附墙烟囱侧壁面积并入墙裙抹灰面积。

(2)外墙面一般抹灰

外墙面抹灰工程量按以下规定计算。

1)外墙抹灰面积,按外墙面的垂直投影面积以平方米计算。应扣除门窗洞口、外墙裙和大于0.3 m^2 孔洞所占面积,洞口侧壁面积不另增加,附墙垛、梁、柱侧面抹灰面积并入外墙抹灰工程量内计算。

2)外墙裙抹灰面积按其长度乘以高度计算,扣除门窗洞口和大于0.3 m^2 孔洞所占面积,洞口和孔洞侧壁面积不增加。

3)窗台线、门窗套、挑檐、腰线、遮阳板等展开宽度在300 mm以内者,按装饰线条以延长米计算,如展开宽度超过300 mm以上者,按图示尺寸以展开面积计算,套零星抹灰定额项目。

4)栏板、栏杆(包括立柱,扶手或压顶等)抹灰按立面垂直投影面积乘以系数2.2以平方米计算。

5)墙面勾缝按垂直投影面积计算,应扣除墙裙和墙面抹灰的面积,不扣除门窗洞口、门窗套、腰线等零星抹灰所占的面积,附墙柱和门窗洞口侧面的勾缝面积亦不增加。独立柱、房上烟囱勾缝按图示尺寸以平方米计算。

(3)外墙装饰抹灰

1)外墙各种装饰抹灰均按图示尺寸以实抹面积计算。应扣除门窗洞口空圈的面积,其侧壁面积不另增加。

2)挑檐、天沟、腰线、栏杆、栏板、门窗套、窗台线、压顶等均按图示尺寸展开面积以平方米计算,并入相应的外墙面积内。

(4)块料面层

1)墙面贴块料面层均按图示尺寸以实贴面积计算。

2)墙裙以高度在1 500 mm以内为准,超过1 500 mm时按墙面计算,高度300 mm以内时按踢脚板计算。

(5)墙柱面装饰

1)木隔墙、墙裙、护壁板均按图示尺寸长度乘以高度按实铺面积以平方米计算。

2)玻璃隔墙按上横档顶面至下横档底面之间高度乘以宽度(两边立挺外边线之间)以平方米计算。

3)浴厕木隔断,按下横档底面至上横档顶面高度乘以图示长度以平方米计算,门扇面积并入隔断面积内计算。玻璃幕墙、隔墙如设计有平、推窗者,扣除平、推窗面积,另按门窗工程量相应定额执行。

4)铝合金及轻钢隔墙、幕墙,按四周框外围面积计算。

(6)独立柱

1)一般抹灰、装饰抹灰、镶贴块料按结构断面周长乘以柱的高度以平方米计算。

2)柱面装饰按柱外围饰面尺寸乘以柱的高度以平方米计算。

(7)其他

1)木窗台板按图示尺寸以平方米计算。

2)窗帘盒、挂镜线、墙柱面金属装饰线条均按图示长度以延长米计算。

19.3 计算实例

例19.1 某三层砖混建筑物,正立面外墙轴线长22.8 m,墙厚240 mm,室外地坪至女儿墙顶的垂直高度为11.2 m(室外地坪为-0.3 m),窗台线下抹水泥砂浆墙裙,高1.2 m。底层设1.5 m×1.5 m窗5樘,1.8 m×2.1 m门一樘,二、三层设1.5 m×1.5 m窗各6樘。试计算外墙面装饰抹灰工程量。

解 工程量按外墙裙以上扣除门窗洞口的面积计算得:

$S=(22.8+0.24)\times(11.2-1.2)-1.5\times1.5\times(5+6+6)-1.8\times(2.1-0.9)$

$=230.4-38.25-2.16$

$=190\ m^2$

例19.2 某单层餐厅,室内净高3.9 m,窗台高0.9 m,室内净面积为35.76 m×20.76 m,四周厚240 mm外墙上设1.5 m×2.7 m铝合金双扇地弹门2樘(型材框宽为101.6 mm,居中立樘),1.8 m×2.7 m铝合金双扇推拉窗14樘(型材为90系列,框宽为90 mm,居中立樘),外墙内壁贴高1.8 m瓷板墙裙,试求贴块料工程量。

解 按规定,墙面贴块料面层均按图示尺寸以实贴面积计算,也就是说扣洞应增侧壁。

墙裙面积:$S_1=(35.76+20.76)\times2\times1.8=203.47\ m^2$

在墙裙高1.8 m范围内应扣

门洞面积:$S_2=1.5\times1.8\times2=5.4\ m^2$

窗洞面积:$S_3=1.8\times(1.8-0.9)\times14=22.68\ m^2$

应增门洞侧壁:

门洞侧壁宽为:$b_1=(0.24-0.1016)\div2=0.069\ m$

门洞侧壁面积:$S_4=1.8\times2\times0.069\times2_{(樘)}=0.497\ m^2$

应增窗洞侧壁

窗洞侧壁宽为:$b_2=(0.24-0.09)\div2=0.075\ m$

窗洞侧壁面积:$S_5=[1.8+(1.8-0.9)\times2]\times0.075\times14_{(樘)}=3.78\ m^2$

则,墙裙贴块料工程量为:

$S=S_1-S_2-S_3+S_4+S_5$

$=203.47-5.4-22.68+0.497+3.78$

$=179.67\ m^2$

例19.3 如图19.3所示的某单层建筑物,室内净高2.8 m,外墙高3.0 m,M-1宽和高为

2 m×2.4 m,M-2 宽和高 0.9 m×2 m,C-1 宽和高为 1.5 m×1.5 m,试计算内墙、外墙水泥砂浆抹灰面层的工程量。

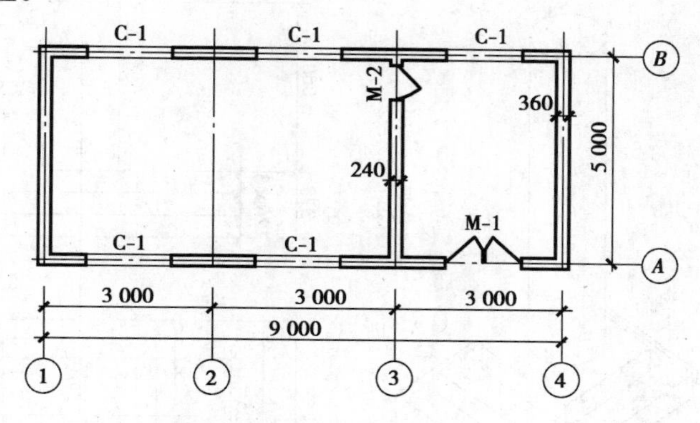

图 19.3　单层建筑物平面图

解　对本例来说,清单规则与定额规则无差别,因而以下计算出的工程量既是清单工程量,也是定额工程量。

1)内墙水泥砂浆面层工程量

$$S_{内}=(6.0-0.36/2-0.24/2+5.0-0.36)\times2\times2.8-0.9\times2-1.5\times1.5\times4+(3.0-0.36/2-0.24/2+5.0-0.36)\times2\times2.8-2.0\times2.4-0.9\times2-1.5\times1.5=79.36\ \text{m}^2$$

2)外墙水泥砂浆面层工程量

$$S_{外}=(9.0+0.36+5.0+0.36)\times2\times3-2.0\times2.4-1.5\times1.5\times5=72.27\ \text{m}^2$$

习题 19

19.1　按图 19.4 计算墙饰面工程量并计价。

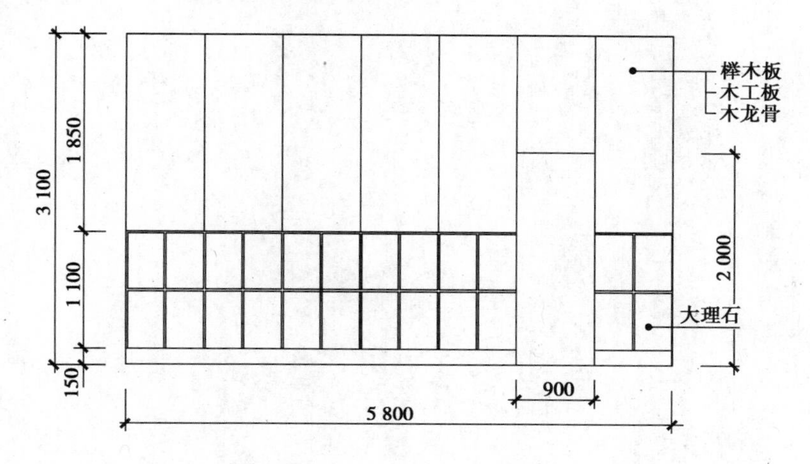

图 19.4　墙饰面示意图

19.2 按图19.5计算柱花岗岩面层工程量并计价(花岗岩板厚20 mm)。

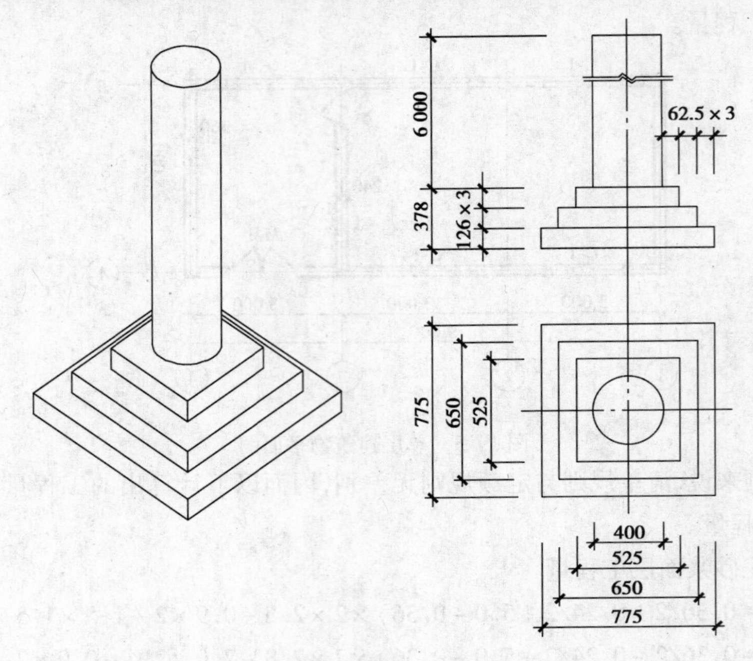

图19.5 柱示意图

第20章 天棚工程计量与计价

天棚装饰工程包括抹灰面层、天棚龙骨、天棚面层、龙骨及饰面等内容。

天棚抹灰即直接式顶棚。

吊顶天棚包括天棚龙骨与天棚面层两个部分，预算中应分别列项，按相应的设计项目配套使用。

龙骨及饰面部分则综合了骨架和面层，各项目中包括了龙骨和饰面的工料。

吊顶龙骨按其吊挂方式，有双层龙骨和单层龙骨两种。龙骨底面不在同一水平面而下层紧贴上层的为双层龙骨，龙骨在同一水平面的为单层龙骨。造型天棚分一级和多级天棚，天棚面层在同一标高为一级天棚，不在同一标高且高差在200 mm以上者称为二级或三级天棚。

天棚龙骨中，对剖圆木楞、方木楞按主楞跨度3 m以内、4 m以内划分。轻钢龙骨和铝合金龙骨按一级天棚和多级天棚分别列项，同时，按面层规格300×300 mm、450×450 mm、600×600 mm和600×600 mm以上等划分。

20.1 清单分项及规则

《清单计量规范》将墙柱面工程分为10项，具体分项如表20.1～表20.4所示。

表20.1 天棚抹灰(编码:011301)

项目编码	项目名称	项目特征	计量单位	工程量计算规则	工程内容
011301001	天棚抹灰	1. 基层类型 2. 抹灰厚度、材料种类 3. 砂浆配合比	m^2	按设计图示尺寸以水平投影面积计算。不扣除间壁墙、垛、柱、附墙烟囱、检查口和管道所占的面积，带梁天棚、梁两侧抹灰面积并入天棚面积内，板式楼梯底面抹灰按斜面积计算，锯齿形楼梯底板抹灰按展开面积计算	1. 基层清理 2. 底层抹灰 3. 抹面层

表 20.2 天棚吊顶(编码:011302)

项目编码	项目名称	项目特征	计量单位	工程量计算规则	工程内容
011302001	天棚吊顶	1. 吊顶形式、吊杆规格、高度 2. 龙骨材料种类、规格、中距 3. 基层材料种类、规格 4. 面层材料品种、规格 5. 压条材料种类、规格 6. 嵌缝材料种类 7. 防护材料种类		按设计图示尺寸以水平投影面积计算。天棚面中的灯槽及跌级、锯齿形、吊挂式、藻井式天棚面积不展开计算。不扣除间壁墙、检查口、附墙烟囱、柱垛和管道所占面积,扣除单个0.3 m^2 以外的孔洞、独立柱及与天棚相连的窗帘盒所占的面积	1. 基层清理、吊杆安装 2. 龙骨安装 3. 基层板铺贴 4. 面层铺贴 5. 嵌缝 6. 刷防护材料
011302002	格栅吊顶	1. 龙骨材料种类、规格、中距 2. 基层材料种类、规格 3. 面层材料品种、规格、 4. 防护材料种类	m^2		1. 基层清理 2. 安装龙骨 3. 基层板铺贴 4. 面层铺贴 5. 刷防护材料
011302003	吊筒吊顶	1. 吊筒形状、规格 2. 吊筒材料种类 3. 防护材料种类		按设计图示尺寸以水平投影面积计算	1. 基层清理 2. 吊筒制作安装 3. 刷防护材料、
011302004	藤条造型悬挂吊顶	1. 骨架材料种类、规格 2. 面层材料品种、规格			1. 基层清理 2. 龙骨安装 3. 铺贴面层
011302005	织物软吊顶				
011302006	装饰网架吊顶	网架材料品种、规格			1. 基层清理 2. 网架制作安装

表 20.3 采光天棚(编码:011303)

项目编码	项目名称	项目特征	计量单位	工程量计算规则	工程内容
011303001	采光天棚	1. 骨架类型 2. 固定类型、固定材料品种、规格 3. 面层材料品种、规格 4. 嵌缝、塞口材料品种	m^2	按框外围展开面积计算	1. 基层清理 2. 面层制作 3. 嵌缝、塞口 4. 清洗

表20.4　天棚其他装饰(编码:011304)

项目编码	项目名称	项目特征	计量单位	工程量计算规则	工程内容
011304001	灯带(槽)	1.灯带型式、尺寸 2.格栅片材料品种、规格 3.安装固定方式	m^2	按设计图示尺寸以框外围面积计算	安装、固定
011304002	送风口、回风口	1.风口材料品种、规格 2.安装固定方式 3.防护材料种类	个	按设计图示数量计算	1.安装、固定 2.刷防护材料

20.2　定额计算规则

(1)天棚抹灰

1)天棚抹灰面积,按主墙间的净空面积计算,不扣除间壁墙、垛、柱、附墙烟囱、检查口和管道所占面积。带梁天棚、梁两侧抹灰面积,并入天棚抹灰工程量计算。

2)密肋梁和井字梁天棚的抹灰面积,按展开面积计算。

3)阳台底面抹灰按水平投影以平方米计算,并入相应天棚抹灰面积内。阳台如带悬挂梁者,其工程量乘以系数1.3。

4)雨蓬底面或顶面抹灰分别按水平投影面积以平方米计算,并入相应天棚抹灰面积内。雨蓬顶面带反沿或反梁者,其工程量乘以系数1.2,底面带悬臂梁者,其工程量乘以系数1.2。雨蓬外边线按相应装饰或零星项目执行。

5)天棚抹灰如带有装饰线时,分别按三道线以内或五道线以内按延长米计算,线角的道数以一个突出的棱角为一道线。

6)檐口天棚的抹灰面积,并入相应的天棚抹灰工程量内计算。

7)楼梯底面的抹灰工程量计算(包括楼梯休息平台)按水平投影面积计算后乘以系数1.2计算。

(2)天棚骨架、面层、饰面

1)各种吊顶天棚龙骨按主墙间净空面积计算,不扣除间壁墙,检查口、附墙烟囱、柱、垛和管道所占面积。但天棚中的折线、迭落等圆弧形、高低吊灯槽等面积也不展开计算。

2)天棚装饰面积,按主墙间实铺面积以平方米计算,不扣除间隔墙、检查口、附墙烟囱、附墙垛和管道所占面积,应扣除独立柱及与天棚相连的窗帘盒的面积。

3)天棚中的折线、迭落等圆弧形、拱形、高低灯槽及其他艺术形式天棚面层均按展开面积计算。

20.3　计算实例

例20.1　某会议室天棚平面尺寸如图20.1所示,该天棚材料为不上人型轻钢龙骨,2 440 mm×1 220 mm×10 mm石膏板面层,二级吊顶,高差为300 mm。试计算龙骨和面层工程量。

解 1)龙骨工程量

$(4.2\times5-0.24)\times(6.5\times2-0.24)=264.90\ m^2$

2)面层工程量

$264.90-0.5\times0.5\times4_{(独立柱)}+(14.1+4)\times2\times2\times0.3=281.30\ m^2$

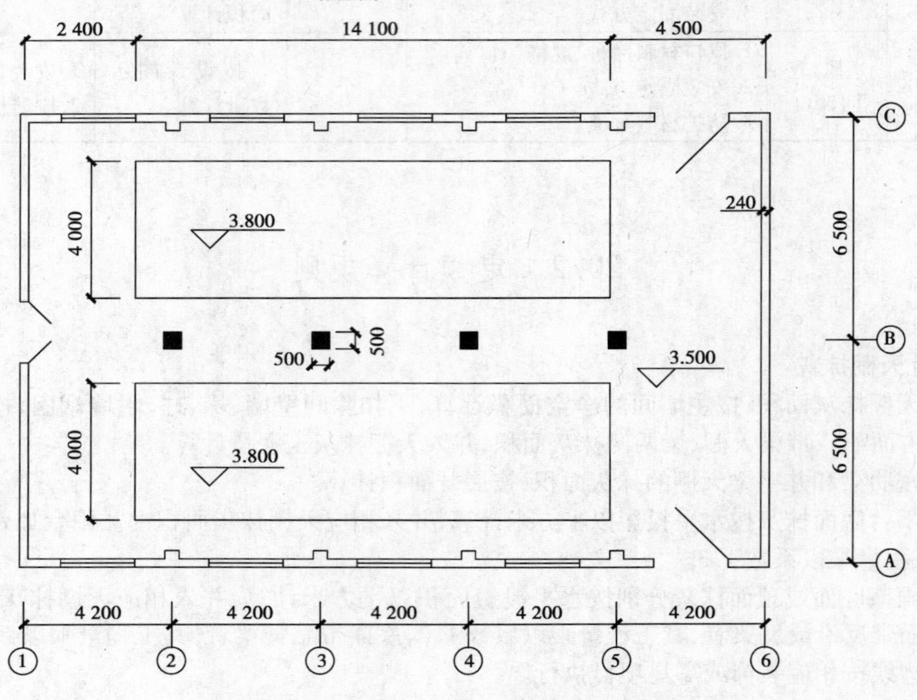

图 20.1 天棚示意图

例 20.2 计算图 20.2 所示现浇雨蓬装饰工程量。雨蓬顶面、底面均为 1∶3 水泥砂浆抹灰,底面刷 106 涂料三遍,反沿外立面镶贴釉面砖,灰缝 8 mm。试计算相应项目工程量。

解 工程量计算

顶面抹灰:$2.4\times1.5\times1.2=4.32\ m^2$

底面抹灰:$2.4\times1.5=3.6\ m^2$

反沿外立面贴面砖:$(2.4+1.5\times2)\times0.3=1.62\ m^2$

雨蓬底面刷 106:$2.4\times1.5=3.6\ m^2$

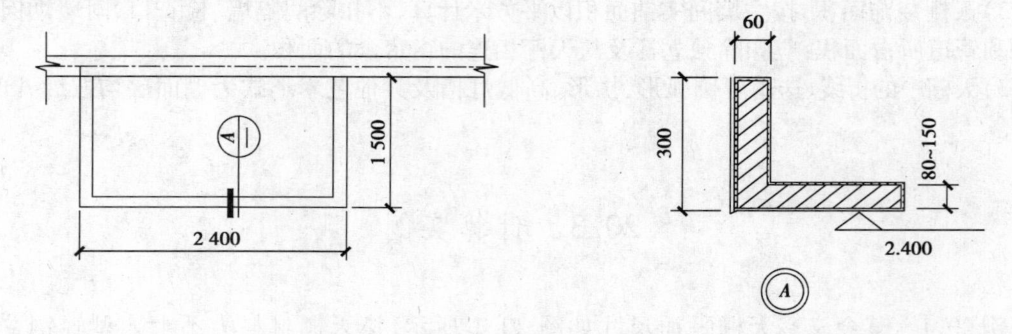

图 20.2 雨篷装饰示意图

例 20.3　如图 20.3 所示某单层建筑物安装吊顶，采用不上人 U 形轻钢龙骨，中距 600 mm×600 mm，2 440 mm×1 220 mm×10 mm 纸面石膏板基层，面层刮双飞粉。其中小房间为一级吊顶，大房间为二级吊顶，大房间剖面如图 20.4 所示。试根据《清单计量规范》列项计算相应项目的工程量及综合单价。

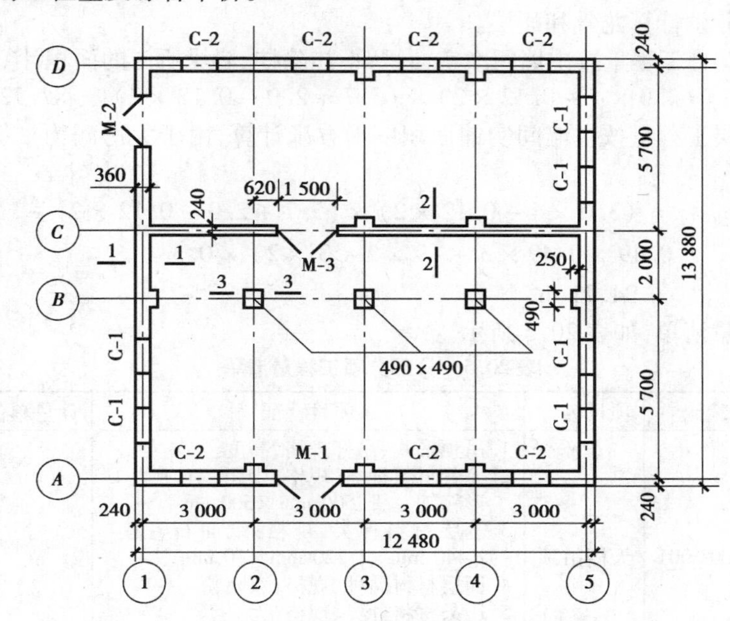

图 20.3　单层建筑物平面图

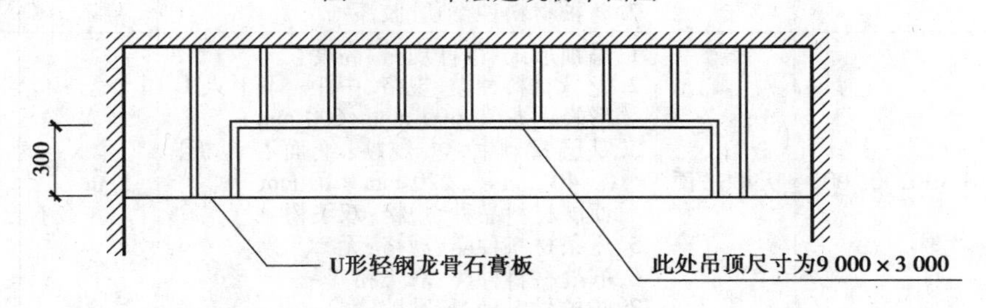

图 20.4　吊顶剖面图

解　1）小房间天棚吊顶(011302001001)

清单工程量按设计图示尺寸以水平投影面积计算得：

$$S_{清小} = (3.0 \times 4 - 0.12 \times 2) \times (5.7 - 0.12 \times 2) = 64.21 \text{ m}^2$$

或者

$$S_{清小} = (12.48 - 0.36 \times 2) \times (5.7 - 0.12 \times 2) = 64.21 \text{ m}^2$$

定额工程量分别计算龙骨和面层。

①U 形轻钢龙骨工程量按主墙间净空面积计算，计算结果与清单工程量相同

$$S_{龙骨小} = (3.0 \times 4 - 0.12 \times 2) \times (5.7 - 0.12 \times 2) = 64.21 \text{ m}^2$$

②石膏板面层工程量按主墙间实铺面积以平方米计算，由于小房间为一级吊顶，实铺面积与净空面积相同

$$S_{面层小} = (3.0 \times 4 - 0.12 \times 2) \times (5.7 - 0.12 \times 2) = 64.21 \text{ m}^2$$

2）大房间天棚吊顶（011302001002）

清单工程量按设计图示尺寸以水平投影面积，由于独立柱所占面积为 $0.49\times0.49=0.24\ m^2$ 小于 $0.3\ m^2$ 不扣除

$$S_{清大}=(3.0\times4-0.12\times2)\times(5.7+2.0-0.12\times2)=87.72\ m^2$$

定额工程量分别计算龙骨和面层。

①U 形轻钢龙骨工程量按主墙间净空面积，不扣除柱、墙垛所占的面积计算得：

$$S_{龙骨大}=(3.0\times4-0.12\times2)\times(5.7+2.0-0.12\times2)=87.72\ m^2$$

②石膏板面层工程量按主墙间实铺面积以平方米计算，由于大房间为二级吊顶，实铺面积计算得：

$$\begin{aligned}S_{面层大}&=(3.0\times4-0.12\times2)\times(5.7+2.0-0.12\times2)-\\&\quad 0.49\times0.49\times3+(9\times2+3\times2)\times0.3\\&=94.21\ m^2\end{aligned}$$

3）编制工程量清单，如表 20.5 所示。

表 20.5　分部分项工程量清单

序号	项目编码	项目名称	项目特征	计量单位	工程数量
1	011302001 001	天棚吊顶	1. 吊顶形式、吊杆规格、高度 2. 龙骨材料种类、规格、中距：不上人 U 形轻钢龙骨，600 mm×600 mm 3. 基层材料种类、规格：纸面石膏板，2 440 mm×1 220 mm×10 mm 4. 面层材料品种、规格：双飞粉 5. 压条材料种类、规格：无 6. 嵌缝材料种类：双飞粉 7. 防护材料种类：乳胶漆	m^2	64.21
2	011302001 002	天棚吊顶	1. 吊顶形式、吊杆规格、高度 2. 龙骨材料种类、规格、中距：不上人 U 形轻钢龙骨，600 mm×600 mm 3. 基层材料种类、规格：纸面石膏板，2 440 mm×1 220 mm×10 mm 4. 面层材料品种、规格：双飞粉 5. 压条材料种类、规格：无 6. 嵌缝材料种类：双飞粉 7. 防护材料种类：乳胶漆	m^2	87.72

4）套用某省《计价定额》中的相应项目单位估价表，数据如表 20.6 所示。

表 20.6　某省《计价定额》相关项目单位估价表　　计量单位：m^2

定额编号		02030036	02030037	02030110	02050312	02050316
项　　目		不上人 U 形轻钢龙骨		石膏板面层	双飞粉	乳胶漆
		面板规格（mm）600×600		安在 U 形轻钢龙骨上	天棚抹灰面	天棚双飞粉面
		一级	二级		二遍	二遍
基价（元）		28.15	45.39	15.85	4.71	3.65
其中	人工费（元）	4.70	5.20	2.97	3.05	0.88
	材料费（元）	23.35	40.09	12.88	1.66	2.77
	机械费（元）	0.10	0.10	—	—	—

5）吊顶天棚分项工程的综合单价计算如表 20.7、表 20.8 所示。

表20.7　工程量清单综合单价分析表

项目编码	011302001001			项目名称		吊顶天棚(一级)			计量单位		m²
清单综合单价组成明细											
定额编号	定额名称	定额单位	数量	单价/元			合价/元				
				人工费	材料费	机械费	人工费	材料费	机械费	管理费	利润	风险费
02030036	轻钢龙骨(一级)	m²	1.00 000	4.70	23.35	0.10	4.7	23.35	0.10	1.54	0.86	
02030110	石膏板面层	m²	1.000 00	2.97	12.88		2.97	12.88		0.95	0.53	
02050312	天棚面双飞粉	m²	1.000 00	3.05	1.66		3.05	1.66		0.98	0.55	
02050316	天棚面乳胶漆	m²	1.000 00	0.88	2.77		0.88	2.77		0.28	0.16	
小计							11.6	40.66	0.10	3.74	2.11	
人工单价	24.75元/工日	清单项目综合单价/(元·m⁻²)					58.21					

计算说明:①轻钢龙骨的相对量64.21/64.21 = 1.000 00。

②石膏板面层的相对量:64.21/64.21 = 1.000 00。

③管理费费率取32%,利润率取18%(装饰工程为三类工程),以人机费之和为基数计算。

表20.8　工程量清单综合单价分析表

项目编码	011302001002			项目名称		吊顶天棚(二级)			计量单位		m²
清单综合单价组成明细											
定额编号	定额名称	定额单位	数量	单价/元			合价/元				
				人工费	材料费	机械费	人工费	材料费	机械费	管理费	利润	风险费
02030037	轻钢龙骨(二级)	m²	1.000 00	5.20	40.09	0.10	5.20	40.09	0.10	1.70	0.95	
02030110	石膏板面层	m²	1.073 99	2.97	12.88		3.19	13.83	0.00	1.02	0.57	
02050312	天棚面双飞粉	m²	1.073 99	3.05	1.66		3.28	1.78	0.00	1.05	0.59	
02050316	天棚面乳胶漆	m²	1.073 99	0.88	2.77		0.95	2.97	0.00	0.30	0.17	
小计							12.61	58.68	0.10	4.07	2.29	
人工单价	24.75元/工日	清单项目综合单价/(元·m⁻²)					77.75					

计算说明:①轻钢龙骨的相对量87.72/87.72 = 1.000 0。

②石膏板面层的相对量:94.21/87.72 = 1.07 399。

③管理费费率取32%,利润率取18%(装饰工程为三类工程),以人机费之和为基数计算。

习题 20

按图 20.5 计算吊顶工程量并计价。

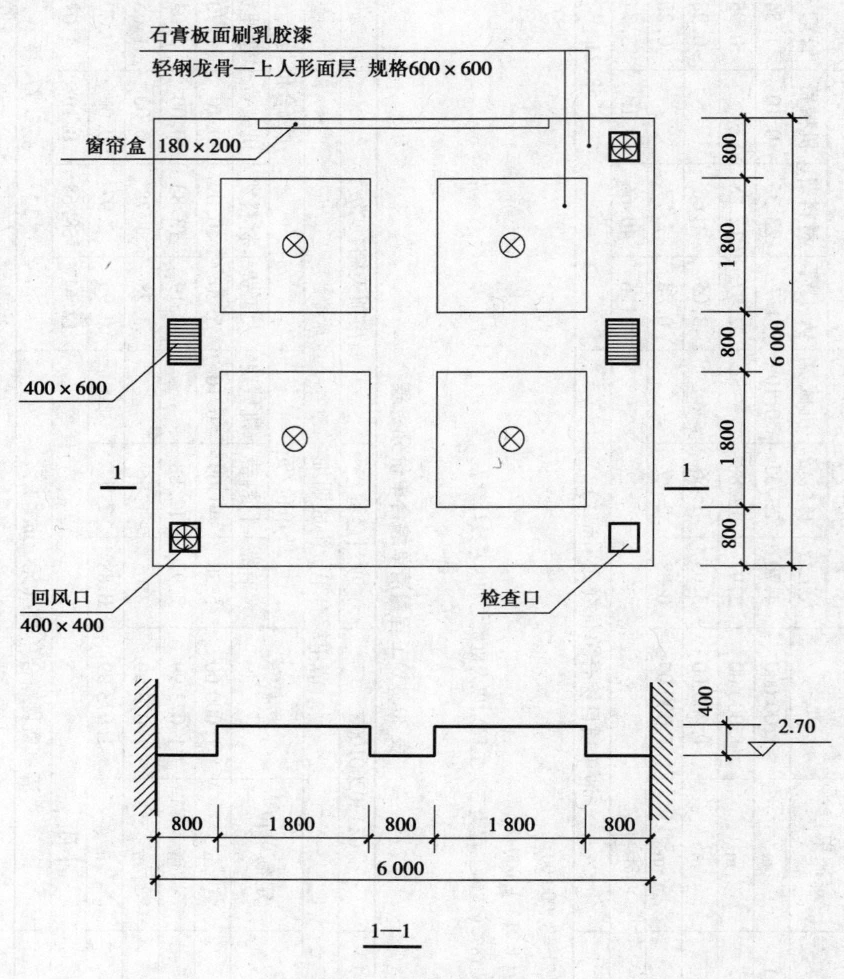

图 20.5 吊顶示意图

第21章 门窗工程计量与计价

21.1　基本问题

(1)门窗项目内容

随着社会的发展,门窗从适应功能需要的普通型,向功能和美观齐备的装饰型发展,为适应这种变化的要求,基础定额门窗项目划分为普通木门、特种门、普通木窗、铝合金门窗安装、塑料门窗安装、钢门窗安装、铝合金踢脚板及门锁安装等部分。

1)普通木门

①分为镶板门、胶合板门、半截玻璃门、自由门、连窗门5类。

②每一类又按带纱或不带纱、单扇或双扇、带亮或不带亮等方法划分项目。

2)厂库房大门、特种门

①分木板大门、平开钢木大门、推拉钢木大门、冷藏库门、冷藏冻结间门、防火门、保温门、变电室门、折叠门9种。

②按平开或推拉、带采光窗或不带采光窗、一面板或二面板(防风型、防严寒2种)、保温层厚100 mm或150 mm、实拼式或框架式等方法划分项目。

③将门扇制作和门扇安装、门樘制作安装和门扇制作安装、衬石棉板(单、双)或不衬石棉板分别列项。

3)普通木窗

①分单层玻璃窗、一玻一纱窗、双层玻璃窗、双层带纱窗、百页窗、天窗、推拉传递窗、圆形玻璃窗、半圆形玻璃窗、门窗扇包镀锌铁皮、门窗框包镀锌铁皮等11个部分。

②每一部分又按单扇无亮、双扇带亮、三扇带亮、四扇带亮、带木百页片0.9 m^2以内或0.9 m^2以外、门窗扇衬钉毛毡橡皮等方法划分项目。

③将窗框制作、窗框安装、窗扇制作、窗扇安装分别列项,可单独计算,也可合并计算。

4)铝合金门窗制作、安装

①分为单扇地弹门、双扇地弹门、四扇地弹门、全玻地弹门、单扇平开门、单扇平开窗、推

拉窗、固定窗、不锈钢片包门框等9种。

②每一种又按无上亮或带上亮、无侧亮或带侧亮或带顶窗等方法划分项目。

5)铝合金、不锈钢门窗安装

分为地弹门、不锈钢地弹门、平开门、推拉窗、固定窗、平开窗、防盗窗、百页窗、卷闸门等9种。

6)彩板组角钢门窗安装

分为彩板门、彩板窗、附框3个项目。

7)塑料门窗安装

分塑料门带亮、不带亮和塑料窗单层、带纱4个项目。

8)钢门窗安装

①分为普通钢门、普通钢窗、钢天窗、组合钢窗、防盗钢窗、钢门窗安玻璃、全钢板大门、围墙钢大门等8种,共18个项目。

②按单层或带纱、平开式或推拉式或折叠门、钢管框铁丝网或角钢框铁丝网等方法划分项目。

③将钢大门的门扇制作和门扇安装分别列项。

9)铝合金踢脚板及门锁安装

分为门扇铝合金踢脚板安装和门扇安装等3个项目。

(2)适用范围

适用于建筑工程和装饰工程门窗制作安装及木结构工程。尚未考虑内容有:

①各个项目均未计算脚手架费用。

②各个项目均未计算材料和半成品的垂直运输费用。

③各个项目均未计算半成品的场外运输费用。

④各个项目均未计算20 m以上超高施工的人工机械降效。

⑤门窗各个项目需要与建筑结构连接牢固的部分,均应在结构中预埋铁件或木块。或预留空洞,待连接牢固后,结构体部分的填平补齐费用均未包括在本节中。

⑥各个项目均未包括面层的油漆或装饰。

⑦各个项目均未计算成品保护费用。

(3)各类门扇的区别如下

①全部用冒头结构镶板者,称“镶板门”。

②在同一门扇上装玻璃和镶板(钉板)者,玻璃面积大于或等于镶板(钉板)面积的二分之一者,称“半玻门”。

③在同一门扇上无镶板(钉板)全部装玻璃者,称“全玻门”。

④用上下冒头或带一根中冒头钉企口板,板面起三角槽者,称“拼板门”。

常用门如图21.1所示。

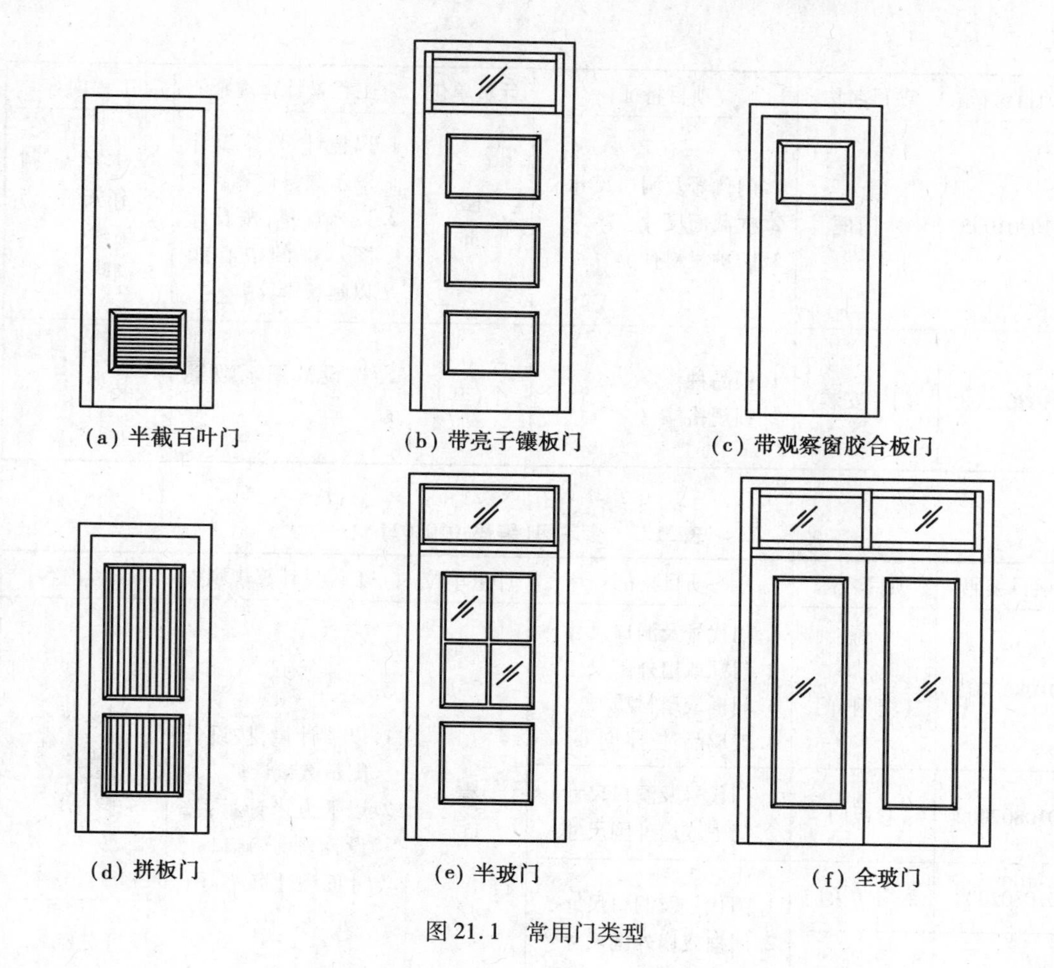

图21.1 常用门类型

21.2 清单分项及规则

1)《清单计量规范》将门窗工程分为55项,具体分项如表21.1～表21.10所示。

表21.1 木门(编码:010801)

项目编码	项目名称	项目特征	计量单位	工程量计算规则	工程内容
010801001	木质门	1. 门代号及洞口尺寸 2. 镶嵌玻璃品种、厚度	樘 m^2	1. 以樘计量,按设计图示数量计算 2. 以平方米计量,按设计图示洞口尺寸面积计算	1. 门安装 2. 玻璃安装 3. 五金安装
010801002	木质门带套				
010801003	木质连窗门				
010801004	木质防火门				

续表

项目编码	项目名称	项目特征	计量单位	工程量计算规则	工程内容
010801005	木门框	1. 门代号及洞口尺寸 2. 框截面尺寸 3. 防护材料种类	樘 m	1. 以樘计量,按设计图示数量计算 2. 以米计量,按设计图示框的中心线以延长米计算	1. 木门框制作安装 2. 运输 3. 刷防护材料
010801008	门锁安装	1. 锁品种 2. 锁规格	个(套)	按设计图示数量计算	安装

表 21.2 金属门(编码:010802)

<table>
<tr><th>项目编码</th><th>项目名称</th><th>项目特征</th><th>计量单位</th><th>工程量计算规则</th><th>工程内容</th></tr>
<tr><td>010802001</td><td>金属(塑钢)门</td><td>1. 门代号及洞口尺寸
2. 门框或扇外围尺寸
3. 门框或扇材质
4. 玻璃品种、厚度</td><td rowspan="4">樘
m²</td><td rowspan="4">1. 以樘计量,按设计图示数量计算
2. 以平方米计量,按设计图示洞口尺寸面积计算</td><td rowspan="2">1. 门安装
2. 五金安装
3. 玻璃安装</td></tr>
<tr><td>010802002</td><td>彩板门</td><td>1. 门代号及洞口尺寸
2. 门框或扇外围尺寸</td></tr>
<tr><td>010802003</td><td>钢质防火门</td><td rowspan="2">1. 门代号及洞口尺寸
2. 门框或扇外围尺寸
3. 门框或扇材质</td><td rowspan="2">1. 门安装
2. 五金安装</td></tr>
<tr><td>010802004</td><td>防盗门</td></tr>
</table>

表 21.3 金属卷(闸)门(编码:010803)

<table>
<tr><th>项目编码</th><th>项目名称</th><th>项目特征</th><th>计量单位</th><th>工程量计算规则</th><th>工程内容</th></tr>
<tr><td>010803001</td><td>金属卷帘(闸)门</td><td rowspan="2">1. 门代号及洞口尺寸
2. 门材质
3. 启动装置品种、规格
4. 刷防护材料种类
5. 油漆品种、刷漆遍数</td><td rowspan="2">樘
m²</td><td rowspan="2">1. 以樘计量,按设计图示数量计算
2. 以平方米计量,按设计图示洞口尺寸面积计算</td><td rowspan="2">1. 门运输、安装
2. 启动装置、活动小门、五金安装</td></tr>
<tr><td>010803002</td><td>防火卷帘(闸)门</td></tr>
</table>

表21.4 厂库房大门、特种门(编码:010804)

<table>
<tr><th>项目编码</th><th>项目名称</th><th>项目特征</th><th>计量单位</th><th>工程量计算规则</th><th>工程内容</th></tr>
<tr><td>010804001</td><td>木板大门</td><td rowspan="4">1. 门代号及洞口尺寸
2. 门框或扇外围尺寸
3. 门框或扇材质
4. 五金种类规格
5. 防护材料种类</td><td rowspan="7">樘
m^2</td><td rowspan="3">1. 以樘计量,按设计图示数量计算
2. 以平方米计量,按设计图示洞口尺寸面积计算</td><td rowspan="4">1. 门(骨架)制作、运输
2. 门、五金配件安装
3. 刷防护材料</td></tr>
<tr><td>010804002</td><td>钢木大门</td></tr>
<tr><td>010804003</td><td>全钢板大门</td></tr>
<tr><td>010804004</td><td>防护铁丝门</td><td>1. 以樘计量,按设计图示数量计算
2. 以平方米计量,按设计图示门框或扇以面积计算</td></tr>
<tr><td>010804005</td><td>金属格栅门</td><td>1. 门代号及洞口尺寸
2. 门框或扇外围尺寸
3. 门框或扇材质
4. 启动装置品种、规格</td><td>1. 以樘计量,按设计图示数量计算
2. 以平方米计量,按设计图示洞口尺寸面积计算</td><td>1. 门运输、安装
2. 启动装置、五金安装</td></tr>
<tr><td>010804006</td><td>钢质花饰大门</td><td rowspan="2">1. 门代号及洞口尺寸
2. 门框或扇外围尺寸
3. 门框或扇材质</td><td>1. 以樘计量,按设计图示数量计算
2. 以平方米计量,按设计图示门框或扇以面积计算</td><td rowspan="2">1. 门安装
2. 五金配件安装</td></tr>
<tr><td>010804007</td><td>特种门</td><td>1. 以樘计量,按设计图示数量计算
2. 以平方米计量,按设计图示洞口尺寸面积计算</td></tr>
</table>

表21.5 其他门(编码:010805)

<table>
<tr><th>项目编码</th><th>项目名称</th><th>项目特征</th><th>计量单位</th><th>工程量计算规则</th><th>工程内容</th></tr>
<tr><td>010805001</td><td>电子感应门</td><td rowspan="4">1. 门代号及洞口尺寸
2. 门框或扇外围尺寸
3. 门框或扇材质
4. 玻璃品种、厚度
5. 启动装置品种、规格
6. 电子配件品种、规格</td><td rowspan="4">樘
m^2</td><td rowspan="4">1. 以樘计量,按设计图示数量计算
2. 以平方米计量,按设计图示洞口尺寸面积计算</td><td rowspan="4">1. 门安装
2. 启动装置、五金点子配件安装</td></tr>
<tr><td>010805002</td><td>旋转门</td></tr>
<tr><td>010805003</td><td>电子对讲门</td></tr>
<tr><td>010805004</td><td>电动伸缩门</td></tr>
</table>

续表

项目编码	项目名称	项目特征	计量单位	工程量计算规则	工程内容
010805005	全玻自由门	1. 门代号及洞口尺寸 2. 门框或扇外围尺寸 3. 框材质 4. 玻璃品种、厚度	樘 m^2	1. 以樘计量,按设计图示数量计算 2. 以平方米计量,按设计图示洞口尺寸面积计算	1. 门安装 2. 五金安装
010805006	镜面不锈钢饰面门	1. 门代号及洞口尺寸 2. 门框或扇外围尺寸 3. 框、扇材质 4. 玻璃品种、厚度			
010805007	复合材料门				

表 21.6　木窗(编码:010806)

项目编码	项目名称	项目特征	计量单位	工程量计算规则	工程内容
010806001	木质窗	1. 窗代号及洞口尺寸 2. 玻璃品种、厚度	樘 m^2	1. 以樘计量,按设计图示数量计算 2. 以平方米计量,按设计图示洞口尺寸面积计算	1. 窗安装 2. 五金、玻璃安装
010806002	木飘(凸)窗				
010806003	木橱窗	1. 窗代号 2. 框截面及外围展开面积 3. 玻璃品种、厚度 4. 防护材料种类		1. 以樘计量,按设计图示数量计算 2. 以平方米计量,按设计图示框外围展开面积计算	1. 窗制作、运输、安装 2. 五金、玻璃安装
010806004	木纱窗	1. 窗代号及框外围尺寸 2. 纱窗材料品种、规格		1. 以樘计量,按设计图示数量计算 2. 以平方米计量,按框外围尺寸以面积计算	1. 窗安装 2. 五金安装

表21.7　金属窗(编码:010807)

项目编码	项目名称	项目特征	计量单位	工程量计算规则	工程内容
010807001	金属(塑钢、断桥)窗	1. 窗代号及洞口尺寸 2. 框、扇材质 3. 玻璃品种、厚度	樘 m^2 个/套	1. 以樘计量,按设计图示数量计算 2. 以平方米计量,按设计图示洞口尺寸面积计算	1. 窗安装 2. 五金、玻璃安装
010807002	金属防火窗				
010807003	金属百叶窗				1. 窗安装 2. 五金安装
010807004	金属纱窗	1. 窗代号及洞口尺寸 2. 框、扇材质 3. 窗纱材料品种、厚度		1. 以樘计量,按设计图示数量计算 2. 以平方米计量,按框外围尺寸以面积计算	
010807005	金属格栅窗	1. 窗代号及洞口尺寸 2. 框外围尺寸 3. 框、扇材质		1. 以樘计量,按设计图示数量计算 2. 以平方米计量,按设计图示洞口尺寸面积计算	
010807006	金属(塑钢、断桥)橱窗	1. 窗代号 2. 框外围展开面积 3. 框、扇材质 4. 玻璃品种、厚度 5. 防护材料种类		1. 以樘计量,按设计图示数量计算 2. 以平方米计量,按框外围尺寸以面积计算	1. 窗制作、运输、安装 2. 五金、玻璃安装 3. 刷防护材料
010807007	金属(塑钢、断桥)飘(凸)窗	1. 窗代号 2. 框外围展开面积 3. 框、扇材质 4. 玻璃品种、厚度			1. 窗安装 2. 五金、玻璃安装
010807008	彩板窗	1. 窗代号及洞口尺寸 2. 框外围尺寸 3. 框、扇材质 4. 玻璃品种、厚度			
010807009	复合材料窗			1. 以樘计量,按设计图示数量计算 2. 以平方米计量,设计图示洞口尺寸或框外围以面积计算	

表 21.8　门窗套(编码:010808)

<table>
<tr><th>项目编码</th><th>项目名称</th><th>项目特征</th><th>计量单位</th><th>工程量计算规则</th><th>工程内容</th></tr>
<tr><td>010808001</td><td>木门窗套</td><td>1. 窗代号及洞口尺寸
2. 门窗套展开宽度
3. 基层材料种类
4. 面层材料品种、规格
5. 线条品种、规格
6. 防护材料种类</td><td rowspan="5">樘
m^2
m</td><td rowspan="5">1. 以樘计量,按设计图示数量计算
2. 以平方米计量,按设计图示尺寸以展开面积计算
3. 以米计量,按设计图示中心以研长米计算</td><td rowspan="3">1. 清理基层
2. 立筋制作、安装
3. 基层板安装
4. 面层铺贴
5. 线条安装
6. 刷防护材料</td></tr>
<tr><td>010808002</td><td>木筒子板</td><td rowspan="2">1. 筒子板宽度
2. 基层材料种类
3. 面层材料品种、规格
4. 线条品种、规格
5. 防护材料种类</td></tr>
<tr><td>010808003</td><td>饰面夹板筒子板</td></tr>
<tr><td>010808004</td><td>金属门窗套</td><td>1. 窗代号及洞口尺寸
2. 门窗套展开宽度
3. 基层材料种类
4. 面层材料品种、规格
5. 防护材料种类</td><td>1. 清理基层
2. 立筋制作、安装
3. 基层板安装
4. 面层铺贴
5. 刷防护材料</td></tr>
<tr><td>010808005</td><td>石材门窗套</td><td>1. 窗代号及洞口尺寸
2. 门窗套展开宽度
3. 黏结层厚度、砂浆配合比
4. 面层材料品种、规格
5. 线条品种、规格</td><td>1. 清理基层
2. 立筋制作、安装
3. 基层抹灰
4. 面层铺贴
5. 线条安装</td></tr>
<tr><td>010808006</td><td>门窗木贴脸</td><td>1. 门窗代号及洞口尺寸
2. 贴脸板宽度
3. 防护材料种类</td><td>樘
m</td><td>1. 以樘计量,按设计图示数量计算
2. 以米计量,按设计图示中心以研长米计算</td><td>安装</td></tr>
<tr><td>010808007</td><td>成品木门窗套</td><td>1. 窗代号及洞口尺寸
2. 门窗套展开宽度
3. 门窗套材料品种、规格</td><td>樘
m^2
m</td><td>1. 以樘计量,按设计图示数量计算
2. 以平方米计量,按设计图示尺寸以展开面积计算
3. 以米计量,按设计图示中心以研长米计算</td><td>1. 清理基层
2. 立筋制作、安装
3. 板安装</td></tr>
</table>

表21.9　窗台板(编码:010809)

项目编码	项目名称	项目特征	计量单位	工程量计算规则	工程内容
010809001	木窗台板	1. 基层材料种类 2. 窗台板材质、规格、颜色 3. 防护材料种类	m^2	按设计图示尺寸以展开面积计算	1. 基层清理 2. 基层板制作、安装 3. 窗台板制作、安装 4. 刷防护材料
010809002	铝塑窗台板				
010809003	金属窗台板				
010809004	石材窗台板	1. 黏结层厚度、砂浆配合比 2. 窗台板材质、规格、颜色			1. 基层清理 2. 抹找平层 3. 窗台板制作、安装

表21.10　窗帘盒、窗帘轨(编码:010810)

项目编码	项目名称	项目特征	计量单位	工程量计算规则	工程内容
010810001	窗帘	1. 窗帘材质 2. 窗帘高度 3. 窗帘层数 4. 带幔要求	m m^2	1. 以米计量，按设计图示尺寸以成活后计算 2. 以平方米计量，按设计图示尺寸以成活后面积计算	1. 制作、运输 2. 安装
010810002	木窗帘盒	1. 窗帘盒材质、规格 2. 防护材料种类	m	按设计图示尺寸以长度计算	1. 制作、运输、安装 2. 刷防护材料
010810003	饰面夹板、塑料窗帘盒				
010810004	铝合金窗帘盒				
010810005	窗帘轨	1. 窗帘盒材质、规格 2. 轨的数量 3. 防护材料种类			

2)其他相关问题应按下列规定处理:

1)玻璃、百叶面积占其门扇面积一半以内者应为半玻门或半百叶门,超过一半时应为全玻门或全百叶门。

2)木门五金应包括:折页、插销、风钩、弓背拉手、搭扣、木螺丝、弹簧折页(自动门)、管子拉手(自由门、地弹门)、地弹簧(地弹门)、角铁、门轧头(地弹门、自由门)等。

3)木窗五金应包括:折页、插销、风钩、木螺丝、滑轮滑轨(推拉窗)等。

4)铝合金窗五金应包括:卡锁、滑轮、铰拉、执手、拉把、拉手、风撑、角码、牛角制等。

5)铝合门五金应包括:地弹簧、门锁、拉手、门插、门铰、螺丝等。

6)其他门五金应包括L形执手插锁(双舌)、球形执手锁(单舌)、门轧头、地锁、防盗门扣、门眼(猫眼)、门碰珠、电子销(磁卡销)、闭门器、装饰拉手等。

21.3　定额计算规则

①各类门、窗制作、安装工程量均按门、窗洞口面积以平方米计算。无框者,按扇外围面积计算。

②定额项目内已包括窗框披水条工料,不另计算。如设计规定窗扇设披水条时,另按披水条定额以延长米计算,如图21.2所示。

③门窗框上钉贴脸板按图示尺寸以延长米计算,如图21.2所示。

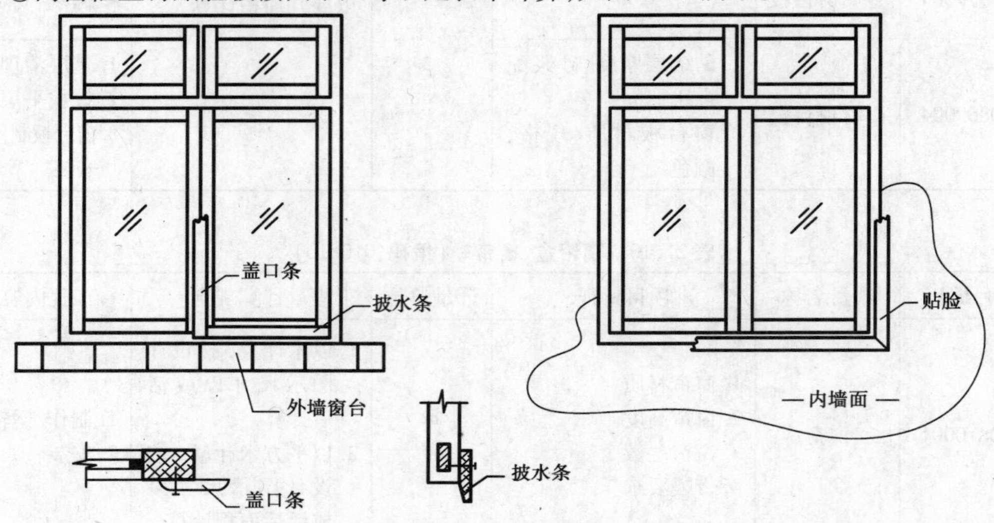

图21.2　门窗披水条、贴脸示意图

④卷闸门按(门洞口高度+600 mm)×(卷闸门实际宽度)面积计算。电动装置以套计算,小门以个计算,如图21.3所示。

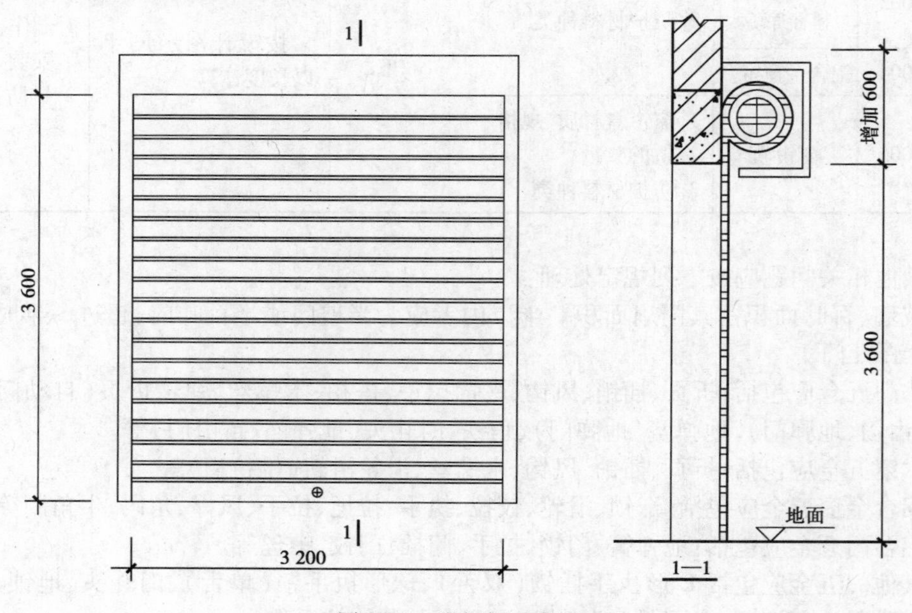

图21.3　卷闸门示意图

⑤彩板组角钢门窗附框安装按延长米计算。

⑥不锈钢片包门框按外表面积计算。

21.4　计算实例

门窗工程一般可按以下三种方法读取数据计算：

①可按门窗统计表计算；

②可按建筑平面图、剖面图所给尺寸计算；

③可按门窗代号计算。在有些施工图中，习惯于用代号表示门窗洞口尺寸。如M0921表示门宽900 mm，门高2 100 mm。C1818表示窗宽1 800 mm，窗高1 800 mm。樘数可在图上数出。

例21.1　某工程给出门窗统计表如表21.11所示，求其门窗工程量并编制工程量清单。

表21.11　门窗统计表

名称	编号	洞口尺寸		数量	备　注
		宽	高		
门	M-1	1 000	2 400	11	单扇带亮镶板木门
	M-2	1 200	2 400	1	双扇带亮镶板木门
	M-3	1 800	2 700	1	铝合金带上亮双开地弹门
窗	C-1	1 800	1 800	38	双扇铝合金推拉窗
	C-2	1 800	600	6	双扇铝合金推拉窗

解　1）因门窗种类、规格不同，工程量应分别计算：

M-1：　$1.0\times2.4\times11=26.4\ m^2$

M-2：　$1.2\times2.4\times1=2.88\ m^2$

M-3：　$1.8\times2.7\times1=4.86\ m^2$

C-1：　$1.8\times1.8\times38=123.12\ m^2$

C-2：　$1.8\times0.6\times1=1.08\ m^2$

2）编制工程量清单，如表21.12所示。

表 21.12 分部分项工程量清单

序号	项目编码	项目名称	项目特征	计量单位	工程数量
1	010801001001	木质门	1. 门代号及洞口尺寸:M-1 1 000 mm × 2 400 mm 2. 镶嵌玻璃品种、厚度:白色平板玻璃,5 mm 厚	樘	11
2	010801001002	木质门	1. 门代号及洞口尺寸:M-2 1 200 mm × 2 400 mm 2. 镶嵌玻璃品种、厚度:白色平板玻璃,5 mm 厚	樘	1
3	010802001001	金属门	1. 门代号及洞口尺寸:M-3 1 800 mm × 2 700 mm 2. 门框或扇外围尺寸:101.6 mm × 44.5 mm 3. 门框或扇材质:铝合金 4. 玻璃品种、厚度:白色平板玻璃,5 mm 厚	樘	1
4	010807001001	金属窗	1. 窗代号及洞口尺寸:C-1 1 800 mm × 1 800 mm 2. 框、扇材质:铝合金 3. 玻璃品种、厚度:白色平板玻璃,5 mm 厚	樘	38
5	010807001002	金属窗	1. 窗代号及洞口尺寸:C-2 1 800 mm × 6 00 mm 2. 框、扇材质:铝合金 3. 玻璃品种、厚度:白色平板玻璃,5 mm 厚	樘	6

21.5 定额换算

(1)木种换算

1)定额规定

木材种类,除硬木扶手、拼花地板为三、四类木种外,其他项目以一、二类木种为准,如采用三、四类木种时,分别乘以下列系数:木门窗制作,按相应项目人工和机械乘以系数 1.3;木门窗安装,按相应项目人工和机械乘以系数 1.16;其他项目按相应项目人工、机械乘以系数 1.35。

2)木种分类(如表 21.13 所示)

表 21.13 木种分类表

类别	木 种
一类	红松、水桐木、樟子木

续表

类别	木　种
二类	白松(方杉、冷杉)、杉木、杨木、柳木、椴木
三类	青松、黄花松、秋子木、马尾松、东北榆木、柏木、苦楝木、梓木、黄菠萝、椿木、楠木、柚木、樟木
四类	栎木(柞木)、檀木、色木、槐木、荔木、麻栗木(马栎、青刚)、桦木、荷木、水曲柳、华北榆木

例21.2　某工程采用冷杉制作安装无纱带亮镶板门36樘,门洞尺寸为1.0 m×2.4 m。试换算相应定额并分析出相应的人工和冷杉消耗量。

解　1)查用相应定额并换算,过程如表21.14所示。

表21.14　无纱带亮镶板门木种换算计算表

定额编号	项目	相应人工(工日/100m²)			相应机械(台班/100 m²)			
		原定额消耗量	调整系数	调整后消耗	机械名称	原定额消耗量	调整系数	调整后消耗
7-17	门框制作	8.56	1.3	11.13	木工圆锯机	0.17	1.3	0.22
					木工平刨床	0.54		0.70
					木工压刨床	0.46		0.60
					木工打眼机	0.06		0.08
					木工开榫机	0.28		0.36
					木工裁口机	0.24		0.31
7-18	门框安装	14.68	1.16	17.03	木工圆锯机	0.06	1.16	0.07
7-19	门扇制作	24.55	1.3	31.92	木工圆锯机	0.66	1.3	0.86
					木工平刨床	1.39		1.81
					木工压刨床	1.39		1.81
					木工打眼机	1.01		1.31
					木工开榫机	1.01		1.31
					木工裁口机	0.54		0.70
7-20	门扇安装	15.28	1.16	17.72	—	—	1.16	—

2)根据工程量和调整后的定额消耗量计算实际耗用量。

该木门制安工程量按洞口面积计算得:

$$S = 1.0_{(宽)} \times 2.4_{(高)} \times 36_{(樘)} = 86.4\ \text{m}^2$$

工日消耗量:86.4/100×(11.13+17.03+31.92+17.72) = 67.22 工日

各种机械台班消耗量:

木工圆锯机　86.4/100×(0.22+0.07+0.86) = 0.99 台班

木工平刨床　86.4/100×(0.70+1.81) = 2.17 台班

木工压刨床　86.4/100×(0.60+1.81) = 2.08 台班

木工打眼机　86.4/100×(0.08+1.31) = 1.20 台班

木工开榫机　86.4/100×(0.36+1.31) = 1.44 台班

木工裁口机　86.4/100×(0.31+0.70) = 0.87 台班

(2)材积换算

1)定额规定

定额中所注明的木材截面或厚度均以毛料为准,如设计图纸注明的断面或厚度为净断料时,应增加刨光损耗;板、方材一面刨光增加 3 mm,两面刨光增加 5 mm;圆木每立方米材积增加 0.05 m^3。

2)定额中板、方材规格的分类

如表 21.15 所示。

表 21.15　板、方材规格的分类

项目	按宽厚尺寸比例分类	按板材厚度,方材宽厚乘积分类				
板材	宽≥厚×3	名称	薄板	中板	厚板	特厚板
		厚度/mm	≤18	19~35	36~65	≥65
方材	宽<厚×3	名称	小方	中方	大方	特大方
		宽×厚/cm^2	≤54	55~100	101~225	≥225

3)定额中木门窗框、扇断面(毛料)取定值

无纱镶板门框:60 mm×100 mm

有纱镶板门框:60 mm×120 mm

无纱窗框:60 mm×90 mm

有纱窗框:60 mm×110 mm

无纱镶板门扇:45 mm×100 mm

有纱镶板门扇:45 mm×100 mm+35 mm×100 mm

无纱窗扇:45 mm×60 mm

有纱窗扇:45 mm×60 mm+35 mm×60 mm

胶合板门扇:38 mm×60 mm

4)定额取定的断面与设计规定不同时,应按比例换算

框断面以边框断面为准(框裁口如为钉条者加贴条的断面);扇料以主挺断面为准。换算公式为:

$$换算材积 = 设计断面(加刨光损耗)/定额断面 \times 定额材积 \tag{21.1}$$

或:换算系数=设计断面(加刨光损耗)/定额断面

$$则:换算材积 = 换算系数 \times 定额材积 \tag{21.2}$$

例 21.3　某工程制安 98 樘无纱带亮镶板门,如图 21.4 所示,门洞尺寸为 1.0 m×2.4 m。框料设计断面(净料)为 42 mm×95 mm,扇料设计断面(净料)为 40 mm×95 mm。试换算相应定额并分析出相应材料消耗量。

解　1)查用相应定额并换算如表 21.16 所示。

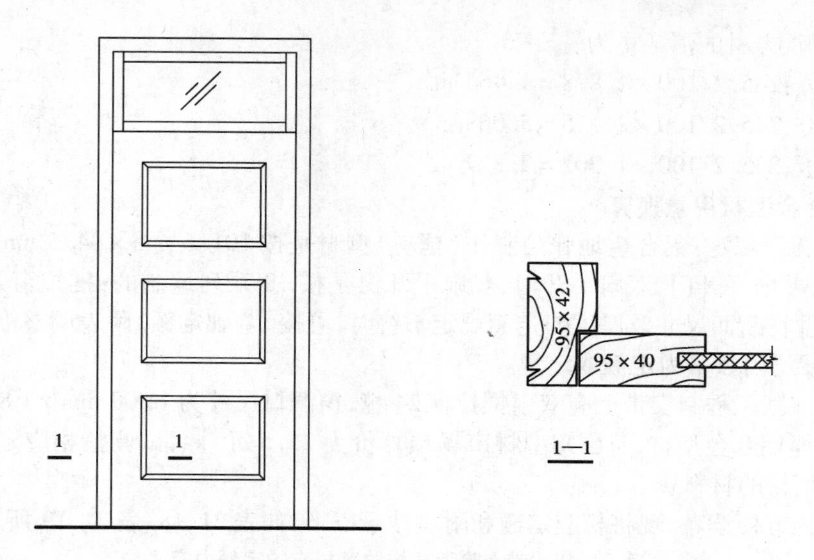

图21.4　无纱带亮镶板门及用料断面示意图

表21.16　相应定额换算($m^3/100\ m^2$)

材料名称	7-17	换算系数	换算材积	7-19	换算系数	换算材积
	门框制作			门扇制作		
一等木方<54(小方)	0.065	0.75	0.048 8	1.849	1.00	1.849
一等木方55~100(中方)	1.972		1.479	0.288		0.288
一等木板<18(薄板)	—		—	1.202		1.202

表中,换算系数计算为:

框料:换算系数=(42+3)×(95+5)/60×100=0.75

扇料:换算系数=(40+5)×(95+5)/45×100=1.00

式中,门框料断面较小的尺寸按单面刨光增加3 mm计算。

2)各种板、方材的消费量计算

①相应定额项目调整后的板、方材消耗量如表21.17所示。

表21.17　相应定额项目调整后的板、方材消耗量

材料名称	7-17	7-18	7-19	7-20	前四项合计
	门框制作	门框安装	门扇制作	门扇安装	
一等木方(小方)	0.048 8	—	1.849	—	1.898
一等木方(中方)	1.479	0.388	0.288	—	2.155
一等木板(薄板)	—	—	1.202	—	1.202

②该木门制安工程量按洞口面积计算得:

$$S = 1.0_{(宽)} \times 2.4_{(高)} \times 98_{(樘)} = 235.2\ m^2$$

③各种板、方材的消耗量为：

一等小方：235.2/100×1.898=4.464 m^3

一等中方：235.2/100×2.155=5.068 m^3

一等薄板；235.2/100×1.202=2.827 m^3

(3)铝合金型材用量换算

《基础定额》规定：铝合金地弹门制作(框料)型材是按101.6 mm×44.5 mm，厚1.5 mm方管编制的；单扇平开门、双扇平开门、双扇平开窗是按38系列编制的；推拉窗是按90系列编制的。如型材断面尺寸及厚度与定额规定不符时，可按《基础定额》附表调整铝合金型材用量，附表中"()"内数量为定额取定量。

例21.4 某工程制安带上亮双扇推拉窗24樘，窗洞口尺寸为1 800 mm×1 800 mm，采用90系列1.4厚铝合金型材，若已知型材市场预算价为21.5元/kg，试调整相应定额型材用量并计算购买型材的材料费。

解 1)为方便读者，现将相应定额和附表抄录以下，如表21.18、表21.19所示。

表21.18 带上亮双扇推拉窗相应的定额内容

计量单位：100 m^2

定额编号			7-276	7-277
项目		单位	推拉窗	
			双扇	
			不带亮	带亮
人工	综和工日	工日	149.5	150.99
材料	铝合金型材 (其他材料略)	kg —	633.6 —	570.70 —
机械	综合机械	台班	1.62	1.63

表21.19 带上亮双扇推拉窗铝合金型材用量摘录(kg/100 m^2)

铝合金窗外框尺寸		1 450×1 750	1 750×1 750	1 450×2 050	1 750×2 050
相应洞口尺寸		1 500×1 800	1 800×1 800	1 500×2 100	1 800×2 100
型材规格	60系列 1.25~1.3厚	347.68	319.40	325.44	295.99
	70系列 1.3厚	405.35	373.50	377.84	344.38
	90系列 1.35~1.4厚	582.93	536.05	539.09	492.28
	90系列 1.5厚	648.02	595.53	(570.70)	546.06

对比以上两个表可以看出，对于带上亮双扇铝合金推拉窗，定额认定的型材用量(570.70)是采用90系列1.5厚型材，并且洞口为1.5 m×2.1 m时的型材用量，当设计要求的型材规格和洞口尺寸与定额认定不符时，应当对型材用量进行调整。

2)型材用量调整

按表21.19所示，当设计要求窗洞口尺寸为1 800 mm×1 800 mm，采用90系列1.4厚的铝合金型材时,定额型材消耗量应选定为536.05 kg/100 m^2。

3)该工程铝合金型材用量计算

带上亮双扇铝合金推拉窗工程量(按洞口面积计算):

$$S = 1.8 \times 1.8 \times 24 = 77.76\ m^2$$

型材用量 = 77.76/100 × 536.05 = 416.83 kg

4)铝合金型材的材料费计算

$$材料费 = 21.5 \times 416.83 = 8\,961.90\ 元$$

(4)其他内容的换算

①门窗五金包括:普通折页、插肖、风钩、普通翻窗铰链,门还包括搭扣和镀铬弓背拉手。使用上述五金者,不得调整和换算。如使用贵重五金时,其费用可另行计算,但不增加安装人工费,同时,定额中已包括的五金费用亦不扣除。

②门窗扇包镀锌铁皮,以双面为准,如设计规定单面包铁皮时,其工料乘以系数0.67。

③铝合金卷闸门(包括卷筒、导轨)、彩板组角钢门窗、塑料门窗安装均以成品编制的。

④不锈钢片包门框中,木骨架方材按40 mm×45 mm计算,如果设计与定额不同时,允许换算。

习题21

某"单扇镶板木门"分项的工程量清单,如表21.20所示,试计算综合单价(套用当地的《计价定额》)。

表21.20　工程量清单表

序号	项目编码	项目名称	项目特征	计量单位	工程数量
1	010801 001001	木质门	1.有腰单扇镶板木门 2.门洞口尺寸0.9 m×2.4 m 3.刷底油一遍、刮腻子、调和漆二遍、磁漆一遍 4.场外运输距离5 km 5.安L形执手锁	樘	9

第22章 油漆、喷漆、裱糊工程计量与计价

22.1 基本问题

油漆项目按基层不同分为木材面油漆、金属面油漆和抹灰面油漆。在此基础上，按油漆品种、刷漆部位分项。涂料、裱糊按涂刷、裱糊和装饰部位分项，项目划分如表22.1所示。

表22.1 油漆、喷涂、裱糊工程项目划分表

按基层分	按漆种分	按油刷部位分
木材面油漆	调和漆、磁漆、清漆、醇酸磁漆、醇酸清漆、聚氨酯漆、硝基清漆、丙稀酸清漆、过氯乙稀、防火漆熟桐油、广（生）漆、地板漆、	单层木门、单层木窗、木扶手、其他木材面、木地板
金属面油漆	调和漆、醇酸清漆、过氯乙稀清漆、沥青漆、红丹防锈漆、银粉漆、防火漆、臭油水、	单层钢门窗、其他金属面
抹灰面油漆	调和漆、乳胶漆、水性水泥漆、画石纹、做假木纹	墙柱天棚抹灰面、拉毛面
喷塑	一塑三油	墙柱面、天棚面
喷（刷）涂料	JH801涂料、仿瓷涂料（双飞粉）、多彩涂料、彩砂喷涂、砂胶涂料、106涂料、803涂料、107胶水泥彩色地面、777涂料席纹地面、177涂料乳液罩面、刷白水泥浆、刷石灰油浆、刷石灰浆、刷石灰大白浆、刷大白浆	抹灰墙柱面、装饰线条
裱糊	墙纸、金属墙纸、织锦缎	墙面、梁柱面、天棚面

相关问题说明：

1）腻子种类分石膏油腻子（熟桐油、石膏粉、适量水）、胶腻子（大白、色粉、羧甲基纤维素）、漆片腻子（漆片、酒精、石膏粉、适量色粉）、油腻子（矾石粉、桐油、脂肪酸、松香）等。

2）刮腻子要求，分刮腻子遍数（道数）或满刮腻子或找补腻子等。

3）抹灰面的油漆、涂料，应注意基层的类型，如：一般抹灰墙柱面与拉条灰、拉毛灰、甩毛灰等油漆、涂料的耗工量与材料消耗量的不同。

4）墙纸和织锦缎的裱糊，应注意要求对花还是不对花。

22.2 清单分项及规则

1)《清单计量规范》将门窗工程分为38项,具体分项如表22.2～表22.9所示。

表22.2 门油漆(编码:011401)

项目编码	项目名称	项目特征	计量单位	工程量计算规则	工程内容
011401001	木门油漆	1.门类型 2.门代号及洞口尺寸 3.腻子种类 4.刮腻子要求 5.防护材料种类 6.油漆品种、刷漆遍数	樘/m^2	1.以樘计量,按设计图示数量计算 2.以平方米计量,按设计图示洞口尺寸以面积计算	1.基层清理 2.刮腻子 3.刷防护材料、油漆
011401002	金属门油漆				1.除锈、基层清理 2.刮腻子 3.刷防护材料、油漆

表22.3 窗油漆(编码:011402)

项目编码	项目名称	项目特征	计量单位	工程量计算规则	工程内容
011402001	木窗油漆	1.窗类型 2.窗代号及洞口尺寸 3.腻子种类 4.刮腻子要求 5.防护材料种类 6.油漆品种、刷漆遍数	樘/m^2	1.以樘计量,按设计图示数量计算 2.以平方米计量,按设计图示洞口尺寸以面积计算	1.基层清理 2.刮腻子 3.刷防护材料、油漆
011402002	金属窗油漆				1.除锈、基层清理 2.刮腻子 3.刷防护材料、油漆

表22.4 木扶手及其他板条、线条油漆(编码:011403)

项目编码	项目名称	项目特征	计量单位	工程量计算规则	工程内容
011403001	木扶手油漆	1.断面尺寸 2.腻子种类 2.刮腻子要求 4.防护材料种类 5.油漆品种、刷漆遍数	m	按设计图示尺寸以长度计算	1.基层清理 2.刮腻子 3.刷防护材料、油漆
011403002	窗帘盒油漆				
011403003	封檐板、顺水板油漆				
011403004	挂衣板、黑板框油漆				
011403005	挂镜线、窗帘棍、单独木线油漆				

表 22.5　木材面油漆(编码:011404)

项目编码	项目名称	项目特征	计量单位	工程量计算规则	工程内容
011404001	木护墙、木墙裙油漆	1. 腻子种类 2. 刮腻子要求 3. 防护材料种类 4. 油漆品种、刷漆遍数	m^2	按设计图示尺寸以面积计算	1. 基层清理 2. 刮腻子 3. 刷防护材料、油漆
011404002	窗台板、筒子板、盖板、门窗套、踢脚线油漆				
011404003	清水板条天棚、檐口油漆				
011404004	木方格吊顶天棚油漆				
011404005	吸音板墙面、天棚面油漆				
011404006	暖气罩油漆				
011404007	其他木材面				
011404008	木间壁、木隔断油漆			按设计图示尺寸以单面外围面积计算	
011404009	玻璃间壁露明墙筋油漆				
011404010	木栅栏、木栏杆(带扶手)油漆				
011404011	衣柜、壁柜油漆			按设计图示尺寸以油漆部分展开面积计算	
011404012	梁柱饰面油漆				
011404013	零星木装修油漆				
011404014	木地板油漆			按设计图示尺寸以面积计算。空洞、空圈、暖气包槽、壁龛的开口部分并入相应的工程量内	
011404015	木地板烫硬蜡面	1. 硬蜡品种 2. 面层处理要求			1. 基清理 2. 烫蜡

表 22.6　金属面油漆(编码:011405)

项目编码	项目名称	项目特征	计量单位	工程量计算规则	工程内容
011405001	金属面油漆	1. 构件名称 2. 腻子种类 2. 刮腻子要求 3. 防护材料种类 4. 油漆品种、刷漆遍数	t m^2	1. 以吨计量,按设计图示尺寸以质量计算 2. 以平方米计量,按设计图示洞口尺寸以面积计算	1. 基层清理 2. 刮腻子 3. 刷防护材料、油漆

表22.7 抹灰面油漆(编码:011406)

项目编码	项目名称	项目特征	计量单位	工程量计算规则	工程内容
011406001	抹灰面油漆	1. 基层类型 2. 腻子种类 3. 刮腻子要求 4. 防护材料种类 5. 油漆品种、刷漆遍数 6. 部位	m^2	按设计图示尺寸以面积计算	1. 基层清理 2. 刮腻子 3. 刷防护材料、油漆
011406002	抹灰线条油漆	1. 线条宽度、道数 2. 腻子种类 3. 刮腻子要求 4. 防护材料种类 5. 油漆品种、刷漆遍数	m	按设计图示尺寸以长度计算	
011406003	满刮腻子	1. 基层类型 2. 腻子种类 3. 刮腻子要求	m^2	按设计图示尺寸以面积计算	1. 基层清理 2. 刮腻子

表22.8 喷刷、涂料(编码:011407)

项目编码	项目名称	项目特征	计量单位	工程量计算规则	工程内容
011407001	墙面喷刷涂料	1. 基层类型 2. 喷刷涂料部位 3. 腻子种类 4. 刮腻子要求 5. 涂料品种、刷喷遍数	m^2	按设计图示尺寸以面积计算	1. 基层清理 2. 刮腻子 3. 刷、喷涂料
011407002	天棚喷刷涂料				
011407003	空花格、栏杆刷涂料	1. 腻子种类 2. 刮腻子要求 3. 涂料品种、刷喷遍数		按设计图示尺寸以单面外围面积计算	
011407004	线条刷涂料	1. 基层清理 2. 线条宽度 3. 刮腻子要求 4. 刷防护材料、油漆	m	按设计图示尺寸以长度计算	
011407005	金属构件刷防火涂料	1. 喷刷防火涂料构件名称 2. 防火等级要求 3. 涂料品种、刷喷遍数	m^2 t	1. 以平方米计量,按设计图示洞口尺寸以面积计算 2. 以吨计量,按设计图示尺寸以质量计算	1. 基层清理 2. 刷防护材料、油漆
011407006	木材构件喷刷防火涂料		m^2	按设计图示尺寸以面积计算	1. 基层清理 2. 刷防火涂料

表 22.9　裱糊(编码:011408)

<table>
<tr><th>项目编码</th><th>项目名称</th><th>项目特征</th><th>计量单位</th><th>工程量计算规则</th><th>工程内容</th></tr>
<tr><td>011408001</td><td>墙纸裱糊</td><td rowspan="2">1. 基层类型
2. 裱糊部位
3. 腻子种类
4. 刮腻子要求
5. 粘结材料种类
6. 防护材料种类
7. 面层材料品种、规格、品牌、颜色</td><td rowspan="2">m^2</td><td rowspan="2">按设计图示尺寸以面积计算</td><td rowspan="2">1. 基层清理
2. 刮腻子
3. 面层铺粘
4. 刷防护材料</td></tr>
<tr><td>011408002</td><td>织锦缎裱糊</td></tr>
</table>

2)其他相关问题应按下列规定处理:

①木门油漆应区分木大门、单层木门、双层(一玻一纱)木门、双层(单裁口)木门、全玻自由门、半玻自由门、装饰门及有框门或无框门等项目,分别编码列项。

②金属门油漆应区分平开门、推拉门、钢制防火门等项目,分别编码列项。

③木窗油漆应区分单层玻璃窗、双层(一玻一纱)木窗、双层框扇(单裁口)木窗、双层框三层(二玻一纱)木窗、单层组合窗、双层组合窗、木百叶窗、木推拉窗等项目,分别编码列项。

④金属窗油漆应区分平开窗、推拉窗、固定窗、组合窗、金属格栅窗等项目,分别编码列项。

⑤木扶手应区分带托板与不带托板,分别编码列项,若是木栏杆带扶手,木扶手不应单独列项,应包含在木栏杆油漆中。

22.3　定额计算规则

1)楼地面、天棚面、墙、柱、梁面的喷(刷)涂料、抹灰面油漆及裱糊工程,均按楼地面、天棚面、墙、柱、梁面装饰工程相应工程量计算规则计算。

2)木材面油漆、金属面油漆的工程量均按相应工程量计算规则计算。

3)门、窗油漆工程量均以 m^2 为计量单位,按设计图示尺寸以面积计算;木扶手、窗帘盒、封檐板、挂衣板、窗帘棍以及顺水板等的油漆工程量均以 m 为单位,按设计图示尺寸以长度计算;木板、胶合板、窗台板、盖板、门窗套、木护墙、暖气罩以及吊顶天棚、吸音板墙面、天棚面的油漆工程量均以 m^2 为计量单位,按设计图示尺寸以面积计算;木间壁、玻璃间壁以及木栅栏、木栏杆的油漆工程量均以 m^2 为计量单位,按设计图示尺寸以单面外围面积计算;衣柜、壁柜、梁柱饰面以及零星木装修的油漆工程量均以 m^2 为计量单位,按设计图示尺寸以油漆部分展开面积计算;金属面油漆工程量均以吨为单位,按设计图示尺寸以长度计算。

4)刷喷涂料工程量均以 m^2 为计量单位,按设计图示尺寸以面积计算;空花格、栏杆刷涂料工程量均以 m^2 为计量单位,按设计图示尺寸以单面外围面积计算;线条刷涂料工程量以 m 为单位,按设计图示尺寸以长度计算。

5)墙纸和织锦缎裱糊工程量均以 m^2 为计量单位,按设计图示尺寸以面积计算。

22.4　计算方法

1）楼地面、天棚面、墙、柱、梁面的喷（刷）涂料及裱糊工程，均按楼地面、天棚面、墙、柱、梁面装饰工程相应工程量计算规则规定计算。

2）木材面、金属面、抹灰面油漆的工程量分别按表 22.10、表 22.11、表 22.12 规定计算后乘以表列系数。

其计算方法可以表达为：

$$油漆工程量 = 被油刷对象的工程量 \times 表中相应油刷系数 \quad (22.1)$$

即木材面、金属面油漆工程量计算没有特别规则，也无须专门计算，只要被油刷对象的工程量计算出来后，在本节中找到相应油刷系数相乘，就是油漆工程量。

表 22.10　木材面油漆工程系数表

项目名称	系数	工程量计算方法
单层木门	1.00	按单面洞口面积
双层（一板一纱）木门	1.36	
双层（单裁口）木门	2.00	
单层全玻门	0.83(0.76)	
木百页门	1.25	
厂库房大门	1.10	
半玻门	(0.88)	
单层玻璃窗	1.00	按单面洞口面积
双层（一玻一纱）窗	1.36	
双层（单裁口）窗	2.00	
三层（二玻一纱）窗	2.60	
单层组合窗	0.83	
双层组合窗	1.13	
木百页窗	1.50	
木扶手（不带托板）	1.00	按延长米
木扶手（带托板）	2.60	
窗帘盒	2.04	
封檐板、顺水板	1.74	
挂衣板、黑板框、单独木线条 100 mm 以内	0.52	
挂镜线、窗帘棍、单独木线条 100 mm 以外	0.35	
木板、纤维板、胶合板天棚、檐口	1.00	长×宽
木护墙、木墙裙	1.00(0.91)	
窗台板、筒子板、盖板、门窗套、踢脚线	1.00(0.82)	
清水板条棚、檐口	1.07	
木方格吊顶天棚	1.20	
吸音板墙面、天棚面	0.87	
暖气罩	1.28	

续表

项目名称	系数	工程量计算方法
屋面板(带檩条)	1.11	斜长×宽
木间壁、木隔断	1.90	单面外围面积
玻璃间壁露明墙筋	1.65	
木栅栏、大栏杆(带扶手)	1.82	
木屋架	1.79	跨度(长)×中高×1/2
衣柜、壁柜	0.91	投影面积(不展开)
零星木装修	0.87(1.10)	按展开面积
木地板、木踢脚线	1.00	长×宽
木楼梯(不包括底面)	2.30	水平投影面积

表22.11 金属面油漆工程系数表

项目名称	系数	工程量计算方法
单层钢门窗	1.00	按单面洞口面积
双层(一玻一纱)钢门窗	1.48	
钢百页钢门	2.74	
半截百页钢门	2.22	
满钢门或全包铁皮门	1.63	
钢折叠门	2.30	
射线防护门	2.96	框(扇)外围面积
厂库房平开、推拉门	1.70	
钢丝网大门	0.81	
间壁	1.85	长×宽
平板屋面	0.74	斜长×宽
瓦垄板屋面	0.89	
排水、伸缩缝盖板	0.78	展开面积
吸气罩	1.63	水平投影面积
钢屋架、天窗架、挡风架、屋架梁、支撑、檩条、干挂石材钢骨架	1.00	重量(t)
墙架(空腹式)	0.50	
墙架(格板式)	0.82	
钢柱、吊车架、花式架、柱、空花构件	0.63	
操作台、走台、制动梁、钢梁车挡	0.71	
钢栅栏门、栏杆、窗栅	1.71	
钢爬梯	1.18	
轻型屋架	1.42	
踏步式钢扶梯	1.05	
零星铁件	1.32	

表22.12 抹灰面油漆工程系数表

项目名称	系数	工程量计算方法
槽形底板、混凝土折板 有梁板底 密肋、井字梁底板	1.30 1.10 1.50	长×宽
混凝土平板式楼梯底	1.30(1.15)	水平投影面积
(混凝土楼梯底-梁式)	(1.00)	(展开面积)
(混凝土化格窗、栏杆花饰)	(1.82)	(单面外围面积)
(楼地面·天棚墙柱梁面)	(1.00)	按相应抹灰工程量计算规则

22.5 计算实例

例22.1 某餐厅室内装修,地面净面积为14.76 m×11.76 m,四周240厚砖墙上有单层钢窗C-1(1.8 m×1.8 m)8樘,单层木门M-1(1.0 m×2.1 m)2樘,单层全玻门M-2(1.5 m×2.7 m)2樘,门均为外开。木墙裙高1.2 m,设挂镜线一道(断面尺寸50 mm×10 mm),木质窗帘盒(断面尺寸200 mm×150 mm,比窗洞每边宽100 mm),木方格吊顶天棚,以上项目均刷调合漆。试求相应项目油漆工程量,并编制工程量清单(门窗以樘为计量单位)。

解 各个项目的工程量按各分部规则计算后乘以表列系数即得油漆工程量。

1)单层钢窗油漆工程量:1.8×1.8×8×1.00=25.92 m²

2)单层木门油漆工程量:1.0×2.1×2×1.00=4.2 m²

3)单层全玻门油漆工程量:1.5×2.7×2×0.83=6.72 m²

4)木墙裙油漆工程量

木墙裙高1.2 m,应扣减在高1.2 m范围内的门窗洞口。门向外开,应计算洞口侧壁,在没有给出门框宽度的情况下,一般按木门框宽90 mm计算,木门框靠外侧立樘。窗下墙一般高900 mm,则在墙裙高1.2 m的范围内,窗洞口应口高度为300 mm。钢窗居中立樘,框宽40 mm。

墙裙长(扣门洞):(14.76+11.76)×2-1.0×2-1.5×2=48.04 m

应扣窗洞面积:1.8×0.3×8=4.32 m²

窗洞侧壁宽度为:(240-40)/2=100 mm=0.1 m

应增加窗洞侧壁面积为 :(1.8+0.3×2)×0.1×8=1.92 m²

门洞侧壁宽度为:240-90=150 mm=0.15 m

应增加门洞侧壁面积为: 1.2×2×0.15×(2+2)=1.44 m²

则墙裙油漆面积工程量:(48.04×1.2-4.32+1.92+1.44)×0.91 = 56.69×0.91 = 51.59 m²

5)挂镜线油漆工程量:(48.04-1.8×8)×0.35=33.64×0.35=11.77 m

6)木质窗帘盒油漆工程量:(1.8+0.1×2)×8×2.04=16 m×2.04=32.64 m

7）木方格吊顶天棚油漆工程量：$(14.76 \times 11.76) \times 1.20 = 173.58 \times 1.20 = 208.29\ m^2$

8）编制工程量清单（以常见施工方法描述项目特征），如表21.13所示。

表22.13　分部分项工程量清单

序号	项目编码	项目名称	项目特征	计量单位	工程数量
1	011401001001	木门油漆	1. 门类型：单层木门 2. 门代号及洞口尺寸：M-1，1.0 m×2.1 m 3. 腻子种类：石膏粉 4. 刮腻子要求：底油一遍再刮腻子 5. 防护材料种类：油漆 6. 油漆品种、刷漆遍数：调合漆二遍，磁漆一遍	樘	2
2	011401001002	木门油漆	1. 门类型：单层全玻门 2. 门代号及洞口尺寸：M-2，1.5 m×2.7 m 3. 腻子种类：石膏粉 4. 刮腻子要求：底油一遍再刮腻子 5. 防护材料种类：油漆 6. 油漆品种、刷漆遍数：调合漆二遍，磁漆一遍	樘	2
3	011402002001	金属窗油漆	1. 窗类型：单层钢窗 2. 窗代号及洞口尺寸：C-1，1.8 m×1.8 m 3. 腻子种类：石膏粉 4. 刮腻子要求：底油一遍再刮腻子 5. 防护材料种类：油漆 6. 油漆品种、刷漆遍数：调合漆二遍，磁漆一遍	樘	8
4	011404001001	木墙裙油漆	1. 腻子种类：石膏粉 2. 刮腻子要求：底油一遍再刮腻子 3. 防护材料种类：油漆 4. 油漆品种、刷漆遍数：调合漆二遍，磁漆一遍	m^2	56.69
5	011403005001	挂镜线油漆	1. 断面尺寸：50 mm×10 mm 2. 腻子种类：石膏粉 2. 刮腻子要求：底油一遍再刮腻子 4. 防护材料种类：油漆 5. 油漆品种、刷漆遍数：调合漆二遍，磁漆一遍	m	33.64

续表

序号	项目编码	项目名称	项目特征	计量单位	工程数量
6	011403002001	窗帘盒油漆	1. 断面尺寸:200 mm×150 mm 2. 腻子种类:石膏粉 2. 刮腻子要求:底油一遍再刮腻子 4. 防护材料种类:油漆 5. 油漆品种、刷漆遍数:调合漆二遍,磁漆一遍	m	16
7	011404004001	木方格吊顶天棚油漆	1. 腻子种类:石膏粉 2. 刮腻子要求:底油一遍再刮腻子 3. 防护材料种类:油漆 4. 油漆品种、刷漆遍数:调合漆二遍,磁漆一遍	m^2	173.58

例22.2　如图20.3所示某单层建筑物,室内墙、柱面刷乳胶漆,试计算墙、柱面乳胶漆工程量。室内吊顶,乳胶漆涂刷高度按3.2 m计算。

解　(1)墙面乳胶漆工程量

1)轴A-C、轴1-5室内乳胶漆墙面工程量

室内周长:$L_{内1}=(12.48-0.36\times2+5.7+2.0-0.12\times2)\times2+0.25\times10=40.94$ m

扣除面积:$S_{扣1}=S_{M\text{-}1}+S_{M\text{-}3}+S_{C\text{-}1}\times4+S_{C-2}\times3$

$=2.1\times2.4+1.5\times2.4+1.5\times1.8\times4+1.2\times1.8\times3$

$=25.92\ m^2$

$S_{墙面1}=40.94\times3.2-25.92=105.09\ m^2$

2)轴C-D、轴1-5室内乳胶漆墙面工程量

室内周长:$L_{内2}=(12.48-0.36\times2+5.7-0.12\times2)\times2+0.25\times8=36.44$ m

扣除面积:$S_{扣2}=S_{M\text{-}2}+S_{M\text{-}3}+S_{C\text{-}1}\times2+S_{C\text{-}2}\times4$

$=1.2\times2.7+1.5\times2.4+1.5\times1.8\times2+1.2\times1.8\times4$

$=20.88\ m^2$

$S_{墙面2}=36.44\times3.2-20.88=95.73\ m^2$

3)墙面乳胶漆工程量合计

$S_{墙面}=S_{墙面1}+S_{墙面2}=105.09+95.73=200.82\ m^2$

(2)柱面乳胶漆工程量

单根柱周长:$L=0.49\times4=1.96$ m

$S_{柱}=1.96\times3.2\times3=18.82\ m^2$

习题22

22.1　油漆工程量计算有何特别之处?

22.2　油漆工程在什么情况下单列清单项计价？

22.3　针对表22.13所示的工程量清单，采用当地《计价定额》计算相应项目的综合单价。

第23章 其他装饰工程的计量与计价

其他装饰工程项目是指楼地面、墙柱面、天棚面、门窗、油漆涂料裱糊等分部不包含的装饰工程项目。主要有柜类、货架、压条、装饰线、扶手、栏杆、栏板、暖气罩、浴厕配件、雨篷吊挂饰面、旗杆、玻璃雨篷、招牌、灯箱、信报箱、美术字等内容。

23.1 清单分项及规则

《清单计量规范》将其他装饰工程项目分为62项，具体分项如表23.1～表23.8所示。

表23.1 柜类、货架(编码:011501)

项目编码	项目名称	项目特征	计量单位	工程量计算规则	工程内容
011501001	柜台	1. 台柜规格 2. 材料种类、规格 3. 五金种类、规格 4. 防护材料种类 5. 油漆品种、刷漆遍数	1. 个 2. m 3. m^3	1. 以个计量，按设计图示数量计算 2. 以米计量，按设计图示尺寸以延长米计算 3. 以立方米计量，按设计图示尺寸以体积计算	1. 台柜制作、运输、安装(安放) 2. 刷防护材料、油漆 3. 五金件安装
011501002	酒柜				
011501003	衣柜				
011501004	存包柜				
011501005	鞋柜				
011501006	书柜				
011501007	厨房壁柜				
011501008	木壁柜				
011501009	厨房低柜				
011501010	厨房吊柜				
011501011	矮柜				
011501012	吧台背柜				
011501013	酒吧吊柜				
011501014	酒吧台				
011501015	展台				
011501016	收银台				
011501017	试衣间				
011501018	货架				
011501019	书架				
011501020	服务台				

表 23.2　压条、装饰线(编码:011502)

<table>
<tr><th>项目编码</th><th>项目名称</th><th>项目特征</th><th>计量单位</th><th>工程量计算规则</th><th>工程内容</th></tr>
<tr><td>011502001</td><td>金属装饰线</td><td rowspan="7">1. 基层类型
2. 线条材料品种、规格、颜色
3. 防护材料种类</td><td rowspan="8">m</td><td rowspan="8">按设计图示尺寸以长度计算</td><td rowspan="7">1. 线条制作、安装
2. 刷防护材料</td></tr>
<tr><td>011502002</td><td>木质装饰线</td></tr>
<tr><td>011502003</td><td>石材装饰线</td></tr>
<tr><td>011502004</td><td>石膏装饰线</td></tr>
<tr><td>011502005</td><td>镜面玻璃线</td></tr>
<tr><td>011502006</td><td>铝塑装饰线</td></tr>
<tr><td>011502007</td><td>塑料装饰线</td></tr>
<tr><td>011502008</td><td>GRC 装饰线条</td><td>1. 基层类型
2. 线条规格
3. 线条安装部位
4. 填充材料种类</td><td>线条制作、安装</td></tr>
</table>

表 23.3　扶手、栏杆、栏板装饰(编码:011503)

<table>
<tr><th>项目编码</th><th>项目名称</th><th>项目特征</th><th>计量单位</th><th>工程量计算规则</th><th>工程内容</th></tr>
<tr><td>011503001</td><td>金属扶手、栏杆、栏板</td><td rowspan="3">1. 扶手材料种类、规格
2. 栏杆材料种类、规格
3. 栏板材料种类、规格、颜色
4. 固定配件种类
5. 防护材料种类</td><td rowspan="8">m</td><td rowspan="8">按设计图纸尺寸以扶手中心线长度(包括弯头长度)计算</td><td rowspan="8">1. 制作
2. 运输
3. 安装
4. 刷防护材料</td></tr>
<tr><td>011503002</td><td>硬木扶手、栏杆、栏板</td></tr>
<tr><td>011503003</td><td>塑料扶手、栏杆、栏板</td></tr>
<tr><td>011503004</td><td>GRC 扶手、栏杆</td><td>1. 栏杆的规格
2. 安装间距
3. 扶手类型规格
4. 填充材料种类</td></tr>
<tr><td>011503005</td><td>金属靠墙扶手</td><td rowspan="3">1. 扶手材料种类、规格
2. 固定配件种类
3. 防护材料种类</td></tr>
<tr><td>011503006</td><td>硬木靠墙扶手</td></tr>
<tr><td>011503007</td><td>塑料靠墙扶手</td></tr>
<tr><td>011503008</td><td>玻璃栏板</td><td>1. 栏板玻璃种类、规格、颜色
2. 固定方式
2. 固定配件种类</td></tr>
</table>

表23.4　暖气罩(编码:011504)

<table>
<tr><th>项目编码</th><th>项目名称</th><th>项目特征</th><th>计量单位</th><th>工程量计算规则</th><th>工程内容</th></tr>
<tr><td>011504001</td><td>饰面板暖气罩</td><td rowspan="3">1. 暖气罩材质
2. 防护材料种类</td><td rowspan="3">m^2</td><td rowspan="3">按设计图示尺寸以垂直投影面积(不展开)计算</td><td rowspan="3">1. 暖气罩制作、运输、安装
2. 刷防护材料</td></tr>
<tr><td>011504002</td><td>塑料板暖气罩</td></tr>
<tr><td>011504003</td><td>金属暖气罩</td></tr>
</table>

表23.5　浴厕配件(编码:011505)

<table>
<tr><th>项目编码</th><th>项目名称</th><th>项目特征</th><th>计量单位</th><th>工程量计算规则</th><th>工程内容</th></tr>
<tr><td>011505001</td><td>洗漱台</td><td rowspan="9">1. 材料品种、规格、颜色
2. 支架、配件品种、规格</td><td>m^2
个</td><td>1. 按设计图示尺寸以台面外接矩形面积计算。不扣除孔洞、挖弯、削角所占面积,挡板、吊沿板面积并入台面面积内
2. 按设计图示数量计算</td><td rowspan="9">1. 台面及支架制作、运输、安装
2. 杆、环、盒、配件安装
3. 刷油漆</td></tr>
<tr><td>011505002</td><td>晒衣架</td><td rowspan="4">个</td><td rowspan="8">按设计图示数量计算</td></tr>
<tr><td>011505003</td><td>帘子杆</td></tr>
<tr><td>011505004</td><td>浴缸拉手</td></tr>
<tr><td>011505005</td><td>卫生间扶手</td></tr>
<tr><td>011505006</td><td>毛巾杆(架)</td><td>套</td></tr>
<tr><td>011505007</td><td>毛巾环</td><td>副</td></tr>
<tr><td>011505008</td><td>卫生纸盒</td><td rowspan="2">个</td></tr>
<tr><td>011505009</td><td>肥皂盒</td></tr>
<tr><td>011505010</td><td>镜面玻璃</td><td>1. 镜面玻璃品种、规格
2. 框材质、断面尺寸
3. 基层材料种类
4. 防护材料种类</td><td>m^2</td><td>按设计图示尺寸以边框外围面积计算</td><td>1. 基层安装
2. 玻璃及框制作、运输、安装</td></tr>
<tr><td>011505011</td><td>镜箱</td><td>1. 箱体材质、规格
2. 玻璃品种、规格
3. 基层材料种类
4. 防护材料种类</td><td>个</td><td>按设计图示数量计算</td><td>1. 基层安装
2. 箱体制作、运输、安装
3. 玻璃安装
4. 刷防护材料</td></tr>
</table>

表 23.6　雨篷、旗杆(编码:011506)

项目编码	项目名称	项目特征	计量单位	工程量计算规则	工程内容
011506001	雨篷吊挂饰面	1. 基层类型 2. 龙骨材料种类、规格、中距 3. 面层材料品种、规格 4. 吊顶(天棚)材料品种、规格 5. 嵌缝材料种类 6. 防护材料种类	m^2	按设计图示尺寸以水平投影面积计算	1. 底层抹灰 2. 龙骨基层安装 3. 面层安装 4. 刷防护材料
011506002	金属旗杆	1. 旗杆材料、种类、规格 2. 旗杆高度 3. 基础材料种类 4. 基座材料种类 5. 基座面层材料、种类、规格	根	按设计图示数量计算	1. 土石挖填运 2. 基础混凝土浇注 3. 旗杆制作、安装 4. 旗杆台座制作、饰面
011506003	玻璃雨篷	1. 玻璃雨篷固定方式 2. 龙骨材料种类、规格、中距 3. 玻璃材料品种、规格 4. 嵌缝材料种类 5. 防护材料种类	m^2	按设计图示尺寸以水平投影面积计算	1. 龙骨基层安装 2. 面层安装 3. 刷防护材料、油漆

表 23.7　招牌、灯箱(编码:011507)

项目编码	项目名称	项目特征	计量单位	工程量计算规则	工程内容
011507001	平面、箱式招牌	1. 箱体规格 2. 基层材料种类 3. 面层材料种类 4. 防护材料种类	m^2	按设计图示尺寸以正立面边框外围面积计算复杂形的凸凹造型部分不增加面积	1. 基层安装 2. 箱体及支架制作、运输、安装 3. 面层制作、安装 4. 刷防护材料、油漆
011507002	竖式标箱		个	按设计图示数量计算	
011507003	灯箱				
011507004	信报箱	1. 箱体规格 2. 基层材料种类 3. 面层材料种类 4. 防护材料种类 5. 户数			

表23.8　美术字(编码:011508)

项目编码	项目名称	项目特征	计量单位	工程量计算规则	工程内容
011508001	泡沫塑料字	1. 基层类型 2. 镌字材料品种、颜色 3. 字体规格 4. 固定方式 5. 油漆品种、刷漆遍数	个	按设计图示数量计算	1. 字制作、运输、安装 2. 刷油漆
011508002	有机玻璃字				
011508003	木质字				
011508004	金属字				
011508005	吸塑字				

23.2　定额计算规则

1)招牌、灯箱

①平面招牌基层按正立面面积计算,复杂形的凹凸造型部分亦不增减。

②沿雨篷、檐口、阳台走向的立式招牌基层,按展开面积计算。

③箱体招牌和竖式标箱的基层,按外围体积计算;突出箱外的灯饰、店徽及其他艺术装饰等均另行计算。

④灯箱的面层按实贴展开面积以平方米计算。

⑤广告牌钢骨架重量以吨计算。

2)美术字安装按字的最大外围矩形面积以个计算。

3)压条、装饰线条按实贴长度计算。

4)暖气罩(包括脚的高度在内)按边框外围尺寸正立面面积计算。

5)镜面玻璃、盥洗室木镜箱制作安装以外围尺寸正立面面积计算。

6)塑料镜箱、毛巾环、肥皂盒、金属帘子杆、浴缸拉手、毛巾杆安装以只(付)计算;不锈钢旗杆按根数计算;大理石洗漱台以台面投影面积计算,异形按单块的外接最小矩形面积计算(不扣除孔洞面积)。

7)货架、柜橱类均以正立面的高度(包括脚的高度在内)乘以宽度按平方米计算;收银台、试衣间等以个计算;酒吧台、柜台等其他项目按台面中线长度计算。

8)拆除工程量的计算按拆除面积或长度计算,执行相应子目。

23.3　定额应用问题

1)本分部定额项目在实际施工中使用的材料品种、规格与定额取定不同时,除招牌、货架、柜类可按设计调整材料用量、品种、规格外,其他只允许换算材料的品种、规格,但人工、机械不变。

2)本分部定额中铁件已包括刷防锈漆一遍。如设计需涂刷油漆、防火涂料按装饰油漆分部相应子目执行。

3)招牌、灯箱基层

①平面招牌是指安装在门前的墙面上。箱体招牌、竖式标箱是指六面体固定在墙面上。沿雨篷、檐口、阳台走向的立式招牌,按平面招牌复杂项目执行。

②一般招牌和矩形招牌是指正立面平整无凸面;复杂招牌和异形招牌是指正立面有凹凸造型。

③招牌的灯饰均不包括在定额内。

4)美术字安装

①美术字均以成品安装固定为准。

②美术字不分字体均执行本分部定额。

5)装饰线条

①木装饰线、石膏装饰线均以成品安装为准。

②石材装饰线条均以成品安装为准。石材装饰线条磨边、磨圆角均包括在成品的单价中,不再另计。

③装饰线条以墙面上直线安装为准,如墙面安装圆弧形,天棚安装直线型、圆弧型或其他图案者,按以下规定计算:

A. 天棚面安装直线装饰线条人工定额量乘以系数 1.34。

B. 天棚面安装圆弧装饰线条人工定额量乘以系数 1.6,材料定额量乘以系数 1.1。

C. 墙面安装圆弧装饰线条人工定额量乘以系数 1.2,材料定额量乘以系数 1.16。

D. 装饰线条做艺术图案者,人工定额量乘以系数 1.8,材料定额量乘以系数 1.1。

6)石材磨边、磨斜边、磨半圆边及台面开孔子目均为现场磨制。

7)暖气罩:挂板式是指钩挂在暖气片上;平墙式是指凹入墙面;明式是指凸出墙面;半凹半凸式按明式定额子目执行。

8)货架、柜台类定额中未考虑面板拼花及饰面板上贴其他材料的花饰、造型艺术品。货架、柜类见《装饰定额》附图。

9)其他

①不锈钢旗杆按高度 15 m 编制,实际高度不同时按比例调整人、材、机定额量。

②大理石洗漱台已包括型钢支架的制安。

10)原有建筑物旧装饰的拆除,按本分部的拆(铲)除项目计算。

习题 23

23.1　装饰工程的其他项目内容有哪些?

23.2　清单计价时,装饰工程的其他项目管理费费率取值为多少?

第24章 措施项目及其他计量与计价

24.1 概 述

可以计算工程量的措施项目如脚手架、混凝土模板及支架、垂直运输、超高施工增加、大型机械设备进出场及安拆、施工排降水等项目，在2013版《清单计量规范》中被列入了附录S，并对每个项目统一规定了“项目编码、项目名称、计量单位、工程量计算规则、工作内容”及“项目特征描述要求”，也就是说，前述几种措施项目也要编制“工程量清单”。这些项目宜采用“套定额”的方式计价(如表24.1所示)，最后以“项”为单位汇总到措施项目计价表中(如表24.2所示)。

表24.1 措施项目费用分析表

工程名称：　　　　　　　　　　　　　　　　　　　　　　　　　　　　第 页 共 页

序号	措施项目名称	计量单位	工程量	金额/元					
				人工费	材料费	机械费	管理费+利润	风险费	小计

表24.2 措施项目清单与计价表

工程名称：　　　　　　　　　　　　　　　　　　　　　　　　　　　　第 页 共 页

序号	项目名称	计量单位	计算方法	金额/元
1	安全文明施工	项		
2	夜间施工	项		
3	二次搬运	项		
4	其他(冬雨季施工、定位复测、生产工具用具使用等)	项		

续表

序号	项目名称	计量单位	计算方法	金额/元
5	大型机械设备进出场及安拆	项	详分析表	
6	施工排水、降水	项	详分析表	
7	地上、地下设施、建筑物的临时保护设施	项		
8	已完工程及设备保护	项		
9	混凝土模板与支架	项	详分析表	
10	脚手架	项	详分析表	
11	垂直运输	项	详分析表	
12	超高施工增加		详分析表	
	合　计			

24.2　脚手架

24.2.1　基本问题

(1)脚手架及其分类

建筑物和构筑物施工中，要在离地面一定高度的位置进行工作，为满足高空作业的需要，要搭设不同形式、不同高度的脚手架。一般规定，凡砌筑高度超过1.5 m者(有的地区规定大于1.2 m)均应搭设脚手架。脚手架的分类如表24.3所示。

表24.3　脚手架的分类表

分类	脚手架名称
按材料分	木脚手架、竹脚手架、钢管脚手架
按构造形式分	多立杆式、门式、桥式、悬吊式、挂式、挑式
按搭设形式分	单排、双排
按使用功能分	外脚手架、里脚手架、满堂脚手架、井字架、斜道

(2)《基础定额》划分的脚手架项目

①外脚手架，如图24.1所示。

②里脚手架。

③满堂脚手架。

④悬空脚手架、挑脚手架、防护架。

⑤依附斜道。

⑥安全网。

图 24.1　脚手架示意图

⑦烟囱(水塔)脚手架。

⑧电梯井字架。

⑨架空运输道。

(3)某省《计价定额》划分的脚手架项目

为方便计算,某省在脚手架项目划分上作了适当调整,主要是设置了综合脚手架项目,其内容如下:

1)综合脚手架

综合脚手架是为了简化编制预算的计算工作而特定的一种脚手架项目。它综合了建筑物中砌筑内外墙所需用的砌墙脚手架、运料斜道、上料平台、金属卷扬机架,外墙粉刷脚手架等内容。

凡能够按《建筑面积计算规则》计算建筑面积的建筑工程,均按综合脚手架定额计算脚手架摊销费。套用定额时,按单层建筑或多层建筑分类,以建筑物的檐口高度分项套定额。

在综合脚手架定额中已综合考虑了砌筑、浇筑、吊装、抹灰等脚手架,除满堂基础脚手架可单独计算外,不再计算其他单项脚手架费用。

2)满堂脚手架

满堂脚手架是为室内天棚的安装,装饰等的需要在整个房屋内搭设的一种棋盘井格式的脚手架。

3)单项脚手架

单项脚手架是供不能按建筑面积计算脚手架的项目使用的。它包括里脚手、外脚手、悬挑脚手、管道安装等项目的脚手架工程。

凡不能按《建筑面积计算规则》计算建筑面积的建筑工程,但施工组织设计又需搭设脚手架时,按相应单项脚手架定额计算脚手架摊销费。

凡砖砌体高度在 1.35 米以上,石砌体高度在 1 米以上时均可计算脚手架。

4)水平防护和垂直防护架

均指在综合脚手架以外,单独搭设的、用于车马通道、人行通道以及其他物体的隔离防护的脚手架。

(4)清单分项

2013 版《清单计量规范》将脚手架工程划分为 8 个项目,如表 24.4 所示。

表 24.4　脚手架工程(编码:011701)

<table>
<tr><th>项目编码</th><th>项目名称</th><th>项目特征</th><th>计量单位</th><th>工程量计算规则</th><th>工程内容</th></tr>
<tr><td>011701001</td><td>综合脚手架</td><td>1. 建筑结构形式
2. 檐口高度</td><td>m²</td><td>按建筑面积计算</td><td>1. 场内外材料搬运
2. 搭拆脚手架、斜道、上料平台
3. 安全网的铺设
4. 选择附墙点与主体连接
5. 测试电动装置、安全锁等
6. 拆除脚手架后材料的堆放</td></tr>
<tr><td>011701002</td><td>外脚手架</td><td rowspan="2">1. 搭设方式
2. 搭设高度
3. 脚手架材质</td><td rowspan="5">m²
m</td><td rowspan="2">按所服务对象的垂直投影面积计算</td><td rowspan="5">1. 场内外材料搬运
2. 搭拆脚手架、斜道、上料平台
3. 安全网的铺设
4. 拆除脚手架后材料的堆放</td></tr>
<tr><td>011701003</td><td>里脚手架</td></tr>
<tr><td>011701004</td><td>悬空脚手架</td><td rowspan="2">1. 搭设方式
2. 悬挑宽度
3. 脚手架材质</td><td>按搭设的水平投影面积计算</td></tr>
<tr><td>011701005</td><td>挑脚手架</td><td>按搭设长度乘以搭设层数以延长米计算</td></tr>
<tr><td>011701006</td><td>满堂脚手架</td><td>1. 搭设方式
2. 搭设高度
3. 脚手架材质</td><td>按搭设的水平投影面积计算</td></tr>
<tr><td>011701007</td><td>整体提升架</td><td>1. 搭设方式及启动装置
2. 搭设高度</td><td rowspan="2">m²</td><td rowspan="2">按所服务对象的垂直投影面积计算</td><td>1. 场内外材料搬运
2. 选择附墙点与主体连接
3. 搭拆脚手架、斜道、上料平台
4. 安全网的铺设
5. 测试电动装置、安全锁等
6. 拆除脚手架后材料的堆放</td></tr>
<tr><td>011701008</td><td>外装饰吊篮</td><td>1. 升降方式及启动装置
2. 搭设高度及吊篮型号</td><td>1. 场内外材料搬运
2. 吊篮安装
3. 测试电动装置、安全锁等
4. 吊篮拆除</td></tr>
</table>

注:1. 使用综合脚手架时,不再使用外脚手架、里脚手架等单项脚手架;

2. 同一建筑物有不同檐高时,按建筑物竖向切面分别按不同檐高编列清单项目。

24.2.2　计算规则

1）综合脚手架应区分单层、多层，不同层数、檐高和不同结构，按《建筑面积计算规则》计算建筑面积。

当建筑物的层数和高度不同时，应分别计算。如图24.2所示。①～②轴线之间，按9 m以内计算脚手架，②～③轴线之间，按50 m以内计算脚手架，③～④轴线之间，按24 m以内计算脚手架。

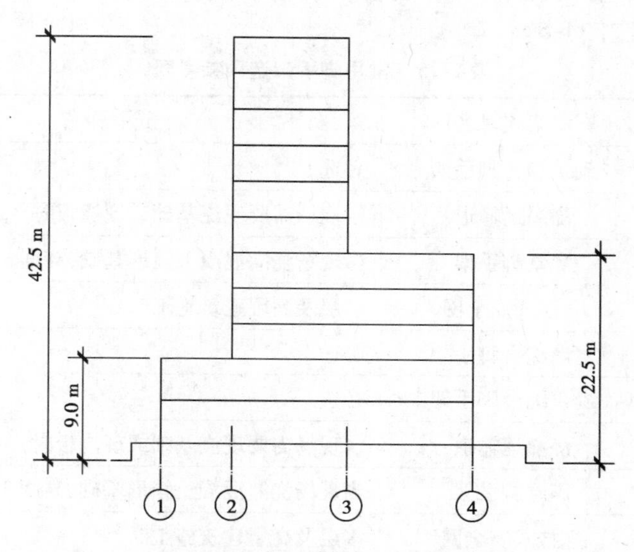

图24.2　不同楼层综合脚手架计算示意

2）满堂脚手架按室内主墙间净面积计算，不扣除垛、柱所占的面积，满堂脚手架高度从设计地坪至施工顶面计算，高度在3.6 m至5.2 m时，按满堂脚手架基本层计算；高度超过5.2 m时再计算增加层。增加层的高度若在0.6 m内时，舍去不计。在0.6～1.2 m时，按增加一层计算。

3）满堂基础脚手架工程量按其底板面积之和计算。

4）外脚手架、里脚手架均按所服务对象的垂直投影面积计算。

5）砌砖工程高度在1.35～3.6 m以内者，按里脚手架计算；高度在3.6 m以上者按外脚手架计算。独立砖柱高度在3.6 m以内者，按柱外围周长乘实砌高度按里脚手架计算；高度在3.6 m以上者，按柱外围周长加3.6 m乘实砌高度按外脚手架计算。

6）砌石工程（包括砌块）高度超过1 m时，按外脚手架计算。独立砖柱高度在3.6 m以内者，按柱外围周长乘实砌高度计算工程量；高度在3.6 m以上者，按柱外围周长加3.6 m乘实砌高度计算工程量。

7）墙高度从自然地坪至围墙顶计算，长度按地坪中心线计算，不扣除门所占的面积，但门柱和独立门柱的砌筑脚手架不增加。

8）凡高度超过1.2 m的室内外混凝土贮水（油）池、贮仓、设备基础均以构筑物的外围周长乘高度按外脚手架计算。

9）挑脚手架按搭设长度乘搭设层数以延长米计算。

10)悬空脚手架按搭设的水平投影面积计算。

11)水平防护架按脚手架实铺的水平投影面积计算;垂直防护架按高度(从自然地坪至最上层横杆)乘两边立杆之间距离计算。

24.2.3 计算实例

在工程预算中,要有效地进行脚手架工程计算。首先应针对工程项目的实际状况来取定该工程脚手架项目,然后根据脚手架工程量计算规则逐一进行各类脚手架的工程量计算。常用脚手架选项可参考表24.5。

表24.5 常用脚手架选项参考表

工程类型	脚手架项目名称	选择条件
砖混结构	砌筑综合脚手架	必选
	浇灌运输道	当现场需要现浇基础或现浇板时
	满堂脚手架	当现场浇灌混凝土箱形基础,高度3.6 m以上时
	立挂式安全网	多层及高层建筑施工时
框架结构	浇灌综合脚手架	必选
	砌筑综合脚手架	必选
	浇灌运输道	当现场需要现浇基础或现浇板时
	满堂脚手架	当现场浇灌混凝土箱形基础,高度3.6 m以上时
	立挂式安全网	多层及高层建筑施工时
	电梯井脚手架	当建筑物设计有电梯时
装饰工程		室内净高3.6 m以下不列
	满堂脚手架	当室内净高3.6 m以上做天棚装饰时
	内墙装饰脚手架	净高3.6 m以上,未列满堂架时
	外墙脚手架	单独做外墙面装饰时

例24.1 某工程设计地坪到施工顶面高为9.2 m,其满堂脚手架增加层为:

$$(9.2-5.2)\div1.2=3.33$$

取整为3个增加层,余0.33等于0.4 m舍去不计。

例24.2 某一框架结构建筑物,地面以上有12层,层高3米,各层建筑面积均为560 m^2,地面以下有一层地下室,建筑面积为580 m^2。试列出计算脚手架的项目及相应工程量。

解 该建筑物的总建筑面积为 $560\times12+580=7\ 300\ m^2$

该工程应计脚手架项目为:

①框架浇灌综合脚手架7 300 m^2

②砌筑综合脚手架7 300 m^2

例24.3 某单位砌一砖围墙,围墙高2.5 m,长度经计算为382 m,试计算砌筑该围墙的脚手架工程量。如围墙高为4.0 m,则脚手架工程量又是多少?

解　由于围墙不能按《建筑面积计算规则》计算建筑面积，因此脚手架按单项脚手架计算。由单项脚手架说明及计算规则可知：

①当围墙高2.5 m时，按里脚手架计算。脚手架工程量为围墙的垂直投影面积。

垂直投影面积：

$$S = 2.5 \times 382 = 955\ \text{m}^2$$

②当围墙高4.0 m时，应按外脚手架计算。按单排脚手架15 m以内考虑。

垂直投影面积：

$$S = 4.0 \times 382 = 1\ 528\ \text{m}^2$$

例24.4　某八层框架结构综合楼，一层层高4.5 m，其余各层为3.6 m，室外地坪标高为-0.45 m，女儿墙高0.9 m。每层建筑面积均为2 000 m^2（无阳台），楼梯间60 m^2，电梯井（2座）10 m^2。钢筋混凝土条形基础底面积400 m^2（深1.8 m）。全部楼（屋）面板均为现浇，板厚12 cm，天棚抹灰，室内净面积1 600 m^2。试列项（写出定额编码和名称）并计算脚手架工程量。

解　根据当地的《措施项目定额》，本例计算结果如表24.6所示。

表24.6　脚手架项目计算表

项次	项目名称	定额编码	计算方法	工程量（m^2）
1	浇灌综合脚手架（基本层）	C0102014	2 000×8	16 000
2	浇灌综合脚手架（增加层）	C0102015	2 000×1	2 000
3	砌筑综合脚手架 （40 m以内，总高为31.05 m）	C0102003	2 000×8	16 000
4	浇灌运输道（基础，3 m以内）	C0102021	题给数据	400
5	浇灌运输道（现浇板，1 m以内）	C0102020	（2 000－60－10）×7＋2 000	15 510
6	满堂脚手架（基本层）	C0201008	2 000×0.8－60－10	1 530
7	电梯井脚手架（45 m以内）	C0102071	题给数据	2（座）

例24.5　某八层框架结构综合楼列出需要计算脚手架费用的项目如表24.6所示，试编制“措施项目工程量清单”，并套价计算脚手架费用。

解　1）编制措施项目工程量清单（以常见施工方法描述项目特征），如表24.7所示。

表24.7　措施项目工程量清单

序号	项目编码	项目名称	项目特征	计量单位	工程数量
1	011701001001	综合脚手架	1.建筑结构形式：框架结构 2.檐口高度：31.05 m	m^2	16 000
2	011701006001	满堂脚手架	1.搭设方式：室内满堂 2.搭设高度：4.38 m 3.脚手架材质：钢管	m^2	1 530

2）查用某省《计价定额》中的脚手架项目单位估价表，如表24.8、表24.9所示。

表 24.8　脚手架项目单位估价表(一)

计量单位:100 m^2

定额编号		C0102003	C0102014	C0102015	C0102071
项目名称		砌筑综合架(高 40 m 以内)	浇灌综合架(基本层)	浇灌综合架(增加层)	电梯井脚手架(45 m 以内)(座)
基价(元)		980.94	350.34	195.51	1 768.47
其中	人工费(元)	272.75	277.94	170.53	494.60
	材料费(元)	681.00	72.40	24.98	1 205.47
	机械费(元)	27.19	—	—	68.40

注:教师尽可能采用当地《计价定额》教学。

表 24.9　脚手架项目单位估价表(二)

计量单位:100 m^2

定额编号		C0102020	C0102021	C0201008	C0201009
项目名称		浇灌道(1 m 以内)	浇灌道(3 m 以内)	满堂脚手架(基本层)	满堂脚手架(增加层)
基价(元)		636.48	1 208.02	458.00	106.00
其中	人工费(元)	102.71	284.87	232.00	88.00
	材料费(元)	533.77	923.15	216.00	16.00
	机械费(元)	—	—	10.00	2.00

注:教师尽可能采用当地《计价定额》教学。

3)套价计算。过程在《措施项目费分析表》(见表 24.10)中完成。

表 24.10　措施项目费分析表

序号(定额编码)	措施项目名称	计量单位	工程量	金额/元					
				人工费	材料费	机械费	管理费+利润	风险费	小计
1	脚手架	项	1	113 129.60	213 239.67	4 640.20	63 262.46		394 271.93
C0102003	砌筑综合架	100 m^2	160.0	43 640.00	108 960.00	4 350.00	25 914.82		182 865.22
C0102014	浇灌综合架(基)	100 m^2	160.0	4 4470.40	11 584.00	0.00	24 014.02		80 068.42
C0102015	浇灌综合架(增)	100 m^2	20.0	3 410.60	499.60	0.00	1 841.72		5 751.92
C0102020	浇灌道(1 m 以内)	100 m^2	155.1	15 930.32	82 787.73	0.00	8 602.37		107 320.42
C0102021	浇灌道(3 m 以内)	100 m^2	4.0	1 139.48	3 692.60	0.00	615.32		5 447.40
C0102071	电梯井脚手	100 m^2	2.0	989.20	2 410.94	136.80	608.04		4 144.98
C0201008	满堂脚手架(基)	100 m^2	15.3	3 549.60	3 304.80	153.00	166.17		8 673.57

注:主体工程八层判定为二类土建工程,土建部分措施项目管理费率取 33%,利润率取 21%。装饰工程部分措施项目 C0201008 按土建三类管理费率取 27%,利润率取 18%。

4）计算结果汇总。填写在《措施项目清单与计价表》（见表24.11）中。

表24.11　措施项目清单与计价表

序号	项目名称	计量单位	计算方法	金额/元
1	安全文明施工费	项		
2	夜间施工费	项		
3	二次搬运费	项		
4	其他（冬雨季施工、定位复测、生产工具用具使用等）	项		
5	大型机械设备进出场安拆费	项	详分析表	
6	施工排水、降水	项	详分析表	
7	地上、地下设施、建筑物的临时保护设施	项		
8	已完工程及设备保护	项		
9	模板与支撑	项	详分析表	
10	脚手架	项	详分析表	394 271.93
11	垂直运输	项	详分析表	
12	超高施工增加	项	详分析表	
合　计				

24.3　混凝土模板及支架

24.3.1　基本问题

1）《基础定额》的模板是按工具式钢模板、定型钢模、组合钢模板、木模板、长线台钢拉模，并配以相应的砖地模、砖胎模、混凝土地模、混凝土胎模、长线台混凝土地模综合编制的，实际采用不同时，不得换算。组合钢模板如图24.3所示。

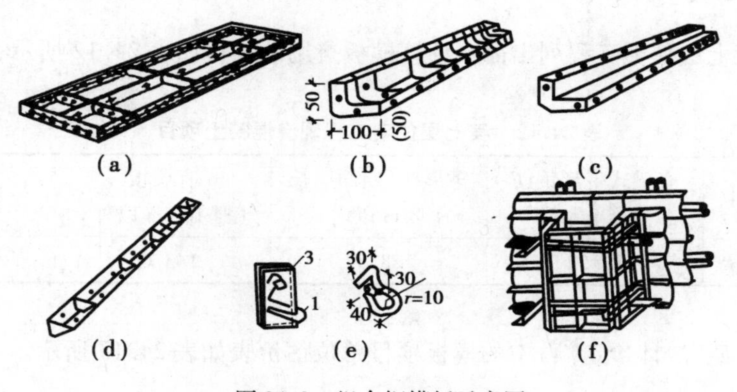

图24.3　组合钢模板示意图

2)《基础定额》的模板工作内容包括:木模板制作,模板的安装、拆除、清理、集中堆放、刷隔离剂、润滑剂、场内外运输等全部操作过程。

3)《基础定额》中现浇钢筋混凝土柱、墙、梁、板的模板支撑高度是按3.60 m以内编制的,当现浇钢筋混凝土柱、墙、梁、板的模板支撑高度超过3.60 m时,其超过部分的工程量另按模板支撑超高项目计算。板的模板支撑如图24.4所示。

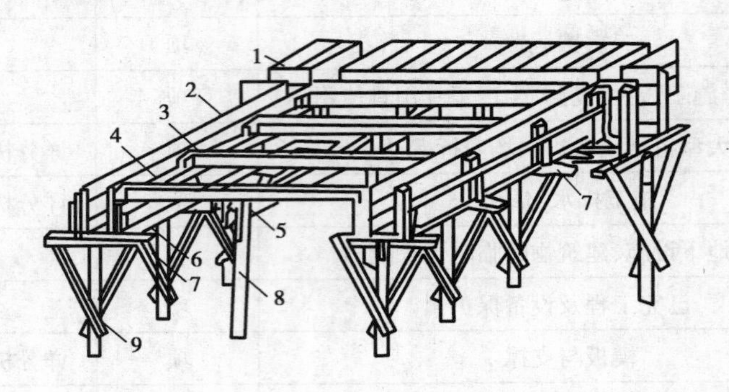

图24.4 有梁板模板支撑示意图

4)现浇柱、墙、梁、板的模板支撑超高高度:

①底层以设计室外地坪(带地下室者以地下室底板上表面为起点)至板或梁底,楼层以楼板上表面至上一层板或梁底。有梁板的模板支撑高度以板底为准,按梁板体积之和执行板支撑超高定额。

②单梁、连续梁的模板支撑超高执行梁超高定额。

③支撑超高高度大于等于0.5 m,小于等于1 m时,按一个增加层计算,支撑超高高度不足0.5 m时舍去不计。

24.3.2 计算规则

模板工程量的计算方法与相对应混凝土项目的工程量计算规则相同,定额计量单位不变。

24.3.3 计算实例

例24.6 某七层住宅工程列出需要计算模板费用的项目如表24.12所示,试套价计算模板费用。

表24.12 某七层住宅工程现浇混凝土项目

现浇混凝土项目	有梁式带形钢筋混凝土基础	矩形柱(断面周长1.8 m以内)	有梁板(厚10 cm以外)	电梯井壁
混凝土工程量/m^3	33.52	128.37	143.06	16.54

解 1)查用某省《计价定额》中的模板项目单位估价表如表24.13所示。

表24.13 模板项目单位估价表

计量单位:10 m^3(混凝土)

定额编号		C0101003	C0101028	C0101052	C0101050
项目名称		有梁式带形钢筋混凝土基础	矩形柱(断面周长1.8 m以内)	有梁板(厚10 cm以外)	电梯井壁
基价(元)		630.50	2 267.13	1 737.74	2 781.94
其中	人工费(元)	254.43	1 015.99	760.32	1 252.60
	材料费(元)	317.22	1 151.46	885.13	1 440.60
	机械费(元)	58.85	99.68	92.29	88.74

注:教师尽可能采用当地《计价定额》教学。

2)套价计算过程在《措施项目费分析表》中(见表24.14)完成。

表24.14 措施项目费分析表

序号(定额编码)	措施项目名称	计量单位	工程量	金额/元					
				人工费	材料费	机械费	管理费+利润	风险费	小计
1	模板	项	1	26 844.05	30 890.03	2 943.94	16 085.51	0	76 763.53
C0101003	带形基础	10 m^3	3.352	852.85	1 063.32	197.27	567.06	0	268.50
C0101028	矩形柱	10 m^3	12.837	13 042.26	14 781.29	1 279.59	7 733.80	0	36 836.94
C0101052	有梁板	10 m^3	14.306	10 877.14	12 662.67	1 320.30	6 586.62	0	31 446.73
C0101050	电梯井壁	10 m^3	1.654	2 071.80	2 382.75	146.78	1 198.03	0	5 799.36

注:主体工程七层住宅判定为二类土建工程,管理费率取33%,利润率取21%。

3)计算结果汇总在《措施项目清单与计价表》中(见表24.15)。

表24.15 措施项目清单与计价表

序号	项目名称	计量单位	计算方法	金额/元
1	安全文明施工费	项		
2	夜间施工费	项		
3	二次搬运费	项		
4	其他(冬雨季施工、定位复测、生产工具用具使用等)	项		
5	大型机械设备进出场安拆费	项	详分析表	
6	施工排水、降水	项	详分析表	
7	地上、地下设施、建筑物的临时保护设施	项		
8	已完工程及设备保护	项		
9	模板与支撑	项	详分析表	76 763.53

续表

序号	项目名称	计量单位	计算方法	金额/元
10	脚手架	项	详分析表	
11	垂直运输	项	详分析表	
12	超高施工增加	项	详分析表	
合　计				

24.4　垂直运输

24.4.1　基本问题

(1)建筑物垂直运输

1)檐口高度指建(构)筑物设计室外地坪标高至屋面顶板结构表面标高之间的垂直距离,突出主体建筑屋顶的电梯间、水箱间、栏杆等不计入檐口高度之内。

2)本定额工作内容包括单位工程在合理工期内完成全部工程项目所需的垂直运输机械台班,不包括大型机械的场外往返运输、一次安拆及路基铺垫和轨道铺拆等的费用。

3)同一建筑物多种用途(或多种结构)按不同用途(或结构)分别计算,分别计算后的建筑物檐高应以该建筑物檐高为准。

4)《基础定额》中现浇框架系指柱、梁、板全部为现浇的钢筋混凝土框架结构,如部分现浇时按现浇框架定额量乘以系数0.96。

5)预制钢筋混凝土柱、钢屋架的单层厂房按预制排架定额计算。

6)单身宿舍按住宅定额量乘以系数0.90。

7)《基础定额》中厂房是按Ⅰ类厂房为准编制的,Ⅱ类厂房定额量乘以1.14系数。厂房分类如表24.16所示。

表24.16　厂房分类表

Ⅰ类	Ⅱ类
机加工、机修、五金缝纫、一般纺织(粗纺、制条、洗毛等)及无特殊要求的车间	厂房内设备基础及工艺要求较复杂、建筑设备或建筑标准较高的车间,如铸造、锻压、电镀、酸碱、电子、仪表、手表、电视、医药、食品等车间

8)服务用房系指城镇、街道、居民区较小规模综合服务功能的设施,其建筑面积不超过1 000 m^2,层数不超过三层的建筑,如副食、百货、饮食店等。

9)檐高3.60 m以下的单层建筑,不计算垂直运输机械台班。

10)本定额项目划分是以建筑物的檐高及层数两个指标同时界定的,凡檐高达到上限而层数未达到时,以檐高为准;如层数达到上限而檐高未达到时以层数为准。

11)本定额按现行相应工期定额规定的地区标准进行了调整。

12)地下室工程的垂直运输按其建筑面积并入上层工程量计算。

13)层高2.20 m以下的设备管道层、技术层、架空层等不计算层数也不计算建筑面积的部分,垂直运输费按围护结构外围水平面积计算,卷扬机施工的按相应定额量乘以系数0.63;塔式起重机施工的按相应定额量乘以系数0.54。

(2)构筑物垂直运输

构筑物的高度指设计室外地坪至构筑物本体最高点之间的距离。

(3)装饰工程的垂直运输

1)带一层地下室垂直运输高度小于3.6 m的建筑物不计算垂直运输费用。

2)垂直运输高度3.6 m以内的单层建筑物,不计算垂直运输费。

24.4.2 计算规则

①建筑物垂直运输:区分不同建筑物的结构类型及高度按建筑面积计算。

②构筑物垂直运输:以座计算。超过规定高度时再按每增高1 m定额计算,其高度不足0.5 m时舍去不计。

③装饰工程的垂直运输工程量为装饰装修楼层(包括楼层所有的装饰装修)计算出的工日消耗量。其定额是按每20 m一组编制的,如表24.17所示,套定额时须区别不同垂直运输高度。

表24.17 装饰工程的垂直运输定额编排分组

建筑物檐口高度(m以内)	20	40	60	80	100
定额编排分组	20以内	20以内	20以内	20以内	20以内
		20~40	20~40	20~40	20~40
			40~60	40~60	40~60
				60~80	60~80
					80~100

24.4.3 计算实例

例24.7 某现浇框架结构综合楼如图24.5所示,室外设计地坪标高为±0.000,图中①~⑩轴线部分为地上九层,地下一层,每层建筑面积1 000 m²,其中地下室及一至四层为商场,五至九层为住宅。(11)~(13)轴线部分地上一至二层为商场,三至五层为住宅,每层建筑面积500 m²。

列出需要计算垂直运输费用的项目如表24.18所示,现场采用塔式起重机(80 kN·m)进行垂直运输,试套价计算垂直运输费用。

表24.18 某综合楼工程垂直运输项目

项次	定额编号	项目名称	单位	工程量
1	C0103121	商场(现浇框架) $5\times1\ 000+2\times500=6\ 000\ m^2$	m^2	6 000
2	C0103052	住宅(现浇框架) $5\times1\ 000+3\times500=6\ 500\ m^2$	m^2	6 500

注:本例按檐口高度40 m以内选套定额。

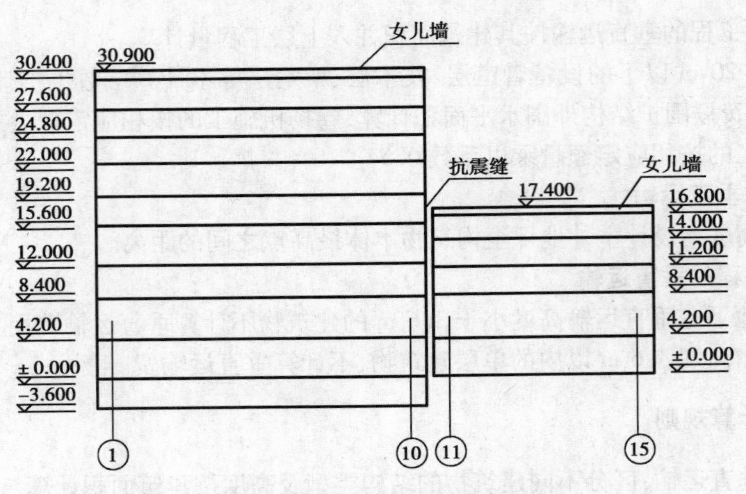

图 24.5　某现浇框架结构综合楼示意图

解　1)查用某省《计价定额》中的垂直运输项目单位估价表如表 24.19 所示。

表 24.19　垂直运输项目单位估价表

计量单位:100 m^2

定额编号		C0103120	C0103121	C0103051	C0103052
项目名称		商场		住宅	
		现浇框架		现浇框架	
		檐高 30 m 以内	檐高 40 m 以内	檐高 30 m 以内	檐高 40 m 以内
基价(元)		1 822.79	1 967.59	1 357.39	1 463.29
其中	人工费(元)	39.35	60.14	31.68	48.26
	材料费(元)	—	—	—	—
	机械费(元)	1 783.44	1 897.45	1 325.71	1 415.03

注:教师尽可能采用当地《计价定额》教学。

2)套价计算过程在《措施项目费分析表》中(见表 24.20)完成。

表 24.20　措施项目费分析表

序号(定额编码)	措施项目名称	计量单位	工程量	金额/元					
				人工费	材料费	机械费	管理费+利润	风险费	小计
1	垂直运输	项	1						352 864.95
C0103121	商场	100 m^2	60	3 608.40	0.00	113 847.00	77 520.56	0	194 975.96
C0103052	住宅	100 m^2	65	3 136.90	0.00	91 976.95	62 775.14	0	157 888.99

注:主体工程九层,高度大于 27 m,判定为一类土建工程,管理费率取 39%,利润率取 27%。

3)计算结果汇总在《措施项目清单与计价表》中(见表24.21)。

表24.21　措施项目清单与计价表

序号	项目名称	计量单位	计算方法	金额/元
1	安全文明施工费	项		
2	夜间施工费	项		
3	二次搬运费	项		
4	其他(冬雨季施工、定位复测、生产工具用具使用等)	项		
5	大型机械设备进出场安拆费	项	详分析表	
6	施工排水、降水	项	详分析表	
7	地上、地下设施、建筑物的临时保护设施	项		
8	已完工程及设备保护	项		
9	模板与支撑	项	详分析表	
10	脚手架	项	详分析表	
11	垂直运输	项	详分析表	352 864.95
12	超高施工增加	项	详分析表	
	合　计			

例24.8　某办公楼"8～13层"室内装饰工程单独分包,每层层高3 m,办公楼总高39.6 m。按现行工程造价计价依据计算出楼层所有的装饰装修人工费56万元,人工工日单价70元/工日,试求垂直运输费。

解　1)装饰工程垂直运输的工程量=560 000÷70=8 000工日

2)查用当地《计价定额》中装饰工程垂直运输的单位估价表如表24.22所示。

表24.22　装饰工程垂直运输的单位估价表(节录)

计量单位:100工日

定额编号		C0202002	C0202003	C0202004	C0202005	C0202006
项目		建筑物檐口高度(m以内)				
		40		60		
		垂直运输高度(m以内)				
		20以内	20～40	20以内	20～40	40～60
基价(元)		315.46	350.03	486.18	539.46	574.43
其中	人工费(元)	—	—	—	—	—
	材料费(元)	—	—	—	—	—
	机械费(元)	315.46	350.03	486.18	539.46	574.43

注:教师尽可能采用当地《计价定额》教学。

3)套价计算过程在《措施项目费分析表》中(见表24.23)完成。

表24.23　措施项目费分析表

序号(定额编码)	措施项目名称	计量单位	工程量	金额/元					
				人工费	材料费	机械费	管理费+利润	风险费	小计
1	垂直运输	项	1						40 603.48
C0202003	装饰垂直运输	100工日	80	—	—	28 002.40	12 601.08	0	40 603.48

注:①表中28 002.40 = 80 × 350.03。②装饰工程指定按三类土建工程取费,管理费率取27%,利润率取18%。

24.5　超高施工增加

现代建筑普遍高度超过20 m,所以超高施工增加费计算是必须的。超高施工增加费在2013《清单计量规范》中列入了措施费,计算方法一样以“项”为单位进行综合计价。

24.5.1　建筑物超高增加费

1)定额说明

①本分部适用于建筑物檐口高度20 m(层数6层)以上的建筑工程。

②檐口高度指设计室外地坪至檐口上表面的高度。突出主体建筑屋顶的电梯间、水箱间、栏杆等不计入檐口高度之内。

③室外地坪以上,层高2.20 m以内的管道层、技术层、架空层等不计算层数也不计算建筑面积的部分,超高增加费按围护结构外围墙面积计算,计算系数与建筑物垂直运输相同。

2)工程量计算规则

①建筑物超高人工、机械增加费,以设计室外地坪面以上建筑面积,按建筑物檐口高度划分计取。

②同一建筑物中高度不同时,按不同的高度分别计算,群体工程以沉降缝为界。

③设计室外地坪以下建筑面积部分,不得计算超高人工、机械增加费。

24.5.2　装饰工程超高增加费

1)定额说明

①本分部定额项目适用于建筑物檐口高度20 m以上的装饰装修工程。

②檐口高度指设计室外地坪至檐口上表面的高度。突出主体建筑屋顶的电梯间、水箱间等不计入檐高之内。

2)工程量计算规则

装饰工程超高增加费工程量根据装饰装修楼面(包括楼层所有装饰装修工程量)区别不同的垂直运输高度(单层建筑物系檐口高度)以人工费与机械费之和按元分别计算。

24.5.3 计价实例

例24.9 某十八层住宅楼,檐口高度为54.6 m,总建筑面积为18 000 m^2。试求该建筑物超高增加费。

解 1)查用当地《计价定额》中建筑物超高增加费的单位估价表如表24.24所示。

表24.24 建筑物超高增加费的单位估价表(节录)

计量单位:100 m^2

定额编号		01130001	01130002	01130003	01130004	01130005
项目		建筑物檐口高度(层数)以内				
		30 m	40 m	50 m	60 m	70 m
		(7~10)	(11~13)	(14~16)	(17~19)	(20~22)
基价(元)		329.34	570.32	1 098.21	1 486.60	1 879.37
其中	人工费(元)	200.97	362.09	543.02	804.38	1 077.62
	材料费(元)	—	—	—	—	—
	机械费(元)	128.37	208.23	555.19	682.22	801.85

2)套价计算过程在《项目费分析表》中(见表24.25)完成。

表24.25 项目费分析表

序号(定额编码)	项目名称	计量单位	工程量	金额/元					
				人工费	材料费	机械费	管理费+利润	风险费	小计
1	超高增加费	项	1						444 196.08
01130004	超高增加费	100 m^2	180	144 788.40	—	122 799.60	176 608.08	0	444 196.08

注:①主体建筑判定为一类土建工程,管理费率取39%,利润率取27%。

例24.10 某单位办公楼"8~13层"室内装饰工程单独分包,每层层高3 m,办公楼总高39.6 m。按现行工程造价计价规则计算出:分部分项工程费中的人工费40.34万元,机械费20.19万元,试求装饰工程的超高增加费。

解 1)查用当地《计价定额》中装饰工程超高增加费的定额消耗量如表24.26所示。

表24.26 装饰工程超高增加费的定额消耗量

计量单位:元

定额编号	02070001	02070002	02070003	02070004	02070005
项目	垂直运输高度(m以内)				
	20~40	40~60	60~80	80~100	100~120

续表

定额编号		02070001	02070002	02070003	02070004	02070005
名称	单位	数量				
人工、机械降效系数	%	9.350	15.300	21.250	28.050	34.850

2)套价计算过程在《项目费分析表》中(见表24.27)完成。

表24.27 项目费分析表

序号(定额编码)	项目名称	计量单位	工程量	金额/元					
				人工费	材料费	机械费	管理费+利润	风险费	小计
1	超高增加费	项	1						82 063.60
02070001	装饰超高增加费	元	9.350%	37 717.90	—	18 877.65	25 468.02	0	82 063.60

注:①表中37 717.90 = 403 400 × 9.350%;18 877.65 = 201 900 × 9.350%。

②装饰工程指定为三类土建工程,管理费率取27%,利润率取18%。

24.6 大型机械设备进出场及安拆费

大型机械设备进出场及安拆费也称之为大机三项费,包括塔式起重机基础及轨道铺拆费用,特、大型机械每安装、拆卸一次费用及特、大型机械场外运输费用。但并非所有大型机械都有大机三项费,有些大型机械(如履带式推土机、履带式挖掘机、履带式起重机、强夯机械、压路机等)只计场外运输费用。

24.6.1 计算说明

(1)塔式起重机基础费用说明

1)塔式起重机轨道铺设是按直线型双轨确定的,已考虑了合理的铺设长度、轨重、枕木、鱼尾板、道碴等配件,并计算至路床。

2)塔式起重机轨道铺设为弧线型或直线型带转盘时,其基价乘以系数1.15。

3)轨道长度计算:按建筑物或构筑物正面水平长度加10米计算(两个端头各增加5米的车挡长度)。

4)施工中采用钢轨枕或钢筋混凝土轨枕时,与表列枕木差价不作调整。

5)固定式塔式起重机基础,是按带配重基础确定的并综合了各型塔机基础,一般不作调整。

6)固定式塔式基础未考虑地基处理。

7)施工电梯(不分单、双笼)固定式基础,参照固定式塔机基础费用表执行。

(2)特、大型机械每安装拆卸一次费用说明

1)安拆费用中,已包括安装完毕后的试运转费用。

2)自升式塔式起重机安拆费是按塔高 45 米确定的。安拆高度超过 45 米时每增高 10 米,安拆费增加 20%,其增高部分的折旧费,按相应定额子目的 2.5% 计算,并入台次基价中。

(3)特、大型机械场外运输费用说明

1)场外运输费用分两种计算办法:

①25 km 以内,按附表及相关规定计算;

②25 km 以外,从零公里开始,按货物运输价格计算。

2)25 km 以内的场外运输,未考虑下列因素:

①自行式特、大型机械场外运输,按其台班基价计算。

②场外运输按白天正常作业条件确定。如在城市施工,按有关部门规定只能在夜间进入施工现场,其场外运输费按台次(班)基价乘以延时系数 1.20。

③松土机、除荆机、除根机的场外运输费,按相应规格的履带式推土机的台次基价计算。

④拖式铲运机的场外运输费,按相应规格的履带式推土机的台次基价计算。

⑤场外运输费用中,未考虑因桥梁(包括立交桥)高度和荷载的限制以及其他客观原因引起的二次或多次解体装卸,发生时按实另计。

3)特、大型机械场外运输费只能计收一次;如需返回原基地,按合同约定执行。

4)建设项目或单项工程的特、大型机械场内运输,另按有关规定执行。

24.6.2　计价实例

例 24.11　某十五层住宅工程采用一台塔式起重机(80 kN·m)进行垂直运输,现场做固定式基础,场外运输在 25 km 以内,夜间进入施工现场,试套价计算大机三项费。

解　1)查用某省《计价定额》中的大机三项费项目单位估价表如表 24.28 所示。

表 24.28　大机三项费项目单位估价表

定额编号		Ct001	Ct002	Ct004	Ct027
项目名称		固定式基础	轨道式基础	安装拆卸费用	场外运输费用
		塔式起重机			
		带配重		80 kN·m	
		(座)	(双轨每米)	(座)	(台次)
基价(元)		4 025.77	120.84	7 040.61	8 191.86
其中	人工费(元)	668.25	37.13	2 227.50	594.00
	材料费(元)	3 202.93	81.26	65.40	92.20
	机械费(元)	154.59	2.45	4 747.71	7 505.66

注:教师尽可能采用当地《计价定额》教学。

2)套价计算过程在《措施项目费分析表》中(见表 24.29)完成。

表 24.29　措施项目费分析表

序号(定额编码)	措施项目名称	计量单位	工程量	金额/元					
				人工费	材料费	机械费	管理费+利润	风险费	小计
1	大机三项费	项	1						20 896.61
Ct001	固定基础	座	1	668.25	3 202.93	154.59		0	4 025.77
Ct004	安拆费	座	1	2 227.50	65.40	4 747.71		0	7 040.61
Ct027	场外运费*1.2	台次	1	712.80	110.64	9 006.79		0	9 830.23

注:当地规定大机三项费不计管理费和利润。

3)计算结果汇总在《措施项目清单与计价表》中(见表 24.30)。

表 24.30　措施项目清单与计价表

序号	项目名称	计量单位	计算方法	金额/元
1	安全文明施工费	项		
2	夜间施工费	项		
3	二次搬运费	项		
4	其他(冬雨季施工、定位复测、生产工具用具使用等)	项		
5	大型机械设备进出场安拆费	项	详分析表	20 896.61
6	施工排水、降水	项	详分析表	
7	地上、地下设施、建筑物的临时保护设施	项		
8	已完工程及设备保护	项		
9	模板与支撑	项	详分析表	
10	脚手架	项	详分析表	
11	垂直运输	项	详分析表	
12	超高施工增加	项	详分析表	
	合　计			

24.7　排水、降水

24.7.1　计算说明

1)槽坑降水按槽、坑底面积计算,降水深度从地下自然水位算至设计基础底面。如图

24.6 所示。

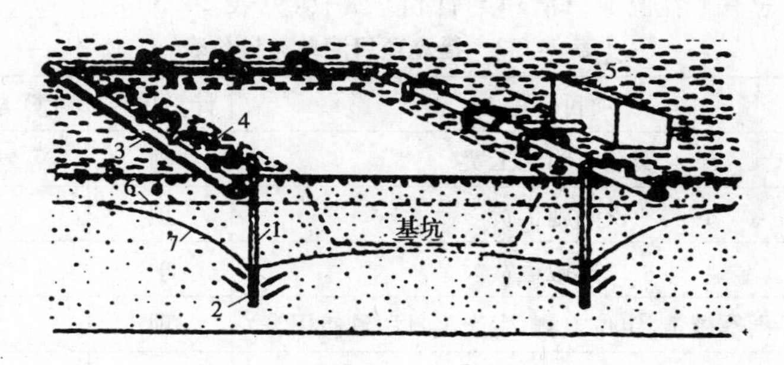

图 24.6　井点降水示意图

2)其他排水、降水,按审批后的施工组织设计规定计算或现场签证抽水机台班量计算,套用相应类型的抽水机台班基价。

24.7.2　计价实例

例 24.12　某十五层住宅工程,带有一层地下室,基坑底面积为 2 480 m^2,现场降水深度为 2.7 m,试套价计算现场降水费用。

解　1)查用某省《计价定额》中的降水项目单位估价表如表 24.31 所示。

表 24.31　降水项目单位估价表

定额编号		C0104001	C0104002	C0104003
项目名称		降水深度(m)以内		
		1	2	3
		100 m^2 槽坑底面积		
基价(元)		1 826.07	3 303.45	4 271.56
其中	人工费(元)	49.50	74.25	123.75
	材料费(元)	187.27	518.05	811.46
	机械费(元)	1 589.30	2 711.15	3 336.35

注:教师尽可能采用当地《计价定额》教学。

2)套价计算过程在《措施项目费分析表》中(见表 24.32)完成。

表 24.32　措施项目费分析表

序号(定额编码)	措施项目名称	计量单位	工程量	金额/元					
				人工费	材料费	机械费	管理费 + 利润	风险费	小计
1	排水、降水	项	1						162 569.61
C0104003	施工降水	100 m^2	24.8	3 069.00	20 124.21	82 741.48	56 634.92	0	162 569.61

注:主体工程十五层住宅判定为一类土建工程,管理费率取 39%,利润率取 27%。

3)计算结果汇总在《措施项目清单与计价表》中(见表24.33)。

表24.33 措施项目清单与计价表

序号	项目名称	计量单位	计算方法	金额/元
1	安全文明施工费	项		
2	夜间施工费	项		
3	二次搬运费	项		
4	其他(冬雨季施工、定位复测、生产工具用具使用等)	项		
5	大型机械设备进出场安拆费	项	详分析表	
6	施工排水、降水	项	详分析表	162 569.61
7	地上、地下设施、建筑物的临时保护设施	项		
8	已完工程及设备保护	项		
9	模板与支撑	项	详分析表	
10	脚手架	项	详分析表	
11	垂直运输	项	详分析表	
	超高施工增加	项	详分析表	
	合 计			

习题24

24.1 某八层框架结构综合楼,一层层高4.8 m,其余各层为3.6 m,室外地坪标高为-0.45 m,女儿墙高0.9 m。每层建筑面积均为2 500 m^2(无阳台),楼梯间120 m^2,电梯井(4座)80 m^2。钢筋混凝土条形基础底面积8 00m^2(深1.9 m)。全部楼(屋)面板均为现浇,板厚12 cm,天棚抹灰,室内净面积1 800 m^2。试列项计算脚手架工程量并套价计算脚手架费用。

24.2 某十二层框架结构住宅楼,层高3 m,带一层地下室,每层建筑面积980 m^2。现场采用一台塔式起重机(80 kN · m)进行垂直运输,做轨道式基础,场外运输在25 km以内,夜间进入施工现场。该建筑物正面水平长度为100 m。试套价计算垂直运输及大机三项费。

24.3 某十八层办公楼,檐口高度为54.6 m,15~18层室内装饰工程单独分包,按当地现行工程造价计价规则计算出:分部分项工程费中的人工费80.00万元(人工工日单价取定为80元/工日),机械费32.56万元,试套价计算装饰工程的垂直运输费、超高增加费。

第25章 工程量清单计价示例

为帮助读者更好地理解前面所学内容，并从总体上掌握工程预算的编制方法，本章以某街道办事处办公用房工程为例，介绍工程量清单编制及计价，特别是工程量计算的详细过程。

25.1 工程概况

25.1.1 施工图

如图25.1～图25.8所示。

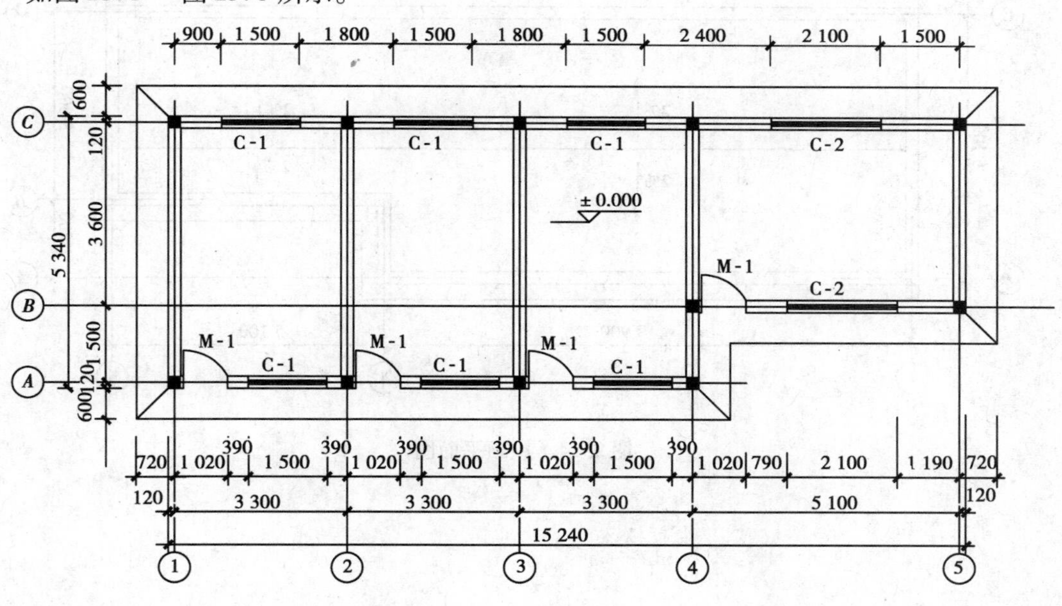

图25.1 平面图

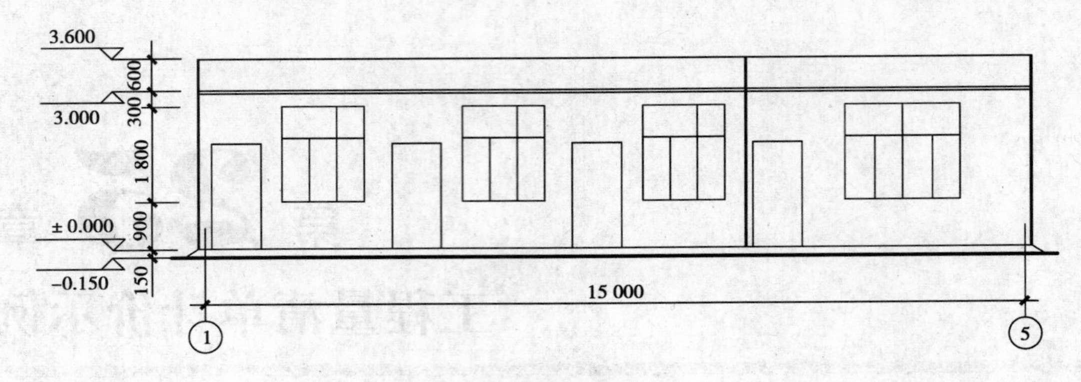

图 25.2　立面图

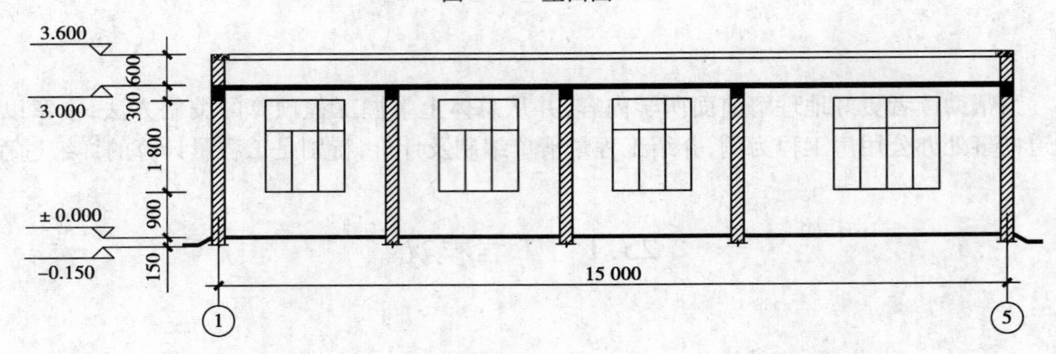

图 25.3　剖面图

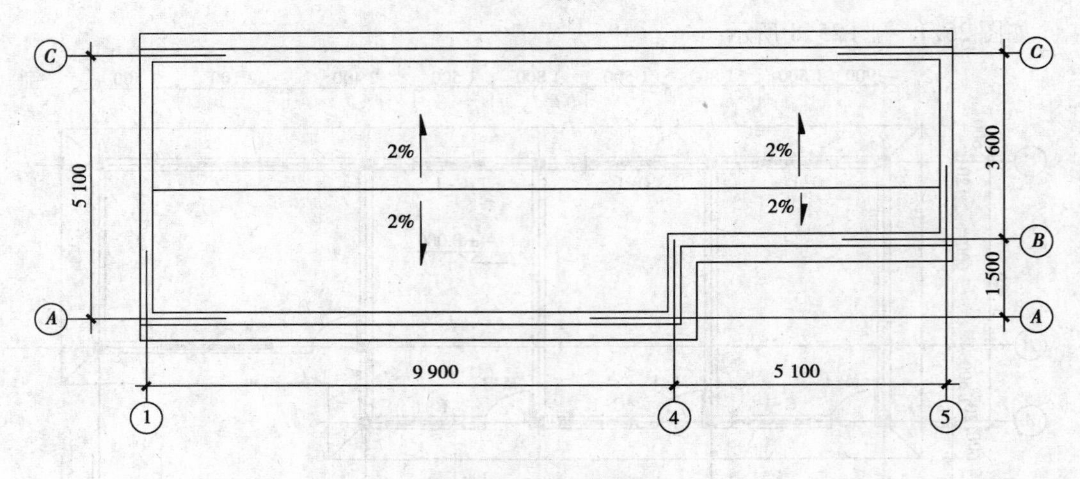

图 25.4　屋顶平面图

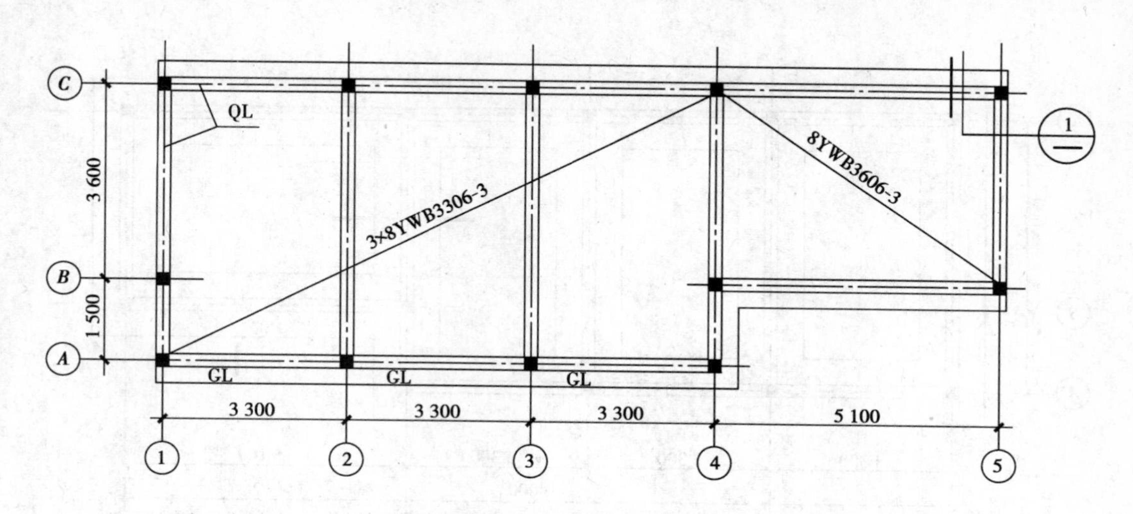

图 25.5　结构平面布置图

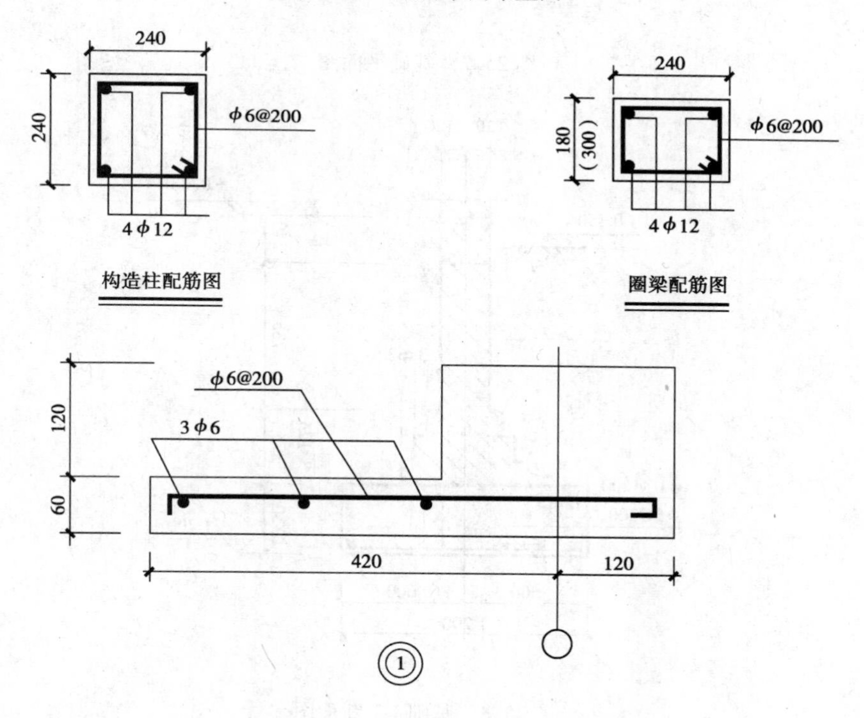

图 25.6　结构配筋图

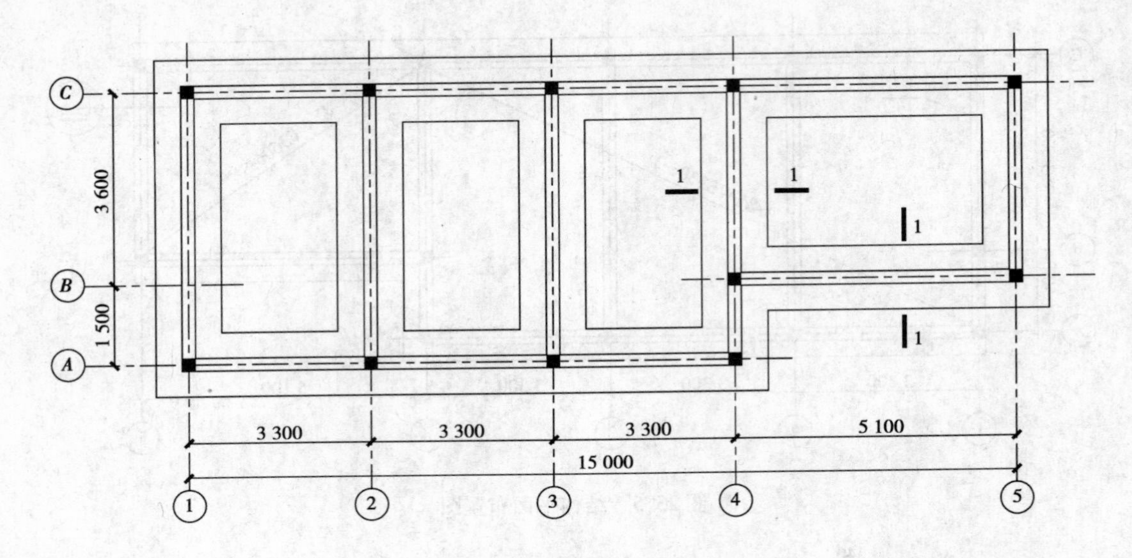

图 25.7　基础平面图

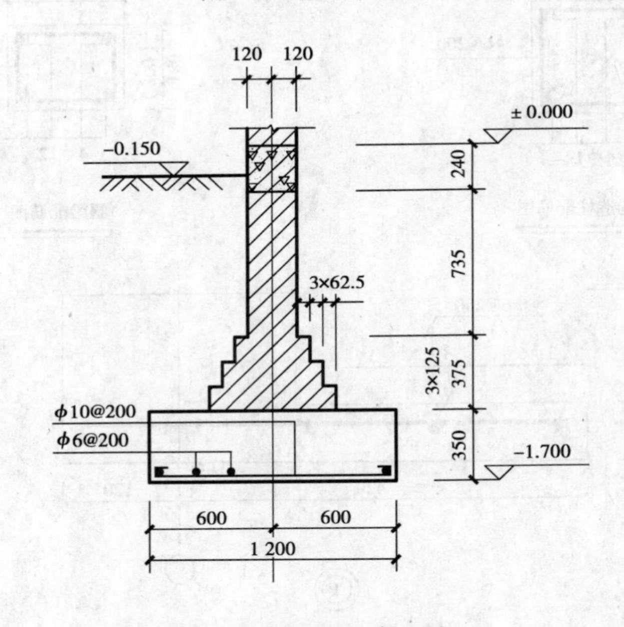

图 25.8　基础 1-1 断面图

25.1.2　设计说明

1）本工程为单层砖混结构，M2.5 水泥石灰砂浆砌一砖内外墙及女儿墙，在檐口处设 C20 钢筋混凝土圈梁一道（240 mm×300 mm），在外墙四周设 C20 钢筋混凝土构造柱。

2）基础采用现浇 C20 钢筋混凝土带型基础、M5 水泥砂浆砌砖基础；C20 钢筋混凝土地圈梁。

3）屋面做法：

柔性防水屋面。

面层:细砂撒面;
防水层:三布四涂防水;
找平层:1∶2.5 水泥砂浆 20 mm 厚;
找坡层:1∶6水泥炉渣找坡(最薄处厚 10 mm);
基层:预应力空心屋面板。
落水管选用 ϕ110 UPVC 塑料管。
4)室内装修做法如下:
①地面:
面层:1∶2.5 带嵌条水磨石面,15 mm 厚;
找平层:1∶3水泥砂浆,25 mm 厚;
垫层:C10 混凝土,80 mm 厚;
基层:素土夯实。
②踢脚线:高 150 mm,同地面面层做法。
③内墙面:混合砂浆底,面层刷 106 涂料两遍。
④天棚面:
基层:预制板底面清刷、补缝;
面层:抹混合砂浆底,面层刷 106 涂料两遍。
5)室外装修做法如下:
①外墙面:抹混合砂浆底,普通水泥白石子水刷石面层;
②室外散水:C15 混凝土提浆抹光,60 mm 厚, 600 mm 宽。
6)门窗:如表 25.1 所示(其中木门刷聚氨酯漆三遍)

表 25.1　门窗统计表

门窗名称	代号	洞口尺寸/mm×mm	数量(樘)	单樘面积/m^2	合计面积/m^2
单扇无亮无砂镶板门	M	900×2 000	4	1.8	7.2
双扇铝合金推拉窗	C_1	1 500×1 800	6	2.7	16.2
双扇铝合金推拉窗	C_2	2 100×1 800	2	3.78	7.56

7)门窗过梁:门洞上加设现浇混凝土过梁,长度为洞口宽每边加 250 mm,断面为 240 mm×120 mm。窗洞上凡圈梁代过梁处,底部增加 1ϕ14 钢筋,其余钢筋配置同圈梁。

25.1.3　施工说明

1)场地土为三类土,施工准备已完成"三通一平"。
2)现场搭设钢制脚手架,垂直运输采用卷扬机。
3)本工程不发生场内运土,余土均用双轮车运至场外 500 米处。
4)预制板由施工单位附属预制构件厂加工,厂址距离施工现场 15 km。
5)门窗均由施工单位附属加工厂制作并运至现场,运距 15 km。

25.2 工程量计算

根据《清单计量规范》和《基础定额》,本例的项目划分及工程量计算在表格中完成。

(1)基数计算(见表25.2)

表25.2 基数计算

序号	名称	计算式	单位	数量
1	建筑面积	$S_{建}=(3.3\times3+5.1+0.24)\times(1.5+3.6+0.24)-5.1\times1.5$	m^2	73.73
2	外墙中心线	$L_{中}=(15+5.1)\times2$	m	40.2
3	外墙外边线	$L_{外}=(15.24+5.34)\times2$	m	41.16
4	内墙中心线	$L_{内}=(3.6+1.5)\times2+3.6$	m	13.8

(2)土石方工程计算(见表25.3)

表25.3 土石方工程量计算

序号	项目编码	项目名称	计算式	单位	工程量
1	010101001001	平整场地	清单量:$S_{场}=S_{建}=73.73\ m^2$ 定额量:$73.73+41.16\times2+16=172.05\ m^2$	m^2	73.73
2	010101003001	挖基础土方	挖深:$H=1.7-0.15=1.55\ m$ 基底宽:$B=1.2\ m$ 内墙基底净长:$L_{基}=13.8-0.6\times6=10.2\ m$ 内外墙沟槽挖土清单量: $V_{挖}=(L_{中}+L_{槽})\times B\times H=(40.2+10.2)\times1.2\times1.55=90.72\ m^3$ 定额量:(三类土、$k=0.33$ $C=0.3\ m$) $V_{挖}=(L_{中}+L_{槽})\times(B+2C+kH)\times H$ $=(40.2+10.2)\times(1.2+2\times0.3+0.33\times1.55)\times1.55=180.57\ m^3$	m^3	90.72
3	010103001001	室内土方回填土	室内净面积:$S=73.73-(40.2+13.08)\times0.24=60.94\ m^2$ 回填土厚:$H=0.15-0.115=0.035\ m$ $V_{填}=S\times H=60.94\times0.035=2.13\ m^3$	m^3	2.13
4	010103001002	基础土方回填土	清单量:$V_{填}=V_{挖}-V_{埋}=90.72-[(40.2+13.08)\times0.36+(40.2+10.2)\times1.2\times0.35+(40.2+13.08)\times(0.24-0.15)\times0.24]=49.22\ m^3$ 定额量:$V_{填}=V_{挖}-V_{埋}=180.57-41.50$(埋入物)$=139.07\ m^3$ 余土:$180.57-(2.13+139.07)\times1.15=18.19\ m^3$	m^3	49.22

(3)脚手架工程计算

砌筑综合脚手架按建筑面积计算,则脚手架工程量为:73.73（m^2）。

(4)砌筑工程计算(见表25.4)

表25.4　砌筑工程量计算

序号	项目编码	项目名称	计算式	单位	工程量
5	010401001001	直形砖基础	外墙中心线:$L_{中}=40.2$ m 内墙净长线:$L_{净}=13.8-0.12\times6=13.08$ m 断面积:$F=(0.375+0.735)\times0.24+0.0625\times4\times0.365=0.36$ m^2 构造柱可在外墙长度中扣除 $V_{砖基}=(40.2-0.24\times11+13.08)\times0.36=18.23$ m^3	m^3	18.23
6	010401003001	实心砖墙	外墙中心线:$L_{中}=40.2$ m 构造柱可在外墙长度中扣除: $L'_{中}=40.2-(0.24+0.03\times2)\times11=36.90$ m 内墙净长线:$L_{净}=13.8-(0.12+0.03)\times6=12.90$ m 外墙高(扣圈梁):$H_{外}=0.9+1.8+0.6=3.3$ m 内墙高(扣圈梁):$H_{内}=0.9+1.8=2.7$ m 应扣门窗洞面积:取表13.1数字相加得: $S_{门窗}=7.2+16.2+7.56=30.96$ m^2 应扣门洞过梁体积(在混凝土分部算得):$V_{GL1}=0.146$ m^3 则内外墙体:$V_{墙}=(L'_{中}\times H_{外}+L_{净}\times H_{内}-S_{门窗})\times$墙厚$-V_{GL}$ $=(36.90\times3.3+12.90\times2.7-30.96)\times0.24-0.146=30.00$ m^3	m^3	30.00

(5)混凝土工程计算(见表25.5)

表25.5　混凝土工程量计算

序号	项目编码	项目名称	计算式	单位	工程量
7	010501002001	现浇混凝土带型基础	外墙中心线:$L_{中}=40.2$ m 内墙基底净长线:$L_{基}=13.8-0.6\times6=10.2$ m $V_{基}=(40.2+10.2)\times1.2\times0.35=21.17$ m^3	m^3	21.17
8	010502002001	现浇混凝土构造柱	柱高:$H=1.7-0.35+3.0+0.6-0.24-0.3=4.41$ m $V=4.41\times(0.072\times5+0.0792\times6)=3.68$ m^3	m^3	3.68

续表

序号	项目编码	项目名称	计算式	单位	工程量
9	010503001001	现浇混凝土基础梁	应扣构造柱所占体积,则 $V_{DL}=(37.56+13.08)\times0.24\times0.24=2.92\ m^3$	m^3	2.92
10	010503004001	现浇混凝土圈梁	应扣构造柱和窗洞圈过梁所占体积,则 (1)外纵墙圈梁 $V_{QL1}=(15\times2-0.24\times8)\times0.3\times0.24-1.24=0.78\ m^3$ (2)外横墙圈梁 $V_{QL2}=(5.1\times2-0.24\times3)\times(0.18\times0.24+0.12\times0.12)=0.546\ m^3$ (3)内墙圈梁 $V_{QL3}=13.08\times0.18\times0.24=0.57\ m^3$ 圈梁工程量为:$V_{QL}=0.78+0.546+0.57=1.90\ m^3$	m^3	1.90
11	010503005001	现浇混凝土过梁	(1)窗洞上圈梁代过梁 $V_{GL1}=[(1.5+0.5)\times6+(2.1+0.5)\times2]\times0.3\times0.24=1.24\ m^3$ (2)门洞上独立过梁 $V_{GL2}=(0.9+0.25)\times0.12\times0.2\times4=0.132\ m^3$ 过梁工程量:$V_{GL}=1.24+0.132=1.37\ m^3$	m^3	1.37
12	010505007001	现浇混凝土挑檐	$L=(15+0.24)\times2+1.5=31.98\ m$ $V=31.98\times(0.42-0.12)\times0.06=0.58\ m^3$	m^3	0.58
13	010507001001	现浇混凝土散水	外墙中心线:$L_{中}=40.2\ m$　散水宽度:600 mm 散水中心线:$L_{中}+(0.12+0.3)\times8=43.56\ m$ 散水面积:$43.56\times0.6=26.14\ m^2$	m^2	26.14
14	010512002001	预制混凝土空心板	查西南 G221 图集知:YWB3306-3 每块混凝土量为 $0.142\ m^3$ 则空心板混凝土工程量(考虑制作损耗)为: $V_B=0.142\times3\times8\times(1+1.5\%)=3.408\times1.015=3.46\ m^3$	m^3	3.46
			查西南 G221 图集知:YWB3606-3 每块混凝土量为 $0.155\ m^3$ 则空心板混凝土工程量考虑制作损耗)为: $V_B=0.155\times8\times(1+1.5\%)=1.24\times1.015=1.26\ m^3$	m^3	1.26

(6)钢筋工程计算(见表 25.6)

表 25.6　钢筋工程量计算

序号	项目编码	项目名称	计算式	单位	工程量
15	010515 001001	基础 分布筋 φ6@200	每段支数:(1.2 − 2 × 0.07)/0.2 + 1 = 7 支 3.3 m 轴线间长:3.3 − 2 × 0.6 + 2 × 40 × 0.006 = 2.58 m 5.1 m 轴线间长:5.1 − 2 × 0.6 + 2 × 40 × 0.006 = 4.38 m 3.6 m 轴线间长:3.6 − 2 × 0.6 + 2 × 40 × 0.006 = 2.88 m 1.5 m 轴线间长:1.5 − 2 × 0.6 + 2 × 40 × 0.006 = 0.78 m 总长度:2.58 × 7 × 6 + 4.38 × 7 × 5 + 2.88 × 7 × 2 + 0.78 × 7 = 307.44 m 总重:307.44 × 0.222 = 68.25 kg	kg	451.25
		圈梁箍筋 φ6@200	外纵墙: 单支长:(0.3 + 0.24) × 2 − (0.025 − 0.006) × 8 + 2 × 11.9 × 0.006 = 1.071 m 支数:[(3.3 − 0.24)/0.2 + 1] × 6 + [(5.1 − 0.24)/0.2 + 1] × 2 = 154 支 其他墙: 单支:(0.18 + 0.24) × 2 − (0.025 − 0.006) × 8 + 2 × 11.9 × 0.006 = 0.83 m 支数:[(5.1 − 0.24)/0.2 + 1] × 3 + [(3.6 − 0.24)/0.2 + 1] × 2 + (1.5 − 0.24)/0.2 + 1 = 122 支 总长:1.071 × 154 + 0.83 × 122 = 266.19 m 总重:266.19 × 0.222 = 59.10 kg		
		构造柱 箍筋 φ6@200	单支长:(0.24 + 0.24) × 2 − (0.025 − 0.006) × 8 + 2 × 11.9 × 0.006 = 0.95 m 支数:[(1.7 − 0.07 + 3.6 − 0.025)/0.2 + 1] × 11 = 297 支 总长:0.95 × 297 = 282.15 m 总重:285.12 × 0.222 = 62.64 kg		
		挑檐 受力筋 φ6@200	单支长:0.42 + 0.12 − 2 × 0.025 + 2 × (0.06 − 2 × 0.015) = 0.55 m 支数:[(15 + 0.24 − 2 × 0.015)/0.2 + 1] × 2 + (1.5 − 2 × 0.015)/0.2 + 1 = 165 支 总长:0.55 × 165 = 90.75 m 总重:90.75 × 0.222 = 20.15 kg		
		挑檐 分布筋 φ6@200	每段支数:3 支 *A* 轴①-④段长:3.3 × 3 + 0.12 + 0.42 − 2 × 0.015 = 10.47 m ④轴 *A*-*B* 段长:1.5 + 0.12 + 0.42 − 2 × 0.015 = 2.07 m *B* 轴④-⑤段长:5.1 + 0.12 + 0.42 − 2 × 0.015 = 5.67 m *C* 轴①-⑤段长:15 + 0.12 + 0.42 − 2 × 0.015 = 15.47 m 总长:(10.47 + 2.07 + 5.67 + 15.47) × 3 = 101.34 m 总重:101.34 × 0.222 = 22.50 kg		
		基础 受力筋 φ10@200	单支长:*L* = 1.2 − 2 × 0.07 + 12.5 × 0.01 = 1.185 m 支数:*C* 轴:(15 + 0.6 − 2 × 0.07)/0.2 + 1 = 79 支 *A* 轴:(9.9 + 0.6 − 2 × 0.07)/0.2 + 1 = 53 支 *B* 轴:(5.1 + 0.6 − 2 × 0.07)/0.2 + 1 = 29 支 ①②③④轴:[(5.1 + 0.6 − 2 × 0.07)/0.2 + 1] × 4 = 116 支 ⑤轴:(3.6 + 0.6 − 2 × 0.07)/0.2 + 1 = 22 支 总支数:79 + 53 + 29 + 116 + 22 = 299 支 总长:1.185 × 299 = 354.32 m 总重:354.32 × 0.617 = 218.61 kg		

续表

序号	项目编码	项目名称		计算式	单位	工程量
16	010515 001002 现浇构件钢筋		圈梁受力筋 4ϕ12	$L=(40.2+13.8)\times4=216$ m 总重:$216\times0.888=191.81$ kg	kg	423.30
			构造柱受力筋 4ϕ12	$L=(1.7-0.07+3.6-0.025+12.5\times0.012)\times4\times11=235.62$ m 总重:$235.62\times0.888=209.23$ kg	kg	
			圈过梁受力筋 1ϕ14	$L=(1.5+0.5+12.5\times0.012)\times6+(2.1+0.5+12.5\times0.012)\times2=18.4$ m 总重:$8.4\times1.21=22.26$ kg	kg	
17	010515 002001	预制构件钢筋 ϕ6 以内		查西南 G221:YWB3306 每块 4.81 kg,YWB3606 每块 6.65 kg,则 总重:$4.81\times24+6.65\times8=168.64$ kg	kg	168.64

(7)屋面及防水工程计算(见表 25.7)

表 25.7 屋面及防水工程量计算

序号	项目编码	项目名称	计算式	单位	工程量
18	010902 002001	屋面防水涂料	按屋面净面积加女儿墙内壁上卷面积计算。 屋面净面积:64.08 m^2 女儿墙上上卷高度:$H=0.25$ m 女儿墙内壁长:$L=(15-0.24+5.1-0.24)\times2=39.24$ m 则防水层工程量为:$S=64.08+39.24\times0.25=73.89$ m^2 1:6水泥炉渣找坡(最薄处厚 10 mm) 平均厚度:$(5.1-0.24)/2\times0.02+0.01=0.0586$ m 找坡层:$V=64.08\times0.0586=3.76$ m^3	m^2	73.89
19	010902 004001	屋面排水管	按外墙檐高以延长米计算得: $L=(0.15+3.0)\times6$(根)$=18.9$ m 弯头 6 个,水斗 6 个	m	18.9

(8)楼地面工程计算(见表 25.8)

表 25.8 楼地面工程量计算

序号	项目编码	项目名称	计算式	单位	工程量
20	011101002001	现浇水磨石楼地面	按室内地面净面积计算为: $S=(3.3-0.24)\times(3.6+1.5-0.24)\times3+(5.1-0.24)\times(3.6-0.24)=60.94$ m^2	m^2	60.94
21	011105001001	现浇水磨石踢脚线	按室内主墙间净长度的延长米计算为: $L_{净}=(5.1-0.24+3.3-0.24)\times2\times3+(5.1-0.24+3.6-0.24)\times2=63.92$ m $S=63.92\times0.15=9.59$ m^2	m^2	9.59

(9)墙面装饰工程计算(见表25.9)

表25.9　墙面装饰工程量计算

序号	项目编码	项目名称	计算式	单位	工程量
22	011201001001	墙面一般抹灰(内墙)	内墙净长度：$L_{净}=63.92$ m 内墙面高：$H=3.0-0.12=2.88$ m 应扣门窗洞面积(按门窗表统计)：$S=30.96$ m^2 扣洞不增侧壁,则有 $S_{内}=63.92\times2.88-30.96=153.13$ m^2	m^2	276.52
		墙面一般抹灰(外墙)	外墙长度：$L_{外}=41.16$ m 外墙面高：$H=0.15+3.6=3.75$ m $S_{外}=41.16\times3.75-30.96$[门窗]$=123.39$ m^2		
23	011201002001	墙面装饰抹灰	外墙长度：$L_{外}=41.16$ m 外墙面高：$H=0.15+3.6=3.75$ m $S_{外}=41.16\times3.75-30.96=123.39$ m^2	m^2	123.39
24	011407001001	墙面喷刷涂料	内墙长度：$L_{净}=63.92$ m 内墙面高：$H=3.0-0.12=2.88$ m 应扣门窗洞面积(按门窗表统计数)：$S=30.96$ m^2 扣洞不增侧壁,则有 $S_{内}=63.92\times2.88-30.96=153.13$ m^2	m^2	153.13

(10)天棚装饰工程计算(见表25.10)

表25.10　天棚装饰工程量计算

序号	项目编码	项目名称	计算式	单位	工程量
25	011301001001	天棚抹灰	室内天棚按净面积计算为： $S=(3.3-0.24)\times(3.6+1.5-0.24)\times3+(5.1-0.24)\times(3.6-0.24)=60.94$ m^2 雨棚底面积计算为：$S=31.98\times0.3=9.59$ m^2	m^2	70.53
26	011407002001	天棚喷刷涂料	室内天棚按净面积计算为：$S=60.94$ m^2 雨棚底面积计算为：$S=9.59$ m^2	m^2	70.53

(11)门窗工程计算(见表25.11)

表25.11　门窗工程量计算

序号	项目编码	项目名称	计算式	单位	工程量
27	010801001001	木质门	见表25.1　木门数量：4(樘)　7.2 m^2	樘	4
28	010807001001	金属窗	见表25.1　C1数量：6(樘)　16.2 m^2	樘	6
29	010807001002	金属窗	见表25.1　C2数量：2(樘)　7.56 m^2	樘	2

25.3 工程量清单编制

25.3.1 分部分项工程量清单

根据《清单计量规范》有关规定及本工程的做法要求，编制本工程的分部分项工程清单如表25.12所示。

表25.12 分部分项工程清单

序号	项目编码	项目名称	项目特征	计量单位	工程数量
1	010101001001	平整场地		m^2	73.73
2	010101003001	挖沟槽土方	三类土，人工开挖，现场堆放，挖深1.55m。	m^3	90.72
3	010103001001	土方回填土(室内)	夯填	m^3	2.13
4	010103001002	土方回填土(基础)	夯填，余土双轮车运至场外500 m。	m^3	49.22
5	010401001001	砖基础	M5.0水泥砂浆砌砖基础，基础高1.2 m。	m^3	18.23
6	010401003001	实心砖墙	M2.5混合砂浆砌一砖内外墙及女儿墙。	m^3	30.65
7	010501002001	现浇混凝土带型基础	C20现浇混凝土带形基础，碎石40，P.S42.5。	m^3	21.17
8	010502002001	现浇混凝土构造柱	C20现浇混凝土构造柱，碎石20，P.S42.5。	m^3	3.14
9	010503001001	现浇混凝土基础梁	C20现浇混凝土地圈梁，碎石20，P.S42.5。	m^3	2.92
10	010503004001	现浇混凝土圈梁	C20现浇混凝土圈梁，碎石20，P.S42.5。	m^3	1.90
11	010503005001	现浇混凝土过梁	C20现浇混凝土过梁，碎石20，P.S42.5。	m^3	1.37
12	010505007001	现浇混凝土挑檐	C20现浇混凝土挑檐，碎石20，P.S42.5。	m^3	0.58
13	010507001001	现浇混凝土散水	C15现浇混凝土散水，碎石20，P.S42.5，厚60 mm，宽60 cm。	m^3	26.14
14	010512002001	预制混凝土空心板	YWB3306-3、YWB3606-3，运距15 km。	m^3	4.65
15	010515001001	现浇构件钢筋	ϕ10以内光圆钢	kg	451.25
16	010515001002	现浇构件钢筋	ϕ110以外光圆钢	kg	423.3
17	010515002001	预制构件钢筋	ϕ110以内	kg	168.64
18	010902002001	屋面涂膜防水	1:6水泥炉渣找坡(最薄处厚10 mm)，1:2.5水泥砂浆20 mm厚找平，三布四涂防水，细砂撒面。	m^2	73.89
19	010902004001	屋面排水管	ϕ1 110 PVC塑料排水管，带水口、水斗及弯头。	m	18.9

续表

序号	项目编码	项目名称	项目特征	计量单位	工程数量
20	011101002001	现浇水磨石楼地面	C10 混凝土垫层,80 mm 厚;1∶3水泥砂浆 20 mm 厚找平;1∶2.5 带嵌条水磨石面,厚 15 mm。	m^2	60.94
21	011105001001	现浇水磨石踢脚线	1∶3水泥砂浆 20 mm 厚找平;1∶2.5 水磨石面,高 150 mm。	m^2	9.59
22	011201001001	墙面一般抹灰	混合砂浆打底	m^2	276.52
23	011201002001	墙面装饰抹灰	水刷石面	m^2	123.39
24	011407001001	墙面喷刷涂料	预制板底面清刷、补缝,抹混合砂浆底	m^2	70.53
25	011301001001	天棚抹灰	内墙面喷刷 106 号涂料两遍	m^2	153.13
26	011407002001	天棚喷刷涂料	天棚面喷刷 106 号涂料两遍	m^2	70.53
27	010801001001	木质门	单扇无亮无纱镶板木门,900 mm × 2 000 mm,工厂制作,运距 15 km,刷聚氨酯漆三遍。	樘	4
28	010807001001	金属窗	双扇铝合金推拉窗,1 500 mm × 1 800 mm 工厂制作,运距 15 km。	樘	6
29	010807001002	金属窗	双扇铝合金推拉窗,2 100 mm × 1 800 mm 工厂制作,运距 15 km。	樘	2

25.3.2　措施项目清单

根据《清单计量规范》的有关规定及本工程的做法要求,编制本工程措施项目清单如表 25.13 所示。

表 25.13　措施项目清单

序号	项目名称
1	安全文明施工
2	混凝土模板及支架
3	脚手架
4	垂直运输

25.4　工程量清单计价

参照第 5 章工程量清单计价方法,本工程应编制的工程量清单计价文件如下:

表一：

某街道办事处办公用房　工程

工程量清单报价表

投　标　人：　××建筑工程有限公司　（单位盖章）

法定代表人：　×××

造价工程师：　×××

编制时间：　××年××月××日

表二：

投标总价

建设单位：　**某街道办事处**

工程名称：　**办公用房工程**

投标总价（小写）：　6.86万元

（大写）：陆万捌仟陆佰元肆角正

投　标　人：　××建筑工程有限公司　（单位盖章）

法定代表人：　×××　（签字盖章）

编制时间　：　××年××月××日

表三：

单位工程费汇总表

序号	汇总内容	金额/万元	其中：暂估价/万元
1	分部分项工程费	5.59	
1.1	其中：人工费	1.40	
2.1	其中：机械费	0.42	
2	措施项目费	0.88	
2.1	安全文明施工费	0.34	
3	其他项目费	0.00	
3.1	其中：暂列金额		
2.2	其中：专业工程暂估价		
3.3	其中：计日工		
3.4	其中：总承包服务费		
4	规费	0.38	
5	税金	0.24	
6	工程造价	6.86	

表四：

分部分项工程量清单计价表

工程名称：某街道办事处办公用房　　　　　　第　页　共　页

序号	项目编码	项目名称	计量单位	工程数量	金额/元	
					综合单价	合价
1	010101001001	平整场地	m^2	73.73	2.47	182.11
2	010101003001	挖沟槽土方	m^3	90.72	38.69	3 509.96
3	010103001001	土方回填(室内)	m^3	2.13	8.97	19.11
4	010103001002	土方回填(基础)	m^3	49.22	57.22	2 816.37
5	010401001001	砖基础	m^3	18.23	169.02	3 081.23
6	010401003001	实心砖墙	m^3	30.65	185.09	5 673.01
7	010501002001	现浇混凝土带型基础	m^3	21.17	235.88	4 993.58
8	010502002001	现浇混凝土构造柱	m^3	3.14	292.83	919.49
9	010503001001	现浇混凝土基础梁	m^3	2.92	248.99	727.05
10	010503004001	现浇混凝土圈梁	m^3	1.9	289.77	550.56
11	010503005001	现浇混凝土过梁	m^3	1.38	296.58	409.28
12	010505007001	现浇混凝土挑檐	m^3	0.58	287.64	166.83
13	010507001001	现浇混凝土散水	m^2	26.14	48.5	1 267.79
14	010512002001	预制混凝土空心板	m^3	4.65	529.33	2461.38
15	010515001001	现浇构件钢筋	t	0.451	4 737.92	2 136.8
16	010515001002	现浇构件钢筋	t	0.423	4 256.05	1 800.31
17	010515002001	预制构件钢筋	t	0.169	4 766.5	805.54
18	010902002001	屋面涂膜防水	m^2	73.89	87.5	6 465.38
19	010902004001	屋面排水管	m	18.9	53.74	1 015.69
20	011101002001	现浇水磨石楼地面	m^2	60.94	59.15	3604.6
21	011105001001	现浇水磨石踢脚线	m^2	9.59	75.78	726.73
22	011201001001	墙面一般抹灰	m^2	276.52	9.02	2 494.21
23	011201002001	墙面装饰抹灰	m^2	123.39	15.51	1 913.78
24	011407001001	墙面喷刷涂料	m^2	153.13	1.92	294.01
25	011301001001	天棚抹灰	m^2	70.53	10.35	729.99
26	011407002001	天棚喷刷涂料	m^2	70.53	3.55	250.38
27	010801001001	木质门	樘	4	265.35	1061.4
28	010807001001	金属窗(1 500 × 1 800)	樘	6	685.64	4 113.84
29	010807001002	金属窗(2 100 × 1 800)	樘	2	860.82	1 721.64
		合　计				55 912.05

表五:

措施项目清单与计价表

工程名称:某街道办事处办公用房

序号	项目名称	金额/元
1	安全文明施工	3 408.69
2	模板及支撑	4 233.62
3	脚手架	678.00
4	垂直运输	445.29
	合　　计	8 765.59

表六:

规费、税金项目清单与计价表

工程名称:　　　　第　页 共　页

序号	项目名称	计算基础	费率/%	金额/元
1	规费			3 765.29
1.1	工程排污费			0.00
1.2	社会保障及住房公积金	13 984.36	26	3 635.93
1.3	危险作业意外伤害保险	55 912.05 + 8 765.59 + 0.00	0.2	129.36
2	税金	分部分项工程费 + 措施项目费 + 其他项目费 + 规费	3.48	2 354.44
		合计		

表七:

主要材料价格表

工程名称:某街道办事处办公用房　　　　第　页 共　页

序号	材料编码	材料名称	单位	数量	单价	合价
1	b011500005	ϕ10 以内光圆钢筋	t	0.634	3 840	2 434.56
2	b011500006	ϕ10 以外光圆钢筋	t	0.431	3 760	1 620.56
		钢筋　小计		1.065		
3	b070100010	水泥 P. S32.5(抹灰用)	t	1.853	245	453.99
4	b070100071	矿渣硅酸盐水泥 P. S42.5(混凝土用)	t	9.851	334	3 290.23
5	b070100072	矿渣硅酸盐水泥 P. S32.5	t	0.672	245	164.64
6	b070100072	矿渣硅酸盐水泥 P. S32.5(混凝土用)	t	1.602	245	392.49

续表

序号	材料编码	材料名称	单位	数量	单价	合价
7	b070100072	矿渣硅酸盐水泥 P. S32.5(砌筑用)	t	2.87	245	703.15
8	b070100072	矿渣硅酸盐水泥 P. S32.5(抹灰用)	t	4.008	245	981.96
		水泥 小计	t	20.856		
9	b080101001	普通粘土砖	千块	25.797	175	4 514.48
10	b080300040	中砂(混凝土用)	m^3	23.791	62	1 475.04
11	b080300060	细砂	m^3	0.229	62	14.2
12	b080300060	细砂(混凝土用)	m^3	4.814	62	298.47
13	b080300060	细砂(砌筑用)	m^3	14.616	62	906.19
14	b080300060	细砂(抹灰用)	m^3	12.663	62	785.11
		砂小计	m^3	56.113		
15	b080401007	碎石 10(混凝土用)	m^3	4.455	41	182.66
16	b080401010	碎石 20(混凝土用)	m^3	6.068	40	242.72
17	b080401017	碎石 40(混凝土用)	m^3	27.521	50	1 376.05
		碎石 小计	m^3	38.044		
18	b080408201	白石子 综合粒径	kg	4 419.47	0.12	530.34
19	b090110001	板枋材	m^3	0.288	960	276.48
20	b090110191	木材(综合)	m^3	0.017	800	13.6
21	b090111123	门窗用特殊锯材	m^3	0.456	1 060	483.36
		木材小计	m^3	0.761		
22	b150102010	平板玻璃 3	m^2	3.151	13	40.96
23	b150102013	平板玻璃 5	m^2	22.427	20.54	460.65
		玻璃小计	m^2	25.578		
24	b160202011	106 涂料	kg	86.292	0.9	77.66
25	b180100000	水	m^3	76.489	4	305.96

表八:

主要技术经济指标分析

序号	项目名称	计算方法	计算式	技术经济指标
1	单方造价	总造价/建筑面积	68 272.4/73.73	925.98 元/m^2
2	钢筋平米消耗量	钢筋总量/建筑面积	1 065/73.73	14.44 kg/m^2

续表

序号	项目名称	计算方法	计算式	技术经济指标
3	水泥平米消耗量	水泥总量/建筑面积	20 856/73.73	282.87 kg/m^2
4	粘土砖平米消耗量	粘土砖总量/建筑面积	25 797/73.73	349.88 块/m^2
5	砂平米消耗量	总量/建筑面积	56.113/73.73	0.761 m^3/m^2
6	碎石平米消耗量	总量/建筑面积	38.044/73.73	0.516 m^3/m^2
7	木材平米消耗量	总量/建筑面积	0.761/73.73	0.010 m^3/m^2
8	玻璃平米消耗量	总量 / 建筑面积	25.578/73.73	0.347 m^2/m^2

第26章 计算机辅助工程计价

目前国内广泛应用的工程造价管理软件，主要内容包括：图形算量软件、钢筋算量软件、工程量清单计价软件、招标文件编制软件等。这些软件在各地的实际应用，一般要进行“本地化”开发，一定要挂接上当地现行的“定额库”和“价格库”，并按当地建设行政主管部门规定的程序进行运算。

限于篇幅，本章以神机妙算清单计价软件为例介绍工程造价管理软件在工程计价方面的应用，希望对读者能起到抛砖引玉、举一反三的作用。

神机妙算清单计价软件是建设部指定的《建设工程工程量清单计价规范》配套软件之一。其特色是：将工程量清单报价与传统的定额计价巧妙的融合在一个窗口内操作，易用性方面有了质的提高；具有量价分离、动态费率、综合单价报价功能，可以动态挂接不同地区的定额，实现无缝连接；技术先进、整体性强、功能齐全、界面友好，随时可以预览报表、控制操作过程，特别适合有一定计算机操作基础的中高级用户使用。

26.1 初始设置操作

初始设置包括下列操作内容：选择新建工程、定义文件名、选择模板（即选挂当地定额库）、录入工程信息、选择规费及税率、设置管理费率和利润率。

步骤1：新建（工程造价）。用户开始做一项新工程，应选择主菜单“工程造价”下拉列表中的“新建（工程造价）”菜单项单击，或按工具条“新建（工程造价）”按钮，如图26.1所示。

图26.1 新建工程造价操作示意

步骤 2:定义文件名。如图 26.2 所示,在弹出的“新建(工程造价)”对话框内的“文件名”处输入新建工程文件名,如“示例工程”,然后单击 打开(O) 按钮。进入工程造价操作界面,图 26.3 所示。

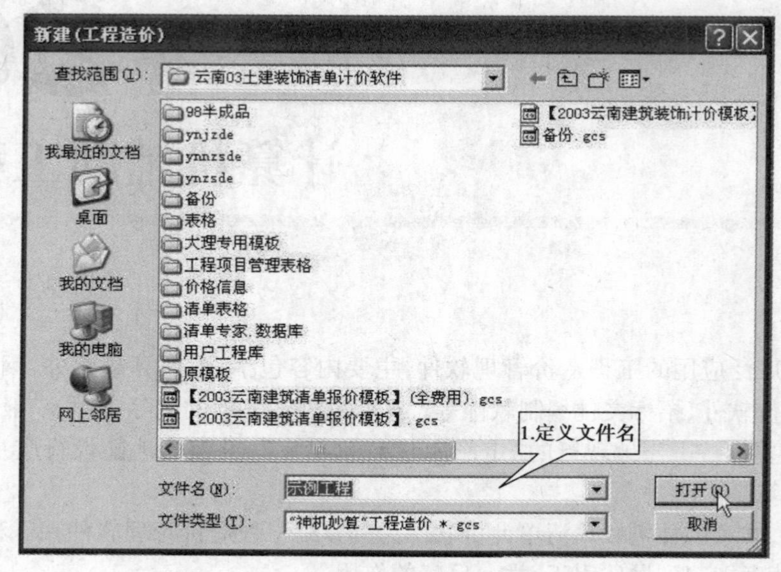

图 26.2　新建(工程造价)对话框

步骤 3:选择工程模板。进入如图 26.3 所示的工程信息插页,单击 选择模板 按钮,软件自动弹出“打开(工程造价)模板”窗口(如图 26.4 所示),选择适用的模板文件(即为当地的报价模板)单击,模板文件就会出现在下面的“文件名”空框中,最后单击 打开(O) 按钮进入下一步。

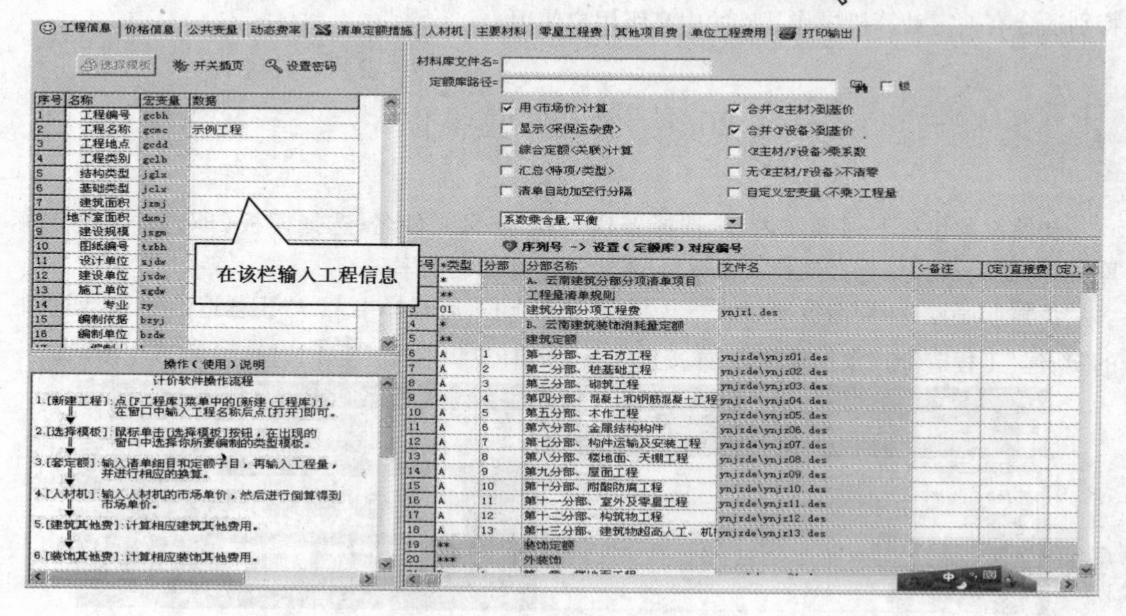

图 26.3　录入工程信息操作示意

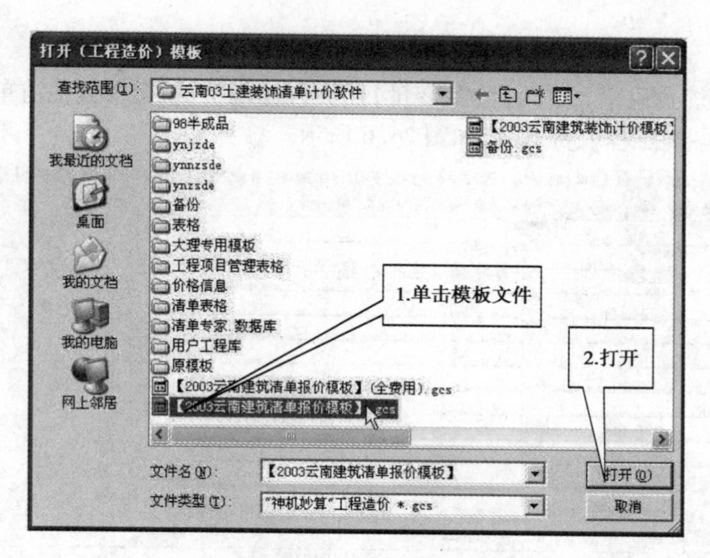

图 26.4 打开模板操作示意

【**提示**】模板启动后自动完成计价编制的系统设置，包括该工程计价所需的定额库、材料库、价格库、规费、税率、动态费率、取费计算程序以及表格打印输出格式等。用户只需录入定额子目、工程量，修正必要的数据后，系统即可自动完成计价的编制和各种标准表格的打印输出。

步骤 4：录入工程信息。在【工程信息】插页左上窗口的"数据"栏内录入与"名称"栏内容相对应的各项工程信息，如图 26.3 所示。

步骤 5：设置当前价格库。选择【价格信息】插页，单击鼠标右键选择"打开"命令，在弹出的"打开(价格库)"对话框内选择需要采用的价格库文件，如图 26.5 所示。

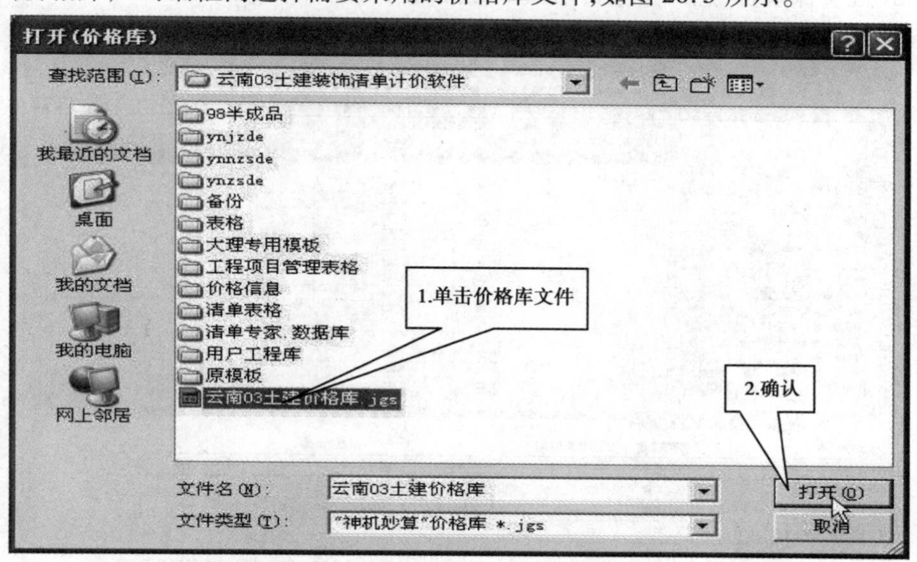

图 26.5 设置当前价格库操作示意

【**提示**】系统会自动默认当地已录入的价格信息(软件价格)。如果需要替换，进行此步操作，否则，可跳过。

步骤6：选择规费税率。进入【公共变量】插页，在【规费、税金及其他清单费率选择】窗口中根据需要调整各类工程取费费率，如图26.6所示。

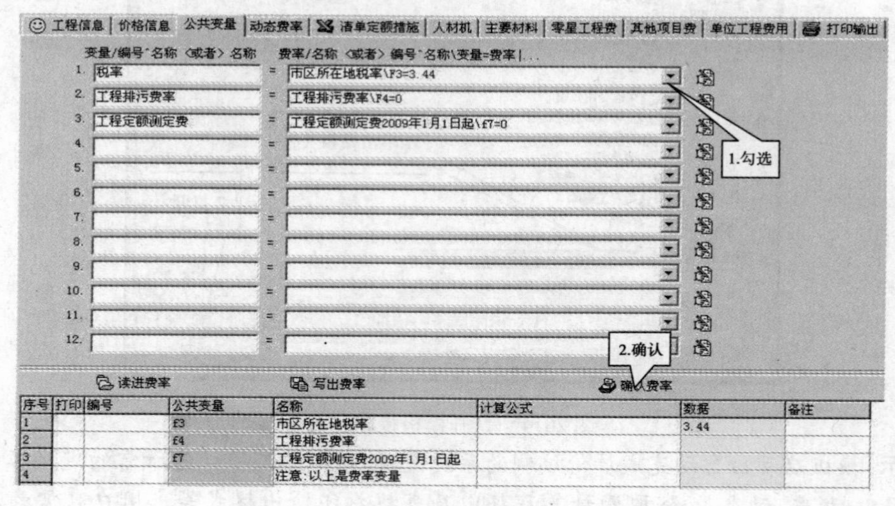

图26.6　设置规费税金费率操作示意

【**提示**】系统会自动默认为已录入数据。

步骤7：设置管理费率和利润率。进入【动态费率】插页，在窗口根据需要调整管理费、利润、风险费、社会保险费、意外保险费以及部分措施费的费率，或增加新的工程类别和取费类别。动态费率表每一行的工程类别对应一个特项变量，如图26.7所示。

工程信息 | 价格信息 | 公共变量 | 动态费率 | 清单定额措施 | 人材机 | 主要材料 | 零星工程费 | 其他项目费 | 单位工程费用 | 打印输出

动态费率表 => 通过特项取对应的费率宏变量，取用时变量前加te => 三类.fls

序号	名称	特项	计算公式	1.费率	2.费率	3.费率	4.费率	5.费率	6.费率	7.费率	8.费率	9.费率	10.费率	11.费率	12.费率	13.费率	14.费率
名称				管理费	利润	措施调整	风险费	社会保障	定额测定	意外保险		材料调差					
变量				gl	lr	cs	fx	sb	dc	bx		tc					
综合				#	#	#	#	#	#	#		#					
1	默认																
2	土石方工程	a1		27	9			0.26		0.002		1					
3	桩与地基基础工程	z		30	18			0.26		0.002		1					
4	砌筑工程	a3		26	9			0.26		0.002		1					
5	混凝土和钢筋混凝土工程	a4		45	9			0.26		0.002		1					
6	厂库房大门、特种门、	a5		26	9			0.26		0.002		1					
7	金属结构工程	a6		25	9			0.26		0.002		1					
8	屋面及防水工程	a7		25	9			0.26		0.002		1					
9	防腐、隔热、保温工程	a8		25	9			0.26		0.002		1					
10	建筑其他分部（应套以上	a		25	9			0.26		0.002		1					
11	建筑措施项目（是否计费	f										1					
12	桩基础措施项目（是否计	y										1					
13	楼地面工程	b1		32	18			0.26		0.002		1					
14	墙柱面工程	b2		32	18			0.26		0.002		1					
15	天棚工程	b3		32	18			0.26		0.002		1					

建筑装饰工程动态费率表（清单报价费率）

分部工程	管理费基数	管理费费率（%）
土石方工程	人、机费	27
桩与地基基础工程	人、机费	30
砌筑工程	人、机费	26
混凝土和钢筋混凝土工程	人、机费	45
厂库房大门、特种门、木结构工程	人、机费	26
金属结构工程	人、机费	45
屋面及防水工程	人、机费	25
防腐、隔热、保温工程	人、机费	25

管理费率（%）

工程类别	计算基数	一类	二类	三类	四类
建筑工程	直接工程费中的人机费	39	33	27	18
安装工程	直接工程费中的人工费	30	25	20	12

利润费率（%）

工程类别	计算基数	一类	二类	三类	四类
建筑工程	直接工程费中的人机费	27	21	18	9
安装工程	直接工程费中的人工费	20	16	12	8

清单专家

图26.7　设置管理费率和利润率操作示意

【提示】系统默认为已录入的参考费率。如果需要修改,进行此步操作。而且,一旦修改了分部分项工程的费率,措施项目和其他项目费率也要修改,否则,可跳过。

26.2　工程量清单计价操作

工程量清单计价项目包括:分部分项工程费、措施项目费、其他项目费。软件将在【清单定额措施】窗口中进行操作。

清单定额措施窗口中的“＊”类型规定:

1 个“＊”表示项目分类,如分部分项工程费和措施项目费;

2 个“＊”表示分部分类,如一般土建工程的土石方工程;

3 个“＊”表示清单项目,“＊”后跟 9 位全国统一项目编码,如＊＊＊010101001\平整场地\m^2。

神机软件独创的“123 输入法”(也可以是 a、b、c 输入法),即输入“1”表示分部分项工程费,“2”表示措施项目费,“3”表示其他项目费。在项目编号空白行中输入相应的数字代码以后敲回车键,程序会自动弹出一个窗口,将该项目相关内容显示出来,操作时根据工程实际需要勾选即可。其操作界面如图 26.8 所示。

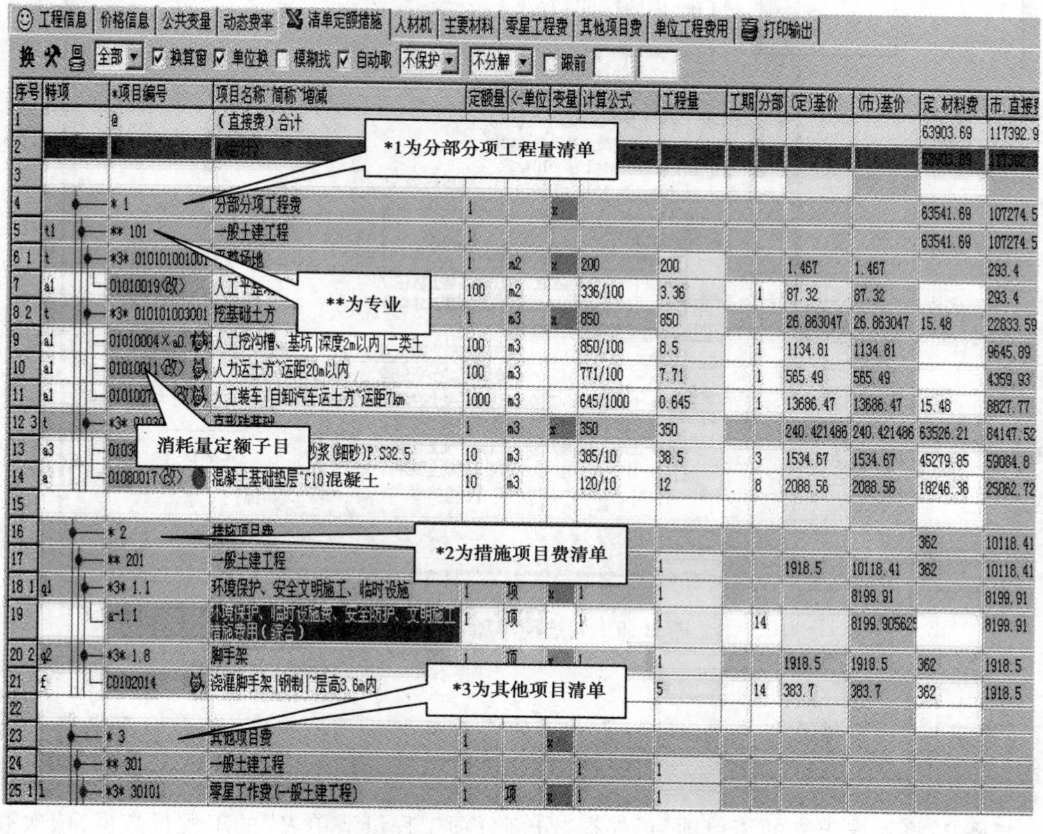

*1为分部分项工程量清单

**为专业

消耗量定额子目

*2为措施项目费清单

*3为其他项目清单

图 26.8　计价操作界面示意

【提示】除采用“123 输入法”以外，系统还可以打开定额库列表窗口，用拖拉移动(或双击左键)来实现以上操作。

26.2.1 分部分项工程费的计算操作

根据“123 输入法”，在【清单定额措施】插页中的“项目编号”栏内输入“1”，按操作提示即可完成分部分项工程费计算的操作，其具体步骤是：

步骤 1：在【清单定额措施】插页中的“项目编号”栏内输入“1”，在弹出的窗口中勾选招标文件中的专业和工程量清单项目，如图 26.9 所示。

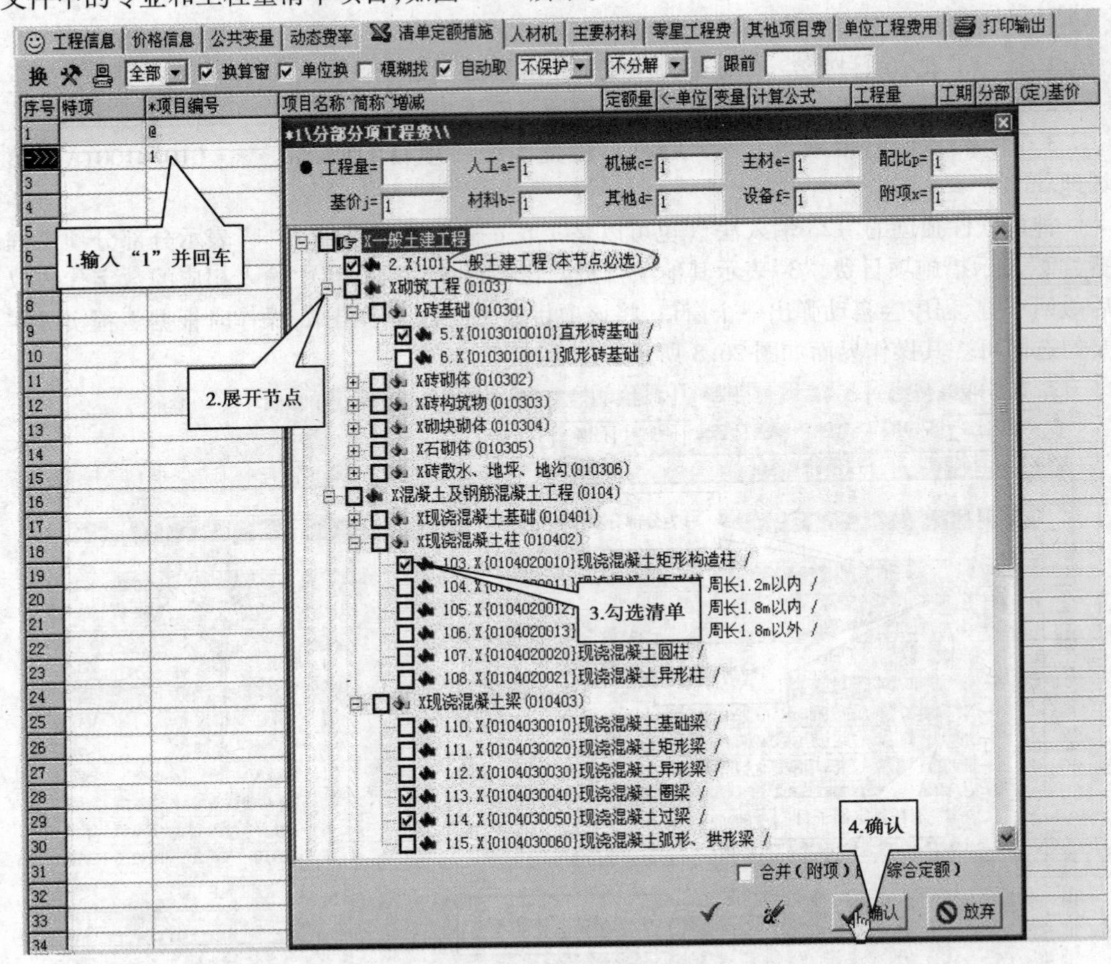

图 26.9 勾选清单项目操作示意

【提示】用红圈框画栏必选，否则，“ ** ”的专业标题栏调不出来，会影响节点栏的层层汇总。

步骤 2：将勾选出来的清单项目，根据“分部分项工程量清单表”的工程量数据，依次输入甲方(业主)报量，如图 26.10 所示。

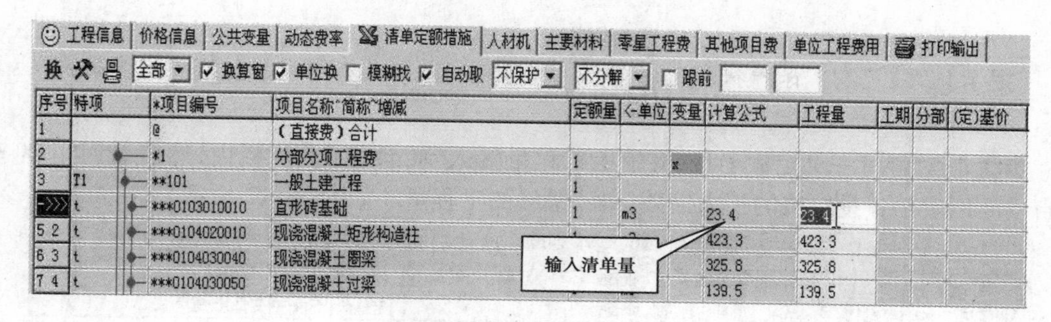

图 26.10　输入清单工程量

【提示】如果有同一项目编码，多项清单以及再次补选清单时，鼠标点至“ ** 101”处，按回车键，即可再次勾选清单项目，但要注意，必须是在不保护状态 全保护 / 全保护 / 保名称 / 不保护 下。

步骤 3：根据清单项目，选择定额子目。做法是选中清单项目编号后按下回车键，系统自动弹出一个窗口供你选择匹配的定额子目。如图 26.11 所示。

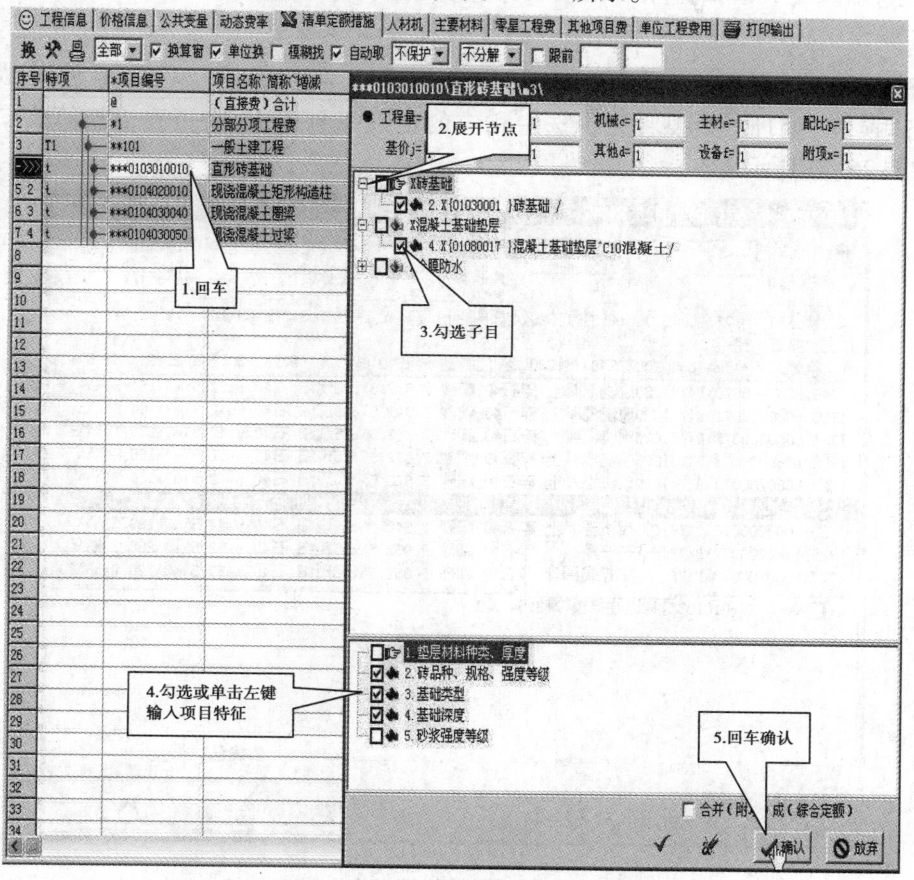

图 26.11　勾选清单内定额子目

【提示】必须是在不保护状态下，项目特征最好是在项目特征窗口中直接输入。

步骤4：对应每一个定额子目，将施工工程量输入到"计算公式"栏内，然后敲回车键，软件自动除以定额计量单位的扩大倍数，得到最终的工程量。如图26.12所示。

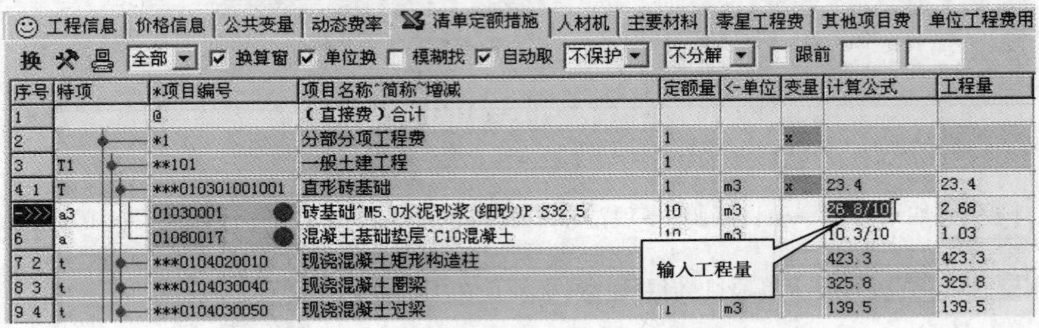

图26.12　输入定额子目工程量

【提示】输入定额工程量，可以利用统筹法来解决，也可以利用"图形公式"来计算。输入完定额工程量以后，再次对下一条清单进行子目勾选，重复步骤3。

步骤5：如果定额子目的混凝土、砂浆标号需要换算，或定额子目需要乘系数，需对该定额子目进行"换算"处理。只要将光标选中相应的定额编号双击，就可弹出换算窗口。如图26.13和图26.14所示。

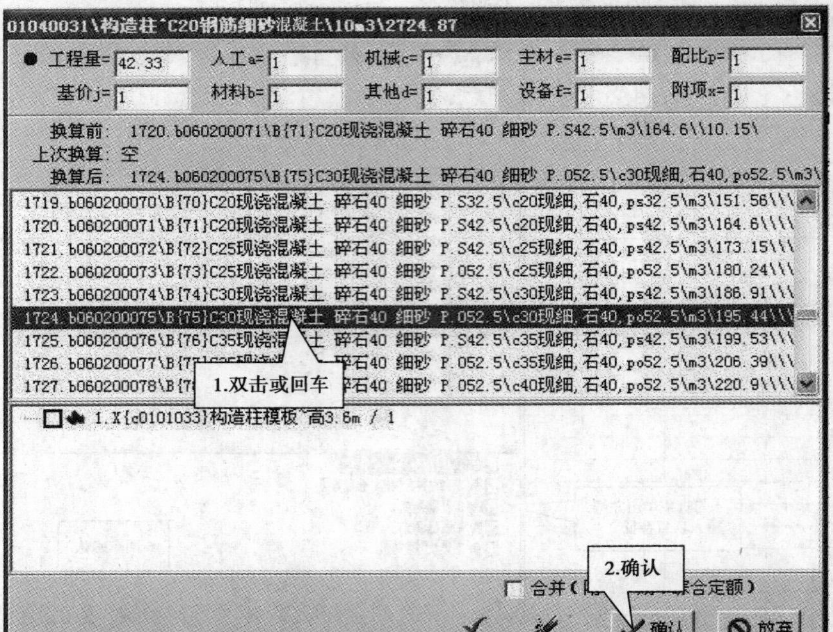

图26.13　砂浆换算操作示意

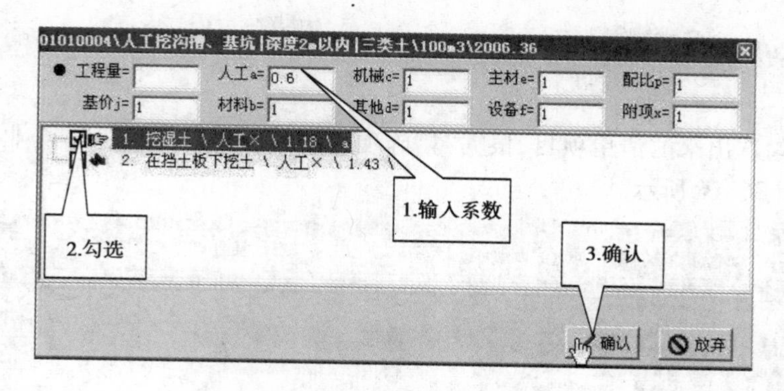

图26.14　子目乘系数操作示意

【提示】如果清单内勾选的定额子目不够或缺项，可在该清单内的空行处，直接输入8位定额编码即可，也可以补充定额子目，但要注意"特项"栏必须是动态费率窗口中设置的特项标志。

26.2.2　措施项目费的计算操作

根据"123输入法"，在【清单定额措施】插页中的项目编号栏内输入"2"，按操作提示即可完成措施项目费计算的操作，其具体步骤是：

步骤1：在【清单定额措施】插页中的项目编号空白栏内输入"2"敲"回车"，在弹出的窗口中勾选招标文件中的专业和措施项目，如图26.15所示。

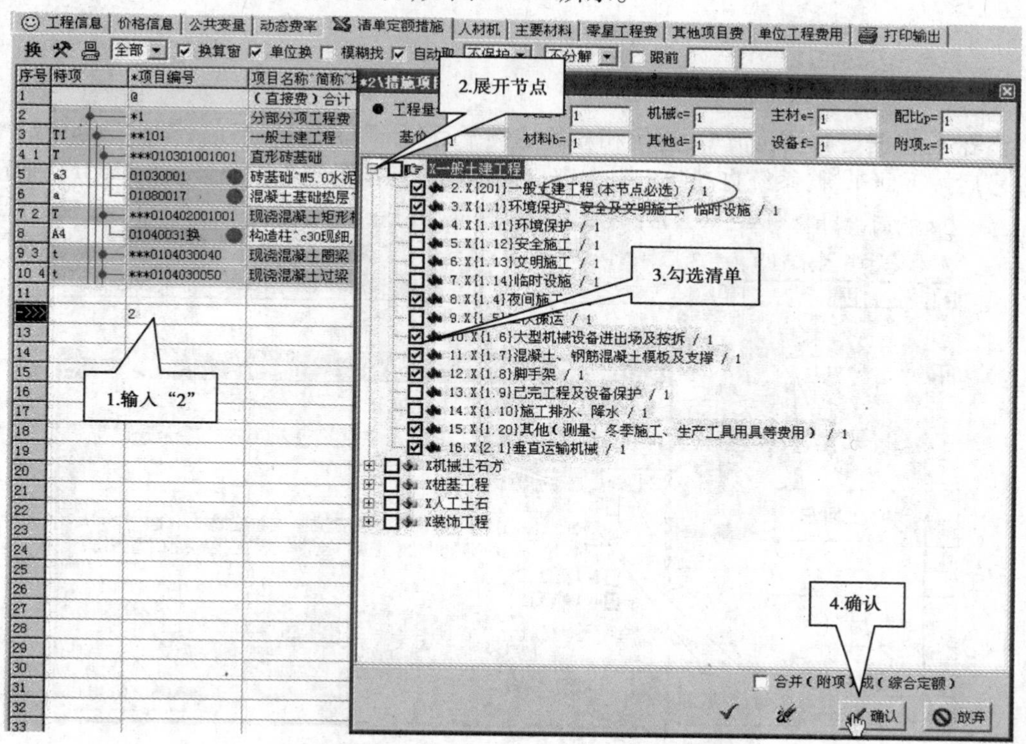

图26.15　计算措施项目费的操作示意

【提示】用红圈框画栏必选,否则,“＊＊”的专业标题栏调不出来,会影响节点栏的层层汇总。

步骤2:将勾选出来的清单项目,根据“措施项目清单表”依次输入甲方(业主)报量(工程量均为1),如图26.16所示。

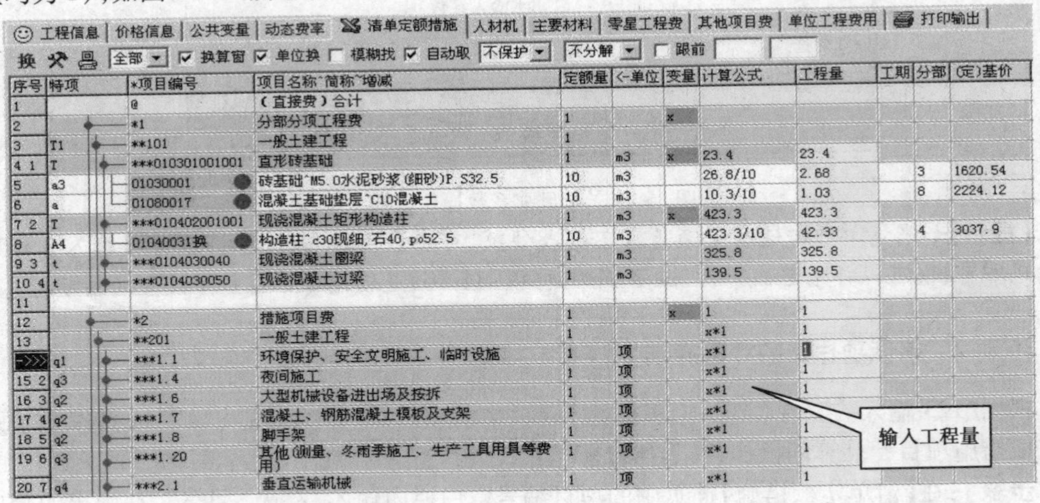

工程信息 | 价格信息 | 公共变量 | 动态费率 | 清单定额措施 | 人材机 | 主要材料 | 零星工程费 | 其他项目费 | 单位工程费用 | 打印输出

换 全部 ☑换算窗 ☑单位换 ☐模糊找 ☑自动取 不保护 不分解 ☐跟前

序号	特项	*项目编号	项目名称^简称^增减	定额量	<-单位	变量	计算公式	工程量	工期	分部	(定)基价
1		@	(直接费)合计								
2		*1	分部分项工程费	1		x					
3	T1	**101	一般土建工程	1							
4 1	T	***010301001001	直形砖基础	1	m3	x	23.4	23.4			
5	a3	01030001	砖基础^M5.0水泥砂浆(细砂)P.S32.5	10	m3		26.8/10	2.68		3	1620.54
6	a	01080017	混凝土基础垫层^C10混凝土	10	m3		10.3/10	1.03		8	2224.12
7 2	T	***010402001001	现浇混凝土矩形构造柱	1	m3	x	423.3	423.3			
8	A4	01040031换	构造柱^c30现细,石40,po52.5	10	m3		423.3/10	42.33		4	3037.9
9 3	t	***0104030040	现浇混凝土圈梁	1	m3		325.8	325.8			
10 4	t	***0104030050	现浇混凝土过梁	1	m3		139.5	139.5			
11											
12		*2	措施项目费	1		x	1	1			
13		**201	一般土建工程	1			x*1	1			
->>>	q1	***1.1	环境保护、安全文明施工、临时设施	1	项		x*1	1			
15 2	q3	***1.4	夜间施工	1	项		x*1	1			
16 3	q2	***1.6	大型机械设备进出场及按拆	1	项		x*1	1			
17 4	q2	***1.7	混凝土、钢筋混凝土模板及支架	1	项		x*1				
18 5	q2	***1.8	脚手架	1	项		x*1	1			
19 6	q3	***1.20	其他(测量、冬雨季施工、生产工具用具等费用)	1	项		x*1	1			
20 7	q4	***2.1	垂直运输机械	1	项		x*1	1			

输入工程量

图26.16　输入措施项目工程量操作示意

【提示】措施清单工程量均为1项。

步骤3:根据措施项目清单,选定相应的定额子目(用费率计算部分),做法是选中清单项目编号后按下回车键,系统自动弹出一个窗口供你选择匹配的定额子目。如图26.17所示。

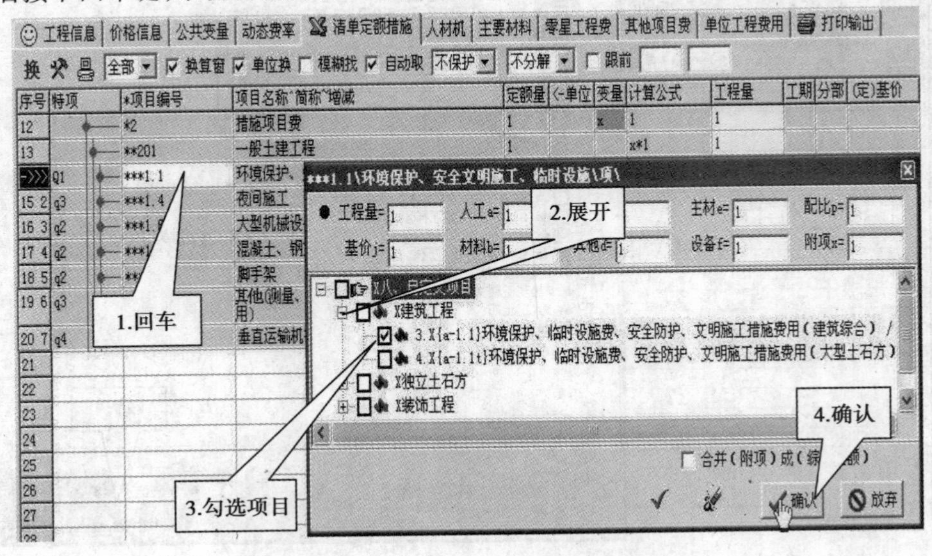

图26.17　勾选措施费清单项目操作示意

【提示】只能勾选一种，而且，注意括号里的专业提示。

步骤4：计算脚手架、模板费用。在计算模板费用时，神机软件有一独特的“红色块处理”办法，软件会自动配置并计算相应工程量及套价。如图26.18所示。

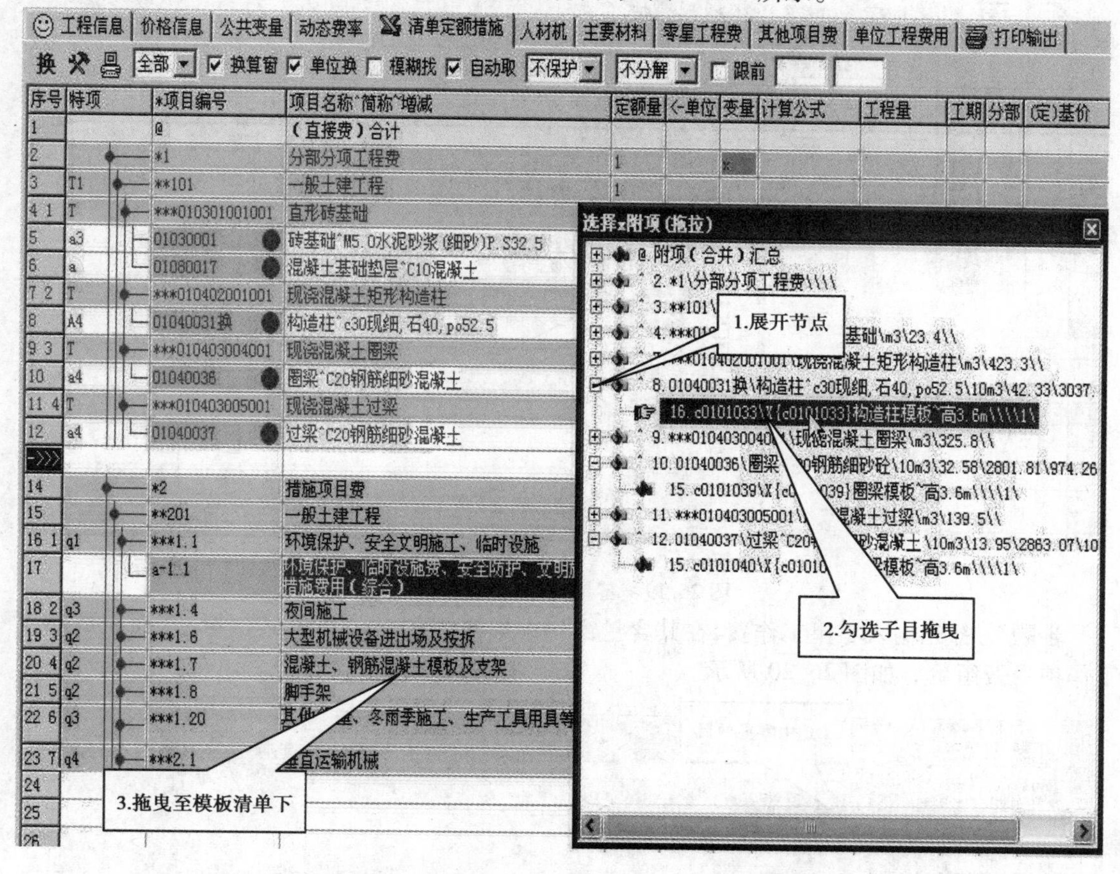

图26.18　运用红色块勾选清单项目(套用子目部分)

【提示】单击鼠标右键，弹出命令窗口，点击“定义块首”“定义块尾”等命令，就可使得相应区域变为红色块。点击“红色块自定义拖拉”命令，就会有“选择X附项(拖拉)”的窗口弹出，即可进行图26.18所示的操作。

26.2.3　其他项目费的计算操作

对于除分部分项工程量清单项目、措施项目外工程中可能发生的其他项目费用，通过【其他项目清单】插页自由编辑，可灵活实现包干费用、系数取费费用的编制计算。但其中的“零星工作项目费”还是直接在【套定额】窗口中，用拖拉(或根据需要自行录入)人、材、机项目的方法组价。

(1)计算零星工作项目费的操作

根据“123输入法”，在【清单定额措施】插页中的项目编号栏输入“3”，按操作提示即可完成零星工作费部分的计算操作，其具体步骤是：

步骤1:在【清单定额措施】插页中的项目编号栏输入"3",在弹出的窗口中勾选招标书中的专业和其他项目清单项目,如图26.19所示。

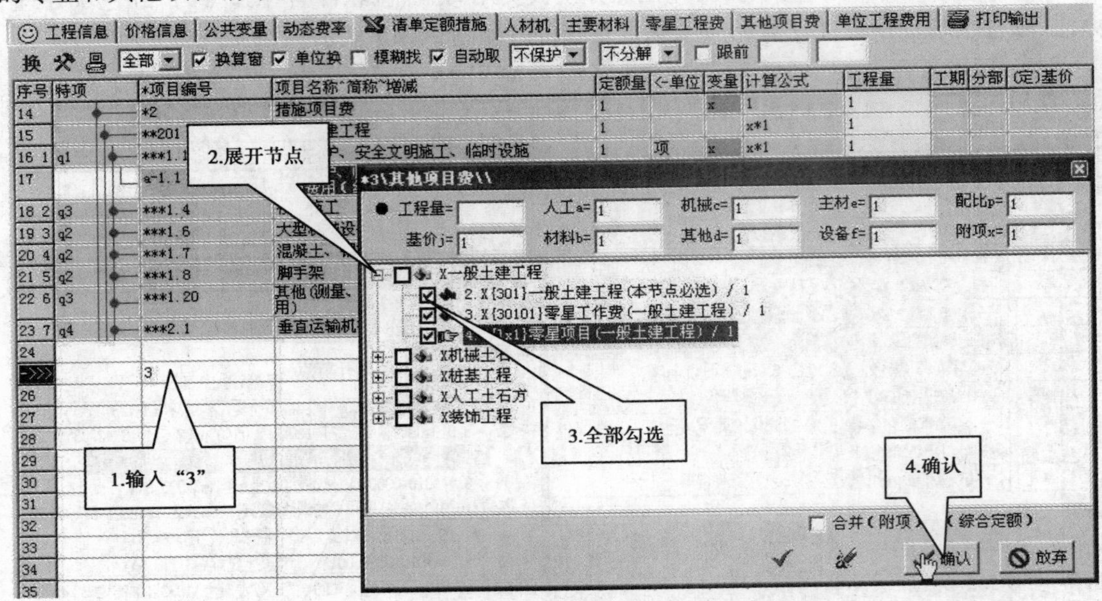

图26.19　零星工作费勾选内容

步骤2:补充输入零星工作费,在其含量窗口中编辑人材机项目及其含量,从而完成零星工作项目费组价。如图26.20所示。

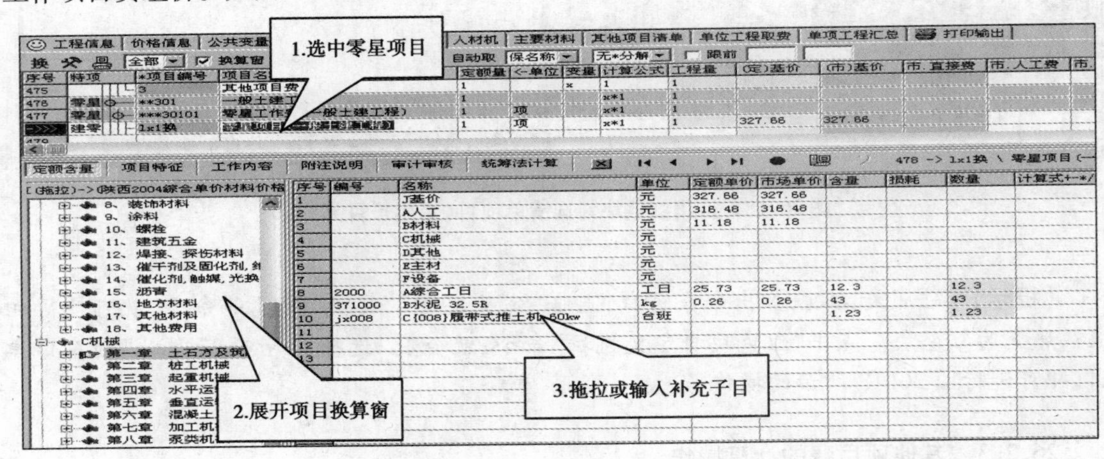

图26.20　零星工作费的操作示意

(2)计算其他项目费的操作

其他项目费中其余费用均在【其他项目费】插页中组价。其中"计算公式或基数"栏可填写固定金额进行组价。也可以根据需要自由给定取费基数和费率取费组价。如图26.21所示。

工程信息 | 价格信息 | 公共变量 | 动态费率 | 清单定额措施 | 人材机 | 主要材料 | 零星工程费 | 其他项目费 | 单位工程费用 | 打印输出

(2).其他费计算 => 其他项目费

1.填写固定金额

2.点击计算按钮

序号	打印	变量	名称	单位	数量	计算公式或基数	单价	金额(元			备注
1	1		1 措								
2	1	a1	1.1					20000			
3	1	a2	1.2 材料购置费								
4	1	a	小计			a1+a2		20000			
5	1		2 投标人部分								
6	1	b1	2.1 总承包服务费								
7	1	b2	2.2 零星工作费			j_je@m+fy1@3					no(j_je@m
8	1	b3	2.3 察看现场费用								
9	1	b4	2.4 工程保险费								
10	1	b5	2.5 其他								
11	1	b	小计			b1+b2+b3+b4+b5					
12	2		合计			a+b		20000			

图 26.21　其他项目费操作窗口

26.2.4　直接费计算操作

在分部分项工程量费、措施项目费以及其他项目费输入无误以后，就可以计算整个工程的直接费，并将人材机等消耗量统计出来，其操作如图 26.22 所示。

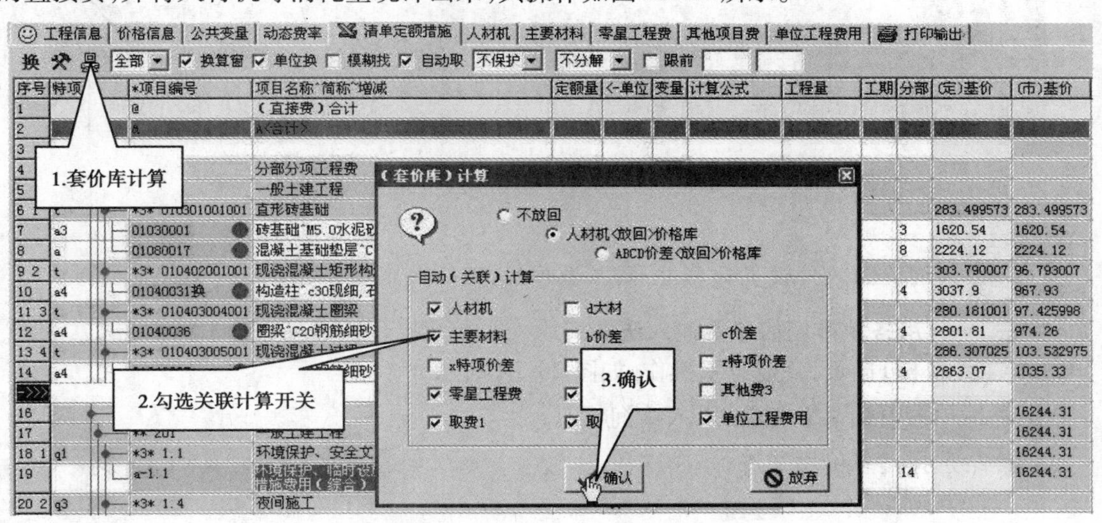

图 26.22　直接费计算示意

【提示】一般情况下，系统默认的勾选关联计算开关，用户无需修改，同时，发生了清单、子目、含量、工程量等变化以后，都要重新计算一次，否则，修改无效，影响报价。

26.3　组价操作

组价就是根据市场价重新计算出新的预算基价，同时，对综合单价、分部分项工程费、措施项目费、其他项目费、单位工程取费、单项工程汇总等计价过程重新计算，其组价方式有两种：

方法一：直接输入法

进入【人材机】插页，在人材机“市场价”栏内根据所掌握的市场价直接录入，如图 26.23 所示。

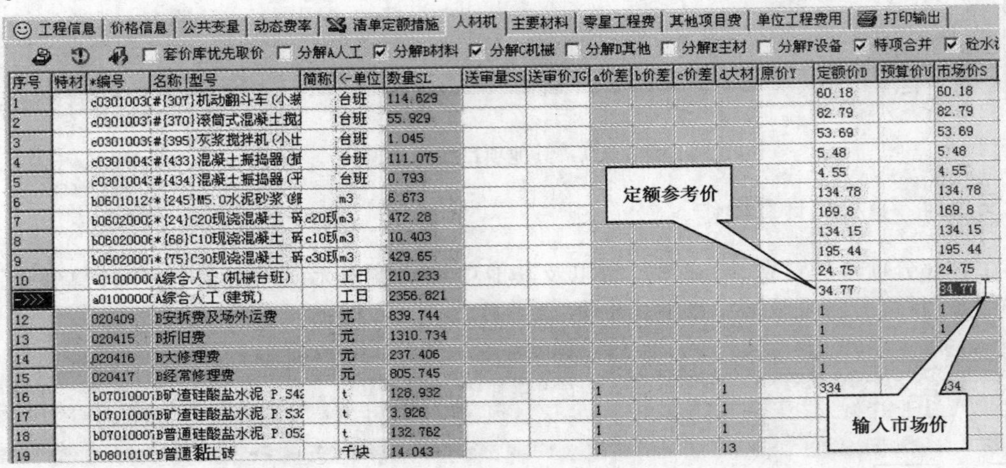

工程信息 | 价格信息 | 公共变量 | 动态费率 | 清单定额措施 | 人材机 | 主要材料 | 零星工程费 | 其他项目费 | 单位工程费用 | 打印输出

套价库优先取价　分解A人工　分解B材料　分解C机械　分解D其他　分解E主材　分解F设备　特项合并　砼水

序号	特材	*编号	名称|型号	简称	<-单位	数量SL	送审量SS	送审价JG	a价差	b价差	c价差	d大材	原价Y	定额价D	预算价V	市场价S
1		c0301003C	#{307}机动翻斗车(小装		台班	114.629								60.18		60.18
2		c0301003	#{370}滚筒式混凝土搅		台班	55.929								82.79		82.79
3		c0301003	#{395}灰浆搅拌机(小壮		台班	1.045								53.69		53.69
4		c0301004	#{433}混凝土振捣器(插		台班	111.075								5.48		5.48
5		c0301004	#{434}混凝土振捣器(平		台班	0.793								4.55		4.55
6		b0601012	*{245}M5.0水泥砂浆(细		m3	6.673								134.78		134.78
7		b0602000	*{24}C20现浇混凝土 砾	c20现	m3	472.28								169.8		169.8
8		b0602000	*{68}C10现浇混凝土 砾	c10现	m3	10.403								134.15		134.15
9		b0602000	*{75}C30现浇混凝土 砾	c30现	m3	429.65								195.44		195.44
10		a0100000C	A综合人工(机械台班)		工日	210.233								24.75		24.75
->>>		a0100000C	A综合人工(建筑)		工日	2356.821								34.77		34.77
12		020409	B安拆费及场外运费		元	839.744								1		1
13		020415	B折旧费		元	1310.734								1		1
14		020416	B大修理费		元	237.406								1		
15		020417	B经常修理费		元	805.745								1		
16		b0701000	B矿渣硅酸盐水泥 P.S4		t	128.932			1			1		334		334
17		b0701000	B矿渣硅酸盐水泥 P.S3		t	3.926			1			1				
18		b0701000	B普通硅酸盐水泥 P.O5		t	132.762			1			1				
19		b0801010C	B普通黏土砖		千块	14.043			1			13				

定额参考价

输入市场价

图 26.23　人材机计算窗口示意

【提示】定额价为软件设置的参考价，在操作时，可输入市场价替代。

方法二：利用各地市场信息价输入法

进入【人材机】插页，完成以下操作，如图 26.24 所示。

步骤 1： 单击窗楣 按钮，进入查询状态；

步骤 2： 选择信息价库文件；

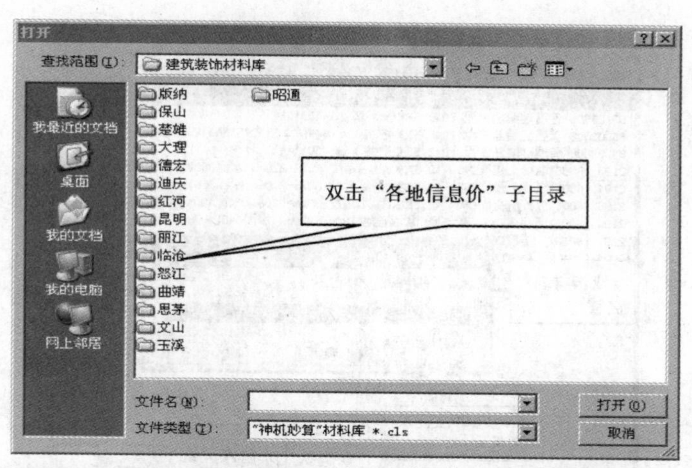

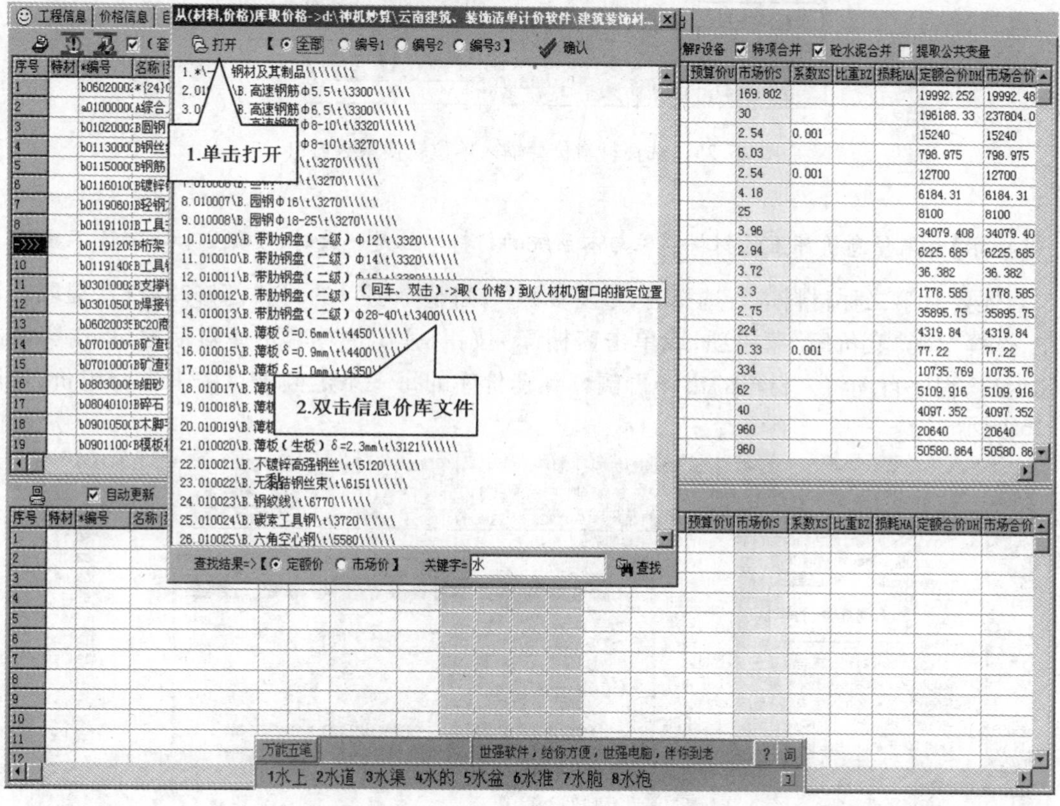

图 26.24　选择信息价库文件窗口示意

【**提示**】定期升级后的软件系统集成了当地近期的信息价,供用户投标报价时参考。

步骤 3:选择材料价并输入单位转换系数,如图 26.25 所示。

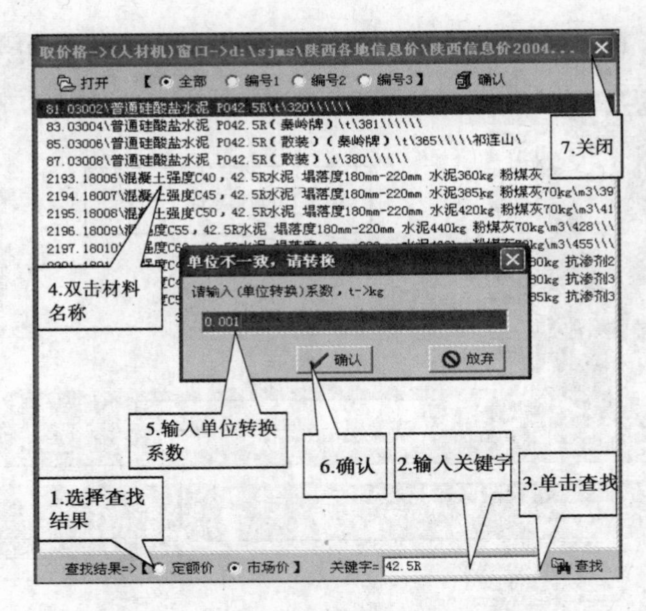

图 26.25　选择材料价并输入单位转换系数窗口

【提示】如果信息价库里的材料单位与本系统的材料单位是一致时，步骤 2 和步骤 3 不显示。

当还要对第二种材料进行选择时，重复步骤 1，当整个项目的材料都修改以后，提取右键菜单，选择“倒算套价库”菜单项，或单击窗楣 按钮，弹出倒算套价库对话框，单击 确认 按钮退出，程序自动将人材机的市场价倒算到套价库的每一条定额子目中去进行组价，如图 26.26 所示。

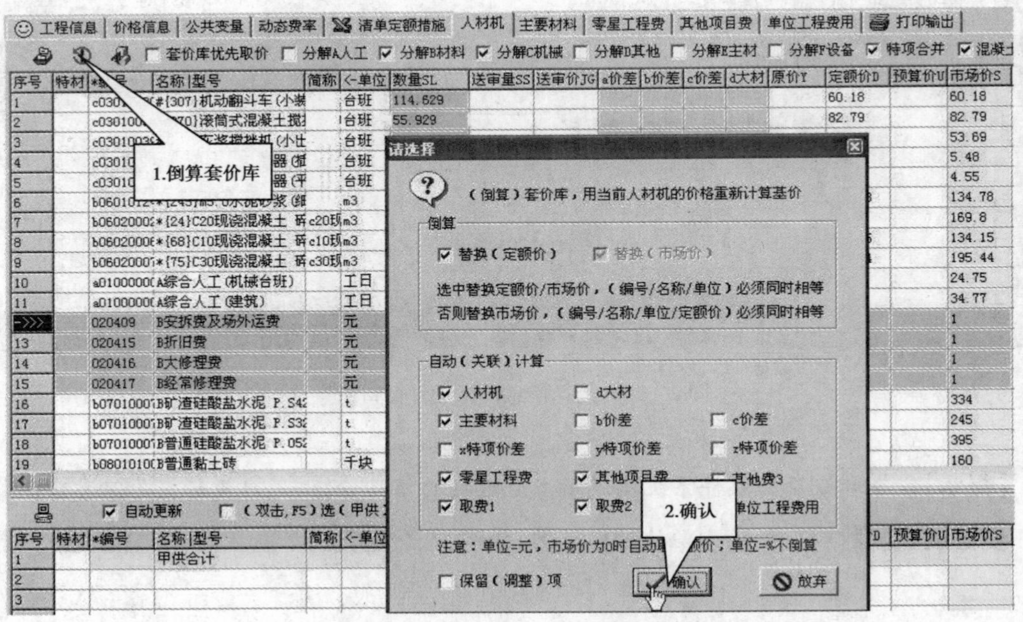

图 26.26　倒算套价库并重新组价示意

26.4　提取主要材料操作

当甲方或业主需要投标单位提供主要材料清单时,或在做安装工程提取主材统计时,都需要进行此项操作。

在人材机窗口中做标记提取

步骤 1:在对应材料的“a 价差”栏中输入“1”做标记。如图 26.27 所示。

步骤 2:提取主要材料。进入【主要材料】窗口,单击自动提取按钮即可,如图 26.28 所示。

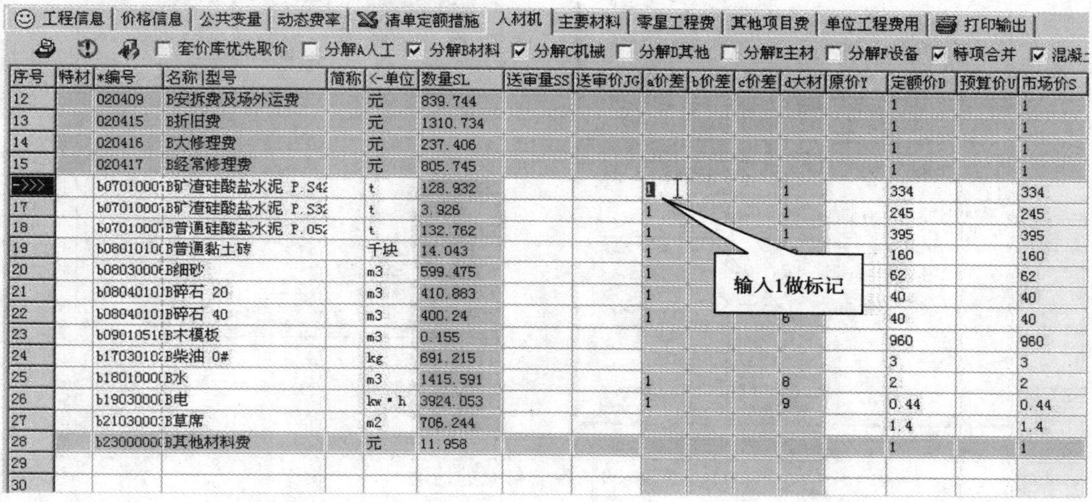

工程信息 | 价格信息 | 公共变量 | 动态费率 | 清单定额措施 | 人材机 | 主要材料 | 零星工程费 | 其他项目费 | 单位工程费用 | 打印输出

套价库优先取价　分解A人工　分解B材料　分解C机械　分解D其他　分解E主材　分解F设备　特项合并　混凝土

序号	特材	*编号	名称|型号	简称	<-单位	数量SL	送审量SS	送审价JG	a价差	b价差	c价差	d大材	原价Y	定额价D	预算价U	市场价S
12		020409	B安拆费及场外运费		元	839.744								1		1
13		020415	B折旧费		元	1310.734								1		1
14		020416	B大修理费		元	237.406								1		1
15		020417	B经常修理费		元	805.745								1		1
->>>		b0701000	B矿渣硅酸盐水泥 P.S42		t	128.932			1			1		334		334
17		b0701000	B矿渣硅酸盐水泥 P.S32		t	3.926			1			1		245		245
18		b0701000	B普通硅酸盐水泥 P.052		t	132.762			1			1		395		395
19		b0801010	B普通黏土砖		千块	14.043			1					160		160
20		b0803000	B细砂		m3	599.475			1					62		62
21		b0804010	B碎石 20		m3	410.883			1					40		40
22		b0804010	B碎石 40		m3	400.24			1			6		40		40
23		b0901051	B木模板		m3	0.155								960		960
24		b1703010	B柴油 0#		kg	691.215								3		3
25		b1801000	B水		m3	1415.591			1			8		2		2
26		b1903000	B电		kw·h	3924.053			1			9		0.44		0.44
27		b2103000	B草席		m2	706.244								1.4		1.4
28		b2300000	B其他材料费		元	11.958								1		1
29																
30																

输入1做标记

图 26.27　做标记示意

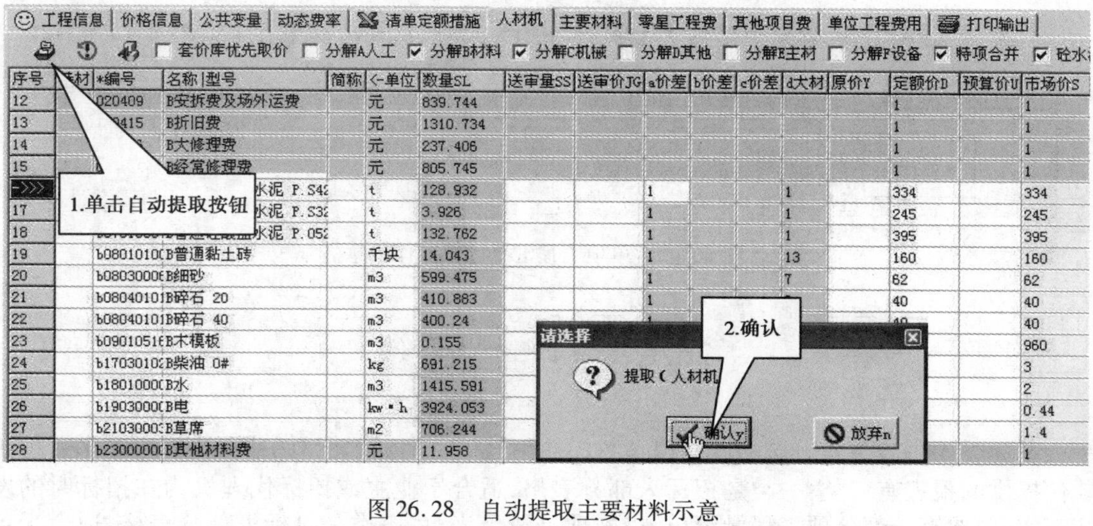

工程信息 | 价格信息 | 公共变量 | 动态费率 | 清单定额措施 | 人材机 | 主要材料 | 零星工程费 | 其他项目费 | 单位工程费用 | 打印输出

套价库优先取价　分解A人工　分解B材料　分解C机械　分解D其他　分解E主材　分解F设备　特项合并　砼水

序号	特材	*编号	名称|型号	简称	<-单位	数量SL	送审量SS	送审价JG	a价差	b价差	c价差	d大材	原价Y	定额价D	预算价U	市场价S
12		020409	B安拆费及场外运费		元	839.744								1		1
13		415	B折旧费		元	1310.734								1		1
14			B大修理费		元	237.406								1		1
15			B经常修理费		元	805.745								1		1
->>>			水泥 P.S42		t	128.932			1			1		334		334
17			水泥 P.S32		t	3.926			1			1		245		245
18			水泥 P.052		t	132.762			1			1		395		395
19		b0801010	B普通黏土砖		千块	14.043			1			13		160		160
20		b0803000	B细砂		m3	599.475			1			7		62		62
21		b0804010	B碎石 20		m3	410.883			1					40		40
22		b0804010	B碎石 40		m3	400.24										40
23		b0901051	B木模板		m3	0.155										960
24		b1703010	B柴油 0#		kg	691.215										3
25		b1801000	B水		m3	1415.591										2
26		b1903000	B电		kw·h	3924.053										0.44
27		b2103000	B草席		m2	706.244										1.4
28		b2300000	B其他材料费		元	11.958										1

1.单击自动提取按钮

请选择

提取(人材机

确认y　放弃n

2.确认

图 26.28　自动提取主要材料示意

26.5 单项工程汇总操作

一般情况下，单项工程汇总不需要人工干预，在【套定额】窗口的套价库计算和【人材机】窗口的倒算套价库计算时就自动完成了汇总工作，如果在这两个窗口的计算时，没有勾选关联计算，就需要在单项工程汇总窗口中，重新计算，否则，就有可能漏算，造成数据不准，如图26.29所示。

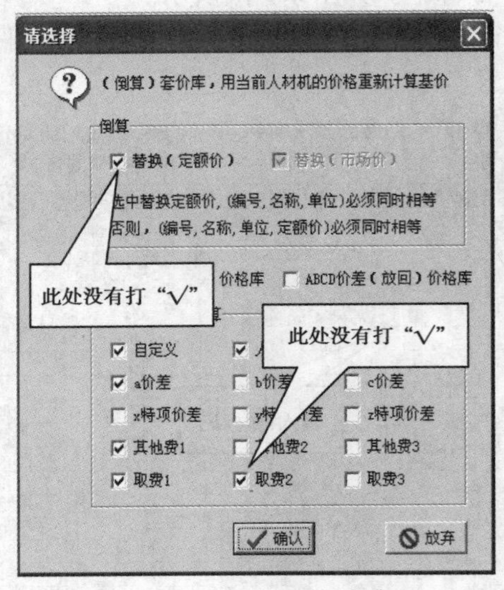

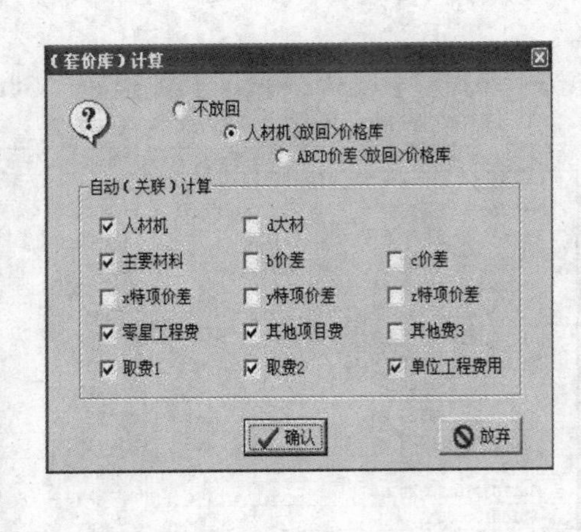

图26.29 没有打√的情况

如果以上两种情况有一种情况成立，就需要对单项工程进行汇总计算，其方法如图26.30所示。

工程信息 | 价格信息 | 公共变量 | 动态费率 | 清单定额措施 | 人材机 | 主要材料 | 零星工程费 | 其他项目费 | 单位工程费用 | 打印输出

选择费率　(3).取费计算 => 单位工程费用

序号	打印	变量	名称	计算公式或基数	金额(元)	送审.金额	送审.费率	打印.变量	打印.计算公式或基
1		f3	取费计算 率		3.44				
2			排污费率						
3			建筑职工意外伤害		0.002				
4			定额测定费2009年1						
5			注意：以上是费率变量						

汇总计算

图26.30 单项工程汇总计算操作示意

26.6 打印输出操作

上述操作步骤完成以后，就可以在【打印输出】插页中预览和打印输出各种报表了。神机软件提供的报表有三类：一类是招标人部分表格，适合于业主或招标代理机构在招标时的发标工作，主要有分部分项工程量清单、措施项目清单表；另一类是投标人部分表格，适合于各投标企业向业主或招标代理机构的投标工作，主要有投标总价、分部分项工程量清单计价表、措施项目清单计价表以及各种综合单价分析表；再一类是软件公司根据用户反馈的意见和国家建设部《建设工程工程量清单计价规范》宣贯材料自编的一些参考表格,供用户选择使用,如图 26.31 所示。

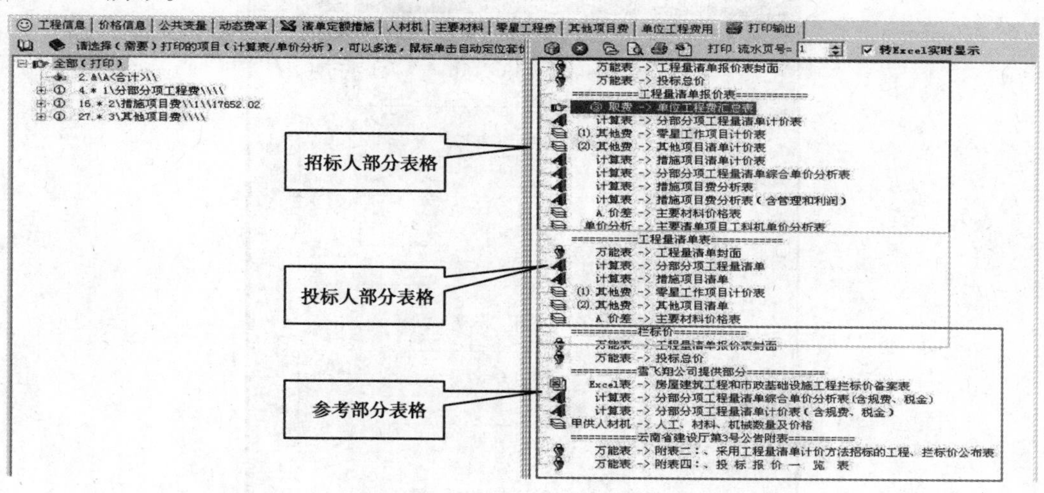

图 26.31　打印输出窗口示意

【**提示**】需要特别提示的是,在打印零星工作项目计价表时,必须事先将鼠标点中左边窗口中的其他项目费,才能打印和进行屏幕预览。同时,所有表格均可转换到 Excel 中进行用户二次开发或进行软件间的数据转换。

26.7　多项汇总操作

当一个建设工程由建筑和安装两大专业组成时,或同一专业工程由多人编制时,就需要对单位工程造价进行汇总计算,打印出单项工程的投标总价或建设工程造价汇总表等汇总性资料,其操作方法如图 26.32 所示。

步骤 1:汇总单位工程预算。

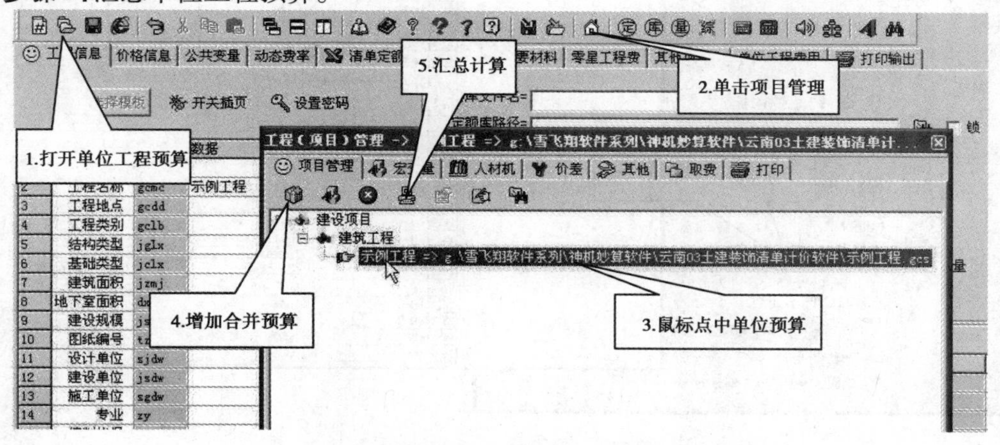

图 26.32　建设工程汇总操作示意

步骤2:打印建设项目汇总表,如图26.33所示。

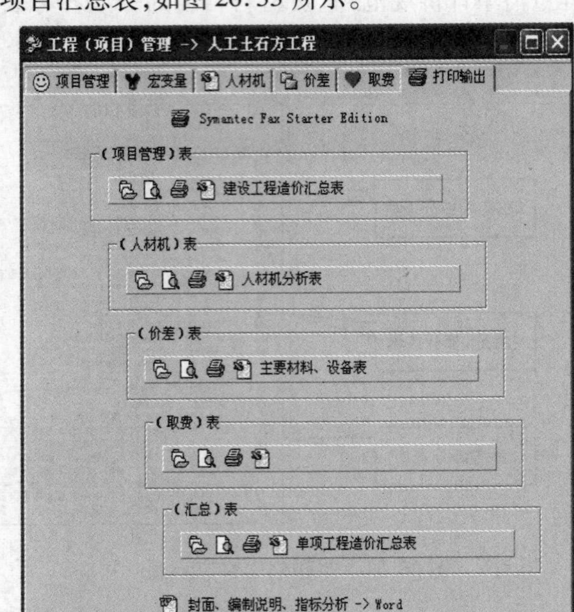

图26.33　打印建设项目汇总表示意

有关说明:

①人材机分析表、主要材料表、设备表、单项工程造价汇总表,受鼠标选中位置影响,即鼠标在建设项目位置就打印整个项目的汇总表,鼠标在单项工程位置就打印一个单项工程的汇总表。

②投标报价表是用Word编制的,其操作方法如图26.34所示。

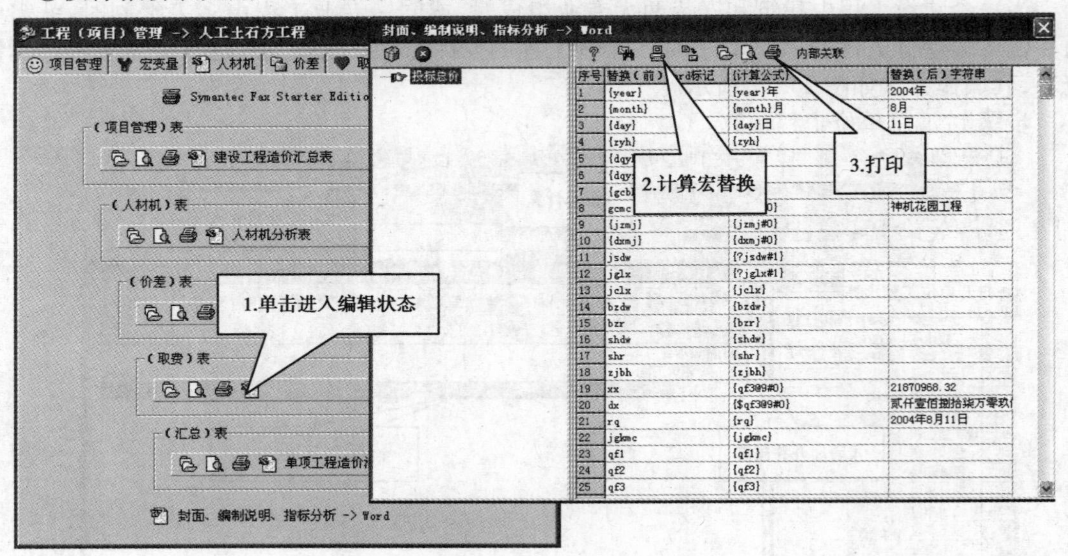

图26.34　投标报价表打印流程

参考文献

[1] 建设部. 全国统一建筑工程基础定额(土建工程)[M]. 北京:中国计划出版社,1995.

[2] 建设部. 全国统一建筑工程预算工程量计算规则(土建工程)GJD_{GZ}-101-95[M]. 北京:中国计划出版社,1995.

[3] 建设部. 全国统一建筑工程基础定额编制说明(土建)[M]. 哈尔滨:黑龙江科学技术出版社,1997.

[4] 建设部标准定额司. 全国统一建筑工程预算工程量计算规则、全国统一建筑工程基础定额有关问题解释[M]. 哈尔滨:黑龙江科学技术出版社,1998.

[5] 张建平. 工程计量学[M]. 北京:机械工业出版社,2006.

[6] 国家发展改革委员会,建设部. 建设项目经济评价方法与参数[S]. 3 版. 北京:中国计划出版社,2006.

[7] 中国建设工程造价管理协会. 建设工程造价管理基础知识[M]. 北京:中国计划出版社,2010.

[8] 张建平. 工程估价[M]. 北京:科学出版社,2011.

[9] 建设部. 国家质量监督检验检疫总局. 建设工程工程量清单计价规范(GB50500-2013)[S]. 北京:中国计划出版社,2013.

[10] 建设部,国家质量监督检验检疫总局. 房屋建筑与装饰工程工程量计算规范(GB50854-2013)[S]. 北京:中国计划出版社,2013.

[11] 建设部. 关于印发建筑安装工程费用项目组成的通知(建标[2013]44 号文). 2013.

[12] 全国造价工程师执业资格培训教材编审委员会. 建设工程计价[M]. 北京:中国计划出版社,2013.

[13] 张建平,严伟. 建筑工程计价习题精解[M]. 重庆:重庆大学出版社,2013.